Langenscheidt
Fachwörterbücher

Langenscheidt

Dictionary of **Pharmaceutical Industry and Research**

Concise Edition English

English – German
German – English

by

Dr. phil. Birgit Bley

Langenscheidt

Berlin · München · Wien · Zürich · New York

Langenscheidt

Fachwörterbuch Kompakt Pharmaindustrie und -forschung Englisch

Englisch – Deutsch
Deutsch – Englisch

von
Dr. phil. Birgit Bley

Langenscheidt

Berlin · München · Wien · Zürich · New York

Bibliografische Information Der Deutschen Bibliothek
Die Deutsche Bibliothek verzeichnet diese Publikation in der Deutschen Nationalbibliografie; detaillierte bibliografische Daten sind im Internet über http://dnb.ddb.de abrufbar.

Eingetragene (registrierte) Warenzeichen sowie Gebrauchsmuster und Patente sind in diesem Wörterbuch nicht ausdrücklich gekennzeichnet. Daraus kann nicht geschlossen werden, dass die betreffenden Bezeichnungen frei sind oder frei verwendet werden können.

Druck: Graph. Betriebe Langenscheidt, Berchtesgaden/Obb.
Printed in Germany
ISBN-13: 978-3-86117-255-0
ISBN-10: 3-86117-255-0

1. 2. 3. 4. 5. 10 09 08 07 06

Vorwort

Pharmaforschung und -produktion sind seit vielen Jahren global tätig, zum Teil durch die Hersteller selbst mit ihren Konzernen und Konzerngruppen, einschließlich deren pharmazeutischer Forschungsbereiche, zunehmend aber insbesondere seit den 90er Jahren durch eine enorm gewachsene Forderungspalette internationaler Gremien, Organisationen und Verbände hinsichtlich vorgegebener Standards und Kontrollen. Vielfältigen Publikationen wie Arzneibücher sowie über den nationalen Rahmen hinausgehende, verbindliche Richtlinien und Antragsverfahren oder auch internationale Kongresse sind ohne spezifische pharmabezogene Englisch-Kenntnisse kaum zu verfolgen.

Dort wo selbst gute allgemeinsprachliche Englischkenntnisse nicht mehr ausreichen, soll das vorliegende „Kompakt-Wörterbuch Pharmaindustrie und -forschung" Begleiter und Helfer des Nutzers in der täglichen Praxis von pharmazeutischer Forschung und Herstellung sein. Geboren wurde die Idee zu diesem Fachwörterbuch aus Unzufriedenheit von Mitarbeitern im Pharmabetrieb über Defizite vorhandener Nachschlagewerke in der Bewältigung von Praxisaufgaben. Es wendet sich daher an die Mitarbeiter in der pharmazeutischen Industrie. Erfasst werden die Fachbereiche Forschung und Entwicklung, Herstellung mit Prozessplanung und -bilanzierung, Verpackung, Prozesstechnik, Qualitätskontrolle und Analytik, Qualitätsmanagement, Dokumentation, Logistik, Marketing und Vertrieb, Hygiene, Personal sowie der Bereich regulatorische Angelegenheiten, einschließlich Behörden, Antrags- und Zulassungsverfahren. Darüber hinaus finden spezielle Themen wie z. B. Biotechnologie oder Sterilherstellung ihren Platz. Im Mittelpunkt steht die sprachliche Widerspiegelung des gesamten pharmazeutischen Betriebes mit seinen inneren Abläufen und Handlungen nach außen. In dem geplanten Umfang werden angrenzende Fachgebiete wie Medizin, Chemie, Biologie und Botanik nur in den Schnittstellen zur pharmazeutischen Herstellungspraxis berücksichtigt, da auf diesen Gebieten eine Reihe von ausführlichen Fachwörterbüchern vorliegt. Das Wörterbuch erhebt daher keinen Anspruch auf Vollständigkeit, zumal auch die Forschung täglich Neues bringt. Häufig verwendete Abkürzungen sind zur besseren Übersicht im Anhang alphabetisch aufgelistet. Eine Aufstellung der wichtigsten Arzneipflanzen (Deutsch-Latein-Englisch und Englisch-Latein-Deutsch) sowie nützliche Umrechnungstabellen runden den Anhang ab.

Dem vorliegenden Fachwörterbuch wurden Originaldokumente verschiedener internationaler Behörden und Verbände und deren Wiedergabe in englischer bzw. deutscher Sprache zugrunde gelegt. In diesem Sinne ist die Authentizität der Fachbegriffe und deren Äquivalente geprüft. Allerdings sind auch international autorisierte Übersetzungen für dargestellte Sachverhalte nicht immer einheitlich in der sprachlichen Wiedergabe. Die Autorin war bemüht, den Erwartungen des Nutzers hinsichtlich Genauigkeit und Zuverlässigkeit der Einträge mit den Übersetzungen zu entsprechen, und ist dankbar für Hinweise oder Anregungen zur Verbesserung des Wörterbuchs, die bitte an den Langenscheidt Fachverlag GmbH, Postfach 40 11 20, D-80711 München gerichtet werden.

Die Autorin dankt dem Langenscheidt Fachverlag für die gute Betreuung und Beratung.

Dr. Birgit Bley

Preface

Pharmaceutical research and production have been conducted on a global scale for many years now, mainly by multinational manufacturers. But since the 1990s these efforts have been accompanied by an enormous expansion in the role of international bodies and organizations as well as trade and professional associations in setting standards and putting controls in place. It is hard to keep up with the wide range of new publications, such as pharmacopoeias, internationally binding guidelines and filing procedures, or the results of international congresses, without a detailed knowledge of pharmaceutical English.

The present "Compact Dictionary of Pharmaceutical Manufacture and Research" is designed to help users engaged in pharmaceutical research and manufacture whose day-to-day work brings them into situations where even a good general knowledge of English is not enough. The idea for such a specialist dictionary was inspired by the dissatisfaction expressed by those employed in the industry with the shortcomings of existing works of reference when it came to solving practical problems. It is therefore addressed to all those who are active in the pharmaceutical industry, covering the fields of Research and Development, production, process planning and balancing, packaging, process technology, quality control and analysis, quality management, documentation, logistics, sales and marketing, hygiene, and personnel as well as the field of regulatory affairs, including public authorities and filing and registration procedures. In addition, special subjects, such as biotechnology or sterilisation and aseptic processing, are also covered. The focus is on the linguistic reflection of the whole range of pharmaceutical activities, whether internal or external. Given the planned scope of the work, adjacent fields such as medicine, chemistry, biology and botany are only included to the extent that they relate to pharmaceutical manufacturing practice, as these fields are already served by a number of comprehensive specialist dictionaries. This dictionary thus makes no claim to completeness, especially as research is generating new terms every day. For greater clarity frequently used abbreviations are listed alphabetically in the Appendix, which also contains a list of the most important medicinal herbs (German-Latin-English and English-Latin-German) as well as useful conversion tables.

The present dictionary has been based on original documents issued by various international authorities and trade and professional associations and their English or German versions. In this sense the authenticity of the terms and their equivalents has been verified. However, even the internationally authorized translations of certain terms are not always uniform. The author was at pains to meet users' expectations by providing an exact and reliable translation for each entry. She will also be grateful for any suggestions regarding improvements to the dictionary, which should be addressed to Langenscheidt Fachverlag GmbH, Postfach 40 11 20, D-80711 Munich, Germany.

The author would like to thank the publishers, Langenscheidt Fachverlag, for their unfailing support and advice.

Dr. Birgit Bley

Benutzungshinweise • Directions for Use

1. Beispiele für die alphabetische Ordnung • Examples of Alphabetization

clump
clutch
co-marketing
coagulate
coagulating factor
coagulation
coagulation value
coalesce
coalescing filter

fire shutter
firm order
first-aid supplies
first-class product
first order
first-order reaction
first quality
first running
first-source drug
first stage
fit for purpose
fitted
fitting
fittings
fix
fork-lift truck
form
form cycles
form/fill/closing machine
form package
format
format changeover

V-belt
vaccination
vaccine
vaccine antigen master file
vacuum

Anlagenbuchhaltung
Anlagenerneuerung
Anlagenkapazität
Anlagenleistung
Anlagentechnik
Anlagen- und Prozessversuch
Anlagenwartung
anlagern
Anlagerung
Anlaufgeschwindigkeit
Anlaufphase
Anlaufzeit

Enzym
Enzym/industrielles
enzymatisch
Enzymaufbereitung
Enzymbiosynthese
Enzyme/aktive
Enzympräparat
Enzymreaktion
Enzymreaktor

Tüpfelplatte
Tupfer
Türabdichtung
Turbulenz
Türdichtung
T-Verbindung
Typ

Wirkstoff/neuer
Wirkstoff/steriler
Wirkstoff/therapeutischer
Wirkstoffbestimmung
Wirkstoffe/neue chemische
Wirkstoff-Freigabe
Wirkstoff-Freigabe/verlängerte

2. Bedeutung der Zeichen • Meaning of Symbols

/	Enzym/industrielles = industrielles Enzym
[ ]	bottle-closing [sealing] machine = bottle-closing machine *or* sealing machine diskontinuierliche [statische] Kultur = diskontinuierliche Kultur *oder* statische Kultur
( )	antihistaminic (agent) = antihistaminic *or* antihistaminic agent Rein(st)dampf = Reindampf *oder* Reinstdampf
( )	Kursive Klammern enthalten Erklärungen Italicized brackets contain explanations
•	kennzeichnet Wendungen indicates phrases

3. Abkürzungen • Abbreviations

AE	Amerikanisches Englisch / American English
BE	Britisches Englisch / British English
EU	Europäische Union / European Union
f	Femininum / feminine noun
fpl	Femininum Plural / feminine noun in plural
g	Gramm / gram(s)
m	Maskulinum / masculine noun
mg	Milligramm / milligram(s)
mpl	Maskulinum Plural / masculine noun in plural
n	Neutrum / neuter noun
npl	Neutrum Plural / neuter noun
pl	Plural / plural
s.	siehe / see
usw.	und so weiter / and so on
v	Verb / verb
z. B.	zum Beispiel / for example
<	weniger als / less than
>	größer als / greater than

4. Fachgebietskürzel • Subject-area Labels

Deutsch • German

Bioch	Biochemie
Biol	Biologie
Biot	Biotechnologie
Chem	Chemie
Distr	Vertrieb
Dok	Dokumentation
Fin	Finanzen
Herst	Herstellung
Hyg	Hygiene (Betriebs- und Personalhygiene)
Lab	Labor und Analyse
Log	Logistik
Mark	Marketing
Math	Mathematik
Med	Medizin
Mikro	Mikrobiologie
Qual	Qualitätskontrolle und -management
Reg	regulatorische Angelegenheiten
Ster	Sterilherstellung
Tabl	Tablettierung
Tech	Technik
Verp	Verpackung
Wi	Wirtschaft und Unternehmen

Englisch • English

bioch	biochemical
biol	biology
biot	biotechnology
chem	chemistry
distr	distribution
doc	documentation
econ	economy and company
fin	finance
hyg	hygiene
lab	laboratory
log	logistics
mark	marketing
math	mathematics
med	medicine
micro	microbiology
pack	packaging
prod	production
qual	quality control and quality management
reg	regulatory affairs
ster	sterilisation and aseptic processing
tabl	tabletting
tech	technology

Englisch – Deutsch

A

abacterial abakteriell, bakterienfrei, frei von Bakterien, steril
abatement Linderung *f (Heilwirkung)*
abiotic 1. abiotisch, leblos; 2. nicht mit Lebewesen zusammenhängend, unbelebt
able to reproduce fortpflanzungsfähig, vermehrungsfähig
abortifacient *(Med)* abortiv wirkend, einen Abort herbeiführend
abortifacient (agent) *(Med)* schwangerschaftsunterbrechendes Arzneimittel *n*, Abtreibungsmittel *n*
abrade *v* abreiben, abschleifen, verschleißen
abrasion Abrieb *m*, Abtrag *m*, Abriebabnutzung *f*, Reibungsverschleiß *m*
abrasion resistance Abriebwiderstand *m*, Abriebbeständigkeit *f*
abrasion resistant abriebbeständig, verschleißfest
abrasion test Abriebprüfung *f*, Abnutzungsprüfung *f*
absence of reaction Reaktionslosigkeit *f*
absolute absolut, rein, nicht vermischt, wasserfrei
absorb einsaugen, aufnehmen *(Substanz, Gase oder Flüssigkeit)*
absorbability Absorbierbarkeit *f*, Aufsaugbarkeit *f*
absorbable absorbierbar, aufsaugbar
absorbance *(Lab)* Extinktion *f*
absorbate Absorpt *n*
absorbed dose *(Med)* absorbierte Dosis *f*, aufgenommene Dosis *f*
absorbed material Absorpt *n*
absorbed overheads *(Wi)* verrechnete Gemeinkosten *pl*
absorbent absorptionsfähig
absorbent Absorbens *n*, Absorptionsmittel *n*
absorbent cotton Watte *f*
absorber Absorber *m*, Absorptionsapparat *m*, Absorbent *m*
absorbing absorptionsfähig, absorbierend *(Substanzen)*
absorbing agent absorbierender Stoff *m*, Absorbens *n*, Absorptionsmittel *n*
absorption *(Chem)* Absorption *f*, Absorbieren *n*, Aufnahme *f*, Aufnehmen *n*
absorption apparatus Absorber *m*, Absorptionsapparat *m*, Absorbent *m*
absorption bottle Absorptionsflasche *f*, Waschflasche *f*
absorption capacity Absorptionsfähigkeit *f*
absorption cell *(Lab)* Absorptionsküvette *f*
absorption rate Absorptionsgeschwindigkeit *f*
absorptive absorptionsfähig, absorbierend, absorptiv, Saug…
absorptive capacity Saugfähigkeit *f*
absorptivity Absorptionsfähigkeit *f*
abstergent agent *(Med)* Abführmittel *n*
abstract *v* abtrennen, abspalten, abscheiden, separieren, entziehen
abstract Zusammenfassung *f*, Übersicht *f*
abstraction Abtrennung *f*, Abspaltung *f*; Entzug *f*, Extraktion *f*
abuse of drug products Missbrauch *m* von Arzneimitteln
accelerated exposure Schnellprüfung *f (gegen Umwelteinflüsse)*
accelerated fermentation *(Mikro)* Schnellgärung *f*, beschleunigte Gärung *f*
accelerated stability test *(Lab)* Stresstest *m*
accelerated studies beschleunigte Studien *fpl*, Stressstudien *fpl*
accelerated test Kurzzeitprüfung *f*, Kurzversuch *m*, Kurztest *m*
acceleration Beschleunigung *f*, Vorverlegung *f*
acceleration in demand Nachfragebelebung *f*
accelerator *(Chem)* Beschleuniger *m*, Beschleunigungsmittel *n*
accept *v* zulassen, akzeptieren, annehmen
accept *v* **a lot** *(Qual)* eine Charge annehmen
accept *v* **an order** einen Auftrag annehmen
accept *v* **responsibility** Gewährleistung übernehmen, Haftung übernehmen, Verantwortung übernehmen
acceptable zulässig, annehmbar
acceptable daily intake zulässige Tagesdosis *f (mg/kg Körpergewicht)*

acceptable quality annehmbare Qualität *f*
acceptable quality limits zulässige Qualitätslimits *npl*
acceptance criteria Akzeptanzkriterien *npl*
acceptance of a consignment *(Log)* Frachtannahme *f*
acceptance of goods *(Log)* Warenannahme *f*
acceptance of order Auftragsannahme *f*
accepted limit Grenzwert *m*
access Zugang *m*, Zugriff *m*, Zutritt *m*
access authorisation *(BE)*, **access authorization** *(AE)* Zugangsberechtigung *f*, Zugriffsberechtigung *f*, Zutrittsberechtigung *f*
access control Zugangsberechtigungsprüfung *f*
access hatch *(Tech)* Zugangsluke *f*
access opening *(Tech)* Zugangsöffnung *f*
access port *(Tech, Lab)* Eintrittsstutzen *m*
accessible begehbar, zugänglich
accessories *(Tech)* Zubehör *n*, Zubehörteile *npl*, Zusatzausrüstung *f*
accessory agent Zusatzstoff *m*
accident Störfall *m*, Unfall *m*
accidental error Zufallsfehler *m*, subjektiver Fehler *m*
according to applicable law nach geltendem Recht *n*
account 1. Konto *n*, Bankkonto *n*; Berechnung *f*; 2. Kunde *m*, Kundin *f*; 3. Bericht *m*, Verzeichnis *n*
account analysis *(Wi)* Kostenanalyse *f*
account manager *(Vertr)* Kundenberater *m*
accountability control Verantwortlichkeitskontrolle *f*
accounting year Geschäftsjahr *n*
accounts department Rechnungsstelle *f*, Buchhaltungsabteilung *f*
accumulate *v* ansammeln, anhäufen, speichern, anreichern
accumulated flow meter Volumenstrommesser *m*
accumulation 1. Akkumulation *f*, Anhäufung *f*, Ansammlung *f*; 2. Anreicherung *f*, Speicherung *f*
accumulation of particles *(Mikro)* Partikelansammlung *f*
accuracy Genauigkeit *f (einer Messung, eines Tests)*
accuracy limit Genauigkeitgrenze *f*, Genauigkeitsgrenzwert *m*
accuracy of measurement Messgenauigkeit *f*
accurate genau, akkurat, präzise
ache *v (Med)* schmerzen
aches and pains *(Med)* Schmerz *m*, (heftige) Schmerzen *mpl*
acid *(Chem)* Säure *f*
acid resistance Säurebeständigkeit *f*, Säurefestigkeit *f*, Säureresistenz *f*
acid resistant säurebeständig
acid value Säurezahl *f*
acidic azid, säurehaltig, sauer
acidity Azidität *f*
acidosis Azidose *f*
acidulant Säuerungsmittel *n*
acknowledg(e)ment of an order Auftragsbestätigung *f*
acquire *v* 1. annehmen, aufnehmen, erreichen, erfassen; 2. anschaffen, erhalten, zukaufen, erwerben; 3. akquirieren
acquisition 1. Aufnahme *f*, Annahme *f*, Erreichung *f*; 2. Ankauf *m*, Beschaffung *f*, Erwerb *m*, Kauf *m*, Zugang *m*; 3. Akquise *f*
acronarcotic agent *(Med)* scharf narkotisches Gift *n*
acrylic resin Acrylharz *n*
act *v* wirken, handeln, vorgehen
act 1. Gesetz *n*; 2. Handlung *f*, Akt *m*, Vorgehen *n*
act *v* **according to the rules** nach den Bestimmungen *fpl* arbeiten
action 1. Einwirken *n*, Einwirkung *f*, Wirkung *f*; 2. Aktion *f*, Handlung *f*
action level Aktionsgrenze *f*
action limit Aktionsgrenze *f*, Handlungsgrenze *f*, Stoppgrenze *f*
action of a drug Arzneiwirkung *f*, Medikamentenwirkung *f*
activable aktivierbar
activate *v* aktivieren, anregen
activated charcoal Aktivkohle *f*
activation Aktivierung *f*, Anregung *f*
activator *(Chem)* Aktivator *m*, Beschleuniger *m*, Aktivierungsmittel *n*
active aktiv, wirksam *(Stoff oder Bestandteil)*

active agent Wirkstoff *m*, wirksame Substanz *f*
active air keimbelastete Luft *f*
active enzymes *(Biot)* aktive Enzyme *npl*
active hydrogen aktiver Wasserstoff *m*
active immunity *(Med)* erworbene Immunität *f (durch Antikörper)*
active ingredient Wirkstoff *m*, aktive Substanz *f*, Wirksubstanz *f*
active material wirksame Masse *f*
active oxygen aktiver Sauerstoff *m*
active pharmaceutical ingredient *(Abk.: API)* Wirkstoff *m (im Arzneimittel)*; Arzneimittelwirkstoff *m*; aktiver pharmazeutischer Bestandteil *m*, pharmazeutische Wirksubstanz *f*
active solvent aktives [wirksames] Lösungsmittel *n*
active substance Wirkstoff *m* im Arzneimittel, Arzneimittelwirkstoff *m*, aktive Substanz *f*, wirksame Substanz *f*
Active Substance Master File Wirkstoffstammdokumentation *f*
active substance release Wirkstoff-Freigabe *f*, Wirkstoff-Freisetzung *f*
activity Aktivität *f*, Wirksamkeit *f*
actual situation of burden [load, impact] aktuelle Belastungssituation *f*
actual value Istwert *m*
actual yield *(Herst)* tatsächliche Ausbeute *f*, Ist-Ausbeute *f*
acute akut, nicht chronisch *(z. B. Krankheit)*
acute toxicity akute Toxizität *f*, Giftigkeit *f*
adapt *v* anpassen
adaptation Anpassung *f*; Angleichung *f*
adapter *(Tech)* Übergangsstück *n*, Pass-Stück *n*, Zwischenstück *n*
adaptive immunity *(Med)* erworbene Immunität *f*
add *v* hinzufügen, zusetzen, beimengen, zumischen
add *v* **dropwise** zutropfen, tropfenweise zugeben
added quantity Zugabemenge *f*
addiction Sucht *f*; Abhängigkeit *f*
addictive suchterregend; abhängigkeiterzeugend
addictive drug *(Med)* Suchtmittel *n*, Suchtstoff *m*
adding *s.* addition
addition Zugabe *f*, Zugang *m*, Zusatz *m*, Zusetzen *n*, Hinzufügung *f*; Zumischen *n (von Substanzen oder Stoffen)*
addition of substrates Zugabe *n*, Beimischen *n*, Zusatz *m (von Substanzen)*
additional requirements 1. Mehrbedarf *m*, zusätzlicher Bedarf *m*; 2. Zusatzanforderungen *fpl*
additive Additiv *n*, Zusatz(stoff) *m*, Zusatzmittel *n*
adequate angemessen, ausreichend
adequate resources angemessenes Mittel *npl*
adequate size angemessene Größe *f*
adequate stock ausreichender Bestand *m*
adhere *v* 1. festhalten an; 2. verkleben, anhaften, adhärieren
adherence 1. An(einander)haften *n*, Adhärenz *f*, Adhäsion *f*, Kleben *n*; 2. Anhaftung *f*, Haftfähigkeit *f (bakterieller Pathogenitätsfaktor)*
adherend Adhärend *f*, Packstoff *m*, zu verklebender Stoff *m*
adherent adhärent, haftend, anhaftend, haftfähig, klebend, adhäsionsfähig
adhesion Adhäsion *f*, Haftung *f (physikalisch)*; Anhaften *n*, Kleben *n*
adhesion agent Klebemittel *n*, Haftmittel *n*, Haftstoff *m*, Adhärens *n*
adhesive anhaftend, klebend, adhäsiv, anhängend, haftfähig, adhäsionsfähig
adhesive Klebemittel *n*, Bindemittel *n*
adhesive agent Klebemittel *n*, Haftmittel *n*, Haftstoff *m*, Adhärens *n*
adhesive film Klebefolie *f*
adhesive force Klebekraft *f*, Haftvermögen *n*
adhesive tape 1. *(Med)* Heftpflaster; 2. Klebeband *n*, Klebestreifen *m*, Haftklebeband *n*
adhesiveness Haftvermögen *n*, Klebekraft *f*, Adhäsionskraft *f*
adjust *v* 1. anpassen; 2. *(Tech)* einstellen, regulieren, justieren
adjust *v* **prices** Preise angleichen
adjustable *(Tech)* einstellbar, regulierbar, regelbar
adjusting bar *(Tech)* Justierschiene *f*
adjusting screw *(Tech)* Justierschraube *f*, Stellschraube *f*
adjustment 1. *(Tech)* Justierung *f*, Einstellung *f*; 2. Angleichung *f*, Anpassung *f*

adjustment parameter Einstellungsparameter *m*
adjuvant Zusatzmittel *n*, Zusatzstoff *m*, Additiv *n*, Hilfsstoff *m*, stabilisierende Substanz *f*
administer *v* verabreichen *(pharmazeutisch)*; applizieren
administer *v* **a therapy** eine Therapie anwenden
administer *v* **an inoculation** eine Impfung verabreichen
administer *v* **medicine** Arznei verabreichen
administer *v* **orally** oral verabreichen
administered concomitantly gleichzeitig verabreicht
administering *(Med)* Verabreichung *f* *(eines Medikaments)*
administration 1. Verabreichung *f*, Applikation *f*; 2. Verwaltung *f*
administration overheads *(Wi)* Verwaltungsgemeinkosten *pl*
admission opening *(Tech)* Einlassöffnung *f*
admix *v* zumischen
admixture Zumischung *f*, Beimengung *f*, Zugeben *n*
adopt *v* **a provision** eine Vorschrift erlassen
adrenocortical steroid *(Med)* Kortikosteroid *n*
adrenolytic (agent) *(Med)* Adrenolytikum *n*, den Adrenalineffekt hemmender Stoff *m*
adsorb *v* adsorbieren
adsorbable adsorbierbar
adsorbate Adsorpt *n*
adsorbed material Adsorpt *n*
adsorbent agent Adsorptionsmittel *n*, adsorbierender Stoff *m*
adsorbent material Adsorptionsmittel *n*
adsorbing agent [substance] Adsorptionsmittel *n*
adsorption Adsorption *f*
adsorption ability Adsorptionsfähigkeit *f*
adsorptive capacity Adsorptionsfähigkeit *f*
adsorptivity Adsorptionsfähigkeit *f*
adult Erwachsener *m*
adulterated verfälscht, manipuliert
adulterated drug verfälschtes Arzneimittel *n*
adulteration Verfälschung *f*
advance Fortschritt *m*
advance payment *(Wi)* Vorkasse *f*, Zahlung *f* im Voraus
advance speed *(Tech)* Vorschubgeschwindigkeit *f*
advanced fortgeschritten, weit entwickelt
advanced state fortgeschrittenes Stadium *n*
advanced therapy drug product Arzneimittel *n* für neuartige Therapien
advantage Vorteil *m*
adverse drug effect Nebenwirkung *f* eines Medikaments
adverse drug reaction Arzneimittelnebenwirkung *f*
adverse effect Schadwirkung *f*; Nebenerscheinung *f*
adverse effect of a drug Arzneimittelnebenwirkung *f*
adverse event unerwünschtes Ereignis *n*
adverse reaction unerwünschte Reaktion *f* *(beim Patienten)*
adversely affect *v* **quality** die Qualität beeinträchtigen
adversely affect *v* **the product** das Produkt negativ beeinflussen
advertising Werbung *f*
advise *v* 1. benachrichtigen, anzeigen; 2. beraten
aerate *v* mit Luft versetzen, belüften
aerating pump *(Lab)* Belüftungspumpe *f*
aerating tube *(Tech)* Lüftungsrohr *n*
aeration Belüftung *f*, Luftzufuhr *f*
aeration and vent filter Be- und Entlüftungsfilter *n(m)*
aeration channel Belüftungskanal *m*
aeration duct Belüftungsrohr *n*
aerator Belüfter *m*
aerial in der Luft *f*; Luft..., Aero...
aerobian aerob
aerobic aerob, unter Luftzufuhr *f*
aerobic fermentation *(Mikro, Biot)* aerobe Fermentation *f* *(Kultivierung)*
aerobios Aerobios *n* *(Gesamtheit der sich im Luftraum aufhaltenden Organismen)*
aerobiotic *(Biot)* aerob
aerosol Aerosol *n*
aerosol can Aerosoldose *f*
aerosol mist Aerosolnebel *m*
aerosol propellant Aerosoltreibmittel *n*, Treibgas *n*

aerosolisation *(BE)* Vernebelung *f*, Aerosolisierung *f*
aerosolise *v (BE)* vernebeln
aerosolization *(AE)* Vernebelung *f*, Aerosolisierung *f*
aerosolize *v (AE)* vernebeln
aether *(BE)* Äther *m*
affect *v* einwirken auf, beeinflussen, wirken, angreifen
affect *v* **quality** die Qualität beeinflussen
affection 1. Befall *m*, Affektion *f*; 2. Erkrankung *f*
affinity Affinität *f*
afflux Zufluss *m*, Zustrom *m*
after-taste Nachgeschmack *m*
aftertreat *v* nachbehandeln
aftertreating *(Med, Chem)* Nachbehandeln *n*, Nachbehandlung *f*
aftertreatment Nachbehandlung *f*
agar *(Mikro, Lab)* Agar *m(n)*
agar culture Agarkultur *f*
agar diffusion method *(Mikro, Biot)* Agardiffusionstest *m*
agar medium Agarmedium *n(m)*, Agarnährboden *m*
agar plate Agarplatte *f*
agar-plate count Agarplattenkeimzahl *f*
agar shake tube Weichagarröhrchen *n* *(für Kultivierung anaerober Bakterien)*
agar shake tube method Verdünnungs-Schüttelkultur-Methode *f (für die Isolierung anaerober Bakterien)*
agar tube method Agarröhrchenmethode *f*
age-dependent dose *(Med)* altersabhängige Dosis *f*
age-resistant alterungsbeständig
ageing *s.* aging
agency *(AE)* Behörde
agent 1. Vertreter *m*, Beauftragter *m* *(Person)*; 2. Agens *n*, wirksames Mittel *n*
agglomerate *v* agglomerieren, zusammenballen, granulieren, krümeln
agglomerate Agglomerat *n*
agglomeration Agglomeration *f*, Granulation *f*, Granulieren *n*, Krümeln *n*, Anhäufung *f*
agglomeration of powders Agglomerierung *f* des Pulvers
agglutinant agglutinierend, klebend
agglutinant Bindemittel *n*, Klebemittel *n*
agglutinate *v* agglutinieren, verkleben, binden, verklumpen
agglutination Agglutination *f*, Verklebung *f*, Verklumpung *f*
aggravate *v* verschärfen, verschlimmern, reizen
aggregate *(Tech)* Aggregat *n*
aggregation Ansammlung *f (z. B. von Organismen)*
aggressive aggressiv *(Chemikalien)*
aggressiveness, aggressivity Aggressivität *f (von Chemikalien)*
aging Ablagerung *f*, Nachreifung *f*, Reifen *n*, Alterung *f*
agitate *v* bewegen, rühren, umrühren, durchrühren, auflockern
agitated tank *(Tech)* Rührkessel *m*
agitation rate Rührgeschwindigkeit *f*
agitation speed Rührgeschwindigkeit *f*
agitator *(Tech)* Rührer *m*, Rührwerk *n*
agitator blade Rührschaufel *f*, Rührflügel *m*, Rührblatt *n*
agitator drive *(Tech)* Rührantrieb *m*
agitator rake *(Tech)* Rührwerksrechen *m*
agree *v* **upon a price** einen Preis vereinbaren
agreed corrections vereinbarte Korrekturen *fpl*
agreement Vereinbarung *f*, Vertrag *m*
agrypnotic agent *(Med)* Weckmittel *n*, schlafverhinderndes Mittel *n*, schlafvertreibendes Mittel *n*
aid Hilfsmittel *n*, Hilfsstoff *m*, Zusatzstoff *m*
ail *v* schmerzen, Schmerzen haben
ailment Krankheit *f*
air *v* lüften, Luft zuführen, belüften
air agitation pneumatisches Rühren *n*
air aspiration Luftabsaugung *f*
air attrition mill Luftstrahlmühle *f*
air balance Lüftungsgleichgewicht *n*
air bubble Luftblase *f (z. B. in Flüssigkeiten)*
air circulation Luftzirkulation *f*, Luftfluss *m*
air classifying Aeroklassieren *n*
air condenser Luftkühler *m*
air-conditioned klimatisiert
air conditioner, air conditioning Klimaanlage *f*, Lüftungs- und Klimaanlage *f*
air-conditioning Klimatisierung *f*
air cooling Luftkühlung *f*
air current Luftstrom *m*

air-dried luftgetrocknet
air-dry luftgetrocknet, lufttrocken
air-dry mass lufttrockene Masse *f*
air dryer *(Tech)* Heißlufttrockner *m*
air drying Lufttrocknung *f*, natürliches Trocknen *n*, Freiluftrocknung *f*
air duct Luftschacht *m*
air entrapment Lufteinschluss *m*
air exchange Luftwechsel *m*
air exchange rate Luftwechselrate *f*
air exhaust system Abluftsystem *n*
air filter Luftfilter *n(m)*
air filtration Luftfiltration *f*
air filtration system Luftfiltrationssystem *n*
air flow Luftstrom *m*, Luftströmung *f*
air flow direction Luftströmungsrichtung *f*
air-flow pattern, **air flow pattern** Luftführung *f (z. B. in einem Filter)*
air flow rate Luftdurchsatz *m*
air handling Luftsteuerung *f*, gesteuerte Belüftung *f*
air-handling system, **air handling system** Luftführungssystem *n*, Belüftungssystem *n*
air heating Lufterwärmung *f*
air humidity Luftfeuchtigkeit *f*
air impermeability Luftundurchlässigkeit *f*
air inlet cover Zuluftklappe *f*
air jet Luftstrahl *m*
air lock Luftschleuse *f*
air microbial count *(Mikro)* Luftkeimzahl *f*
air monitoring Luftüberwachung *f* *(Qualität)*
air-operated pneumatisch betätigt, luftgesteuert
air oven *(Lab)* Trockenschrank *m*
air pocket Lufteinschluss *m*
air pollutant Schmutzstoff *m* in der Luft, Luftverunreinigung *f*
air pollution Luftverschmutzung *f*
air pressure Luftdruck *m*
air pressure sensor Luftdruckfühler *m*
air quality Luftqualität *f*
air rate Luftdurchsatz *m*, Luftmassestrom *m*, Luftvolumenstrom *m*
air ratio Luftverhältnis *n*
air regulator Lüftungsklappe *f*
air relief Entlüftungsöffnung *f*, Lüftungsöffnung *f*, Entlüftungsventil *n*
air sample *(Lab)* Luftprobe *f*
air sampler *(Tech)* Luftkeimsammler *m*
air seiving *(Tech)* Luftstrahlsiebung *f*
air-sensitive luftempfindlich
air separation Aeroklassieren *n*
air shaft Luftschacht *m*
air sizing Aeroklassieren *n*
air suction connection port Luftansaugstutzen *m*
air supply Zuluft *f*
air-tight luftdicht
air-tight pack(ing) luftdichte Verpackung *f*
air-tight sealing luftdichte Versiegelung *f*, luftdichtes Verschließen *n*
air turbulence Luftverwirbelung *f*
air valve *(Tech, Biot)* Belüftungsventil *n*
air vent Entlüftungsöffnung *f*, Lüftungsöffnung *f*
air void Lufteinschluss *m*, Luftpore *f*
airborne aerogen, in der Luft enthalten, luftgetragen *(z. B. Mikroorganismen)*
airborne contamination Kontamination *f* aus der Luft, Verunreinigung *f* aus der Luft
airborne particulate Luftpartikel *m*
airborne particulate classification Luftpartikelklassifikation *f*
airborne pollutant Luftschadstoff *m*, in der Luft *f* enthaltener Schadstoff
airborne transmission Übertragung *f* durch die Luft, aerogene Übertragung *f*
airflow monitor Luftstromwächter *m*, Luftstromüberwachung *f*
airfree luftfrei
alarm (signal) Alarm *m (Signal)*
alcohol level, **alcohol strength** Alkoholgehalt *m*
alcoholic alkoholisch, alkoholhaltig
alcoholic content Alkoholgehalt *m*
aldehydes Aldehyde *mpl*
alert level Warngrenze *f*
alert limit Warngrenze *f*
align *v* ausrichten, justieren
alignment *(Tech)* Ausrichtung *f*, Justierung *f*
alignment unit *(Tech, Verp)* Ausrichteeinheit *f*
alkaline alkalisch, basisch
alkaline solution basische Lösung *f*, Lauge *f*
alkaline treatment *(Chem)* alkalische Behandlung *f*

alkylate *v* alkylieren
alkylation Alkylierung *f*
allay *v* **pain** *(Med)* Schmerzen lindern
allergen *(Med)* Allergen *n*
allergosis allergische Krankheit *f*
allergy Allergie *f*
alleviate *v* **pain** *(Med)* Schmerzen lindern
alleviation Linderung *f*, Erleichterung *f*
alley *v* **pain** Schmerz lindern
allocation star *(Verp)* Zuteilstern *m*
allogeneic allogen
allogeneic system allogenes System *n*
allow *v* **access** Zugang gewähren
allow *v* **to cool** abkühlen lassen
allow *v* **to settle** absetzen lassen *(in einer Flüssigkeit oder in einem Gas)*
alter *v* ändern, verändern, korrigieren
alter *v* **quality** die Qualität verändern, die Qualität beeinflussen
alterant *(Med)* Umstimmungsmittel *n*
alteration Änderung *f*, Korrektur *f*
alternating current *(Abk.: AC) (Tech)* Wechselstrom *m*
alternative culture *(Biot)* Alternativkultur *f*
alternative medicine Naturheilkunde *f*
aluminium *(BE)* Aluminium *n*
aluminium bottle *(BE)* Aluminiumflasche *f*
aluminium foil *(BE)* Aluminiumfolie *f*
aluminium pallet *(BE)* Aluminiumpalette *f*
aluminium tube *(BE) (Verp)* Aluminiumtube *f*
aluminum *(AE)* Aluminium *n*
aluminum bottle *(AE)* Aluminiumflasche *f*
aluminum foil *(AE)* Aluminiumfolie *f*
aluminum pallet *(AE)* Aluminiumpalette *f*
aluminum tube *(AE) (Verp)* Aluminiumtube *f*
amber glass bottle *(Verp)* Braunglasflasche *f*
ambient medium umgebendes Medium *n*
ambient temperature Umgebungstemperatur *f*
amend *v* ändern, ergänzen *(Vertrag, Verordnung)*
amines Amine *npl*
amino acid Aminosäure *f*, Aminocarbonsäure *f*
amino acid sequence Aminosäurensequenz *f*
aminoglycoside antibiotic Aminoglykosid-Antibiotikum *n*
ammeter Amperemeter *n*, Strommesser *m*
amorphous amorph
amount Menge *f*, Betrag *m*, Umfang *m*
amount of substance Substanzmenge *f*
amperage Stromstärke *f*
amplification Verstärkung *f*
amplifier *(Tech)* Verstärker *m*
ampoule *(BE)* Ampulle *f*
ampoule box *(BE) (Verp)* Ampullenschachtel *f*
ampoule cutter *(BE)* Ampullenfeile *f*
ampoule filling *(BE) (Verp)* Ampullenabfüllung *f*
ampoule sealing *(BE) (Verp)* Ampullenversiegelung *f*
ampul *(AE)* Ampulle *f*
ampule *(AE)* Ampulle *f*
ampule box *(AE)* Ampulle *f*
ampule cutter *(AE)* Ampullenfeile *f*
ampule filling *(AE) (Verp)* Ampullenabfüllung *f*
ampule sealing *(AE) (Verp)* Ampullenversiegelung *f*
ampulla Ampulle *f*
amyliferous stärkehaltig
anaerobe Anaerobiont *m (Gegensatz: aerobe)*
anaerobic anaerob
anaerobic technique Anaerobentechnik *f (Kultivierungsmethode)*
anaesthetic *(BE)* betäubend
anaesthetic *(BE)* Anästhetikum *n*, Anästhesierungsmittel *n*
analeptic (agent) *(Med)* Analeptikum *n*, Weckmittel *n*, Anregungsmittel *n*
analgesia *(Med)* Unempfindlichkeit *f*
analgesic *(Med)* analgetisch, schmerzstillend, schmerzlindernd
analgesic *(Med)* analgetisches [schmerzlinderndes] Mittel *n*
analgetic *(Med)* analgetisch, schmerzstillend, schmerzlindernd
analgetic *(Med)* analgetisches [schmerzlinderndes] Mittel *n*
analgic schmerzstillend, schmerzlindernd
analysable analysierbar

analysand zu analysierender Stoff *m*, Analysensubstanz *f*
analyse *v (BE)* analysieren
analyse *v* **values** *(BE)* Werte analysieren
analyser *(BE) (Lab)* Analysengerät *n*; Analysator *m*
analysis *(Lab)* Analyse *f (Plural analyses)*
• **perform an analysis** Analyse durchführen, analysieren
analysis report Analysenprotokoll *n*, Analysenbericht *m*
analysis substance Analysestoff *m*
analyst Analytiker *m*
analyte Analyt *m*, analysierter Stoff *m*
analytical analytisch
analytical apparatus Analysegerät *n*
analytical balance Analysenwaage *f*, analytische Waage *f*
analytical chemistry analytische Chemie *f*
analytical control analytische Prüfung *f*
analytical development Entwicklungsanalytik *f*
analytical error Analysenfehler *m*
analytical instrument Analysengerät *n*
analytical method Prüfmethode *f*, Analysenmethode *f*, Analyseverfahren *n*
analytical methods validation analytische Methodenvalidierung *f*
analytical procedure Analysenverfahren *n*, Prüfverfahren *n*
analytical reagent Nachweismittel *n*
analytical result Analysenergebnis *n*, Analysenbefund *m*, Testergebnis *n*
analytical sample Analysenprobe *f*
analytical scheme Analysenablauf *m*, Analysenvorgehen *n*
analytical specimen Analysenprobe *f*
analytical technique Analysenmethodik *f*, Analysenverfahren *n*
analytical value Analysenwert *m*, Analysenbefund *m*
analyze *v (AE)* analysieren
analyze *v* **values** *(AE)* Werte analysieren
analyzer *(AE) (Lab)* Analysengerät *n*; Analysator *m*
anastasis *(Med)* Erholung *f*
ancillary equipment Hilfsausrüstung *f*
ancillary plant Zweigwerk *n*
ancillary system Hilfseinrichtungen *fpl*
androgen Androgen *n*
anesthetic *(AE)* betäubend
anesthetic *(AE)* Anästhetikum *n*, Anästhesierungsmittel *n*
anger Förderschnecke *f*
angle Winkel *m*
angle connector Winkelstück *n*
angle of diffraction Beugungswinkel *m (Analyse)*
angle of incidence Einfallwinkel *m (Analyse)*
angle of polarisation Polarisationswinkel *m (Analyse)*
angle of refraction Brechungswinkel *m (Analyse)*
angle of rotation Rotationswinkel *m (Analyse)*
angle of scattering Streuungswinkel *m (Analyse)*
angle of slope [gradient] *(Tech)* Neigungswinkel *m*
angle valve *(Tech)* Eckventil *n*
angled, **angular** angewinkelt
angular momentum *(Tech)* Drehmoment *n*
angular rotor *(Tech)* Winkelrotor *m (Zentrifuge)*
anhydrous wasserfrei
animal experiment Tierversuch *m*, Tierexperiment *n*
animal health product Tierarzneimittel *n*
animal origin tierische Herkunft *f*
animal serum tierisches Serum *n*
animal test Tierversuch *m*
annex *v* beifügen, ergänzen, hinzufügen
annex Anhang *m*, Annex *m*, Zusatz *m*, Anlage *f*, Ergänzung *f*
announce *v* ankündigen, mitteilen
announcement Ankündigung *f*
annual accounting statement *(Fin)* Jahreskontenabschluss *m*
annual financial statement *(Fin)* Jahresabschluss *m*
annual output *(Wi)* Jahresleistung *f*, Jahresausstoß *m*, Jahresertrag *m*
Annual Product Report jährlicher Produktbericht *m*
Annual Product Review jährlicher Produktbericht *m*
annual yield *(Wi)* Jahresausstoß *m*, Jahresausbeute *f*
annulus *(Tech)* Ring *m*, Ringrohr *n*, Mantelrohr *n*
anodyne *(Med)* schmerzstillend, schmerzlindernd

anomaly Anomalie *f*, Regelwidrigkeit *f*, Abweichung *f*
anorectic *(Med)* Appetitzügler *m*
anorexiant *(Med)* Appetitzügler *m*
antacid *(Med)* Antazidum *n*, Mittel *n* gegen Superazidität
anthelmint(h)ic wurmwidrig, anthelminthisch
anthelmint(h)ic (agent) *(Med)* Anthelminthikum *n*, wurmwidriges Mittel *n*, Wurmmittel *n*
anthelmint(h)ic (drug) *(Med)* Anthelminthikum *n*, wurmwidriges Mittel *n*, Wurmmittel *n*
anti-Parkinson agent *(Med)* Parkinson-Mittel *n*
antiallergic agent *(Med)* Antiallergikum *n*
antian(a)emic drug *(Med)* Antianämikum *n*
antianxiety drug *(Med)* Antixiolytikum *n*
antiarthritic, **anti-arthritic** Antiarthritikum *n*, Arthritismittel *n*
antiasthmatic, **anti-asthmatic** *(Med)* Asthmamittel *n*, Asthmolytikum *n*
antibacterial antibakteriell
antibacterial agent antibakterielles Mittel *n*, bakterientötende Substanz *f*
antibiosis Antibiose *f*, Hemmwirkung *f* auf Mikroorganismen
antibiotic antibiotisch
antibiotic (agent) Antibiotikum *n*, antibiotischer Wirkstoff *m*, antibiotischer Stoff *m*
antibiotic medium Antibiotika-Testmedium *n*, Antibiotika-Testagar *m*
antibiotic resistance Antibiotikaresistenz *f*
antibiotic-resistant antibiotikaresistent
antibiotics producing organism *(Biot, Mikro)* Antibiotikabildner *m*
antibody Immunkörper *m*, Antikörper *m*
antibody assay Antikörperbestimmung *f*, Antikörpertest *m*
anticachectic (agent) *(Med)* Mittel *n* gegen Blutarmut
anticatalyst *(Chem)* Hemmstoff *m*
anticephalalgic (agent) *(Med)* Mittel *n* gegen Kopfschmerzen
anticholagogue (agent) *(Med)* Mittel *n* zur Hemmung der Gallenproduktion
anticipated voraussichtlich
anticoagulant gerinnungshemmend
anticoagulant *(Med)* Antikoagulans *n*, Antikoalugiermittel *n*, gerinnungshemmende Substanz *f*
anticoncipiens *(Med)* Antikonzipiens *n*, Mittel *n* zur Empfängnisverhütung
anticonvulsant *(Med)* krampflindernd, antikonvulsant
anticonvulsant (drug) *(Med)* Antikonvulsivum *n*, Krampfmittel *n*
anticonvulsive *(Med)* krampfhemmend
anticonvulsive (agent) *(Med)* Antikonvulsivum *n*, Krampfmittel *n*
anticyclical pattern gegenläufiger Zyklus *m*
antidepressant (agent) *(Med)* Antidepressivum *n*, Anregungsmittel *n*, Psychoanaleptikum *n*
antidepressive *(Med)* Antidepressivum *n*, Anregungsmittel *n*
antidiabetic (agent) *(Med)* Antidiabetikum *n*, Antihyperglykämikum *n*
antidiabetic *(Med)* Diabetismittel *n*
antidiarrh(o)eal antidiarrhoisch
antidiarrh(o)eal *(Med)* Stopfmittel *n*, Antidiarrhoikum *n*
antidiarrhoeic *(Med)* Stopfmittel *n*, Antidiarrhoikum *n*
antidiuretic (agent) *(Med)* Antidiuretikum *n*, die Harnsekretion hemmendes Mittel *n*
antidiuretic *(Med)* antidiuretisch
antidote Gegenmittel *n*, Gegengift *n*, Antidot *n*
antidysenteric *(Med)* Mittel *n* gegen Ruhr
antiedematous *(Med)* Mittel *n* gegen Ödeme
antiemetic *(Med)* Antiemetikum *n*, Mittel *n* gegen Erbrechen
antiepileptic *(Med)* Antiepileptikum *n*, Epilepsiemittel *n*
antieroticum *(Med)* Antierotikum *n*
antifebrile fieberlindernd, fiebersenkend, antipyretisch
antifebrile *(Med)* fiebersenkendes Mittel
antifebrin *(Med)* Antifebrin *n*, Azetanilid *n*
antifertility agent *(Med)* Ovulationshemmer *m*
antifibrinolytic agent *(Med)* Antifibrinolytikum *n*
antifoam Antischaummittel *n*, schaumbremsendes Mittel *n*, Schaumbremser *m*
antifoaming agent Antischaummittel *n*,

schaumbremsendes Mittel *n*, Schaumbremser *m*
antiformin Antiformin *n*
antifrostbite grease *(Med)* Frostsalbe *f*
antifungal antifungal, pilzhemmend, pilzwirksam, antimykotisch
antifungal agent *(Med)* Antimykotikum *n*, Antipilzmittel *n*
antifungoid *(Med)* Mittel *n* gegen Pilzbefall
antigen Antigen *n*
antigonorrh(o)eiac (agent) *(Med)* Mittel *n* gegen Tripper oder Gonorrhöe
antih(a)emorrhagic (agent) *(Med)* Antihämorrhagikum *n*, blutstillendes Mittel *n*
antihaemorrhodial (agent) *(Med)* Mittel *n* gegen Hämorrhoiden, Hämorrhoidenmittel *n*
antihidrotic (agent) *(Med)* Schweißmittel *n*, Antitranspirationsmittel *n*
antihistamine *(Med)* Antihistaminikum *n*, Histaminwirkung abschwächendes Mittel
antihistaminic (agent) *(Med)* Antihistaminikum *n*, Histaminwirkung abschwächendes Mittel
antihormon(e) *(Med)* Antihormon *n*
antihydrophobic *(Med)* Mittel *n* gegen Tollwut
antihydropic *(Med)* Mittel *n* gegen Wassersucht, Mittel *n* gegen Ödeme
antihypertensive *(Med)* antihypertonisch
antihypertensive (drug) *(Med)* Antihypertonikum *n*, Blutdruck sendendes Arzneimittel *n*
antiinfective (agent) *(Med)* Mittel *n* gegen Infektionen
antiinflammatory (agent) *(Med)* Entzündungshemmer *m*, Mittel *n* gegen Entzündungen
antileprotic *(Med)* Antileprotikum *n*, Mittel *n* gegen Lepra
antilethargic *(Med)* Wachhaltemittel *n*
antileucocytic antileukozitär
antilithic *(Med)* Mittel *n* gegen Steinbildung
antimalarial drug *(Med)* Antimalariamittel *n*, Malariaheilmittel *n*
antimicrobial antimikrobiell
antimicrobial agent antimikrobieller Wirkstoff *m*, Antimikrobiotikum *n*
antimicrobial effect antimikrobielle Wirkung *f*
antimicrobial spectrum antimikrobielles Wirkungsspektrum *n* (eines Antibiotikums)
antimicrobic Bakteriostatikum *n*
antimigraine preparation *(Med)* Migränemittel *n*
antimycotic *(Med)* Antimykotikum *n*, pilztötendes Mittel *n*
antinarcotic *(Med)* Mittel *n* gegen Rauschgifte
antineuralgic antineuralgisch
antineuralgic *(Med)* Antineuralgikum *n*, Mittel *n* gegen Kopf- und Nervenschmerzen
antineuritic *(Med)* Mittel *n* gegen Neuritis
antiobesic *(Med)* Entfettungsmittel *n*
antiodontalgic *(Med)* Mittel *n* gegen Zahnschmerzen
antioedemic *(Med)* Mittel *n* gegen Ödeme
antiosteoporosis agent *(Med)* Osteoporosemittel *n*
antiovulant *(Med)* Ovulationshemmer *m*
antipaludian *(Med)* Malariamittel *n*
antiparalytic *(Med)* Mittel *n* gegen Lähmungen
antiparasitic *(Med)* Antiparasitikum *n*
antiparasiticide *(Med)* Antiparasitikum *n*
antiperistaltic *(Med)* Mittel *n* zur Herabsetzung der Darmtätigkeit
antiperspirant *(Med)* Antiperspirant *n*, Antitranspirationsmittel *n*
antiphlogistic *(Med)* antiphlogistisch, entzündungshemmend
antiphlogistic 1. *(Med)* Antiphlogistikum *n*, entzündungshemmendes Mittel *n*, Fiebermittel *n*; 2. *(Med)* Mittel *n* gegen Fieber
antiphlogistic agent *(Med)* Antiphlogistikum *n*, Antiflammatorikum *n*, entzündungshemmendes Mittel *n*
antipneumococcic *(Med)* pneumokokkentötendes Mittel *n*
antipodagric *(Med)* Gichtmittel *n*
antipsychotic 1. *(Med)* Neuroleptikum *n*, Antipsychotikum *n*, Psycholeptikum *n*; 2. *(Med)* Antihalluzinogen *n*
antipyretic *(Med)* antipyretisch, fiebersenkend
antipyretic *(Med)* Antipyretikum *n*, Fiebermittel *n*, Antifiebermittel *n*

antipyrotic *(Med)* Brandsalbe *n*, Brandwundenbalsam *n*
antirabic *(Med)* Mittel *n* gegen Tollwut, Tollwutmittel *n*
antirachitic agent *(Med)* Antirachitikum *n*
antirheumatic *(Med)* antirheumatisch
antirheumatic (agent) *(Med)* Antirheumatikum *n*, Mittel *n* gegen Rheuma
antiscorbutic *(Med)* Mittel *n* gegen Skorbut
antiseptic antiseptisch, keimtötend
antiseptic (agent) *(Med)* Antiseptikum *n*, antiseptisches Mittel *n*
antiserum *(Med)* Immunserum *n*
antisialgic *(Med)* Mittel *n* gegen hohen Speichelfluss
antispasmodic *(Med)* Antikonvulsivum *n*, Krampfmittel *n*
antispasmodic drug *(Med)* Antispasmodikum *n*, Spasmolytikum *n*, Antikrampfmittel *n*, krampflösendes Mittel *n*
antispasmolytic *(Med)* Spasmolytikum *n*
antistenocardic *(Med)* Mittel *n* gegen Angina pectoris
antistrumous *(Med)* Kropfmittel *n*
antisudorific *(Med)* Mittel *n* gegen Schwitzen
antitoxin *(Med)* Antitoxin *n*, Gegengift *n*
antitoxin serum *(Med)* Heilserum *n*
antitubercular *(Med)* Tuberkulosemittel *n*, tuberkulosehemmendes Mittel *n*
antitubercular agent *(Med)* Tuberkulosemittel *n*
antituberculosis drug *(Med)* Tuberkulosemittel *n*, tuberkulosehemmendes Mittel *n*
antituberculotic *(Med)* Tuberkulosemittel *n*, tuberkulosehemmendes Mittel *n*
antitumo(u)r agent *(Med)* Antitumormittel *n*
antitussive *(Med)* hustenlindernd, hustenmildernd
antitussive *(Med)* Antitussivum *n*, Hustenmittel *n*
antiviral antiviral, gegen Viren gerichtet; Antivirus...
antiviral agent *(Med)* antiviraler Wirkstoff *m*, antivirales Agens *n*, Viruzid *n*
anxiolytic *adj (Med)* angstlösend, beruhigend
anxiolytic (agent) *(Med)* angstlösendes Mittel *n*, Anxiolytikum *n*
aperient *(Med)* Laxativum *n*, Laxans *n*, Abführmittel *n*
aperture Lochblende *f*
apparatus Gerät *n*
apparatus designation *(Tech)* Gerätekennzeichnung *f*
apparent illness wahrnehmbare Krankheit *f*
appearance 1. Auftreten *n*, Erscheinung *f*; 2. Aussehen *n*, Erscheinungsbild *n*
appendix Anhang *m (zur Dokumentation)*
appetite depressant *(Med)* Appetitzügler *m*
appetite stimulant *(Med)* Appetitanreger *m*
appliance 1. Gerät *n*, Mittel *n*, Apparat *m*, Vorrichtung *f*; 2. Anwenden *n*, Anwendung *f*
applicability Anwendbarkeit *f*, Verwendbarkeit *f*
applicable 1. gültig, geltend *(nach dem Gesetz oder der Vorschrift)*; 2. anwendbar *(Wirkstoff)*
applicable law geltendes Recht *n*
application 1. Anwendung *f*, Einsatz *m*; Applikation *f*, Verabreichung *f (z. B. von Medikamenten)*; 2. Antrag *m*
application dossier *(Reg)* Antragsdossier *n*
application for a patent *(Reg)* Patentanmeldung *f*
application for marketing authorisation *(BE)*, **application for marketing authorization** *(AE) (Reg)* Marktzulassungsantrag *m*, Produktzulassungsantrag *m*
application for modification *(Reg)* Änderungsantrag *m*
application procedure *(Reg)* Antragsverfahren *n*, Anmeldeverfahren *n*
application rate Dosis *f*
application-specific anwendungsspezifisch
applicator *(Verp)* Applikator *m*
applicator body *(Verp)* Applikatorkörper *m*
applicator rod *(Verp)* Applikatorstempel *m*
applied research angewandte Forschung *f*

apply *v* anwenden; applizieren, verabreichen *(z. B. Medikamente)*; auftragen
apply *v* **a law** ein Gesetz anwenden
apply *v* **for** *(Reg)* beantragen
apply *v* **for a patent** *(Reg)* ein Patent anmelden
apply *v* **for an exemption** *(Reg)* eine Ausnahme beantragen
apply *v* **to** gelten für
appropriate geeignet, angemessen
appropriate intervals geeignete Abstände *mpl (zeitlich)*
appropriate sampling *(Qual)* angemessene Bemusterung *f*
appropriately identify *v* ordnungsgemäß kennzeichnen
appropriately qualified angemessen qualifiziert
approval Freigabe *f*, Genehmigung *f*
approval agency *(Reg)* Genehmigungsbehörde *f*
approval of operation *(Reg)* Betriebsgenehmigung *f*
approval procedure *(Reg)* Genehmigungsverfahren *n*
approval scheme *(Reg)* Anerkennungsverfahren *n*, Genehmigungsverfahren *n*
approve *v* genehmigen
approved genehmigt, zugelassen
approved batch Verkaufscharge *f*, freigegebene Charge *f*
approved changes genehmigte Änderungen *fpl*
approved components geprüfte [freigegebene] Stoffe *mpl*
approved label genehmigtes Etikett *n*
approved stock freigegebener Lagerbestand *m*
approved supplier zugelassener Zulieferer *m*
approximation Angleichung *f*
appurtenances Zubehör *n*, Geräte *npl*
aqua *(Chem)* Wasser *n*
aqua pura chemisch reines Wasser *n*, Aqua pura
aqua sterilisata sterilisiertes Wasser *n*, Aqua sterilisata
aqueous wässrig
aqueous basis wässrige Basis *f*
aqueous emulsion wässrige Emulsion *f*
aqueous film coating wässrige Filmbeschichtung *f*
aqueous polymeric coating wässrige polymere Beschichtung *f*
aqueous solubility Wasserlöslichkeit *f*
aqueous solution wässrige Lösung *f*
archiving Archivierung *f*
area of accountability Verantwortungsbereich *m*
area of filtration Filterfläche *f*
area of responsibility Verantwortungsbereich *m*
arm *(Tech)* Arm *m*, Flügel *m*, Schaufel *f*, Paddel *n*
arnica Arnika *f (Heilpflanze)*
aromatic wohlschmeckend
aromatic substance Aromastoff *m*
arrange *v* anordnen, ordnen, aufstellen
arrangement Anordnung *f*, Ordnung *f*, Einteilung *f*, Aufstellung *f*
arsenic Arsen *n*
arteriosclerosis drug *(Med)* Arteriosklerosemittel *n*
as-received condition Anlieferungszustand *m*
as-received state Anlieferungszustand *m*
ascorbic acid Ascorbinsäure *f*, Vitamin *n* C
asepsis *(Ster, Med)* Asepsis *f*
aseptic aseptisch, keimfrei, steril
aseptic culture *(Mikro)* keimfreie Kultur *f*
aseptic filling *(Ster, Verp)* aseptische Abfüllung *f*, Sterilabfüllung *f*
aseptic manufacturing area *(Ster)* aseptischer Herstellbereich *m*
aseptic manufacturing operation *(Ster)* aseptischer Herstellungsvorgang *m*
aseptic manufacturing processing *(Ster)* aseptischer Herstellungsvorgang *m*
aseptic package aseptische Verpackung *f*, sterile Verpackung *f*
aseptic packaging process *(Ster, Verp)* steriler Verpackungsprozess *m*
aseptic processing *(Ster)* aseptische Verarbeitung *f*, aseptisches Verfahren *n*, Sterilproduktion *f*
aseptic processing facility *(Ster)* aseptischer Herstellbetrieb *m*
aseptic processing room *(Ster)* aseptischer Herstellraum *m*
aseptic technique *(Ster)* aseptisches Verfahren *n*

aseptic union *(Ster)* Sterilverschraubung *f*
aseptic vial filling *(Ster, Verp)* aseptische Vialbefüllung *f*, aseptische Glasbefüllung *f*
aseptically prepared aseptisch zubereitet
asked price geforderter Preis *m*
aspirate *v* absaugen, ansaugen, entleeren
aspiration mouth *(Tech)* Ansaugstutzen *m*
aspiration port *(Tech)* Ansaugstutzen *m*
aspiration system Absaugsystem *n*
aspirator 1. *(Tech)* Aspirator *m*, Absauger *m*; 2. Staubschutzmaske *f*
aspirator bottle *(Lab)* Saugflasche *f*
assay 1. Analyse *f*, Assay *m*, Gehaltsbestimmung *f*, Prüfung *f*, Test *m*; 2. Probe *f*, Untersuchungsmaterial *n*, Probenmaterial *n*
assay at source Bestimmung *f* seitens des Herstellers
assay balance chemische Waage *f*
assay of active substances Wirkstoffbestimmung *f*
assemble *v* zusammensetzen, zusammenfügen, zusammenbauen
assembly 1. *(Tech)* Montagegruppe *f*, Montageeinheit *f*, Aggregat *n*; 2. Zusammenbau *m*, Montage *f*
assembly kit *(Tech)* Montageeinheit *f*, Montagegruppe *f*, Montagesatz *m*
assess *v* bewerten, beurteilen, einschätzen
assess *v* **cleanability** Reinigungsfähigkeit bewerten, Reinigungseignung bewerten
assessment Bewertung *f*, Beurteilung *f*
assessment report Beurteilungsbericht *m*, Bewertungsbericht *m*
assessment sheet Bewertungsbogen *m*
assets *(Wi, Fin)* Sachanlagen *fpl*
assign *v* **a batch number** *(Dok)* eine Chargennummer vergeben
assign *v* **a number** *(Dok)* eine Nummer zuordnen
assign *v* **a patent** *(Reg)* ein Patent abtreten
assigned functions übertragene Aufgaben *fpl*, übertragene Funktionen *fpl*
assignment of a patent *(Reg)* Erteilung *f* eines Patents
assignment of batch numbers *(Dok)* Chargennummernvergabe *f*
assignment of responsibility for Festlegung *f* [Zuweisung *f*] der Verantwortlichkeit für
assimilate *v* anpassen
assure *v* sichern, sicherstellen, garantieren
assured quality zugesicherte Qualität *f*
astringent Adstringens *n*, adstringierendes Mittel *n*
at rest *(Tech)* im Ruhezustand
atmospheric contaminant Schmutzstoff *m* in der Luft, Luftverunreinigung *f*
atmospheric moisture Luftfeuchtigkeit *f*
atmospheric pollution Luftverschmutzung *f*, Luftverunreinigung *f*
atmospheric pressure Atmosphärendruck *m*, Luftdruck *m*
atomisation *(BE)* Zerstäubung *f*
atomise *v (BE)* verstäuben, zerstäuben, versprühen *(Feststoffe)*
atomiser *(BE)* Sprüher *m*, Versprüher *m*, Atomisator *m*, Zerstäuber *m (Feststoffe)*
atomization *(AE)* Zerstäubung *f*
atomize *v (AE)* verstäuben, zerstäuben, versprühen *(Feststoffe)*
atomizer *(AE)* Sprüher *m*, Versprüher *m*, Atomisator *m*, Zerstäuber *m (Feststoffe)*
attach *v* 1. anbringen, anfügen; 2. *(Chem)* anlagern
attachment 1. Anhang *m*, Zusatzteil *n*; 2. *(Chem)* Anlagerung *f*
attenuate verdünnen
attenuated abgeschwächt
attenuated pathogen abgeschwächter Erreger *m*
attenuation 1. Abschwächung *f (Wirkstoffe)*; 2. Verdünnung *f (Lösungen)*
attenuator regulation *(Biot)* Abschwächungsregulation *f*
attrition *(Tech)* Abreiben *n*, Abrieb *m*, Abtragung *f*, Schleifabnutzung *f*
audit Audit *n* • **for-cause audit** Audit aus gegebenem Anlass
audit conclusion Auditschlussfolgerung *f*
audit criteria Auditkriterien *npl*
audit findings Auditfeststellung *f*
audit trail *(Dok)* Auditweg *m*, Prüfungspfad *m*

auger Einzugsschnecke *f*
auger filler Schneckendosierer *m*, Schneckendosiermaschine *f*
auger weigher Schneckenwaage *f*
authorisation *(BE) (Reg)* Genehmigung *f*, Zulassung *f*
authorisation for marketing *(BE) (Reg)* Zulassungsverfahren *n*
authorisation profile *(BE)* Berechtigungsprofil *n*
authorise *(BE)* 1. autorisieren, bevollmächtigen; 2. genehmigen, zulassen, annehmen
authorised *(BE)* berechtigt, ermächtigt, genehmigt
authorised access *(BE)* berechtigter Zugang *m*, berechtigter Zugriff *m*
authorised drug product *(BE)* genehmigtes [zugelassenes] Arzneimittel *n*
authorised person *(AE)* autorisierte Person *f*
authorised personnel *(BE)* befugtes [berechtigtes] Personal *n*
authorised product *(BE)* zugelassenes Produkt *n*
authorised to access *(BE)* zugangsberechtigt, zugriffsberechtigt, zutrittsberechtigt
authority 1. Behörde *f*; 2. Verantwortlichkeit *f*, Befugnis *f* • **by authority** mit amtlicher Genehmigung
authorization *(AE) (Reg)* Genehmigung *f*, Zulassung *f*
authorization for marketing *(AE) (Reg)* Zulassungsverfahren *n*
authorization profile *(AE)* Berechtigungsprofil *n*
authorize *v (AE)* 1. autorisieren, bevollmächtigen; 2. genehmigen, zulassen, annehmen
authorized *(AE)* berechtigt, ermächtigt, genehmigt
authorized access *(AE)* berechtigter Zugang *m*, berechtigter Zugriff *m*
authorized drug product *(AE)* genehmigtes [zugelassenes] Arzneimittel *n*
authorized person *(AE)* autorisierte Person *f*
authorized personnel *(AE)* befugtes [berechtigtes] Personal *n*
authorized product *(AE)* zugelassenes Produkt *n*
authorized to access *(AE)* zugangsberechtigt, zugriffsberechtigt, zutrittsberechtigt
autoclavability *(Ster)* Autoklavierbarkeit *f*
autoclavable *(Ster)* autoklavierbar
autoclave *v (Ster)* autoklavieren, im Autoklaven behandeln, sterilisieren
autoclave *(Ster)* Autoklav *m*, Sterilisator *m*
autoclave basket *(Ster)* Korbeinsatz *m* für Autoklaven
autoclave chamber *(Ster)* Sterilisierkammer *f*
autoclave steriliser *(BE)*, **autoclave sterilizer** *(AE) (Ster)* Autoklav *m*, Drucksterilisator *m*
autoclave tapes *(Ster)* Autoklavierbänder *npl*
autoclaving *(Ster)* Autoklavenbehandlung *f*, Autoklavieren *n*
autoinjector Auto-Injektor *m*
autologous system autologes System *n*
automatic intermittant rotary unit *(Tech)* Rundtaktautomat *m*
automatic zero burette Bürette *f* mit automatischer Nullpunkteinstellung
autotaring Autotarierung *f*
auxiliary material Hilfsstoff *m*
auxiliary substrate *n* Hilfssubstrat *n*
availability 1. Verfügbarkeit *f*; Aufnehmbarkeit *f (z. B. von Nährstoffen)*; 2. Betriebsbereitschaft *f*, Einsatzfähigkeit *f*
available 1. verfügbar, erhältlich; 2. *(Tech)* betriebsbereit, einsatzfähig
available on prescription only verschreibungspflichtig
available stock *(Log)* verfügbarer Bestand *m*
average durchschnittlich, mittlere, mittlerer, mittleres, mittel…
average Durchschnitt *m*, Mittelwert *m* • **on average** im Durchschnitt
average yield Durchschnittsausbeute *f*
avoid *v* vermeiden, umgehen
axial sealing ring Gleitringdichtung *m*

B

Bach's Flowers Bachblüten *fpl (Heilpflanzen)*
bacillary bazillär, durch Bazillen hervorgerufen; Bazillen…; Bakterien…

bacillus Bazillus *m*, Stäbchenbakterie *f*; sporenbildendes grampositives Bakterium *n (allgemein)*
back end Nachlauf *m (Destillation)*
back flow Rückfluss *m*
back-flow valve *(Tech)* Rückschlagventil *n*, Rückstromventil *n*
back order *(Wi)* nicht rechtzeitig ausgeführter Auftrag *m*, noch nicht gelieferter Auftrag *m*
back pressure Gegendruck *m (Chromatographie)*
back-siphonage Abwasserrückfluss *m (Rückstau)*
back-up stack *(Verp)* Nachlegestapel *m*
back titration Rücktitration *n*, Rücktitrieren *n*
backlighting procedure *(Qual, Tech)* Durchlichtverfahren *n*
backup data *(Dok)* gesicherte Daten *pl*
backup tank Reservetank *m*
bacteria retaining filter Bakterienfilter *n(m)*, bakteriendichtes Filter *n(m)*
bacteria-tight bakteriendicht
bacterial bakteriell, Bakterien...
bacterial attack Bakterieneinwirkung *f*
bacterial content Keimgehalt *m*
bacterial count *(Mikro)* Keimzahl *f (je Probenmenge)*
bacterial count determination *(Mikro)* Keimzahlbestimmung *f*
bacterial culture *(Mikro)* Bakterienkultur *f*
bacterial degradation *(Biot)* bakterieller Abbau *m*
bacterial filter Bakterienfilter *n(m)*, Sterilfilter *n(m)*
bacterial growth Bakterienwachstum *n*
bacterial growth medium Bakterien-Nährmedium *n*
bacterial number Keimzahl *f (je Probenmenge)*
bacterial preparation Bakterienpräparat *n*, bakterieller Impfstoff *m*
bacterial retention study *(Mikro, Ster)* Bakterienrückhaltetest *m*
bacterial sterile filter *(Ster)* Bakterienfilter *n (m) (Sterilisationsgerät)*
bacterial strain Bakterienstamm *m*
bactericidal bakterizid, bakterientötend, keimtötend
bactericide Bakterizid *n*, antibakterieller Wirkstoff *m*, bakterientötende Substanz *f*, antibakterielles Arzneimittel *n*
bacteriological count Keimzahl *f (je Probenmenge)*
bacteriological filter Bakterienfilter *n(m)*, bakterienundurchlässiges Filter *n(m)*
bacteriolysis Bakteriolyse *f*, Bakterienauflösung *f*
bacteriostasis Bakteriostase *f*, Bakteriostasis *f (Wachstumshemmung von Bakterien)*
bacterium Bakterium *n*, Bakterie *f*
bacto-strip method Bacto-strip-Verfahren *n (zur Keimzahlbestimmung)*
baffle 1. *(Tech)* Prallblech *n*, Schikane *f*, Lenkblech *n*, Umlenkblech *n*; 2. Trennwand *f*, Zwischenwand *f*
baffle guides *(Tech)* Schikanenführung *f*
bag *v* in Beutel verpacken
bag Beutel *m*, Sack *m*, Schlauch *m*
bag filter Filtersack *m (des Wirbelschichtgranulators)*
bag in bag *(Verp)* Beutel *m* in Außenbeutel *(doppelt verpackt)*
bag seam *(Verp)* Beutelnaht *f*
bake *v (Tech)* wärmebehandeln, mit Hitze behandeln oder trocknen
baking 1. Wärmebehandlung *f*, Hitzebehandlung *f*, thermische Behandlung *f*, Trockenhitzebehandlung; 2. Trocknen *n*, Trocknung *f* (durch Wärme), Wärmetrocknung *f*
balance *v* austarieren, ausgleichen, bilanzieren
balance 1. Waage *f*; 2. Gleichgewicht *n*, Bilanz *f*, Rest *m*
balance beam Waagebalken *m*
balanced ausgewogen, ausgeglichen
balanced growth *(Mikro)* ausgewogenes Wachstum *n*
balanced state Gleichgewichtslage *f*, Gleichgewichtszustand *m*
ball mill *(Lab)* Kugelmühle *f*
ball valve Kugelventil *n*
ballbearing Kugellager *n*
balloon flask *(Lab)* Kurzhalsrundkolben *m*
balneotherapeutic(al) drug *(Med)* Balneotherapeutikum *n*
balsam *(Med)* Wundbalsam *m*, Balsam *m*

band Banderole *f*
band-aid *(AE)* Pflaster *n*, Heftpflaster *n*
band balance Bandwaage *f*
band height Steghöhe *f (Tabletten)*
band spectrum *(Lab)* Bandenspektrum *n (Spektroskopie)*
band widening Bandverbreiterung *f*
bandage *(Med)* Verband *m*
banderol Banderole *f*
bandwidth Bandbreite *f (Spektroskopie)*
bar *v* sperren, verriegeln, abriegeln
bar *(Tech)* Stange *f*, Gestänge *n*
bar chart Balkendiagramm *n*
bar code Strichcode *m*
bar code label *(Verp)* Strichcodeetikett *n*
bar graph Balkendiagramm *n*, Säulendiagramm *n*, Stabdiagramm *n*
bar grizzly Stangensiebrost *m*, Siebrost *m*, Stabsiebrost *m*
bar mill Disintegrator *m*, Schleudermühle *f*, Schlagkorbmühle *f*
bar screen Stangenrostsieb *n*
barbiturate *(Med)* Schlafmittel *n*
barrel Fass *n*
barrel blender Trommelmischer *m*
barrel mixer Trommelmischer *m*
barrier *(Ster)* Barriere *f*, (physische) Abtrennung *f*
barrier cream Arbeitsschutzsalbe *f*
barrier layer Sperrschicht *f*
barrier to entry *(Verp)* Zugangsbarriere *f*
base 1. *(Tech)* Untergestell *n*, Sockel *m*; 2. Grundlage *f*, Basis *f*, Unterseite *f*; 3. *(Chem)* Base *f*, Lauge *f*
base coat Grundierung *f*
base film *(Verp)* Bodenfolie *f*
base line Basislinie *f*
base web *(Verp)* Bodenfolie *f*
basic 1. basisch, alkalisch; Base(n)...; 2. grundlegend, Grund...; Basis...; 3. basilar
basic price Basispreis *m*, Grundpreis *m*
basic research Grundlagenforschung *f*
basic specification Grundspezifikation *f*
basil Basilikum *n (Heilpflanze)*
basin Becken *n*, Schale *f*, Schüssel *f*, Wanne *f*
basis Basis *f*, Grundlage *f*, Grundbestandteil *m* • **on a continuing basis** auf Dauer, dauerhaft
basis solution *(Chem)* Grundlösung *f*
basket apparatus *(Chem, Tech)* Korbgerät *n* zur Freisetzungsprüfung
basket centrifuge *(Lab)* Korbzentrifuge *f*, Trommelzentrifuge *f*
batch *v* 1. einsetzen, zuteilen *(eine bestimmten Menge)*; 2. abmessen, dosieren; 3. durchsetzen *(eine bestimmte Menge)*
batch diskontinuierlich arbeitend, chargenweise arbeitend, periodisch [unstetig] arbeitend *(Anlage, Maschine oder Betrieb)*
batch Ansatz *m*, Charge *f*, Posten *m*, Partie *f*, Einlage *f*, Einsatz *m*, Beschickung *f*, Ladung *f*, Füllung *f* • **in batches** chargenweise
batch analysis diskontinuierliche Analyse *f*
batch control Chargenkontrolle *f*
batch control record *(Dok)* Chargenprüfprotokoll *n*
batch count device Zählgerät *n*, Chargenzählgerät *n*
batch culture *(Mikro)* statische [diskontinuierliche] Kultur *f*, Batch-Kultur *f*
batch dryer *(Tech)* Chargentrockner *m*
batch formula Chargenformel *f*, Chargenzusammensetzung *f*
batch identification *(Dok)* Chargenkennzeichnung *f*
batch mixer Chargenmischer *m*, satzweise arbeitender Mischer *m*
batch number *(Dok)* Chargennummer *f*, Chargenbezeichnung *f*
batch number coding Chargenbezeichnungsschlüssel *m*
batch operation diskontinuierlicher Betrieb *m*, periodische Arbeitsweise *f*, Chargenbetrieb *m*
batch packaging record *(Dok)* Verpackungsprotokoll *n*
batch process diskontinuierliches Verfahren *n*, Chargenverfahren *n*
batch processing record *(Dok)* Herstellungsprotokoll *n*
batch production record *(Dok)* Chargenherstellungsprotokoll *n*
batch production record review *(Dok)* Überprüfung *f* der Chargenherstellungsprotokolle
batch record Chargenprotokoll *n*, Chargendokumentation *f*
batch-related chargenbezogen
batch-related printing chargenbezogener Aufdruck *m*

batch release Chargenfreigabe *f*
batch size Chargengröße *f*, Losgröße *f*
batch-to-batch consistency Chargenkonsistenz *f*, dauerhafte Chargenkonsistenz *f*
batch uniformity Chargeneinheitlichkeit *f*
batch where-used list Chargenverwendungsnachweis *m*
bayonet connection Bajonettverschluss *m*
be *v* **miserable** sich schlecht [elend] fühlen
beaker Becherglas *n*, Becher *m*
beaker cover *(Lab)* Uhrglasschale *f*
beaker-cover glass *(Lab)* Uhrgläschen *n*, Uhrglasschale *f*
beaker flask weithalsiger Erlenmeyerkolben *m*
beam balance Balkenwaage *f*
bearing strength Tragfähigkeit *f*
behavior *(AE)*, **behaviour** *(BE)* Verhalten *n*
behind-the-counter drug apothekenpflichtiges Arzneimittel *n*
bellows *(Tech)* Faltenbalg *m*
belt Band *n*, Gurt *m*, Riemen *m*, Treibriemen *m*
belt conveyor *(Tech)* Bandförderer *m*, Gurtbandförderer *m*
belt drive *(Tech)* Keilriemenantrieb *m*
belt dryer Bandtrockner *m*, Bahnentrockner *m*
belt filter Bandfilter *n(m)*, Umlauffilter *n(m)*
belt press *(Tech)* Bandfilterpresse *f*
belt speed *(Tech)* Bandgeschwindigkeit *f*
belt-type vacuum filter Vakuumbandfilter *n(m)*, Bandfilter *n(m)*, Trommmelfilter *n(m)*
belt weigher Bandwaage *f*
bench scale Labormaßstab *m (für Prozesse oder Versuche)*
bench-scale experiment Kleinversuch *m*, Laborversuch *m*
bench sink Ausflussbecken *n*, Ausgussbecken *n*, Spülbecken *n*
bench top Labortisch *m*, Arbeitstisch *m*
bench-top instrument Labortischgerät *n*
bend *(Tech)* Biegung *f*
benefit assessment Nutzenbewertung *f* eines Arzneimittels
benefit-cost analysis *(Wi)* Nutzen-Kosten-Analyse *f*
benefit-risk assessment *(Wi)* Nutzen-Risiko-Bewertung *f*
benign gutartig, unschädlich, harmlos
beta adrenergic blocker *(Med)* Betarezeptorenblocker *m*
beta blocker *(Med)* Betarezeptorenblocker *m*, Betablocker *m*
biconvex bikonvex
bilayer membrane Doppelmembran *f*
bin Behälter *m*, Silo *M (n)*, Bunker *m*, Speicher *m*
binary nozzle *(Tech)* Zweistoffdüse *f*
binder *(Chem)* Bindemittel *n*, Binder *m*
binder type *(Chem)* Bindemitteltyp *m*, Bindemittelart *f*
binding verbindlich, verbindfähig
binding agent *(Chem)* Bindemittel *n*
binding test verbindlicher Test *m*
bio-compatibility Biokompatibilität *f*, Bioverträglichkeit *f*
bio-equivalence Bioäquivalenz *f*
bioassay Bioassay *m*, Biotest *m*, biologische Untersuchung *f*, Untersuchung *f* mit lebendem Material, quantitative biologische Analyse *f*
bioavailability Bioverfügbarkeit *f*
bioburden mikrobielle Belastung *f*, Keimbelastung *f*, Verkeimung *f*, Gesamtkeimzahl *f*
biocatalyst Biokatalysator *m*
biochemical Biochemikalie *f*
biochemical activity biochemische Wirksamkeit *f*
biochemical analysis biochemische Analyse *f*
biochemical engineering biochemische Verfahrenstechnik *f*
bioconversion *(Biot)* Biotransformation *f*, Biokonversion *f*, mikrobielle Transformation *f*
biodegradability biologische Abbaubarkeit *f*
biodegradable biologisch abbaubar
biodegradation biologischer Abbau *m*
biodegrade *v* biologisch abbauen
biofilter Biofilter *n(m)*, biologisch arbeitendes Filter *n(m)*
biogenesis Biogenese *f*
biogenic biogen, von lebenden Organismen gebildet
biogenous biogen
biohazard Biogefahr *f*, Gefahr *f* durch biologische Stoffe

biohazard cabinet Biosicherheitsraum *m*
bioindicator Bioindikator *m*, biologischer Indikator *m*, Indikatororganismus *m*, Zeigerort *f*
biologic biologisches Arzneimittel *n*
biologic(al) biologisch
biological active pharmaceutical ingredient biologischer (pharmazeutischer) Wirkstoff *m*
biological activity biologische Wirksamkeit *f*
biological analysis biologische Analyse *f*
biological chemistry biologische Chemie *f*, Biochemie *f*
biological cycle biologischer Kreislauf *m*
biological decomposition biologischer Abbau *m*
biological drug product biologisches Arzneimittel *n*
biological effect biologische Wirkung *f*
biological indicator Bioindikator *m*, biologischer Indikator *m*
biological process biologischer Prozess *m*
biological production process biotechnologisches Verfahren *n*, biotechnologisches Produktionsverfahren *n*
biological washing agent *(Lab)* Biowaschmittel *n*
biologically degradable biologisch abbaubar
biomass *(Biot)* Biomasse *f*
biomedical biomedizinisch
biomedicine Biomedizin *f*
biopharmaceutical Biopharmazeutikum *n*, biologisches Arzneimittel *n*
biopreparation Biopräparat *n*, biologisches Präparat *n*
bioprocess engineering *(Biot)* biotechnologische Verfahrenstechnik *f*
bioproduct *(Biot)* Bioprodukt *n*, biologisches Produkt *n*
bioprospecting Bioprospektion *f*, Bioerkundung *f (Suche nach Naturstoffen zur Nutzung in der Pharmaindustrie)*
biosafety biologische Sicherheit *f*
biosafety cabinet Biosicherheitswerkbank *f*
biosafety laboratory Biosicherheitslabor *n*
biosensor Biosensor *m*
biosynthesis Biosynthese *f*
biotechnical synthesis biotechnische Synthese *f*
biotechnological biotechnologisch
biotechnological process biotechnologischer Prozess *m*
biotechnologics biologische Arzneimittel *npl*, biologische Präparate *npl*, biotechnologische Produkte *npl*
biotechnology Biotechnologie *f*
biotechnology-derived proteins biotechnologisch veränderte Proteine *npl*
birch juice *(Med)* Birkenwasser *n*
bitter component Bitterstoff *m*
blade Flügelrad *n*, Schaufel *f*, Flügel *m*, Messer *n*
blade mixer *(Tech)* Schaufelmischer *m*, Flügelmischer *m*, Flügelrührwerk *n*
blade stirrer *(Tech)* Flügelrührer
blank Leerwert *m*, Blindwert *m*
blanking Ausstanzen *n*
blast Gebläsewind *m*, Gebläseluft *f*
bleeding *(Med)* Blutung *n*
blend *v* mischen, vermischen, zusammenmischen
blend Mischung *f*, Vermischung *f*
blended mixture Mischgut *n*
blender Mischer *m*, Mischmaschine *f*
blending Mischen *n (von Material)*
blending agent Mischzusatzstoff *m*, Zusatzmittel *n*
blending cycle Mischzyklus *m*
blinded product *(Med)* verblindetes Präparat *n*
blinding 1. Vermischung *f*, Vermengen *n*; 2. Verblindung *f (Prüfpräparat)*
blister 1. Blister *m*, Blase *f*, Gasblase *n*; 2. *(Verp)* Blister *m*, Durchdrückpackung *f*
blister accumulator *(Verp)* Blisterspeicher *m*
blister line *(Verp)* Tiefziehmaschine *f*
blister machine *(Verp)* Thermoformer *m*
blister magazine *(Verp)* Blistermagazin *n*
blister output *(Verp)* Blisterausstoß *m*
blister package *(Verp)* Blisterverpackung *f*
blister pack(aging) *(Verp)* Blisterverpackung *f*
blister puffer *(Verp)* Blisterpuffer *m*
blister strip *(Verp)* Blistersteifen *m*
block *v* sperren
block valve Absperrventil *n*
blocked status *(Qual)* Quarantänestatus *m (Waren)*

blocked stock *(Log, Qual)* gesperrter Bestand *m*, Quarantänebestand *m* *(Waren)*
blocker Hemmstoff *m*
blocking valve *(Tech)* Sperrventil *n*
blood Blut *n*
blood cell Blutzelle *f*, Blutkörperchen *n*, Hämozyt *m*
blood coagulation Blutgerinnung *f*
blood collection *(Med)* Blutentnahme *f*
blood constituent Blutbestandteil *m*
blood corpuscle Blutkörperchen *n*
blood count *(Med)* Blutbild *n*
blood culture *(Mikro, Lab)* Blutkultur *f*, Hämokultur *f*
blood donor Blutspender *m*
blood plasma Blutplasma *n*
blood plasma product Blutplasmaderivat *n*
blood pressure *(Med)* Blutdruck *m*
blood pressure depressant Antihypertonikum *n*, Blutdruck senkendes Arzneimittel *n*
blood product Blutprodukt *n*
blood sample *(Med)* Blutprobe *f*
blood serum Blutserum *n*, Serum *n*
blood specimen Blutprobe *f* • **take a blood specimen** eine Blutprobe entnehmen
blood substitute *(Med)* Blutersatz *m*
blood sugar Blutzucker *m*
blossoms *(Biol, Med)* Blüten *fpl*
blot *v* abtupfen
blotting paper *(Lab)* Fließpapier *n*
blow *v* blasen, drücken *(Gas in eine Flüssigkeit)*
blow/fill/seal technology *(Ster)* Blasen-/Befüllen-/Versiegeln-Technologie *f*
blower Gebläse *n*, Lüfter *m*, Ventilator *m*
blow-molding *(AE)*, **blow-moulding** *(BE)* Blasverfahren *n*
blow-out pipette *(Lab)* Ausblaspipette *f*
blue dye bath test *(Lab)* Blaubadtest *m*
blue silica gel *(Chem)* Blaugel *n*
board Pappe *f*, Karton *m*
body 1. Stoff *m*, Substanz *f*; 2. Körper *m*, Gehäuse *n*
body cell Körperzelle *f*
body dose *(Med)* Körperdosis *f*
body fluid Körperflüssigkeit *f*
body of the capsule *(Tabl)* Kapselunterteil *n*
boil *v* sieden, kochen
boil *v* **down** eindampfen, eindicken, dickflüssig machen
boiler 1. Destillationsgebläse *n*, Destillierblase *f*; 2. Dampferzeuger *m*, Kessel *m*
boiler tube *(Chem, Tech)* Siederohr *n*
boiling capillary Siedekapillare *f*
boiling point Siedepunkt *m*
bolt Maschinenschraube *f*, Bolzen *m*
bolt-head flask *(Lab)* Kurzhalsrundkolben *m*
bond *v* binden, sich verbinden, eine Bindung eingehen, verkleben
bond Verbindung *f*, Klebung *f*
bonding Verbinden *n*, Verkleben *n*
bonding agent Bindemittel *n*, bindender Zusatz *m*
bonding force Klebekraft *f*, Haftfähigkeit *f*
bonding material Bindematerial *n*, Verbindungsmaterial *n*
bone *(Med)* Knochen *m*; Knochengewebe *n*; Knochensubstanz *f*
borosilicate glass *(Verp)* Borosilikatglas *n*
botanical *(Med)* pflanzliches Heilmittel *n*
bottle *v* *(Verp)* Flaschen befüllen
bottle Flasche *f*
bottle bank *(Verp)* Flaschencontainer *m*
bottle cap *(Verp)* Flaschenverschluss *m*
bottle-closing [sealing] machine *(Verp)* Flaschenverschließmaschine *f*
bottom-driven centrifuge Stehzentrifuge *f*
bottom-fold sachet *(Verp)* Bodenfaltenbeutel *m*
bottle glass *(Verp)* Flaschenglas *n*
bottling machine Flaschenbefüllmaschine *f*
bottom discharge 1. Bodenentleerung *f*, Untenentleerung *f*; 2. Bodenauslass *m*
bottom screen Bodensieb *n*
bottom settling Bodensatz *m*, Ablagerung *f*, Niederschlag *m* *(in einer Flüssigkeit)*
bottom side Unterseite *f*
bottom spray tablet coating *(Tabl)* Beschichtung *f* von unten
bottom valve Bodenventil *n*
bound insulin gebundenes Insulin *n*
bound moisture gebundene Feuchtigkeit *f*

bowl Schale *f*, Becken *n*, Schüssel *f*
bowl centrifuge *(Tech)* Trommelzentrifuge *f*
box Kiste *f*, Schachtel *f*
box closer *(Verp)* Schachtelverschließmaschine *f*
branch Zweigstelle *f*, Außenstelle *f*, Filiale *f*
branch of trade Branche *f*, Industrie *f*, Industriezweig *m*
brand (name) *(Mark)* Markenname *m*
brand named product Markenprodukt *n*
break *v* zerbrechen, brechen
break *v* **a law** gegen ein Gesetz verstoßen
break *v* **a rule** eine Vorschrift verletzen
break *v* **an ampoule** eine Ampulle (auf)brechen
break *v* **apart** auseinander brechen
break point Bruchpunkt *m (bei Ampullen)*; Sollbruchstelle *f*
break-ring *(Verp)* Brechring *m*
breakable zerbrechlich
breakage Bruch *m*
breakage of glassware Glasbruch *m*
breakdown 1. Analyse *f*; 2. *(Tech)* Betriebsstörung *f*, Maschinenausfall *m*, technischer Ausfall *m*
breaking notch Kreuzbruchkerbe *f*, Bruchrille *f*
breaking strength 1. Bruchstärke *f*, Bruchfestigkeit *f*; 2. Reißfestigkeit *f*
bring *v* **to market** vermarkten
brittle spröde, zerbrechlich, brüchig
brittleness Sprödigkeit *f*, Brüchigkeit *f*
broad-range antibiotic *(Med)* Breitspektrum-Antibiotikum *n*
broad-spectrum antibiotic *(Med)* Breitband-Antibiotikum *n*
broadening Erweiterung *f*, Ausdehnung *f*, Vergrößerung *f*
brochure Prospekt *n*, Broschüre *f*
broken seal aufgebrochenes Siegel *n*
bronchodilator inhalant *(Med)* bronchuserweiterndes Mittel *n*
broncholytic *(Med)* Broncholytikum *n*
broth *(Mikro, Biot)* Nährlösung *f*, Kulturlösung *f*
bubble Blase *f*
bubbler *(Tech)* Druckmischer *m*, Barboteur *m*, Gasspüler *m*; Waschflasche *f*
Buchner funnel Nutsche *f*
bucket Becher *m*, Eimer *m*, Kübel *m*
buffer Puffer *m*
buffer component Pufferbestandteil *m*
buffer solution Pufferlösung *f*
buffering capacity Pufferkapazität *f*
bulb Ballon *m*, Kolben *m*, kugelförmiges Gefäß *n*
bulb pipette *(Lab)* Vollpipette *f*
bulk lose
bulk 1. Masse *f*, Menge *f*, Großmenge *f*; 2. Bulkware *f*
bulk blend Gemenge *n*
bulk compounding Bulkmischung *f*
bulk density *(Tech)* Schüttdichte *f*, Rohdichte *f*
bulk formulated product zubereitetes Produkt in unverpackter Form
bulk manufacturing Bulkherstellung *f*
bulk material Schüttgut *n*, Bulkmaterial *n*, Füllgut *n*
bulk-packaged drug product Bulkarzneimittel *n*
bulk packaging *(Verp)* Vorratsverpackung *f*
Bulk Pharmaceutical Chemicals *(Abk.: BPC)* Wirkstoff *m (Rohstoff)*
Bulk Pharmaceutical Excipient *(Abk.: BPE)* pharmazeutischer Hilfsstoff *m (Bulkware)*
bulk pharmaceuticals pharmazeutische Bulkware *f*
bulkhead connection Schottverschraubung *f*
bulking agent Füllstoff *m*, Füllmaterial *n*
bumping stick *(Lab)* Siedestab *m*
bundle *v* bündeln
bundle Gebinde *n*
bundle size Gebindegröße *f*
bundling machine *(Tech)* Bündelpacker *m*
Bunsen burner *(Lab)* Bunsenbrenner *m*
Bunsen funnel Bunsentrichter *m*
burette Bürette *f*
burette clamp Bürettenklemme *f*, Bürettenhalter *m*
burette stopcock Bürettenabsperrhahn *m*
business Betrieb *m*
business planning Geschäftsplanung *f*
business ratio *(Wi)* Kennzahl *f*
business transaction Geschäftsvorfall *m*
business unit Geschäftseinheit *f*
butterfly choke Drosselventil *n*

butterfly valve Drosselklappe *f*, Regelklappe *f*, Klappenventil *n*
buyer Einkäufer *m*, Einkäuferin *f*
by-pass governor *(Tech)* Umlaufregeler *m*
by-product Nebenprodukt *n*, Beiprodukt *n*

C

cabinet dryer *(Tech)* Kammertrockner *m*
cable Kabel *n*
cable clamp Kabelklemme *f*
cable duct Kabelkanal *m*
cable lug Kabelschuh *m*
cable shoe Kabelschuh *m*
cable terminal *(Tech)* Kabelklemme *f*
cage 1. Seiher *m (Seiherpresse)*; 2. Käfig *m*
cake filter Rückstandsfilter *n(m)*, Schlammfilter *n(m)*
cake filtration Schlammfiltration *f*, Scheidefiltration *f*
calculate *v (Fin)* berechnen, kalkulieren, ermitteln
calculated kalkuliert
calculated excess kalkulierter Überschuss *m (eines Ausgangsstoffes)*
calculation *(Math)* Berechnung *f*
calculation error *(Math)* Rechenfehler *m*
calculation of yield *(Wi)* Ausbeuteberechnung *f*
calendar pack *(Verp)* Kalenderpackung
calibrate *v* kalibrieren, graduieren
calibrated pipette *(Lab)* Vollpipette *f*
calibration Kalibrierung *f*, Kalibrieren *n*
calibration certificate Kalibrierschein *m*, Kalibrierzertifikat *n*
calibration equipment Kalibriereinheit *f*, Prüfmittel *n (Kalibrierung)*
calibration interval Kalbrierintervall *m*, Kalibrationsintervall *m*
calibration lab(oratory) Kalibrierlabor *n*
calmative (agent, drug) *(Med)* Beruhigungsmittel *n*
calorimeter Kalorimeter *n*
cam 1. *(Tabl)* Kurve *f (Tablettenpresse)*; 2. *(Tech)* Nocke *f*
cam box *(Tech)* Nockenlaufwerk *n*
cam shaft *(Tech)* Nockenwelle *f*
camera control system Kamerakontrollsystem *n*
camera inspection system *(Tech, Verp)* Kameraüberwachungssystem *n*
camera-monitored kameraüberwacht
camomile Kamille *f (Heilpflanze)*
can *v* dosenbefüllen, in Dosen abfüllen
can 1. *(AE)* Dose *f*; 2. Walze *f (Walzentrockner)*
cancel *v* **an order** einen Auftrag stornieren
cancellation of a patent Aufhebung *f* eines Patents
cancer Krebs *m*, Krebsgeschwulst *f*, Karzinom *n*
cancer-causing krebserzeugend
cancer-producing krebserzeugend
cancerogenic krebserzeugend
cap *v* 1. deckeln *(Tabletten)*; 2. falzen, verbördeln
cap Verschluss *m*, Deckel *m*
cap of the capsule Kapseloberteil *n*
cap with temper evident closure *(Verp)* Kappe *f* mit Originalitätsverschluss
capacitor Kondensator *m*
capacity 1. Kapazität *f*, Fassungsvermögen *n*, Aufnahmevermögen *n*; 2. Inhalt *m*; 3. Leistungsvermögen *n*, Durchsatz *m*
capillary Kapillare *f*
capillary tube *(Lab)* Röhrchen *n*
capper *(Verp)* Bördelmaschine *f*
capping machine *(Verp)* Bördelmaschine *f*, Verschließmaschine *f*
capsule Kapsel *f*, Hülle *f*, Umhüllung *f*
capsule filling Kapselbefüllung *f*
capsule filling machine Kapselfüllmaschine *f*
capsule polisher Kapselpoliergerät *n*
capsule shell Kapselhülse *f*
capsule size Kapselgröße *f*, Kapselformat *n*
carbohydrate Kohlenhydrat *n*
carbon dioxide Kohlendioxid *n*
carbon filter Kohlefilter *n(m)*
carboxylic acid Karbonsäure *f*
carcinogen Karzinogen *n*, karzinogener Stoff *m*
carcinogenic karzinogen, kanzerogen, krebserregend
carcinogenicity Karzinogenität *f*, krebserregende Wirkung *f*
cardboard *(Verp)* Pappe *f*
cardboard box Karton *m*

cardboard properties Kartoneigenschaften *fpl*
cardiac-active, **cardioactive** herzaktiv, herzwirksam
cardiac stimulant *(Med)* Herzmittel *n*
cardiatic remedy *(Med)* Kardiakum *n*
cardiatic stimulant *(Med)* Kardiakum *n*
cardiotonic *(Med)* Kardiotonikum *n*, die Herzmuskulatur stärkendes Mittel *n*
cardiovascular drug *(Med)* Herz-Kreislauf-Medikament *n*
cardiovascular system *(Med)* Herz-Kreislauf-System *m*
care Sorgfalt *f*, Vorsicht *f*
careful sorgfältig, sorgsam
carminative *(Med)* Karminativum *n*, blähungstreibendes Mittel *n*
carrier 1. Träger *m*, Überträger *m*, Trägerstoff *m*; 2. Spediteur *m*, Transportunternehmen *n*
carrier foil *(Verp)* Trägerfolie *f*
carrier gas Trägergas *n*
carry *v* **out trainings** Trainings durchführen, Trainings abhalten
carry *v* **through** durchführen
carryover, **carry-over** 1. *(Math)* Übertrag *m*; 2. Verschleppen *n* einer Substanz in die andere, Mitreißen *n*, Überleiten *n*
carton *v* kartonieren
carton 1. Karton *m*, Faltschachtel *f*; 2. *(Verp)* Kartonmaterial *n*
carton blank *(Verp)* Faltschachtelzuschnitt *m*
carton closing machine *(Verp)* Schachtelverschließmaschine *f*
carton erecting machine *(Verp)* Schachtelaufrichtmaschine *f*
carton erector *(Verp)* Schachtelaufrichter *m*
carton size *(Verp)* Faltschachtelgröße *f*
cartoner *(Tech, Verp)* Kartonierer *m*
cartoning machine *(Tech, Verp)* Kartoniermaschine *f*, Kartonierer *m*
cartoning technology *(Verp)* Kartoniertechnik *f*
cartridge 1. Kartusche *f*, Karpule *f*, Patrone *f*; 2. Filtereinsatz *m*
cartridge filter Kerzenfilter *n(m)*
cascade dryer Kaskadentrockner *m*
cascade evaporator Kaskadenverdampfer *m*, Mehrstufenverdampfer *m*
cascade transfer *(Verp)* Stufenableger *m*
case 1. Kiste *f*; 2. Fall *m*
case history *(Med)* Krankengeschichte *f*
case report form Prüfbogen *m*
case-packing machine *(Verp)* Bündelpacker *m*
case study Fallstudie *f*
casing *(Tech)* Gehäuse *n*, Verkleidungsblech *n*
cask Fass *n*, Tonne *f*, Bottich *m*
cast molding *(AE)*, **cast moulding** *(BE)* *(Ster)* Gieße *f*, gegossenes Formteil *n*
cast steel Guss-Stahl *m*
caster *(Tech)* Laufrolle *f*, Rolle *f*, Lenkrolle *f*
catalyst Katalysator *m*
catch basin Sinkkasten *m*
catcher *(Tech)* Auffänger *m*, Abscheider *m*
cathartic *(Med)* Kathartikum *n*, Abführmittel *n*
cation Kation *n*
cation exchanger Kationentauscher *m*
cation exchanger chromatography Kationentauscherchromatographie *f*
cause *v* 1. *(Med)* erregen; 2. hervorrufen, verursachen
cause study Ursachenforschung *f*
cause *v* **variability** Schwankungen verursachen
caution mark Gefahrgutetikett *n*, Gefährdungshinweis *m*
cavity *(Verp)* Napf *m*, Kavität *f*
CE marking *(Tech)* CE-Kennzeichnung *f*
cell 1. Zelle *f*; 2. Kammer *f*, Raum *m*
cell changer Küvettenwechsler *m*
cell culture Zellkultur *f*, Gewebekultur *f*
cell density Zelldichte *f*
cell doubling time *(Mikro, Biot)* Verdopplungszeit *f*
cell dry weight *(Biot)* Zelltrockenmasse *f*, Biotrockenmasse *f*
cell growth *(Biol, Biot)* Zellwachstum *n*
cell harvest *(Biot)* Zellernte *f*
cell harvest centre *(Biot)* Zell- und Gewebebank *f*
cell holder Küvettenhalter *m*
cell proliferation Zellvermehrung *n*
cell rupture *(Biot)* Zellaufschluss *m*
cell slurry *(Biot)* Zellsuspension *f*
cell substrate *(Biot)* Zellsubstrat *n*
cell suspension *(Biot)* Zellsuspension *f*
cell therapy Zelltherapie *f*

cell therapy drug products Zelltherapeutika *npl*
cell wall Zellwand *f*
cell yield *(Biot)* Zellausbeute *f*, Masseausbeute *f*
cellular zellulär, zellig
cellulose Zellstoff *m*
central adjustment *(Tech)* Zentraleinstellung *f*
central authorization *(AE) (Reg)* zentrale Zulassung *f*
central nervous system stimulant *(Med)* ZNS-Stimulus *m*
central operating data acquisition *(Tech)* zentrale Betriebsdatenerfassung *f*
central processing unit *(Tech)* Zentralrechner *m*
central weighing area Zentraleinwaage *f* *(Ort)*
centralised authorisation *(BE) (Reg)* zentrale Zulassung *f*
centralised procedure *(BE)*, **centralized procedure** *(AE) (Reg)* zentralisiertes Verfahren *n*
centrally located mittelständig, sich in der Mitte befindend
centrifugal zentrifugal, Fliehkraft...
centrifugal atomiser *(BE)*, **centrifugal atomizer** *(AE)* Zentrifugalversprüher *m*
centrifugal clarifier Klärzentrifuge *f*
centrifugal classifier *(Tech)* Zentrifugalsichter *m*, Fliehkraftsichter *m*
centrifugal collector *(Tech)* Zentrifugalabscheider *m*, Fliehkraftabscheider *m*, Wirbelabscheider *m*
centrifugal dryer *(Tech)* Trockenzentrifuge *f*
centrifugal fan *(Tech)* Zentrifugalventilator *m*
centrifugal filter Filterzentrifuge *f*, Filtrierzentrifuge *f*
centrifugal force Zentrifugalkraft *f*, Fliehkraft *f*
centrifugal power Zentrifugalkraft *f*, Fliehkraft *f*
centrifugal pump Zentrifugalpumpe *f*, Kreiselpumpe *f*
centrifugal still Rotationskolonne *f*
centrifugate *v* zentrifugieren
centrifugation *(Lab)* Zentrifugieren *n*, Zentrifugierung *f*, Schleudern *n*
centrifuge *v* zentrifugieren, schleudern
centrifuge Zentrifuge *f*, Trennschleuder *f*, Schleuder *f*
centrifuge basket Siebtrommel *f* der Zentrifuge, Zentrifugentrommel *f*
centrifuge bowl Siebtrommel *f* der Zentrifuge, Zentrifugentrommel *f*
centrifuge cup Schleuderbecher *m*
centrifuge head Zentrifugenmotor *m*
centrifuge microscope *(Lab)* Zentrifugenmikroskop *n*
centrifuge *v* **off** abschleudern
certificate *v* zertifizieren, beurkunden, bescheinigen
certificate Zertifikat *n*, Urkunde *f*, Bescheinigung *f*
certificate of analysis *(Lab)* Analysenzertifikat *n*
certificate of cleaning Reinigungszertifikat *n*
certificate of exemption *(Reg)* Ausnahmegenehmigung *f*
certificate of origin Ursprungszertifikat *n*
certificate of suitability Eignungszertifikat *n*
certificate of testing Testzertifikat *n*, Testnachweis *m*, Prüfzertifikat *n*
certification Zertifizierung *f (Vorgang)*
certify *v* bescheinigen
chain belt *(Tech)* Kettentrieb *m*
chain drive *(Tech)* Kettenantrieb *m*
chain of distribution Vertriebsnetz *n*
challenge organism *(Mikro)* Testorganismus *m*
challenge test *(Mikro, Ster)* Belastungstest *m*
chamber Kammer *f*
chamber dryer Kammertrockner *m*
chamber filter press Kammerfilterpresse *f*
change *v* ändern, verändern, wechseln, übergehen zu
change Änderung *f*, Wechsel *m*, Übergang *m* zu
change control Änderungskontrolle *f*
change in state Zustandsänderung *f*
change of site Standortwechsel *m*
change request *(Reg)* Änderungsantrag *m*
changeover *(Tech)* Umrüstung *f (Maschinen und Anlagen)*
changeover time *(Tech)* Umrüstzeit *f (Maschinen und Anlagen)*
changing room Umkleideraum *m*

characteristic Kennzeichen *n*, Eigenschaft *f*
characteristic of state Beschaffenheitsmerkmal *n*
charcoal filter Kohlefilter *n(m)*
charge *v* 1. beschicken, befüllen, füllen; 2. berechnen, in Rechnung stellen
charge Ladung *f*; Beschickungsmaterial *n*, Befüllgut *n*
charge chute Befüllrutsche *f*
charge cone Befülltrichter *m*
charge *v* **electrostatically** sich elektrostatisch aufladen
charge funnel Befülltrichter *m*
charge hopper Befüllsilo *n*, Einfülltrichter *m*
charge port Einfüllklappe *f*
charge port valve Einfüllklappenventil *n*
charge tube Befüllrohr *n*
charging Beschickung *f*, Befüllung *f*
charging device Einfüllvorrichtung *f*
charging hole Füllöffnung *f*, Beladeöffnung *f*, Beschickungsöffnung *f*
charging pipe Befüllrohr *n*, Zulaufrohr *n*, Beschickungsrohr *n*, Füllstutzen *m*
charging tube Befüllrohr *n*
chart Diagramm *n*
chart recorder Diagrammschreiber *m*
chase production nachfrageorientierte Produktion *f*
check *v* prüfen, überprüfen, kontrollieren
check analysis Kontrollanalyse *f*
check balance Kontrollwaage *f*
check *v* **for purity** Reinheit prüfen
check for purity Reinheitsprüfung *f*
check valve Rückschlagventil *n*
checked kontrolliert, geprüft, überprüft
chemical chemisch
chemical activity chemische Wirksamkeit *f*, chemische Aktivität *f*
chemical agent chemisches Mittel *n*, Chemikalie *f*, chemischer Wirkstoff *m*
chemical analysis chemische Analyse *f*
chemical bond chemische Bindung *f* *(Zustand)*
chemical bonding chemische Bindung *f* *(Prozess)*
chemical change chemische Veränderung *f*, chemische Umwandlung *f*
chemical composition chemische Zusammensetzung *f*
chemical compound chemische Verbindung *f*
chemical conversion chemische Umwandlung *f*
chemical decomposition chemischer Abbau *m*
chemical element chemisches Element *n*
chemical engineering chemische Verfahrenstechnik *f*
chemical feed Chemikalienzusatz *m*
chemical feeder Dosiereinrichtung *f* für Chemikalien
chemical laboratory Chemielabor *n*
chemical material chemischer Stoff *m*
chemical plant Chemiebetrieb *m*
chemical process chemischer Prozess *m*
chemical production chemische Produktion *f*
chemical raw material chemischer Rohstoff *m*
chemical reaction chemische Reaktion *f*
chemical sterilisation *(BE)*, **chemical sterilization** *(AE)* Entkeimung *f* durch Chemikalien, Entkeimung *f* auf chemischer Basis
chemical substance chemischer Stoff *m*, chemische Substanz *f*
chemical substitute chemischer Ersatzstoff *m*
chemical synthesis chemische Synthese *f*
chemically pure chemisch rein
chemistry Chemie *f*
chemotherapeutant *(Med)* Chemotherapeutikum *n*
chemotherapeutic *(Med)* chemotherapeutisch
chemotherapeutic agent *(Med)* chemotherapeutisches Mittel *n*
chemotherapy *(Med)* Chemotherapie *f*
chewing tablet Kautablette *f*
child-resistant closure *(Verp)* kindersicherer Verschluss *m*
child-resistant package *(Verp)* kindergesicherte Verpackung *f*
childproof kindergesichert
childproof closure *(Verp)* kindergesicherter Verschluss *m*
childproof package *(Verp)* kindersichere Verpackung *f*
chill *v* abkühlen, erkalten, abschrecken
chilled water Kühlwasser *n*
chilling Kühlung *f*, Abkühlen *n*, Erkalten *n*

cholagogue *(Med)* gallentreibendes Mittel *n*, Cholagogum *n*, Gallenmittel *n*
cholinergic *(Med)* Cholinergikum *n*
chopper Zerhacker *m*
chopper speed Zerhackergeschwindigkeit *f*
chromatogram Chromatogramm *n*
chromatography Chromatographie *f*
chromatography chamber Chromatographiekammer *f*
chromatoplate Chromatographieplatte *f*
chronic *(Med)* chronisch
chronological sequence chronologische Reihenfolge *f*, zeitlicher Verlauf *m*
chronological study Fertigungsablaufstudie *f*
chute Rutsche *f*, Einfüllrutsche *f*
circuit Schaltung *(elektrisch)*; Stromkreis *m*
circuit board *(Tech)* Platine *f*
circuit breaker *(Tech)* Ab-/Ausschalter *m*
circuit diagram *(Tech)* Schaltbild *n*
circular equalisation *(BE)*, **circular equalization** *(AE)* *(Verp)* Kreisegalisierung *f*
circulate *v* zirkulieren (lassen), umwälzen, im Kreislauf führen
circulating air Umluft *f*
circulating pump Umwälzpumpe *f*, Kreislaufpumpe *f*, Zirkulationspumpe *f*
circulating water Kreislaufwasser *n*
circulation Zirkulation *f*, Kreislauf *m*, Umlauf *m*
circulation evaporator Umlaufverdampfer *m*
circulation of water Wasserkreislauf *m*
circulatory dryer Umlufttrockner *m*
circulatory pump Umwälzpumpe *f*
clamp Klammer *f*, Haltevorrichtung *f*, Schelle *f*, Quetschhahn *m*
clamp connection Clampverbindung *f*
clarification 1. Klären *n*, Klärung *f*, Klärfiltration *f*, Blankfiltration *f*; 2. Reinigen *n*
clarifier 1. Klärbecken *n*, Absetzbecken *n*; 2. Klärhilfsmittel *n*
clarify *v* klären, abschlämmen, klar werden
clarity Klarheit *f*
class of cleanness Reinheitsklasse *f*
classification 1. Einstufung *f*, Klassifizierung *f*; 2. Klassieren *n*, Klassierung *f*
classification procedure Klassifizierungsverfahren *n*
classify *v* 1. klassieren, sichten; 2. klassifizieren, einteilen, gruppieren
classifying chamber Sichtkammer *f*
clause Klausel *f*
clean air Reinluft *f*
clean area *(Ster)* reiner Bereich *m*
clean bench *(Mikro, Lab)* Sicherheitswerkbank *f*, reine Werkbank *f*
clean gas Reingas *n*
clean room Reinraum *m*
clean room class Reinraumklasse *f*
clean room classification Reinraumklassifizierung *fpl*
clean room clothing Reinraumbekleidung *f*
clean room conditions Reinraumbedingungen *fpl*
clean room engineering Reinraumtechnik *f*
clean room equipment Reinraumzubehör *n*
clean room lock Reinraumschleuse *f*
clean steam Rein(st)dampf *m*
clean water Reinwasser *n*
cleanability Reinigungsfähigkeit *f*
cleaned gereinigt, gesäubert
cleaning Reinigung *f*, Reinigen *n*, Säubern *n*
cleaning agent Reinigungsmittel *n*
cleaning grade Reinigungsgrad *m*
cleaning in place *Abk. CIP* Reinigung *f* vor Ort, Reinigung *f* am Platz
cleaning media Reinigungsmittel *n*
cleaning nozzle Waschdüse *f*
cleaning procedure 1. Reinigungsverfahren *n*; 2. Reinigungsvorschrift *n*
cleaning record Aufzeichnung *f* über Reinigung
cleaning schedule Reinigungsplan *m*
cleaning tissue Reinigungstuch *n*
cleaning validation Reinigungsvalidierung *f*
cleanliness Sauberkeit *f*, Reinheit *f*, Reinheitsgrad *m*
cleanliness grade Reinheitsgrad *m (eines Raumes)*
cleanliness level Reinheitsgrad *m (eines Raumes)*
cleanliness status Reinheitsstatus *m*
cleanroom Reinraum *m*
cleanse *v* reinigen, säubern

cleanser Reiniger *m*, Reinigungsmittel *n*
cleansing agent Reinigungsmittel *n*, Waschmittel *n*
clear 1. klar, durchsichtig *(Flüssigkeiten)*; 2. eindeutig *(Anweisung, Anforderung)*
clear *v* 1. klären, reinigen; 2. *(Chem)* aufhellen, klar werden
clear filtrate Klarfiltrat *n*
clear glass bottle *(Verp)* Klarglasflasche *f*
cleavage Abspaltung *f*, Aufspaltung *f*
cleave spalten, aufspalten; (sich) abspalten
cleft Spalte *f*
client Kunde *m*
climate-controlled klimaüberwacht
climate-controlled area Bereich *m* unter kontrolliertem Klima
climate-controlled warehousing klimaüberwachte Lagerung *f*
climatic chamber Klimaprüfkammer *f*
clinical klinisch
clinical data klinische Daten *pl*
clinical examination data Untersuchungsergebnisse *npl (des Patienten)*
clinical observations klinische Beobachtungen *fpl*
clinical overview klinische Übersicht *f*
clinical research klinische Forschung *f*
clinical safety klinische Sicherheit *f*
clinical sample klinisches Prüfmuster *n*
clinical test(ing) klinischer Test *m*
clinical trial klinische Prüfung *f*
clinical trial supplies Bereitstellung *f* klinischer Prüfmuster
clinically significant klinisch bedeutsam
clinician Kliniker *m*, Arzt *m*, Ärztin *f (an einer Klinik)*
clip Schelle *f*
clip collar Schelle *f*
clock glass *(Lab)* Uhrglas *n*, Uhrglasschale *f*
clog *v* 1. verstopfen, zusetzen; 2. klumpen
clogged 1. verstopft, zugesetzt; 2. geklumpt, mit Klumpen versehen
close *v* verschließen
closed construction geschlossene Ausfertigung *f*
closed loop 1. geschlossener Regelkreis *m*, geschlossener Kreislauf *m*; 2. Rohrkreislauf *m*
closed mixer geschlossener Mischer *m*, Innenmischer *m*
closed process geschlossener Ablauf *m*, geschlossener Prozess *m*
closing function Absperrfunktion *f*
closing mean *(Verp)* Verschließmittel *n*
closure Verschluss *m (eines Behälters)*
closure of the blister Verschluss *m* des Blisters *(Verpackungsprozess)*
closure system Verschlusssystem *n (Behälter)*
clot *v* ausflocken, flocken, klumpen
clothing return *(Hyg)* Kleidungsaufnahmebehälter *m*
clotting Ausflockung *f*
cloudy trüb(e)
clump *v* verklumpen
clutch Ankupplung *f*
co-marketing Mitvertrieb *m*
coagulate *v* gerinnen, ausflocken, flocken
coagulating factor Gerinnungsfaktor *m*
coagulation Koagulation *f*, Ausflockung *f*
coagulation value Flockungswert *m*
coalesce *v* 1. zusammenfließen *(Flüssigkeiten)*; 2. sich verbinden, vereinigen, zusammenfügen
coalesce Flüssigkeitsabscheider *m*, Tröpfchenabsetzer *m (für Flüssigkeitströpfchen)*
coalescence 1. Koaleszenz *f*, Vereinigung *f*, Verschmelzung *f*; 2. Zusammenfließen *n* (von Flüssigkeiten)
coalescing filter Koaleszenzfilter *n(m)*
coarse grobkörnig, grob *(Siebgut oder Granulat)*
coarse adjustment Grobeinstellung *f*
coarse filter Grobfilter *n(m)*
coarse-grained grobkörnig
coarse granules Grobgranulat *n*
coarse particle Grobkorn *n*
coarse sieve Grobsieb *n*
coarse-to-fine filtration Mehrschichtfiltration *f*
coat *v (Tabl)* beschichten
coat *(Tabl)* Coat *m*, Mantel *m*, Schicht *f*, Belag *m*
coated beschichtet
coated sheet Folie *f*
coated tablet *(Tabl)* Dragee *n*
coater *(Tech)* Coater *m*, Beschichtungsmaschine *f*, Dragiergerät *n*

coating Beschichtung *f*, Belag *m*, Überzug *m*
coating fluid *(Tabl)* Lackiersuspension *f*
coating machine *(Tabl)* Beschichtungsmaschine *f*
coating pan *(Tabl)* Dragierkessel *m*
coating thickness *(Tabl)* Schichtdicke *f*, Auftragsdicke *f*
code Code *m*, Schlüssel *m*, Kennzahl *f*
code of conduct Verhaltensnorm *f*, Verhaltensregeln *fpl*
code reader *(Tech)* Codeleser *m*
coding *(Tech)* Codierung *f*
coefficient *(Math)* Richtzahl *f*; Faktor *m*
coefficient of absorption Absorptionskoeffizient *m*
coefficient of friction Reibungskoeffizient *m*
coenzyme *(Biot)* Koenzym *n*
coeval von gleicher Dauer
coherence Zusammenhalt *m*, Kohärenz *f*
coherent kohärent
cohesion (force) Kohäsionskraft *f*
cohesive kohäsiv, zusammenhaltend
cohesive product kohäsives Produkt *n*
coil Rohrschlange *f*, Schlangenrohr *n*
coil condenser Schlangenkühler *m* *(Destillation)*
coiled-tube condenser Schlangenkühler *m* *(Destillation)*
cold bath Kältebad *n* *(Gefriertrockner)*
cold chain Kühlkette *f*
cold-formable foil *(Verp)* kalt formbare Folie *f*
cold infusion Kaltauszug *m* *(pharmazeutisches Verfahren)*; Mazerationsaufguss *m*
cold-resistant kältebeständig, kältefest
cold room Kühlraum *m*
cold sterilisation *(BE)*, **cold sterilization** *(AE)* Kaltsterilisation *f*
cold stocks *(Log)* Kühllagerung *f*
cold storage, cold store *(Log)* Kühllager *n*
collar *(Tech)* Manschette *f*
collateral effect Nebeneffekt *m*
collect *v* 1. abholen *(Waren)*; 2. auffangen *(Flüssigkeit, Gase)*
collect *v* **a sample** ein Muster ziehen
collected gesammelt
collection system Sammelsystem *n*
collection vessel Auffangkessel *m*, Auffanggefäß *n*
collective pay agreement Tarifabkommen *n*
collector *(Tech)* Sammler *m*, Kollektor *m*, Abscheider *m*, Probenehmer *m*
colloidal dispersion Kolloiddispersion *f*
colony-forming unit Koloniebildende Einheit *f*, KBE
color change *(AE)* Farbveränderung *f*, Verfärbung *f*
color coating *(AE)* Farbüberzug *m*
color code *(AE)* Farbcodierung *f*
color dispersion *(AE)* Farbdispersion *f*
color resolution *(AE)* Farbauflösung *f* *(Monitoring)*
color ring code reader *(AE)* Farbringleser *m*
color scale *(AE)* Farbskala *f*
color uniformity *(AE)* Farbuniformität *f*
colorant *(AE)* Farbmittel *n*, Farb(stoff)zusatz *m*, Färbemittel *n*
coloration *(AE)* Färbung *f*
colored *(AE)* gefärbt
colored glass *(AE)* Buntglas *n*
coloring agent *(AE)* Farbmittel *n*, Farb(stoff)zusatz *m*, Färbemittel *n*
colorless *(AE)* farblos
colour change *(BE)* Farbveränderung *f*, Verfärbung *f*
colour coating *(BE)* Farbüberzug *m*
colour code *(BE)* Farbcodierung *f*
colour dispersion *(BE)* Farbdispersion *f*
colour resolution *(BE)* Farbauflösung *f* *(Monitoring)*
colour ring code reader *(BE)* Farbringleser *m*
colour scale *(BE)* Farbskala *f*
colour uniformity *(BE)* Farbuniformität *f*
colourant *(BE)* Farbmittel *n*, Farb(stoff)zusatz *m*, Färbemittel *n*
colouration *(BE)* Färbung *f*
coloured *(BE)* gefärbt
coloured glass *(BE)* Buntglas *n*
colouring agent *(BE)* Farbmittel *n*, Farb(stoff)zusatz *m*, Färbemittel *n*
colourless *(BE)* farblos
column conditioning Säulenkonditionierung *f*
column filler Säulenfüllmaterial *n*
column outlet Auslassöffnung *f* einer Säule
column packing Säulenbefüllung *f*
column switch Säulenwechsel *m*

combined vaccine *(Med)* kombinierter Impfstoff *m*
comment Anmerkung *f*, Bemerkung *f*
commercial kommerziell, handelsüblich, Handels..., technisch
commercial account *(Fin)* Geschäftskonto *n*
commercial batch *(Vertr)* Handelsware *f*, Verkaufscharge *f*
commercial manufacturing scale *(Herst)* Fertigung *f* im Produktionsmaßstab *(Menge)*
commercial operation geschäftliche Unternehmung *f*, Geschäftsbetrieb *m*
commercial plant Industriebetrieb *m*, Industrieanlage *f*
commercial product *(Vertr)* Handelsware *f*, Produkt *n* für den Handel
commercial register *(Reg)* Handelsregister *n*
commission 1. Kommission *f*, Ausschuss *m*; 2. Provision *f*
Commission Directive *(Reg)* Richtlinie *f* der (Europäischen) Kommission
commissioning *(Tech)* Inbetriebnahme *f*, Inbetriebsetzung *f*, Übernahme *f*
commitment Verpflichtung *f*, Bekenntnis *n*
Committee for Proprietary Medicinal Products *(Abk. CPMP)* *(Reg)* Ausschuss *m* für Arzneispezialitäten
common allgemein, üblich, gemeingültig
common practice allgemeine Vorgehensweise *f*
Common Technical Document *(Abk. CTD)* Gemeingültiges Technisches Dokument *n*
Community code *(Reg)* Gemeinschaftskodex *m* *(EU)*
compact *(Tabl)* Pressling *m*
compact line *(Tech)* Kompaktanlage *f*
compactable mixture *(Tabl)* pressfähige Mischung *f*
compacting *(Tabl)* Verdichten *n*, Pressverdichten *n*, Kompaktieren *n*, Verfestigen *n*, Tablettierung *f*
compaction device Tablettiereinrichtung *f*
compaction force *(Tabl)* Presskraft *f*
compaction roll Druckrolle *f* *(Tablettenpresse)*
compactor *(Tech)* Kompaktierer *m*
company directive Verfahrensanweisung *f*
company profile Firmenprofil *n*, Unternehmensprofil *n*
comparative study vergleichende Untersuchung *f*
compartment dryer Kammertrockner *m*
compatibility Kompatibilität *f*, Verträglichkeit *f*
compatible verträglich, kompatibel
compendial requirements *(Reg)* Anforderungen *fpl* laut Arzneibuch
competent authority *(Reg)* zuständige Behörde *f*
competing product Konkurrenzprodukt *n*
competitive konkurrierend, kompetitiv; Konkurrenz...; Verdrängungs...
competitive situation Wettbewerbslage *f*
competitively oriented wettbewerbsorientiert
competitor Mitbewerber *m*, Konkurrenz *f*, Konkurrent *m*
compilation Zusammenstellung *f*, Sammlung *f*
compilation of a document Erstellung *f* eines Dokuments
compile *v* erstellen, zusammenführen
complain *v* beanstanden, reklamieren
complaint Beanstandung *f*, Reklamation *f*, Beschwerde *f*
complaint file Beanstandungsbericht *m*, Beanstandungsaufzeichnung *f*
complaint nature Grund *m* der Beanstandung
complaint record *(Dok)* Beanstandungsprotokoll *n*
complementary medicine Naturheilkunde *f*
complete precipitation *(Chem)* vollständige Fällung *f*
complete reaction Gesamtreaktion *f*, vollständige Reaktion *f*
complete release *(Chem)* vollständige Freisetzung *f*
completeness Vollständigkeit *f*
compliance Übereinstimmung *f*
compliant compliant
complication Komplikation *f*
comply *v* **with GMP** mit GMP übereinstimmen, GMP-entsprechend
comply *v* **with the requirements** Anforderungen erfüllen; in Übereinstimmung sein mit ...

component 1. *(Chem)* Einsatzstoff *m*, Komponente *f*, Bestandteil *m*; 2. *(Tech)* Teil *n*, Einzelteil *n*, Einzelbestandteil *m*
component placement specification *(Tech)* Bestückungsplan *m*
component specification Komponentenspezifikation *f*
composite foil Verbundfolie *f*
composite tube *(Tech)* Verbundrohr *n*
composition Zusammensetzung *f*
compound Zusammenbringen *n (von Material)*; stoffliche Verbindung *f*
compounding container Mischbehälter *m*
comprehensible verständlich *(Dokumentation)*
compress *v* verdichten
compress *(Med)* Kompresse *f*
compressed komprimiert, verdichtet
compressed air Druckluft *f*, Pressluft *f*
compressed-air bottle Druckluftflasche *f*, Pressluftflasche *f*
compressed-air filter Druckluftfilter *n(m)*
compressed-air tap Pressluftanschluss *m*
compressed gas komprimiertes Gas *n*
compressed medical gas products komprimierte medizinische Gase *npl*
compression 1. Tablettierung *f*; 2. Komprimierung *f*
compression characteristic *(Tabl)* Presseigenschaft *f*
compression force *(Tech, Tabl)* Presskraft *f*
compression into tablets Pressen *n* zu Tabletten
compression mixture *(Tabl)* pressfertige Mischung *f*
compression roll *(Tabl)* Druckrolle *f (Tablettenpresse)*
compression speed *(Tech, Tabl)* Pressgeschwindigkeit *f*
compression strength Druckfestigkeit *f*
compulsory obligatorisch
compulsory period of record-keeping *(Dok)* Aufbewahrungsfrist *f*
computer-assisted production computerunterstützte Produktion *f*
computer-controlled computergesteuert
computer-integrated computergesteuert, computerintegriert
computer-integrated manufacturing computergesteuerte Herstellung *f*
computer-integrated production computergesteuerte Produktion *f*
computer-integrated tabletting *(Abk.: CIT)* Computer-integrierte Tablettierung *f*, CIT, computergesteuerte Tablettierung *f*
computer validation Computervalidierung *f*
computerised *(BE)* computergestützt
computerised system *(BE)* computergestütztes System *n*
computerized *(AE)* computergestützt
computerized system *(AE)* computergestütztes System *n*
concave gewölbt, konkav
concentrate *v* verdichten konzentrieren, anreichern
concentrate Dickextrakt *m*
concentrated konzentriert
concentration Konzentration *f*, Anreicherung *f*
concentration of active ingredients Wirkstoffkonzentration *f*
concern Bedenken *pl*
concurrent validation (produktions)begleitende Validierung *f*
condensate Kondensat *n*, Kondenswasser *n*, Niederschlag *m*
condensation Kondensation *f*, Kondensierung *f*
condensation container Kondensationsbehältnis *n*
condensation discharge Kondensatablass *m*
condense *v* kondensieren, niederschlagen
condensed water Kondenswasser *n*
condenser Kondensator *m*, Kühler *m*
condition Bedingung *f*, Voraussetzung *f*, Zustand *m*
conditions of administration *(Med)* Verabreichungsbedingungen *fpl*
conditions of marketing Marketingbedingungen *fpl*, Vertriebsbedingungen *fpl*
conditions of purchase Einkaufsbedingungen *fpl*
conditions of use Einsatzbedingungen *fpl*, Anwendungsbedingungen *fpl*
conduct Verhalten *n*, Verhaltensweise *f*
conduct *v* **an audit** ein Audit durchführen

conduct *v* **clinical trials** klinische Studien durchführen
conduct of clinical trials Durchführung *f* klinischer Studien
conduct of sampling procedure Ablauf *m* der Probenahme
conduct *v* **studies** Studien durchführen
conductive *(Tech)* leitfähig
conductivity *(Tech)* Leitfähigkeit *f*
cone Kegel *m*, Konus *m*
cone spigot Kegelstutzen *m*
confidential vertraulich
confidentiality Vertraulichkeit *f*
configurable konfigurierbar
configuration Konfiguration *f*
confirmation of an order Auftragsbestätigung *f*
confirmatory test Nachweis *m*, belegende Studie *f*
conform *v* **to standards** den Standards entsprechen
conform *v* **with** übereinstimmen mit
conformance to Übereinstimmung *f* mit
conformity Konformität *f*, Übereinstimmung *f*
conformity assurance Konformitätssicherung *f*
conformity test Konformitätstest *m*
conformity with Übereinstimmung mit
congeal *v* erstarren, erhärten, gerinnen, fest werden (lassen)
congelation Erstarren *n*, Festwerden *n*, Gerinnen *n*
conical kegelförmig
conical flask *(Lab)* Erlenmeyer-Kolben *m*, Spitzkolben *m*
conicalness, **conicity** Verjüngung *f*, Konizität *f*
conjoin *v* sich verbinden *(Granulierung)*
connect *v* **to** anschließen, verbinden an, ankuppeln
connecting tube *(Tech)* Verbindungsrohr *n*
connection Anschluss *m*, Verbindung *f*
connection bolt *(Tech)* Verbindungsschraube *f*
connection port *(Tech)* Anschluss-Stutzen *m*
connector *(Tech)* Verbindungsstück *n*, Zwischenstück *n*
consecutive batches aufeinander folgende Chargen *fpl*
consecutive reaction *(Chem)* Folgereaktion *f*
consignee Empfänger *m*
consignment *(Log)* Warensendung *f*, Warenlieferung *f*, Güter *npl*
consignment note *(Log)* Warenbegleitpapiere *npl*
consignor *(Log)* Absender *m*, Frachtabsender *m*
consistency Konsistenz *f*, Beschaffenheit *f*
consistent konsistent
consistent quality gleichbleibende Qualität *f*
consistently gleichbleibend
consolidant *(Med)* Wundheilmittel *n*
consolidated accounts *(Fin)* Konzernbilanz *f*
consolidated financial accounts *(Fin)* Konzernabschluss *m*
consolidation time Konsolidierungszeit *f*, Aufbauzeit *f*
constant gleichbleibend, gleichmäßig
constant quality gleichbleibende Qualität *f*
constant weight Gewichtskonstanz *f*, gleichbleibendes Gewicht *n*
constituent Bestandteil *m*, Teil *m*, Inhaltsstoff *m*
construction Bauart *f*, Konstruktion *f*
consumables Verbrauchsmaterial *n*
consume *v* verbrauchen
consumer Verbraucher *n*
consumer protection Verbraucherschutz *m*
consumption Verbrauch *m*, Konsum *m*
contact Kontakt *m*
contact dryer Umlufttrockner *m*
contact drying Kontakttrockung *f*, Berührungstrocknen *n*
contact plate *(Lab)* Abklatschplatte *n*, Kontaktplatte *n*
contact time Kontaktzeit *f*
contagious *(Med)* ansteckend
contain *v* beinhalten, enthalten
contained system geschlossenes System *n*, abgegrenztes System *n*
container Behälter *m*
container carrier *(Tech, Verp)* Dosenträger *m*
container closure system *(Tech, Verp)* Behälterverschluss-System *n*
container mixer Containermischer *m*

contaminant kontaminierender Stoff *m*, Kontaminant *m*, Schmutzstoff *m*
contaminant microorganisms *(Mikro, Biot)* Infektionsmikroorganismen *mpl*
contaminate *v* verunreinigen, kontaminieren, infizieren
contaminated verunreinigt, kontaminiert
contamination 1. Verunreinigung *f*, Kontaminierung *f*, Kontamination *f*, Verschmutzung *f*; 2. *(Med)* Infektion *f*
contamination-free kontaminationsfrei
contamination level Kontaminationsgrad *m*, Verunreinigungsgrad *m*
content Gehalt *m*, Inhalt *m*
content control *(Qual)* Füllgutkontrolle *f*
content of active components Wirkstoffgehalt *m*
content of active pharmaceutical ingredients Wirkstoffgehalt *m*
content uniformity Einheitlichkeit *f* des Gehalts
context Umfeld *n*, Umgebung *f*, Zusammenhang *m*
continuing anhaltend
continuous 1. *(Tech)* übergangslos, stufenlos; 2. kontinuierlich, ständig, beständig, periodisch, fortlaufend
continuous band *(Verp)* Endlosbahn *f*
continuous blister *(Verp)* Endlosblister *m*
continuous culture *(Mikro)* kontinuierliche Kultur *f*
continuous distillation kontinuierliche Destillation *f*
continuous foil [film] *(Verp)* Endlosfolie *f*
continuous mode *(Tech)* kontinuierliche Arbeitsweise *f*
continuous monitoring *(Tech, Qual)* ständige Überwachung *f*
continuous operation Dauerbetrieb, kontinuierliche Arbeitsweise *f*
continuous pressure *(Tech)* ständiger Druck *m*
continuous production kontinuierliche [fortlaufende] Produktion *f*
continuous sequence of operations Fließarbeit *f*
continuous sheet *(Verp)* Endlosfolie *f*
continuous stirred tank Durchflussrührkessel *m*
contour punch *(Verp)* Konturstanze *f*
contoured pack *(Verp)* Formpackung *f*
contraceptive *(Med)* Kontrazeptivum *n*, Verhütungsmittel *n*, Antikonzeptivum *n*, Antikonzipiens *n*
contract Vertrag *m*
contract acceptor Auftragnehmer *m*
contract cleaner externer Reiniger *m*, externe Reinigungsfirma *f*
contract giver Auftraggeber *m*
contract laboratory Vertragslabor *n*
contract manufacture Herstellung *f* im Lohnauftrag
contract manufacturer Lohnhersteller *m*, Vertragshersteller *m*
contract manufacturing Vertragsherstellung *f*, Lohnherstellung *f*, Herstellung *f* im Lohnauftrag
contract manufacturing order Lohnherstellungsauftrag *m*
contract packager Lohnverpacker *m*
contract research Auftragsforschung *f*
contract research institution *(Abk.: CRI)* Auftragsforschungsinstitut *n*
contractual performance Vertragserfüllung *f*
contractual period Vertragsdauer *f*, Vertragszeitraum *m*
contractual provision vertragliche Bestimmung *f*
contractual relation Vertragsverhältnis *n*
contractual requirement Vertragsvereinbarung *f*
contractual terms Vertragsbedingungen *fpl*
contraindicated kontraindiziert
contraindication Kontraindikation *f*, Gegenanzeige *f*
contrary effect entgegengesetzte Wirkung *f*
contrast medium *(Med, Chem)* Kontrastmittel *n*
contrastimulant *(Med)* Beruhigungsmittel *n*
control *v* steuern, lenken, leiten, kontrollieren
control 1. Kontrolle *f*; Steuerung *f*; 2. Bekämpfung *f*
control accuracy Regelgenauigkeit *f*
control butterfly valve Regelklappe *f*
control cabinet *(Tech)* Schaltschrank *m*
control experiment Gegenversuch *m*
control flap Regelklappe *f*
control flow analysis kontrollflussorientierte Analyse *f*
control instrument Kontrollinstrument *n*

control lamp Signallampe *f*
control loop *(Tech)* Regelkreis *m*, Steuerkreis *m*
control measure Kontrollmaßnahme *f*
control number Kontrollnummer *f*
control of water systems Kontrolle *f* der Wassersysteme
control panel Schaltpult *n*
control parameter range Kontrollparameterbereich *m*
control procedure Kontrollanweisung *f*
control records *(Dok)* Kontrollaufzeichnungen *fpl*
control system *(Tech)* Leitsystem *n*
control technology Steuerungstechnik *f*
control valve *(Tech)* Regelventil *n*, Steuerventil *n*
controllable *(Tech)* regulierbar, steuerbar, kontrollierbar
controlled kontrolliert, gesteuert
controlled access kontrollierter Zugang *m*
controlled access area kontrollierter Zugangbereich *m*
controlled price *(Vertr)* gebundener Preis *m*
controlled release *(Chem, Med)* kontrollierte Freisetzung *f*
controlled-release dosage form kontrolliert freisetzende Darreichungsform *f*
controlled substances legislation Betäubungsmittelgesetz *n*
controller *(Tech)* Regler *m*, Steuereinheit *f*, Regelanlage *f*, Regelventil *n*
controller set point *(Tech)* Reglereinstellung *f*
convalescence *(Med)* Genesung *f*, Gesundung *f*
conversion 1. Umwandlung *f*, Übergang *m*, Konversion *f*, Umsetzung *f*; 2. *(Math)* Umrechnung *f*
conversion factor *(Math)* Umrechnungsfaktor *m*
convert *v* umwandeln, überführen, übergehen, umrechnen
converter Umwandler *m*, Konverter *m*
convertibility Umwandlungsfähigkeit *f* *(einer Substanz in einer Reaktion)*
conveyance Transport *m*, Weiterleitung *f*
conveying tube *(Tech)* Förderrohr *n*
conveyor belt Fließband *n*
convulsant einen Schüttelkrampf auslösendes Mittel *n*
cool *v* kühlen, abkühlen, erkalten
cool *v* **down** herunterkühlen
cool *v* **rapidly** abschrecken
cool room Kühlraum *m*
coolant *(Chem)* Kühlmittel *n*
cooling bath Kühlbad *n*
cooling coil Kühlschlange *f*
cooling phase Abkühlungsphase *f*
cooling rate Kühlgeschwindigkeit *f*
cooling section Kühlstrecke *f*
cooling tower Kühlturm *m*
cooling water Kühlwasser *n*
coordinate *v* 1. abstimmen, koordinieren; 2. sich abstimmen
copper vessel Kupferkessel *m*
cordial *(Med)* Herzmittel *n*
corn starch Maisstärke *f* *(Hilfsstoff)*
coronary agent *(Med)* Koronarmittel *n*
corporate performance Unternehmensentwicklung *f*
corporate planning Unternehmensplanung *f*
corporate profit Unternehmensgewinn *m*
corporate results Unternehmensergebnis *n*, Unternehmensleistung *f*
correct korrekt, richtig, genau
correct *v* korrigieren, Fehler korrigieren
correct *v* **deficiencies** Mängel beheben, Mängel beseitigen [korrigieren]
correction Änderung *f*, Korrektur *f*
corrective action Korrekturmaßnahme *f*
corrective measure Korrekturmaßnahme *f*
corridor Flur *m*
corrigent Korrigens *n*, geschmackloser Zusatz *m*
corroding korrodierend
corrosion Korrosion *f*
corrosion resistance Korrosionsbeständigkeit *f*, Korrosionssicherheit *f*
corrugated bellows Faltenbalg *m*
corrugated board, **corrugated cardboard** *(Verp)* Wellpappe *f*
corticoid *(Med)* Kortikoid *n*
cost-benefit-analysis Kosten-Nutzen-Analyse *f*
cost-benefit-ratio Kosten-Nutzen-Verhältnis *n*
cost-effective kostengünstig

cost effectiveness study Wirtschaftlichkeitsrechnung *f*
cost management Kostenmanagement *n*
cost-performance analysis Kosten-Leistungs-Analyse *f*
cost price Selbstkostenpreis *m*
cotton plug Wattebausch *m*
cotton swab Wattebausch *m*
cotton wool *(Med)* Watte *f*, Verbandwatte *f*
cough drops *(Med)* Hustentropfen *mpl*
cough syrup *(Med)* Hustensaft *m*
counter *(Tech)* Zähler *m*, Zählmechanismus *m*
counter flange *(Tech)* Gegenflansch *m*
counter strip *(Tech, Verp)* Zählstreifen *m*
counterbalance *v* ausgleichen, angleichen, kompensieren
countercurrent chromatography Gegenstromchromatographie *f*
countercurrently im Gegenstrom *m*, nach dem Gegenstromprinzip *n*
counterfeit product Fälschung *f*, Produktfälschung *f*
counterflow Gegenfluss *m*
counterpressure *(Tech)* Stützdruck *m*
countersunk screw Senkschraube *f*
counting mechanism *(Tech)* Zähler *m*, Zählmechanismus *m*
country of destination *(Log, Vertr)* Empfängerland *m*
country of origin *(Log)* Ursprungsland *n*
couple *v (Tech)* ankuppeln
coupling *(Tech)* Verknüpfung *f*, Kupplung *f*
course Verlauf *m*, Ablauf *m*, Gang *m*
course of reaction *(Chem)* Reaktionsverlauf *m*
covalent kovalent
cover Abdeckung *f*, Abdeckhaube *f*, Verkleidung *f*, Mantel *m*, Deckel *m*, Hülle *f*
cover coating *(Tabl)* Deckschicht *f*
cover fitting *(Tech)* Haubenhalterung *f* *(Abdeckung)*
cover foil *(Verp)* Deckfolie *f*
cover glass *(Lab)* Abdeckplatte *f*, Deckglas *n*
covered verkleidet, abgedeckt
crack Sprung *m*, Riss *m*, Spalte *m*, Bruchstelle *f*
crate *(Log)* Lattenkiste *f*, Lattenverschlag *f*
craze Haarriss *m (an der Oberfläche)*
cream Creme *f*, Kreme *f*
creaming of an emulsion *(Chem)* Aufrahmung *f* einer Emulsion
crimp *v (Verp)* falzen, verbördeln
crimp *(Verp)* Falz *m (bei Tuben)*
crimper *(Verp)* Bördelmaschine *f*
crimping tongs *(Verp)* Falzzange *f*
critical kritisch *(Prozess-Schritt, Prozess-Anforderung)*
critical kritischer Fehler *m* oder Verstoß *(Bewertung im Audit)*
critical application Sonderanwendung *f*
critical area kritischer Bereich *m*
critical change kritische Änderung *f*
critical equipment kritische Ausrüstung *f*
critical instrument kritisches Gerät *n*
critical parameter kritischer Parameter *m*
critical phase kritische Phase *f*
critical point kritischer Punkt *m*, kritischer Mischungspunkt *m*
critical pressure kritischer Druck *m*
critical process kritisches Verfahren *n*
critical process parameters kritische Verfahrensparameter *mpl*
critical process step kritischer Prozess-Schritt *m*, kritischer Verfahrensschritt *m*
critical stage kritische Phase *f*, kritische Stufe *f*
critical temperature kritische Temperatur *f*
cross bar Querstange *f*
cross-contamination Kreuz-Kontamination *f*; gegenseitige Verunreinigung *f*
cross functional abteilungsübergreifend
cross-mix *(Qual)* Untermischung *f*
cross score *(Tabl)* Kreuzkerbe *f*
cross-section Querschnitt *m*
crucible Tiegel *m*
crumble *v* zerbröckeln
crush *v* zerstoßen
cryotube Gefrierröhrchen *n*
crystal structure Kristallstruktur *f*, Kristallaufbau *m*
crystal suspension Kristallsuspension *f*
crystalline kristallin
crystallisation *(BE) (Chem)* Kristallisierung *f*, Auskristallisierung *f*
crystallisation Auskristallisierung *n*
crystallise *v (BE)* kristallisieren

crystallization *(AE) (Chem)* Kristallisierung *f*, Auskristallisierung *f*
crystallize *v (AE)* kristallisieren
cultivable kultivierbar
cultivation *(Mikro, Biot)* Kultivierung *f*, Züchtung *f*, Zucht *f*
culture *(Mikro)* Kultur *f*, Nährmedium *n*
culture broth *(Mikro, Biot)* Nährlösung *f*, Nährbouillon *f*, Kulturbouillon *f*
culture dish *(Lab)* Petrischale
culture fermenter *(Biot)* Impffermenter *m*, Impftank *m*
culture medium *(Mikro)* Kulturmedium *n*, Nährmedium *n*, Nährsubstrat *n*
culture solution *(Mikro)* Kulturlösung *f*, Nährlösung *f*
culture substrate *(Mikro)* Kultursubstrat *n*, Nährsubstrat *n*
culture yeast Kulturhefe *f*
cumulative effect kumulative Wirkung *f*
cup depth *(Verp)* Napftiefe *f*
curable heilbar
curative heilend
curative action heilende Wirkung *f*
curative drug *(Med)* Heilmittel *n*
curative serum *(Med)* Heilserum *n*
curb *v* **demand** die Nachfrage dämpfen
cure *v (Med)* heilen, kurieren
cure *(Med)* Heilmethode *f*, Heilmittel *n*, Heilung *f*, Sanation *f*
curing *(Med)* Heilung *f*
current gegenwärtig, laufend, geltend, gültig; neu *(bezogen auf die Zeit)*
current elektrischer Strom *m*
current draft gültiger [aktueller] Entwurf *m*
current price aktueller Preis *m*
current receivables *(Fin)* Umlaufvermögen *n*
current state Istzustand *m*
customer Kunde *m*
custom(s) *(Log)* Zoll *m*, Zollbehörde *m*
customs clearance *(Log)* Zollabfertigung *f*
cut *v* schneiden
cut *v* **away** abschneiden
cut labelling, **cut labels** geschnittene Etiketten *npl*
cut *v* **off** abschneiden
cut-off valve *(Tech)* Absperrventil *n*
cutaneous paste *(Med)* Paste *f* zum Auftragen auf die Haut
cutter *(Tech)* Schneidemaschine *f*, Schneidemesser *n*
cutting point Brechpunkt *m (Ampulle)*
cuvette *(Lab)* Küvette *f*
cuvette bar *(Lab)* Küvettenriegel *m*
cycle 1. Kreislauf, Kreis, Zyklus; 2. *(Tech)* Takt *m*
cycle number *(Tech)* Taktzahl
cycle of rinsing Spülzyklus *m*
cycle of washing Waschzyklus *m*
cyclic(al) zyklisch, periodisch, kontinuierlich
cylinder jar *(Lab, Verp)* Zylinderglas *n*
cytostatic drug [agent] *(Med)* Zytostatikum *n*
cytostatics *(Med)* Zytostatika *npl*

D

D-value D-Wert *m*
daily intake dose Tagesdosis *f*, zulässige Tagesdosis *f (mg/kg Körpergewicht)*
daily output *(Wi)* Tagesleistung *f*, Tagesausstoß *m*
damage in transit Transportschaden *m*
damage to health Gesundheitsschaden *m*
damaged beschädigt, geschädigt
damaged unit beschädigte Einheit *f*
dampening air Befeuchtungsluft *f*
danger Gefahr *f*
danger classification Gefahrenklasse *f*, Gefahrenklassifizierung *f*
dangerous material Gefahrstoff *m*, gefährliches Material *n*, gefährlicher Stoff *m*
dangerousness Gefährlichkeit *f*
data Daten *pl*
data acquisition Datenerfassung *f*
data base Datenbank *f*
data collection Datensammlung *f*
data processing Datenverarbeitung *f*
data record sheet technisches Datenblatt *n*
data recording Datenaufnahme *f*
data sheet Datenblatt *n*
data specification *(Dok)* Datenblatt *n*, Datenspezifikation *f*
data transfer Datenübermittlung *f*
date of disposition Verfügungsdatum *n*
date of expiry Auslaufdatum *n (z. B. für Patent oder Schutzfrist)*

date of implementation Tag *m* der Implementierung
day-to-day operations Tagesgeschäft *f*
deacidify *v (Chem)* entsäuern
deactivate *v* de(s)aktivieren
deactivation Deaktivierung *f*
dead space Totraum *m*
dead volume Totvolumen *n*
dead weight Leergewicht *n*
deadleg-free totraumfrei
deadline Frist *f*
deadly poisonous letal, tödlich giftig
deaerate *v* entlüften, entgasen
deaeration Entlüftung *f*, Entgasung *f (von Flüssigkeiten)*
death curve *(Ster, Mikro)* Abtötungskurve *f*
death rate *(Ster)* Abtötungsrate *f*
debris Bruch *m*, Trümmer *pl*
decalcifier *(Chem)* Entkalker *m*
decalcify *(Chem)* entkalken
decanter 1. *(Lab)* Dekantiergefäß *n*; 2. *(Tech)* Dekantierapparat *mn*
decay *v* 1. abnehmen, verfallen, zerfallen, zersetzen; 2. abklingen
decay 1. Abnahme *f*, Verfall *m*, Zerfall *m*, Zersetzung *f*; 2. Abklingen *n*
decelerate *v* verzögern, verlangsamen
deceleration Verzögerung *f*, Verlangsamung *f*
decoction 1. *(Chem)* Aufguss *m*, Dekokt *n*; 2. Absud *m*, Aufguss *m*
decomposable abbaubar, zersetzlich, zersetzbar
decompose *v* abbauen, aufspalten, zersetzen, zerfallen
decomposition 1. *(Chem)* Aufspaltung *f* von chemischen Bestandteilen, Abbau *m (von Stoffen)*; Aufschluss *m*, Zerfall *m*, Zersetzung *f*; 2. *(Tech)* Entmischung *f*
decomposition potential Zersetzungspotenzial *n*
decomposition product *(Bioch, Chem, Med)* Abbauprodukt *n*, Spaltprodukt *n*, Zerfallsprodukt *n*, Zersetzungsprodukt *n*
decomposition rate *(Chem)* Zerfallsgeschwindigkeit *f*, Zerfallsrate *f*
decomposition reaction *(Chem)* Zersetzungsreaktion *f*
decomposition time *(Med)* Abbauzeit *f (eines Stoffes im Körper)*
decontaminate *v* dekontaminieren, entgiften, reinigen
decontaminated dekontaminiert, gereinigt, entgiftet
decontamination Dekontamination *f*, Reinigung *f*, Entgiftung *f*
decrease *v* mindern, senken, herabsetzen
dedicated equipment Ausrüstung *f* für ein bestimmtes Produkt
dedicated facility Einrichtung *f* mit bestimmtem Zweck
dedicated production area Mono-Produktionsbereich *m*
deduster *(Tech)* Entstauber *m*
dedusting *(Tech)* Entstaubung *f*
deep-draw *v (Verp)* tiefziehen
deep drawing *(Verp)* Tiefziehen *n*
deep-freeze tieffrieren
deep-frozen tiefgefroren
deface *v* **a label** ein Etikett unlesbar machen
defect 1. Fehler *m*, Mangel *m*, Defekt *m*; 2. *(Tech)* Defekt *m*
defect evaluation list Fehlerbewertungsliste *f*
defective defekt, kaputt, nicht funktionierend
defective sachet ejection *(Verp)* Fehlbeutelausscheidung *f*
defective unit *(Tech)* fehlerhafte Einheit *f*
defence *(BE)* Abwehr *f*, Gegenmechanismus *m*, Abwehrreaktion *f*, Verteidigung *f*
defence mechanism *(BE)* Abwehrmechanismus *m (des Organismus)*
defense *(AE)* Abwehr *f*, Gegenmechanismus *m*, Abwehrreaktion *f*, Verteidigung *f*
defense mechanism *(AE)* Abwehrmechanismus *m (des Organismus)*
deficiency Mangel *m*
deficiency letter Mängelrüge *f*
deficiency medium Mangel(nähr)medium *n*
deficiency protocol Mängelprotokoll *n*
defined definiert, festgelegt, bestimmt
defined structure definierte Struktur *f*
defoamer *(Chem)* Schaumbremser *m*, Schaumdämpfungsmittel *n*
defoaming agent *(Chem)* Entschäumer *m*, Entschäumungsmittel *n*, Schaum-

bremser *m*, Schaumdämpfungsmittel *n*, Antischaummittel *n*
deformation Deformation *f*, Verformung *f*, Umformung *f*
deformed verformt, deformiert
defrost *v* auftauen
degas(ify) *v* entlüften
degasing Entgasung *f*
degenerate *v* degenerieren
degradability Abbaubarkeit *f*, Zersetzbarkeit *f*
degradable abbaubar
degradable substance abbaubare Substanz *f*
degradant Abbauprodukt *n*
degradation *(Med, Chem, Biol)* Abbau *m*, Degration *f*, Zerlegung *f*, Zersetzung *f*
degradation path Abbauweg *m*
degradation product *(Med, Chem, Biol)* Abbauprodukt *n*, Zerfallsprodukt *n*
degree of maturity Reifegrad *m*
degree of purity Reinheitsgrad *m*
dehumidify *v* entfeuchten
dehydrated culture medium *(Mikro)* Trockennährmedium *n*
deionised water entionisiertes Wasser
delayed insulin Verzögerungsinsulin *n*
delayed release verzögerte Wirkstoff-Freigabe *f*, verzögerte Freisetzung *f*
delegate *v* **responsibility** Verantwortung delegieren, Kompetenz delegieren
delegate *v* **authority** Vollmacht für die Freigabe übertragen
deleterious gesundheitsschädlich; schädlich wirkend
deleterious effect schädliche Wirkung *f*
deleterious limit schädlicher Rückstand *m (Reinigungsvalidierung)*
deleteriousness Schädlichkeit *f*
delivery *(Log)* Auslieferung *f*
delivery date *(Log)* Liefertermin *m*
delivery deadline *(Log)* Lieferfrist *f*
delivery note *(Log)* Lieferschein *m*
delivery point *(Log)* Lieferstelle *f*, Entladepunkt *m*
delivery service *(Log, Vertr)* Lieferservice *m*
delivery system Darreichungssystem *n*
delivery volume Abgabevolumen *f*
demand Nachfrage *f*, Bedarf *m*
demand item nachgefragter Artikel *m*
demineralised *(Chem)* entmineralisiert, vollentsalzt
demineralised water demineralisiertes [entmineralisiertes] Wasser *n*, VE-Wasser *n*
demonstrate *v* nachweisen, zeigen, präsentieren
demonstration of products Produktpräsentation *f*
denatured vergällt
densification Verdichtung *f*
densify *v* verdichten
density Dichte *f*
dental dental
dental cartridge Dentalkarpule *f*
dental preparation *(Med)* Dentalpräparat *n*
dental use *(Med)* dentale Anwendung *f*
department Abteilung *f*
department manager Abteilungsleiter *m*, Abteilungsleiterin *f*
departmental overheads *(Wi)* Kostenstellengemeinkosten *pl*
deplete *v* leeren, entleeren
deposit *v* ablagern, abscheiden, ausscheiden, niederschlagen
deposit Abscheidung *f*, Ablagerung *f*, Ausfällung *f*, Niederschlag *m*
deposition Ablagerung *f*, Niederschlag *m*
deposition rate Abscheiderate *f*
depot insulin *(Med)* Depotinsulin *n*
depot syringe *(Med)* Depotspritze *f*
depressant *(Med)* Beruhigungsmittel *n*, Depressivum *n*
depressants and stimulants *(Med)* Neuraltherapeutika *npl*
depth filter Tiefenfilter *n(m)*
derivative Derivat *n*
derive *v* **from** *(Herst)* gewinnen aus, herstellen aus
derived by a chemical reaction gewonnen durch eine chemische Reaktion
dermatologic agent *(Med)* Dermatotherapeutikum *n*
dermatological dermatologisch
dermatological agent *(Med)* Dermatotherapeutikum *n*
derogation for Ausnahmen *fpl* bei
desactivate *v (Chem)* desaktivieren
desalt *v (Chem)* entsalzen
description Beschreibung *f*, Erläuterung *f*

desiccant *(Chem)* Trocknungsmittel *n*
desiccate *v* trocknen, entfeuchten
desiccation Trocknung *f*, Entwässerung *f*, Dehydratisierung *f*
desiccator *(Tech)* Exsikkator *m*
design Design *n*, Gestaltung *f*, Konstruktion *f*
design characteristics Gestaltungsmerkmale *npl*
design features Gestaltungsmerkmale *npl*
design qualification *(Abk.: DQ)* Designqualifizierung *f*, DQ
design review *(Tech)* Designprüfung *f*
design specifications Gestaltungsmerkmale *npl*
designated as ausgewiesen als, bezeichnet als
designation Bezeichnung *f*
designed for bestimmt für, ausgelegt für
despatch *v* abschicken, versenden
despatcher Sender *m*, Versender *m*, Versanddisponent *m*
destack *v* entstapeln
destacking unit *(Tech)* Entstapeleinheit *f*
destination *(Log)* Bestimmungsort *m*
destruction of germs *(Mikro)* Abtötung *f* von Keimen
detailed genau, akkurat, präzise, ausführlich, detailliert
details Zusammensetzung *f*, Einzelheiten *fpl*, nähere Angaben *fpl*
detect *v* 1. aufdecken, nachweisen; 2. finden, erkennen, erfassen
detect *v* **changes** Veränderungen aufzeigen, Veränderungen erkennen
detectable nachweisbar, wahrnehmbar
detectable level *(Lab)* nachweisbare Menge *f*
detection Nachweis *m*, Feststellung *f*, Erfassung *f*
detection agent *(Lab)* Nachweismittel *n*, Nachweisreagens *n*
detection identification limit *(Lab)* Erfassungsgrenze *f*
detection limit *(Lab)* Nachweisgrenze *f*
detection precision Nachweisgenauigkeit *f*
detection reaction *(Chem)* Nachweisreaktion *f*
detector *(Tech)* Messfühler *m*, Messeinrichtung *f*
detention time Verweilzeit *f*, Rückhaltezeit *f*, Haltezeit *f*, Durchlaufzeit *f*
detergent reinigend; Reinigungs...
detergent Reinigungsmittel *n*, Detergentium *n*, Waschmittel *n*
detergent agent Reinigungszusatz *m*, Reinigungsmittel *n*
detergent-sanitizer *(BE)*, **detergent-sanitizer** *(AE)* Desinfektionsmittel *n*, Reinigungsmittel *n* mit Desinfektionswirkung
deteriorate *v* 1. *(Qual)* verschlechtern, verderben, verfallen; 2. sich entmischen
deterioration 1. *(Qual)* Verderben *n*, Verfall *m (eines Produktes)*; 2. Entmischung *f*
determinable bestimmbar, erkennbar
determination Bestimmung *f*, Ermittlung *f*, Festsetzung *f*
determination of conformance *(Qual)* Nachweis *m* der Übereinstimmung
determination of content *(Chem)* Gehaltsbestimmung *f*
determine *v* **compliance** Übereinstimmung bestätigen [feststellen]
detoxification Entgiftung *f*
detoxify *v* entgiften
development process Entwicklungsprozess *m*
development report *(Dok)* Entwicklungsbericht *m*
development status Entwicklungsstatus *m*
deviation Abweichung *f*
deviation control Abweichungskontrolle *f*
deviation of quality Qualitätsabweichung *f*
deviation permit Abweichungsgenehmigung *f*
device Gerät *n*, Vorrichtung *f*
dextrose Traubenzucker *m*
diagnose *v (Med)* diagnostizieren
diagnosis *(Med)* Diagnose *f*
diagnostic *(Med)* diagnostisch
diagnostic membrane *(Med)* Diagnosemembran *f*
diagnostic strip *(Med)* Diagnosestreifen *m*
diagnostic substance *(Med)* Diagnosestoff *m*
diagnostics *(Med)* Diagnostika *npl*

diagnostics product *(Med)* Diagnostikprodukt *n*
diagram Diagramm *n*
diagraph valve Membranventil *n*
dialysis *(Med)* Dialyse *f*
diameter Durchmesser *m*
diaphragm Membran *f*, Trennungswand *f*, Zwischenwand *f*
diaphragm valve Membranventil *n*
die *(Tabl)* Matrize *f*, Formblock *m*
die alignment *(Tabl)* Matrizenausrichtung *f*
die block *(Tabl)* Formblock *m*, Matrize *f*
die bore *(Tabl)* Matrizenöffnung *f*
die-cut *v (Tabl)* ausstanzen
die cut *(Tech, Tabl)* Stanze *f*
die height *(Tabl)* Matrizenhöhe *f*
die opening *(Tabl)* Matrizenöffnung *f*
die plate *(Tabl)* Matrizenscheibe *f*
die table *(Tabl)* Matrizentisch *m*
die table height *(Tabl)* Matrizentischhöhe *f*
die table speed *(Tabl)* Matrizentischgeschwindigkeit *f*
die wall *(Tabl)* Matrizenwand *f*
dietetic agent *(Med)* Diätetikum *n*
differential pressure *(Tech)* Differenzdruck *m*
differential pressure indication *(Tech)* Differenzdruckanzeige *f*
diffusion flow Diffusionsfluss *m*
digest *v* aufschließen, degenerieren, sich zersetzen, abbauen, biologisch aufspalten
digestion Aufschließen *n*, Aufschluss *m*, Abbau *m*, Zersetzen *n*, Zersetzung *f*, Verarbeitung *f* im Körper, biologische Aufspaltung *f*
diluent *(Chem)* Verdünnungsmittel *n*
dilute *v (Chem)* verdünnen
diluted verdünnt
diluting agent *(Med, Chem)* Verdünnungsmittel *n*
dilution Verdünnung *f*, Verdünnen *n (als Prozess)*
dilution degree Verdünnungsgrad *m*
dilution series Verdünnungsreihe *f*
dilution steps Verdünnungsschritte *mpl*
dilution water Verdünnungswasser *n*
dimension *(Tech)* Maße *npl*, Ausmaß *n*, Abmessung *f*
diminish *v* vermindern, reduzieren
dip *v* tauchen, eintauchen, untertauchen
dip tube Steigrohr *n*
diphtheria *(Med)* Diphtherieheilserum *n*
dipping Tauchen *n*, Eintauchen *n*
dipping bath Tauchbad *n*
dipping tank Tauchtank *m*
direct contact direkter Kontakt *m*
direct contact test *(Lab)* Abklatschtest *m*
direct current *(Tech)* Gleichstrom
direct distribution *(Vertr)* direkter Vertrieb *m*, Direktvertrieb *m*
direct inoculation *(Mikro)* Direktbeschickung *f*, Direktbeiimpfung *f (Keimzahlbestimmung)*
direct marketing *(Vertr)* Direktvertrieb *m*
direct overheads *(Wi)* Fertigungsgemeinkosten *pl*
direct sale *(Vertr)* Direktvertrieb *m*
direction 1. Vorschrift *f*, Anweisung *f*, Anordnung *f*, Hinweis *m*; 2. Richtung *f*
directive Richtlinie *f*, Direktive *f*
directive for pressure vessels *(Tech)* Druckgeräterichtlinie *f*
dirt Schmutz *m*
disassemble *v (Tech)* zerlegen, abbauen, demontieren *(Maschinen)*
disassembly *(Tech)* Zerlegung *f*, Abbau *m (von Maschinen)*
discard *v* als unbrauchbar verwerfen
discharge *v* 1. auslaufen, ausströmen, entleeren, ablassen, ausstoßen, entladen; 2. entladen *(elektrisch)*
discharge 1. Entladen *n*, Entleerung *f*, Ausstoßen *n*, Ablassen *n*; Ausströmen *n*; 2. Ausstoß *m*, Auslauf *m*, Ablass *m (Menge)*; 3. Auslass *m*, Entleerungsstelle *f*
discharge line Ablassleitung *f*
discharge opening *(Tech)* Auslauföffnung *f*, Austrittsöffnung *f*
discharge outlet point *(Tech)* Auslauföffnung *f*, Austrittsöffnung *f*
discharge pipe Abzugsrohr *n*, Abflussrohr *n*
discharge point *(Tech)* Abzug *m*
discharge port *(Tech)* Auslauföffnung *f*, Austrittsöffnung *f*
discharge tube Ablassrohr *n*
discharging system *(Tech)* Entleersystem *n*, Ableitsystem *n (von Flüssigkeiten, Abwässern)*
disclosure to third parties Weitergabe *f* an Dritte

disconnectable *(Tech)* abschaltbar
discontinuous diskontinuierlich
discontinuous cultivation *(Mikro)* diskontinuierliche Kultivierung *f*
discontinuous culture *(Mikro)* diskontinuierliche [statische] Kultur *f*, Batch-Kultur *f*
disease Krankheit *f*, Erkrankung *f*
disinfectant *(Hyg)* Desinfektionsmittel *n*, Reinigungsmittel *n* mit Desinfektionswirkung
disinfection *(Hyg)* Desinfektion *f*
disintegrate *v* auflösen, sich auflösen *(in seine Bestandteile)*
disintegration Zerfall *m*, Zersetzung *f*, Auflösung *f (in seine Bestandteile)*
disintegration time Zerfallszeit *f*
disk Scheibe *f*, Platte *f*
disk filter Scheibenfilter *n(m)*
disk mill Scheibenmühle *f*, Tellermühle *f*
dismantable zerlegbar
dismantle *v (Tech)* zerlegen, demontieren, abbauen *(Maschinen)*
dismantling *(Tech)* Zerlegung *f*, Abbau *m (von Maschinen)*
dismount *v (Tech)* demontieren, abbauen
dismounting *(Tech)* Demontage *f*
dispatch *v* versenden, abschicken
dispatch *(Log)* Versand *m*
dispatch department *(Log)* Versandabteilung *f*
dispatch documents *(Log)* Versandpapiere *npl*
dispatcher Sender *m*, Versender *m*, Versanddisponent *m*
dispensary Arzneiausgabe *f*
dispenser Verteiler *m*, Spender *m (Gerät)*
dispensing area Versand *m (Ort)*
dispensing burette Vorratsbürette *f*
dispersion about the mean Streuung *f* der Beobachtungswerte um den Mittelwert
display optische Anzeige *f*, Display *n*
display case packer *(Verp, Tech)* Displayverpacker *m*
display packaging *(Verp, Tech)* Displayverpackung *f*
disposable Einweg..., Wegwerf...
disposable Einmalteil *n*
disposable gloves *(Hyg)* Einweghandschuhe *mpl*
disposable package *(Verp)* Einweg(ver)packung *f*, Wegwerf(ver)packung *f*
disposable packaging Wegwerf(ver)packung *f*
disposable pipette *(Lab)* Einmalpipette *f*
disposable syringe *(Med)* Einmalspritze *f*
disposal Entsorgung *f*, Beseitigung *f*
disposal logistics Entsorgungslogistik *f*
disposal of waste Abfallbeseitigung *f*
disposal regulation *(Reg)* Entsorgungsvorschrift *f*
disposal system Entsorgungssystem *n*
dispose *v* entsorgen
disposition Veranlagung *f*
disruption *(Tech)* Betriebsstörung *f*
dissemination Weitergabe *f*
dissoluble löslich
dissolution Auflösung *f*, Auflösen *n*, Zersetzung *f*, Lösen *n*, Freisetzung *f*
dissolution medium *(Chem)* Lösemedium *n*
dissolution profile Freisetzungsprofil *n*
dissolution rate Auflösungsgeschwindigkeit *f*
dissolution test *(Qual)* Prüfung *f* der Wirkstoff-Freisetzung
dissolution time *(Med)* Wirkstoff-Freisetzungszeit *f*
dissolvability Löslichkeit *f*, Lösbarkeit *f*
dissolvable löslich, auflösbar
dissolve *v* auflösen, lösen, in Lösung gehen
dissolved aufgelöst
dissolvent Lösungsmittel *n*, Löser *m*, Solvens *n*
distill *v (AE)* destillieren
distillate *v* destillieren
distillate Destillat *n*
distillation Destillation *f* • **by means of distillation** destillativ
distillation residue Destillationsrückstand *m*
distillation stillhead Destillieraufsatz *m*
distilled water destilliertes Wasser, Aqua destillata
distilling tube Destillierrohr *n*, Siederohr *n*
distinctive code eindeutiger Code *m*
distribute *v* 1. verteilen; 2. vertreiben
distribution 1. Verteilung *f*; Streuung *f (von Daten oder Messwerten)*; 2. Vertrieb *m*, Absatz *m*
distribution channel Vertriebsweg *m*

distribution company *(Vertr)* Vertriebsgesellschaft *f*
distribution of particle size Korngrößenverteilung *f*, Partikelgrößenverteilung *f*
distribution procedure Vertriebsanweisung *f*
distribution records Vertriebsaufzeichnungen *fpl*
distribution system Vertriebssystem *n*, Absatzsystem *n*
distributor Auslieferer *m*
diuretic *(Med)* Diuretikum *n*, harntreibendes Mittel *n*
division Bereich *m*, Abteilung *f*
dizziness *(Med)* Schwindelgefühl *n*
document *v* dokumentieren
document Dokument *n*
documentation Dokumentation *f*
dome *(Tech)* Haube *f*
domed gewölbt *(konvex)*
domestic order Inlandsbestellung *f*
donate *v* spenden
donor Spender *m*
door gasket *(Tech)* Türabdichtung *f*
door seal *(Tech)* Türdichtung *f*
dope *(Med)* Dopingmittel *n*
dosage Dosierung *f*, Maß *n*, Verabreichung *f*
dosage aid Dosierhilfe *f*
dosage device Dosierungsvorrichtung *f*
dosage form Arzneiform *f*, Arzneiart *f*
dosage instruction *(Med)* Dosieranweisung *f*
dosage-response curve Dosis-Wirkungs-Kurve *f*
dosage unit Dosierungseinheit *f*
dosator *(Tech)* Stechheber *m*
dose *v* dosieren, zuteilen
dose Dosis *f*, Maß *n*, Portion *f*
dose rate *(Med)* Dosis *f*
dose reliability Zuverlässigkeit *f* der Dosierung
dose-response relationship Dosis-Wirkungs-Relation *f*
dose safety Dosierungssicherheit *f*
dosed dosiert, zugeteilt
dosimeter Dosimeter *n*, Dosismesser *m*, Dosismessgerät *n*
dosimetry indicators Dosimeteranzeige *f*
dosing Dosierung *f*
dosing accuracy Dosiergenauigkeit *f*
dosing apparatus *(Tech)* Dosiergerät *n*, Zuteiler *m*
dosing device Dosiergerät *n*
dosing machine *(Tech)* Dosiermaschine *f*
dosing pattern Dosierungsschema *f*
dosing precision Dosiergenauigkeit *f*
dosing pump *(Verp)* Dosierpumpe *f*
dosing screw conveyor *(Tech)* Schneckendosiermaschine *f*
dosing slide Dosierschieber *m*
dosing system Dosiersystem *n*
dosing technology Dosierverfahren *n*
dosing tube *(Verp, Lab)* Dosierröhrchen *n*
dosing unit *(Verp)* Dosiereinheit *f*
dosing volume Dosiervolumen *n*
dosing wheel *(Tech)* Dosierrad *n*
dot gluing *(Verp)* Punktleimung *f*
double acting beidseitig gesteuert
double check doppelte Kontrolle *f*, Vieraugenprinzip *n*
double coat *(Tabl)* Doppelmantel *m*, Doppelschicht *f*
double cylindrical shape Doppelmuldenform *f*
double diffusion plate test *(Mikro)* (Agar-)Doppeldiffusionstest *m*
double-distilled water doppelt destilliertes Wasser *n*, Aqua redestillata
double layer Doppelschicht *f*
double layer compression *(Tabl)* Zweischichtverpressung *f*
double-sided rotary press Doppel-Rundläuferpresse *f*
double stage zweistufig
double-wall sachet *(Verp)* Doppelkammerbeutel *m*
doubling rate *(Mikro)* Verdoppelungsrate *f*
doubling time *(Mikro)* Generationszeit *f*, Verdopplungszeit *f (Mikroorganismen)*
down stream *(Tech)* nachgeschaltet, nachgelagert
downflow filter *(Tech)* Abwärtsfilter *n(m)*
downline machine *(Tech)* nachgeschaltete Maschine *f*
downpipe Ablaufrohr *n (Destillator)*
downscaling *(Herst)* Maßstabverkleinerung *f* von Produktionsverfahren
downstream filter *(Tech)* nachgeschaltetes Filter *n*
downtime *(Tech)* Stillstandszeit *f (Maschine, Anlage)*

downward distillation absteigende Destillation *f*
draft Entwurf *m*
draft decision *(Reg)* Entscheidungsentwurf *m*
drain *v* abfließen, ablassen, entleeren
drain 1. Abfluss *m (Flüssigkeiten)*; 2. Abfluss-System *n*, Drän-Rohr *n*
drain duct Abflussrinne *f*
drain valve Ablassventil *f*
drainage pipe [tube] Ablaufrohr *n*, Abflussrohr *n*, Abflussleitung *f*
draining board *(Lab)* Abtropfbrett *n*
drastic *(Med)* stark wirkendes Arzneimittel *n*, starkes Abführmittel *n*
draw *v* **deep** *(Verp)* tiefziehen
draw *v* **from stock** aus dem Lager entnehmen
draw *v* **samples** Proben ziehen
drawing Zeichnung *f*, Skizze *f*, Entwurf *m*
dried concentrate *(Herst)* Trockenextrakt *m*
drier 1. Trockner *m*, Trockenapparat *m*; 2. Trockenmittel *n*, Trocknungsmittel *n*
drinking water quality Trinkwasserqualität *f*
drip *v* tropfen, tröpfeln
drip *v* **down** abtropfen
drip-feed *(Med, Tech)* Tropf *m*
drive *v* antreiben
drive *(Tech)* Antrieb *m*
drive [driving] belt Treibriemen *m*
drive motor *(Tech)* Antriebsmotor *m*
drive range *(Tech)* Regelbereich *m*
drive shaft *(Tech)* Antriebswelle *f*
drop *v* 1. tropfen; 2. absinken, abfallen, sinken, absenken *(einen Wert oder eine Konzentration)*
drop 1. Tropfen *m*; 2. Absinken *n*, Fallen *n (z. B. von einem Wert)*
drop collection Tropfenabscheidung *f*, Tröpfchenabscheidung *f*
drop counter *(Verp)* Tropfenzähler *m*
drop dispenser *(Verp)* Tropfeneinsatz *m*
drop height Fallhöhe *f*
drop *v* **off** abtropfen
drop protection Tropfschutz *m*
droplet Tröpfchen *n*
dropper *(Verp)* Tropfeneinsatz *m*, Tropfenzähler *m*
dropper bottle *(Verp)* Tropfflasche *f*
dropper insert *(Verp)* Tropfeinsatz *m*
dropping flask Tropfflasche *f*
dropping funnel Tropftrichter *m*
dropping pipette *(Lab)* Tropfpipette *f*, Stechpipette *f*
dropwise addition Zutropfen *n*, tropfenweise Zugabe *f*
drug Arzneimittel *n*, Medikament *n*, Droge *f*
drug absorption *(Med)* Arzneimittelaufnahme *f*
drug abuse Medikamentenmissbrauch *m*
drug abusing behavior *(Med)* Suchtverhalten *n*
drug administration *(Med)* Arzneiverabreichung *f*, Arzneimittelgabe *f*
drug application 1. *(Med)* Arzneimittelanwendung *f*; 2. *(Reg)* Zulassungsantrag *m*
drug delivery *(Med)* Arzneistoff-Freisetzung *f*
drug intolerance *(Med)* Arzneimittelunverträglichkeit *f*
drug intoxication *(Med)* Arzneimittelvergiftung *f*
drug manufacture Arzneimittelherstellung *f*
drug manufacturer Pharmahersteller *m*, pharmazeutischer Hersteller *m*
Drug Master File *(Abk.: DMF)* Arzneimittel-Masterakte *(laut FDA)*
drug mechanism *(Med)* Wirkungsmechanismus *m*
drug monitoring Arzneimittelüberwachung *f*, Pharmakovigilanz *f*
drug processing equipment Ausrüstung *f* zur Herstellung von Arzneimitteln
drug product Arzneimittel *n*, Fertigarzneimittel *n*
drug product container *(Verp)* Arzneimittelbehälter *m*
drug product inspection *(Qual)* Fertigarzneimittelüberprüfung *f*
drug registration *(Reg)* Arzneimittel-Zulassung *f*
drug-resistant arzneimittelsresistent
drug safety checks *(Qual)* Arzneimittelüberwachung *f*, Pharmakovigilanz *f*
drug safety manager *(Qual)* Stufenplanbeauftragter *m*
drug study *(Qual)* Arzneimittelprüfung *f*
drug substance Wirkstoff *m* im Arzneimittel, Arzneimittelwirkstoff *m*, Arzneimittelsubstanz *f*

drug supply Arzneimittelversorgung *f*, Versorgung *f* mit Arzneimitteln
drug surveillance *(Qual, Reg)* Arzneimittelüberwachung *f*
drug targeting *(Med)* gezielte Pharmakotherapie *f*
drug therapy medikamentöse Therapie *f*
drum 1. *(Tech)* Trommel *f*, Fass *n*, Eisenfass *n (Behälter)*; 2. *(Tech)* Walze *f*
drum dryer Walzentrockner *m*
drum drying Walzentrocknung *f*
drum filter Trommelfilter *n(m)*
drum mixer Trommelmischer *m*, Mischtrommel *f*
drum screen Trommelsieb *n*, Rundsieb *n*
dry *v* trocknen, entfeuchten, abtrocknen
dry blending *(Tech)* Mischen *n*, Vermischen *n (von Feststoffen)*
dry-culture medium *(Mikro)* Trockennährboden *m*
dry extract *(Herst)* Trockenextrakt *m*
dry filter Trockenfilter *n(m)*
dry granulation *(Herst)* Trockengranulierung *f*
dry grinding *(Herst)* Trockenvermahlung *f*
dry heat Trockenhitze *f*, trockene Hitze *f*
dry-heat oven *(Tech)* Trocknungsofen *m*
dry-heat sterilisation *(BE)*, **dry-heat sterilization** *(AE)* *(Ster)* Heißluftsterilisation *f*
dry matter contents *(Chem, Biot)* Trockensubstanzgehalt *m*
dry mixing Mischen *n*, Vermischen *n (von Feststoffen)*
dry *v* **off** trocknen, entfeuchten, abtrocknen, austrocknen
dry *v* **up** eintrocknen
dry volume Schüttvolumen *n*
dry weight Trockenmasse *f*, Trockengewicht *n*
dry-weight analysis Trockengewichtanalyse *f*
dryer 1. Trockner *m*, Trockenapparat *m*; 2. Trockenmittel *n*, Trocknungsmittel *n*
drying Trocknung *f*
drying agent *(Chem)* Trockenmittel *n*, Trocknungsmittel *n*
drying air Trocknungsluft *f*
drying cabinet Trockenschrank *m*
drying cycle *(Herst)* Trocknungszyklus *m*
drying oven Trockenofen *m*, Trockenschrank *m*
drying rate Trocknungsgeschwindigkeit *f*
drying tablet *(Verp)* Trocknungstablette *f*
dual chamber syringe *(Med)* Zweikammerspritze *f*
dual media filter Zweischichtenfilter *n(m)*
duct Kanal *m*, Leitung *f*, Schacht *m*, Röhre *f*
due date 1. *(Log)* Lieferdatum *n*, Liefertermin *m*; 2. Fälligkeitsdatum *n*
duly signed vorschriftsmäßig unterschrieben
durability Wirkungsdauer *f*
durable product langlebiges Produkt *n*
duration Dauer *f*
duration of a patent *(Reg)* Laufzeit *f* eines Patents
duration of sterilisation *(BE)*, **duration of sterilization** *(AE)* Sterilisationszeit *f*
duration of treatment *(Chem, Med)* Behandlungsdauer *f*
duration of trial Studiendauer *f*, Versuchsdauer *f*
dust Staub *m*
dust catcher *(Tech)* Staubsammler *m*
dust collection *(Tech)* Staubabscheidung *f*
dust collector *(Tech)* Staubsammler *m*
dust concentration Staubanteil *m*
dust control filter Filtrationsentstauber *m*, Staubfilter *n(m)*
dust extraction *(Tech)* Staubabsaugung *f*
dust extractor *(Tech)* Staubsauger *m*
dust flap Staublasche *f*
dust-free staubfrei
dust guard Staubschutz *m*
dust mask *(Hyg)* Staubmaske *f*
dust particle Staubteilchen *n*
dust production Staubentwicklung *f*
dust-proof staubdicht
dust-proof package staubdichte Verpackung *f*
dust-tight staubdicht
duty 1. *(Log)* Zoll *m (Gebühr)*; 2. Aufgabe *f*, Pflicht *f*
dye Farbe *f*, Farbstoff *m*

E

ear cream *(Med)* Ohrencreme *f*
ear drops *(Med)* Ohrentropfen *mpl*
ear gel *(Med)* Ohrengel *n*

ear ointment *(Med)* Ohrensalbe *f*
ear protection *(Hyg)* Gehörschutz *m*
ear wash *(Med)* Ohrenspüllösung *f*
early stage Frühstadium *n*, Frühphase *f*
earth *v (Tech)* erden
earth(ing) *(Tech)* Erdung *f*
ease *v* erleichtern
ease of use leichte Handhabung *f*
easily soluble leichtlöslich, gut löslich
easy punch sliding *(Tabl)* Stempelleichtgängigkeit *f*
easy to open *(Verp)* leicht zu öffnen
easy to pierce *(Verp)* leicht zu durchstoßen
easy to use leicht zu handhaben
eccentric machine *(Tech)* Exzentermaschine *f*
eccentric strap Exzenterband *n*
eccentric tablet press Exzenterpresse *f* *(Tablettierung)*
eco-audit Öko-Audit *n*
ecologically friendly umweltfreundlich
ecologically safe ökologisch unbedenklich
economic situation Konjunkturlage *f*, Wirtschaftslage *f*
eddy current *(Ster)* Wirbelströmung *f*, turbulente Strömung *f*
edge Rand *m*
edge filter Oberflächenfilter *n(m)*, Spaltfilter *n(m)*
edge filtration Oberflächenfiltration *f*
effect 1. Effekt *m*, Wirkung *f*; 2. Einwirkung *f*, Einfluss *m*
effect *v* **payment** *(Fin)* Zahlung leisten, zahlen
effective effektiv, wirksam *(Methode)*; Wirk...; Nutz...
effective dose Wirkungsdosis *f*
effective volume Nutzungsvolumen *n*
effectiveness Wirksamkeit *f*
effervescent schäumend
effervescent tablet Brausetablette *f*
efficacy Wirksamkeit *f (eines Arzneimittels)*
efficacy assessment Wirksamkeitsbewertung *f*
efficiency Nutzleistung *f*, Wirkungsgrad *m*, Wirksamkeit *f*
efficient wirksam, effizient *(Methode)*; leistungsfähig
effluence 1. *(Tech)* Auslauf *m*, Ausfluss *m* *(Flüssigkeit)*; 2. Ausfluss *m*, Ausfließen *n*, Auslaufen *n (Vorgang)*
effluent ausfließend
effluent ablaufende Flüssigkeit *f*, Ablauf *m*, Abwasserablauf *m* eines Betriebes
effluent flow Abwasseranfall *m*, Abwasserabfluss *m*
effluent pipe *(Tech)* Abwasserrohr *n*, Abwasserleitung *f*, Abflussrohr *n*
effluent sample Abwasserprobe
effluent treatment plant Klärwerk *n*, Kläranlage *f* für einen Betrieb
effluent tube *(Tech)* Ausflussrohr *n*
efflux 1. Ausfluss *m (Flüssigkeit)*; 2. Abfluss *m*, Ausfluss *m (Vorgang)*
effuse *v* ausströmen, ausfließen
effusion Ausströmung *f*, Effusion *f*, Erguss *m*
eject *v (Tech)* auswerfen, ausstoßen, ausgeben *(durch eine Maschine oder Anlage)*
ejection *(Tech)* Auswurf *m*, Ausstoß *m*, Ausgabe *f*, Ausgeben *n*
ejection force *(Tech)* Ausstoßkraft *f*
ejection time *(Tech)* Ausstoßzeit *f*
ejector 1. *(Tech)* Ausgeber *m*, Ausgabeeinrichtung *f*, Ausstoßer *m*; 2. *(Tech)* Saugstrahlpumpe *f*
ejector cam Auswurfkurve *f* der Tablettenpresse
elastic elastisch
elastic tube pump Schlauchpumpe *f*
elasticity Elastizität *f*
elbow fitting *(Tech)* Kniestück *n*, Krümmer *m*, Winkelstück *n*
electric meter Stromzähler *m*
electric(al) elektrisch
electrical cables elektrische Zuleitung *f*
electrical conductivity *(Tech)* elektrische Leitfähigkeit *f*
electrical resistance elektrischer Widerstand *m*
electrical wires *(Tech)* Stromkabel *n*
electro-ionisation Elektroionisation *f*
electro-pneumatic control device *(Tech)* elektropneumatisches Regelgerät *n*
electrolysis Elektrolyse *f*
electromagnetic elektromagnetisch
electromagnetic valve *(Tech)* elektromagnetisches Ventil *n*
electron beam accelerator Elektronenstrahlbeschleuniger *m*

electron microscopy *(Lab)* Elektronenmikroskopie *f*
electronic batch recording *(Dok)* elektronische Chargendokumentation *f*
electronic coding *(Dok)* elektronische Codierung *f*
electronic dosing *(Herst)* elektronische Dosierung *f*
electronic equipment *(Tech)* elektronische Ausstattung *f*
electronic identification *(Dok)* elektronische Identifikation *f*
electronic records elektronische Dokumentation *f*
electronic signature *(Dok)* elektronische Unterschrift *f*
electrostatic elektrostatisch
electrostatic charge elektrostatische Aufladung *f*
elementary analysis *(Chem)* Elementaranalyse *f*
elevate *v (Tech)* anheben, hochfördern, nach oben befördern
elevating *(Tech)* Anhebung *f*, Hebung *f*
eliminate *v* beseitigen, ausschließen, beheben, eliminieren, entfernen, abspalten
elimination Ausscheidung *f*, Behebung *f*, Beseitigung *f*, Entfernung *f*, Eliminierung *f*
elimination of error Fehlerbeseitigung *f*
elimination of risk Risikoausschaltung *f*
elimination of water Wasserabspaltung *f*, Wasserentzug *m*
eluant *(Chem)* Eluationsmittel *n*
eluate *(Chem)* Eluat *n*
embedding medium *(Lab)* Einbettungsmittel *n*
emboss *v* einstanzen, aufprägen
embossed geprägt, aufgeprägt
embossed film *(Verp)* Prägefolie *f*
embossing press *(Tech)* Prägepresse *f*
embossing station Prägestation *f (für Druckprägungen)*
embossment Prägung *f*
embrocation *(Med)* Einreibemittel *n*
emergency Notfall *m*
emergency manual Notfallhandbuch *n*
emergency-off *(Tech)* Not-Aus *n (an Maschinen)*
emergency overrides Handnotbetätigung *f*
emergency power supply Notstromaggregat *n*
emergency procedure Erste-Hilfe-Maßnahme *f*
emergency unblinding *(Med)* Entblindung *f* in Notfallsituationen
emetic *(Med)* Emetikum *n*, Brechmittel *n*
emission *(Tech)* Emission *f*
emmenagogue *(Med)* Emmenagogum *n*, menstruationsförderndes Mittel *n*
empower *v* ermächtigen
empty *v* leeren, entleeren
empty capsule *(Herst)* Leerkapsel *n*
empty package *(Verp)* leere Packung *f*
emptying valve *(Tech)* Entleerventil *n*
emulsifiable emulgierbar
emulsification *(Chem)* Emulgieren *n*, Emulgierung *f*
emulsifier 1. *(Tech)* Emulgator *m (Gerät)*; Emulgiergerät *n*; 2. Emulgator *m (Stoff)*
emulsify *v* emulgieren, emulsionieren
emulsifying agent Emulgator *m (Stoff)*
emulsion Emulsion *f*
encapsulate *v* verkapseln
encapsulated gekammert
encapsulation Verkapselung *f*
encapsulator *(Tech)* Kapselmaschine *f*
end *(Tech)* Kopf *m*
end-of-line machine *(Tech)* Endverpacker *m*
end of study Studienende *f*
end packaging *(Verp)* Endverpackung *f*
end-point determination Endbestimmung *f*
end product Endprodukt *n*
end-product testing *(Qual)* Endproduktprüfung *f*
end user Endnutzer *m*
endothermic reaction endothermische Reaktion *f*
endotoxin Endotoxin *n (Zerfallsgift der Bakterien)*
engine room Maschinenraum *m*, Geräteraum *m*
engineering 1. Technik *f*; 2. Technikabteilung *f*
engineering drawing technische Zeichnung *f*
engrave *v* eingravieren
engraving roll Gravurrolle *f*
enhancement Verbesserung *f*, Steigerung *f*, Verstärkung *f*, Erhöhung *f*

enlargement Vergrößerung *f*, Erweiterung *f*, Verbreiterung *f*
enquiry Anfrage *f*
enrichment culture *(Mikro)* Anreicherungskultur *f*, Elektivkultur *f*
enrichment medium *(Mikro)* Anreicherungsmedium *n*
enter *v* **into chemical reaction** eine chemische Bindung eingehen
enteral nutrition *(Med)* enterale Nahrung *f*
enteric coated magensäureresistent überzogen
enteric coating magensaftresistenter [magensäureresistenter] Überzug *m*
enteric resistant magensaftresistent
entrained dust Flugstaub *m (Wirbelschichtverfahren)*
entrance Eingang *m*, Zutritt *m*, Zugang *m*
entrap *v* auffangen
entry 1. Eingang *m*, Zugang *m*, Eintritt *m (Ort)*; 2. *(Dok)* Eintrag *m*, Eintragung *f*; 3. Eingabe *f (von Daten)*
entry into force Inkrafttreten *n*
environment Umfeld *n*, Umgebung *f*, umgebender Bereich *m*, Umwelt *f*
environmental analysis Umweltanalyse *f*
environmental burden Umweltbelastung *f*, Belastung *f* der Umwelt
environmental compatibility Umweltverträglichkeit *f*
environmental conditions Umgebungsbedingungen *fpl*
environmental control Umweltkontrolle *f*
environmental damage Umweltschaden *m*
environmental management *(Qual)* Umweltschutzmanagement *n*
environmental manager Umweltschutzbeauftragter *m*
environmental monitoring Umfeldmonitoring *n*, Umgebungskontrolle *f*
environmental officer Umweltschutzbeauftragter *m*
environmental pollution Umweltverschmutzung *f*
environmental protection Umweltschutz *m*
environmental protection agency *(Reg)* Umweltbehörde *f*
environmental regulation *(Reg)* Umweltschutzbestimmung *f*
environmental report *(Reg, Dok)* Umweltschutzbericht *m*
environmental restrictions *(Reg)* Umweltauflagen *fpl*
environmental risk assessment *(Chem)* Umweltverträglichkeitsprüfung *f*
environmental sample Umweltprobe *f*
environmental temperature *(Tech)* Umgebungstemperatur *f*
environmentally compatible umweltverträglich
environmentally damaging umweltschädigend
environmentally dangerous umweltgefährdend
environmentally friendly umweltfreundlich
environmentally harmful umweltfeindlich
environmentally hazardous umweltgefährdend
environmentally safe umweltsicher
enzymatic enzymatisch, Enzym…
enzymatic conversion *(Biot)* Enzymumwandlung *f*, enzymatische Umwandlung *f*
enzyme *(Biot)* Enzym *n*, Ferment *n*
enzyme biosynthesis Enzymbiosynthese *f*
enzyme-conjugated antibody enzymkonjugierter Antikörper *m*
enzyme preparation Enzympräparat *n*, Enzymaufbereitung *f*
enzyme reactor *(Biot)* Enzymreaktor *m*
enzyme synthesis Enzymsynthese *f*
enzyme technology *(Biot)* Enzymtechnologie *f*
Eppendorf vessel Eppendorf-Reaktionsgefäß *n*
equalisation *(BE)*, **equalization** *(AE)* *(Verp)* Egalisierung *f*
equation *(Math)* Gleichung
equilibrium Gleichgewicht *n*
equipment Ausrüstung *f*, Ausstattung *f*, Einrichtung *f*
equipment identification *(Tech)* Ausrüstungskennzeichnung *f*
equipment operating parameter Geräteparameter *m*
equipment qualification *(Tech)* Qualifizierung *f* der Ausrüstung
equipment suitability *(Tech)* Ausrüstungseignung *f*

equipment test Gerätetest *m*
equipment validation Gerätevalidierung *f*
equipped with ausgestattet mit
equivalency factor Äquivalenzfaktor *m*
equivalent to gleich, gleichwertig mit
erect *v (Verp)* aufrichten
Erlenmeyer flask *(Lab)* Erlenmeyerkolben *m*
erroneous measurement Fehlmessung *f*
error Fehler *m*, Irrtum *m*
error-free fehlerfrei
error in measurement Messfehler *m*
error in measuring Messfehler *m*
error margin 1. Fehlerbereich *m*, Fehlerspanne *f*, Fehlergrenze *f*; 2. Fehlerquote *f (Abweichung)*
error of measurement Messabweichung *f*, Messfehler *m*
error ratio Fehlerquote *f*, Fehlerrate *f*
eschar *(Med)* Schorf *m*, Grind *m*
essence Essenz *f*, Auszug *m*, Extrakt *m*, flüchtiger Stoff *m*
essential oil ätherisches Öl *n*
establish *v* **a procedure** eine Anweisung erstellen
established process herkömmlicher Prozess *m*
ester value *(Chem)* Esterzahl *f*
estimate *v* bestimmen, schätzen
estimate Schätzwert *m*, Schätzung *f*
estimation Bestimmung *f*, Schätzung *f*
ether *(AE)* Ether *m*, Äther *m*
ethic Ethik *f*
ethic(al) ethisch
ethical considerations ethische Erwägungen *fpl*, ethische Betrachtungen *fpl*
ethical drug rezeptpflichtiges Arzneimittel *n*
ethical principle ethisches Prinzip *n*
ethics commission Ethikkommision *f*
ethics committee Ethikkommision *f*
Euro-med bottle Euro-Medizin-Flasche *f*
European code *(Reg)* europäisches Regelwerk *n*
European Directorate for the Quality of Medicines *(Abk.: EDQM) (Reg)* Europäische Direktion *f* für Arzneimittelqualität
European Medicine Evaluation Agency *(Abk.: EMEA) (Reg)* Europäische Agentur *f* für die Beurteilung von Arzneimitteln
European Pharmacopoeia *(Abk.: PhEur, EP) (Reg)* Europäisches Arzneibuch *n*
European regulations *(Reg)* europäisches Regelwerk *n*
eutectic *(Med)* Eutektikum *n*
evacuant *(Med)* Abführmittel *n*
evacuate *v* 1. vakuieren; 2. auspumpen, entleeren
evaluate *v* bewerten *(z. B. einen Qualitätszustand)*
evaluate *v* **the suppliers** Lieferanten bewerten
evaluation Bewertung *f*
evaluation criteria Bewertungskriterien *npl*
evaluation data Auswertungsdaten *pl*
evaporable verdampfbar
evaporate *v* abdampfen, verdampfen, eindampfen, verdunsten
evaporate *v* **to dryness** zur Trockne eindampfen
evaporating dish Abdampfschale *f*
evaporation Verdampfung *f*, Verdunsten *n*, Eindampfen *n*, Verdampfen *n*
evaporator Verdampfungsapparat *m*, Eindampfer *m*, Verdampfer *m*
evenly mixed gleichmäßig vermischt
evidence Nachweis *m*, Hinweis *m*
evidence of tampering Hinweis *m* auf Manipulation *f*, Nachweis *m* von Fremdeinwirkung
examination 1. Prüfung *f*, Überprüfung *f*, Untersuchung *f*; 2. Untersuchung *f (des Patienten)*
examination of variations Beurteilung *f* von Änderungen
examine *v* **microscopically** mit Mikroskop untersuchen
exceed *v* überschreiten
exceed *v* **a limit** einen Grenzwert überschreiten
exceptional circumstances außergewöhnliche Umstände *mpl*
excess label überschüssiges Etikett *n*
excess pressure *(Tech)* Überdruck *m*
excess weight Mehrgewicht *n*
excipient Zusatzmittel *n*, Zusatzstoff *m*, Additiv *n*, Hilfsstoff *m*, Arzneistoffträger *m*, Arzneiträger *m*
excipient concentration Hilfsstoffkonzentration *f*
exclusion limit Ausschlussgrenze *f*

exclusive rights clause Alleinvertriebsklausel *f*, Wettbewerbsklausel *f*
excretion *(Chem)* Ausscheidung *f*, Absonderung *f*
executive personnel Führungskräfte *fpl*
exemption *(Reg)* Ausnahmeregelung *f*, Freistellung *f*
exemption clause *(Reg)* Ausnahmebestimmung *f*
exhaust *v* 1. auspumpen, luftleer machen; 2. erschöpfen, ausschöpfen
exhaust air Abluft *f*, Prozessabluft *f*, Raumabluft *f*
exhaust air duct Abluftkanal *m*
exhaust air filter Abluftfilter *n(m)*
exhaust air shaft Abluftschacht *m*
exhaust gas Abgas *n*
exhaust line Abluftleitung *f*
exhaust system Abluftsystem *n*
exhauster Saugzuglüfter *m*
exhibition Ausstellung *f*
exit *(Tech)* Auslauf *m*, Ausgang *m*, Auslass *m*, Austritt *m*
exit air Austrittsluft *f*, Abluft *f*
exothermic reaction exothermische Reaktion *f*
expandable dehnbar, ausdehnbar
expansion Erweiterung *f*, Ausdehnung *f*, Vergrößerung *f*
expansion of a culture *(Mikro)* Vermehrung *f* einer Kultur
expansion tank Ausdehnungsgefäß *n*
expected yield *(Herst)* erwartete Ausbeute *f*
expenditures for Ausgaben *fpl* für, Aufwendungen *fpl* für
experiment *v* experimentieren, Versuche durchführen
experiment Experiment *n*, Versuch *m*
experimental animal Versuchstier *n*
experimental condition Versuchsbedingung *f*
experimental design Versuchsanlage *f*
experimental direction Versuchsvorschrift *f*, Versuchsanweisung *f*
experimental drug Arzneimittel *n* in der Versuchsphase
experimental guideline Versuchsvorschrift *f*, Versuchsanweisung *f*
experimental instruction Versuchsvorschrift *f*, Versuchsanweisung *f*
experimental material Probematerial *n*, Testmaterial *n*, Untersuchungsmaterial *n*
experimental procedure Versuchsdurchführung *f*
experimental proof experimenteller Nachweis *m*
experimental set-up Versuchsanlage *f*, Versuchsanordnung *f*
experimental study experimentelle Untersuchung *f*
experimentation on animals Tierversuch *m*
expert Experte *m*, Spezialist *m*
expert group Expertengruppe *f*, Fachgruppe *f*
expertise Expertise *f*, Gutachten *n*
expiration date Verfallsdatum *n*, Auslaufdatum *n*
expiration dating Haltbarkeitsangaben *fpl*
expiration of a patent *(Reg)* Erlöschen *n* eines Patents
expiry date Verfallsdatum *n*, Auslaufdatum *n*
expiry dating Festlegung *f* des Verfallsdatums
explanatory note Anmerkung *f*, erläuternde Bemerkung *f*, Erläuterung *f*
explosable explosiv, explosionsgefährlich
explosion hazard Explosionsgefahr *f*
explosion limits Explosionsgrenzen *fpl*
explosion panel *(Tech)* Explosionsklappe *f*
explosion-proof explosionssicher
explosion-protected explosionsgesichert, explosionsgeschützt
explosion relief duct cover *(Tech)* Explosionskanal-Abdeckung *f*
explosion vent section *(Tech)* Explosionskanal *m*
explosiveness Explosivität *f*
export package *(Log)* Exportverpackung *f*
expose *v* **to air** der Luft aussetzen
exposed sterilised product *(BE)*, **exposed sterilized product** *(AE)* exponiertes sterilisiertes Produkt *n*
exposure 1. Exposition *f*, Ausgesetztsein *n*; 2. Exposition *f*, Aussetzen *n (einer Umgebung)* • **on exposure to air** der Luft ausgesetzt
exposure time Expositionszeit *f*

express *v* 1. ausdrücken, auspressen *(physisch mit Druck)*; 2. ausdrücken, mitteilen
expression 1. Auspressen *n*, Ausdrücken *n (physisch mit Druck)*; 2. Ausdruck *m*, Äußerung *f (sprachlich)*
extended release verlängerte Wirkstoff-Freigabe *f*
extension Erweiterung *f*, Ausdehnung *f*, Vergrößerung *f*
extension of a patent *(Reg)* Patentverlängerung *f*
external dimensions *(Tech)* Außenmaße *npl*
external sachet *(Verp)* Außenbeutel *m*
external service provider externer Dienstleister *m*
external surface Außenoberfläche *f*, Außenschicht *f*
external tariff *(Log)* Außenzoll *m (außerhalb der EU)*
extract *v* extrahieren, einen Auszug [Aufguss] herstellen, einen Extrakt herstellen
extract Aufguss *m*, Auszug *m*, Extrakt *m*, Absud *m*
extractable extrahierbar
extraction 1. Absaugung *f*, Absaugen *n*; 2. *(Chem)* Aufguss *m*, Auszug *m*, Extrakt *m*, Extraktion *f*
extraction container *(Lab)* Extraktionsbehälter *m*
extraction duct Abluftleitung *f*
extraction hood Abzugshaube *f*
extraction line *(Tech)* Entnahmeleitung *f*
extraneous substance Fremdsubstanz *f*
extrude *v* herauspressen, ausstoßen
extrusion screw *(Tech)* Austragsschnecke *f*
eye Öse *f*
eye drops *(Med)* Augentropfen *mpl*
eye protection *(Hyg)* Augenschutz *m*
eyelet Öse *f*

F

face mask *(Hyg)* Mundschutz *m*, Gesichtsschutz *m*
facilitate *v* erleichtern, fördern
facility Einrichtung *f*, Anlage *f*, Gebäude *n*, Betrieb *m*
facility maintenance *(Tech)* Anlagenwartung *f*
facility site Betriebsanlage *f*
factor Faktor *m*
Factory Acceptance Test *(Abk.: FAT)* *(Tech)* Übergabe *f* am Standort, Werksabnahme *f (Anlage, Maschine)*; Vorabnahme *f* beim Hersteller
factory effluent Betriebsabwasser *n*
fail *v* fehlschlagen, versagen
fail part *(Qual)* Schlechtteil *n*
fail-safe fehlersicher
failed batch *(Qual, Herst)* Fehlcharge *f*
failure 1. Fehler *m*; 2. *(Tech)* Versagen *n*, Ausfall *m*, Defekt *m*; 3. *(Tech)* Störfall *m*
failure investigation Fehlerermittlung *f*, Fehleruntersuchung *f*
failure rate Fehlerrate *f*
failure to comply *(Qual)* Nichteinhaltung *f (einer Vorgabe)*
faintly defined ungenau definiert, ungenau festgelegt
fair mäßig, moderat
fair Messe *f*
fair market price marktgerechter Preis *m*
fall *v* sinken, fallen, abfallen, weniger werden
fall *v* **to powder** *(Chem)* zu Pulver zerfallen
falsification Verfälschung *f*, Fälschung *f*
falsify *v* verfälschen
family-size package *(Mark)* Familienpackung *f*
fan *(Tech)* Ventilator *m*, Lüfter *m*, Gebläse *n*
fan belt *(Tech)* Keilriemen *m*
fan wheel *(Tech)* Gebläserad *n*, Flügelrad *n*
fast-integrating schnell auflösend
fast-release schnell freisetzend; schnelle Freisetzung *f*
fast to light lichtbeständig, lichtecht
fat Fett *n*
fat-soluble fettlöslich
fatal dose *(Med)* tödliche Dosis *f*
fatigue *v* 1. *(Tech)* ermüden *(Material, Maschine)*; 2. *(Med)* ermüden, erschlaffen
fatigue 1. *(Tech)* Ermüdung *f*; 2. *(Med)* Ermüdung *f*, Erschlaffung *f*
fatigue limit *(Tech)* Ermüdungsgrenze *f*
fatigue-proof ermüdungssicher *(Material)*

fatty acid Fettsäure *f*
fatty ointment *(Med)* Fettsalbe *f*
fault 1. Fehler *m*, Defekt *m*, Mangel *m*; 2. Fehler *m*, Schuld *f*
fault finding Fehlersuche *f*
fault registration Fehlermeldung *f*
faulty fehlerhaft, defekt
faulty unit *(Tech)* fehlerhafte Einheit *f*
FDA approvable FDA-validierbar
feaces test *(Med, Hyg)* Stuhltest *m*
feasibility Machbarkeit *f*
feasibility test *(Tech)* Machbarkeitstest *m*, Anlagen- und Prozessversuch *m*
feasible durchführbar, machbar *(technisch)*
feature (charakteristisches) Merkmal *n*
febrifuge *(Med)* fiebersenkend
febrifuge *(Med)* Fiebermittel *n*, Antipyretikum *n*, Antifiebermittel *n*
feculence Bodensatz *m*, Trübung *f*, Trübe *f*
feculent trübe, getrübt, undurchsichtig
federal standard *(Reg)* Bundesstandard *m*
feed *v* beschicken, befüllen, zuführen
feed 1. Einspeisen *n*, Zugeben *n*, Zufuhr *f*; 2. Füllmasse *f*, Schüttgut *n*
feed area *(Tech)* Zuführbereich *m*
feed inlet *(Tech)* Beladeöffnung *f*, Beschickungsöffnung *f*, Füll-Loch *n*
feed opening *(Tech)* Einfüllöffnung *f*
feed pipe *(Tech)* Beschickungsrohr *n*, Zuführungsrohr *n*, Zulaufrohr *n*
feed pump *(Tech)* Dosierpumpe *f*
feed screw *(Tech)* Förderschnecke *f*
feed shoe *(Tech)* Füllschuh *m*
feed system *(Tech)* Zuführsystem *n*, Befüllsystem *n*
feed tube Füllrohr *n*
feed valve Zulaufventil *n*
feeder *(Tech)* Beschickungsvorrichtung *f*, Einspeisungsvorrichtung *f*
feeding Füttern *n* *(Mikroorganismen)*
feeding addition Zugeben *n*, Beschicken *n*, Befüllen *n*
feeding table Zuführtisch *m*
feel *v* sich fühlen
feel *v* **comfortable** sich gut fühlen
feel *v* **fit, feel** *v* **good** sich gut fühlen
fennel Fenchel *m* *(Heilpflanze)*
ferment *v* fermentieren, in Gärung sein
fermentation *(Biot)* Gärung *f*, Fermentation *f*
fermentation process *(Biot)* Fermentationsprozess *m*
fermentation tank *(Biot)* Fermenter *m*
fermentation technology *(Biot)* Gärungstechnologie *f*
fermentation vessel *(Biot)* Fermentationskessel *m*
fertility *(Med)* Fruchtbarkeit *f*
fiber *(AE)* 1. Faser *f (bei partikulärer Verunreinigung)*; 2. Ballaststoff *m (Ernährung)*
fiber drum *(AE)* Fibertrommel *f*
fiberglass-reinforced *(AE)* glasfaserverstärkt
fibre *(BE)* 1. Faser *f (bei partikulärer Verunreinigung)*; 2. Ballaststoff *m (Ernährung)*
fibre drum *(BE)* Fibertrommel *f*
fibreglass-reinforced *(BE)* glasfaserverstärkt
fibrinolytic agent *(Med)* Fibrinolytikum *n*
field force Außendienst *m (Mitarbeiter)*
field manager Außendienstmitarbeiter *m*, Außendienstmitarbeiterin *f*
field of study Forschungsbereich *m*
field service Außendienst *m (Abteilung oder Bereich)*
field worker Außendienstmitarbeiter *m*, Außendienstmitarbeiterin *f* • **work in the field** im Außendienst tätig sein
file *v* **a patent** ein Patent anmelden
filing documents Antragsunterlagen *pl*
fill volume Füllmenge *f*
fill/weigh/seal equipment *(Tech)* Füll-, Wäge- und Verschließmaschine *f*
filled drug container *(Verp)* befüllter Arzneimittelbehälter *m*
filler 1. *(Verp)* Abfüllmaschine *f*; 2. Füllmittel *n*, Füllgut *n*
filler-binder Füllmittelbinder *m*
filling 1. *(Tech)* Abfüllung *f*, Befüllen *n*, Füllen *n*, Beschicken *n*; 2. Füllgut *n*
filling agent Füllstoff *n*, Füllmittel *n*, Füllmasse *f*
filling cam Füllkurve *f (Tablettenpresse)*
filling depth Fülltiefe *f*
filling funnel *(Lab)* Pulvertrichter *m*
filling head *(Verp)* Füllkopf *m*
filling level Füllhöhe *f*, Füllstand *m*
filling line Abfüllanlage *f*, Befüllanlage *f*
filling material Füllstoff *m*, Füllmittel *n*, Füllmasse *f*
filling nozzle *(Tech)* Füllventil *n*

filling station *(Tech)* Füllstation *f*
filling volume Füllmenge *f*, Füllvolumen *n*
filling weight Füllgewicht *n*
film *(Tabl)* Belag *m*, dünne Schicht *f*, dünner Überzug *m*, Film *m*
film-blowing machine Folienblasmaschine *f*
film-coated tablet *(Tabl)* Filmtablette *f*
film coating *(Tabl)* Aufbringen *n* des Dünnschichtmantels; Filmbeschichtung *f*
film-forming agent *(Chem)* Filmbildner *m*
film processing *(Verp)* Folienverarbeitung *f*
film product *(Verp)* Folienprodukt *n*
film strip *(Verp)* Filmstreifen *m*, Folienstreifen *m*
film surface *(Verp)* Folienoberfläche *f*
film thickness *(Verp)* Filmdicke *f*, Filmstärke *f*
film tube Schlauchfolie *f*
filter *v* filtrieren *(besonders Flüssigkeiten)*; filtern *(besonders Gase)*; sich filtrieren lassen
filter Filter *n(m)*
filter aid Filterhilfsstoff *m*, Filtrierhilfsstoff *m*
filter aseptically *(Ster)* durch Filtration *f* keimfrei machen, sterilfiltrieren
filter bag Filterbeutel *m*
filter bed Filterbett *n*
filter cartridge Filterpatrone *f*
filter cover Filtergehäuse *n*
filter efficiency Filterleistung *f*, Filterwirksamkeit *f*
filter effluent Filtrat *n*
filter face Filteroberfläche *f*
filter insert Filtereinsatz *m*
filter installation Filtereinbau *m*
filter integrity Filterintegrität *n*, Filterzuverlässigkeit *f*
filter integrity test Filterintegritätstest *m*
filter mass Filtermasse *f*, Filtriermasse *f*
filter medium Filtermedium *n*, Filtermaterial *n*
filter *v* **off** abfiltrieren
filter *v* **out** durch Filtration entfernen
filter press Filterpresse *f*
filter removal Filterentfernung *f*
filter residue Filterrückstand *m*
filter resistance Filterwiderstand *m*
filter seal Filterabdichtung *f*
filter sterilisation *(BE)*, **filter sterilization** *(AE)* *(Ster)* Sterilfiltration *f*
filter stick Filterstäbchen *n*, Filtrierstäbchen *n*
filter surface Filteroberfläche *f*
filter tube 1. *(Tech)* Filterkerze; 2. *(Lab)* Filtrierröhrchen *n*
filter-type dust collector Filtrationsentstauber *m*, Staubfilter *n(m)*
filterable filtrierbar
filtering centrifuge Filterzentrifuge *f*, Siebzentrifuge *f*
filtering effect Filterwirkung *f*
filtering funnel Filtertrichter *m*
filtering pressure Filterdruck *m*
filth Schmutz *m*, Verschmutzung *f*
filtrate Filtrat *n*
filtration Filtration *f*, Filtrieren *n* • **remove by filtration** durch Filtration entfernen
filtration container *(Lab)* Filtrationsbehälter *m*
filtration method Filtrationsmethode *f*
filtration resistance Filtrationswiderstand *m*
filtration waste Filtrationsabfall *m*
final container Endbehälter *m*
final content Restgehalt *m*
final control *(Qual)* Endprüfung *f*, abschließende Kontrolle *f*
final decision endgültige Entscheidung *f*
final disposition endgültige Verfügung *f*
final drying Nachtrocknung *f*
final-finished pack *(Verp)* Endverpackung *f*
final inspection Endabnahme *f* *(Maschinen)*
final intermediate *(Herst)* letztes Zwischenprodukt *n*
final product *(Herst)* Endprodukt *n*, Fertigprodukt *n*, Fertigerzeugnis *n*
final production stage *(Herst)* letzte Produktionsphase *f* *(Wirkstoffherstellung)*
final rinse letztes Spülwasser *n*
final specification *(Qual)* Endspezifikation *f*
final treatment 1. Endbehandlung *f*; 2. Schlussreinigung *f*
final version Endfassung *f*
final yield *(Herst)* Endausbeute *f*
financial accounting Finanzbuchhaltung *f*
financial statement *(Wi)* Bilanz *f*

finding Feststellung *f*, Ergebnis *n*, Resultat *n*
fine fein, feinkörnig, dünn
fine adjustment *(Tech)* Feineinstellung *f*
fine dust Feinstaub *m*
fine dust filter Feinstaubfilter *n(m)*
fine-grain feinkörnig
fine granules *(Herst)* Feingranulat *n*
fine particle Feinkorn *n*
fine sieve Feinsieb *n*
finished dosage form fertige Darreichungsform *f*
finished drug Fertigarzneimittel *n*
finished medicinal product Fertigarzneimittel *n*
finished pharmaceutical Fertigarzneimittel *n*
finished process materials *(Herst)* Fertigmaterial *n*
finished product Endprodukt *n*, Fertigprodukt *n*
finishing operation Endfertigung *f*
finite state Endzustand *m*
fire protection door Brandschutzklappe *f*, Brandschutztür *f*
fire shutter Brandschutzklappe *f*
firm order *(Vertr)* fester Auftrag *m*
first-aid supplies *(Med)* Arzneimittel *n* für erste Hilfe, Erste-Hilfe-Arzneimittel *n*
first-class product Spitzenprodukt *n*
first order *(Vertr)* Erstbestellung *f*
first-order reaction Reaktion *f* 1. Ordnung
first quality beste Qualität *f*
first running Erstlauf *m*, Vorlauf *m* *(Destillation)*
first-source drug Originalpräparat *n*
first stage Anfangsphase *f*
fit for purpose arbeitsfähig, einsetzbar
fitted *(Tech)* eingebaut
fitting *(Tech)* Anschluss *m*
fittings *(Tech)* Armatur *f*
fix *v* befestigen
fixed feststehend
fixed-asset accounting *(Fin)* Anlagenbuchhaltung *f*
fixed overheads *(Wi)* fixe Gemeinkosten *pl*
fixed price Festpreis *m*
flake *v* flocken
flake 1. Flocke *f*; 2. *(Med)* Hautschuppe *f*
flaking Flocken *n*, Abplatzen *n*, Abspringen *n*
flaky flockig
flame emission spectroscopy Flammenemissionsspektroskopie *f*
flame ionisation detector *(Abk.: FID)* Flammenionisationsdetektor *m*
flame photometry Flammenphotometrie *f*
flame-seal *v* zuschmelzen *(Ampullen)*
flame steriliser *(BE)*, **flame sterilizer** *(AE)* *(Ster)* Flammensterilisator *m*
flammable brennbar
flange *v* 1. flanschen; 2. umbördeln
flange *(Tech)* Flansch *m*
flap *(Tech)* Klappe *f*
flap control *(Tech)* Klappensteuerung *f*
flap trap *(Tech)* Rückschlagklappe *f*
flask *(Lab)* Kolben *m* aus Glas
flat bag *(Verp)* Flachbeutel *m*
flat-bottom flask *(Lab)* Stehkolben *m*
flavoring agent *(AE)* *(Chem)* Geschmacksstoff *m*
flavoring material *(AE)* *(Chem)* Geschmacksverstärker *m*
flavoring substance *(AE)* *(Chem)* Geschmacksstoff *m*
flavorless *(AE)* geschmacklos, geruchlos
flavouring agent *(BE)* *(Chem)* Geschmacksstoff *m*
flavouring material *(BE)* Geschmacksverstärker *m*
flavouring substance *(BE)* *(Chem)* Geschmacksstoff *m*
flavourless *(BE)* geschmacklos, geruchlos
fleece Vlies *n*
flocculate *v* flocken, ausflocken
flocculation Ausflockung *f*, Flockung *f*
flocculent flockig
floor channel Abflussrinne *f*
floor drain Abfluss *m* im Fußboden, Fußbodenablass *m*
floor finishing Fußbodenbelag *m*
Florence flask *(Lab)* Kochkolben *m*, Langhalskolben *m*
flow *v* fließen, strömen
flow 1. Strömung *f*, Fluss *m* *(von Flüssigkeiten oder Luft)*; 2. Strömung *f*, Fließen *n*, Strömen *n*
flow *v* **back** zurückfließen
flow behavior *(AE)*, **flow behaviour** *(BE)* Fließverhalten *n*
flow capability Fließfähigkeit *f*
flow cell Durchflusszelle *f*

flow chart Fließdiagramm *n*
flow diagram Fließdiagramm *n*, Fließschema *n*
flow direction Fließrichtung *f*
flow gradient Fließgradient *m*
flow measurement *(Tech)* Durchflussmengenmessung *f*, Mengenstrommessung *f*, Durchflussmessung *f*
flow *v* **out** ausfließen, herausfließen, ausströmen
flow pattern Strömungsart *f*, Strömungsmuster *n*
flow promoter *(Tabl)* Fließmittel *n*
flow property Fließeigenschaft *f*
flow rate 1. Durchflussgeschwindigkeit *f*, Fließgeschwindigkeit *f*, Flussrate *f*; 2. Durchflussmenge *f*, Durchsatzwert *m*
flow regulation Durchflussregulation *f*
flow *v* **through** durchfließen, durchströmen, durchlaufen, passieren
flow *v* **together** zusammenfließen
flowability Fließfähigkeit *f*
flowmeter Durchflussmesser *m*, Strömungsmesser *m*
fluctuate *v* schwanken
fluctuation test Fluktuationstest *m* *(bakterieller Test)*
fluid Flüssigkeit *f*
fluid bed Wirbelschicht *f*
fluid bed dryer *(Herst)* Wirbelschichttrockner *m*
fluid bed drying *(Herst)* Wirbelschichttrocknung *f*
fluid bed granulation *(Herst)* Wirbelschichtgranulation *f*
fluid bed granulator *(Herst)* Wirbelschichtgranulator *m*
fluid bed process(ing) *(Herst)* Wirbelschichtherstellung *f*, Wirbelschichtverfahren *n*
fluid bed technology *(Herst)* Wirbelschichttechnologie *f*
fluid bed type Wirbelschichtart *f*
fluid energy mill Luftstrahlmühle *f*
fluid medium 1. Trägerstrom *m*; 2. Flüssigmedium *n*
fluidisation *(BE) (Herst)* Wirbelschichtverfahren *n*
fluidise *v (BE)* verflüssigen
fluidised process *(BE) (Herst)* Wirbelschichtverfahren *n*
fluidization *(AE) (Herst)* Wirbelschichtverfahren *n*
fluidize *v (AE)* verflüssigen
fluidized process *(AE) (Herst)* Wirbelschichtverfahren *n*
fluorescence Fluoreszenz *f*
fluorination Fluorierung *f*
flush *v* wirksam durchströmen
flush bündig, abschließend
flushing Spülen *n*
flux Fluss *m*, Fließen *n*, Durchfluss *m*
foam *v* schäumen
foam 1. Schaum *m*; 2. Schaumstoff *m*
foam formation Schaumbildung *f*
foam inhibitor Schaumverhinderungsmittel *n*, Schaumbremser *m*
foam spray Schaumspray *n*
foam suppressor Antischaummittel *n*
foaming Schaumbildung *f*
foil Folie *f (Verpackungsmaterial)*
foil blister *(Verp)* Folienblister *m*
foil laminating adhesive *(Verp)* Folienverbundkleber *m*
foil printing Folienbedruckung *f*
foil processing *(Verp)* Folienverarbeitung *f*
foil product *(Verp)* Folienprodukt *n*
foil segment *(Verp)* Folienabschnitt *m*
foil sheet *(Verp)* Folienbahn *f*
foil speed *(Verp)* Foliengeschwindigkeit *f*
foil thickness *(Verp)* Folienstärke *f*
fold *v* falten, zusammenfalten
folded box, **folding box** *(Verp)* Faltschachtel *f*
folding carton *(Verp)* Faltschachtel *f*, Faltschachtelverpackung *f*
folding carton removal system *(Tech, Verp)* Faltschachtelabnahmesystem *n*
folding carton sealing machine *(Tech, Verp)* Faltschachtelverschließmaschine *f*
folding carton set-up machine *(Verp)* Faltschachtelaufrichter *m*
folding machine *(Verp)* Falzmaschine *f*
follow-up action Folgemaßnahme *f*
follow-up order Folgebestellung *f*
follow-up stability test *(Qual)* fortlaufende Stabilitätsuntersuchung *f*
food additive Nahrungsergänzungsmittel *n*
Food and Drug Administration *(Abk. FDA)* US-Bundesbehörde *f* zur Überwachung von Nahrungs- und Arzneimitteln
food grade oil lebensmittelechtes Öl *n*
food (stuff) Lebensmittel *n*

foot-mounted engine Fußmotor *m*
foot plate Bodenplatte *f*
for-cause audit Audit *n* aus gegebenem Anlass
foraminate *v* durchstoßen, eine kleine Öffnung aufweisen
forced aeration *(Biot)* Zwangsbelüftung *f*
forced-circulation mixer Zwangsmischer *m*
forceps Zange *f*, Pinzette *f*
foreign body Fremdkörper *m*
foreign material Fremdstoff *m*, Störstoff *m*
foreman Vorarbeiter *m*, Meister *m*
fork-lift truck *(Tech)* Gabelstapler *m*
form Formular *n*
form cycles *(Tech)* Formattakte *mpl*
form/fill/closing machine *(Ster)* Form-Füll-Verschließ-Maschine *f*
form package *(Verp)* Formpackung *f*
format Format *n*
format changeover Formatwechsel *m*
formation Bildung *f*, Entwicklung *f*, Entstehung *f*; Ausbildung *f*
forming foil *(Verp)* Verformfolie *f*
forming unit Formatbereich *m*
formula Formel *f*, Zusammensetzung *f*, Rezeptur *f*, Mischungsverhältnis *n*, Vorschrift *f*
formulation 1. Formgebung *f*, Galenik *f*; 2. Rezeptur *f*, Zubereitung *f (nach Vorschrift)*; 3. nach Rezeptur zubereitetes Produkt *n*; 4. Ausdruck *m* mittels Formel
forward *v* weiterleiten, transportieren, übermitteln
forward purchasing Terminkauf *m*
forwarder 1. *(Log)* Spediteur *m*; 2. *(Tech)* Transporteur *m*
forwarding agent *(Log)* Spediteur *m*
four-edged sealed sachet *(Verp)* Vierrandsiegelflachbeutel *m*
four-eyes system Vieraugensystem *n*
four-neck flask *(Lab)* Vierhalskolben *m*
fraction 1. Bruchstück *n*, Stück *n*, Teil *n*, Fraktion *f*; 2. Klasse *f (Kornklasse)*
fractional distillation fraktionierende [stufenweise] Destillation *f*
fractionation 1. Fraktionierung *f*, Fraktionieren *n*; 2. stufenweise Destillation *f*
fracture Bruch *m*
fracture surface Bruchfläche *f*
fragile 1. zerbrechlich; brüchig, spröde; 2. störanfällig
fragment control *(Qual)* Bruchstückkontrolle *f*
frame conditions Rahmenbedingungen *fpl*
free from error fehlerfrei
free from odor *(AE)*, **free from odour** *(BE)* geruchlos
free from water wasserfrei
free sample *(Mark)* Gratismuster *n*
freeze *v* frieren, einfrieren, erstarren
freeze-dried gefriergetrocknet
freeze-dried tablets gefriergetrocknete Tabletten *fpl*
freeze dryer Gefriertrockner *m*
freeze-drying Gefriertrocknung *f*, Lyophilisation *f*, Sublimationstrocknung *f*
freezing Gefrieren *n*, Einfrieren *n*, Erstarren *n* • **below freezing** unter dem Gefrierpunkt
freezing point Gefrierpunkt *m*, Gefriertemperatur *f*
freight charge *(Log)* Frachtgebühr *f*
freight note *(Log)* Frachtbrief *m*
frequency Häufigkeit *f*
frequency distribution Häufigkeitsverteilung *f*
frequency of administration *(Med)* Verabreichungshäufigkeit *f*
frequency of collection Sammelintervall *f (Abfälle)*
fresh air Frischluft *f*
fresh air inlet Frischluftzufuhr *f*
friabilator Zerreiber *m*
friability Abrieb *m*
friction Reibung *f*
friction coefficient Reibungskoeffizient *m*
frictional force Reibungskraft *f*
frictional resistance Reibungswiderstand *m*
fugitive 1. flüchtig *(Substanz)*; 2. unbeständig
fulfil *v* **requirements** Anforderungen erfüllen
full-cost pricing *(Wi)* Vollkostenkalkulation *f*
full-scale manufacturing Großproduktion *f*
full-scale plant großtechnische Anlage *f*
fully-automated vollautomatisch
fully-automated processing vollautomatischer Prozessablauf *m*

fully documented vollständig dokumentiert, umfassend dokumentiert
fume Dampf *m*
fume chamber *(Tech, Lab)* Abzugsschrank *m*
fume cupboard *(Tech, Lab)* Abzugsschrank *m*
fumigant Begasungsmittel *n*
fumigating agent Begasungsmittel *n*
fumigation Begasung *f*, Raumbegasung *f*
functional defect Funktionsmangel *m*
functional design specification Gestaltungsmerkmal *n*
functional specification Pflichtenheft *n*
fungal attack Pilzbefall *m*
fungi *(Mikro)* Pilze *mpl*
fungicidal fungizid wirksam, pilztötend, pilzwirksam, antimykotisch
fungicidal activity fungizide Wirksamkeit *f*
fungicide Fungizid *n*, pilztötendes Mittel *n*, Pilzbekämpfungsmittel *n*
fungistat Fungistatikum *n*
fungistatic das Pilzwachstum hemmend
fungous 1. pilzartig, fungös; Pilz...; 2. durch Pilze hervorgerufen; 3. mit Pilzen infiziert
fungous infection Pilzbefall *m*
funnel Trichter *m*
funnel opening Trichteröffnung *f*
funnel rack Filtrierstativ *n*
further processing Weiterverarbeitung *f*
further training Weiterbildung *f*
fuse *(Tech)* Sicherung *f*
fusion Fusion *f*, Verschmelzung *f*
fusion reagent *(Chem)* Flussmittel *n*

G

galenic process optimisation galenische Prozessoptimierung *f*
galenical galenisch
galenical development Galenik *f*
galvanised verzinkt
gang-printed label(l)ing *(Verp)* Gruppendruck-Etikettierung *f*
gap Spalt *m*
gargle *(Med)* Gurgellösung *f*
garlic Knoblauch *m (Pflanzenarzneimittel)*
gas Gas *n*
gas bubble Gasblase *f*
gas chromatography Gaschromatographie *f*
gas exchange Gasaustausch *m*
gas experiment *(Lab)* Begasungsversuch *m*
gas filter Gasfilter *n(m)*
gas flow Gasdurchströmung *f*
gas flushing Begasung *f*
gas meter *(Tech)* Gaszähler *m*
gas sterilisation *(BE)*, **gas sterilization** *(AE)* Gassterilisation *f*
gas supply Gaszufuhr *f*
gas-tight gasdicht
gaseous gasförmig
gasket Dichtung *f*; Dichtungsring *m*, Dichtungsscheibe *f*
gastric residence *(Med)* Magenverweilzeit *f*
gastro-intestinal agent *(Med)* Magen-Darm-Mittel *n*
gate valve *(Tech)* Schieber *m*, Absperrschieber *m*, Schieberventil *n*
gauge Messgerät *n*, Messinstrument *n*
gauze Verbandmull *m*, Tupfer *m*
gear Getriebe *n*
gear ratio Übersetzung *f* beim Getriebe
gel *v* erstarren, gerinnen, gelatinieren, gelieren
gel Gel *n*
gel filtration Gelfiltration *f*
gel former Gelbildner *m*
gel seal Gelverschluss *m*
gelatin(e) Gelatine *f*
gelatin(e) capsule *(Herst)* Gelatinekapsel *f*
gelatiniser *(BE)* Geliermittel *n*
gelatinising *(BE)* Gelatinierung *f*, Gelatinieren *n*
gelatinising agent *(BE)* Geliermittel *n*
gelatinizer *(AE)* Geliermittel *n*
gelatinizing *(AE)* Gelatinierung *f*, Gelatinieren *n*
gelatinizing agent *(AE)* Geliermittel *n*
gelatinous gelatinös, gelatineartig
gelation Erstarren *n*, Gelieren *n*, Festwerden *n*
gellant Geliermittel *n*
gene technology Gentechnologie *f*
gene therapy Gentherapie *f*
gene therapy API Gentherapiewirkstoff *m*

gene therapy medicinal product Gentherapeutikum *n*
general allgemein, generell
general condition 1. *(Med)* allgemeines Befinden *n*; 2. allgemeine Bedingung *f*
general formula allgemeine Formel *f*
general pharmaceutical liability insurance pharmazeutische Haftpflichtversicherung *f*
generate *v* erzeugen, generieren, schaffen
generate *v* **fibers** *(AE)*, **generate** *v* **fibres** *(BE)* Fasern abgeben
generation Erzeugung *f*, Generierung *f*
generation of purified water Herstellung *f* von Reinwasser
generator Generator *m*, Dampferzeuger *m*
generic drug [medicinal product] Nachahmerpräparat *n*, Generikum *n*
generic marketing authorisation *(BE)* Zulassung *f* als Generikum
generic marketing authorization *(AE)* Zulassung *f* als Generikum
generic registration Zulassung *f* als Generikum
genetic engineering Gentechnologie *f*
genetic(al) genetisch
genetically engineered gentechnisch verändert
genetically engineered product genetisch verändertes Produkt *n*
genetically modified gentechnisch verändert, genetisch verändert
genetically modified organisms genetisch veränderte Organismen *mpl*
gentian Enzian *m (Heilpflanze)*
gentle vorsichtig, sanft *(Umgang mit)*
gentle distillation schonende Destillation *f*
gentle drying schonende Trocknung *f*
gentle handling schonende Behandlung *f*
geriatric agent *(Med)* Geriatrikum *n*
germ 1. Keim *m*, Embryo *m*; Samen *m*, Same *m*; 2. Keim *m (alte Bezeichnung für Bakterium)*
germ-free keimfrei
germicidal keimtötend, entkeimend
germicide Germizid *n*, Keimtötungsmittel *n*
ginkgo Ginkgo *m (Heilpflanze)*
give *v* **notice** ankündigen, in Kenntnis setzen
give *v* **prior notice** im Voraus ankündigen, vorher informieren
gland *(Tech)* Stopfbuchse *f*
glass ampoule *(BE)*, **glass ampule** *(AE)* Spießampulle *f*
glass balloon Glasballon *m*
glass barrel *(Verp)* Glaskörper *m*
glass beaker *(Lab)* Glasbecher *m*
glass bulb Glaskolben *m*
glass cuvette Glasküvette *f*
glass dish Glasschale *f*
glass flask Glaskolben *m*
glass funnel Glastrichter *m*
glass microscope slide Objektträger *m*
glass pipe Glasrohr *n*
glass rod Glasstab *m*
glass splinters Glassplitter *m*
glass-stoppered bottle *(Verp, Lab)* Glasstopfenflasche *f*
glass tube Glasrohr *n*, Glasröhre *f*
glass type Glasart *f*
glass vial *(Lab, Verp)* Glasfläschchen *n*
glassware *(Lab)* Glasgeräte *npl*
glassware washer Glaswaschanlage *f*
glossy glänzend
gloves *(Hyg)* Handschuhe *mpl*
glucose infusion Traubenzuckerinfusion *f*
glue *v* leimen, kleben
glue Leim *m*, Kleber *m*
glue closure *(Verp)* Leimverschluss *m*
GMP compliance Übereinstimmung *f* mit GMP, GMP-Entsprechung *f*
GMP compliant GMP-gerecht
GMP concept GMP-Konzept *n*
GMP conditions GMP-Bedingungen *fpl*
• **under full GMP conditions** *(Reg)* unter vollständigen GMP-Bedingungen
GMP conform GMP-gerecht
GMP guidelines GMP-Richtlinien *fpl*
go *v* **on stream** in Betrieb nehmen
goggles *(Hyg)* Schutzbrille *f*
Good Clinical Practice *(Abk.: GCP)* Gute Klinische Praxis *f*
Good Laboratory Practice *(Abk.: GLP)* Gute Laborpraxis *f*
Good Manufacturing Practice *(Abk.: GMP)* Gute Herstellungspraxis *f*
goods issue *(Log)* Warenausgang *m*
goods receipt *(Log)* Wareneingang *m*

government intervention staatliche Einflussnahme *f*
gown *(Hyg)* Kittel *m*
gowning procedure *(Reg)* Bekleidungsvorschrift *f*
gowning room Umkleideraum *m*
grade 1. Grad *m*, Stufe *f*, Klasse *f*, Güteklasse *f*, Qualität *f*; 2. Körnung *f*, Körnergröße *f*
grading into size Klassieren *n*, Klassierung *f*, Trennen *n* nach Korngröße *(Granulat)*
graduated cylinder Messzylinder *m*, Maßzylinder *m*
graduated pipette *(Lab)* Messpipette *f*
graduated plan [schedule] Stufenplan *m*
graduation Graduierung *f*, Gradeinteilung *f*, Gradteilung *f*, Messeinteilung *f*
graduation mark Strichmarkierung *f*, Teilstrich *m*
graft *v (Med)* transplantieren, einpflanzen
graft 1. *(Med)* Transplantat *n*; 2. *(Med)* Transplantation *f*
grain *v* granulieren, körnig machen
grain Körnung *f*, Korn *n*
grain size Korngröße *f*, Körnung *f*
grain-size distribution Korngrößenverteilung *f*
grain structure Korngefüge *n (Körnung)*
grained granuliert, gekörnt
grainy körnig, granulös
Gram-negative gramnegativ *(Bakterien)*
Gram-positive grampositiv *(Bakterien)*
Gram staining *(Chem)* Gramfärbung *f*
grant *v* **a marketing authorisation** *(BE)*, **grant** *v* **a marketing authorization** *(AE)* eine Marktzulassung erteilen
grant *v* **an authorisation** *(BE)*, **grant** *v* **an authorization** *(AE)* eine Genehmigung erteilen; eine Zulassung erteilen
granular körnig, granulös
granular bed Körnerschüttung *f*, körnige Schüttschicht *f*
granular material Granulat *n*
granularity Körnigkeit *f*, Kornstruktur *f*
granulate *v* granulieren, körnig machen
granulate Granulat *n*
granulated granuliert, gekörnt
granulating fluid Granulierflüssigkeit *f*
granulating process Granuliervorgang *m*
granulation Granulierung *f*, Granulieren *n*, Körnigmachen *n*
granulation equipment Granulierungsausrüstung *f*
granulation process Granulierverfahren *n*
granulator *(Tech)* Granulator *m*
granule 1. Korn *n*, Körnchen *n*; 2. Granulatkorn *n*
granule density Granulatdichte *f*
granule quality Qualität *f* des Granulats
granule structure Granulatstruktur *f*
graph grafische Darstellung *f*
grating Gitterrost *m*
gravimetric gravimetrisch
gravimetric analysis *(Tech)* Gewichtsbestimmung *f*
gravimetric dosing *(Tech)* gravimetrische Dosierung *f*
gravity feed Befüllung *f* durch Gefälle
grease *v* schmieren, fetten
grease Schmierfett *n*, Maschinenfett *n*
greenfield site Standort *m* auf der grünen Wiese
grid 1. Gitter *n*; 2. Probenträger *m* für Elektronenmikroskopie
grind *v* mahlen, vermahlen, zermahlen, zerstoßen, zerreiben
grind *v* **finely** feinmahlen
grinder *(Tech)* Mühle *f*
grinding *(Tech)* Vermahlung *f*
grinding machine Mahlmaschine *f*
grinding mill *(Tech)* Mühle *f*
grinding roll *(Tech)* Mahlwalze *f*
grip Bügel *m*, Griff *m*
grip hole *(Verp)* Griffloch *n*
gripper *(Tech)* Greifer *m*
gripper system *(Tech)* Greifersystem *n*
groove Nut *f*
groove-ring construction Nutringkonstruktion *f*
gross contamination grobe Verunreinigung *f*, Kontamination *f*
gross output *(Wi)* Bruttoproduktionswert *m*
gross price Bruttopreis *m*
gross profit *(Wi)* Bruttogewinn *m*
gross/tare weighing Brutto-/Tara-Verwägung *f*
gross weight Bruttogewicht *n*
ground *v (Tech)* erden
ground-coat *(Tabl)* Grundierung *f*
ground-glass stopper Schliffstopfen *m*

ground-joint flask Schliffkolben *m*
grounding 1. *(Tabl)* Grundierung *f*; 2. *(Tech)* Erdung *f*
group frequency Gruppenfrequenz *f*, Schlüsselfrequenz *f (Spektroskopie)*
grouping *(Verp)* Gruppieren *n*
growth *(Mikro, Biot)* Wachstum *n*, Anwachsen *n*; Züchtung *f*, Zucht *f*
growth acceleration *(Mikro)* Wachstumsbeschleunigung *f*
growth factors *(Mikro)* Wachstumsfaktoren *mpl*
growth in demand wachsende Nachfrage *f*
growth medium *(Mikro)* Wachstumsmedium *n*, Nährmedium *n*, Substrat *n*
growth period *(Mikro)* Wachstumsphase *f*
growth phase *(Mikro)* Wachstumsphase *f (Mikroorganismen)*
growth promotion *(Mikro)* Wachstumsförderung *f*
growth promotion test *(Mikro)* Überprüfung *f* auf Wachstumsförderung
growth rate *(Mikro)* Wachstumsgeschwindigkeit *f*, Wachstumsrate *f (Mikroorganismen)*
guarantee Garantie *f*
guaranteed contents Mindestinhalt *m*
guaranteed quality zugesicherte Qualität *f*
guidance Leitlinie *f*, Anleitung *f*, Richtlinie *f*
guideline Leitlinie *f*, Richtlinie *f*
guideline on stability *(Qual)* Stabilitätsleitlinie *f*
guidelines of GMP Leitlinien *fpl* von GMP
guiding device *(Tech)* Führung *f*
gutter Rinne *f*
gyn(a)ecological agent *(Med)* Gynäkologikum *n*

H

habit-forming *(Med)* suchterzeugend *(Stoff oder Arzneimittel)*
habituation Gewöhnung *f (an ein Arzneimittel)*
half-life period *(Biot)* Halblebenszeit *f*, Halbwertszeit *f*
hallucinogen *(Med)* Halluzinogen *n*, Psychotomimetikum *n*
hallucinogenic psychotomimetisch, halluzinationsauslösend
halogen containing halogenhaltig
halogen-free halogenfrei
halogenated halogeniert
halogenated compound *(Chem)* halogenierte Verbindung *f*
hand-applied labelling *(Verp)* Etikettierung *f* von Hand
hand disinfection *(Hyg)* Händedesinfektion *f*
hand-operated handbetrieben, von Hand, manuell, handgeführt
hand wash facility *(Hyg)* Handwascheinrichtung *f*
hand wheel *(Tech)* Handrad *n*
handle *v* bedienen, handhaben, umgehen mit, gebrauchen
handle *(Tech)* Bügel *m*, Griff *m*
handling *(Tech)* Bedienung *f*, Handhabung *f*, Umgang *m*, Gebrauch *m*
handling of complaints *(Qual)* Umgang *m* mit Beanstandungen
handling of OOS results *(Qual)* Handhabung *f* der OOS-Ergebnisse
hard capsule *(Herst)* Kapsel *f*, Steckkapsel *f*
hard copy ausgedruckte Daten *pl*
hard-gelatine capsule *(Herst)* Hartgelatinekapsel *f*
hardening Härten *n*
hardness Härte *f*, Festigkeit *f*
hardness tester Härtetester *m*
harmful schädlich, gefährlich, schädigend
harmful material Schadstoff *m*
harmful to health gesundheitsschädlich
harmfulness Gefährlichkeit *f*, Schädlichkeit *f*
harmless unschädlich, ungefährlich
harmlessness Unschädlichkeit *f*, Ungefährlichkeit *f*
harvest *v (Biot)* ernten
harvest *(Biot)* Ernte *f*
hazard *v* gefährden
hazard Gefahr *f*, Gefährdung *f*
hazard class Gefahrenklasse *f*
hazard indication Gefahrenhinweis *m*
hazard label Gefahrzettel *m*
hazard symbol Gefahrensymbol *n*
hazardous gefährlich
hazardous chemicals gefährliche Chemikalien *fpl*

hazardous waste Gefahrstoffabfall *m*, Gefahrmüll *m*
head *(Tech)* Kopf *m*
head cover *(Hyg)* Kopfbedeckung *f*
head of department Abeilungsleiter *m*, Abteilungsleiterin *f*
Head of Production Leiter *m* [Leiterin *f*] der Herstellung *(vormals Herstellungsleiter)*
Head of Quality Control Leiter *m* [Leiterin *f*] der Qualitätskontrolle *(vormals Kontroll-Leiter)*
Head of Sales Vertriebsleiter *m*, Vertriebsleiterin *f*
head office Stammsitz *m*, Zentrale *f*
heal *v* heilen, kurieren
healable heilbar
healing *(Med)* Heilung *f*, Heilen *n*
healing action *(Med)* Heilwirkung *f*
healing effect *(Med)* Heilwirkung *f*
healing phase *(Med)* Heilungsphase *f*
health Gesundheit *f*
health care Gesundheitswesen *n*
health habit Gesundheitsverhalten *n*
health hazard Gesundheitsgefährdung *f*
health monitoring *(Hyg)* Gesundheitsmonitoring *n*
health promotion Gesundheitsförderung *f*
health risk Gesundheitsrisiko *n*
healthy gesund
healthy patient gesunder Patient *m*
healthy volunteer gesunder Freiwilliger *m (für Tests)*
heat *v* erwärmen, erhitzen, beheizen
heat Wärme *f*, Hitze *f*
heat denaturation *(Chem, Qual)* Hitzedenaturierung *f*
heat distribution Wärmeverteilung *f*, Hitzeverteilung *f*
heat exchanger Wärmetauscher *m*
heat labile wärmeempfindlich
heat load Temperaturbelastung *f*, Hitzebelastung *f*
heat loss Wärmeverlust *m*
heat of evaporation Verdampfungswärme *f*
heat penetration Hitzepenetration *f*
heat penetration test Hitzedurchdringungstest *m*
heat processing Hitzebehandeln *n*, Wärmebehandeln *n*, Wärmebehandlung *f*
heat resistance Wärmebeständigkeit *f*
heat-resistant hitzebeständig, wärmefest, wärmestabil
heat-resisting hitzebeständig, wärmefest, wärmestabil
heat-seal *v* heißsiegeln
heat sealing *(Ster)* Heißsiegeln *n*
heat-sealing adhesive Heißsiegelkleber *m*
heat sensor *(Tech)* Wärmefühler *m*
heat-stable hitzestabil
heat sterilisation *(BE)*, **heat sterilization** *(AE) (Ster)* Hitzesterilisation *f*, thermische Sterilisation *f*
heat-sensitive wärmeempfindlich, hitzeempfindlich
heat *v* **to boiling** erhitzen bis zum Siedepunkt
heat transfer Wärmeübertragung *f*
heat-treat *v (Tech)* wärmebehandeln
heat treatment Hitzebehandeln *n*, Hitzebehandlung *f*, Wärmebehandeln *n*, Wärmebehandlung *f*
heat-up time Aufheizungszeit *f*
heating air conditioning Lüftungs- und Klimaanlage *f*
heating coil Heizspirale *f*
heating fluid Heizflüssigkeit *f*
heating source Heizquelle *f*
heavy 1. schwer; 2. zähflüssig, steif
heavy-metal free schwermetallfrei
height Höhe *f*
height-adjustable höhenverstellbar
helminthagogue *(Med)* Wurmmittel *n*
herb *(Biol, Med)* Kraut *n*
herb tea Kräutertee *m*
herbal (medicinal) product pflanzliches Arzneimittel *n*, Phytopharmaka *npl*
herbal tea Kräutertee *m*
hereditary vererbbar
hermetic sealing *(Ster)* hermetischer Verschluss *m*
hermetic separation 1. hermetische Abdichtung *f*; 2. hermetische Absperrung *f*
hermetical hermetisch, dicht, dicht verschlossen
heterocyclic heterozyklisch
heterofermentative heterofermentativ *(Mikroorganismen)*
heterogeneous heterogen, uneinheitlich
heterogeneous proportion *(Tabl)* heterogene Verteilung *f*

hierarchical hierarchisch
hierarchical organisation *(BE)*, **hierarchical organization** *(AE)* hierarchische Struktur *f*, hierarchischer Aufbau *m*, hierarchische Organisation *f*
hierarchical structure hierarchische Struktur *f*, hierarchische Organisation *f*
high-bay racking Hochregallager *n*
high-bay warehouse Hochregallager *n*
high-class von hoher Qualität
high dose *(Med)* hohe Dosis *f*
high-efficiency particulate air filter *(Abk.: HEPA)* Hochleistungsschwebstoff-Filter *n(m)*
high-efficiency strain *(Mikro, Biot)* Hochleistungsstamm *m (eine für Produktbildung optimierte Population)*
high-molecular weight substance *(Chem)* hochmolekulare Substanz *f*
high-potent hochwirksam
high pressure *(Tech)* Hochdruck *m*
high-pressure homogeniser *(BE)*, **high-pressure homogenizer** *(AE)* *(Tech)* Hochdruckhomogenisator *m*
high-pressure filtration Hochdruckfiltration *f*
high-pressure liquid chromatography *(Abk.: HPLC) (Lab)* Hochdruckflüssigkeitschromatographie *f*
high-purity media hochreine Medien *npl*
high-purity water Reinstwasser *n*
high-quality product Qualitätserzeugnis *n*
high-resolution hochauflösend
high-resolution electron microscopy hochauflösende Elektronenmikroskopie *f*
high-rise warehouse Hochregallager *n*
high-shear granulation *(Herst)* Vertikalgranulierung *f*
high-speed centrifuge Ultrazentrifuge *f*, Hochleistungszentrifuge *f*
high-speed drying Schnelltrocknung *f*
high-speed press Hochleistungspresse *f*
high-speed tabletting press Hochgeschwindigkeitspresse *f*
high-volume product Produkt *n* mit hohem Absatz
high-yield ergiebig, mit hoher Ausbeute
highly competitive market *(Vertr)* wettbewerbsintensiver Markt *m*
highly concentrated hochkonzentriert
highly dosed hochdosiert
highly effective *(Chem, Med)* hochwirksam
highly effective active ingredient hochaktiver Wirkstoff *m*
highly infectious *(Med)* hochinfektiös
highly potent *(Chem, Med)* hochwirksam
highly volatile *(Chem)* leichtflüchtig, hochgradig flüchtig
hinged *(Tech)* schwenkbar
history of the manufacture *(Dok)* Rückverfolgung *(zur Herstellung)*
hold *v* **under quarantine** unter Quarantäne halten
hold-up time Verweilzeit *f*, Detentionszeit *f*, Standzeit *f*, Durchlaufzeit *f*
holder 1. Halter *m*, Haltevorrichtung *f*; 2. Behälter *m*
holder level indicator *(Tech)* Behälterstandsanzeige *f*
holder of a patent *(Reg)* Patentinhaber *m*
holder of an authorisation *(BE)*, **holder of an authorization** *(AE) (Reg)* Inhaber *m* einer Genehmigung
holding force *(Tech, Verp)* Haltekraft *f*
holding of drugs Lagerung *f* von Arzneimitteln
holding tank Lagertank *m*
holding temperature Lagertemperatur *f*, Aufbewahrungstemperatur *f*
holding vessel Lagertank *m*
hollow body Hohlkörper *m*
hollow-fibre membran Hohlfasermembranfilter *n(m)*
hollow particle Hohlkörper *m*
homeopathic homöopathisch
homeopathic medicinal product homöopathisches Arzneimittel *n*
homeopathy *(Med)* Homöopathie *f*
homocontinuous culture *(Mikro)* homokontinuierliche Kultur *f*
homogeneous homogen, einheitlich
homogeneous material homogenes Material *n*
homogeneous proportion *(Tabl)* homogene Verteilung *f*
homogenise *v (BE)* homogenisieren, gleichmäßig vermischen
homogeniser *(BE) (Tech)* Homogenisator *m*, Homogenisierapparat *m*
homogenize *v (AE)* homogenisieren, gleichmäßig vermischen
homogenizer *(AE) (Tech)* Homogenisator *m*, Homogenisierapparat *m*

hood 1. Abdeckung *f*, Abdeckhaube *f*, Deckel *m*; 2. Abzug *m*, Abzugshaube *f*, Dunsthaube *f*
hopper Fülltrichter *m*, Trichter *m*, Einfülltrichter *m*
horizontal autoclave liegender Autoklav *m*, Horizontalautoklav *m*
hormonal hormonal, hormonell
hormonal drug hormonhaltiges Arzneimittel *n*, Hormonarzneimittel *n*
hormone Hormon *n*
hormone action Hormonwirkung *f*
hormone patch Hormonpflaster *n*
hose Schlauch *m*
hose cock Schlauchklemme *f*, Quetschhahn *m*
hose coupling Schlauchverbindung *f*, Schlauchverbindungsstück *n*
hospital pack *(Mark)* Klinikpackung *f*
hospital pharmacy Krankenhausapotheke *f*
host cell *(Biot, Med)* Wirtszelle *f*
hot-air oven *(Tech)* Heißluftofen *m*, Heißluftschrank *m*
hot-air sterilisation *(BE)* Heißluftsterilisation *f*
hot-air steriliser *(BE) (Ster)* Heißluftsterilisator *m*, Heißluftsterilisierschrank *m*
hot-air sterilization *(AE)* Heißluftsterilisation *f*
hot-air sterilizer *(AE) (Ster)* Heißluftsterilisator *m*, Heißluftsterilisierschrank *m*
hot melt *(Verp)* Heißleim *m*
hot-melt closure *(Verp)* Heißleimverschluss *m*
hot stamp printing Heißprägebedruckung *f*
hot water spraying *(Herst)* Heißwasserbesprühung *f*
housing Gehäuse *n*
human blood plasma *(Med)* Blutplasma *n* des Menschen
human drug product Humanarzneimittel *n*
human error menschlicher Fehler *m*
human food Nahrungsmittel *n* für den Menschen
human resources Personal *n*, Arbeitskräftepotenzial *n*
human substance *(Med)* menschliche Substanz *f*, Substanz *f* vom Menschen
human test Test *m* am Menschen
human use Anwendung *f* beim Menschen
human-use medicine Arzneimittel *n* für den Menschen
humid feucht
humid preparation Nasspräparat *n*, Feuchtpräparat *n*
humidification Befeuchtung *f*
humidifier Befeuchter *m*, Befeuchtungsapparat *m*
humidify *v* befeuchten
humidity Feuchtigkeit *f*
humidity control Feuchtigkeitsprüfung *f*
humidity measurement *(Tech)* Feuchtemessung *f (Lüftung)*
humidity monitored feuchtigkeitsüberwacht
humidity sensor *(Tech)* Feuchtesensor *m*
hurt *v (Med)* schmerzen
hydrate *(Chem)* Hydrat *n*
hydraulic hose hydraulischer Schlauch *m*
hydrocarbon Kohlenwasserstoff *m*
hydrochloric acid Salzsäure *f*
hydrogen Wasserstoff *m*
hydrolysis Hydrolyse *f*
hydrophilic hydrophil
hydrophobe, **hydrophobic** wasserabstoßend
hygiene Hygiene *f*
hygiene program *(AE)*, **hygiene programme** *(BE)* Hygieneprogramm *f*
hygiene protocol Hygieneprotokoll *n*
hygiene rules Hygieneregeln *fpl*
hygienic hygienisch; Hygiene…
hygienic measure Hygienemaßnahme *f*
hygienic requirements hygienische Anforderungen *fpl*
hygrometer *(Tech)* Luftfeuchtigkeitsmesser *m*, Feuchtigkeitsmesser *m*
hygrometry *(Tech)* Luftfeuchtigkeitsmessung *f*
hyperactive überaktiv *(in der Wirkung)*
hyperactivity Hyperaktivität *f (in der Wirkung)*
hyperfunction *(Med)* Überfunktion *f*
hypersensitive überempfindlich, hyperempfindlich
hypersensitivity Überempfindlichkeit *f*, Hyperempfindlichkeit *f*

hypnotic (drug) *(Med)* Hypnotikum *n*, Schlafmittel *n*
hypotensive *(Med)* blutdrucksenkend, antihypertonisch
hypotensive drug *(Med)* Antihypertonikum *n*, blutdrucksenkendes Arzneimittel *n*

I

identifiable identifizierbar, nachweisbar
identification 1. Kennzeichnung *f*; 2. Identifizierung *f*, Nachweis *m*
identification limit *(Lab)* Nachweisgrenze *f*
identification medium *(Mikro)* Indikatornährboden *m*
identified impurity identifizierte [erkannte] Verunreinigung *f*
identify *v* 1. kennzeichnen; 2. erfassen, erkennen, identifizieren, nachweisen
identity of a product Identität *f* eines Produktes
identity test *(Lab)* Identitätsprüfung *f*
idle time Totzeit *f*, Stillstandszeit *f*, Leerzeit *f*
ignitable *(Tech)* entzündbar
ignition *(Tech)* Zündung *f*
ill-defined schlecht definiert, ungenau definiert
ill patient kranker Patient *m*
illness Krankheit *f*, Erkrankung *f*
illumination *(Tech)* Beleuchtung *f*
imbalance Ungleichgewicht *n*, Unausgewogenheit *f*
imbibe *v* 1. *(Chem)* aufnehmen, aufsaugen, einsaugen *(eine Flüssigkeit)*; 2. imprägnieren
imbibition *(Chem)* Füssigkeitsaufnahme *f*, Imbibition *f*, Durchtränken *n*, Imprägnieren *n*
immediate action Sofortmaßnahme *f*
immediate container *(Verp)* Primärverpackung *f*
immediate effect sofortige Wirkung *f*
immediate packaging *(Verp)* Primärverpackung *f*
immediate release *(Med)* schnell freisetzend
immediate release *(Med)* schnelle Freisetzung *f*
immerse *v* *(Tech)* eintauchen, untertauchen
immersion *(Tech)* Tauchen *n*, Eintauchen *n*, Untertauchen *n* • **by immersion** *(Tech)* im Tauchverfahren
immersion bath *(Tech)* Tauchbad *n*
immersion sword *(Tech)* Tauchschwert *n*
immiscible nicht mischbar
immobile feststehend, nicht beweglich
immune *(Med)* immun
immune body Antikörper *m*
immune stimulant *(Med)* das Immunsystem stärkendes Arzneimittel *n*
immunisation *(BE)* *(Med)* Immunisierung *f*
immunisation with a vaccine *(BE)* Impfung *f*
immunise *v* *(BE)* *(Med)* immunisieren
immunising agent *(BE)* immunisierende Substanz *f*
immunity Immunität *f*, Unempfänglichkeit *f*, Resistenz *f*, Unempfindlichkeit *f*
immunization *(AE)* *(Med)* Immunisierung *f*
immunization with a vaccine *(AE)* Impfung *f*
immunize *v* *(AE)* *(Med)* immunisieren
immunizing agent *(AE)* *(Med)* immunisierende Substanz *f*
immunological immunologisch
immunological test *(Med)* immunologische Untersuchung *f*
immunologically detectable insulin *(Med)* immunreaktives Insulin *n*
immunostimulant *(Med)* Immunstimulans *n* *(Stoff)*
immunosuppressant *(Med)* Immunsuppressor *m* *(Stoff)*
immunosuppression *(Med)* Immunsuppression *f*, Unterdrückung *f* der Immunreaktionen
immunosuppressive drug *(Med)* Immunsuppressivum *n*
impact 1. Auswirkung *f*, Bedeutung *f*; 2. Einwirkung *f*, Beeinflussung *f*; 3. Stoß *m*, Druck *m*, Wucht *f*
impact on Einfluss *m* auf, Beeinflussung *f* von *(ein Produkt oder einen Test)*
impact resistance *(Tabl)* Schlagfestigkeit *f*
impact-resistant *(Tech)* stoßfest
impact testing *(Tabl)* Schlagprüfung *f*
impairment Beeinträchtigung *f*

impeller Laufrad *n*, Flügelrad *n*
impermeability Undurchlässigkeit *f*, Impermeabilität *f*
impermeable undurchlässig, impermeabel
impermeable to air luftundurchlässig
impermeable to water wasserundurchlässig
impervious undurchlässig, impermeabel
imperviousness Undurchlässigkeit *f*, Impermeabilität *f*
implant Implantat *n*
implantation *(Med)* Implantation *f*
implement *v* einführen, errichten, aufstellen, umsetzen *(einen Ablauf, einen Prozess)*
implementation Einführung *f*, Umsetzung *f*
implementation of guidelines Umsetzung *f* von Richtlinien
import duty *(Reg)* Importzoll *m*
import restriction *(Reg)* Importbeschränkung *f*
impose *v* **an obligation on** eine Verpflichtung auferlegen, etwas zur Auflage machen
impose *v* **restrictions** Beschränkungen auferlegen, Einschränkungen vorgeben
impregnate *v* durchtränken, imprägnieren
impregnation material Imprägniermittel *n*, Tränkmittel *n*
impression preparation Abklatschpräparat *n* *(Mikroskopie)*
imprint *v* aufdrucken, bedrucken
imprint Aufdruck *m*
imprint labelling *(Verp)* Bedrucken *n* von Etiketten
imprinted packaging material *(Verp)* bedrucktes Verpackungsmaterial *n*
imprinting *(Verp)* Bedruckung *f*, Bedrucken *n*
improve *v* verbessern, weiter entwickeln, voranbringen
improvement Verbesserung *f*, Weiterentwicklung *f*
impure unrein, unsauber, verunreinigt, verschmutzt
impurity 1. Verunreinigung *f*, Unreinheit *f*, Unsauberkeit *f* *(Zustand)*; 2. Verschmutzung *f*, Begleitstoff *m*, Fremdstoff *m*, Beimengung *f*
impurity level Verunreinigungsgrad *m*
impurity profile Verunreinigungsprofil *n*, Beschreibung *f* der Verunreinigung
in-depth analysis Tiefenanalyse *f*, gründliche Analyse *f*
in-process control *(Qual)* Inprozesskontrolle *f*
in-process material Zwischenprodukt *n*, Reaktionsgemisch *n*
in-process testing *(Qual)* Inprozesskontrolle *f*, Inprozessprüfung *f*
in situ in situ, an Ort und Stelle, vor Ort *(Untersuchung)*
in-situ analysis Analyse *f* vor Ort, In-situ-Analyse *f*
in stock vorrätig, auf Lager
in vitro *(Lab)* in vitro, im Reagenzglas, außerhalb des intakten Organismus, künstlich
in-vitro release *(Med)* In-vitro-Freisetzung *f*
in vivo in vivo, innerhalb des lebenden Organismus, am lebenden Objekt
in writing schriftlich
inaccessible unzugänglich
inaccessible space unzugängliche Stelle *f*
inactivate *v* inaktivieren
inactivated inaktiviert
inactivating substance *(Chem)* Enthemmer *m*, Neutralisierer *m* *(von Desinfektionsmitteln)*
inactivation Inaktivierung *f*
inactivation agent Inaktivierungsmittel *n*
inactivation of viruses Inaktivierung *f* von Viren
inactive 1. inaktiv, unwirksam; 2. *(Chem)* inaktiv, reaktionslos, reaktionsträge
inactive ingredient *(Med)* unwirksamer Bestandteil *m* eines Arzneimittels *(alle Stoffe, die nicht Wirkstoffe sind)*
inactive state inaktiver Zustand *m*
incapable of measurement nicht messbar
incident Vorfall *m*, ungeplanter Vorfall *m*, Zwischenfall *m*
incinerator *(Tech)* Verbrennungsanlage *f*
incoming air Zuluft *f*
incoming goods *(Log)* eingehende Waren *fpl*
incoming order *(Vertr)* eingehende Bestellung *f*
incompatibility Unverträglichkeit *f*, Inkompatibilität *f*

incompatible unverträglich, inkompatibel
incomplete unvollständig
incomplete release unvollständige Freisetzung *f*
incontinence treatment *(Med)* Inkontinenzversorgung *f*
increase *v* 1. erweitern, erhöhen, verstärken; 2. erhöhen *(eine Menge, einen Wert)*
increase in temperature Temperaturerhöhung *f*
increase in dosage Dosiserhöhung *f*, Dosissteigerung *f*
increased risk erhöhtes Risiko *n*
incubate *v (Biot)* inkubieren, bebrüten
incubation *(Biot)* Inkubation *f*, Bebrütung *f*
incubation room *(Biot)* Inkubationsraum *m*
incubation time *(Biot)* Bebrütungszeit *f*
incubator 1. Wärmeschrank *m*; 2. *(Biot)* Brutschrank *m*
incurable *(Med)* unheilbar
indelible *(Dok)* unauslöschlich
indent *v* eindrücken, einkerben
indentation Eindruck *m*, Kerbe *f*
indenture of a blister Vertiefung *f* eines Blisters
independent eigenständig, unabhängig
index 1. Anzeiger *m*; 2. Index *m*, Kennzahl *f*
indicate *v* 1. anzeigen, angeben; 2. bezeichnen, kennzeichnen
indication 1. Hinweis *m*, Indikation *f*, Anzeige *f*; 2. Anzeige *f (auf Messgeräten)*; 3. Kennzeichnung *f*; 4. *(Med)* Indikation *f*
indication of ingredients Angabe *f* der Zutaten
indication of treatment *(Med)* Heilanzeige *f*
indication of weight Gewichtsangabe *f*
indication-oriented indikationsorientiert
indicative price Richtpreis *m (Preis von Arzneimitteln)*
indicator 1. Anzeigevorrichtung *f*, Zeiger *m*; 2. *(Chem)* Indikator *m*, Merkmal *n*
indicator culture medium *(Mikro)* Indikatornährboden *m*
indicator dyestuff Indikatorfarbstoff *m*
indicator organism *(Mikro)* Indikatorkeim *m*
indicator to entry *(Verp)* Zugangsindikator *m*
indigestible *(Med)* unverdaulich
indirect advertising *(Mark)* indirekte Werbung *f*
indirect solvent *(Chem)* latentes Lösungsmittel *n*, Hilfslösungsmittel *n*
indissoluble unlöslich, nicht löslich
individual measurement Einzelmessung *f*
individual unit Einzelgerät *n*
individual weight Einzelgewicht *n*
industrial enzyme 1. *(Biot)* technisch eingesetztes Enzym *n*; 2. *(Biot)* industriell hergestelltes Enzym *n*
industrial fermentation *(Biot)* industrielle Fermentation *f*
industrial hygiene Arbeitshygiene *f*
industrial microorganism *(Mikro)* Mikroorganismus *m* für biotechnologische Prozesse
industrial plant Produktionsstätte *f*, Fertigungsanlage *f*
industrial pollution Industrieemission *f*
industrial process industrielles Verfahren *n*
industrial protection Arbeitsschutz *m*
industrial releases industrielle Emissionen *fpl*, industrielle Schadstoffe *mpl*
industrial scale manufacture Herstellung *f* im industriellen Maßstab
industrial sector Branche *f*, Industrie *f*, Industriezweig *m*
industrial siding *(Log)* Werksanschlussgleis *n*
industrial water Brauchwasser *n*
industrial yeast Kulturhefe *f*, Zuchthefe *f*
industrially printed foils industriell bedruckte Folien *fpl*
industry Branche *f*, Industrie *f*, Industriezweig *m*
ineffective wirkungslos, unwirksam
inefficient ineffizient, wirkungslos, leistungsschwach, unrationell, unwirtschaftlich
inert media neutrale Medien *npl*
infancy Kindesalter *n*
infant Kind *n*, Kleinkind *n*
infect *v (Med)* infizieren
infection *(Med)* Infektion *f*
infectious *(Med)* infektiös
infectious agent *(Med)* Krankheitserreger *m*

infectious disease *(Med)* ansteckende Krankheit *f*
infeed capacity *(Verp)* Einlaufleistung *f* *(Verpackungsmaschine)*
infeed speed *(Verp)* Einlaufgeschwindigkeit *f* *(Verpackungsmaschine)*
inferior quality minderwertige Qualität *f*
infertile unfruchtbar
infestation by rodents, birds... *(Hyg)* Befall *m* durch Nager, Vögel *(an oder in Gebäuden)*
infinite loop Endlosschleife *f*
inflammability class *(Tech)* Brandklasse *f*
inflammatory reaction *(Med)* Entzündungsreaktion *f*
inflatable aufblasbar
inflow Zufließen *n*, Zufluss *m*, Einfließen *n* *(von Gasen oder Flüssigkeiten)*
influence *v* beeinflussen, einwirken auf
influence Einwirkung *f*, Einfluss *m*, Wirkung *f*
influent Zufluss *m*, Zulauf *m*, Zustrom *m*, zufließende Flüssigkeit *m*, Einlauf *m*
influenza remedy *(Med)* Grippemittel *n*
inform ankündigen, informieren, in Kenntnis setzen
information Ankündigung *f*, Information *f*
information officer Informationsbeauftragter *m*
information pack Informationsmaterial *n*
informative advertising aufklärende Werbung *f*
infrangible *(Verp)* unzerbrechlich
infrared infrarot
infrared radiation Infrarotbestrahlung *f*
infringement of a patent Verletzung *f* eines Patents
infusion Infusion *f*, Infusionslösung *f*, Aufguss *m*
infusion assembly Infusionsbesteck *n*
infusion bottle Infusionsflasche *f*
infusion kit Infusionsbesteck *n*
infusion solution *(Med)* Infusionslösung *f*
infusum Infus *n*, Infusum *n*
ingestible Einnahmepräparat *n*, zum Einnehmen bestimmtes Präparat *n*
ingestion Aufnahme *f* mit der Nahrung
ingredient Bestandteil *m*, Inhaltsstoff *m*, Ingredienz *f*, Zusatzstoff *m*
inhalant *(Med)* Inhalat *n*, Inhalationsmittel *n*
inhalation *(Med)* Inhalation *f*
inhalation aerosol medication *(Med)* Inhalationsmittel *n* auf Aerosolbasis
inhalation drug product *(Med)* Inhalationspräparat *n*
inhalor Inhalator *m*
inhibiting substance Hemmstoff *m*
inhibition assay *(Mikro)* Hemmtest *m*
inhibitor Hemmstoff *m*
initial *(Dok)* Namenskürzel *n*
initial action Erstmaßnahme *f*
initial concentration Anfangskonzentration *f*, Ausgangskonzentration *f*
initial material Ausgangsmaterial *n*
initial phase Initialphase *f*
initial price *(Vertr)* Ausgangspreis *m*
initial qualification *(Tech)* Erstqualifizierung *f*
initial reaction Startreaktion *f*
initial rinse Vorspülung *f*
initial solution *(Lab)* Ausgangslösung *f*
initial state Anfangszustand *m*, Ausgangszustand *m*, Grundzustand *m*
initial validation Erstvalidierung *f*
inject *v* 1. injizieren, einspritzen; 2. einspeisen
injectible injizierbar
injectible drug product *(Med)* Injektionspräparat *n*
injection 1. *(Med)* Injektion *f*, Einspritzung *f*; 2. Einspeisung *f*
injection bottle *(Verp)* Injektionsflasche *f*
injection product Injektionsprodukt *n*
injection solution Injektionslösung *f*
injection valve *(Tech)* Einspritzventil *n*
injection vial Injektionsflasche *f*
injurious to digestion *(Med)* verdauungsschädlich, schädlich für die Verdauung
injurious to health gesundheitsschädlich
ink *(Dok)* Tinte *f*
inlet 1. Zulauf *m*, Zufuhr *f*, Einlauföffnung *f*, Eintritt *m*; 2. zulaufendes Medium *n*, Zufluss *m*
inlet air Zuluft *f*, Frischluft *f*, Ansaugluft *f*
inlet filter Eingangfilter *n(m)*
inlet port Eintrittsöffnung *f*, Einlauföffnung *f*
inlet valve *(Tech)* Einlassventil *n*
inner protective lacquer *(Verp)* Innenschutzlack *m* *(in Tuben)*
inner surface Innenoberfläche *f*

inner surface coating *(Verp)* Innenflächenbeschichtung *f (Tuben, Gläser)*
inner surface treatment *(Verp)* innenveredelt
innocuous unschädlich, harmlos
inoculate *v (Mikro, Biot)* beimpfen, animpfen *(z. B. mit Nährlösung)*
inoculation 1. Impfung *f*; 2. *(Mikro, Biot)* Animpfen *n*, Beimpfen *n*, Inokulation *f*
inoculation medium *(Mikro, Biot)* Impfmedium *n*, Impflösung *f*
inoculation of a culture Beimpfung *f*, Beimpfen *n* einer Kultur
inoculum *(Biot)* Impfmaterial *n*, Impfkultur *f*
inoculum cultivation *(Biot)* Impfgutanzucht *f*
inodorous geruchlos
inoffensive aggressionslos, nicht aggressiv *(als Reaktion)*
inorganic anorganisch
input 1. Input *m*, Einfuhr *f*, Zufuhr *f (von Stoffen oder Energie)*; 2. Input *m*, Eingangsgröße *f*
inquiry Anfrage *f*
insect infestation *(Hyg)* Insektenbefall *m*
insensitivity Unempfindlichkeit *f*
insert *v* einsetzen, einbringen, einbauen
insert Packungsbeilage *f*, Beilage *f*
insertion 1. Einsetzen *n*, Einbau *m*, Einfügen *n*; 2. *(Verp)* Einfügen *n*
insolubility Unlöslichkeit *f*
insoluble unlöslich, nicht löslich
insoluble Unlösliches *n*, nicht lösliche Substanz *f*
insoluble in water wasserunlöslich, nicht in Wasser löslich
insoluble residue unlöslicher Rückstand *m*
insolubleness Unlöslichkeit *f*
insomnia *(Med)* Schlaflosigkeit *f*
inspect kontrollieren, inspizieren, überprüfen
inspected kontrolliert, inspiziert, überprüft
inspection Inspektion *f*, Überprüfung *f*
inspection of incoming goods *(Qual)* Wareneingangsprüfung *f*
inspection report *(Dok)* Inspektionsbericht *m*
inspector Inspektor *m (in einem Audit)*
inspissated juice Trockensaft *m*
instable unstabil, instabil
install *v (Tech)* einbauen, installieren
installation Installation *f*
installation qualification *(Abk.: IQ)* Installationsqualifizierung *f*
instruction Anweisung *f*, Vorschrift *f*
instruction manual Bedienungsanleitung *f*, Betriebsanleitung *f*, Betriebshandbuch *n*, Gebrauchanleitung *f*
instructions for use Gebrauchsanweisung *f*
instrument Gerät *n*, Instrument *f*
instrument calibration Gerätekalibrierung *f*
instrument configuration Gerätekonfiguration *f*
instrument manual Gerätehandbuch *n*
instrument panel Instrumententafel *f*
instrument specification Gerätespezifikation *f*
instrument validation Gerätevalidierung *f*
insulating layer Isolierschicht *f*
insulin Insulin *n*
insulin-analogue containing products *(Biot)* insulinanaloge Produkte *npl*
insulinisation *(Med)* Insulinbehandlung *f*
intake 1. Aufnahme *f*, Inkorporation *f (von Stoffen)*; 2. aufgenommene Menge *f*
integrated pharmaceutical quality management integriertes pharmazeutisches Qualitätsmanagement *n*
integrity Unversehrtheit *f*
integrity test *(Ster)* Prüfung *f* auf Unversehrtheit, Integritätstest *m*
intended for export für den Export bestimmt
intended for import für den Import bestimmt
intended for use in clinical trials für klinische Tests bestimmt
intended use vorgesehene Verwendung *f*
intense stark, intensiv *(Reaktion, Wirkung usw.)*
intensification Verstärkung *f*, Intensivierung *f*
intensify *v* verstärken, intensivieren
intensity Stärke *f*, Intensität *f*, Heftigkeit *f (einer chemischen Reaktion)*
interaction Wechselwirkung *f*
interface 1. Grenzfläche *f*; 2. *(Tech)* Schnittstelle *f (besonders Computer)*
interference 1. Störung *f*; 2. Interferenz *f*

interim storage *(Herst, Log)* Zwischenlagerung *f*
interlocking system *(Tech)* System *n* mit gegenseitiger Verriegelung *(Schleusen)*
intermediary state Zwischenstadium *n*
intermediate 1. Zwischenprodukt *n*; 2. *(Chem)* Zwischenverbindung *f*
intermediate condition Zwischenzustand *m*
intermediate control *(Qual)* Zwischenkontrolle *f*
intermediate level Zwischenstufe *f*
intermediate product Zwischenstoff *m*, Zwischenprodukt *n*, Vorprodukt *n*
intermediate stage Zwischenstufe *f*, Vorstufe *f*
intermediate state Zwischenzustand *m*
intermittent 1. *(Tech)* periodisch arbeitend; 2. periodisch, unterbrechend, stoßweise, mit Unterbrechungen; 3. intermittierend, getaktet *(Verpackungsmaschine)*
intermittent draw *(Tech)* Taktvorzug *m*
intermittent failure unregelmäßig auftretender Fehler *m*
intermittent machine *(Tech)* getaktete Maschine *f*
intermittent mode *(Tech)* getaktete Arbeitsweise *f*, intermittierende Arbeitsweise *f*
intermittent operation *(Tech)* getaktete Arbeitsweise *f*, intermittierende Arbeitsweise *f*
intermix *v* vermischen, sich vermischen, untermischen
intermixing 1. Untermischung *f*; 2. Vermischung *f*
internal audit *(Qual)* internes Audit *n*, Selbstinspektion *f*
internal injury *(Med)* innere Verletzung *f*
internal market *(Vertr)* Binnenmarkt *m*
internal pressure Innendruck *m*, innerer Druck *m*
internal procedure 1. betriebsinternes Verfahren *n*, interner Ablauf *m*; 2. interne Anweisung *f*
internal standard interner Standard *m*
internal surface Innenoberfläche *f*
internet pharmacy *(Vertr)* Arzneimittelanbieter *m* im Internet
internet sale *(Vertr)* Verkauf *m* über Internet, Online-Verkauf *m*
internet sale of medicines Arzneimittelvertrieb *m* im Internet
interpret *v* interpretieren, auslegen, deuten
interpretation Auslegung *f*, Deutung *f*
interruption of operations *(Tech)* Betriebsstörung *f*
intervene *v* eingreifen, einschreiten
intervention 1. Eingriff *m*, Eingriff *m*; 2. *(Ster)* Eingriff *m (aseptischer Arbeitsschritt im kritischen Bereich)*
interview *(Mark)* Befragung *f*
intoxication Intoxikation *f*
invalidity *(Dok, Reg)* Ungültigkeit *f*
invention Erfindung *f*
inventory 1. Lagerbestand *m*, Bestand *m*; 2. Bestandaufnahme *f*; 3. Inventurliste *f*
inventory record *(Log)* Bestandsführung *f*, Bestandsnachweis *m*
inventory record keeping *(Dok)* Bestandsführung *f*
investigate *v* untersuchen, nachforschen
investigate *v* **a complaint** eine Beanstandung untersuchen
investigate *v* **errors** Fehler untersuchen
investigation Untersuchung *f*, Prüfung *f*, Nachforschung *f*
investigational material Prüfpräparat *n*, Prüfmaterial *n*
investigational medicinal product Arzneimittel *n* im Prüfstadium, Prüfpräparat *n*
investigational medicinal product for human use Prüfpräparat *n* zur Anwendung beim Menschen
investigational method Untersuchungsmethode *f*
iodine flask Jodzahlkolben *m*
iodine value *(Chem)* Jodzahl *f*
ion exchange chromatography Ionenaustauschchromatographie *f*
ionisation Ionisierung *f*
iontophoresis patch *(Med)* Iontophorese-Pflaster *n*
irradiate *v* **with** bestrahlen mit
irradiated material bestrahltes Material *n*
irradiation Bestrahlung *f*
irreversible irreversibel, unumkehrbar
irritant Reizmittel *n*, Reizstoff *m*
irritating reizwirkend
irritating substance reizender Stoff *m*

irritating to skin hautreizend
ISO-certified ISO-zertifiziert
isolate *v* vereinzeln, trennen, abtrennen, isolieren
isolation Abtrennung *f*, Isolierung *f*
isolator *(Ster)* Isolator *m*
isolator technology *(Ster)* Isolatortechnologie *f*
issuance of documents *(Dok)* Ausstellen *n* von Dokumenten
item Artikel *m*, Stück *n*
itemise *v (BE)* auflisten, einzeln aufführen, spezifizieren, aufgliedern, positionsweise aufzählen
itemised goods *(BE)* Stückgüter *npl*
itemize *v (BE)* auflisten, einzeln aufführen, spezifizieren, aufgliedern, positionsweise aufzählen
itemized goods *(AE)* Stückgüter *npl*

J

jacket *(Tech)* Mantel *m*, Umhüllung *f*, Hülle *f*, Kapsel *f*
jacketed ummantelt
jacketed pipe ummanteltes Rohr *n*
jar *(Lab)* Glasgefäß *n*
jaw *(Tech)* Backe *f*
jelly-like geleeartig, salbenartig
jeopardise *v (BE)*, **jeopardize** *v (AE)* gefährden *(z. B. die Qualität)*
job description Arbeitsplatzbeschreibung *f*, Stellenbeschreibung *f*
job specification Arbeitsplatzbeschreibung *f*, Arbeitsbeschreibung *f*, Stellenbeschreibung *f*, Tätigkeitsbeschreibung *f*
joint *(Tech)* Fuge *f*, Trennfuge *f*, Naht *f*
joint administration *(Med)* gemeinsame Verabreichung *f*
joint product *(Biot)* erwünschtes Nebenprodukt *n*
journal *(Tech)* Zapfen *m*
journal bearing *(Tech)* Zapfenlager *n*, Radialgleitlager *n*
juice Saft *m*
junction box *(Tech)* Verteilerkasten *m* *(elektrischer Systeme)*
juniper berry Wacholderbeere *f (pharmazeutischer Pflanzenstoff)*
just-in-time delivery *(Herst, Log)* Auslieferung *f* just-in-time, Lieferung *f* nach Bedarf
justification of specification Begründung *f* der Spezifikation
justify *v* begründen, rechfertigen

K

keep *v* **records** Aufzeichnungen aufbewahren
keep *v* **up with demand** *(Vertr)* Schritt halten mit der Nachfrage
keeping quality Lagerfähigkeit *f*, Haltbarkeit *f*
key 1. Taste *f*; 2. Schlüssel *m*
key account Großkunde *m*
key component Schlüsselkomponente *f*; Schlüsselbestandteil *m*
key intermediate Schlüsselzwischenprodukt *n*, wichtiges Zwischenprodukt *n*
key of punch *(Tech)* Passfeder *f (Tablettierung)*
key pad, keypad *(Tech)* Tastatur *f*, Tastenfeld *n*
key personnel Personal *n* in Schlüsselfunktion
key substance Schlüsselsubstanz *f*
keyboard *(Tech)* Tastatur *f*, Tastenfeld *n*
kill of microbes Keimabtötung *f*
kit 1. *(Lab)* Kit *m*, Testkit *m*, Testbesteck *n*; 2. *(Tech)* Bausatz *m*
knead *v* kneten
kneader mixer *(Tech)* Knetmischer *m*, Mischkneter *m*
kneading blades *(Tech)* Knetschaufeln *fpl*
kneading machine *(Tech)* Knetmaschine *f*, Kneter *m*, Schaufelkneter *m*
knife Messer *n*, Schaber *m*
knob Drehknopf *m*

L

lab Labor *n (Kurzform für: laboratory)*
lab scale *(Lab, Herst)* Kleinstmenge *f*
label *v* 1. etikettieren; 2. kennzeichnen, beschriften
label 1. Etikett *n*; 2. Aufschrift *n*, Markierung *f*
label count *(Verp)* Etikettenzählung *f*

label counter *(Verp)* Etikettenzähler *m*
label mix-up *(Verp)* Etikettenverwechslung *f*
label placement *(Verp)* Etikettenaufbringung *f*
label stacking *(Verp)* Etikettenstapelung *f*
labeled *(AE)* gekennzeichnet, etikettiert, markiert
labeled amount *(AE)* *(Herst)* deklarierte Menge *f*
labeling *(AE)* 1. Etikettierung *f*; 2. Beschriftung *f*, Kennzeichnung *f*
labeling issuance *(AE)* *(Verp)* Etikettenausgabe *f*
labeling of products *(AE)* *(Verp)* Produkt-Etikettierung *f*, Produkt-Kennzeichnung *f*
labeling operation *(AE)* *(Verp)* Etikettiervorgang *m*, Kennzeichnungsvorgang *m*
labeling reconciliation *(AE)* *(Verp)* Etikettenbilanzierung *f*
labeling unit *(AE)* *(Verp)* Etikettiereinheit *f*
labelled *(BE)* gekennzeichnet, etikettiert, markiert
labelled amount *(BE)* *(Herst)* deklarierte Menge *f*
labelling *(BE)* 1. Etikettierung *f*; 2. Beschriftung *f*, Kennzeichnung *f*
labelling issuance *(BE)* *(Verp)* Etikettenausgabe *f*
labelling of products *(BE)* *(Verp)* Produkt-Etikettierung *f*, Produkt-Kennzeichnung *f*
labelling operation *(BE)* *(Verp)* Etikettiervorgang *m*, Kennzeichnungsvorgang *m*
labelling reconciliation *(BE)* *(Verp)* Etikettenbilanzierung *f*
labelling unit *(BE)* *(Verp)* Etikettiereinheit *f*
labels issued *(Verp)* ausgegebene Etiketten *npl*
labels returned *(Verp)* zurückgegebene Etiketten *npl*
labels used *(Verp)* verwendete [aufgebrauchte] Etiketten *npl*
labile labil, unbeständig, instabil
lability Instabilität *f*, Unbeständigkeit *f*
laboratory Labor *n*
laboratory animal Labortier *n*
laboratory apparatus Laborgerät *n*
laboratory appliances Laborgeräte *npl*
laboratory application Laborbedarf *m*
laboratory assistant Laborassistent *m*, Laborassistentin *f*, Laborant *m*, Laborantin *f*
laboratory beaker Laborbecher *m*
laboratory bottle Laborflasche *f*
laboratory chemical Laborchemikalie *f*
laboratory conditions Laborbedingungen *fpl*
laboratory control Laborkontrolle *f*
laboratory control record Laborprüfprotokoll *n*
laboratory determination Laborbestimmung *f*
laboratory examination Laboruntersuchung *f*
laboratory facilities Laborausrüstung *f*
laboratory glassware Laborglasgeräte *npl*
Laboratory Information Management System *(Abk.: LIMS)* Laborinformations-Management-System *n*, LIMS
laboratory instrument Laborgerät *n*
laboratory investigation Laboruntersuchung *f*, Laborprüfung *f*
laboratory method Labormethode *f*, Laborverfahren *n*
laboratory notebook *(Dok)* Laborjournal *n*
laboratory preparation Labordarstellung *f*, Darstellung *f* im Labor
laboratory procedure Laborverfahren *n*, Laboranweisung *f*
laboratory products Laborbedarf *m*, Laborzubehör *n*
laboratory records Laboraufzeichnungen *fpl*
laboratory-scale labormäßig, Labormaßstab..., labortechnisch
laboratory scale Labormaßstab *m* • **on the laboratory scale** im Labormaßstab
laboratory technician Laborant *m*, Laborantin *f*
laboratory test Labortest *m*, Laborversuch *m*
laboratory testing Laborprüfung *f*
labware Laborgeräte *npl*
lacquer *v* lackieren
lacquer Lack *m*, Überzug *m*
lactation *(Med)* Stillzeit *f*
lactone Lakton *n*
lactose Laktose *f*

ladle Schöpfkelle *f*
lag phase *(Mikro)* Lag-Phase *f*, Anlaufphase *f*, Adaptationsphase *f*, Inkubationsphase *f (Wachstumskurve)*
lamellar schichtförmig, geschichtet
laminar flow laminare Strömung *f*, Laminarströmung *f*, Laminar-Flow *m*
laminar flow box *(Lab)* Laminar(strömungs)box *f*
laminar flow cabinet sterile Werkbank *f*
laminar flow capable Laminarflow-fähig
laminate *v* beschichten, zu einer Schicht auswalzen
laminate Schichtstoff *m*, geschichteter Stoff *m*
laminated kaschiert
laminated foil Verbundfolie *f*
laminated foil sachet *(Verp)* Schlauchbeutel *m*
laminated glass laminiertes Glas *f*
lane Bahn *f (auf einer Verpackungsmaschine)*
large customer Großkunde *m*
large order Großauftrag *m*
large production batch große Losgröße *f*
large-scale großtechnisch, in großem Maßstab, in großem Umfang
large-scale experiment Großversuch *m*
large-scale process großtechnisches Verfahren *n*
large-scale processing großtechnische Verarbeitung *f*, großtechnische Bearbeitung *f*
large-scale production Großserienfertigung *f*, Massenproduktion *f*
large-scale trial Großversuch *m*
large-scale unit Großanlage *f*
large-volume parenterals großvolumige Parenteralia *pl*
laser marking Laserkennzeichnung *f*
lasercoding Codierung *f* mit Laser
latent demand latenter Bedarf *m*
latent period Verzögerung *f*
latent solvent latentes Lösungsmittel *n*, Hilfslösungsmittel *n*
latex sealing *(Verp)* Latexverschlussstreifen *m (Tuben)*
lattice Kristallgitter *n*
lavender Lavendel *m (Heilpflanze)*
law Gesetz *n*
Law on the advertising of medicinal products Heilmittelwerbegesetz *n (Deutschland)*
laxative *(Med)* abführend, laxativ
laxative *(Med)* Laxativum *n*, Laxans *n*, Abführmittel *n*
layer Lage *f*, Schicht *f*
layered geschichtet
layout räumliche Anordnung *f*
lead time Vorbereitungszeit *f*; Lieferzeit *f*, Fertigungszeit *f*
leaflet *(Verp)* Beipackzettel *m*, Prospekt *m*
leaflet feed *(Verp)* Prospektzuführung *f*
leaflet folder *(Verp)* Prospektfalzmaschine *f*
leaflet insertion *(Verp)* Prospekteinschub *m*
leak *v* 1. lecken, undicht sein; 2. tropfen, entweichen
leak 1. Leck *n*, undichte Stelle *f*, Undichtigkeit *f*; 2. Entweichen *n*
leak-proof packaging dichte Verpackung *f*, dichtes Packmittel *n*
leak test *(Ster)* Lecktest *m*
leakage Undichtigkeit *f*
leakage test *(Ster)* Dichtigkeitstest *m*
leakproof, leak-proof lecksicher, dicht
leaky undicht, leckend
lean production schlanke Produktion *f*
LED readout *(Tech)* LED-Anzeige *f*
left-handed linksgängig
legal action rechtliche Schritte *mpl*, rechtliche Maßnahmen *fpl*
legal basis Rechtgrundlage *f*
legal liability *(Reg)* rechtliche Haftung *f*
legal provision *(Reg)* Rechtsvorschrift *f*, gesetzliche Festlegung *f*
legal requirement gesetzliche Anforderung *f*; Rechtsvorschrift *f*
legal restriction gesetzliche Beschränkung *f*
legal time limit gesetzliche Frist *f*
legible *(Dok)* lesbar, erkennbar
legible form *(Dok)* lesbare Form *f*
legible reproduction *(Dok)* lesbare Reproduktion *f*
lemon balm Zitronenmelisse *f (Heilpflanze)*
lemon grass Zitronengras *n (Heilpflanze)*
length Länge *f*
lens Linse *f*
less tax *(Fin)* abzüglich Steuern
lessening Verminderung *f*
lethal tödlich, letal

lethal dose letale Dosis *f*, tödliche Dosis *f*
lethal temperature *(Mikro)* Abtötungstemperatur *f (Mikroorganismen)*
lethality Letalität *f*, Tödlichkeit *f*
level Grad *m*, Füllstand *m*, Niveau *n*, Stufe *f*, Konzentration *f*
level detector Füllstandsmelder *m*
level measurement Füllstandsmessung *f*
level-measuring device Füllstandsmesser *m*
level monitor *(Tech)* Füllstandswächter *m*
level of filling Füllstandshöhe *f*
level of pollutants Verschmutzungsgrad *m*, Schmutzstoffanteil *m*
level of purity Reinheitsgrad *m*
level of testing Grad *m* des Prüfens
level *v* **out** *(Tech)* anpassen, austarieren
levelling Nivellierung *f*
liability Haftung *f*
liability insurance Haftpflichtversicherung *f*
liability insurance association Berufsgenossenschaft *f*
liability of the manufacturer Haftung *f* des Herstellers
liable haftbar
liable to duty *(Log)* zollpflichtig
liberate *v* freisetzen, entwickeln *(Gas, Wärme)*; befreien *(von Verunreinigung)*
liberation Freisetzung *f*, Entwickeln *n* *(Gas, Wärme)*; Befreiung *f (von Verunreinigung)*
licence *(BE)* Lizenz *f*, Genehmigung *f*
licencing agreement *(BE)* Lizenzabkommen *n*
license *(AE)* Lizenz *f*, Genehmigung *f*
licensing agreement *(AE)* Lizenzabkommen *n*
lid 1. *(Tech)* Verkleidungsblech *n*, Gehäuseblech *n*; 2. *(Verp)* Einstecklasche *f*, Deckellasche *f*
lid applicator *(Verp)* Deckelaufsetzer *m*
lid closing machine *(Verp)* Deckelverschließmaschine *f*, Schachtelverschließer *m*
lid flap *(Verp)* Verschlussklappe *f*
lid tuck-in flap *(Verp)* Verriegelungslasche *f*
lidding foil *(Verp)* Deckfolie *f*
lidding machine Deckelverschließmaschine *f*
life Lebensdauer *f*, Haltbarkeit *f*, Laufzeit *f*
life cycle Lebenszyklus *m*
life span Lebensdauer *f (eines Produkts oder einer Maschine)*
life threatening lebensbedrohlich, lebensbedrohend
life-time Haltbarkeitsdauer *f*
life vaccines lebender Impfstoff *m*, Lebendimpfstoff *m*
lift device Hubvorrichtung *f*
lift trolley Hubwagen *m*
lifting device Hebevorrichtung *f*
lifting platform Hebebühne *f*
ligand exchange chromatography Ligandenaustauschchromatographie *f*
light Licht *n*, Beleuchtung *f*
light barrier Lichtschranke *f*
light-fastness Lichtbeständigkeit *f*
light-glass bottle *(Verp)* Leichtglasflasche *f*
light-sensitive lichtempfindlich
light sensitivity Lichtempfindlichkeit *f*
light sensor Lichttaster *m*
light transmission Lichtdurchlässigkeit *f*
lighting Beleuchtung *f*
lightproof lichtundurchlässig, lichtdicht
lights-out production bedienerlose Produktion *f*
lime(-tree) blossoms Lindenblüten *fpl (pharmazeutischer Pflanzenstoff)*
limit Grenze *f*, Grenzwert *m*
limit for accuracy Genauigkeitsgrenze *f*
limit for precision Präzisionsgrenze *f*
limit of detection Nachweisgrenze *f*
limit of error Fehlergrenze *f*
limit of measurement Messgrenze *f*
limit of quantitation Bestimmungsgrenze *f*
limit of variation Schwankungsbreite *f*
limit test Grenzprüfung *f*
limited access eingeschränkter Zugang *m*
limited-access area eingeschränkt zugänglicher Bereich *m*
limited-access facility beschränkter Zutritt *m*
limiting Drosselung *f*
limiting concentration Grenzkonzentration *f*
limiting factor begrenzender Faktor *m*
limiting value Grenzwert *m*
limpid durchsichtig, klar *(Flüssigkeit)*
line *(Tech)* Anlage *f*, Linie *f* • **go on line** in Betrieb nehmen

line chart Liniendiagramm *n*
line clearance Linienberäumung *f (z. B. von Verpackungsmaterialien)*
line-end filter Leitungsendfilter *n(m)*
line grating Liniengitter *n*, Strichgitter *n (Spektroskopie)*
line voltage *(Tech)* Netzspannung *f (Elektrik)*
linear extension Längenausdehnung *f*
linear range Linearbereich *m*
liniment *(Med)* Einreibemittel *n*
linked packaging unit *(Verp)* verkettete Verpackungseinheit *f*
lint Mull *m*, Verbandmull *m*
lipid *(Bioch)* Fett *n*, Lipid *n*
lipid-lowering agent *(Med)* Lipidsenker *m*
lipophilic lipophil
liposome *(Biot)* Liposom *m*
liquefaction Verflüssigung *f (Gas)*
liquefy *v* verflüssigen
liquid 1. flüssig; 2. klar, durchsichtig
liquid Flüssigkeit *f*
liquid active substance Flüssig-Wirkstoff *m*
liquid concentrate Flüssigkonzentrat *n*
liquid crystal display Flüssigkeitskristallanzeige *f*
liquid culture *(Mikro)* Flüssigkultur *f*
liquid dosage form flüssige Darreichungsform *f*
liquid extract Flüssigkeitsextrakt *m*
liquid extraction Flüssigextraktion *f*
liquid filter Flüssigfilter *n(m)*
liquid gas flüssiges Gas *n*
liquid holding volume Flüssigkeitsfassungsvermögen *n*
liquid level Flüssigkeitsstand *m*
liquid-liquid extraction Flüssig-flüssig-Extraktion *f*
liquid medium flüssiges Medium *n*, Nährlösung *f*
liquid nitrogen storage Lagerung *f* in flüssigem Stickstoff
liquid nutrition Flüssignahrung *f*
liquid phase flüssige Phase *f*, Flüssigphase *f*
list *v* auflisten
list Liste *f*, Verzeichnis *n*
list of items Stückliste *f*
list price Listenpreis *m*
litmus paper Lackmuspapier *n*
little effect wenig Wirkung
living organism Lebewesen *n*, lebender Organismus *m*
load *v* beschicken, beladen, (be)füllen, einschütten
load 1. Ladung *f*, Befüllung *f*, Charge *f*, Beladung *f*; 2. *(Tech)* Last *f*, Belastung *f*, Beanspruchung *f*
load limit Belastungsgrenze *f*
loading capacity *(Tech)* Tragfähigkeit *f*
loading configuration Beladungsschema *n (z. B. im Isolator)*
loading material Füllstoff *m*, Zuschlagstoff *m*, Zusatz *m*
loading pattern Beschickungsmuster *n*, Beladungsmuster *n (im Isolator)*
local code *(Reg)* örtliches [regionales] Regelwerk *n*
local regulations *(Reg)* örtliches [regionales] Regelwerk *n*
local tolerance lokale Verträglichkeit *f*
locate *v* 1. finden, auffinden; 2. platzieren
location Standort *m*, Lage *f*, Stellplatz *m*, Ort *m*
lock *v* verriegeln, arretieren
lock Schleuse *f*
lock hopper Beschickungsschleuse *f*
lock seam *(Verp)* Falznaht *f (bei Tuben)*
locker Spind *m*
locking device Verriegelung *f*, Verschlussmechanismus *m*, Arretierungsvorrichtung *f*
log *v* aufzeichnen *(Daten)*
log book Logbuch *n*
log phase *(Mikro)* log-Phase *f*
logistics Logistik *f*
long-chained *(Chem)* langkettig
long-neck flask *(Lab)* Langhalskolben *m*
long-term dosage *(Med)* Langzeitdosierung *f*
long-term experiment Langzeitversuch *m*
long-term follow-up Langzeitbeobachtung *f*
long-term stability Langzeitstabilität *f*
long-term study Langzeitstudie *f*
long-term trial Langzeitversuch *m*
look *v* **back** *(Dok)* rückverfolgen, die Historie betrachten
loop 1. Stromkreis *m*; 2. Kreislauf *m*, Schleife *f*, Regelkreis *m*, Wirkungskreis *m*
loose density Schüttdichte *f*
loose powder loses Pulver *n*

loss Verlust *m*
loss at drying *(Herst)* Trocknungsverlust *m*
loss of quality *(Qual)* Güteminderung *f*
lot 1. Ansatz *m*, Charge *f*; 2. Serie *f*, Los *n*
lot number Ansatznummer *f*, Chargennummer *f*
lot number coding Chargenbezeichnungsschlüssel *m*
lotion Lotion *f*
low dose niedrigdosiert
low-grade minderwertig, geringwertig, wertarm, von niedriger Qualität
low limit untere Grenze *f*, unterer Grenzwert *m*
low limit of detection untere Nachweisgrenze *f*
low-pressure boiler *(Tech)* Niederdruckkessel *m*
low-quality minderwertig, von schlechter Qualität
low-soluble *(Chem)* schwachlöslich
low-viscosity dünnflüssig
lower *v* absenken *(einen Wert oder eine Konzentration)*
lower detection limit untere Nachweisgrenze *f*
lower frame Laboruntergestell *n*
lower punch *(Tabl)* Unterstempel *m*
lower side Unterseite *f*
lozenge *(Herst)* Lutschtablette *f*
lubricant *(Tech)* Schmierstoff *m*
lubricate *v* schmieren
lubrication Schmierung *f*
lubrication pump Schmierstoffpumpe *f*
luminescence scanner Lumineszenztaster *m*
lyophilic lyophil, lösungsmittelanziehend
lyophilisation *(BE) (Ster)* Lyophilisation *f*, Lyophilisierung *f*, Gefriertrocknung *f*
lyophilise *v (BE) (Ster)* lyophil trocknen, gefriertrocknen
lyophilised *(BE) (Ster)* gefriergetrocknet
lyophilised culture *(BE) (Ster, Mikro)* gefriergetrocknete Kultur *f*, Lyophilisat *n*
lyophilization *(AE) (Ster)* Lyophilisation *f*, Lyophilisierung *f*, Gefriertrocknung *f*
lyophilize *v (AE) (Ster)* lyophil trocknen, gefriertrocknen
lyophilized *(AE) (Ster)* gefriergetrocknet
lyophilized culture *(AE) (Ster, Mikro)* gefriergetrocknete Kultur *f*, Lyophilisat *n*

M

machine breakdown *(Tech)* Maschinenausfall *m*
machine cover *(Tech)* Maschinenabdeckung *f*
machine frame *(Tech)* Maschinenrahmen *m*
machine guarding *(Tech)* Maschinenbeschutzung *f*
machine oil *(Tech)* Maschinenöl *n*, Maschinenschmierstoff *m*
machine passable maschinengängig
machine processing *(Herst)* maschinelle Verarbeitung *f*
machine room Maschinenraum *m*
machine runability *(Tech)* Maschinengängigkeit *f*
machine speed Maschinengeschwindigkeit *f*
machine stand Maschinenständer *m*
machine stoppage Maschinenstillstand *m*
macro sample *(Lab)* Makroprobe *(> 0,1 g)*
macromolecule Makromolekül *n*
macropores Makroporen *fpl (Filter)*
macroscopic makroskopisch, mit bloßem Auge sichtbar
made from hergestellt aus *(Ausgangsstoffe)*
made of hergestellt aus, bestehend aus *(Zusammensetzung)*
made-to-stock production *(Wi)* Vorratsproduktion *f*
made up of *(Chem)* bestehend aus
magazine pocket Magazinspeicher *m*
magnetic clutch *(Tech)* Magnetkupplung *f*
magnetic strip Magnetstreifen *m*
magnifying glass Lupe *f*
main circuit *(Tech)* Hauptstromkreis *m*
main component Grundbestandteil *m*, Hauptbestandteil *m*, Hauptkomponente *f*
main compression 1. Hauptdruck *m*; 2. Hauptdruck *m* bei der Tablettierung
main compression roll *(Tabl)* Hauptdruckrolle *f*

main drive *(Tech)* Hauptantrieb *m*
main reserve water cock Hauptabsperrhahn *m* für Wasser
main switch *(Tech)* Haupt(netz)schalter *m*
mainstream operation Hauptgeschäftsfeld *n*, Kerngeschäft *n*
maintain *v* 1. *(Tech)* halten, unterhalten, warten, aufrechterhalten; 2. *(Dok)* aufbewahren
maintain *v* **a record** einen Bericht aufbewahren, eine Aufzeichnung aufbewahren
maintain *v* **compliance** Compliance aufrechterhalten
maintain *v* **constant** konstant halten
maintain *v* **traceability** die Rückverfolgbarkeit aufrechterhalten
maintenance *(Tech)* Wartung *f*, Instandhaltung *f*, Aufrechterhaltung *f (z. B. Druck)*
maintenance dosage *(Med)* Erhaltungsdosis *f*
maintenance manual Wartungshandbuch *n*
maintenance schedule Wartungsplan *m*
major schwerwiegender Fehler *m* oder Verstoß *(Bewertung im Audit)*
major change kritische Änderung *f*
make *v* zubereiten, anfertigen, erzeugen, herstellen, machen
make 1. Erzeugnis *n*, Produkt *n*, Herstellung *f*, Ausstoß *m*; 2. Ausführung *f*, Typ *m*
make *v* **an analysis** eine Analyse durchführen
make *v* **up** auffüllen, nachdosieren, ausgleichen
make-up 1. Aufbau *m*, Zusammensetzung *f*; 2. Auffüllung *f*, Nachdosierung *f*
makroanalysis Makroanalyse *f*
male mold *(AE)*, **male mould** *(BE) (Ster)* Stempelprofil *n*, Positivform *f (Vakuumformen)*
malfunction 1. *(Tech)* Betriebsstörung *f*, Störung *f*, Fehlfunktion *f*; 2. Fehler *m*
malfunction alarm Störungsmeldung *f*
malfunction indication Störungsmeldung *f*, Störungsanzeichen *n*
malignant *(Med)* bösartig
management Geschäftsleitung *f*
managerial personnel Führungskräfte *fpl*
managerial staff Mitarbeiter *mpl* in leitender Stellung
mandatory obligatorisch, Pflicht...
manner of closure *(Verp)* Verschlussart *f*
manometer Druckmesser *m*
mantle *(Tech)* Mantel *m*, Umhüllung *f*, Hülle *f*, Ummantelung *f*
manual manuell, per Hand mit der Hand
manual 1. Handbuch *n*, Betriebsanleitung *f*, Leitfaden *m*; 2. Dienstvorschrift *f*
manual control *(Tech)* Handsteuerung *f*, Handregulierung *f*
manual dosing manuelle Dosierung *f*
manual feed(ing) Handvorschub *m*, manuelle Zuführung *f*
manual labor *(AE)*, **manual labour** *(BE)* Handarbeit *f*
manual loading Handbeschickung *f*, manuelle Beschickung *f*
manual of instruction Betriebsanleitung *f*
manual operation Handbetrieb *m*
manual packaging Handverpackung *f*
manually operated handgesteuert, handbetrieben
manufacture *v* erzeugen, herstellen, produzieren, fertigen
manufacture Erzeugung *f*, Fertigung *f*, Herstellung *f*, Herstellen *n*, Produktion *f*
manufacture *v* **to order** auf Bestellung fertigen
manufactured goods Fertigwaren *fpl*
manufacturer Hersteller *m*, Herstellerbetrieb *m*, Produzent *m*
manufacturer audit *(Qual)* Herstelleraudit *n*
manufacturer's specification Herstellerangaben *fpl*
manufacturing authorisation *(BE) (Reg)* Herstellungserlaubnis *f*
manufacturing authorization *(AE) (Reg)* Herstellungserlaubnis *f*
manufacturing conditions Herstellungsbedingungen *fpl*
manufacturing contract Lohnauftrag *m*
manufacturing date Herstell(ungs)datum *n*
manufacturing documents Herstell(ungs)unterlagen *fpl*
manufacturing environment Herstellungsumgebung *f*

manufacturing formula Herstell(ungs)-vorschrift *f*
manufacturing instructions Herstellungsanweisung *f*
manufacturing operation Herstellungsvorgang *m*
manufacturing order Herstellauftrag *m*
manufacturing plant Produktionsstätte *f*, Fertigungsanlage *f*
manufacturing procedure Herstellungsverfahren *n*
manufacturing process Herstellungsprozess *m*, Herstellungsverfahren *n*, Verarbeitungsverfahren *n*
manufacturing site Betrieb *m*, Produktionsstandort *m*
manufacturing stage Herstellungsstufe *f*
manufacturing step Herstellungsschritt *m*
margin 1. Spielraum *m*, Toleranz *f*, Spanne *f*, Breite *f*; 2. Gewinnspanne *f*, Gewinnmarge *f*
margin of deviation Schwankungsbreite *f*, Grad *m* der Abweichung, Höhe *f* der Abweichung
mark *v* bezeichnen, kennzeichnen, markieren
mark Extraktionsrückstand *m*
marker Markierungssubstanz *f*
market *v* vermarkten
market leader Marktführer *m*
market niche Marktlücke *f*
market research Marktforschung *f*
market share Marktanteil *m*
marketing Marketing *n*, Vermarktung *f*, Vertrieb *m*, Inverkehrbringen *n*
marketing action Marketingmaßnahme *f*
marketing agreement Marketingabsprache *f*, Marketingvereinbarung *f*
marketing analyst Marketinganalytiker *m*
marketing approval Zulassung *f* für den Markt
marketing area Marketingbereich *m*
marketing authorisation *(BE) (Reg)* Genehmigung *f* für das Inverkehrbringen, Zulassung *f* für den Markt
marketing authorisation dossier *(BE) (Reg)* Zulassungsunterlagen *fpl*, Genehmigungsdossier *n*
marketing authorisation holder *(BE) (Reg)* Zulassungsinhaber *m*
marketing authorization *(AE) (Reg)* Genehmigung *f* für das Inverkehrbringen, Zulassung *f* für den Markt
marketing authorization dossier *(AE) (Reg)* Zulassungsunterlagen *fpl*, Genehmigungsdossier *f*
marketing authorization holder *(AE) (Reg)* Zulassungsinhaber *m*
marketing channels Marketingwege *mpl*
marketing collateral Werbematerial *n*
marketing company Vertriebsgesellschaft *f*
marketing concept Marketingidee *f*, Marketingkonzept *n*
marketing costs Vertriebskosten *pl*, Marketingkosten *pl*, Absatzkosten *pl*
marketing department Vertriebsabteilung *f*, Marketingabteilung *f*
marketing director Marketingleiter *m*, Vertriebsleiter *m*
marketing guidelines Marketingrichtlinien *fpl*, Marketingleitlinien *fpl*
marketing manager Marketingleiter *m*, Vertriebsleiter *m*
marketing policy Marketingpolitik *f*, Marketingstrategie *f*
marketing-oriented absatzorientiert, marktorientiert
marketing research Marktforschung *f*
marketing strategy Marketingstrategie *f*, Marketingpolitik *f*
marking equipment *(Dok)* Signieranlage *f*
mask *(Tech)* Maske *f*
mass Masse *f*, Menge *f*
mass defect *(Herst)* Masseverlust *m*
master control record Kontrollanweisung *f (Mastervorschrift)*
master document Musterdokument *n*
master file Stammdokumentation *f*
master formula Herstellungvorschrift *f*
master label *(Verp)* Musteretikett *n*
master production instruction Master-Herstellungsvorschrift *f*
master production record Herstellungsanweisung *f (Mastervorschrift)*
mat matt, glanzlos
match *v* 1. abgleichen, abstimmen; 2. *(Tech)* anpassen, angleichen; 3. zusammenpassen, übereinstimmen

material Material *n*, Stoff *m*, Substanz *f*
material combination Materialverbindung *f*
material fatigue Materialermüdung *f*
material flow Materialfluss *m*
material for investigation Probematerial *n*, Testmaterial *n*, Untersuchungsmaterial *n*
material lock Materialschleuse *f*
material of construction Konstruktionswerkstoff *m (Maschinen, Ausrüstungen)*
material specification Materialspezifikation *f*
material to be absorbed Absorbend *n*
material to be tested Untersuchungsmaterial *n*
material under examination Untersuchungsmaterial *n*, Untersuchungssubstanz *f*
material wastage Materialverschwendung *f*
materials examination Materialprüfung *f*
matrix Matrix *f*, Rastermuster *n*
matrixing Qualitätsprüfung *f* nach bestimmtem Muster
matt matt, glanzlos
matt *v* mattieren
matt finish mattierte Oberfläche *f*
matt-finished matt-glänzend
matter 1. Stoff *m*, Substanz *f*, Material *n*; 2. Gegenstand *m*, Frage *f*, Angelegenheit *f*, Inhalt *m*, Grund *m*
maturation Reifen *n*, Reifung *f*
maturity Reife *f (als Zustand, z. B. von einer Kulturlösung)*
maximum capacity *(Herst)* Maximalleistung *f*
maximum daily dose *(Med)* Tageshöchstdosis *f*
maximum dimension *(Tech)* Maximalabmessung *n*
maximum dosage *(Med)* Höchstdosis *f*
maximum dose *(Med)* Maximaldosis *f*, höchste Dosis *f*
maximum effect größte Wirkung *f*
maximum load 1. *(Tech)* Höchstlast *f*, Maximallast *f*, Maximalbelastung *f*; 2. *(Ster)* Maximalbeladung *f (Isolator)*
maximum mean porosity maximale Porenweite *f (Filter)*
maximum permitted standard deviation *(Qual)* maximal zulässige Standardabweichung *f*
maximum speed Höchstgeschwindigkeit *f*
maximum valid dilution *(Chem, Med)* maximal zulässige Verdünnung *f*
maximum weight Maximalgewicht *n*, Höchstgewicht *n*
mean durchschnittlich, gering, geringfügig, mittelmäßig, unbedeutend
mean 1. Mittel *n*; 2. Mittelmaß *n*, Durchschnitt *m*; 3. *(Math)* Mittelwert *m*, Mitte *f*, Durchschnitt *m*, Durchschnittszahl *f*, arithmetisches Mittel *n*
mean bulk density Schüttdichte *f (körnige Substanz)*
mean deviation mittlerer Abweichungsbetrag *m*
mean diameter mittlerer Durchmesser *m*
mean layer dünne Glasurschicht *f*
mean of the sample Durchschnittswert *m* der Probe
mean particle diameter Partikeldurchmesser *m*
mean residence time mittlere Verweilzeit *f*
mean value *(Math)* Mittelwert *m*, Durchschnittswert *m*, Mittel *n*, mittlerer Wert *m*
measurable messbar, bestimmbar
measurable effect messbare Wirkung *f*
measurable range Messbereich *m*
measure *v* messen, bestimmen
measure 1. Maßnahme *f*; 2. Maß *n*, Maßeinheit *f*
measured data Messdaten *pl*
measured quantity Messgröße *f*, Messmenge *f*
measured value Messwert *m*, gemessener Wert *m*
measurement 1. Maß *n*, Messwert *m*, Abmessung *f*, Größe *f*; 2. Messung *f*, Messen *n*; 3. Maßeinheit *f*; 4. Messmethode *f*
measurement and control device Mess- und Steuergerät *n*
measurement and monitoring Messung *f* und Überwachung *f*
measurement category Messgröße *f*
measurement chain Messkette *f*
measurement control Mess-Steuerung *f*
measurement control system Messüberwachungssystem *n*

measurement device Messgerät *n*
measurement equipment Messmittel *n*, Messausrüstung *f*
measurement error Messfehler *m*
measurement instrument Messgerät *n*
measurement instrumentation Messtechnik *f*
measurement module Messeinheit *f*
measurement period Messzeit *f*
measurement technique Messverfahren *n*, Messmethode *f*
measures Maße *npl*, Abmessungen *fpl*
measures of components Volumen *n* der Bestandteile, Abmessungen *fpl* der Bestandteile
measuring Messung *f*, Messen *n*
measuring accuracy Messgenauigkeit *f*
measuring and control technology Mess-, Steuer- und Regeltechnik *f*
measuring cap *(Verp)* Messkappe *f*
measuring cuvette *(Lab)* Messküvette *f*
measuring cylinder *(Lab)* Messzylinder *m*, Maßzylinder *m*
measuring data Messdaten *pl*
measuring equipment Messmittel *n*
measuring flask Messkolben *m*
measuring glass Messglas *n*
measuring method Messmethode *f*, Messtechnik *f*
measuring pipette Messpipette *f*
measuring point Messpunkt *m*
measuring pump Dosierpumpe *f*
measuring range Messbereich *m*
measuring result Messergebnis *n*
measuring spoon *(Verp)* Messlöffel *m*
measuring transducer Messumformer *m*
measuring transmitter Messumformer *m*
mechanical mechanisch
mechanical load mechanische Beanspruchung *f*
mechanical output *(Tech)* mechanische Ausgabe *f*
mechanical sterilisation *(BE)*, **mechanical sterilization** *(AE)* *(Ster)* Filterentkeimung *f*
mechanism of action *(Chem, Med)* Wirkungsmechanismus *m*
mechanism of drug action *(Med)* Arzneiwirkung *f*, Medikamentenwirkung *f*
media Versorgungsmedien *npl (Luft, Wasser usw.)*
media fill Nährmedienabfüllung *f*
media preparation Nährmedienherstellung *f*
media preparation room Nährmedienraum *m*
medical medizinisch
medical chemistry medizinische Chemie *f*
medical condition Krankheit *f*
medical device Medizinprodukt *n*
medical disposable medizinischer Einwegartikel *m*
medical examination medizinische [ärztliche] Untersuchung *f*
medical gases medizinische Gase *npl*
medical history *(Med)* Krankengeschichte *f*
medical journalism medizinische Fachpresse *f*
medical prescription ärztliche Verordnung *f*
medical product *(Med)* Medizinprodukt *n*
medical register *(Reg)* Ärzteregister
medical risk medizinisches Risiko *n*
medical sales representative Arzneimittelvertreter *m*, Außendienstmitarbeiter *m*; Außendienstmitarbeiterin *f*
medical sciences Medizinwissenschaften *fpl*
medical supervision *(Med)* medizinische Kontrolle *f*, medizinische Überwachung *f*
medicament Medikament *n*, Arzneimittel *n*
medicated feed Fütterungsarzneimittel *n*
medicated premix Arzneimittelvormischung *f*
medication *(Med)* Verordnung *f* von Medikamenten, Medikation *f*
medication mixture *(Med)* Medikamentenmischung *f*
medicinal medizinisch, arzneilich
medicinal chemist Pharmakochemiker *m*, Arzneimittelchemiker *m*
medicinal chemistry Pharmakochemie *f*, pharmazeutische Chemie *f*, Arzneimittelchemie *f*
medicinal herbs Heilkräuter *npl*
medicinal oil medizinisches Öl *n*, Medizinöl *n*
medicinal plant Arzneipflanze *f*

medicinal product Arzneimittel *n*, Medikament *n*
medicinal product for human use Humanarzneimittel *n*
medicinal product not subject to medical prescription freiverkäufliches Arzneimittel *n*
medicinal product subject of special medical prescription Arzneimittel *n* auf besondere ärztliche Verschreibung
medicinal product subject to restricted medical prescription Arzneimittel *n* auf beschränkte ärztliche Verschreibung
medicinal substance Arzneistoff *m*
medicinal water *(Med)* Heilwasser *n*
medicine Medizin *f*, Arzneimittel *n*
medicine dropper Tropfpipette *f*, Stechpipette *f*
medium 1. mittel(groß); Mittel...; 2. Durchschnitts...
medium 1. Medium *n*, Mittel *n*, Lösungsmittel *n*; 2. *(Mikro)* Medium *n*, Nährmedium *n*, Nährsubstrat *n*, Nährboden *m*
medium preparation Nährmediumbereitung *f*, Zubereitung *f* eines Nährsubstrats
melt *v* schmelzen
melting point *(Tech)* Schmelzpunkt *m*
member state *(Reg)* Mitgliedstaat *m*
membrane 1. Membran *f*, Scheidewand *f*; 2. Membranfilter *n(m)*
membrane area Membranfläche *f*
membrane filter Membranfilter *n(m)*
membrane filtration Membranfiltration *f*
membrane key pad Folientastatur *f*
membrane pore size Membranporengröße *f*
membrane type Membrantyp *m*
memory *(Tech)* Speicher *m (elektronisches Gerät)*
menopause *(Med)* Wechseljahre *npl*
menstruum Lösungsmittel *n*, Extraktionsmittel *n (für Auszüge)*
menu-controlled menügesteuert
menu-driven menügesteuert
merger *v* verschmelzen, verbinden
mesh size Maschenweite *f (Sieb, Filter)*
metabolic illness *(Med)* Stoffwechselkrankheit *f*
metabolism Stoffwechsel *m*
metal Metall *n*
metallic compounds Legierung *f*
meter *v* messen, abmessen; dosieren
metering accuracy Dosiergenauigkeit *f*
metering chamber Dosierkammer *f*
metering device Dosiereinrichtung *f*
metering screw *(Tech)* Dosierschnecke *f*
method Methode *f*, Verfahren *n*, Arbeitsweise *f*
method of administration *(Med)* Verabreichungsart *f*
method of measurement Messmethode *f*, Messverfahren *n*
method of sampling Prüfmethode *f*
method of separation Trennmethode *f* *(Trennen von Stoffen oder Räumen)*
method of working Arbeitsweise *f*
methods validation Methodenvalidierung *f*
micro quantities Kleinstmengen *fpl*
micro sample Mikroprobe *(< 0,01 mg)*
microanalysis Mikroanalyse *f*
microanalytical mikroanalytisch
microbalance Analysenwaage *f*, Feinstwaage *f*
microbe Mikrobe *f*, Mikroorganismus *m*, mikroskopischer Organismus *m*
microbial mikrobiell, Mikroben...
microbial activity *(Biot)* Mikrobenaktivität *f (von Mikroorganismen)*; Bioaktivität *f*
microbial assay mikrobieller Test *m*
microbial breakdown mikrobieller Abbau *m*
microbial by-product mikrobielles Nebenprodukt *n*
microbial cell mikrobielle Zelle *f*
microbial cell line mikrobielle Zell-Linie *f*
microbial challenge test *(Ster)* Bakterienbelastungstest *m*
microbial collector *(Tech)* Luftkeimsammler *m*
microbial concentration Mikroorganismenkonzentration *f*
microbial contaminants *(Biot)* Infektionsmikroorganismen *mpl*, (mikrobielle) Kontaminanten *mpl*
microbial contamination mikrobielle Verunreinigung *f*, mikrobielle Kontamination *f*
microbial content Keimgehalt *m*
microbial control mikrobielle Kontrolle *f*
microbial count *(Mikro, Biot)* Keimzahl *f*, Mikroorganismenzahl *f*

microbial count determination *(Mikro)* Keimzahlbestimmung *f*
microbial culture Mikrobenkultur *f*, Mikroorganismenkultur *f*
microbial differentiation *(Mikro)* Keimunterscheidung *f*
microbial dry weight *(Biot)* Trockensubstanz *f* von Mikroorganismenzellen
microbial fermentation *(Biot)* Mikroorganismenfermentation *f*
microbial growth *(Mikro, Biot)* Keimwachstum *n*, mikrobielles Wachstum *n*
microbial limit test *(Mikro)* Keimzahlbestimmung *f*
microbial mass *(Biot)* Mikroorganismenmasse *f*, mikrobielle Biomasse *f*
microbial product mikrobielle Substanz *f*, Naturstoff *m* mikrobieller Herkunft
microbial reduction *(Ster, Mikro)* Keimreduktion *f*
microbial strain *(Mikro)* Mikroorganismenstamm *m*
microbial technology *(Biot)* Fermentationstechnik *f*
microbicidal mikrobizid, keimabtötend, mikroorganismenabtötend
microbicide mikrobizides Mittel *n*, keimabtötendes Mittel *n*
microbiological mikrobiologisch, Mikrobiologie...
microbiological monitoring mikrobiologisches Monitoring *n*
microbiological production mikrobiologische Produktion *f*
microbiological test method mikrobiologische Prüfmethode *f*
microbiological water-quality mikrobiologische Wasserqualität *f*
microbiologically active air Luftkeimzahl *f*
microbiology Mikrobiologie *f*
microburette Mikrobürette *f*
microcarrier Mikroträger *m (für Mikroorganismen)*
microcomponent Mikrobestandteil *m*
microconstituent Mikrobestandteil *m*
microdroplet Kleinsttröpfchen *n*
microfiltration Mikrofiltration *f*
microfluidiser *(BE)*, **microfluidizer** *(AE)* Hochdruckhomogenisator *m*
microgram range Mikrogrammbereich *m (Analytik)*
micronisation *(BE)* Mikronisierung *f*
micronise *v (BE)* mikronisieren
micronised powder *(BE)* mikronisiertes Pulver *n*
micronization *(AE)* Mikronisierung *f*
micronize *v (AE)* mikronisieren
micronized powder *(AE)* mikronisiertes Pulver *n*
microorganism Mikroorganismus *m*, Kleinstlebewesen *n*
microorganisms *pl* Mikroorganismen *mpl*, Mikroben *pl*
micropipette Mikropipette *f*
micropipetting Mikropipettierung *f*
microscope slide *(Lab)* Objektträger *m*
microscopic mikroskopisch (klein); nur mit dem Mikroskop sichtbar
microscopic examination mikroskopische Untersuchung *f*
microscopic preparation mikroskopisches Präparat *n*
microsyringe *(Lab)* Mikrodosierspritze *f*
migraine analgetic *(Med)* Migränemittel *n*
migration Migration *f*
mild steel Normalstahl *m*
mildew Schimmelpilz *m*
mildewed schimmelig
milk glass Milchglas *n*
milk sugar Milchzucker *m*
mill *(Tech)* Mühle *f*
mill *v* mahlen, vermahlen, zerstoßen, zerreiben
milligram range Milligrammbereich *m (Analytik: 0,001 g bis 0,01 g)*
millimeters of mercury Millimeter *mpl* Quecksilbersäule *(Maßeinheit für Flüssigkeitsdruck)*
milling Mahlen *n*, Zermahlen *n*, Zerstoßen *n*
mineral substance preparation *(Med)* Mineralstoffpräparat *n*
minerals Mineralstoffe *mpl*, Mineralien *mpl*
mingle *v* vermischen, vermengen
minimise *v (BE)*, **minimize** *v (AE)* gering halten, minimieren
minimum content Mindestinhalt *m*, Mindestgehalt *m*
minimum detection limit Nachweisgrenze *f*, untere Nachweisgrenze *f*
minimum dose Minimaldosis *f*, Mindestdosis *f*, Mindestmenge *f*

minimum temperature Mindesttemperatur *f*
minor geringfügiger Fehler *m* oder Verstoß *(Bewertung im Audit)*
minor change geringfügige Änderung *f*
minor tranquilizer *(AE)*, **minor tranquilliser** *(BE) (Med)* Anxiolytikum *n*, angstlösendes Mittel *n*, beruhigendes Mittel *n*
misbranded falsch bezeichnet
miscibility Mischbarkeit *f*
miscible mischbar
mishandling fehlerhafter Umgang *m*
mislabelling *(BE)*, **mislabeling** *(AE)* Falschetikettierung *f*
mitigate *v (Med)* lindern *(Wirkung)*
mitigation *(Med)* Linderung *f (der Wirkung)*
mix *v* mischen, vermischen, zusammenmischen
mix ratio *(Tech)* Mischungsverhältnis *n*, Mischverhältnis *f (von Stoffen)*
mix *v* **up** verwechseln
mix-up Verwechslung *f*
mixed gemischt
mixed applications *(Reg)* gemischte Anträge *mpl*
mixed bed Mischbett *n (Wirbelschichtgranulation)*
mixed-bed ion exchanger Mischbettionentauscher *m*
mixed-media filter Mehrschichtenfilter *n(m)*
mixer Mischer *m*, Mischapparat *m*, Rührwerk *n*, Kneter *m*, Mixer *m*
mixing Mischen *n*, Zusammenmischen *n*, Vermischen *n*
mixing arm Knetarm *m*, Rührarm *m*
mixing machine Mischmaschine *f*
mixing nozzle Mischdüse *f*
mixing ratio *(Chem)* Mischverhältnis *n (von Stoffen)*
mixing trough Mischbottich *m*
mixing vessel Mischbehälter *m*, Rührkessel *m*
mixture Mischung *f*, Gemisch *n*, Mixtur *f*
mixture of solids Feststoffgemisch *n*
mixture of substances Stoffgemisch *n*
mixture ratio *(Chem)* Mischungsverhältnis *n*, Mischverhältnis *n (von Stoffen)*
mixture to be shaken Schüttelgemisch *n*
mobile fahrbar, beweglich, transportabel, veränderlich
mobile vessel fahrbarer Behälter *m*
mock-up Modell *n (z. B. einer Verpackung)*
mode Art *f* und Weise *f*, Art *f*, Betrieb *m*; Methode *f*, Form *f*
mode of action Wirkungsweise *f*
mode of operation Arbeitsweise *f*, Betriebsart *f*, Funktionsweise *f*, Prozessregelung *f*
model product Modellprodukt *n*
moderate mäßig, moderat
moderate volume mittlere Menge *f*
modification Modifizierung *f*, Veränderung *f*, Abänderung *f*
modified modifiziert, verändert, abgeändert, abgewandelt
modified equipment veränderte Einrichtung *f*, veränderte Ausrüstung *f*
modified facility veränderte Einrichtung *f*, geänderter Betrieb *m*, veränderte Ausrüstung *f*
modified-release granules Granulat *n* mit veränderter Wirkstoff-Freisetzung
modifier Modifikationsmittel *n*, Modifikator *m*, Wandler *m*
modify *v* ändern, abändern, abwandeln, ändern, modifizieren, verändern
modular modular
modular kit modularer Bausatz *m*
modular packing machine *(Verp)* modulare Verpackungsmaschine *f*
modulation flap Regelklappe *f*
moist feucht
moist heat feuchte Hitze *f*
moisten *v* anfeuchten, befeuchten, feucht werden
moisture Feuchtigkeit *f*, Feuchte *f*, Feuchtigkeitsgehalt *m*
moisture content Feuchtigkeitsgehalt *m*, Feuchtegehalt *m*
moisture control Feuchtigkeitsprüfung *f*, Feuchtigkeitsüberwachung *f*
moisture-free trocken, wasserfrei
moisture-repellent feuchtigkeitsabweisend
moisture-resistant feuchtigkeitsbeständig
moisture-sensitive feuchtigkeitsempfindlich
moisturise *v (BE)*, **moisturize** *v (AE)* feucht halten

mold *v (AE)* formpressen, formen
mold *(AE)* 1. Schimmel *m*, Schimmelpilze *mpl*; 2. Form *f*, Abdruck *m*, Gießform *f*, Pressform *f*, Matrize *f*
mold plate *(AE)* Matrizenscheibe *f*
mold *v* **under pressurized air** *(AE) (Verp)* verformen unter Druckluft
molded *(AE)* geformt, gepresst
molding *(AE)* 1. Ausformen *n*, Formen *n*, Formgebung *f*; 2. *(Tabl)* Pressling *m*, Pressform *f*; 3. Verschimmeln *n*
molding granulate *(AE) (Herst)* Pressgranulat *n*
molding pressure *(AE) (Tech)* Pressdruck *m*
moldy *(AE)* schimmelig
molecular molekular
molecular biology Molekularbiologie *f*
molecular formula Summenformel *f*
molecular mass Molekularmasse *f*
molecular pharming Verfahren *n* zur Massenproduktion von Arzneimitteln mit Hilfe gentechnisch modifizierter Tiere
molecular size Molekülgröße *f*
molecular weight Molekulargewicht *n*
• **of low molecular weight** niedrigmolekular
monitor *v* überwachen, beobachten, kontrollieren
monitor 1. Bildschirm *m*; 2. Bildschirmüberwachungsgerät *n*, Monitor *m*, Überwachungsgerät *n*
monitored kontrolliert, überwacht
monitoring Überwachung *f*, Aufzeichnen *n* mittels Bildschirmüberwachung
monitoring device Überwachungsinstrument *n*, Überwachungseinrichtung *f*
monitoring system Überwachungssystem *n*
monitoring technology Überwachungstechnik *f*
monochromatic monochromatisch
monochromator Monochromator *m*
monoclonal antibodies *(Biot)* monoklonale Antikörper *mpl*
monoculture *(Mikro)* Monokultur *f*, Reinkultur *f (z. B. von Bakterien)*
monolayer einschichtig
mordant *(Chem)* ätzend
mortality rate *(Med)* Sterblichkeitsrate *f*
mortar *(Lab)* Mörser *m*
mother liquor *(Chem)* Mutterlauge *f*
mother tincture *(Chem)* Urtinktur *f*
motorised *(BE)*, **motorized** *(AE)* motorgesteuert
mould *v (BE)* formpressen, formen
mould *(BE)* 1. Schimmel *m*, Schimmelpilze *mpl*; 2. Form *f*, Abdruck *m*, Gießform *f*, Pressform *f*, Matrize *f*
mould plate *(BE)* Matrizenscheibe *f*
mould *v* **under pressurised air** *(BE) (Verp)* verformen unter Druckluft
moulded *(BE)* geformt, gepresst
moulding *(BE)* 1. Ausformen *n*, Formen *n*, Formgebung *f*; 2. *(Tabl)* Pressling *m*, Pressform *f*; 3. Verschimmeln *n*
moulding granulate *(BE) (Herst)* Pressgranulat *n*
moulding pressure *(BE) (Tech)* Pressdruck *n*
mouldy *(BE)* schimmelig
mounting plate *(Tech)* Montageplatte *f*
mouthwash *(Med)* Mundspüllösung *f*
movable beweglich, fahrbar
mucilage Schleim *m*
Mueller drum Müller-Fass *n*
multi-channel vielfach
multi-channel pipetting system *(Lab)* Vielfachkanalpipettiersystem *n*
multi-dose form *(Mark)* Darreichungsform *f* zur Mehrfachentnahme
multi-function button Multifunktionstaste *f*
multi-function display unit *(Tech)* Multifunktionsanzeige *f*
multi-level analysis mehrstufige Analyse *f*
multi-stage mehrstufig
multi-step mehrstufig
multilayer mehrschichtig, mehrlagig
multilayer filter Mehrschichtenfilter *n(m)*
multilayer sealing pad *(Verp)* mehrschichtiger Verschlusseinsatz *m*
multilevel analysis mehrstufige Analyse *f*
multinational multinational
multinational multinationales Unternehmen *n*
multinecked flask *(Lab)* Mehrhalskolben *m*
multiphase tab, **multi-phase tab** *(Med)* Mehrphasentab *n*
multiple drug resistance *(Med)* infektiöse Mehrfachresistenz *f* gegen Arzneimittel

multiple-effect distillation plant *(Tech)* Druckkolonnendestillationsanlage *f*
multiple-point calibration *(Tech)* Mehrfach(mess)punkt-Kalibrierung *f*
multiple resistance *(Med)* Mehrfachresistenz *f*
multiple-sample study *(Qual)* Mehrfachstichproben *fpl*
multiple-stage mehrstufig
multiple unit Vielfachapparat *m*
multiply *v (Mikro)* sich vermehren *(Mikroorganismen)*
multiport plug valve *(Tech)* Mehrwegehahn *m*
multiport valve *(Tech)* Ventilblock *m*
multiproduct device *(Tech)* Mehrproduktapparat *m*
multiproduct unit *(Tech)* Mehrproduktapparat *m*
multipurpose equipment *(Tech)* Ausrüstung *f* für verschiedene Produkte
multipurpose plant Multifunktionsgebäude *n*
multistage mehrstufig
multistage distillation unit Mehrstufendestillationsanlage *f*
multistep mehrstufig
multistep procedure Mehrstufenverfahren *n*
muscle *(Med)* Muskel *m*
muscle relaxant *(Med)* Muskelrelaxans *n*
mustard flour Senfkornmehl *n (pharmazeutischer Stoff)*
mustard oil Senfkornöl *n (pharmazeutischer Stoff)*
mustard plaster *(Med)* Senfkornpflaster *n*
mustard seeds Senfkörner *npl (pharmazeutischer Stoff)*
mutagenic *(Bioch)* mutagen
mutation Mutation *f*
mutual recognition *(Reg)* gegenseitige Anerkennung *f*

N

nanoparticles Nanopartikel *mpl*
narcotic einschläfernd, narkotisch
narcotic (drug) 1. *(Med)* Betäubungsmittel *n*, Narkotikum *n*, Narkosemittel *n*; 2. Rauschmittel *n*, Suchtstoff *m*, Narkotikum *n*, Suchtgift *n*
Narcotic Law *(Reg)* Betäubungsmittelgesetz *n (Deutschland)*
narcotic substance *(Med)* betäubende Substanz *f*, narkotisierende Substanz *f*
narcotise *v (BE)*, **narcotize** *v (AE) (Lab)* narkotisieren, einschläfern
nard Nardenöl *n*, Nardensalbe *f*
narrow-necked flask *(Lab)* Enghalskolben *m*
narrow-spectrum antibiotic *(Med)* Schmalspektrum-Antibiotikum *n*
nasal cream *(Med)* Nasencreme *f*
nasal gel *(Med)* Nasengel *n*
nasal ointment *(Med)* Nasensalbe *f*
national authorisation *(BE) (Reg)* nationale Zulassung *f*
national authorisation procedure *(BE) (Reg)* nationales Zulassungsverfahren *n*
national authorization *(AE) (Reg)* nationale Zulassung *f*
national authorization procedure *(AE) (Reg)* nationales Zulassungsverfahren *n*
national code *(Reg)* nationales Regelwerk *n*
national regulations *(Reg)* nationales Regelwerk *n*, nationale Regeln *fpl*
native substance Naturstoff *m*, natürliche Substanz *f*
natural natürlich, nicht beeinflusst, unbeeinflusst
natural active substance natürlicher Wirkstoff *m*
natural compound Naturstoff *m*, natürlicher Bestandteil *m*
natural medicine Naturheilkunde *f*
natural product Naturprodukt *n*
natural product biotechnology Naturstoffbiotechnologie *f*
natural remedy Naturheilmittel *n*
natural resources Grundstoffe *mpl*, originäre Produktionsfaktoren *mpl*
nauseant *(Med)* Brechmittel *n*, Erbrechen erregendes Mittel *n*
nebulisation *(BE)*, **nebulization** *(AE)* Vernebelung *f*
neck 1. Hals *m (einer Flasche)*; 2. *(Tech)* Zapfen *m (einer Walze)*
needle-free injector *(Verp)* nadelfreier Injektor *m*
needle shield *(Verp)* Nadelschutz *m (Spritzen)*

negative pressure Unterdruck *m*
negligible vernachlässigbar, unbedeutend, geringfügig, nebensächlich, unerheblich
negligible error vernachlässigbare Messabweichung *f*
nest *v (Verp)* nesten
nestable *(Verp)* nestfähig
nested stacks *(Verp)* genestete Stapel *mpl*
nesting *(Verp)* Nesten *n*
net contents Nettogehalt *m*
net price *(Vertr)* Nettopreis *m*
net profit *(Wi)* Nettogewinn *m*
net weight *(Herst, Verp)* Nettogewicht *n*, Reingewicht *n*
neuroleptic (drug) *(Med)* Antihalluzinogen *n*, Psycholeptikum *n*
neuropathic agent *(Med)* Neuropathiemittel *n*
neutral *(Chem)* neutral
neutralisation *(BE)* Neutralisieren *n*, Neutralisierung *f*
neutraliser *(BE)* Neutralisierer *m (von Desinfektionsmitteln)*
neutralising substance *(BE) (Chem)* Enthemmer *m*, Neutralisierer *m (von Desinfektionsmitteln)*
neutralization *(AE)* Neutralisieren *n*, Neutralisierung *f*
neutralizer *(AE)* Neutralisierer *m (von Desinfektionsmitteln)*
neutralizing substance *(AE) (Chem)* Enthemmer *m*, Neutralisierer *m (von Desinfektionsmitteln)*
new active substance *(Abk.: NAS)* neuer Wirkstoff *m*
new chemical entity *(Abk.: NCE)* neuer chemischer Stoff *m*
new molecular entity *(Abk.: NME)* neuer chemischer Wirkstoff *m*, neuer Wirkstoff *m*
new product development Entwicklung *f* eines neuen Produktes
nicotine patch *(Med)* Nikotinpflaster *n*
nitric acid *(Chem)* Salpetersäure *f*
nitrogen *(Chem)* Stickstoff
nitrogen phosphorous detector *(Chem)* Stickstoff-Phosphor-Detektor *m*
noise level Lärmpegel *m*, Geräuschpegel *m*
nominal size Sollgröße *f*, Nennmaß *n*, Nenngröße *f*
nominal value Sollwert *m*, Nennwert *m*, Nenngröße *f*
nominal volume Nennvolumen *n*, Sollvolumen *n*
nominal width Nennweite *f*, Sollweite *f*
non-abrasive abriebfest
non-aqueous basis *(Chem)* nichtwässrige Basis *f*
non-aqueous environment *(Chem)* nichtwässrige Umgebung *f*
non-aqueous solvent *(Chem)* nichtwässriges Lösungsmittel *n*
non-authorised medicinal product *(BE)*, **non-authorized medicinal product** *(AE) (Reg)* nicht zugelassenes Arzneimittel *n*
non-bacterial abakteriell, bakterienfrei, steril
non-biodegradable biologisch nicht abbaubar
non-breakable *(Verp)* unzerbrechlich
non-clinical nichtklinisch
non-clinical overview präklinische Übersicht *f*
non-compliance Nichteinhaltung *f*, Nichtübereinstimmung *f*
non-compliant nicht compliant, nicht konform
non-conformance Nicht-Einhaltung *f*
non-conforming material nicht konformer Stoff *m*
non-contaminated unverschmutzt, nicht verschmutzt, nicht belastet
non-corroding nicht korrodierend, korrosionsbeständig
non-culturable *(Mikro)* nicht kultivierbar, auf Nährböden nicht wachsend
non-dedicated tanker *(Log)* Mehrzwecktankwagen *m*
non-degradable nichtabbaubar, abbauresistent
non-destructive zerstörungsfrei
non-destructive testing zerstörungsfreie Prüfung *f*
non-effective wirkungslos, ohne Auswirkung
non-fibre-releasing filter *(BE)*, **non-fiber-releasing filter** *(AE)* nicht-faserabgebendes Filter *n*
non-flammable nicht brennbar, nicht entzündbar

non-observance Nichtbeachtung *f*, Nichteinhaltung *f*
non-pathogenic microorganisms apathogene Mikroorganismen *mpl*
non-poisonous ungiftig, atoxisch
non-polar unpolar
non-polluting umweltfreundlich
non-prescription nicht verschreibungspflichtig
non-prescription drug nicht verschreibungspflichtiges Arzneimittel *n*, rezeptfreies Arzneimittel *n*
non-prescription medicinal product nicht verschreibungspflichtiges Arzneimittel *n*
non-returnable container Einwegbehälter *m*
non-returnable package Einwegverpackung *f*, Wegwerfverpackung *f*
non-solvent *(Chem)* Nichtlöser *m*, inaktives Lösungsmittel *n*
non-specific unspezifisch
non-staining nicht verfärbend, nicht färbend
non-standard solution Sonderausführung *f*
non-sterile unsteril
non-sterile bottled nicht steril abgefüllt
non-sterility Unsterilität *f*
non-sugar zuckerfrei
non-toxic ungiftig
non-uniform uneinheitlich
non-viscous flow reibungsfreie Strömung *f*
non-viscous fluid reibungsfreies Fluid *n*
non-volatile nicht flüchtig
non-volatile matter nicht flüchtiger Stoff *m*, nicht flüchtiger Bestandteil *m*
nonprescription nicht verschreibungspflichtig
non-working *(Tech)* außer Betrieb *m*
normal conditions of use bestimmungsgemäßer Gebrauch *m*
normal pressure *(Tech)* Normaldruck *m*
normal solution *(Chem)* Normallösung *f*, isotonische Lösung *f*
normal state Normalzustand *m*, Grundzustand *m*
normal temperature Normaltemperatur *f*, Zimmertemperatur *f*
nose drops *(Med)* Nasentropfen *mpl*
nose-irritant Reizstoff *m* für Nase und Rachen
notation system *(Dok)* Bezeichnungssystem *n*, Bezeichnungsweise *f*
note Anmerkung *f*, Bemerkung *f*
note for guidance Amtsblatt *n*, Empfehlung *f*
notification Ankündigung *f*, Information *f*, Mitteilung *f*
notified body benannte Stelle *f (Gremium, Behörde)*
notify *v* ankündigen, informieren, in Kenntnis setzen, mitteilen
novel neuartig
novel active substance neuer Wirkstoff *m*
novel concept-based approach neuartiger Therapieansatz *m*
novel drug neuartiges Arzneimittel *n*, Arzneimittelneuheit *f*
novel excipient neuartiger Hilfsstoff *m*
novelty Neuheit *f*
noxious action schädliche Wirkung *f*
noxious reaction schädliche Reaktion *f*
nozzle Düse *f*
nozzle head Sprühkopf *m*
nozzle height Ventilhöhe *f*
nozzle insert Düseneinsatz *m*
nozzle needle Düsennadel *f*
nuclear magnetic resonance spectroscopy Kernresonanzspektroskopie *f*
nucleic acid Nukleinsäure *f*
nullity *(Dok, Reg)* Ungültigkeit *f*
number *v* nummerieren, beziffern, mit einer Nummer versehen
number 1. Nummer *f*, Zahl *f*, Ziffer *f*; 2. Anzahl *f*, Menge *f*
number of items Stückzahl *f*, Anzahl *f*
number of units per batch *(Lab)* Anzahl *f* der zu prüfenden Einheiten je Charge
nut *(Tech)* Schraubenmutter *f*
nutrient nährend, Nähr...
nutrient Nährstoff *m*, Nährsubstanz *f*
nutrient agar Nähragar *m(n)*
nutrient broth Nährflüssigkeit *f*, Nährlösung *f*, Kulturlösung *f (für Mikroorganismen)*
nutrient deficiency Nährstoffmangel *f*
nutrient element Nährstoffelement *n*
nutrient medium Nährmedium *n*, Nährsubstrat *n*
nutrient requirements Nährstoffbedarf *m*, Nährstoffansprüche *mpl*
nutrient solution Nährlösung *f*
nutrient value Nährwert *m*

nutrition Ernährung *f*
nutritional value Nährwert *m*

O

objectionable schädlich, störend, unerwünscht, unzulässig, zu beanstanden
objectionable microorganisms unzulässige [unerwünschte] Mikroorganismen *mpl*
objectionable organisms unzulässige [unerwünschte] Organismen *mpl*
objective Ziel *n*, Zielsetzung *f*, Zielvorstellung *f*
obligation Auflage *f*, Bindung *f*, Verpflichtung *f*, Pflicht *f*
obligations of the manufacturer Pflichten *fpl* des Herstellers • **assume an obligation** eine Verpflichtung übernehmen, eine Verantwortung übernehmen • **impose an obligation** etwas zur Auflage machen
obliteration *(Dok)* Unkenntlichmachung *f*
oblong tablet *(Herst)* Oblongtablette *f*, längliche Tablette *f*
observance 1. Beobachtung *f*, Überwachung *f*; 2. Beachtung *f*, Befolgung *f*, Einhaltung *f*
observance of a date Einhaltung *f* eines Datums
observance of a time limit Einhaltung *f* einer Frist
observance of guidelines Befolgung *f* [Einhaltung *f*] von Richtlinien
observation Beobachtung *f*, Betrachtung *f*
observation viewing Sichtfenster *n*
observation window Beobachtungsfenster *n*, Sichtfenster *n*
observational error Ablesefehler *m*
observational study Beobachtungsstudie *f*
observe 1. beobachten, überwachen; 2. beachten, befolgen, einhalten
observe *v* **a procedure** eine Vorschrift einhalten
obsolete überflüssig, veraltet, überholt, obsolet, technisch überholt, außer Gebrauch *m* • **become obsolete** veralten
obsolete equipment veraltete Ausstattung *f*
obsolete method veraltetes Verfahren *n*
obtain *v* **pure** rein erhalten, in reinem Zustand (er)halten
obtainable commercially kommerziell erhältlich, im Handel *m* erhältlich
occupational health Arbeitssicherheit *f*
occupational health and safety Arbeitsschutz *m*
occupational hygiene Arbeitshygiene *f*
occupational pension scheme betriebliche Altersversorgung *f*
occur *v* sich ereignen, vorkommen, passieren
occurrence Auftreten *n*, Vorkommen *n*, Eintreten *n (eines Ereignisses)*
ocular Okular *n*
odor *(AE)* Geruch *m*
odorless *(AE)* geruchlos, geruchsfrei
odour *(BE)* Geruch *m*
odourless *(BE)* geruchlos, geruchsfrei
oestradiol *(Med)* Östradiol *n (Sexualhormon)*
oestrogen *(Med)* Östrogen *n (Follikelhormon)*
off-grade von (zu) geringer Qualität
off-scale außerhalb der Anzeige *(eines Messgerätes)*
off-state ausgeschaltet, im ausgeschalteten Zustand
off state *(Tech)* Aus-Zustand *m*, Ausschaltzustand *m*, Sperrzustand *m*
off switch *(Tech)* Abschalter *m*
off the floor hochgestellt, hochgelagert, nicht auf dem Boden
off-the-shelf-order Bestellung *f* auf Abruf
off valve *(Tech)* Absperrventil *n*
offensive *(Med, Chem)* aggressiv *(Reaktion oder Wirkung)*
official amtlich, behördlich
official decree *(Reg)* behördliche Verfügung *f*
official directive *(Reg)* behördliche Anordnung *f*
official medicine control laboratory *(Reg)* Arzneimitteluntersuchungsstelle *f*
official order *(Reg)* behördliche Anordnung *f*
officinal plant Arzneipflanze *f*, Heilpflanze *f*
offtake *(Tech)* Entnahme *f*, Ableitung *f*, Absaugung *f (Lüftung)*

offtake pipe Abzugsrohr *n*, Ableitungsrohr *n*, Austrittsrohr *n*
offtake tube Abzugsrohr *n*, Ableitungsrohr *n*, Austrittsrohr *n*
oil bath Ölbad *n*
oil-coalescing filter Ölabscheidefilter *n(m)*
oil separator *(Tech)* Ölabscheider *m*
oil trap *(Tech)* Ölabscheider *m*
oil-water emulsion Öl-in-Wasser-Emulsion *f*
oily ölig
ointment *(Med)* Salbe *f*
ointment applicator *(Verp)* Cremeapplikator *m*
oligomer *(Chem)* Oligomer *n*
omission Auslassung *f*, Weglassung *f*, Wegfall *m*, Unterlassung *f*
omission of data Datenverlust *m*, Unvollständigkeit *f* der Daten
on-line analysis Prozessanalyse *f*, dynamische Analyse *f*
on-scale im Anzeigebereich *m (eines Messgerätes)*
on-site in situ, an Ort und Stelle, vor Ort *(Untersuchung)*
on-site analysis In-situ-Analyse *f*, Analyse *f* vor Ort, Analyse *f* an Ort und Stelle
on-site inspection Inspektion *f* vor Ort
on-site visit Ortstermin *m*
on-site testing Prüfung *f* vor Ort
on-state im angeschalteten Zustand, angeschaltet, in Betrieb
on-the-job-training Ausbildung *f* am Arbeitsplatz
on time termingerecht, pünktlich
on-valve *(Tech)* Anstellventil *n*
once-through cooling Durchlaufkühlung *f*
one-off order *(Vertr)* Einzelauftrag *m*, Einmalbestellung *f*
one-point cut ampoule *(BE)*, **one-point cut ampule** *(AE) (Verp)* Brechampulle *f*
one-way package Einwegverpackung *f*, Wegwerfverpackung *f*
ongoing costs laufende Kosten *pl*
ongoing training fortlaufende Schulung *f*
opacity Trübe *f*, Trübung *f (von Flüssigkeiten)*
opalescence Opaleszenz *f*
opaque lichtundurchlässig, undurchsichtig, trüb
opaque glass *(Verp)* Milchglas *n*, Trübglas *n*
open lesion *(Med)* offene Wunde *f*
open loop *(Tech)* offener Regelkreis *m*, offener Wirkungskreis *m*
open processes offene Abläufe *mpl*
opening 1. Öffnung *f*, Spalt *m*, Lücke *f*, Durchgang *m*; 2. Beginn *m*
operability Funktionsfähigkeit *f*
operate *v (Tech)* in Betrieb sein, arbeiten; bedienen, betreiben, steuern, fahren *(Anlage)*
operate *v* **batchwise** diskontinuierlich fahren
operate *v* **intermittently** diskontinuierlich fahren
operate *v* **upflow** *(Ster)* im Aufwärtsstrom arbeiten *(Filtration)*
operating ability Betriebsfähigkeit *f*
operating accessories *(Tech)* Bedienungszubehör *n*
operating area Geschäftsbereich *m*
operating characteristics *(Tech)* Betriebsparameter *mpl*
operating conditions Betriebsbedingungen *fpl*
operating costs *(Wi)* Betriebskosten *pl*
operating cycle Arbeitszyklus *m*
operating direction *(Tech)* Laufrichtung *f*
operating efficiency *(Wi)* Rentabilität *f*
operating figures *(Wi)* Betriebskennzahlen *fpl*
operating instruction Bedienungsanleitung *f*, Betriebsanleitung *f*, Gebrauchsanweisung *f*
operating level *(Wi)* Kapazitätsauslastung *f*
operating licence *(BE)*, **operating license** *(AE)*, *(Reg)* Betriebsgenehmigung *f*
operating life Betriebsdauer *f*, Nutzungsdauer *f*, Lebensdauer *f (von Maschinen)*
operating line Arbeitslinie *f*
operating manual Betriebshandbuch *n*, Betriebsanleitung *f*, Bedienungsanleitung *f*, Handbuch *n*
operating materials Betriebsstoffe *mpl*
operating overheads *(Wi)* Betriebsgemeinkosten *pl*
operating panel *(Tech)* Bedienfeld *n*, Bedienpult *n*

operating parameters Betriebsparameter *mpl*
operating pressure *(Tech)* Betriebsdruck *m*, Arbeitsdruck *m*
operating profit *(Wi)* Betriebsgewinn *m*, Geschäfts(rein)gewinn *m*
operating ratio Leistungsgrad *m*, Wirtschaftlichkeitskoeffizient *m*
operating return *(Wi)* Betriebsrentabiltät *f*
operating sequence Abfolge *f*
operating site Betriebsstätte *f*
operating staff Bedienpersonal *n*
operating state *(Tech)* Betriebsbereitschaft *f*, Betriebszustand *m*
operating statement *(Wi)* Betriebsbilanz *f*, Betriebsergebnisrechnung *f*
operating surplus *(Wi)* Betriebsgewinn *m*, Betriebsüberschuss *m*
operating system *(Tech)* Betriebssystem *n*
operating temperature *(Tech)* Betriebstemperatur *f*, Arbeitstemperatur *f*
operating unit Betriebsanlage *f*, Betriebsstätte *f*
operating voltage *(Tech)* Betriebsspannung *f*
operation 1. Arbeitsvorgang *m*, Vorgang *m*, Arbeitsweise *f*, Funktion *f*, Handhabung *f*; 2. Betrieb *m*, Betreiben *n*, Bedienung *f*, Betätigung *f* • **in operation** 1. in Betrieb *(Zustand)*; 2. in Kraft • **put into operation** in Betrieb setzen
operation analysis Betriebsanalyse *f*
operation chart Fertigungsablaufplan *m*
operation engineer Arbeitsvorbereiter *m*, Arbeitsvorbereiterin *f*
operation flow chart Arbeitsflussdiagramm *n*
operation management Produktionssteuerung *f*
Operation Ordinance for Pharmaceutical Entrepreneurs Betriebsverordnung *f* für pharmazeutische Unternehmer, PharmBetrV *(Deutschland)*
operation planning Ablaufplanung *f*, Produktionsplanung *f*
operation scheduling Produktionsvorbereitung *f*
operation sequencing Betriebsablaufplanung *f*
operational adjustment Prozessanpassung *f*
operational parameters Betriebsparameter *mpl*
operational qualification *(Abk.: OQ)* Funktionsqualifizierung *f*
operative betriebsfähig, wirksam
operator Bediener *m*, Maschinenfahrer *m*, Techniker *m*
operator course Bedienablauf *m (an einem Gerät)*
operator error Bedienungsfehler *m*
operator function Bedienungsfunktion *f*
operator's licence *(BE)*, **operator's license** *(AE) (Reg)* Betriebsgenehmigung *f*
ophthalmic ointment *(Med)* Augensalbe *f*
ophthalmic products *(Med)* Ophthalmika *npl*
optical barrier *(Tech)* Lichtschranke *f*
optical purity optische Reinheit *f*
optimisation *(BE)*, **optimization** *(AE)* Optimierung *f*
optional process step optionaler Verfahrensschritt *m*
oral oral
oral ampoule *(BE)*, **oral ampule** *(AE) (Med)* Trinkampulle *f*
oral dosage forms orale feste Formen *fpl*
oral preparation Zubereitung *f* zur oralen Anwendung
oral vaccination *(Med)* Schluckimpfung *f*
order *v* 1. bestellen, ordern; 2. anordnen, anweisen, verfügen; 3. ordnen, gliedern; 4. *(Med)* verordnen
order 1. Auftrag *m*, Bestellung *f*; 2. Anordnung *f*, Anweisung *f*, Verfügung *f*; 3. Ordnung *f*, Gliederung *f*, Reihenfolge *f* • **in good order** in gutem Zustand
order book Auftragsbestand *m*
order date Auftragsdatum *n*
order deadline Bestellfrist *f*
order handling Auftragabwicklung *f*
order intake Bestelleingang *m*
order number Bestellnummer *f*
order planning Fertigungsplanung *f*
order processing Auftragbearbeitung *f*
order receipt Wareneingang *m*
order specification Auftragsspezifikation *f*
order value Auftragswert *m*
orders booked Auftrageingang *m*, Auftragsbestand *m*
organ Organ *n*

organic organisch
organic base organische Base *f*
organic compound organische Verbindung *f*
organic contaminant organischer Schadstoff *m*, organischer Schmutzstoff *m*
organic solvent *(Chem)* organisches Lösungsmittel *n*
organic waste organischer Abfall *m*
organisation chart *(BE)* Organigramm *n*
organisational unit *(BE)* Organisationseinheit *f*; Struktureinheit *f*
organism Organismus *m*; Lebewesen *n*
organization chart *(AE)* Organigramm *n*
organizational unit *(AE)* Organisationseinheit *f*; Struktureinheit *f*
origin 1. Herkunft *f*, Quelle *f*, Ursprung *m*, Entstehung *f*; 2. Verursacher *m*
origin specification Ursprungsangabe *f*
original package Originalpackung *f*
original preparation Originalpräparat *n*
original state Ausgangszustand *m*, Anfangszustand *m*
orphan drug *(Med)* Arzneimittel *n* für seltene Leiden
orphan medicinal product *(Med)* Arzneimittel *n* für seltene Leiden
osmolality Osmolalität *f*
osmometer Osmometer *m*
osmosis *(Chem)* Osmose *f*
OTC drug *(Med)* freiverkäufliches Medikament *n*, rezeptfrei erhältliches Arzneimittel *n*, Selbstmedikationsprodukt *n*
otologic(al) preparation *(Med)* Otologikum *n*
out of specification *(Abk.: OOS) (Qual)* außerhalb der Spezifikation *f*; ungeplante Abweichung *f*
out of stock nicht vorrätig, nicht am [auf] Lager
outdated label *(Verp)* veraltetes Etikett *n*
outer carton *(Verp)* äußere Schachtel *f*, Umhüllung *f*
outer diameter Außendurchmesser *m*
outer package Umverpackung *f*
outer packaging *(Verp)* Außenschachtel *f*, Außenverpackung *f*, äußere Umhüllung *f*
outfeed *v (Tech)* austragen, ausschleusen, ausgeben
outfeed *(Tech)* Austragen *n*, Ausschleusen *n*, Ausgeben *n*
outfeed belt *(Tech, Verp)* Austrageband *n*
outflow *v* ausfließen, ausströmen, abfließen, ablaufen
outflow 1. Ausfließen *n*, Ausströmen *n*, Abfließen *n*, Ablauf *m*; 2. Ausfluss *m*, Auslauf *m (Flüssigkeit)*; 3. Abfluss *m*, Ausfluss *m (Vorgang)*
outgoing versandbereit, abgehend
outgoing water Abwasser *n*; abfließendes Wasser *n*
outlet 1. Ablassöffnung *f*, Auslauföffnung *f*, Ablauf *m*, Abfluss *m*, Abzug *m*, Austritt *m*; 2. ablaufende Flüssigkeit *f*, Abfluss *m*; 3. Absatzmarkt *m*, Absatzgebiet *n*; 4. *(Tech)* Steckdose *f*
outlet air Abluft *f*
outlet filter Auslassfilter *n(m)*
outlet pipe Abzugsrohr *n*, Abflussrohr *n*
outlet temperature *(Tech)* Auslasstemperatur *f*
outlet tube Ablassrohr *n*, Abflussrohr *n*
outlet valve *(Tech)* Auslassventil *n*, Abflussventil *n*
output *(Herst)* Ausstoß *m*, Ertrag *m*, Leistung *f*, Nutzleistung *f*, Ausbringung *f*
output budgeting Produktionsplanung *f*
output costs Produktionskosten *pl*
output per hour Stundenleistung *f*
output performance *(Herst)* Ausstoß *m*, Produktionsergebnis *n*
output price *(Wi)* Herstellungspreis *m*, Gestehungspreis *m*
output volume Produktionsmenge *f*, Produktionsumfang *m*
outside purchasing Fremdbezug *m*
outstrip *v* **demand** die Nachfrage übertreffen
outward transfer Ausschleusung *f*
oven Ofen *m*, Wärmeschrank *m*, Trockenschrank *m*
oven-dry im Ofen getrocknet, im Trockenschrank getrocknet, absolut trocken
oven-dry *v* im Ofen trocknen, im Trockenschrank trocknen
over-the-counter drug *(Abk.: OTC drug) (Med)* freiverkäufliches Medikament *n*, rezeptfrei erhältliches Arzneimittel *n*, Selbstmedikationsprodukt *n*
over-the-counter product *(Abk.: OTC*

product) (Med) freiverkäufliches Medikament *n*, rezeptfrei erhältliches Arzneimittel *n*, Selbstmedikationsprodukt *n*
overall depth Gesamttiefe *f*
overall height Gesamthöhe *f*
overall length Gesamtlänge *f*
overall process Gesamtreaktion *f*, Gesamtprozess *m*
overall rate Gesamtgeschwindigkeit *f*
overall width Gesamtbreite *f*
overall yield *(Wi)* Gesamtausbeute *f*
overcapacity Überkapazität *f*
overdosage *(Med)* Überdosierung *f*
overdose *v (Med)* überdosieren, eine zu starke Dosis geben
overdose *(Med)* Überdosis *f*
overfeed device *(Tech, Verp)* Überleitungsgerät *n*
overfilling *(Verp)* Überfüllung *f*
overflow *v* überlaufen, überfluten
overflow *(Tech)* Überlauf *m*, Überlaufvorrichtung *f*
overflow product Überlaufprodukt *n*, Überlauf *m (Klassieren)*
overfulfilment *(Wi)* Übererfüllung *f*
overhang *(Tech)* Absatz *m*, Überhang *m*
overhaul *(Tech)* Generalüberholung *f*
overhead absorption *(Wi)* Gemeinkostenverrechnung *f*
overhead cost allocation *(Wi)* Gemeinkostenumlage *f*
overhead expenses *(Wi)* Gesamtkosten *pl*
overheads *(Wi)* Gemeinkosten *pl*
overlap *v* überschneiden
overlap Überschneidung *n*
overload *v* überladen, überlasten
overload clutch *(Tech)* Überlastkupplung *f*
overload safety device *(Tech)* Überlastsicherung *f*
overloading *(Tech)* Überlast *f*
overshoe *(Hyg)* Überschuh *m*
overweight Übergewicht *n*
overwrite *v (Dok)* überschreiben
overwrite function *(Dok)* Überschreibfunktion *f*
owner of a patent *(Reg)* Patentinhaber *m*
oxidant *(Chem)* Oxidationsmittel *n*
oxidation *(Chem)* Oxidierung *f*
oxidising agent *(Chem)* Oxidationsmittel *n*
oxygen Sauerstoff *m*
oxygen content Sauerstoffgehalt *m*
oxygeneration Oxigenerierung *f*
oxytocic *(Med)* Oxytozikum *n*, Wehenmittel *n*

P

pack *v* packen, abpacken, einpacken, verpacken
pack 1. Packen *m*, Packung *f*; 2. Bündel *n*, Stapel *m*
pack closure *(Verp)* Verpackungsverschluss *m*
package *v* abpacken, verpacken, einpacken, zusammenpacken, konfektionieren
package Pack *m*, Gebinde *n*, Packung *f*, Paket *n*, Packstück *n*, Verpackung *f* • **in packages** packweise
package insert Beipackzettel *m*, Packungsbeilage *f*
package leaflet Beipackzettel *m*, Packungsbeilage *f*
package loading *(Verp, Tech)* Packguteinschub *m*
package size *(Mark)* Packungsgröße *f*
package stacking *(Verp)* Packungsstapelung *f*
package unit *(Verp, Mark)* Verpackungseinheit *f*
packaging Verpackung *f*, Verpacken *n*, Abpacken *n (Prozess)*; Konfektionierung *f*
packaging defect Verpackungsfehler *m*
packaging error Verpackungsfehler *m*
packaging instruction Verpackungsanweisung *f*, Verpackungsvorschrift *f*
packaging line *(Tech)* Verpackungslinie *f*
packaging machine Verpackungsmaschine *f*
packaging manufacturer Packmittelhersteller *m*
packaging material Packmaterial *n*, Verpackungsmaterial *n*, Verpackung *f*, Füllstoff *m*
packaging material dispensary Packmittelausgabe *f*
packaging mean *(Verp)* Packmittel *n*
packaging operations Verpackungsarbeiten *fpl*
packaging order Verpackungsauftrag *m*

packaging process Verpackungsprozess *m*
packed capillary column Mikrosäule *f*, Kapillarsäule *f (Gaschromatographie)*
packed density *(Tabl)* Stampfdichte *f*
packet Paket *n*, Schachtel *f*
packing Packung *f*, Füllung *f*, Schüttung *f (Prozess)*
packing accuracy Füllmengengenauigkeit *f*
packing charges Verpackungskosten *pl*, Verpackungsgebühren *fpl*
packing costs Verpackungskosten *pl*
packing density Packungsdichte *f*
packing line *(Tech)* Packlinie *f*
packing list *(Log)* Versandliste *f*
packing slip Packzettel *m*
pad Unterlage *f*, Polster *n*, Kissen *n*; Tupfer *m*
padding *(Verp, Log)* Füllmaterial *n*, Polsterung *f*
padding material *(Verp)* Füllmaterial *n*
paddle *(Tech)* Schaufelblatt *n*, Schaufel *f*, Flügel *m*
paddle agitator *(Tech)* Blattrührer *m*, Paddelrührer *m*
paddle stirrer *(Tech)* Blattrührer *m*
pain *v (Med)* schmerzen
pain *(Med)* Schmerz *m*
pain centre *(Med)* Schmerzzentrum *n*
pain killer *(Med)* Schmerzlinderungsmittel *n*
pain killing, painkilling *(Med)* schmerzstillend, schmerzlindernd
pain-mitigating drug *(Med)* schmerzlinderndes Arzneimittel *n*
pain relief *(Med)* Schmerzlinderung *f*, Schmerzbehandlung *f*
pain reliever, pain-reliever *(Med)* Schmerzmilderungsmittel *n*, Analgetikum *n*
pain-relieving *(Med)* schmerzstillend, schmerzlindernd
pain therapy *(Med)* Schmerztherapie *f*
pain threshold *(Med)* Schmerzgrenze *f*
painless schmerzlos
palatable wohlschmeckend, angenehm, genießbar
pallet *(Log)* Palette *f*
pallet height *(Log)* Palettenhöhe *f*
pallet load *(Log)* Palettenladung *f*
pallet size *(Log)* Palettengröße *f*
pallet store *(Log)* Palettenstellplatz *m*
pallet truck *(Tech)* Hubwagen *m*
pallet wagon *(Tech)* Hubwagen *m*
palletisation *(BE) (Log)* Verladung *f* auf Paletten
palletise *v (BE) (Log)* palettieren
palletiser *(BE) (Log)* Palettierer *m*
palletising *(BE) (Log)* Palettieren *n*
palletization *(AE) (Log)* Verladung *f* auf Paletten
palletize *v (AE) (Log)* palettieren
palletizer *(AE) (Log)* Palettierer *m*
palletizing *(AE) (Log)* Palettieren *n*
pan coat *v (Herst)* dragieren
pan coater *(Herst)* Trommel-Coater *m*
pan coating *(Herst)* Trommel-Coating *n*
panel *(Tech)* Armaturentafel *f*
paper file *(Dok)* Papieraufzeichnung *f*
paper filter Papierfilter *n(m)*
paper printout *(Dok)* Papierausdruck *m*
paperboard Pappe *f*, Karton *m (Material)*
paperless papierlos
parallel connection *(Tech)* Parallelschaltung *f*
parallel flow *(Tech)* Parallelstrom *m*, Gleichstrom *m*
parameter Parameter *m*
parcel *(Log)* Paket *n*
parcel of goods *(Log)* Warenpartie *f*
parcel service *(Log)* Paketdienst *m*
parent company Muttergesellschaft *f*, Mutterkonzern *m*, Mutterfirma *f*
parent lot Gesamtmenge *f*, Prüfgut *n* insgesamt
parent substance Grundsubstanz *f*, Ausgangssubstanz *f*, Ursprungssubstanz *f*, Grundstoff *m*
parenteral parenteral
parenterals Parenteralia *npl*
part 1. Teil *m* Abschnitt *m*; 2. *(Tech)* Einzelteil *n*, Einzelbestandteil *m*, Stück *n*
part-group accounts *(Wi)* Teilkonzernbilanz *f*
part performance *(Wi)* Teilerfüllung *f*, Teilleistung *f*
partial teilweise, Teil...
partial analysis partielle Analyse *f*
partial batch Teilcharge *f*
partial pressure Teildruck *m*, Partialdruck *m*
partial treatment *(Lab, Herst)* Teilbehandlung *f* Teilaufbereitung *f*
partially miscible begrenzt mischbar

partially soluble teilweise löslich
particle Partikel *m*, Teilchen *n*
particle count *(Mikro)* Partikelzahl *f*; Partikelzählung *f*
particle counter *(Mikro)* Partikelzähler *m*
particle diameter Korndurchmesser *m*
particle distribution Partikelverteilung *f*
particle filter Partikelfilter *n(m)*
particle-free partikelfrei
particle generation Partikelerzeugung *f*
particle growth Partikelwachstum *n*, Teilchenwachstum *n*
particle-measuring instrument Partikelmessgerät *n*
particle monitoring *(Ster, Lab)* Partikelmonitoring *n*
particle retention rate *(Ster)* Partikelabscheiderate *f*
particle sampler Partikelmessgerät *n*
particle size Korngröße *f*, Partikelgröße *f*, Teilchengröße *f*
particle-size analysis Körnungsanalyse *f*
particle-size difference Korngrößenunterschied *m*
particle-size distribution Korngrößenverteilung *f*, Partikelgrößenverteilung *f*
particle-size fraction Kornfraktion *f*
particle-size increase Kornvergrößerung *f (Granulation)*
particle-size indication Korngrößenangabe *f*
particle-size range Korngrößenbereich *m*, Kornspanne *f*, Körnungsbereich *m*
particle-size spectrum Korngrößenbereich *m*
particle-size structure Körnungsaufbau *m*
particle spectrometer Teilchenspektrometer *n*
particulars Zusammensetzung *f*, Einzelheiten *fpl*, nähere Angaben *fpl*
particulate partikulär
particulate contaminant partikuläre Verunreinigung *f*, partikuläre Verschmutzung *f*
particulate matter partikulärer Stoff *m*, Partikel *m*, Teilchen *n*
particulate matter air filter Partikelfilter *n(m)*
particulate matter sensor Partikelsensor *m*
particulates Schwebeteilchen *npl*, Trübeteilchen *npl*, Staubteilchen *npl*
parting Trennen *n*, Trennung *f*, Abtrennen *n*, Abscheiden *n*
parting agent Trennmittel *n*
parting line Trennfuge *f*
partition 1. Stellwand *f*, Trennwand *f*, Zwischenwand *f*, Membran *f*; 2. Trennen *n*, Abteilen *n*, Verteilen *n*
parts and accessories Teile *npl* und Zubehör *n*
partsload Teilladung *f*
pass Dienstausweis *m*
pass *v* **an audit** ein Audit erfolgreich bestehen
pass sachet *(Verp)* Gutbeutel *m*
pass *v* **through** durchlaufen, durchfließen, durchströmen, passieren
passive state Ruhezustand *m*
paste Paste *f*
pasteboard *(Verp)* Pappe *f*, Pappdeckel *m*
pasteurisation *(BE)*, **pasteurization** *(AE)* Pasteurisierung *f*
pastille *(Herst)* Lutschtablette *f*, Pastille *f*
pasty pastös
patch Pflaster *n*
patch pipette *(Lab)* Patch-Pipette *f*
patent *v* patentieren (lassen)
patent Patent *n*
patent applicant Patentanmelder *m*
patent application 1. Patentantrag *m*; 2. Patentbeantragung *f*
patent approval Patenterteilung *f*
patent claim Patentsanspruch *m*
patent duration Patentgültigkeit *f*
patent filing Patentanmeldung *f*, Patenteinreichung *f*
patent holder Patentinhaber *m*
patent infringement Patentverletzung *f*
patent life Patentgültigkeit *f*
patent medicine patentrechtlich geschütztes Medikament *n* [Arzneimittel *n*]
patent office Patentamt *n*
patent prolongation Patent(frist)verlängerung *f*
patent protection Patentschutz *m*
patent rights Patentrechte *npl*, Verwertungsrechte *npl*
patent specification Patentschrift *f*
patent utilisation *(BE)*, **patent utiliza-**

tion *(AE)* Patentnutzungsrechte *npl*, Verwertungsrechte *npl*
patented patentiert, gesetzlich geschützt
patentee Patentinhaber *m*
pathogen krankheitserregend
pathogen *(Med, Mikro)* krankheitserregender Keim *m*, Erreger *m*, Krankheitserreger *m*
pathogenic pathogen
pathological pathologisch
patient Patient *m*
patient at risk Risikopatient *m*
patient identification number Patiennummer *f*
patient information Patienteninformation *f*
patient information leaflet *(Mark)* Patientenbroschüre *f*
patient information service Patienteninformationsdienst *m*
patient listings Datenblätter *npl* der Patienten
pay bargaining Tarifverhandlung *f*
pay bracket Lohngruppe *f*, Gehaltsgruppe *f*
pay deal Tarifabschluss *m*
payable on receipt *(Fin)* zahlbar bei Empfang
payment Zahlung *f*, Bezahlung *f*
payment against delivery *(Log)* Lieferung *f* gegen Nachnahme
payment against documents *(Fin)* Zahlung *f* gegen Dokumente
payment by instalment *(Fin)* Ratenzahlung *f*
payment in advance *(Fin)* Vorauszahlung *f*
payment in full *(Fin)* vollständige Bezahlung *f*
payment of accounts *(Fin)* Rechnungsausgleich *m*
payment of invoices *(Fin)* Rechnungsausgleich *m*
payment of the balance *(Fin)* Restzahlung *f*
payment on account *(Fin)* Anzahlung *f*
payment on receipt of goods *(Fin)* Zahlung *f* bei Erhalt der Waren
payment terms *(Fin)* Zahlungsbedingungen *fpl*
payment when due *(Fin)* Zahlung *f* bei Fälligkeit
payment with order *(Fin)* Zahlung *f* bei Auftragserteilung
payroll Belegschaftszahl *f*
peak Peak *n*, Höhe *f*, Höhepunkt *m*
peak height Peakhöhe *f*
peak load time Spitzenbelastungszeit *f*
peak purity Peakreinheit *f*
peak width Peakbreite *f*
pedriatic use Anwendung *f* bei Kindern
peelable abziehbar
peelable foil *(Verp)* abziehbare Folie *f*
pellet coating *(Herst)* Pelletbeschichtung *f*
pelletise *v (EE) (Herst)* pelletieren
pelletiser *(BE)* Pelletiermaschine *f*
pelletising *(BE)* Pelletherstellung *f*
pelletising machine *(BE)* Pelletiermaschine *f*
pelletize *v (AE) (Herst)* pelletieren
pelletizer *(AE)* Pelletiermaschine *f*
pelletizing *(AE)* Pelletherstellung *f*
pelletizing machine *(AE)* Pelletiermaschine *f*
pending patent angemeldetes Patent *n*
penetrate *v* durchdringen, eindringen
penetration Eindringen *n*, Eindringungsvermögen *n*, Durchdringen *n*; Flüssigkeitsaufnahme *f*, Durchlassen *n*
penetration depth Eindringtiefe *f*, Eintauchtiefe *f*
penetration to heat Hitzepenetration *f*
peppermint Pfefferminze *f (Heilpflanze)*
peptide drug *(Biot, Med)* Peptidarzneistoff *m*
percentage Prozentgehalt *m*, prozentualer Anteil *m*
percentage by mass Masseprozent *n*
percentage by volume Volumenprozent *n*
percentage error prozentualer Fehler *m*
percentage of Endotoxin recovery Endotoxinwiederfindungsrate *f*
percentage of theoretical yield prozentuale Ausbeute *f*
percentage recovery Wiederfindungsrate *f*
perceptible wahrnehmbar
percolate *v* durchsickern, durchlaufen, durchseihen, perkolieren
percolation Durchsickern *n*, Durchlassen *n*, Durchlaufenlassen) *n*, Perkolation *f*
percolator Perkolator *m*
perfect mixing ideale Durchmischung *f*

perfectly homogeneous vollständig homogen
perforate *v* perforieren
perforated perforiert
perforated base Lochboden *m*
perforated bowl centrifuge Filterzentrifuge *f*, Siebzentrifuge *f*
perforation Perforierung *f*
perforator Perforator *m*
perform *v* durchführen, ausführen
performance Leistung *f*, Leistungsverhalten *n*, Betriebsverhalten *n (Maschinen)*
performance-enhancing drug *(Med)* leistungsstärkendes Mittel *n*
performance qualification *(Abk.: PQ)* Verfahrensqualifizierung *f*
performance record *(Wi)* Planleistung *f*, Vorgabe *f*
performance warranty Gewährleistungsgarantie *f*, Erfüllungsgarantie *f*
period Dauer *f*, Zeitraum *m*, Zeitspanne *f*, Periode *f*
period of growth Wachstumsperiode *f*
period of incubation Inkubationsdauer *f*
period of latency Latenzzeit *f*
period of storage Aufbewahrungszeitraum *m*, Lagerzeitraum *m*
period of use Verwendungszeitraum *m*
periodic review periodische Überarbeitung *f*
peripheral devices periphäre Geräte *npl*
peripheral instrumentation periphere Geräte *npl*
perishable leicht verderblich, begrenzt haltbar
peristaltic pump peristaltische Pumpe *f*, Schlauchpumpe *f*
permanent permanent, auf Dauer, von Dauer, dauerhaft
permanent culture *(Mikro)* Dauerkultur *f*
permanent effect anhaltende Wirkung *f*, Dauerwirkung *f*
permanent pressure *(Tech)* ständiger Druck *m*
permeability Durchlässigkeit *f*, Durchdringbarkeit *f*, Permeabilität *f*
permeability to air Luftdurchlässigkeit *f*
permeability to gas Gasdurchlässigkeit *f*
permeable durchlässig, durchdringbar, permeabel
permeable to air luftdurchlässig
permeable to gas gasdurchlässig
permeate *v* durchdringen, permeieren
permeation Durchdringung *f*, Permeation *f*
permeativity *(Chem)* Eindringungsvermögen *n*, Durchdringungsvermögen *n*, Permeiervermögen *n*
permissible zulässig, duldbar
permissible daily rate *(Med)* duldbare [zulässige] Tagesdosis *f*
permissible maximum weight *(Tech)* zulässiges Höchstgewicht *n*
persist *v* anhalten, fortdauern, fortsetzen
persistence Stabilität *f*, Persistenz *f*
persistent beständig, stabil, nachhaltig, anhaltend
persistent compound *(Chem)* abbauresistente Verbindung *f*
person responsible for pharmaco-vigilance *(Qual)* Stufenplanbeauftragter *m*
person responsible for production Leiter *m* [Leiterin *f*] der Herstellung *(vorher: Herstellungsleiter)*
person responsible for quality control Leiter *m* [Leiterin *f*] der Qualitätskontrolle *(vorher: Kontroll-Leiter)*
personal error subjektiver Fehler *m*
personal protective equipment persönliche Schutzausrüstung *f*
personally liable persönlich haftbar
personnel Personal *n (eines Betriebes)*
personnel costs Personalkosten *pl*
personnel department Personalabteilung *f*
personnel file Personalakte *f*
personnel flow Personenfluss *m*, Personalfluss *m*
personnel hygiene Personalhygiene *f*
personnel identification persönliche Identifizierung *f*, Personenidentifizierung *f*
personnel lock Personalschleuse *f*
personnel planning Personalplanung *f*
personnel strength Belegschaftsstärke *f*; Personalstärke *f*
personnel training Personalfortbildung *f*
pertroleum jelly *(Chem, Med)* Vaseline *f*
pessary *(Herst)* Vaginalzubereitung, Pessar *n*
pestle *(Lab)* Stößel *m*, Mörserkeule *f*
Petri [petri] dish *(Lab, Mikro)* Petrischale *f*
pH meter pH-Meter *n*
pH value pH-Wert *m*

pharmaceutic pharmazeutisch
pharmaceutic chemist Pharmakochemiker *m*, Pharmakochemikerin *f*, Arzneimittelchemiker *m*, Arzneimittelchemikerin *f*
pharmaceutical pharmazeutisch
pharmaceutical biotechnology pharmazeutische Biotechnologie *f*
pharmaceutical characteristics pharmazeutische Eigenschaften *fpl*
pharmaceutical chemist Pharmakochemiker *m*, Pharmakochemikerin *f*, Arzneimittelchemiker *m*, Arzneimittelchemikerin *f*
pharmaceutical chemistry pharmazeutische Chemie *f*, Pharmakochemie *f*
pharmaceutical company Pharmafirma *f*
pharmaceutical dosage form Arzneimittelform *n*
pharmaceutical drug safety Arzneimittelsicherheit *f*
pharmaceutical engineering pharmazeutischer Maschinenbau *m*, pharmazeutische Verfahrenstechnik *f*
pharmaceutical form *(Herst)* Darreichungsform *f*
pharmaceutical grade *(Qual)* Arzneibuchqualität *f*
pharmaceutical herbs Pflanzenheilkräuter *npl*
pharmaceutical industry pharmazeutische Industrie *f*
pharmaceutical manufacturer pharmazeutischer Unternehmer *m*
pharmaceutical market pharmazeutischer Markt *m*
pharmaceutical matter pharmazeutischer Stoff *m*
pharmaceutical plant Arzneipflanze *f*
pharmaceutical powder pharmazeutisches Pulver *n*
pharmaceutical preparation Arzneipräparat *n*, Arzneimittelzubereitung *f*
pharmaceutical products Pharmazeutika *npl*, pharmazeutische Produkte *npl*
pharmaceutical products liability Produkthaftpflicht *f* für Arzneimittel
pharmaceutical quality assurance pharmazeutische Qualitätssicherung *f*
pharmaceutical representative Pharmaberater *m*, Pharmaberaterin *f*
pharmaceutical research pharmazeutische Forschung *f*
pharmaceutical sample package *(Vertr)* Ärztemuster *n*
pharmaceutical substance pharmazeutischer Stoff *m*
pharmaceutical water Pharmawasser *n*
pharmaceutical wholesale pharmazeutischer Großhandel *m*
pharmaceuticals Pharmaka *npl*
pharmaceuticals industry Pharmaindustrie *f*
pharmaceutics Pharmazie *f*, Pharmazeutik *f*
pharmaceutist Apotheker *m*, Apothekerin *f*
pharmacist Apotheker *m*, Apothekerin *f*
pharmacodynamic pharmakodynamisch
pharmacodynamic action pharmakodynamische Wirkung *f*
pharmacodynamic properties pharmakodynamische Eigenschaften *fpl*
pharmacodynamic studies pharmakodynamische Studien *fpl*
pharmacodynamics Pharmakodynamik *f*
pharmacogenetics Pharmakogenetik
pharmacogenic pharmakogen
pharmacognosist Pharmakognosist *m*, Pharmakognosistin *f*
pharmacognostic pharmakognostisch
pharmacognosy Pharmakognosie *f*, Drogenkunde *f*
pharmacokinetic studies pharmakokinetische Studien *fpl*
pharmacokinetics, pharmaco-kinetics Pharmakokinetik *f*
pharmacologic(al) pharmakologisch
pharmacological activity pharmakologische Wirksamkeit *f*
pharmacological effect pharmakologische Wirkung *f*
pharmacological properties pharmakologische Eigenschaften *fpl*
pharmacological studies pharmakologische Studien *fpl*
pharmacologist Pharmakologe *m*, Pharmakologin *f*, Apotheker *m*, Apothekerin *f*
pharmacology Arzneikunde *f*, Arzneimittellehre *f*, Heilmittellehre *f*, Pharmakologie *f*

pharmacology department pharmakologische Abteilung *f*
pharmacon 1. Pharmakon *n*, Arzneimittel *n*; 2. Gift
pharmacopoeia Pharmakopöe *f*, Arzneibuch *n*
pharmacopoeial Pharmakopöe..., Arzneibuch..., nach den Anforderungen des Arzneibuches
pharmacopoeial requirements Anforderungen *fpl* laut Pharmakopöe
pharmacotherapeutic pharmakotherapeutisch
pharmacotherapy Pharmakotherapie *f*
pharmacovigilance Pharmakovigilanz *f*, Arzneimittelüberwachung *f*
pharmacovigilance manager *(Qual)* Stufenplanbeauftragter *m*
pharmacy 1. Apotheke *f*; 2. Pharmazie *f*
pharming *(Biot)* Verfahren *n* zur Erzeugung von Substanzen in transgenen Organismen *(Akronym aus: pharmaceutical farming)*
phase Phase *f*, Stadium *n*, Stufe *f*, Abschnitt *m*
phase *v* **in** einführen, beginnen *(schrittweise)*
phase transition Phasenübergang *m*
photo cell Fotozelle *f*
photochemical fotochemisch
photographic data processing fotografische Datenverarbeitung *f*
photolysis Photolyse *f*
physical characteristic physikalische Eigenschaft *f*
physical movement of goods *(Log)* Warenbewegung *f*
physical separation räumlich Trennung *f*
physician Arzt *m*, Ärztin *f*
physico-chemical characteristics physikalisch-chemische Eigenschaften *fpl*
physiological saline physiologische Kochsalzlösung *f*
phyto-complex Pflanzenkomplex *m*
phytochemistry Phytochemie *f*
phytohormone Phytohormon *n*, Pflanzenhormon *n*, pflanzliches Hormon *n*
phytomedicine Pflanzenheilkunde *f*
phytotherapeutic product Pflanzenheilmittel *n*
pick *v* auswählen, aussuchen, aussortieren
picking department Kommissionierung *f*
picking list Kommissionierliste *f*
picking location Kommissionierlager *n*
picking sequence Kommissionierweg *m*
pie chart Tortendiagramm *n*
piece Stück *n*, Bruchstück *n*
pierce *v* durchstoßen, durchstechen
pigment Pigment *n*
pile Stapel *m*, Stoß *m*
pill *v* pillieren, zu Kugeln formen
pill Pille *f*
pillow bag *(Verp)* Schlauchbeutel *m*
pilot batch Versuchscharge *f*
pilot plant Pilotanlage *f*, Versuchsbetrieb *m*
pilot-plant production Produktion *f* in halbtechnischem Maßstab
pilot-scale im Versuchsmaßstab
pilot-scale Versuchsmaßstab *m*
pilot-scale batch Pilotcharge *f*, Versuchscharge *f*
pilot scale production Produktion *f* im Versuchsmaßstab
pilot scheme Pilotprogramm *n*
pilot stage Entwicklungsstufe *f*, Erprobungsstufe *f*
pilot study Leitstudie *f*, Modellstudie *f*, Vorstudie *f*
pilot survey Voruntersuchung *f*, Vorbetrachtung *f*
pilot valve *(Tech)* Pilotventil *n*, Vorsteuerventil *n*
pin *(Tech)* Bolzen *m*, Dorn *m*, Stift *m*
pin mill *(Tech)* Stiftmühle *f*
pinch clamp *(Tech)* Schlauchklemme *f*, Quetschhahn *m*
pinchcock Quetschhahn *m*, Quetschklemme *f*, Schlauchklemme *f*
pipe Rohr *n*, Röhre *f*, Leitung *f*
pipe clamp Rohrschelle *f*
pipe joint Rohrverbindung *f*
pipeline Rohrleitung *f*
pipette *v* pipettieren
pipette Pipette *f*
pipette *v* **into** einpipettieren
pipette *v* **off** abpipettieren
pipette tip Pipettenspitze *f*
pipetting Pipettieren *n*, Pipettierung *f*
pipetting aid Pipettierhilfe *f*
pipework Rohrleitungssystem *n*
piping 1. Verrohren *n*, Leiten *n* durch eine Rohrleitung *f*; 2. Leitung *f (für Gas oder Wasser)*
piping system Rohrleitungssystem *n*

piston *(Tech)* Kolben *m*, Stempel *m*
piston pump Kolbenpumpe *f*
piston rod Kolbenstange *f*
pivot *(Tech)* Zapfen *m*
pivotable schwenkbar
place Standort *m*, Lage *f*, Stellplatz *m*, Ort *m* • **in place** in situ, an Ort und Stelle, vor Ort *(Untersuchung)*
place of dispatch *(Log)* Versandort *m*
placebo *(Med)* Placebo *n*, Leermedikament *n*, Scheinmedikament *n*, Blindpräparat *n*
placebo-controlled *(Med)* placebokontrolliert, placebogesteuert
plain cylinder *(Lab)* Standzylinder *m*
planned output *(Wi)* Soll-Leistung *f*
planned quantity *(Wi)* Sollmenge *f*
planning Planung *f*, Projektierung *f*
plant 1. Anlage *f*, Werk *n*, Betrieb *m*, Fabrik *f*; 2. Pflanze *f*
plant and equipment *(Wi)* Sachanlagevermögen *n*
plant antibody *(Biot)* in Pflanzen hergestellter monoklonaler Antikörper *m*
plant-based pflanzlich, auf Pflanzenbasis
plant-based pharmaceutical Arzneimittel *n* auf pflanzlicher Basis
plant capacity *(Wi)* Anlagenkapazität *f*, Werkskapazität *f*, Betriebskapazität *f*
plant discharge betriebliches Abwasser *n*
plant effluent betriebliches Abwasser *n*
plant extract Pflanzenextrakt *m*
plant fixtures *(Tech)* Betriebsausstattung *f*
plant hormone Pflanzenhormon *n*, pflanzliches Hormon *n*
plant hygiene *(Hyg)* Betriebshygiene *f*
plant infusion Pflanzenaufguss *m*, Aufguss *m* aus pflanzlichen Stoffen
plant-made pharmaceutical Arzneimittel *n* auf pflanzlicher Basis
plant material pflanzlicher Stoff *m*, Pflanzenmaterial *n*, pflanzlicher Rohstoff *m*
plant performance Anlagenleistung *f*
plant renewal Anlagenerneuerung *f*
plant safety Werkssicherheit *f*, Betriebssicherheit *f*
plant section Betriebsteil *m*
plant sewage Betriebsabwasser *n*, Werksabwasser *n*
plant steam *(Tech)* Betriebsdampf *m*
plant technology Anlagentechnik *f*
plant waste treatment Abwasserbehandlung *f (im Betrieb)*
plant waste water Betriebsabwasser *n*, Werksabwasser *n*
plant water Brauchwasser *n*, Betriebswasser *n*, Nutzwasser *n*
plasma Plasma *n*, Blutplasma *n*
plasma-derived drug, plasma-derived medicinal product aus Plasma gewonnenes Arzneimittel *n*
plasma infusion *(Med)* Plasmainfusion *f*
Plasma Master File Plasma-Stammdokumentation *f*
plastic 1. plastisch; 2. Kunststoff…
plastic board *(Verp)* Kunststoffplatine *f*
plastic-coated kunststoffbeschichtet
plastic coating Kunststoffbeschichtung *f*
plastic film 1. Kunststoffschicht *f*, (dünne) Kunststoffbeschichtung *f*; 2. Plastikfolie *f*
plastic foil Kunststoff-Folie *f*
plastic packaging Plastikverpackung *f*, Kunststoffverpackung *f*
plastic pipe Kunststoffrohr *n*
plasticity Plastizität *f*
plastics Plastikmaterial *n*
plate Platte *f*
plate count agar Agar *m* zur Keimzahlbestimmung
platelet aggregation inhibitor *(Med)* Thrombozytenaggregationshemmer *m*
platform Rampe *f*, Arbeitsbühne *f*
plausibility check Plausibilitätsprüfung *f*
pliability Biegsamkeit *f*, Geschmeidigkeit *f*
pliable, pliant biegsam, geschmeidig
plug *v* verstopfen, verschließen mit einem Stopfen, zustöpseln
plug 1. *(Verp)* Pfropfen *m*, Stopfen *m*, Stöpsel *m*; 2. *(Tech)* Stecker *m*; Zapfen *m*
plug connection *(Tech)* Steckverbindung *f*
plug valve *(Tech)* Hahn *m*, Hahnventil *n*
pluggage, plugging 1. *(Tech)* Verschließen *n*, Zustöpseln *n*; 2. *(Verp)* Verschließen *n*, Zustöpseln *n*
plumbing Verrohrung *f (Installation einer Rohrleitung)*
plunge *v* eintauchen

plunger 1. Tauchkolben *m*, Plungerkolben *m*; 2. Stempel *m*, Pressstempel *m*
plunger pump Tauchkolbenpumpe *f*
plunger rod *(Verp)* Kolbenstange *f (bei Injektionsspritzen)*
plus material Grobkorn *n*, Überkorn *n*, Grobgut *n (Granulierung und Klassieren)*
pneumatic pneumatisch
pneumatic actuator *(Tech)* pneumatischer Antrieb *m*
pneumatic classification Sichten *n*, Aeroklassieren *n*
pneumatic conveying Saugförderanlage *f*
pneumatic cylinder Pneumatikzylinder *m*
pneumatic sampler *(Lab)* pneumatischer Probenstecher *m*
point of acceptance *(Log)* Warenannahmestelle *f*, Wareneingang *m*
point of delivery *(Log)* Lieferort *m*
point of destination *(Log)* Bestimmungsort *m*
point of entry Eintrittstelle *f*
point of inlet Eintrittstelle *f*
point of intake Eintrittstelle *f*
point of shipment *(Log)* Versandort *m*
pointed flask *(Lab)* Spitzkolben *m*
pointer Zeiger *m*, Zunge *f (Messinstrument)*
pointer thermometer Zeigerthermometer *n*
poisoning Vergiftung *f*, Intoxikation *f*
poisoning hazard Vergiftungsgefahr *f*
poisonous giftig, toxisch
poisonousness Giftigkeit *f*, Toxizität *f*
polar *(Tech)* polar
polarimeter Polarimeter *n*
polariser Polarisator *m*
polarity Polarität *f*
policy Leitlinie *f*, Richtlinie *f*, Grundsatz *m*, Verfahrensweise *f*
polish *v* polieren
polish Poliermittel *n*
polished blank geschliffen, poliert
polishing Polieren *n*, Schleifen *n*
polishing disc *(Tech)* Polierscheibe *f*
pollutant Schmutzstoff *m*, Schadstoff *m*, Verunreiniger *m*
pollutant loading Schmutzstofflast *f*, Schadstoffbelastung *f*
polluted verschmutzt, verunreinigt, schadstoffbelastet
polluter-pays-principle Verursacherprinzip *n (Umweltschutz)*
polluting verschmutzend, verunreinigend
pollution Verschmutzung *f*, Schadstoffbelastung *f*
pollution control Schadstoffkontrolle *f*, Schadstoffverminderung *f*, Reinhaltung *f*
pollution emission Schadstoffemission *f*
pollution level Verschmutzungsgrad *m*, Verunreinigungsgrad *m*
pollution loading Schmutzstofflast *f*, Schadstoffbelastung *f*
pollution of the environment Umweltverschmutzung *f*
polymer *(Chem)* Polymer *n*
polymeric dispersion polymere Dispersion *f*
polymeric solution Polymerlösung *f*
polypeptide antibiotic *(Med)* Polypeptidantibiotikum *n*
poor schlecht, geringfügig, schwach
poor demand schwache Nachfrage *f*
poor effect schwache Wirkung *f*
poor quality schlechte Qualität *f*
poorly defined mangelhaft definiert
poorly reactive *(Chem)* reaktionsträge, kaum reaktiv
poorly soluble schwer löslich
pore Pore *n (Filter)*
pore diameter Porendurchmesser *m*
pore-free porenfrei
pore size Porengröße *f (Filter)*
pore-size distribution Porengrößenverteilung *f*
pore-volume distribution Porenvolumenverteilung *f*
porosity Porosität *f*
porous porig, porös, durchlässig
port Öffnung *f*, Stutzen *m*, Anschluss *m*
portable tragbar, mobil
portion Anteil *m*, Teil *m*, Menge *f*, Portion *f*
portioned portioniert
position indicator *(Tech)* Stellungsanzeige *f*
positive control Positivkontrolle *f*
positive pressure *(Tech)* Überdruck *m*
post-market surveillance Beobachtungen *fpl* nach Markteinführung

post-marketing experience Erfahrung *f* nach dem Inverkehrbringen
post-process product testing Endkontrolle *f*
post-treatment Nachbehandlung *f*
pot Topf *m*
pot still Blasendestillierapparat *m*
potable water Trinkwasser *n*
potable water quality Trinkwasserqualität *f*
potable water standards Trinkwasserqualität *f*, Güteanforderung *f* an Trinkwasser
potency 1. Wirksamkeit *n*, therapeutische Aktivität *f* [Wirkung *f*] eines Arzneimittels; 2. Potenzial *n*, Fähigkeit *f*, Möglichkeit *f*, Leistungsfähigkeit *f*; 3. Verdünnung *(Homöopathie)*
potent wirksam *(Wirkstoff oder Methode)*; wirkend, aktiv
potent compound Wirkstoff *m* im Arzneimittel, Arzneimittelwirkstoff *m*
potential Potenzial *n*, Möglichkeit *f*
potential impurity mögliche Verunreinigung *f*
potentiate *v* 1. potenzieren, verstärken, steigern; 2. verdünnen *(homöopathische Mittel)*
potentiation 1. Potenzierung *f*, Steigern *n*; 2. Verdünnen *n (homöopathische Mittel)*
potion *(Med)* Trank *m*, Trunk *m*
pour *v* gießen, schütten, fließen, strömen
pour *v* **off** ausgießen, ausschütten
pourable goods Füllgut *n*
poured density Schüttdichte *f*
powder *v* 1. pulverisieren, zu Pulver machen; 2. bestäuben
powder Pulver *n*, Puder *n(m)*; Staub *m*
powder cartridge Pulverkartusche *f*
powder chamber Pulverkammer *f*
powder compaction Pulververdichtung *f*
powder density Pulverdichte *f*
powder feeder *(Tech)* Pulverdosierschnecke *f*
powder fraction Pulverfraktion *f*
powder funnel Pulvertrichter *m*
powder hopper Pulvertrichter *m*
powder mixture Pulvermischung *f*
powder property Pulvereigenschaft *f*
powder sampler *(Tech)* Stechheber *m*
powdery pulvrig
powdery substance pulvriger Stoff *m*
power Kraft *f*, Leistung *f*, Stärke *f*
power absorber *(Tech)* Kraftaufnehmer *m*
power connection *(Tech)* Stromanschluss *m*
power consumption *(Tech)* Stromverbrauch *m*
power failure *(Tech)* Stromausfall *m*
power of compression *(Tech)* Druckstärke *f*
power requirements *(Tech)* Energiebedarf *m*, Kraftaufwand *m*
power source Stromquelle *f*
power supply Stromzufuhr *f*, Stromversorgung *f*
power supply data Netzanschlusswerte *mpl*
power switch Netzschalter *m*
practicability Anwendbarkeit *f*, Durchführbarkeit *f*, Nützlichkeit *f*
practicable anwendbar, machbar, durchführbar, praktikabel
practically insoluble praktisch unlöslich
pre-clinical testing vorklinische Tests *mpl*, vorklinische Prüfung *f*
pre-column Vorsäule *f*
pre-compression force *(Tabl)* Vorpresskraft *f*
pre-delivery check Vorabnahme *f* beim Hersteller
pre-disposition Neigung *f*, Anlage *f*, Veranlagung *f*
pre-established procedure vorher erstellte Vorschrift *f*; Vorgehen *n* nach vorheriger Festlegung
pre-filter Vorfilter *n(m)*
pre-folded vorgefaltet
pre-formulation Präformulierung *f*
pre-insertion *(Verp)* Voreinschub *m*
pre-mix preparation Herstellung *f* einer Vormischung
pre-mixed vorgemischt
pre-pressing roller Vordruckrolle *f (Tablettiermaschine)*
pre-printed vorbedruckt
pre-printed form Vordruck *m*
pre-processing *(Herst)* Vorbehandlung *f*
pre-selection Vorauswahl *f*
pre-setting *(Tech)* Voreinstellung *f*
preassembled vorgefertigt, vormontiert
preassembly Vorfertigung *f*, Vormontage *f*
preblend *v* vormischen

preblend Vormischung *f*
precaution Vorkehrung *f*, Vorsichtsmaßnahme *f* • **take precautions** Vorsichtsmaßnahmen ergreifen
precautionary measure Vorsichtsmaßnahme *f*
precipitate *v* niederschlagen; ausfällen *(als Niederschlag)*; abscheiden
precipitate Ausfällung *f*, Niederschlag *m*
precipitation Ausfällen *n*, Fällung *f*, Niederschlag *m*
precipitating agent *(Chem)* Fällungsmittel *n*
precipitation tank Absetzbecken *n*, Absetzbehälter *m*, Klärtank *m*
precise genau, akkurat, präzise
precision Genauigkeit *f*, Präzision *f*
precision balance Präzisionswaage *f*
precision limit Präzisionsgrenze *f*
preclean *v* vorreinigen
precleaner *(Tech)* Vorreiniger *m*, Vorabscheider *m*, Großabscheider *m*
precleaning *(Tech)* Vorreinigung *f*
preconditioning *(Lab)* Vorbehandlung *f*
precursor Vorstufe *f*
predetermined procedure festgelegtes Verfahren *n*
predict *v* vorhersehen, beabsichtigen
predose *v* vordosieren
predosing Vordosierung *f*
predry *v* vortrocknen
predryer Vortrockner *m*
predrying Vortrocknen *n*, Vortrocknung *f*
prefilled syringe Fertigspritze *f*
prefilter *v* vorfiltern
prefilter Vorfilter *n(m)*
prefiltration Vorfiltration *f*
preformed vorgeformt
preformed cavities *(Verp)* vorgeformte Näpfe *mpl*
pregnancy Schwangerschaft *f*
pregnant schwanger
preheat vorheizen, vorwärmen
preliminary batch Vorcharge *f*, erste Charge *f*
preliminary examination Voruntersuchung *f*
preliminary investigation Voruntersuchung *f*
preliminary study Vorstudie *f*
preliminary testing Vorprüfung *f*, Vorversuch *m*, Vorprobe *f*
preliminary treatment Vorbehandlung *f*
premises Betriebsräume *mpl*, Geschäftsräume *mpl*, Gebäude *n*, Betriebsgelände *n*, Firmengelände *n*, Grundstück *n*
premix *v* vormischen, grob mischen
premix Vormischen *n*, Vormischung *f*, Grobmischen *n*
preparation 1. Zubereitung *f*, Vorbereitung *f*, Aufbereitung *f*; 2. *(Lab)* Fertigpräparat *n*, Herstellung *f*, Aufbereitung *f*
preparation method *(Lab)* Präparationsmethode *f*; Aufbereitungsmethode *f*
preparation of a drug Zubereitung *f* eines Arzneimittels
preparation of a solution Lösungsherstellung *f*, Herstellen *n* einer Lösung
preparatory treatment Vorbehandlung *f*
prepare *v* 1. zubereiten, vorbereiten, aufbereiten; 2. *(Lab)* aufbereiten, herstellen
prepared by cold methods kaltbearbeitet *(Heilkräuterextrakte)*
preproduction stage Erprobungsphase *f* *(in großtechnischem Maßstab)*
prescribe *v* 1. vorschreiben, festsetzen, verordnen; 2. verschreiben, verordnen *(Arzneimittel)*
prescription 1. Vorschrift *n*; 2. Verschreibung *f*, Rezept *n* • **only available on prescription** verschreibungspflichtig, rezeptpflichtig
prescription drug medicine verschreibungspflichtiges Arzneimittel *n*, rezeptpflichtiges Arzneimittel *n*
prescription-only-medicine *(Abk.: POM) (BE)* rezeptpflichtiges Arzneimittel *n*
prescription requirement Rezeptpflicht *f*
preselectable *(Tech)* vorwählbar
presentation materials Vorführungsunterlagen *fpl*, Präsentationsmaterial *n*
presentation of a medicinal product *(Mark)* Aufmachung *f* eines Arzneimittels
preservation Konservierung *f*, Haltbarmachung *f*
preservative Konservierungsstoff *m*
preservative agent *(Chem)* Konservierungsmittel *n*
preserve *v* haltbar machen, konservieren
preserved konserviert

press *v* pressen, verpressen, zusammenpressen
press 1. *(Tech)* Presse *f*; 2. Presse *f* *(Journalismus)*
press controller *(Tech)* Druckregler *m*
press *v* **into shape** *(Tabl)* formpressen
press *v* **out** auspressen, ausdrücken, herausdrücken
pressing Pressen *n*, Verpressen *n*, Auspressen *n*
pressing chamber Presskammer *f*
pressing format *(Tabl)* Pressformat *f*
pressing material *(Tabl)* Pressmasse *n*
pressor *(Med)* blutdrucksteigerndes Arzneimittel *n*
pressure *(Tech)* Druck *m*
pressure control *(Tech)* Druckkontrolle *f*
pressure decay *(Tech)* Druckabfall *m*
pressure differential indicator *(Tech)* Differenzdruckanzeiger *m*
pressure distillate Druckdestillat *n*
pressure distillation Druckdestillation *f*
pressure equilibrium *(Tech)* Druckausgleich *m*
pressure filter Druckfilter *n(m)*
pressure filtration Druckfiltration *f*
pressure gauge Druckmesser *m*, Manometer *n*
pressure measuring *(Tech)* Druckmessung *f*
pressure monitor *(Tech)* Druckwächter *m*
pressure regulator *(Tech)* Druckregler *m*
pressure relief *(Tech)* Druckentlastung *f*
pressure relief opening *(Tech)* Druckentlastungsöffnung *f*
pressure relief valve *(Tech)* Überdruckventil *n*, Sicherheitsventil *n*
pressure roller Druckrolle *f*
pressure transducer *(Tech)* Druckaufnehmer *m*
pressure tube Druckschlauch *m*
pressure vessel *(Lab)* Druckgefäß *n*, Druckkessel *m*, Autoklav *m*
pressurisation level *(BE)* Druckhöhe *f*
pressurised container *(BE)* Druckbehälter *m*
pressurization level *(AE)* Druckhöhe *f*
pressurized container *(AE)* Druckbehälter *m*
prestipulated volume vorgegebene Menge *f*
pretreat *v* 1. vorbehandeln; 2. vorbehandeln, vorreinigen *(Abwässer)*
pretreatment 1. Vorbehandlung *f*; 2. Vorbehandlung *f*, Vorreinigung *f (Abwässer)*
prevent *v* ausschließen, vermeiden, verhindern
prevent *v* **contamination** Verunreinigungen vermeiden
prevent *v* **mix-ups** Verwechslungen vermeiden
prevention Vorbeugung *f*
preventive vorbeugend, abwehrend
preventive *(Med)* Vorbeugungsmittel *n*, Abwehrmittel *n*
preventive maintenance *(Tech)* vorbeugende Wartung *f*, vorbeugende Instandhaltung *f*
preventive measure Präventivmaßnahme *f*, Schutzmaßnahme *f*, vorbeugende Maßnahme *f*
preventive medicine *(Med)* Vorsorgemedizin *f*, vorbeugende Medizin *f*, Präventivmedizin *f*
preventive monitoring vorbeugende Überwachung *f*
price bottom *(Wi)* Preisuntergrenze *f*
price ceiling *(Wi)* Preisobergrenze *f*
price control *(Wi)* Preiskontrolle *f*, Preisregulierung *f*
price determinants preisbildende Faktoren *mpl*
price determination Preisfestlegung *f*, Preisfestsetzung *f*, Preisbildung *f*
price fixing Preisfestlegung *f*, Preisfestsetzung *f*, Preisbildung *f*
price formation Preisbildung *f*
price limit Preisgrenze *f*
price maintenance Preisbindung *f*
price margin Preisspanne *f*
price policy Preispolitik *f*
price structure Preisstruktur *f*
price trend Preistendenz *f*
pricing Preisbildung *f*
pricing policy Preispolitik *f*
primary contamination primäre Kontamination *f*
primary packaging *(Verp)* Primärverpackung *f*
primary packaging material *(Verp)* Primärpackmittel *n*
primary reference standard primärer Referenzstandard *m*

primary-standard chemical Urtitersubstanz *f*
prime *v* grundieren
prime coat *(Tabl)* Grundierung *f*
prime quality Spitzenqualität *f*
priming *(Tabl)* Grundierung *f*
principal Auftraggeber *m*
principle Prinzip *n*, Grundsatz *m*, Grundregel *f*, Regel *f*
principles of GMP Grundsätze *mpl* von GMP, GMP-Grundsätze *mpl*
print *v* aufdrucken, drucken, bedrucken
print Aufdruck *m*, Druck *m*, Bedruckung *f*
print control Druckkontrolle *f* von Daten
print registration control *(Verp)* Druckmarkensteuerung *f*
printed bedruckt
printed packaging material bedrucktes Packmaterial *f*
printer Drucker *m*
printer ink Druckerfarbe *f*
printing block Klischee *n*, Druckform *f*
printing device Druckeinrichtung *f*, Druckgerät *n*
printout Ausdruck *m*
prior to use vor der Verwendung
probability Wahrscheinlichkeit *f*
proband Proband *m*
probe Sonde *f*
probiotic probiotisch
procedure 1. Verfahren *n*, Prozess *m*, Ablauf *m*; 2. Anweisung *f*, Weisung *f*, Vorschrift *f*
process *v* behandeln, bearbeiten, verarbeiten
process Prozess *m*, Ablauf *m*, Gang *m*, Verlauf *m*, Arbeitsgang *m*, Verfahren *n*, Vorgang *m* • **in process** in Betrieb *(Zustand)*
process aid Prozesshilfe *f*, Hilfsstoff *m* *(bei der Herstellung von Zwischenprodukten oder Wirkstoffen)*
process automation Prozessautomatisierung *f*
process average Prozessdurchschnittswert *m*
process capability index Prozessfähigkeitsindex *m*
process capability study Prozessfähigkeitsuntersuchung *f*
process control Prozess-Steuerung *f*, Verfahrenssteuerung *f*
process control system *(Tech)* Prozessleitsystem *n*, Werkleitsystem *n* *(elektronische Steuerung)*
process design Prozessgestaltung *f*
process development Verfahrensentwicklung *f*
process deviation Prozessabweichung *f*
process documentation Prozessdokumentation *f*
process engineer Verfahrenstechniker *m*
process engineering Verfahrenstechnik *f*
process environment Prozessumfeld *n*
process equipment Produktionsanlagen *fpl*, Produktionsausrüstung *f*, Produktionsausstattung *f*
process flow diagram Prozessflussdiagramm *n*
process heat Prozesswärme *f*
process-oriented audit verfahrensbezogenes Audit *n*
process planning Produktionsvorbereitung *f*
process quality Prozessqualität *f*
process run Prozesslauf *m*, Prozessdurchlauf *m*
process sequence Abfolge *f*
process stage Verfahrensstufe *f*, Prozess-Stufe *f*
process step Verfahrensschritt *m*, Prozess-Schritt *m*
process technology Prozesstechnik *f*
process temperature Prozesstemperatur *f*
process validation *(Qual, Tech)* Prozessvalidierung *f*
process variability estimates Abschätzung *f* der Schwankungsbreite
process water Prozesswasser *n*, Produktionswasser *n*
process yield *(Wi)* Produktionsausbeute *f*
processability Verarbeitbarkeit *f*
processable verarbeitbar
processing 1. Bearbeitung *f*, Behandlung *f*, Verarbeitung *f*; 2. Arbeitsverfahren *n*, Arbeitsweise *f*, Verarbeitungsverfahren *n*
processing agent Verarbeitungshilfe *f*, Prozesshilfe *f*
processing aid Prozesshilfe *f*
processing characteristics Verarbeitungsprozesskennwerte *mpl*
processing facility Prozessanlage *f*

processing instruction Verarbeitungsanweisung *f*, Verarbeitungsanweisungen *fpl*
processing line Fertigungslinie *f*
processing plant Prozessanlage *f*, Verarbeitungsanlage *f*, Verarbeitungswerk *n*, Verarbeitungsbetrieb *m*
processing procedure Verfahrensbeschreibung *f*, Verfahrensanweisung *f*
processing properties Verarbeitungseigenschaften *fpl*
processing room Herstellungsraum *m*
processing section *(Tech)* Verarbeitungsteil *m*
processing sequence *(Herst)* Bearbeitungsfolge *f*
processing specification Verarbeitungsvorschrift *f*, Verarbeitungrichtlinie *f*
processing technique Verarbeitungstechnik *f*
processing technology Verarbeitungstechnik *f*, Verarbeitungstechnologie *f*
processing time Bearbeitungszeit *f*, Verarbeitungszeit *f*, Durchlaufzeit *f*; Fertigungzeit *f*, Produktionszeit *f*
procure *v* beschaffen, beziehen, disponieren
procurement Beschaffung *f*, Beschaffungswesen *n*
procurement costs Beschaffungskosten *pl*
procurement of materials Materialbeschaffung *f*
produced aseptically aseptisch hergestellt, aseptisch gefertigt
produced sterilised *(BE)*, **produced sterilized** *(AE)* sterilisiert hergestellt, sterilisiert gefertigt
producer Hersteller *m*, Herstellerfirma *f*, Produzent *m*
producer's liability Produzentenhaftung *f*, Haftung *f* des Herstellers
producibility Produktionsfähigkeit *f*, Machbarkeit *f* der Herstellung
product 1. Erzeugnis *n*, Produkt *n*; 2. Ergebnis *n*, Folge *f*
product block Produktsperre *f*, Quarantäne *f*
product characteristics Produkteigenschaften *fpl*
product contact Produktberührung *f*
product contact surface produktberührende Oberfläche *f*
product contamination Produktverunreinigung *f*
product conveying system *(Herst, Verp)* Produkttransportsystem *n*
product cost Produktionspreis *m*, Herstellungspreis *m*
product defect Produktfehler *m*, Produktmangel *m*
product description Produktbeschreibung *f*
product development Produktentwicklung *f*
product development according to the production process produktionsgerechte Entwicklung *f*
product enhancement Produktförderung *f*
product feed *(Herst)* Produktzufuhr *f*, Produkteinspeisung *f*, Produktzuführung *f*
product implementation *(Mark)* Produkteinführung *f*
product information *(Mark)* Produktinformation *f*
product innovation Produktneuerung *f*
product launch *(Mark)* Produkteinführung *f*
product licence *(BE)* Marktzulassung *f*
product licence application *(BE) (Reg)* Produktzulassungsantrag *m*
product license *(AE)* Marktzulassung *f*
product license application *(AE) (Reg)* Produktzulassungsantrag *m*
product life span Lebensspanne *f* des Produkts
product line Artikelgruppe *f*, Warengruppe *f*, Produktpalette *f*, Sortiment *n*
product needs Produktanforderungen *fpl*
product-oriented audit produktbezogenes Audit *n*
product origin Produktursprung *m*, Produktherkunft *f*
product planning Produktplanung *f*
product presentation *(Mark)* Produktpräsentation *f*
product purification Produktreinigung *f*
product range Produktpalette *f*, Sortiment *n*
product recall *(Qual)* Produktrückruf *m*

product registration file *(Reg)* Zulassungsdossier *n*
product release Produktfreigabe *f*
product reliability Zuverlässigkeit *f* eines Produktes
product requirements Produktanforderungen *fpl*
product residue Produktrückstand *m*
product safety Produktsicherheit *f*
product slide *(Tech, Verp)* Produkteinschieber *m*
product-specific data produktspezifische Daten *pl*
product specification Produktspezifikation *f*
product stability Produktstabilität *f*
product stage Produktphase *f*, Produktionsphase *f*
product sterility Produktsterilität *f*
product support Produktpflege *f*
product time-to-market Entwicklungszeit *f*
product yield *(Wi)* Produktausbeute *f*, Produktionsausbeute *f*
production 1. Fertigung *f*, Produktion *f*, Herstellung *f*; 2. Bildung *f*, Synthese *f*
production area Produktionsfläche *f*, Produktionsbereich *m*
production batch *(Herst)* Los *n*, Fertigungslos *n*
production capacity Produktionskapazität *f*
production condition Produktionsbedingung *f*
production control Produktionskontrolle *f*, Produktionsüberwachung *f*, Herstellungsüberwachung *f*
production data Produktionsdaten *pl*
production development Produktionsentwicklung *f*
production downtime Produktionsstillstand *m*, Produktionsausfallzeit *f*
production engineering Fertigungstechnik *f*
production facility Produktionsbetrieb *m*
production flow Produktionsfluss *m*, Produktionsablauf *m*
production instruction Herstellungsvorschrift *f*
production licence *(BE)*, **production license** *(AE)* Produktionsgenehmigung *f*
production line Produktionslinie *f*
production-line status Produktionsreife *f*
production location Produktionsort *m*, Herstellungsort *m*, Ort *m* der Herstellung
production management Produktionsleitung *f*, Herstellungsleitung *f*
production method Herstellungsverfahren *n*; Herstellungsweg *m*, Herstellungsart *f*
production monitoring Produktionskontrolle *f*, Produktionsüberwachung *f*, Herstellungsüberwachung *f*, Herstellungsmonitoring *n*
production on a large scale großtechnische Herstellung *f*
production on lab scale Herstellung *f* im Labormaßstab, Herstellung *f* im Labor
production output Fertigungsmenge *f*, Produktionsausstoß *m*, Produktionsleistung *f*
production period Produktionsdauer *f*; Produktionszeitraum *m*
production plan Produktionsplan *m*
production planning Produktionsplanung *f*
production plant Herstellungsbetrieb *m*, Herstellungsanlage *f*, Produktionsbetrieb *m*
production process 1. Herstellungsverfahren *n*, Produktionsverfahren *n*, Fertigungsverfahren *n*; 2. Herstellungsprozess *m*, Produktionsprozess *m*, Produktionsablauf *m*
production range Produktpalette *f*, Produktprogramm *n*, Sortiment *n*, Produktionsprogramm *n*
production record review Überprüfung *f* der Herstellungsprotokolle
production run Fertigungsstückzahl *f*
production scale Produktionsmaßstab *m*
production schedule Produktionsprogramm *n*, Produktionsplan *m*, Fertigungsprogramm *n*, Produktions(ablauf)plan *m*
production sequence *(Herst)* Fertigungsablauf *m*
production shortfall Produktionsausfall *m*
production site Produktionsort *m*, Herstellungsort *m*, Ort *m* der Herstellung

production stage Verarbeitungsstufe *f*, Produktionsstufe *f*, Produktionsphase *f*
production standard Produktionsnorm *f*
production start up, production start-up Produktionsbeginn *m*
production step Verarbeitungsschritt *m*, Produktionsschritt *m*
production target Produktionsziel *n*, Leistungsziel *n*
production unit Produktionsanlage *f*
production volume Produktionsumfang *m*, Produktionsvolumen *n*
productive resources Produktivkräfte *fpl*, Produktionsfaktoren *mpl*
productivity Produktivität *f*
proficient sachkundig, kompetent
profile Profil *n*, Beschreibung *f*, Abgrenzung *f*
profit and loss account *(Wi)* Gewinn- und Verlustrechnung *f*
profit before taxation *(Wi)* Gewinn *m* vor Steuern
profit margin *(Wi)* Gewinnspanne *f*
prognose *v* voraussagen
program *(AE)* Programm *n*, Plan *m*, geplantes Vorhaben *n*
program control *(AE)* Programmsteuerung *f*
programmable *(Tech)* programmierbar
programmable logic controller speicherprogrammierbare Steuerung *f*
programme *(BE)* Programm *n*, Plan *m*, geplantes Vorhaben *n*
programme control *(BE)* Programmsteuerung *f*
programmer Programmierer *m*
programming Programmierung *f*
progress Fortschritt *m*
progressive operations Fließfertigung *f*
prohibit *v* verbieten, unterbinden, untersagen
prohibition of advertising Werbeverbot *n*
project Projekt *n*, Vorhaben *n*
project group Projektgruppe *f*
project life Projektdauer *f*
project-linked projektbezogen
project manager Projektmanager *m*
project-related projektbezogen
project schedule Projektplan *m*
project scheduling Projektplanung *f*
project team Projektteam *n*, Projektgruppe *f*
proliferate *v (Biot, Mikro)* sich vermehren, sich verbreiten, wuchern
prolong *v* verlängern *(zeitlich)*
prolonged completion time verzögerte Fertigstellung *f*
promotion of medicinal products *(Mark)* Verkaufsförderung *f* von Arzneimitteln
proof dicht, undurchlässig
proof *v* 1. beweisen, nachweisen; 2. undurchdringlich machen, imprägnieren
proof Beweis *m*, Nachweis *m*
proof of authority Berechtigungsnachweis *m*, Nachweis *m* der Berechtigung
proof of origin *(Dok)* Herkunftsnachweis *m*
propagate *v (Mikro)* sich vermehren *(Mikroorganismen)*
propagation *(Mikro)* Vermehrung *f*, Ausbreitung *f*, Übertragung *f (Mikroorganismen)*
propellant-free *(Verp)* treibgasfrei
propellant gas *(Verp)* Treibgas *n*
propeller agitator *(Tech)* Propellerrührer *m*, Propellerrührwerk *n*
propeller mixer *(Tech)* Propellermischer *m*
prophylactic prophylaktisch, Schutz...
prophylactic *(Med)* Schutzimpfung *f*; vorbeugendes Mittel *n*
prophylaxis *(Med)* Prophylaxe *f*
proportion *v* dosieren, zuteilen
proportion Anteil *m*, Proportion *f*, Verhältnis *n*
proportioning Dosierung *f*, Zuteilung *f*
proportioning pump *(Tech)* Dosierpumpe *f*
proprietary name *(Reg)* geschützter Name *m*
proprietary right *(Reg)* Markenschutzrecht *n*, Urheberrecht *n*
prospective validation prospektive Validierung *f*
protect *v* **the personnel** das Personal schützen
protect *v* **the product** das Produkt schützen
protected by patent urheberrechtlich geschützt
protected from light lichtgeschützt
protection Schutz *m*, Beschutzung *f*
protection by patent Patentschutz *m*
protection cabin *(Hyg)* Schutzkabine *f*

protection from contamination Schutz *m* vor Verunreinigung
protection from light Lichtschutz *m*
protection of the personnel Schutz *m* des Personals
protection of the product Schutz *m* des Produkts
protection of the trial subject Schutz *m* des Versuchsteilnehmers
protective apparel Schutzkleidung *f*
protective clothing Schutzkleidung *f*
protective coating Schutzbeschichtung *f*, Schutzmantel *m*
protective film Schutzfilm *m*, Schutzhaut *f*
protective gloves *(Hyg)* Schutzhandschuhe *mpl*
protective goggles *(Hyg)* Schutzbrille *f*
protective lacquer *(Verp)* Schutzlackierung *f (Tuben)*
protective lacquering fluid *(Tabl, Verp)* Schutzlackflüssigkeit *f*
protective measure Schutzmaßnahme *f*
protective screen Schutzschirm *m*
protective spectacles Schutzbrille *f*
protective wrapping Schutzverpackung *f*
protein Protein *n*, Eiweiß *n*
prove *v* 1. nachweisen, beweisen, belegen; 2. prüfen, untersuchen, erproben
proven nachweislich, erprobt, erwiesen
proven acceptable range Prozessparameterbereich *m*
provision 1. Erbringung *f*, Bereitstellung *f*; 2. Bestimmung *f*, Festlegung *f*, Anordnung *f*
provisions of a directive Bestimmungen *fpl* einer Richtlinie
psychoanaleptic *(Med)* Psychotonikum *n*
psychodynamic-energiser *(Med)* Psychostimulantium *n*, Psychotonikum *n*
psychodysleptic *(Med)* Psychodysleptikum *n*, Halluzinogen *n*
psycholeptic Psychoanaleptikum *n*
psychopharmaceutical *(Med)* Psychopharmakon *n*
psychopharmacologic psychopharmakologisch
psychopharmacologic agent *(Med)* Psychopharmakon *n*
psychopharmacological psychopharmakologisch
psychopharmacological drug psychopharmakologisches Arzneimittel *n*
psychopharmacological substance psychopharmakologischer Stoff *m*, psychopharmakologisches Mittel *n*
psychopharmacology Psychopharmakologie *f*
psychoplegic *(Med)* Psychoplegikum *n*, Neuroleptikum *n*
psychostimulant Psychostimulans *n*, Psychotonikum *n*
psychotomimetic psychotomimetisch, halluzinogen
psychotomimetic Psychodysleptikum *n*, Halluzinogen *n*, Psychotomimetikum *n*
psychotomimetic agent Psychotomimetikum *n*, psychotomimetischer Stoff *m*
psychotropic agent *(Med)* psychotropes Mittel *n*, die Psyche beeinflussendes Mittel *n*, Psychopharmakon *n*
psychotropic drug Psychopharmakon *n*, psychotropes Arzneimittel *n*
psychotropic substance Psychopharmakon *n*, psychotroper Stoff *m*
psychrophiles psychrophile Mikroorganismen *mpl*
psychrophilic microorganisms psychrophile Mikroorganismen *mpl*
public health öffentliche Gesundheit *f*
public relations Öffentlichkeitsarbeit *f*
publication Veröffentlichung *f*, Publikation *f*
publicity Werbung *f*, Reklame *f*, Publizität *f*
puddle *v* umrühren
pulverise *v (BE)*, **pulverize** *v (AE)* pulverisieren
pump *v* pumpen
pump *(Tech)* Pumpe *f*
pump *v* **off** abpumpen, auspumpen
pump valve *(Tech)* Pumpenventil *n*
punch 1. Stempel *m*, Prägestempel *m*, Stanze *f*; 2. *(Tabl)* Tablettenstempel *m*
punch cycle *(Tech)* Stanztakt *m*
punch form *(Tabl)* Stempelform *f*
punch head *(Tabl)* Stempelkopf *m*
punch holder *(Tabl)* Stempelhalter *m*
punch length *(Tabl)* Stempellänge *f*
punch neck *(Tabl)* Stempelhals *m*
punch *v* **out** lochen, ausstanzen, prägen
punch shaft *(Tabl)* Stempelschaft *m*
punch shape *(Tabl)* Stempelform *f*

punch speed *(Tabl)* Stempelgeschwindigkeit *f*
punch tightness *(Tabl)* Stempeldichtigkeit *f*
punch tip *(Tabl)* Stempelkopf *m*
punch type *(Tabl)* Stempeltyp *m*
puncture-proof durchschlagfest
purchase *v* einkaufen, kaufen, erwerben, beschaffen
purchase Kauf *m*, Einkauf *m*
purchase order *(Vertr)* Bestellauftrag *m*
purchase specification *(Tech)* Lastenheft *n*
purchaser Einkäufer *m*, Einkäuferin *f*
purchasing 1. Einkauf *m*, Beschaffung *f (Abteilung im Unternehmen)*; 2. Einkauf *m*, Beschaffung *f (Prozess)*
purchasing account Einkaufkonto *n*, Wareneingangskonto *n*
purchasing agent Einkäufer *m*, Einkäuferin *f*, Einkaufssachbearbeiter *m*, Einkaufssachbearbeiterin *f*
purchasing costs Erwerbskosten *pl*
purchasing department Einkaufsabteilung *f*
purchasing manager Einkaufsleiter *m*, Einkaufsleiterin *f*
purchasing policy Beschaffungspolitik *f*
pure rein, sauber, unvermischt, pur
pure chemicals Reinchemikalien *fpl*
pure particle Reinpartikel *m*
pure steam Reindampf *m*
pure-steam generator Reindampferzeuger *m*
pure substance reine Substanz *f*, reiner Stoff *m*
pure water Reinwasser *n*, destilliertes Wasser *n*
purgative *(Med)* Abführmittel *n*, Purgans *n*
purge *v (Med)* reinigen, entschlacken, abführen, den Darm leeren
purge *(Med)* Abführmittel *n (stark)*
purification 1. Reinigung *f (eines Stoffes, einer Lösung)*; 2. Vereinzelung *f*
purification procedure 1. Aufreinigungsverfahren *n*; 2. Reinigungsanweisung *f*
purified gereinigt
purified steam Reindampf *m*, gereinigter Dampf *m*
purified water gereinigtes Wasser *n*, aufbereitetes Wasser *n*, Aqua purificata *(nach britischem Arzneibuch)*
purified water generation Herstellung *f* von Reinwasser
purity Reinheit *f*
purity characteristics Reinheitskriterien *npl*
purity level Reinheitsgrad *m (eines Produktes)*
purity of the drug Arzneimittelreinheit *f*
purity specification Reinheitsanforderung *f*, Anforderung *f* an die Reinheit
purity test Reinheitsprüfung *f*
purpose Verwendungszweck *m*
push-out package *(Verp)* Durchdrückverpackung *f*
push-through package *(Verp)* Durchdrückverpackung *f*
put *v* **on** 1. *(Chem)* ansetzen *(eine Lösung)*; 2. *(Tech)* anstellen, anmachen *(eine Maschine)*
putting on stream Inbetriebnahme *f*
pyrogen Pyrogen *n*, fiebererzeugender Stoff *m*
pyrogen test Prüfung *f* auf Pyrogene
pyrogenetic fiebererregend, durch Fieber verursacht
pyrogenic *s.* pyrogenetic
pyrogenicity Pyrogenität *f*, Fiebererzeugung *f*
pyrogenous fiebererzeugend

Q

qualification 1. Qualifizierung *f*, Weiterbildung *f*; 2. *(Tech)* Qualifizierung *(von Maschinen und Anlagen)*
qualification data *(Tech)* Qualifizierungsdaten *pl*
qualification master plan *(Tech)* Qualifikationsmasterplan *m*, Qualifizierungsmasterplan *m*
qualification phase *(Tech)* Qualifizierungsphase *f*
qualification proceedings *(Tech)* Qualifizierungsverlauf *m*
qualification provisions *(Tech)* Qualifizierungsvorgaben *fpl*
qualification report *(Tech)* Qualifizierungsbericht *m*
qualified person sachkundige Person *f*
qualitative analysis qualitative Analyse *f*

qualitative particulars Zusammensetzung *f* nach Art
quality Qualität *f* Güte *f*, Beschaffenheit *f*
quality assurance Qualitätssicherung *f*, Gütesicherung *f*
quality assurance system Qualitätssicherungssystem *f*
quality attributes Qualitätsmerkmale *npl*
quality characteristics Qualitätskriterien *npl*
quality check Qualitätsprüfung *f*
quality class Güteklasse *f*, Qualitätsstufe *f*
quality conscious qualitätsbewusst
quality control Qualitätskontrolle *f*
quality control instrument Qualitätskontrollinstrument *n*
quality control system Qualitätskontrollsystem *n*
quality defect Qualitätsmangel *m*
quality-determining qualitätsbestimmend
quality goal Qualitätsziel *n*
quality improvement Qualitätsverbesserung *f*
quality-influencing steps qualitätsbeeinflussende Schritte *mpl*
quality management Qualitätsmanagement *n*
quality manual Qualitätsmanagementhandbuch *n*
quality problem Qualitätsproblem *n*
quality product Qualitätsprodukt *n*
quality specification Gütebestimmung *n*, Gütevorschrift *f*
quality standard Qualitätsstandard *m*
quality-related qualitätsbezogen, qualitätsrelevant
quality-relevant work qualitätsrelevante Arbeit *f*
quality unit Qualitätssicherungseinheit *f*, Qualitätskontrolleinheit *f*
quantifiable quantifizierbar, quantitativ bestimmbar
quantitative quantitativ
quantitative analysis quantitative Analyse *f*
quantitative particulars mengenmäßige Zusammensetzung *f*
quantity Anzahl *f*, Menge *f*, Volumen *n*, Umfang *m*
quantity buyer Großabnehmer *f*
quantity control Füllmengenkontrolle *f*
quantity of substance Stoffmenge *f*, Substanzmenge *f*
quantity ordered Bestellmenge *f*, bestellte Menge *f*, Abnahmemenge *f*
quantity purchased Abnahmemenge *f*, eingekaufte Menge *f*
quantity to be measured Messgröße *f*
quarantine *v* unter Quarantäne stellen, sperren
quarantine Quarantäne *f* • **in quarantine** in Quarantäne
quarantine storage Quarantänelagerung *f*
quarantine warehouse Quarantänelager *n*
quarantined in Quarantäne, unter Quarantäne gestellt
quarantining Sperrung *f*, Inquarantänebringen *n*
quarterly accounts *(Wi)* Quartalsabschluss *m*, Quartalsergebnis *n*
quarterly financial statement *(Wi)* Quartalsabschluss *m*
queasiness *(Med)* Übelkeit *f*, Überempfindlichkeit *f*
questionnaire Prüfbogen *m*, Fragebogen *m*
quick assay *(Lab)* Schnelltest *m*
quick-drying schnelltrocknend
quick-flange connection Schnellverschluss *m*
quick-frozen schockgefroren
quinine Chinin *n*
quota Quote *f*, Anteil *m*
quotation Preisangebot *n*
quote *v* **a price** ein Preisangebot machen
quotient *(Math)* Quotient *m*

R

rack 1. Gestell *n*, Magazin *n*, Regal *n*; 2. *(Tech)* Rechen *m*
racking pains rasende [starke] Schmerzen *mpl*
radiate *v* bestrahlen, strahlen
radiated bestrahlt
radiation Bestrahlung *f*, Strahlung *f*
Radiation Protection Act Strahlenschutzgesetz *n (Deutschland)*
radioactive radioaktiv
radio-label(l)ing radioaktive Markierung *f*

radiopharmaceuticals *(Med)* Radiopharmazeutika *npl*
rail cargo *(Log)* Bahnfracht *f*
rail carriage *(Log)* Bahnfracht *f*
rail forwarding *(Log)* Bahnversand *m*
rail freight *(Log)* Bahnfracht *f*
raising blood pressure *(Med)* blutdrucksteigernd
random stichprobenartig, zufällig, ungeordnet
random distribution Zufallsverteilung *f*
random error Zufallsfehler *m*
random location storage system *(Log)* chaotische Lagerhaltung *f*
random picking chaotische Kommissionierung *f*
random sample Stichprobe *f*
random sampling Stichprobenentnahme *f*
randomisation *(BE)*, **randomization** *(AE)* Herstellen *n* einer zufälligen Anordnung, Randomisierung *f*
randomly programmable *(Tech)* frei programmierbar
range 1. Sortiment *n*, Kollektion *f*, Auswahl *f*, Angebot *n*, Reihe *f*; 2. Bereich *m*, Strecke *f*, Umfang *m*, Weite *f*; 3. Streubreite *f*, Variationsbreite *f*, Schwankungsbereich *m*; 4. *(Tech)* Hubbereich *m*
range of adjustment *(Tech)* Einstellbereich *m*, Regelbereich *m*
range of measurement Mess-Strecke *f*, Messbereich *m*
range of products Produktpalette *f*, Produktsortiment *n*
rankle *v* schmerzen
rapid-acting schnellwirkend
rapid alert notification *(Qual)* Eilbenachrichtigung *f* über ein Qualitätsproblem
rapid analysis *(Lab)* Schnellanalyse *f*
rapid filter Schnellfilter *n(m)*
rapid-hardening schnellhärtend, schnellbindend
rapid test *(Lab)* Schnelltest *m*
raster Raster *n*
rate 1. Geschwindigkeit *f*, Rate *f*; 2. Menge *f* je Zeiteinheit, Durchsatz *m*; 3. Rate *f*, Verhältnis *n*
rate meter *(Tech)* Durchflussmesser *n*, Mengenstrommesser *m*, Strömungsmesser *m*
rate of appearance *(Mikro)* Entstehungsgeschwindigkeit *f*
rate of capacity utilisation *(BE)*, **rate of capacity utilization** *(AE)* *(Wi, Tech)* Kapazitätsauslastungsgrad *m*
rate of death *(Ster)* Abtötungsrate *f*
rate of dissolution *(Chem)* Auflösungsgeschwindigkeit *f*, Lösegeschwindigkeit *f*
rate of drying Trockengeschwindigkeit *f*, Trocknungsgeschwindigkeit *f*
rate of filtration Filtergeschwindigkeit *f*, Filtriergeschwindigkeit *f* *(Gase)*
rate of flow Fließgeschwindigkeit *f*, Strömungsgeschwindigkeit *f*, Durchfluss *m*
rate of formation *(Mikro)* Bildungsgeschwindigkeit *f* *(von Mikroorganismen)*
rate of growth *(Mikro)* Wachstumsgeschwindigkeit *f* *(von Mikroorganismen)*
rate of product fermentation *(Biot)* Produktbildungsrate *f*
rate of reaction Reaktionsgeschwindigkeit *f*
rate of release Freisetzungsgeschwindigkeit *f*
rate of rotation *(Tech)* Drehzahl *f*
rate of settling Absetzgeschwindigkeit *f*, Absinkgeschwindigkeit *f*
rating Bewerten *n* von Eigenschaften
ratio 1. *(Math)* Kennzahl *f*, Kennziffer *f*, Quotient *m*, Verhältnis *n*; 2. Mengenverhältnis *n*; 3. *(Tech)* Übersetzung *f* • **at the ratio of** im Verhältnis von
ratio of components Mischungsverhältnis *n*
ratio of concentration Konzentrationsverhältnis *n*
ratio of ingredients Mischungsverhältnis *n* der Bestandteile
rationalisation *(BE)*, **rationalization** *(AE)* Rationalisierung *f*
raw roh, unbehandelt
raw material Rohstoff *m*, Einsatzstoff *m*
raw sewage ungeklärtes Abwasser *n*, Rohabwasser *n*
raw waste water ungeklärtes Abwasser *n*, Rohabwasser *n*
re-approved erneut genehmigt
re-cycling Wiederverwertung *f*, Recycling *n*
re-equip *v* *(Tech)* umrüsten; neu ausstatten, neu ausrüsten

re-establishment Wiederherstellung *f*
re-evaluation date Wiederprüfungsdatum *n*, Datum *n* der Neubewertung
re-evaluation Nachbewertung *f*, Neubewertung *f*
re-examination Wiederholungsprüfung *f*
re-injection *(Lab)* Wiederholungsinjektion *f (in ein Analysegerät aus vorheriger Prüflösung)*
re-order *v* nachbestellen
re-order Nachbestellung *f*
re-pack *v* umpacken, umverpacken, neu verpacken
re-pallet *v (Log)* umpalettieren
re-treat *v* behandeln *(wiederholt, nochmalig)*
re-treatment *(Chem, Med)* Behandlung *f (wiederholt, nochmalig)*; Nachbehandlung *f*
re-sampling Wiederholung *f* der Probenahme *(nach Plan)*
reabsorption Resorption *f (physiologisch)*
reactant *(Chem)* Reaktant *m*, Reaktionspartner *m*, reagierender Stoff *m*
reaction 1. Reaktion *f*, Wirkung *f*; 2. chemische Reaktion *f*
reaction condition *(Chem)* Reaktionsbedingung *f*
reaction speed *(Chem)* Reaktionsgeschwindigkeit *f*
reaction velocity *(Chem)* Reaktionsgeschwindigkeit *f*
reaction vessel *(Lab)* Reaktionsgefäß *n*
reactor Reaktor *m*
read *v* **off** ablesen
readapt (neu) anpassen
readily available schnell zugänglich
readily soluble leicht löslich
readily volatile leicht flüchtig
reading 1. Ablesen *n (Messwert)*; 2. Skalenwert *m*, Messwertanzeige *f*
reading error Ablesefehler *m*
readjust *v* 1. *(Tech)* einstellen, anpassen *(neu, wieder)*; 2. sanieren, umstrukturieren
readout 1. Ablesen *n*; 2. Ablesung *f (Wert)*
ready for dispatch versandbereit
ready for operation betriebsbereit
ready for shipment versandfertig, versandbereit
ready for use gebrauchsfertig
ready-to-use agent gebrauchsfertiges Medium *n*, gebrauchfertiges Mittel *n*
ready-to-use reagent gebrauchfertiges Reagenz *n* [Reagens *n*]
reaffirm *v* **the presence of** das Vorhandensein von ... nachweisen
reagent *(Chem)* Reagenz *n*, Reagens *n*
reagent-grade als Reagenz [Reagens] geeignet
reagent paper *(Med)* Reagenzpapier *n*, Indikatorpapier *n*
reagent set Reagenziensatz *m (am Laborplatz)*
reagent solution Reagenzlösung *f*
realised demand *(BE)* realisierte Nachfrage *f*, gekaufte Menge *f*
realised supply *(BE)* realisiertes Angebot *n*, gelieferte Menge *f*
realized demand *(AE)* realisierte Nachfrage *f*, gekaufte Menge *f*
realized supply *(AE)* realisiertes Angebot *n*, gelieferte Menge *f*
reasonably soluble mäßig löslich
reasoned request begründete Nachfrage *f*
reasoning Begründung *f*, Beweisführung *f*, Schlussfolgerung *f*
reassay *(Lab)* Neubestimmung *f*, wiederholte Bestimmung *f*
reassemble *v* erneut zusammensetzen
reassembly *(Tech)* erneute Zusammensetzung *f*, wiederholter Zusammenbau *m*; Wiederzusammenbau *m*
reassessment Neubewertung *f*
reassimilate *v* neu anpassen
rebound *v (Wi)* sich erholen
rebound *(Wi)* Erholung *f*
recall *v* zurückrufen, rückrufen, zurückfordern *(z. B. ein Produkt vom Markt)*
recall *(Qual)* Rückruf *m*
recall *v* **data** Daten abrufen
receipt 1. Beleg *m*, Quittung *f*; 2. Empfang *m*, Empfang *m* der Ware, Entgegennahme *f*, Wareneingang *m* • **upon receipt** *(Log)* bei Wareneingang
receipt document Empfangsbestätigung *f*
receipt of components Eingang *m* von Stoffen
receipt of goods Wareneingang *m*, Empfang *m* der Waren
receivables Außenstände *mpl*, Debitoren *mpl*

receiver 1. Rezipient *m*, Empfänger *m*; 2. Sammelbehälter *m*, Auffanggefäß *n*, Auffangschale *f*; 3. Vorlage *f*, Destilliervorlage *f*
receiving log book *(Log)* Wareneingangsbuch *n*
receiving number *(Dok, Log)* Eingangsnummer *f*
receptacle Behälter *m*, Sammelbehälter *m*, Sammelgefäß *n*
recheck *v* nachprüfen, nochmals prüfen
reciprocating compressor *(Tech)* Kolbenverdichter *m*, Kolbenkompressor *m*
reciprocating pump *(Tech)* Kolbenpumpe *f*, Hubkolbenpumpe *f*
reciprocating screen Vibrationssieb *n*, Vibratorsieb *n*
recirculating air Umluft *f*
recirculation Umlauf *m*
recirculation pump Umwälzpumpe *f*
reclaim *v* wiedergewinnen, rückgewinnen, wiederaufbereiten
reclaimed waste water wiederverwendbares Abwasser *n*, aufbereitetes Abwasser *n*
reclosure *(Verp)* Wiederverschluss *m*
recognition Anerkennung *f*
recombinant rekombinant
recombinant drug rekombinantes Arzneimittel *n*
recombinant organisms rekombinante Organismen *mpl*
recombinant technology rekombinante Technologie *f*
recommendation Empfehlung *f*, Vorschlag *m*, Befürwortung *f*
recommended dose *(Med)* empfohlene Dosis *f*
recommended limit Richtgrenzwert *m*
recommended price Richtpreis *m*, empfohlener Preis *m*
recommended storage empfohlene Lagerung *f*
recommending character Empfehlungscharakter *m*
reconcile *v* abgleichen, vergleichen, abstimmen
reconcile *v* **quantities** Mengen abgleichen
reconciliation Abgleich *m*, Bilanzierung *f*, Vergleich *m*, Abstimmung *f*
record *v* aufnehmen, aufzeichnen, dokumentieren, protokollieren *(z. B. Messwerte)*
record *(Dok)* Aufzeichnung *f*, Bericht *m*, Protokoll *n*, Akte *f*, Datensatz *m*
record *v* **a measurement reading** einen Messwert erfassen
record *v* **complaints** Beanstandungen aufzeichnen, Beanstandungen erfassen
record-keeping *(Dok)* Aufzeichnungen *fpl*, Protokollierung *f (Daten)*; Aufbewahrung *f*, Aufbewahren *n* • **compulsory period of record-keeping** *(Dok)* vorgeschriebene Aufbewahrungsfrist
recorder *(Tech)* Schreiber *m*, Aufzeichnungsgerät *n*
recorder chart Registrierstreifen *m*
recording device Aufzeichnungsgerät *n*
recover *v* 1. *(Med)* sich erholen; 2. *(Wi)* sich erholen, sich verbessern; 3. wiedergewinnen, rückgewinnen, aufbereiten
recoverable rückgewinnbar
recovery 1. *(Med)* Erholung *f*, Besserung *f*, Gesundung *f*; 2. *(Wi)* Erholung *f*, Aufschwung *m*, Verbesserung *f*; 3. Rückgewinnung *f*, Wiedergewinnung *f*; 4. Ausbeute *f*, Gewinn *m*
recovery level *(Ster)* Wiederfindungsgrad *m*
recovery of material Rückgewinnung *f* von Material
recovery time Wiederfindungszeit *f*
recruitment Personalbeschaffung *f*; Personaleinstellung *f*
recruitment advertising Stellenausschreibung *f*
rectal capsule *(Herst)* Suppositor *m*, Zäpfchen *n*
rectal use *(Med)* rektale Anwendung *f*
rectification *(Tech)* Justieren *n*, Justierung *f (von Instrumenten)*
rectify *v (Tech)* justieren, einstellen *(Instrumente)*
recycling Wiederverwertung *f*, Recycling *n*
redistill *v* redestillieren
redistillation nochmalige [erneute] Destillation *f*, Redistillation *f*, Zweitdestillation *f*
redistilled redistilliert, erneut destilliert
reduce *v* reduzieren, vermindern, senken, zerkleinern

reducer *(Tech)* Reduzierstück *n*
reducibility Reduzierbarkeit *f*
reducible reduzierbar
reducing adapter *(Tech)* Übergangsstück *n*; Reduzierstück *n*
reducing valve *(Tech)* Drosselungsventil *n*, Druckminderer *m*; Reduzierventil *n*
reduction Reduzierung *f*, Verminderung *f*, Senken *n*, Absenken *n*, Verkleinerung *f*
reduction of capacity *(Wi)* Kapazitätsabbau *m*
reduction of pollution Schadstoffminderung *f*
reel width *(Tech)* Rollenbreite *f*
refer *v* **to** verweisen auf, sich beziehen auf
reference 1. Bezug *m*, Bezugsgröße *f*, Referenz *n*; Verweis *m*, Hinweis *m*; 2. *(Tech)* Soll • **reference to** Bezug auf, Bezugnahme auf, Verweis auf
reference code Referenzcode *m*
reference member state erstzulassender Mitgliedsstaat *m (EU)*
reference price Richtpreis *m*, empfohlener Preis *m*
reference sample Ausfallmuster *n*, Vergleichsprobe *f*, Rückstellmuster *n*
reference standard Referenzstandard *m*
refined raffiniert, veredelt
reflux condenser *(Tech)* Rücklaufkondensator *m*, Rückflusskühler *m*
reformulation Umformulierung *f*
refractive index Refraktionsindex *m*
refractometer Refraktometer *n*
refrigerant Kühlmittel *n*
refrigerate *v* kühlen, sich abkühlen, kühl halten
refrigerated gekühlt
refrigerated pack Kühlpackung *f*
refrigerated package Kühlverpackung *f*
refrigerated shipment Kühlgut *n*, Kühlware *f*
refrigerated warehouse Kühlhaus *n*, Kühllager *n*
refrigerating chain Kühlkette *f*
refrigeration Kältegewinnung *f*, Käteerzeugung *f*; Kühlung *f*, Kühlen *n*
refrigerator Kühlschrank *m*, Kältemaschine *f*
refuse *v* zurückweisen, abweisen, ablehnen, (ver)weigern
refuse Abfall *m*, Müll *m*, Ausschuss *m*
register *v* 1. zulassen, anmelden, registrieren; 2. auflisten, einschreiben, erfassen, melden, verzeichnen
register Verzeichnis *n*, Liste *f*, Auflistung *f*, Register *n*
register defect Passerfehler *m*
register difference Passerdifferenz *f*
registered agent *(Chem)* zugelassenes Mittel *n*
registered customer eingetragener Kunde *m*
registration 1. Registrierung *f*; 2. *(Reg)* Zulassung *f*
registration application *(Reg)* Zulassungsantrag *m*
registration authority *(Reg)* Zulassungsbehörde *f*
registration certificate *(Reg)* Zulassung *f (als Dokument)*
registration dossier *(Reg)* Zulassungsdossier *n*
registration file *(Reg)* Zulassungsdossier *n*
registration of drugs *(Reg)* Arzneimittelregistrierung *f*, Arzneimittelzulassung *f*
regrade *(Qual)* Neueinstufung *f*
regular review regelmäßige Überprüfung *f*, regelmäßige Überarbeitung *f*
regulation Vorschrift *f*, Verordnung *f*, Anordnung *f*, Verfügung *f*, Erlass *m*, Festlegung *f*, Regelung *f*
regulation by the Commission *(Reg)* Verordnung *f* der Europäischen Kommission
regulation stop valve *(Tech)* Drosselventil *n*
regulations for hazardous goods Gefahrstoffverordnung *f*
regulatory affairs regulatorische Angelegenheiten *fpl*
regulatory applicability (regulatorische) Anwendbarkeit *f*
regulatory authority *(Reg)* Zulassungsbehörde *f*
regulatory context regulatorisches Umfeld *n*
regulatory demand regulatorische Anforderung *f*, regulatorische Forderung *f*
regulatory framework rechtlicher Rahmen *m*
regulatory impact Einfluss *m* regulatorischer Aspekte

regulatory requirement regulatorische Anforderung *f*
reintroduce *v* wiedereinschleusen
reject *v* ablehnen, zurückweisen, verwerfen
reject *(Qual)* Ausschuss *m*
reject point *(Herst, Verp)* Auswurfstelle *f*
rejected verworfen, abgelehnt, zurückgewiesen
rejected material abgelehnter [verworfener, zurückgewiesener] Stoff *m*
rejected product verworfenes Produkt *n*
rejected quality verworfene [abgelehnt] Qualität *f*
rejection Zurückweisung *f*, Sperrung *f*
rejection criteria Zurückweisungskriterien *npl*
rejects fehlerhafte Stücke *npl*, aussortierte Stücke *npl*
relabel *v (Verp)* umetikettieren
relabellers *(Tech, Verp)* Umetikettierer *m*
relative standard deviation relative Standardabweichung *f*
relax *v* **rules** Vorschriften *fpl* lockern
release *v* abgeben, freisetzen; freigeben
release 1. Freisetzung *f*, Entwicklung *f*; 2. *(Tech)* Version *f*, Ausgabe *f* • **release to third parties** Weitergabe *f* an Dritte
release behavior *(AE)*, **release behaviour** *(BE)* Freisetzungsverhalten *n*
release date Freigabedatum *n*
release for distribution Freigabe *f* für den Vertrieb
release for manufacturing Freigabe *f* zur Produktion
release for packaging Freigabe *f* zur Verpackung
release for sale Inverkehrbringen *n*
release of organisms *(Mikro)* Entweichen *n* von Organismen
release procedure Freigabeverfahren *n*
release quality control Qualitätsendkontrolle *f*
release status Freigabestatus *m*
release testing Freigabeprüfung *f*
released freigegeben; freigesetzt
relevant geltend, gültig, zutreffend
reliability Zuverlässigkeit *f*
reliability of data Zuverlässigkeit *f* der Werte
reliability of method Zuverlässigkeit *f* der Methode
reliability study Zuverlässigkeitsuntersuchung *f*
reliable zuverlässig, verlässlich
reliable customer zuverlässiger Kunde *m*
reliable method zuverlässiges Verfahren *n*
relief Ablass *m*, Ablassvorrichtung *f (für Luft, Wasser usw.)*
relief valve *(Tech)* Überdruckventil *n*; Sicherheitsventil *n*
relieve *v (Med)* lindern *(Schmerzen)*
relieving *(Med)* lindernd
relocate *v* verlagern
remark Anmerkung *f*, Bemerkung *f*
remedial action Korrekturmaßnahme *f*
remedy *v* 1. *(Med)* helfen, heilen; 2. beseitigen, beheben, abhelfen
remedy 1. *(Med)* Heilmittel *n*, Gegenmittel *n*; 2. Lösung *f*, Hilfe *f*, Abhilfe *f*
remit *v* **tasks** Aufgaben zuweisen, Verantwortungsbereich zuweisen
remote control Fernbedienung *f*, Fernsteuerung *f*
remote operation Fernbetätigung *f*, Fernbedienung *f*
removable abnehmbar, zu entfernen, herausnehmbar, auswechselbar
removal Entfernung *f*, Beseitigung *f*, Abbau *m*, Ablass *m*
removal probe Entnahmesonde *f*
remove *v* entfernen, herausnehmen, auswechseln
render *v* **sterile** keimfrei machen
renew *v* erneuern, verlängern, prolongieren
renewal Erneuerung *f*, Verlängerung *f*, Prolongation *f*
renumeration Bezahlung *f (des Personals)*
reorder *v* nachbestellen
reorder Nachbestellung *f*
reordering Nachbestellung *f*, Nachbestellen *n*
repack *v* umpacken, umverpacken, neu verpacken
repacker Umverpacker *m*
repacking Umpacken *n*, Wiederverpacken *n*
repair *v* reparieren, instandsetzen
repair Reparatur *f*, Instandsetzung *f*
repair costs Reparaturkosten *pl*
repeal *v (Reg)* aufheben, für ungültig er-

klären *(eine Verordnung oder ein Gesetz)*
repeal *(Reg)* Aufhebung *f (einer Verordnung, eines Gesetzes)*
repeat *v* wiederholen
repeatable wiederholbar
repeated examination Wiederholungsprüfung *f*
repeated inspection wiederholte Inspektion *f*, Wiederholungsinspektion *f*
repellent 1. Abwehrmittel *n (gegen Mikroorganismen angewendete Substanz)*; 2. *(Chem)* hydrophober Stoff *m*, wasserabweisender Stoff *m*
repetition Wiederholung *f*
replacable austauschbar
replacable cartridge austauschbare Kartusche *f*
replace *v* ersetzen, austauschen
replacement 1. Ersatz *m*, Austausch *m*; 2. Ersatzbeschaffung *f*, Ersatzteil *n*, Ersatzlieferung *f*
replenish *v* auffüllen, aufstocken, nachfüllen, ergänzen
replenishment Nachfüllung *f*, Aufstockung *f*, Auffüllen *n*, Ergänzung *f*
replenishment of stocks *(Log)* Bestandsauffüllung *f*, Lageraufstockung *f*
replenishment station *(Verp)* Nachladestation *f*
replication-competent replikationsfähig
report Bericht *m*, Befund *m*, Berichterstattung *f*, Darstellung *f*
report of analysis Analysenbefund *m*
report *v* **to** 1. berichten an; 2. jemandem unterstellt sein
reporter sample repräsentative Stichprobe *f*
reporting requirements Publizitätspflicht *f*, Anzeigepflicht *f*
representative repräsentativ, typisch, maßgeblich, kennzeichnend
representative Vertreter *m*, Repräsentant *m*
representative sample repräsentatives Muster *n*
repressor *(Biot, Med)* Hemmstoff *m*
reprocess *v* wiederverarbeiten, aufarbeiten, nachverarbeiten
reprocessed product wiederaufbereitetes Produkt *n*
reprocessing Wiederverarbeitung *f*, Aufarbeitung *f*, Wiederaufarbeitung *f*, Wiederaufbereitung *f*, Umarbeitung *f*
reproducibility Reproduzierbarkeit *f*, Wiederholbarkeit *f (z. B. eines Experiments)*
reproducible reproduzierbar
reproducible procedure reproduzierbares Verfahren *n*
reproduction 1. *(Mikro, Biol)* Vermehrung *f*; 2. Reproduktion *f*, Abbildung *f*
reputation Ruf *m*, Geschäftsansehen *n*, Reputation *f*
requalification *(Tech)* Requalifizierung *f*
request/upon auf Anfrage
require *v* fordern, erfordern
required gefordert, erfordert
required dose [dosage] *(Lab, Herst)* Einsatzmenge *f*
required input *(Lab, Herst)* Einsatzmenge *f*
required quantity *(Lab, Herst)* Einsatzmenge *f*
required value Sollwert *m*, Nennwert *m*
requirement Anforderung *f*, Forderung *f*, Erfordernis *n*, Voraussetzung *f*
requirement review *(Tech)* Anforderungsanalyse *f*
requirement specification Anforderungsliste *f*, Lastenheft *n*, Pflichtenheft *n*
requirements planning *(Herst)* Bedarfsplanung *f (Material)* • **meet the requirements** 1. den Bedarf decken; 2. *(Qual, Reg)* Vorschriften erfüllen, Vorschriften einhalten, den Anforderungen entsprechen [genügen]
requisite qualification geforderte Qualifikation *f*
resampling Wiederholung *f* der Probenahme *(nach Plan)*
research Forschung *f*
research and development (*A: Abk.: R&D*) Forschung *f* und Entwicklung *f*, F&E
research and development planning vorgesehene Ausgaben *fpl* für Forschung und Entwicklung
research budget Forschungshaushalt *m*, Forschungsmittel *npl*
research contract Forschungsauftrag *m*
research department Forschungsabteilung *f*

research expenditure Forschungsaufwand *m*
research field Forschungsbereich *m*
research institute Forschungsinstitut *n*
research instrument Forschungsmethode *f*
research laboratory Forschungslabor *n*
research project Forschungsprojekt *n*
research report Forschungsbericht *m*
research result Forschungsergebnis *n*, Untersuchungsergebnis *n*
researcher Forscher *m*
reservation of title to goods Eigentumsvorbehalt *m*
reserve *(Log, Fin)* Reserve *f*, Rückstellung *f*
reserve sample *(Qual)* Rückstellungsmuster *n*
reservoir *(Log)* Reservoir *n*, Speicher *m*, Speicherbehälter *m*
reship *(Log)* wiederverladen, wiederverfrachten, erneut versenden
residual content Restgehalt *m*
residual layer *(Chem)* Rückstandsfilm *m*, Rückstandsschicht *f*
residual solvent *(Chem)* Restlösemittel *n*
residue Rückstand *m*, Restverschmutzung *f*; Rest *m*
residue-free restbestandsfrei
residue limit Rückstandsgrenze *f*
residue measurement Schmutzmessung *f*
residue on drying Trocknungsrückstand *m*, Verbrennungsrückstand *m*
residue on evaporating Verdampfungsrückstand *m*
residue removal Schmutzbeseitigung *f*
resin Harz *n*
resistance test Resistenzprüfung *f*
resistance to abrasion Reibeechtheit *f*
resistance to antibiotics *(Med)* Antibiotikaresistenz *f*
resistance to light Lichtbeständigkeit *f*, Lichtechtheit *f*
resistance to shock Stoßfestigkeit *f*
resistance to tearing Reißfestigkeit *f*
resistance to wear Verschleißfestigkeit *f*, Abnutzungsbeständigkeit *f*
resistant beständig, widerstandsfähig, resistent
resistant to abrasion abriebfest
resistant to antibiotics *(Med)* antibiotikaresistent
resistant to fading lichtecht
resistant to freezing frostresistent, frosthart
resistant to heat hitzeresistent, hitzebeständig, hitzefest
resolve *v* 1. *(Med)* zum Rückgang *m* [Abklingen] bringen; 2. klären, lösen, auflösen
resolve *v* **deviations** Abweichungen beheben [korrigieren]
resorb *v* aufnehmen, resorbieren, einsaugen, aufsaugen
resorption Resorption *f (als physiologischer Prozess)*
resource management Betriebsmittelverwaltung *f*, Ressourcenmanagement *n*
respirator *(Hyg)* Atemschutzmaske *f*
respiratory irritant Lungenreizstoff *m*
respiratory protection *(Hyg)* Atemschutz *m*, Atemschutzmaske *f*
respond *v* reagieren, ansprechen *(Messgerät)*
response 1. pharmazeutische Wirkung *f*, Reaktion *f*; 2. Reaktion *f*, Ansprechen *n (Messgerät)*
responsibility Verantwortlichkeit *f*, Verantwortung *f*, Aufgabe *f* • **decline responsibility** Haftung ablehnen • **take on responsibility** Gewährleistung übernehmen, Haftung übernehmen, Verantwortung tragen
responsible verantwortlich, zuständig
responsible person Verantwortliche(r) *f(m)*, verantwortliche Person *f*
resting phase *(Mikro)* stationäre Phase *f (Wachstum von Mikroorganismen)*
resting state Ruhezustand *m*
restock *v* auffüllen, aufstocken *(Lager, Bestand)*
restoration Wiederherstellung *f*, Sanierung *f*
restoration of one's health Wiederherstellung *f* der Gesundheit
restore *v* wiederherstellen, zurückbringen, wiederbringen
restraint of competition *(Mark, Vertr)* Wettbewerbsbeschränkung *f*
restricted access eingeschränkter Zugang *m*, beschränkter Zutritt *m*
restricted access area beschränkter Zugangsbereich *m*
restricted access barrier sys-

tem Schutzisolation *f* für zugangsbeschränkte Bereiche
restriction Drosselung *f*
restriction of competition Wettbewerbsbeschränkung *f*
restriction of output Drosselung *f* der Produktion
restriction of trade Handelsbeschränkung *f*
result of investigation Untersuchungsergebnis *n*
resuscitation *(Med)* Wiederbelebung *f*
retail package *(Verp)* Einzelverpackung *f*
retail pharmacy Apotheke *f*
retail price Einzelhandelspreis *m*
retain *v* aufbewahren • **retain documents** Dokumente aufbewahren, archivieren
retained sample Rückstellmuster *n*
retaining ring Haltering *m*
retard *v* verzögern, hemmen, hinauszögern, zurückhalten
retarded verzögert
retarder Hemmstoff *m*
retarding verzögernd *(wirkend)*
retention capability Rückhaltekapazität *f*
retention period *(Dok)* Aufbewahrungsfrist *f*, Aufbewahrungszeitraum *m*
retention sample Rückstellmuster *n*
retention time 1. Verweilzeit *f*, Verweildauer *f (eines Arzneimittels)*; Rückhaltezeit *f*, Haltezeit *f*, Durchlaufzeit *f*, Retentionszeit *f*; 2. *(Dok)* Aufbewahrungsfrist *f*, Aufbewahrungszeitraum *m*
retention volume Rückhaltevolumen *f*, Retentionsvolumen *f (Chromatographie)*
retentive zurückhaltend
retest *v* wiederholt prüfen, noch einmal prüfen
retest Wiederholungstest *m*, Wiederholung *f* der Prüfung am gleichen Muster
retest data Retestdaten *pl*
retest date neuer Prüftermin *m*, Termin *m* für eine erneute Prüfung, Wiederholungsprüftermin *m*
retest period Freigabezeitraum *m*
retool *v (Tech)* umrüsten, neu ausrüsten
retooling *(Tech)* Umrüsten *n*
retort stand *(Lab)* Stativ *n*
retrospective validation retrospektive Validierung *f*
return *v* zurückschicken, zurückgeben
return *(Qual)* Retoure *f*
return cargo *(Log)* Rückfracht *f*, Rücksendung *f*
return consignment *(Log)* Rückfracht *f*, Rücksendung *f*
return freight *(Log)* Rückfracht *f*, Rücksendung *f*
return pipe *(Tech)* Rücklaufrohr *n*, Rücklaufrohrleitung *f*
return water Rücklaufwasser *f*
returned drug product *(Qual)* Arzneimittelretoure *f*
returned labeling *(AE)*, **returned labelling** *(BE)* zurückgegebene Etiketten *npl*
returns outward Retouren *fpl* an Lieferanten
reusable wiederverwertbar, wiederverwendbar
reuse *v* wiederverwenden
reuse Wiederverwendung *f*, erneute Verwendung *f*
reused waste water wiederverwendetes Abwasser *n*
revalidation Revalidierung *f*
revenues Einnahmen *fpl*, Erlöse *mpl*
reversal umkehrbar
reverse effect umgekehrte Wirkung *f*
reverse flow *(Tech)* Gegenstrom *m*, Rückstrom *m*
reverse-flow filter *(Tech)* Rücklauffilter *n(m)*
reverse osmosis Umkehrosmose *f*
review *v* durchsehen, überarbeiten, prüfen, nachprüfen, bewerten
review Bewertung *f*, Prüfung *f*, Überprüfung *f*, Durchsicht *f*
review *v* **complaints** Beanstandungen prüfen
reviewed überarbeitet, bewertet, geprüft, nachgeprüft
revise *v* revidieren, ändern, korrigieren, erneuern, überprüfen, neu bearbeiten
revival of demand *(Vertr)* Nachfragebelebung *f*
revocation of a contract Vertragskündigung *f*, Vertragsaufhebung *f*
revolution *(Tech)* Umdrehung, Drehung *f*, Umlauf *m*, Umwälzung *f*, Drehzahl *f*
revolution counter *(Tech)* Drehzahlmesser *m*
revolution speed Drehzahl *f*

revolutions per minute Umdrehungen *fpl* pro Minute
revolving drehbar, umlaufend, (sich) drehend
revolving filter Drehfilter *n(m)*, Trommelfilter *n(m)*
revolving grate Drehrost *m*, Schüttelrost *m*
revolving mechanism *(Tech)* Schwenkvorrichtung *f*
revolving screen Wälzsieb *n*, Rundsieb *n*
rework *v* aufarbeiten, umarbeiten
rework Nacharbeit *f*
reworking Umarbeitung *f*
rhinological agent *(Med)* Rhinologikum *n*
right Recht *n*, Berechtigung *f*
right-handed *(Tech)* rechtsgängig
right of access Zugangsrecht *n*, Zutrittsrecht *n*, Zugriffsrecht *n*
right to benefit Leistungsanspruch *m*
right to inspect *(Qual)* Prüfungsrecht *n*, Recht *n* auf Einsichtnahme
right to issue instructions Weisungsbefugnis *f*
rim 1. Kante *f*, Rand *m*, Randzone *f*; 2. *(Tabl)* Grat *m* einer Tablette
ring coding *(Dok)* Ringcodierung
ringpull can *(Verp)* Ringpulldose
rinse *v* spülen, abspülen, ausspülen
rinse 1. Spülen *n*, Abspülen *n*, Ausspülen *n*; 2. Spülmittel *n*, Nachspülmittel *n*
rinse *v* **off** abspülen, wegspülen
rinse *v* **out** ausspülen
rinse water Spülwasser *n*
rinsing Spülen *n*, Abspülen *n*, Ausspülen *n*
rinsing agent *(Chem)* Spülmittel *n*
rinsing cycle *(Tech)* Spülzyklus *m*
rise *(Tech)* Anstieg *m*, Erhöhung *f (Temperatur, Druck usw.)*
rise in temperature Temperaturerhöhung *f*
riser pipe Steigrohr *n*
risk Risiko *n*
risk and safety *(Abk.: RS)* Risiko *n* und Sicherheit *f*, RS
risk assessment Risikobewertung *f*
risk factor Risikofaktor *m*
risk of contamination Kontaminationsgefahr *f*
risk profile Risikoprofil *n*
rival goods Konkurrenzartikel *m*
rival product Konkurrenzprodukt *n*
rivet *(Tech)* Niet *m*
roborant Roborans *f*, Kräftigungsmittel *n*, stärkendes Mittel *n*
robot(ic) system *(Tech)* Roboteranlage *f*
robust stabil, widerstandsfähig
robustness Robustheit *f*, Kräftigkeit *f*, Zähigkeit *f*, Unempfindlichkeit *f*
robustness testing Prüfung *f* der Robustheit
rod *(Tech)* Stange *f*
rod mill *(Tech)* Stabmühle *f*
rod screen *(Tech)* Stangenrostsieb *n*, Stabrostsieb *n*
rodent *(Hyg)* Nagetier *n*
roll *v (Tech)* walzen, rollen, drehen, wickeln
roll *(Tech)* Rolle *f*, Walze *f*
roll-fed labels *(Verp)* Etiketten *npl* von der Rolle
roll labeling *(AE)*, **roll labelling** *(BE) (Verp)* Rollenetikettierung *f*
roller bearing *(Tech)* Rollenlager *n*, Walzenlager *n*
roller dryer *(Tech)* Walzentrockner *m*, Zylindertrockner *m*
roller filler *(Tech)* Walzenfüller *m (Dosiermaschine)*
roller flask *(Lab)* Rollerflasche *f*
roller press Walzenpresse *f*
roller shutter Rolltor *n*
room disinfection *(Hyg)* Raumdesinfektion *f*
room pressure Raumluftdruck *m*, Luftdruck *m* im Raum
room pressure difference *(Tech)* Luftdruckunterschied *m*
roster Dienstplan *m*, Personaleinsatzplan *m*
rotary drehbar, schwenkbar, rotierend, umlaufend
rotary dryer, rotary drier *(Tech)* Drehtrommeltrockner *m*, Trommeltrockner *m*, Rotationstrockner *m*, Trockenzylinder *m*
rotary evaporator *(Lab)* Rotationsverdampfer *m*
rotary filter Drehfilter *n(m)*, Rotationsfilter *n(m)*
rotary press Rundläuferpresse *f*
rotary pump Rotationspumpe *f*
rotary sealing principle *(Verp)* rotatives

Siegelprinzip *n (einer Verpackungsmaschine)*
rotary shaker *(Lab)* Rundschüttler *m*
rotary switch Drehschalter *m*, Drehknopfschalter *m*
rotary system *(Tech)* Rundlaufsystem *n*, Rundgangsystem *n*
rotary unit *(Tech)* Rundläufer *m*
rotatability Drehbarkeit *f*
rotatable drehbar
rotate *v* rotieren, drehen
rotating rotierend
rough rau, grob, ungenau
rough surface raue Oberfläche *f*
roughing filter Grobfilter *n(m)*
round-bottom flask *(Lab)* Rundkolben *m*
round-bottom short-neck flask *(Lab)* Kurzhalsrundkolben *m*
round-bottom two-neck flask *(Lab)* Zweihalsrundkolben *m*
round-bottom wide-neck flask *(Lab)* Weithalsrundkolben *m*
round filter Rundfilter *n(m)*
route of administration *(Med)* Verabreichungsweg *m (eines Medikaments)*
routine analysis *(Qual)* Routineanalyse *f*, Serienanalyse *f*
routine inspection *(Qual)* planmäßige Überprüfung *f*
routine manufacturing routinemäßige Herstellung *f*
row of perforations *(Tech, Verp)* Lochreihe *f*
rpm *(revolutions per minute) (Tech)* Umdrehungen *fpl* pro Minute
rub *v* einreiben
rub *(Med)* Einreibemittel *n*
rubber Gummi *n (als Material)*
rubber formulation *(Verp)* Gummisorte *f*
rubber gasket Gummidichtung *f*, Gummiprofil *n*
rubber glove *(Hyg)* Gummihandschuh *m*
rubber stopper *(Verp, Lab)* Gummistopfen *m*
rubber tube Gummischlauch *m*
rubbish Müll *m*
rubbish incineration Müllverbrennung *f*
rubefacient hautrötend
rule Vorschrift *f*, Norm *f*, Regel *f*, Richtlinie *f* • **break a rule** eine Vorschrift verletzen • **follow the rule** die Vorschrift befolgen
rule of conduct Verhaltensregel *f*, Verhaltensmaßnahme *f*
rule of practice Verfahrensvorschrift *f*
rules and regulations Durchführungsbestimmung *f*, Geschäftsbedingung *f*
rules of procedure Verfahrensordnung *f*, Verfahrensweise *f*
rules of work Arbeitsordnung *f*, Arbeitsrichtlinien *fpl*
run *v* 1. laufen, strömen, fließen, ablaufen; 2. betreiben, unterhalten *(Betrieb)*
run 1. Lauf *m*, Durchgang *m*; 2. *(Tech)* Maschinenlauf *m*
run *v* **a business** einen Betrieb führen
run *v* **an analysis** eine Analyse durchführen
run *v* **down stocks** Lagerbestände abbauen
run *v* **in** einfließen, einlaufen (lassen)
run *v* **off** ablaufen, auslaufen (lassen)
run *v* **over** überlaufen
run *v* **through** durchlaufen, durchfließen, durchströmen, passieren
runability Machbarkeit *f*
running costs *(Wi)* laufende Kosten *pl*
running expenses *(Wi)* laufende Kosten *pl*, laufende Aufwendungen *fpl*, Betriebskosten *pl*
running screw *(Tech)* Austragsschnecke *f*
running time meter *(Tech)* Betriebsstundenzähler *m*
runoff Ablauf *m*, Abfluss *m*, Überlauf *m*
runoff cock Ablasshahn *m*
runoff pipe Ablaufrohr *n*
rupture *v* abreißen, brechen, zerbrechen
rupture Bruch *m*, Riss *m*, Sprung *m*
rupture line Bruchlinie *f*
rush delivery *(Log)* Eilzustellung *f*
rush order Eilauftrag *m*
rust Rost *m*
rust-free surface rostfreie Oberfläche *f*
rust-inhibiting rostschützend, rostverhütend
rust-resistant rostsicher, rostbeständig
rust-resisting rostsicher, rostbeständig
rustless steel rostfreier Stahl *m*

S

sacchariferous zuckerhaltig, Zucker...
saccharine zuckersüß, zuckerhaltig, zuckerartig, Zucker...
sachet Beutelpackung *f*, Flachbeutel *m*, Siegelbeutel *m*

sachet-in-sachet *(Verp)* Beutel-in-Beutel
sachet seam *(Verp)* Beutelnaht *f*
sack Sack *m*, Beutel *m*
safe sicher, unbedenklich
safe for factory processing verarbeitungssicher
safe production sichere Produktion *f*
safeguard Sicherung *f*, Schutz *m*, Vorsichtsmaßnahme *f*
safety Unbedenklichkeit *f*, Sicherheit *f*
safety at work Arbeitssicherheit *f*
safety bottle *(Lab)* Sicherheitsflasche *f*
safety closure *(Verp)* Sicherheitsverschluss *m*
safety clothing *(Hyg)* Arbeitssicherheitskleidung *f*, Schutzkleidung *f*, Sicherheitskleidung *f*
safety cover Schutzdeckel *m*
safety device Sicherheitsvorrichtung *f*
safety engineer Sicherheitsingenieur *m*
safety equipment Sicherheitsausrüstung *f*
safety glass Sicherheitsglas *n*, Schutzglas *n*
safety glasses *(Hyg)* Sicherheitsbrille *f*, Schutzbrille *f*
safety hazard Gefahrenquelle *f*
safety helmet *(Hyg)* Schutzhelm *m*
safety instruction Sicherheitsvorschrift *f*
safety management Sicherheitsmanagement *n*
safety measure Sicherheitsmaßnahme *f*
safety of a medicinal product Unbedenklichkeit *f* eines Arzneimittels
safety of medicinal products Arzneimittelsicherheit *f*
safety of operation Betriebssicherheit *f*
safety officer Sicherheitsbeauftragter *m*
safety precautions Sicherheitsvorkehrungen *fpl*
safety principle Sicherheitsmaßregel *f*
safety regulations Arbeitsschutzordnung *f*, Sicherheitsbestimmungen *fpl*
safety report *(Reg)* Unbedenklichkeitsbericht *m*
safety requirement Sicherheitsanforderung *f*
safety risk Sicherheitsrisiko *n*
safety roller shutter Sicherheitsrolltor *n*
safety rule Sicherheitsmaßregel *f*
safety section Sicherheitsbereich *m*
safety spectacles *(Hyg)* Schutzbrille *f*
safety standards Sicherheitsanforderung *f*, Sicherheitsstandard *m*
safety status Sicherheitsstatus *m*
safety studies Unbedenklichkeitsstudien *fpl*
safety switch *(Tech)* Sicherheits(end)-schalter *m*
safety test Unbedenklichkeitsversuch *m*
safety trap Sicherheitshahn *m*, Entleerungshahn *m*
safety valve Sicherheitsventil *n*
safety zone Sicherheitszone *f*, Sicherheitsbereich *m*
saffron Safran *m* *(Heilpflanze)*
sage Salbei *m* *(Heilpflanze)*
sale Verkauf *m*, Vertrieb *m*
saleability Marktfähigkeit *f*
saleable marktfähig
sales Umsatz *m*, Verkäufe *mpl*, Absatz *m*
sales abroad Auslandsumsatz *m*
sales and marketing Marketing *n* und Vertrieb *m*
sales channel Vertriebsweg *m*, Absatzweg *m*
sales department Vertriebsabteilung *f*
sales division Vertriebsabteilung *f*
sales expectations Absatzerwartungen *fpl*
sales figures Verkaufstahlen *fpl*, Absatzzahlen *fpl*
sales force *(Vertr)* Außendienst *m* *(Mitarbeiter)*
sales forecast Umsatzprognose *f*
sales growth Umsatzwachstum *n*
sales manager Vertriebsleiter *m*, Vertriebsleiter *m*
sales order *(Vertr)* Kundenauftrag *m*
sales potential *(Vertr)* Aufnahmefähigkeit *f* des Marktes
sales promotion *(Mark)* Werbung *f*, Verkaufsförderung *f*
sales representative *(Vertr)* Außendienstmitarbeiter *m*, Außendienstmitarbeiterin *f*, Vertreter *m*, Vertreterin *f*
sales return *(Qual)* Rücksendung *f*, Retoure *f*
sales support *(Vertr)* Innendienst *m*
sales value Umsatzwert *m*
sales volume Verkaufsumfang *m*, Absatzvolumen *n* *(Menge)*
saline infusion *(Med)* Kochsalzinfusion *f*
saline solution Kochsalzlösung *f*
salt Kochsalz *n*, Salz *n*

saluretic *(Med)* Saluretikum *n*, Diuretikum *n*
salvaging Wiederverwertung *f (von Arzneimitteln)*
sample *v* eine Probe nehmen
sample (unverkäufliches) Muster *n*, Probe *f*, Prüfgut *n* • **take a sample** eine Probe entnehmen
sample analysed *(BE)*, **sample analyzed** *(AE)* analysierte Probe *f*
sample application Probeauftragen *n*, Auftragen *n* einer Probe
sample assay Probenanalyse *f*
sample batch Mustercharge *n*
sample changer *(Lab)* Probenwechselvorrichtung *f*
sample collection Probenahme *f*, Probenehmen *n*, Musterzug *m*
sample collector Probenehmer *m (als Person)*; Probenahmegerät *n*, Probenahmevorrichtung *f*
sample container Musterbehälter *m*, Probenbehälter *m*
sample dispenser *(Lab)* Probengeber *m*
sample divider *(Lab)* Probenteiler *m*
sample division *(Lab)* Teilen *n* von Proben
sample free of charge *(Mark)* Verkaufsmuster *n*
sample injection Probeneinspritzung *f*
sample injector Probeninjektor *m*
sample inlet Probeneinlass *m*
sample introduction Probenaufgabe *f*, Probenzufuhr *f*
sample number Musternummer *f*, Probennummer *f*
sample package Musterpackung *f*, Probepackung *f*
sample port Probeneinlass *m*, Probeentnahmestutzen *m*
sample pre-treatment Probenvorbehandlung *f*
sample preparation Probenvorbereitung *f*, Probenaufbereitung *f*, Probenherstellung *f*
sample quantity Probenmenge *f*
sample rack *(Lab)* Probenständer *m*
sample reducer Probenteiler *m*
sample reduction Probenverkleinerung *f*, Probenverjüngung *f*
sample size Musterumfang *m*, Probengröße *f*
sample storage Probenaufbewahrung *f*
sample storage Probenlagerung *f*
sample subdivision Teilmuster *n (Probenahme)*
sample throughput Probendurchsatz *m*
sample transfer Probentransfer *m*, Probenüberführung *f*
sample under analysis Probe *f* in der Untersuchung
sample vessel Probenbehälter *m*
sample vial Probenfläschchen *n*
sampler 1. Probenehmer *m (als Person)*; 2. Probenahmegerät *n*, Probenahmevorrichtung *f*
sampling Probenahme *f*, Probenehmen *n*, Dosierung *f*
sampling device *(Tech, Lab)* Stechheber *m*, Probenahmegerät *n*
sampling equipment Probenahmeausrüstung *f*
sampling error Probenahmefehler *m*
sampling history Probenhistorie *f*, Stichprobenhistorie *f*
sampling instruction Stichprobenanweisung *f*
sampling location Probenahmeort *m*
sampling pipette *(Tech, Lab)* Stechheber *m*
sampling point Probenahmepunkt *m*, Probenahmeort *m*
sampling procedure Bemusterungsverfahren *n*, Prüfverfahren *n*, Prüfvorschrift *f*
sampling schedule Probenahmeplan *m*
sampling scheme Probenahmeplan *m*
sampling site Probenahmestelle *f*, Entnahmestelle *f*
sampling specification Probenahmevorschrift *f*
sampling technique Probenahmeverfahren *n*
sampling thief Probenstecher *m*
sampling valve body Probeentnahme-Ventilkörper *m*
sanitary hygienisch, sanitär, Hygiene…
sanitation Reinigung *f (mit Desinfektionsmitteln)*; Betriebshygiene *f*
sanitation habit Hygieneverhalten *n*
sanitation procedures Betriebshygienevorschriften *fpl*, Hygienevorschriften *fpl*
sanitation program *(AE)*, **sanitation programme** *(BE)* Hygieneplan *m*

sanitisation *(BE)* hygienisches Reinigen *n*, Hygienisierung *f*
sanitise *v (BE)* (hygienisch) reinigen, sanitisieren
sanitising agent *(BE)* Desinfektionsmittel *n*
sanitization *(AE)* hygienisches Reinigen *n*, Hygienisierung *f*
sanitize *v (AE)* (hygienisch) reinigen, sanitisieren
sanitizing agent *(AE)* Desinfektionsmittel *n*
sap Pflanzensaft *m*
saponification Verseifung *f*
saponify *v* verseifen
satisfaction of a demand Bedarfsbefriedigung *f*, Nachfragedeckung *f*
saturate *v* 1. sättigen *(einer Lösung)*; 2. durchtränken, imprägnieren
saturated gesättigt
saturated solution gesättigte Lösung *f*
saturated steam gesättigter Wasserdampf *m*
saturation 1. *(Chem)* Sättigung *f (einer Lösung)*; Absättigung *f*; 2. Flüssigkeitsaufnahme *f*, Durchtränken *n*, Imprägnieren *n*
saturation concentration *(Chem)* Sättigungskonzentration *f*
saturation of the market Sättigung *f* des Marktes
sausage flask *(Lab)* Säbelkolben *m*, Schwertkolben *m*
scab *(Med)* Schorf *m*
scale 1. Skala *f*, Einstufung *f*; 2. Skale *f*, Gradeinteilung *f (bei Messgeräten)*; 3. Maßstab *m*
scale *v* **down** *(Herst)* vermindern, herabsetzen, drosseln *(Produktion)*
scale *v* **up** vergrößern, erweitern *(Produktion)*
scale-up Vergrößerung *f*, Erweiterung *f*, Verbreiterung *f*, Maßstabsvergrößerung *f*, Scale-up *n*
scales Waage *f (von einfacher Ausführung)*
scaling Messung *f*, Ablesen *n (einer Skala)*
scan *v* lesen, abtasten *(elektronisch)*
scanner Lesegerät *n (elektronisch)*
scanning head Tastkopf *m*, Scankopf *m*
scavenger reinigen, säubern, spülen *(technische Geräten und Maschinen)*
schedule *v* planen
schedule Plan *m*, Zeitplan *m*, Programm *n*
scheduled stock *(Log)* disponierter Bestand *m*
scheduling *(Herst)* Ablaufplanung *f*, Prozessplanung *f*
scheme of analysis *(Lab)* Analysenweg *m*, Analysenvorgehen *n*
science Wissenschaft *f*
scientific wissenschaftlich
scientifically substantiated wissenschaftlich untermauert
scoop Schöpfkelle *f*
scope Geltungsbereich *m*, Anwendungsbereich *m*
scope of an audit Prüfungsumfang *m*, Auditbereich *m*
scope of authorisation *(BE)*, **scope of authorization** *(AE)* Umfang *m* der Erlaubnis
scope of validation Validierungsumfang *m*, Ausmaß *n* der Validierung
scour *v* reinigen, scheuern, putzen, auswaschen
scouring Reinigen *n*, Putzen *n*, Scheuern *n*, Spülen *n*
scouring agent *(Chem)* Reinigungsmittel *n*, Reiniger *m*, Scheuermittel *n*, Spülmittel *n*
scouring bath Reinigungsbad *n*, Spülbad *n*
scrap Ausschuss *m*, Abfall *m*
scrape *v* **off** abkratzen, abschaben
scraper Abstreifer *m*, Schaber *m*
scratch hardness Kratzfestigkeit *f*
screen *v* sieben, durchsieben, aussieben, siebklassieren, durchmustern
screen 1. Sieb *n*, Klassiersieb *n*; 2. Bildschirm *m*, Raster *n*
screen aperture Siebweite *f*, Maschenweite *f*
screen centrifuge Filterzentrifuge *f*, Filtrierzentrifuge *f*, Siebzentrifuge *f*
screen classification Siebklassieren *n*
screen classifier Siebmaschine *f*, Siebklassiermaschine *f*
screen filter Siebfilter *n(m)*, Rahmenfilter *n(m)*
screen fines Siebfeines *n*, Feingut *n*, Feinkorn *n*
screen mill Siebmühle *f*

screen openings Sieblochdurchmesser *m*
screen oversize Siebgrobes *n*, Grobgut *n*, Grobkorn *n*
screen size Korngröße *f*, Körnung *f*, Teilchengröße *f*
screen sizing Sieben *n*, Siebklassieren *n*
screen undersize Siebfeines *n*, Feingut *n*, Feinkorn *n*
screening 1. Sieben *n*, Aussieben *n*, Durchsieben *n*, Siebklassieren *n*; 2. Prüfen *n*, Auswählen *n*, Durchmustern *n* großer Mengen, Screening *n*
screening machine *(Tech)* Siebapparat *m*, Siebmaschine *f*
screw *(Tech)* Schraube *f*, Sicherungsschraube *f*; Schnecke *f*, Förderschnecke *f*
screw cap *(Verp)* Schraubkappe *f*, Schraubdeckel *m*, Schraubverschluss *m*
screw-cap bottle *(Verp)* Schraubflasche *f*
screw-cap closing machine *(Verp, Tech)* Schraubdeckelverschließmaschine *f*
screw-cap glass container *(Verp)* Schraubglas *f*
screw compressor clamp *(Lab)* Schraubklemme *f*, Schraubquetschhahn *m*
screw connection Schraubverbindung *f*
screw fitting Verschraubung *f*, Schraubverbindung *f*
screw neck *(Verp, Tech)* Gewindeverschluss *m*
screw press *(Tech)* Schneckenpresse *f*, Extruder *m*
screw thread Schraubgewinde *n*
screw-type mixer *(Tech, Herst)* Schneckenmischer *m*, Schraubenkneter *m*
screwed to *(Tech)* verschraubt mit
scrub *v* schrubben, bürsten *(reinigen)*
scrubber *(Tech)* Wascher *m*, Nassentstauber *m*
scrubbing Schrubben *n*, Bürsten *n*, Nassentstauben *n*
scurf *(Med)* Schorf *m*, Grind *m*
seal *v* 1. verschließen, versiegeln, einsiegeln, zukleben; 2. abdichten, dichten
seal 1. Verschluss *m*, Siegel *n*, Versiegelung *f*, Plombe *f*; 2. Verschlussnaht *f*; 3. Dichtung *f*
seal *v* **an ampoule** eine Ampulle verschließen
seal of approval Gütesiegel *n*
sealed versiegelt, verschlossen, verplombt
sealed airtight luftdicht versiegelt, luftdicht verschlossen
sealer jaws *(Tech)* Siegelbacken *fpl*
sealing Abdichtung *f*, Verschluss *m*, Versiegelung *f*
sealing collar Dichtmanschette *f*
sealing head *(Verp)* Siegelkopf *m*
sealing pad *(Verp)* Verschlusseinsatz *m*
sealing pressure *(Verp)* Siegeldruck *m*
sealing principle *(Verp)* Siegelprinzip *n*
sealing ring Dichtring *m*
sealing station *(Verp)* Verschluss-Station *f*
sealing temperature *(Verp)* Siegeltemperatur *f*
seam Tubenfalz *m*, Fuge *f*, Naht *f*
seaming machine *(Tech, Verp)* Bördelmaschine *f*
seamless nahtlos
seaworthy packing *(Log)* seefeste Verpackung *f*
second-order reaction Reaktion *f* 2. Ordnung *f*
secondary carton *(Log)* Umkarton *m*
secondary condenser Nachkühler *m*
secondary container *(Verp)* Sekundärverpackung *f*
secondary contamination Sekundärkontamination *f*
secondary culture *(Mikro)* Sekundärkultur *f*
secondary packaging material *(Verp)* Sekundärpackmittel *n*
secondary product Sekundärprodukt *n*, Nebenprodukt *n*
secondary reference standard sekundärer Referenzstandard *m*
secondary treatment *(Chem, Med)* Nachbehandlung *f*
secondary yield Sekundärausbeute *f*
secrecy agreement, **secrecy contract** Geheimhaltungsvertrag *m*
secret geheim
secrete *v* absondern, ausscheiden
section 1. Abschnitt *m*, Ausschnitt *m*,

Teilstück *n*, Sektion *f*, Sparte *f*; 2. Fachgruppe *f*
section of the market Marktsegment *n*
sectional drawing Querschnittszeichnung *f*
sectoral branchenspezifisch
secure *v* sicherstellen, sichern
security 1. Sicherheit *f*, Sicherstellung *f*; 2. Betriebssicherheit *f*, Betriebsschutz *m*
security violation Sicherheitsverletzung *f*
sedative (drug) *(Med)* Beruhigungsmittel *n*, Sedativum *n*
sediment *v (Chem)* sedimentieren, sinken
sediment Abscheidung *f*, Ablagerung, Ausfällung *f*, Bodensatz *m*, Niederschlag *m*
sediment plates Sedimentationsplatten *fpl*
sediment substance *(Chem)* Sediment *n*
sedimentation Absetzen *n (eines Niederschlages)*
sedimentation centrifuge Sedimentierzentrifuge *f*, Absetzzentrifuge *f*
sedimentation rate Absetzgeschwindigkeit *f*, Absinkgeschwindigkeit *f*
sedimentation tank Absetzbehälter *m*, Absetzbecken *n*
seed *v (Mikro, Biot)* animpfen, beimpfen *(z. B. mit Nährlösung)*
seed crystal Impfkristall *m*
seed culture *(Biot)* Impfkultur *f*
seed layer *(Biot)* Kulturrasen
seeding *(Mikro, Biot)* Animpfen *n*, Beimpfen *n*
seep *v* **through** sickern, durchsickern
segment Abschnitt *m*, Teilabschnitt *m*, Segment *n*, Zelle *f*
segregate *v* absondern, trennen, entmischen, isolieren
segregated area abgegrenzter Bereich *m*
segregation Abtrennung *f*, Trennung *f*, Absondern *n*, Entmischung *f*, Entmischen *n*, Isolieren *n*
select *v* auslesen, auswählen, selektieren
selection 1. Auswählen *n*, Selektieren *n*; 2. Auswahl *f (von oder an etwas)*
selection of samples Mustersendung *f*, Musterkollektion *f*
selective selektiv
selective advertising gezielte Werbung *f*
selective medium *(Mikro, Biot)* Selektivnährmedium *n*
self-adhesive *(Verp)* selbstklebend
self-adhesive label selbstklebendes Etikett *n*
self-adhesive tape *(Verp)* Selbstklebeband *n*
self-check Selbstüberprüfung *f*
self-draining selbstentleerend
self-heating selbsterhitzend
self-inspection Selbstinspektion *f*
self-medication Selbstmedikation *f*
sell *v* verkaufen, vertreiben absetzen
sell *v* **well** sich gut verkaufen lassen
seller Anbieter *m*, Verkäufer *m*, Lieferant *m*
selling Verkauf *m*, Verkaufen *n*, Absatz *m*
selling agent *(Vertr)* Vertriebshändler *m*
selling organisation Vertriebsgesellschaft *f*, Verkaufsorganisation *f*
semi-annual account *(Wi)* Halbjahresabschluss *m*
semi-finished product Halbfabrikat *n*, Vorprodukt *n*
semi-liquid halbflüssig, dickflüssig
semi-micro sample Halbmikroprobe *f*
semi-solid halbfest
semi-solid dosage form halbfeste Darreichungsform *f*
semiconductor *(Tech)* Halbleiter *m*
send *v* abschicken, schicken, absenden, versenden
sense of rotation *(Tech)* Drehsinn *m*
sensitisation *(BE) (Med)* Sensibilisierung *f*
sensitise *v (BE)* sensibilisieren
sensitising *(BE)* allergisierend
sensitive empfindlich, anfällig
sensitive to corrosion korrosionsempfindlich
sensitive to heat hitzeempfindlich
sensitive to light lichtempfindlich
sensitivity Empfindlichkeit *f*, Sensibilität *f*
sensitization *(AE) (Med)* Sensibilisierung *f*
sensitize *v (AE)* sensibilisieren
sensitizing *(AE)* allergisierend
sensor Sensor *m*, Fühler *m*, Messwertaufnehmer *m*, Messfühler *m*
separable abtrennbar, trennbar
separate getrennt, separiert, abgesondert, isoliert

separate *v* abtrennen, trennen, abscheiden, aussondern
separate facility separate Einrichtung *f*
separate *v* **off** abtrennen, aussondern, trennen
separate *v* **out** abtrennen, trennen, abscheiden, aussondern, vereinzeln
separate(d) zone getrennte Zone *f*, getrennter Bereich *m*
separating agent *(Chem)* Trennmittel *n*, Scheidemittel *n*, Zusatzmittel *n*
separating funnel Scheidetrichter *m*
separation Abtrennung *f*, Trennung *f*, Absondern *n*, Entmischung *f*, Entmischen *n*, Isolieren *n*, Sortierung *f*, Aussortierung *f*
separation media Trennmedium *n*
separation performance Trennungsleistung *f*
separator Abscheider *m*, Zentrifuge *f*, Trennschleuder *f*
sequence Abfolge *f*, Folge *f*, Reihenfolge *f*, Sequenz *f*, Ablauf *m*
sequence control *(Tech)* Ablaufsteuerung *f*, Folgeregelung *f*
sequence of action Wirkungsablauf *m*
sequence of operations Arbeitsgangfolge *f*, Abfolge *f* der Arbeitsgänge, Operationsfolge *f*
sequence planning Ablaufplanung *f*
serial in Serie, serienmäßig
serial diluting Verdünnungsreihe *f*
serial number Seriennummer *f*
series 1. Serie *f*, Reihe *f*, Folge *f*; 2. *(Tech)* Baureihe *f*
serious deficiency schwerwiegender Mangel *m*
serum *(Med)* Serum *n*, Impfstoff *m*
serum-free serumfrei
service corridor Technikgang *m*, Servicegang *m*
service technician Servicetechniker *m*
service temperature Gebrauchstemperatur *f*
servo indexing *(Verp, Tech)* Servovorzug *m*
set Einheit *f*, Block *m*, Satz *m*, Gefüge *n*
set *v* **free** *(Chem)* freisetzen
set of conditions Bedingungsgefüge *n*
set *v* **up** aufstellen, aufrichten; aufbauen, montieren *(Gerät)*
set *v* **up a package** aufrichten *(Faltschachtel)*
set-up costs *(Wi)* Einrichtungskosten *pl*, Aufstellkosten *pl*
setting 1. *(Tech)* Einrichtung *f*, Einstellung *f*, Einstellen *n*, Justieren *n*; 2. *(Tech)* Aufbau *m*, Montage *f*
setting time *(Med)* Abbindezeit *(z. B. von medizinischem Gips)*
setting up *(Tech)* Aufstellen *n*, Einstellen *n*, Montage *f*, Rüsten *n (einer Maschine)*
settle *v* abscheiden, setzen lassen, absinken, sinken, ausfällen
settleable solids Sinkstoffe *mpl*
settled material Sinkstoff *m*
settlement 1. Einigung *f*, Beilegung *f*; 2. *(Fin)* Bezahlung *f (einer Forderung)*
settler Absetzbecken *n*, Klärbecken *n*, Absetzgefäß *n*
settling 1. Abscheiden *n*, Absetzen *n*, Absinken *n*; 2. Niederschlag *m*, Satz *m*, Bodensatz *m*
settling cylinder Absetzglas *n*, Standzylinder *m*
severe schwerwiegend, ernsthaft
sewage Abwasser *n*
sewage clarification Abwasserreinigung *f*, Abwasserklärung *f*
sewage disposal Abwasserbeseitigung *f*
sewage treatment Abwasseraufbereitung *f*
sewerage Abwasser *n*
sex(ual) hormone *(Med)* Sexualhormon *n*
shaft *(Tech)* Achse *f*, Schaft *m*, Welle *f*
shake *v* schütteln, durchschütteln
shake Schütteln *n*, Durchschütteln *n*
shaker *(Lab, Herst)* Schüttler *m*, Schüttelmaschine *f*, Schüttelapparat *m*
shaking Schütteln *n*, Durchschütteln *n*
shaking bottle *(Lab)* Schüttelflasche *f*
shaking time *(Lab)* Schüttelzeit *f*
shape *v* formen, gestalten
shape Form *f*, Gestalt *f*, Profil *n*
shaped bottle *(Verp)* Formflasche *f*
shaped sachet *(Verp)* Formbeutel *m*
shaping *(Herst)* Formen *f*, Gestalten *n*
share of the market Marktanteil *m*
share of the world market Weltmarktanteil *m*
shatter-proof bruchfest
sheath Hülle *f*, Hülse *f*, Schutzhülle *f*, Ummantelung *f*
sheet Blatt *n*, Bogen *m*; Blech *n*
sheet forming *(Verp)* Folienformung *f*

shelf Regal *n*
shelf life Haltbarkeit *f*, Haltbarkeitsdauer *f*, Produktlebensdauer *f*
shelf space *(Log)* Regalfläche *f*, Stellfläche *f*
shift *v* verlagern, versetzen, umsetzen, verändern, umstellen, verändern, umschalten
shift 1. Verlagerung *f*, Versetzung *f*, Umsetzung *f*, Verstellung *f*, Umschaltung *f*; 2. Arbeitsschicht *f*
shift of production Produktionsverlagerung *f*
ship *v* versenden, abschicken
shipment *(Log)* Beförderung *f*, Transport *m*, Versand *m*, Lieferung *f*
shipment of material Lieferung *f* von Material
shipping capacity *(Log)* Transportkapazität *f*
shipping carton *(Log)* Umkarton *m*, Versandkarton *m*
shipping conditions *(Log)* Versandbedingungen *fpl*
shipping department *(Log)* Versandabteilung *f*
shipping documents *(Log)* Verladepapiere *npl*, Versandpapiere *npl*, Frachtpapiere *npl*
shipping instruction *(Log)* Versandanweisung *f*
shipping package *(Log)* Versandverpackung *f*
shipping regulation *(Log)* Versandvorschrift *f*
shock *(Tech)* Erschütterung *f*, Stoß *m*
shock-proof *(Tech)* stoßfest
shoe covering Schuhüberzieher *m*, Überschuh *m*
short-acting raschwirkend, schnellwirkend
short-lived von kurzer Dauer *f*
short-neck flat-bottom flask *(Lab)* Kurzhalsstehkolben *m*
short-term kurzfristig
short-term stability *(Qual)* Kurzzeitstabilität *f*
short-term study Kurzzeitstudie *f*
short-term trial Kurzzeitversuch *m*
short weight Untergewicht *n*, Mindergewicht *n*
shortage of orders Auftragslücke *f*, Auftragsmangel *m*
shovel *(Tech)* Schaufelblatt *n*, Schaufel *f*, Flügel *m*
shred *v* zerkleinern, schreddern
shredder *(Tech)* Zerkleinerer *m*
shrink *v* schrumpfen, weniger werden
shrink foil *(Verp)* Schrumpffolie *f*
shrink-wrap *v* *(Verp)* einschweißen, schrumpfverpacken, in Folie einschweißen
shrink wrap *(Verp)* Schrumpffolienverpackung *f*, Schrumpfverpackung *f*
shrunk-wrapped 1. vakuumverpackt; 2. in Schrumpffolie *f* verpackt
shut *v* **down** stilllegen, den Betrieb einstellen, außer Betrieb setzen • **shut down of a machine** Abschalten einer Maschine
shut *v* **off** *(Tech)* absperren, schließen *(eines Ventils, Hahns)*
shutdown Still-Legung *f*, Außerbetriebsetzung *f*
shutter valve Flatterventil *n*
sick übel, schlecht, krank
side action Nebeneffekt *m*
side agreement Sonderabmachung *f*, Nebenabrede *f*
side effect Nebenwirkung *f*
side load packer *(Verp)* Seitenpacker *m*
side product Nebenprodukt *n*
sieve *v* sieben, durchsieben
sieve Sieb *n*
sieve analysis Siebanalyse *f*
sieve for dry products Trockensieb *n*
sieve for wet products Feuchtsieb *n*
sieve fraction Siebfraktion *f*
sieve insert Siebeinsatz *m*
sieve screen Siebboden *m*
sieve shaker Siebschüttler *m*
sieve tower Siebturm *m*
sift *v* sieben, durchsieben
sifted gesiebt
sifter Siebmaschine *f*, Siebapparat *m*
sight glass Schauglas *n*
sign *v* unterschreiben, zeichnen
sign Schild *n* Hinweistafel *f*
signal Signal *n*
signatory *(Dok)* Unterzeichnender *m*, Unterschreibender *m*
signature *(Dok)* Unterschrift *f*
signature authorisation *(BE)*, **signature authorization** *(AE)* *(Dok)* Zeichnungsberechtigung *f*
silencer *(Tech)* Schalldämpfer *m*

silica gel Kieselgel *n*
silicate Silikat *n*
silicid acid Kieselsäure *f*
silicone Silikon *n*
silicone emulsion Silikonemulsion *f*
siliconised *(BE)*, **siliconized** *(AE)* silikonisiert
silk glossy seidenglänzend
silo Silo *n*, Behälter *m*, Bunker *m*
simple distillation direkte Destillation *f*
single-channel pipetting Einkanalpipettierung *f*
single-component packaging *(Verp)* Einstoffverpackung *f*
single dose einmalige Dosis *f*, Einzeldosis *f*
single-dose unit einzeldosierte Arzneiform *f*
single dosis *(Med)* Einheitsdosis *f*
single-layer operation *(Tech)* Einschichtverfahren *n*
single-pass operation Arbeitsgang *m* in einem Schritt
single-point calibration Ein-Punkt-Kalibrierung *f*
single sachet Portionspackung *f*
single score *(Herst)* Bruchkerbe *f*
single-service towel *(Hyg)* Einweghandtuch *n*
single-shift operation Einschichtbetrieb *m*
single-use Einweg..., Wegwerf...
single-use container Einwegbehälter *m*
sink *v* absinken, sinken, untersinken
sink Ausguss *m*, Ausgussbecken *n*, Abwaschbecken *n*, Spülbecken *n*
sinker Senkkörper *m*
site Standort *m*, Stelle *f*, Ort *m*, Betrieb *m*
Site Acceptance Test *(Abk.: SAT)* Abnahme *f* einer Anlage nach Anlieferung
site change Ausbau *m* der Produktion, Umbau *m* der Produktion
site inspection Betriebsbegehung *f*
Site Master File Firmenexposé *n*, Firmenportrait *n*
site visit Betriebsbegehung *f*
size *v* klassieren *(nach Größe, Korngröße)*
size Größe *f*, Format *n*, Umfang *m*
size adjustment Formateinstellung *f*
size change Formatwechsel *m*
size changeover Formatumstellung *f*
size classification Klassieren *n*, Trennen *n (nach Größe, Korngröße usw.)*
size-dependable *(Tech)* formatabhängig, größenabhängig
size determination Größenbestimmung *f*
size distribution Weitenverteilung *f (bei Poren eines Filters)*
size fraction Fraktion *f*, Korngröße *f*, Kornklasse *f*
size of an order *(Vertr)* Auftragsvolumen *n*
size range Kornspanne *f*, Körnungsbereich *m*
size-separate *v* trennen nach Größe
sizeparts Formatteile *npl*
sizing Klassieren *n*, Trennen *n (nach Größe, Korngröße usw.)*
skilled personnel Fachpersonal *n*, geschultes Personal *n*
skin Haut *f*
skin care product Hautpflegemittel *n*
skin cream Hautcreme *f*
skin-irritating hautreizend
skin irritation *(Med)* Hautreizung *f*
skin test *(Med)* Hauttest *m*
skirting *(Tech)* Sockel *m*
slanting mixer *(Tech)* Schräglagemischer *m*
sleeping drug *(Med)* Schlafmittel *n*, Hypnotikum *n*
slide *(Tech)* Schieber *m*
slide cover glass *(Lab)* Deckglas *n (für Objektträger)*
slide filler Schieberdosierer *m*
slide in prices *(Wi)* Preisverfall *m*
sliding door Schiebetür *f*
slightly soluble gering löslich, schwach löslich, wenig löslich
slip property Gleiteigenschaft *f*
slit Spalt *m*, Spalte *f*
slit width Spaltbreite *f*
slope Neigung *f*, Gefälle *n*
sloped geneigt, mit Gefälle *f* versehen
sloping abgeschrägt
sloping agar *(Lab)* Schrägagar *m(n)*
slot Kerbe *f*
slow *v* abbremsen, drosseln, verlangsamen
slow-acting langsamwirkend
slow-down *(Tech)* Drosselung *f*
slow release retardierend, langsam freisetzend
slow release langsame Freisetzung *f*

sluice *(Tech)* Schleuse *f (z. B. für Abwasser)*
small production batch *(Herst)* kleine Losgröße *f*
small-scale experiment Kleinversuch *m*
small-scale in kleinem Umfang
small-scale test Vorversuch *m (mit kleinen Substanzmengen)*
small-series production *(Herst)* Kleinserienproduktion *f*
small-size package *(Verp)* Kleinbehälter *m*, Kleinverpackungsbehälter *m*
small-volume kleinvolumig
small volume Kleinmenge *f*
smear *v* ausstreichen, auftragen
smear 1. *(Mikro)* Ausstrich *m*; 2. Auftrag *m (Salbe)*
smear preparation *(Mikro)* Abstrichpräparat *n*
smoke monitor *(Tech)* Rauchmeldeanlage *f*
smooth *v* glätten
smooth surface glatte Oberfläche *f*
snapping of an ampoule *(BE)*, **snapping of an ampule** *(AE)* Abknicken *n* einer Ampulle
soak *v* durchtränken, eintauchen, einweichen, tränken, durchdringen
soak period Eintauchzeit *f*
soak *v* **up** einsaugen, aufsaugen
soaring demand *(Vertr)* stark wachsende Nachfrage *f*
socket Sockel *m*, Steckdose *f*, Stutzen *m*
soda-silicate glass *(Verp)* Sodasilikatglas *n*
sodium Natrium *n*
soft capsule *(Herst)* Weichgelatinekapsel *f*
soft gelatine capsule *(Herst)* Weichgelatinekapsel *f*
softening agent *(Chem)* Weichmacher *m*
software qualification Softwarequalifizierung *f*
solely responsible alleinverantwortlich
solid fest, stabil, massiv
solid Feststoff *m*, Trockenmasse *f*, Trockensubstanz *f*
solid constituent Festbestandteil *m*, Trockenbestandteil *m*
solid content Feststoffgehalt *m*
solid dosage form *(Herst)* feste Darreichungsform *f*
solid-fill festgefüllt
solid form *(Herst)* feste Form *f*; feste Darreichungsform *f*
solid phase *(Herst)* feste Phase *f*
solid state *(Chem)* Festzustand *m*
solid-state fermentation *(Biot)* Festkörperfermentation *f*
solid substance Festsubstanz *f*, feste Substanz *f*
solidification Erstarren *n*, Verfestigung *f*
solidification point *(Tech)* Erstarrungspunkt *m*
solidification temperature *(Tech)* Erstarrungstemperatur *f*
solids content Feststoffgehalt *m*, Feststoffanteil *m*, Trockenanteil *m*
solids mixture Feststoffgemisch *n*, Gemenge *n*
solids particle Feststoffteilchen *n*
solids technology Feststofftechnologie *f*
solubilisation *(BE)* Solubilisierung *f*, Löslichmachung *f*
solubilise *v (BE)* löslich machen
solubilising action *(BE)* lösungsvermittelnde Wirkung *f*
solubility Löslichkeit *f*
solubilization *(AE)* Solubilisierung *f*, Löslichmachung *f*
solubilize *v (AE)* löslich machen
solubilizing action *(AE)* lösungsvermittelnde Wirkung *f*
soluble löslich
soluble löslicher Stoff *m*
soluble in water in Wasser *n* löslich
soluble residue löslicher Rückstand *m*
soluble substance lösliche Substanz *f*
solution Lösung *f* • **go into solution** in Lösung gehen, sich lösen
solution state *(Chem)* Lösungszustand *m*
solution tested Probenlösung *f*, untersuchte Lösung *f*
solution to be tested Probenlösung *f*, zu untersuchende Lösung *f*
solutiser *(BE)*, **solutizer** *(AE) (Chem)* Lösungsverstärker *m*, Lösungsvermittler *m*, Lösungshilfe *f*
solvent *(Chem)* Lösungsmittel *n*
solvent collector Lösungsmittelauffangbehälter *m*
solvent evaporation Verdampfung *f* eines Lösungsmittels
solvent recovery Lösemittelrückgewinnung *f*

solvent recovery system Lösungsmittelrückgewinnungssystem *n*
solvent-resistant lösungsmittelbeständig
solvent separation Lösungsmittelabscheidung *f*
somatic cell therapy medicinal products *(Med)* somatische Zelltherapeutika *npl*
somnifacient *(Med)* Hypnotikum *n*
soporific *(Med)* Schlafmittel *n*, Hypnotikum *n*
sore *(Med)* wund
sort *v* sortieren
sort *v* **out** aussortieren, aussondern
sort sequence Sortierfolge *f*, Sortierreihenfolge *f*, Sortierung *f*
sorter *(Tech)* Sortierer *m*, Sortierband *n*
sorting Sortierung *f*
sorting belt Sortierband *n*
source 1. Quelle *f*, Herkunft *f*; 2. Ausgangsstoff *m*; 3. Hersteller *m*
source country Herkunftsland *n*, Ursprungsland *n*
source data Quelldaten *pl*
source of contamination Kontaminationsquelle *f*
source of supply Bezugsquelle *f*, Einkaufsquelle *f*
space Abstand *m*, Raum *m*, Fläche *f*, Zwischenraum *m*
space requirements Flächenbedarf *m*, Platzbedarf *m*
spare, spare part Ersatzteil *n*
sparingly soluble schwerlöslich
spasmolysant *(Med)* Spasmolytikum *n*
spasmolytic spasmolytisch, krampflösend
spasmolytic *(Med)* Spasmolytikum *n*, krampflösendes Mittel *n*
spatula Spatel *m(f)*
special speziell, besonders, Sonder…
special provision Sonderregelung *f*
special-purpose Sonder…, Spezial…, für spezielle Zwecke
special testing requirement spezielle Testanforderung *f*; spezielle Anforderung *f* an Tests
special treatment Sonderbehandlung *f*, spezielle Behandlung *f*
special version Sonderausführung *f*
special warning spezieller Warnhinweis *m*
specialised retail trade *(BE)* Facheinzelhandel *m*
specialist Experte *m*, Spezialist *m*, Fachmann *m*, Fachfrau *f*
specialized retail trade *(AE)* Facheinzelhandel *m*
speciation *(Mikro)* Speziesbestimmung *f* *(von Mikroorganismen)*
species Art *f*, Spezies *f*, Gattung *f*
species specificity *(Mikro)* Artspezifität *f* *(von Mikroorganismen)*
specific 1. genau, akkurat, präzise; 2. spezifisch, speziell
specific gravity spezifisches Gewicht *n*
specific rotation spezifische Drehung *f*
specific surface spezielle Oberfläche *f*
specifically defined area spezifisch zugeordneter Bereich *m*
specification 1. Festlegung *f*, Vorgabe *f*, Vorschrift *f*, Anforderung *f* *(bezüglich der Qualität eines Produkts)*; Spezifikation *f*; 2. *(Herst)* Verarbeitungsvorschrift *f*; 3. genaue Angabe *f*, Eigenschaft *f*, Eigenheit *f*, Präzisierung *f*; 4. *(Tech)* Lastenheft *n*, Pflichtenheft *n*, Ausführung *f*, technische Beschreibung *f* • **meet the specifications** die Vorschriften einhalten
specification limit Spezifikationsgrenze *f*
specificity Spezifität *f*
specified festgelegt, bestimmt, festgesetzt, angegeben, vorgegeben
specified limit festgelegter [festgesetzter] Grenzwert *m*
specified tolerance festgelegte Toleranz *f*
specify *v* spezifizieren, vorgeben, vorschreiben, festlegen, festsetzen, angeben
specimen Probe *f*, Testmaterial *n*, Versuchsobjekt *n*, Exemplar *n*
spectrometer Spektrometer *n*
spectrometric spektrometrisch
spectrometry Spektrometrie *f*
spectrophometer Spektrophometer *n*
spectroscope Spektroskop *n*
spectrum Spektrum *f*, Bandbreite *f*, Skala *f*
spectrum of activity Wirkungsspektrum *n*
speed *v* beschleunigen
speed *(Tech)* Geschwindigkeit *f*, Drehzahl *f*

speed of dissolution Auflösegeschwindigkeit *f*
speed of operations *(Herst)* Verarbeitungsgeschwindigkeit *f*
spending on research and development Aufwendungen *fpl* [Mittel *npl*] für Forschung und Entwicklung
spermatocidal spermizid, spermienabtötend
spermatocide *(Med)* Spermatozid *n*, Spermien abtötendes Mittel *n*
sphere of operations Arbeitsgebiet *n*, Tätigkeitsbereich *m*
sphere of responsibility Zuständigkeitsbereich *m*
spigot *(Tech)* Zapfen *m*, Stutzen *m*
spill Überlauf *m*
spin *v* rotieren, drehen *(mit hoher Geschwindigkeit)*
spin column *(Lab)* Zentrifugensäule *f*
spindle *(Tech)* Spindel *f*
spinning *(Tech)* schnellrotierend, schnelldrehend, schnellumlaufend
spinning *(Tech)* Schleudern *n*, Abschleudern *n*, Ausschleudern *n*
spiral spiralförmig
spiral Spirale *f*
spiral coil *(Lab)* Spiralrohrschlange *f*
spiral conveyor *(Tech)* Schneckenförderer *m*
spirit Spiritus *m*, Arzneispiritus *m*
splash Spritzer *m*
splash water Spritzwasser *n*
splice point Klebestelle *f*
split *v* aufspalten, teilen, trennen
split 1. Aufspaltung *f*, Teilung *f*, Trennung *f*; 2. Riss *m*, Spalt *m*
split bag Trennbeutel *m*
split-batch active ingredient Zweikomponentenwirkstoff *m*
split pin *(Tech)* Spannstift *m*, Spiralspannstift *m*
split *v* **off** abspalten
split *v* **up** aufspalten, trennen, aufteilen, unterteilen
splitting-off Abspaltung *f*, Trennung *f*
spoil *v* verderben, schlecht werden, unbrauchbar werden
sponge Schwamm *m*
spore *(Mikro)* Spore *f (Pilz)*
spore former *(Mikro)* Sporenbildner *m*
spore forming *(Mikro)* sporenbildend
spore-germinating medium *(Mikro, Biot)* Keimungsmedium *n*
spore strip *(Mikro)* Sporenstreifen *m*
spore suspension *(Biot)* Sporensuspension *f*
spot plate *(Mikro)* Tüpfelplatte *f*
spouted bed *(Herst)* Sprudelschicht *f (Wirbelschichtverfahren)*
spray *v* zerstäuben, versprühen, übersprühen, verspritzen
spray Sprühmittel *n*, Sprühnebel *m*, Sprühflüssigkeit *f*
spray coat *(Herst)* Sprayschicht *f*, Spritzschicht *f*
spray cycle Sprühzyklus *m*
spray-dry *v* sprühtrocknen *(im Sprühverfahren)*
spray dryer Sprühtrockner *m*
spray drying Sprühtrocknung *n*
spray granulation *(Herst)* Wirbelschichtgranulation *f*, Sprühgranulierung *f*
spray granulator *(Herst)* Wirbelschichtgranulator *m*
spray nozzle Sprühdüse *f*
spray rate Sprührate *f*
sprayer Sprüher *m*, Versprüher *m*, Atomisator *m*, Zerstäuber *m*
spraying system Sprühsystem *n*
spread Streuung *f*, Verbreitung *f*
spread of data Streuung *f* von Daten
spreadability Streichfähigkeit *f*
sprinkler *(Tech)* Sprinkleranlage *f*
sprinkler can Streudose *f*
spy hole Sichtfenster *n*, Beobachtungsfenster *n*
square bottle *(Verp)* quadratische Flasche *f*
squeeze *v* auspressen, ausdrücken
squeeze bottle *(Verp, Lab)* Quetschflasche *f*
squeeze *v* **through** durchpressen
St. John's wort Johanniskraut *n (Heilpflanze)*
stabiliser *(BE) (Chem, Med)* Stabilisierungsmittel *n*, Stabilisator *m*
stabilising *(BE) (Chem, Med)* Stabilisieren *n*, Stabilisierung *f*
stabilising agent *(BE)* Stabilisierungsmittel *n*, Stabilisator *m*
stability Stabilität *f*, Beständigkeit *f*, Haltbarkeit *f* • **stability to** Beständigkeit gegenüber

stability data Stabilitätsdaten *pl*
stability in storage Lagerbeständigkeit *f*, Lagerstabilität *f*, Lagerungsstabilität *f*
stability monitoring Stabilitätsüberwachung *f*
stability study Stabilitätsuntersuchung *f*
stability test Haltbarkeitsuntersuchung *f*, Stabilitätstest *m*
stability testing Stabilitätsprüfung *f*
stabilizer *(AE) (Chem, Med)* Stabilisierungsmittel *n*, Stabilisator *m*
stabilizing *(AE)* Stabilisieren *n*, Stabilisierung *f*
stabilizing agent *(AE) (Chem, Med)* Stabilisierungsmittel *n*, Stabilisator *m*
stable beständig, dauerhaft, stabil, widerstandsfähig
stable in storage lagerbeständig, lagerbar
stable to(wards) beständig gegen(über), stabil gegenüber
stack *v* aufschichten, stapeln
stack Stapel *m*
stackable stapelbar
stackable ring cuvette system *(Lab)* stapelbares Rotorensystem *n*
stacked packing *(Verp)* Packung *f*, geordnete Kolonne *f*
stacker Stapler *m*
stacking *(Verp)* Stapel *m*, Stapelung *f*
stacking box *(Verp)* Stapelkasten *m*
stacking device Stapelvorrichtung *f*
stacking unit Stapeleinheit *f*
stadium Stadium *n*, Abschnitt *m*
staff Belegschaft *f*, Mitarbeiter *mpl*
staff member Mitarbeiter *m*, Mitarbeiterin *f*
stage 1. Stadium *n*, Stufe *f*, Entwicklungsstufe *f*, Phase *f*; 2. *(Lab)* Objekttisch *m (eines Mikroskops)*
stage of production Herstellungsstufe *f*
stage of treatment Behandlungsstufe *f*, Verfahrensstufe *f*, Prozess-Stufe *f*
stagnating demand stagnierende Nachfrage *f*
staining liquid Färbelösung *f*
stainless steel Edelstahl *m*
stamp *v* 1. stempeln, kennzeichnen; 2. ausstanzen
stamp Stempel *m*
stand-alone document eigenständiges Dokument *n*
stand space Standfläche *f*, Ausstellungsfläche *f (Ausstellungen oder Messen)*
stand-up sachet *(Verp)* Standbodenbeutel *m*
standard Standard *m*, Norm *f* • **meet the standards** den Standards entsprechen, Standards einhalten
standard condition Standardbedingung *f*, Normalbedingung *f*
standard deviation 1. Standardabweichung *f*, Normabweichung *f*; 2. mittlerer Fehler *m (Statistik)*
standard filling Standardabfüllung *f*
standard method Standardmethode *f*, Standardverfahren *n*, standardisiertes Verfahren *n*
standard of quality Qualitätsstandard *m*
standard operating procedure *(Abk.: SOP)* Standardarbeitsanweisung *f*, allgemeine Arbeitsanweisung *f*
standard pressure *(Tech)* Normaldruck *m*, Standarddruck *m*
standard procedure Standardmethode *f*, Standardverfahren *n*, standardisiertes Verfahren *n*
standard quality Standardqualität *f*
standard reference Standard-Referenzwerk *n*
standard reference material Standardreferenzsubstanz *f*
standard size Standardgröße *f*, Einheitsgröße *f*
standard specification Normvorschrift *f*
standard state Standardzustand *m*, Normzustand *m*
standard substance Standardsubstanz *f*
standard temperature and pressure Normaltemperatur *f* und -druck *m*, physikalischer Normzustand *m*
standard testing method standardisierte Untersuchungsmethode *f*
standard value Standardwert *m*, Normwert *m*
standardisation *(BE)* Normierung *f*, Standardisierung *f*
standardise *v (BE)* standardisieren
standardization *(AE)* Normierung *f*, Standardisierung *f*
standardize *v (AE)* standardisieren
standing order *(Vertr)* laufende Bestellung *f*
standing time *(Tech)* Stillstandszeit *f*
starch Stärke *f (Arzneimittelzusatzstoff)*

starch degradation Stärkeabbau *m*
starch flour Stärkemehl *n*
starchy stärkehaltig
start *v* 1. beginnen, anfangen; 2. in Betrieb setzen, anlassen, anfahren *(eine Maschine)*
start 1. Beginn *m*, Anfang *m*; 2. *(Tech)* Anfahren *n*, Starten *n*
start button *(Tech)* Anschalter *m*
start key *(Tech)* Anschalter *m*
start of production Produktionsbeginn *m*
start of study Studienstart *m*
start of trial Studienstart *m*
start operations den Betrieb *m* aufnehmen
start-up 1. Inbetriebnahme *f*, Inbetriebsetzung *f*, Inbetriebsetzen *n*, Anfahren *n* *(einer Maschine)*; 2. Firmengründung *f*
start-up period Startphase *f*
start-up speed Startgeschwindigkeit *f*, Anlaufgeschwindigkeit *f*
starter culture *(Biot, Mikro)* Starterkultur *f*
starting material Ausgangsmaterial *n*, Ausgangsstoff *m*
starting period Anlaufzeit *f*
starting value Anfangswert *m*, Anfangsmesswert *m*
state *v* angeben, darlegen, darstellen, feststellen, nennen
state Zustand *m*, Stand *m*, Status *m*, Phase *f*, Lage *f*, Stadium *n*
state *v* **in writing** schriftlich festhalten, aufzeichnen
state of cleaning Reinigungszustand *m*
state of development Entwicklungsstatus *m*, Entwicklungsstand *m*
state of health Gesundheitszustand *m*
state of knowledge Kenntnisstand *m*, Wissensstand *m*
state of origin Ursprungsstaat *m*
state of process *(Herst)* Fertigungszustand *m*
state-of-the-art dem neusten technischen Stand entsprechend, dem modernsten Technikstand entsprechend
state-of-the-art standard neuester Standard *m*
state of the market Marktlage *f*
statement 1. Aussage *f*, Erklärung *f*, Bericht *m*, Darstellung *f*, Stellungnahme *f*; 2. *(Verp)* Erklärung *f*, Erläuterung *f (auf einer Verpackung)*; 3. *(Med)* Befund *m*
statement of weight Gewichtsangabe *f*, Angabe *f* des Gewichts
static *(Tech)* feststehend, nicht beweglich
static charge *(Tech)* statische Aufladung *f*
static load statische Belastung *f*
stationary feststehend, nicht beweglich
stationary phase *(Mikro)* stationäre Phase *f (von Mikroorganismen)*
statistic Statistik *f*
statistical statistisch
statistical analysis statistische Analyse *f*
statistical data statistische Daten *pl*, Statistikdaten *pl*
statistical evaluation statistische Beurteilung *f*, statistische Auswertung *f*
statistical procedure statistisches Verfahren *n*
statistician Statistiker *m*, Statistikerin *f*
status indication Zustandsanzeige *f*
status report Zustandsbericht *m*, Fortschrittsbericht *m*, Statusbericht *m*
statute *(Reg)* Gesetz *n*, Gesetzvorschrift *f*
statute law *(Reg)* Gesetzesrecht *n*, kodifiziertes Recht *n*
statutory gesetzlich vorgeschrieben, gesetzlich festgelegt, gesetzlich
statutory provision Vorschrift *f*, Verordnung *f*, Klausel *f*, Regelung *f*
statutory requirement *(Reg)* gesetzliche Vorschrift *f*, gesetzliche Anforderung *f*
statutory technical order technische Verordnung *f*
statutory time limit gesetzliche Frist *f*
steady state Dauerzustand *m*
steady-state intake *(Med)* ständige Einnahme *f (von Arzneimitteln)*
steam *v* bedampfen
steam *(Tech)* Dampf *m*
steam generation *(Tech)* Dampferzeugung *f*
steam generator *(Tech)* Dampferzeuger *m*
steam valve *(Tech)* Dampfventil *n*
steep *v* eintauchen, einweichen, wässern
steeping Einweichen *n*, Wässerung *f*
steering *(Tech)* Steuerung *f*, Lenkung *f*
stem cells *(Biot)* Stammzellen *fpl*
stench trap Geruchsverschluss *m*

stencil Schablone *f*
step Arbeitsschritt *m*, Schritt *m*, Stufe *f*
stepless kontinuierlich, stufenlos
stepwise schrittweise, stufenweise
stereoselective stereoselektiv
stereoselectivity Stereoselektivität *f*
sterilant Sterilisans *n*, Sterilisant *n*, Sterilisationsmittel *n*, Keimzellen abtötendes Mittel *n*
sterile steril, keimfrei • **purport to be sterile** als steril gelten
sterile API steriler Wirkstoff *m*
sterile assurance level Sterilisationssicherheit *f*
sterile clothing Sterilraumkleidung *f*
sterile culture *(Mikro)* Sterilkultur *f*
sterile dosage form sterile Darreichungsform *f*, Sterilprodukt *n*
sterile-filtered sterilfiltriert
sterile filtration *(Lab)* Sterilfiltration *f*
sterile gowns Sterilraumkleidung *f*
sterile instrument steriles Werkzeug *n*
sterile product Sterilprodukt *n*, steriles Produkt *n*
sterile seal steriler Verschluss *m*
sterile surface sterile Oberfläche *f*
sterile tool steriles Werkzeug *n*
sterilisability *(BE)* Sterilisierbarkeit *f*
sterilisable *(BE)* sterilisierbar
sterilisation *(BE)* Sterilisierung *f*, Sterilisation *f*, Keimfreimachung *f*
sterilisation box *(BE)* Sterilisierkasten *m*
sterilisation by radiation *(BE)* Strahlensterilisation *f*
sterilisation cycle *(BE)* Sterilisationszyklus *m*
sterilisation of the air *(BE)* Luftentkeimung *f*
sterilisation procedure *(BE)* Sterilisationsverfahren *n*
sterilisation temperature *(BE)* Sterilisationstemperatur *f*
sterilise *v (BE)* sterilisieren
sterilise *v* **by filtration** *(BE) (Ster)* durch Filtration keimfrei machen
sterilised *(BE)* steril, keimfrei, aseptisch
sterilised container *(BE)* sterilisierter Behälter *m*
sterilised product *(BE)* sterilisiertes Produkt *n*
steriliser *(BE)* Sterilisator *m*, Sterilisationsapparat *m*
sterilising grade filter *(BE)* Sterilfilter *n(m)*
sterility 1. Sterilität *f*, Keimfreiheit *f*; 2. *(Med)* Sterilität *f*, Unfruchtbarkeit *f*
sterility assurance Sterilitätssicherheit *f*
sterility failure Positivergebnis *n* bezüglich Sterilitätsprüfung
sterility filter sterilisierendes Filter *n(m)*
sterility testing Sterilitätstest *m*, Prüfung *f* auf Sterilität
sterilizability *(AE)* Sterilisierbarkeit *f*
sterilizable *(AE)* sterilisierbar
sterilization *(AE)* Sterilisierung *f*, Sterilisation *f*, Keimfreimachung *f*
sterilization box *(AE)* Sterilisierkasten *m*
sterilization by radiation *(AE)* Strahlensterilisation *f*
sterilization cycle *(AE)* Sterilisationszyklus *m*
sterilization of the air *(AE)* Luftentkeimung *f*
sterilization procedure *(AE)* Sterilisationsverfahren *n*
sterilization temperature *(AE)* Sterilisationsstemperatur *f*
sterilize *v (AE)* sterilisieren, keimfrei machen
sterilize *v* **by filtration** *(AE) (Ster)* durch Filtration keimfrei machen
sterilized *(AE)* steril, keimfrei, aseptisch
sterilized container *(AE)* sterilisierter Behälter *m*
sterilized product *(AE)* sterilisiertes Produkt *n*
sterilizer *(AE)* Sterilisator *m*, Sterilisationsapparat *m*
sterilizing grade filter *(AE)* Sterilfilter *n(m)*
sternutatory *(Med)* Sternutatorium *n*, Schnupfmittel *n*, Niesmittel *n*
steroid *(Med)* Steroid *n*, Kortikosteroid *n*
sterule Ampulle *f* mit steriler Flüssigkeit
stick *v* 1. kleben, zusammenkleben; 2. durchstoßen, durchstechen
sticker 1. *(Chem)* Haftstoff *m*, Klebemittel *n*; 2. *(Verp)* Aufkleber *m*, Klebezettel *m*
sticking plaster *(Med)* Pflaster *n*, Heftpflaster *n*
stiff stabil, hart, fest, steif
stiffness *(Verp)* Festigkeit *f (Karton)*
still Destillationsapparat *m*, Destillieranlage *f*
still head Destillieraufsatz *m*

still pot Destillationsgefäß *n*, Destillierblase *f*
still receiver Destillatsammler *m*, Destilliervorlage *f*
still residue Destillationsrückstand *m*
stimulant 1. *(Med)* anregendes Mittel *n*, Reizmittel *n*; 2. *(Chem)* Stimulans; 3. Aktivierungsreiz *m*
stimulant drug *(Med)* Aufputschmittel *n*, anregendes Mittel *n*
stimulating effect belebende Wirkung *f*, anregende Wirkung *f*
stimulation Anregung *f*, Stimulierung *f*
stimulation drug *(Med)* anregendes Mittel *n*, Reizmittel *n*
stipulate *v* vereinbaren, festlegen; vorschreiben, fordern; vertraglich festlegen
stipulation Abmachung *f*, Vereinbarung *f*, Vorgabe *f*, Anforderung *f*, Klausel *f*; vertragliche Festlegung *f*, vertragliche Vereinbarung *f*
stir *v* rühren, umrühren, durchrühren
stir *v* **in** einrühren
stirred tank *(Tech)* Rührkessel *m*, Mischreaktor *m*
stirrer *(Tech)* Rührwerk *n*, Rührer *m*, Rührarm *m*
stirring apparatus Rührwerk *n*
stirring blade *(Tech)* Rührblatt *n*, Rührflügel *m*
stirring rod *(Tech)* Rührstab *m*
stirring speed *(Tech)* Rührgeschwindigkeit *f*, Rührerdrehzahl *f*
stock 1. Ausgangsmaterial *n*; 2. *(Log)* Lagerbestand *m*, Vorrat *m*, Bestand *m* • **take stock** den Bestand aufnehmen
stock bin Vorratsbehälter *m*, Silo *n*
stock control Lagerkontrolle *f* des Bestandes
stock culture *(Biot)* Stammkultur *f*
stock flow *(Log)* Lagerbestandbewegung *f*
stock in silo Silovorrat *m*
stock-in-trade *(Log)* Warenvorrat *m*
stock level Lagerbestand *m*, Lagerumfang *m*
stock of finished products Bestand *m* an Fertigprodukten
stock of semi-finished products Bestand *m* an Halbfertigprodukten
stock of unfinished products Bestand *m* an unfertigen Waren
stock-out Fehlbestand *m*
stock reduction Lagerreduzierung *f*
stock room Lagerraum *m*, Vorratsraum *m*
stock solution *(Biot)* Stammlösung *f*
stock turnover *(Log)* Lagerumschlagsgeschwindigkeit *f*
stock *v* **up** bevorraten, sich eindecken
stockless production lagerlose Produktion *f*
stockpile *v* Vorräte anlegen, Vorräte aufstocken
stockpiling Vorratsbildung *f*
stocktaking Inventaraufnahme *f*, Bestandsaufnahme *f*, Inventur *f*
stomachalgia *(Med)* Magenmittel *n*
stop 1. aufhören, beenden, unterbrechen; 2. *(Tech)* ausstellen *(eine Maschine)*
stop valve *(Tech)* Absperrventil *n*
stopcock *(Tech)* Absperrhahn *m*
stopper *v* stöpseln, zustöpseln
stopper Pfropfen *m*, Stopfen *m*, Stöpsel *m*
stopper washing machine *(Tech)* Stopfenwaschmaschine *f*
stoppered flask *(Lab)* Stöpselflasche *f*
storability Lagerfähigkeit *f*
storable lagerfähig
storage Lagerung *f*, Lagerhaltung *f*; Lager *n*
storage area Lagerfläche *f*
storage bin Lagerbehälter *m*, Vorratssilo *n*
storage bottle *(Lab)* Vorratsflasche *f*, Standflasche *f*
storage cabinet *(Lab)* Aufbewahrungsschrank *m*
storage capacity Lagerkapazität *f*
storage conditions Lagerbedingungen *fpl*
storage container Lagerbehälter *m*
storage life Lager- und Verarbeitbarkeit *f*, Gebrauchsfähigkeit *f*; Lagerdauer *f*
storage process Lagerprozess *m*
storage space Lagerfläche *f*, Lagerraum *m*, Lagerplatz *m*
storage stability Lagerungshaltbarkeit *f*, Lagerstabilität *f*
storage tank Lagertank *m*, Lagerbehälter *m*, Vorratsbehälter *m*
store *v* aufbewahren, lagern, einlagern

store Vorratsraum *m*, Lagerhaus *n*, Lager *n*
store *v* **in cool place** kühl lagern
store *v* **in dry place** trocken lagern
store *v* **off the floor** hoch lagern
store *v* **outdoors** im Freien lagern
store *v* **separately** getrennt lagern
store shelf Lagerregal *n*
store *v* **under quarantine** unter Quarantäne gelagert
storeroom Lagerraum *m*, Lager *n*, Vorratsraum *m*
stores slip Materialentnahmeschein *m*
storing Lagerung *f*, Vorratshaltung *f*
straight distillation direkte Destillation *f*
straight through body Durchgangskörper *m*
streamline *v* rationalisieren, neu organisieren
streamline flow Laminarströmung *f*, Schichtenströmung *f*
streamline *v* **operations** rationalisieren *(Betrieb, Abläufe)*
streamlining Durchrationalisieren *n* *(Prozess)*
strength Intensität *f*, Stärke *f*, Wirkungskraft *f* *(eines Arzneimittels)*
strengthen *v* stärken, verstärken
strengthening effect stärkende Wirkung *f*
stretchbander *(Verp, Log)* Straffbanderolierer *m*
stringent streng, genau, zwingend
stringent standard strenger Standard *m*, zwingender Standard *m*, genaue Norm *f*
stroke *(Tech)* Hub *m*
stroke limiter *(Tech)* Hubbegrenzer *m*
structural formula Strukturformel *f*
structural fragment Strukturelement *n*
stub *(Tech)* Stichleitung *f*
stuffing box Stopfbuchse *f*
styptic 1. Adstringens *n*, adstringierendes Mittel *n*; 2. *(Med)* blutstillendes Mittel *n*, Hämostyptikum *n*
stypticity adstringierende Wirkung *f*
sub-batch Teilcharge *f*
sub-strength Unterdosierung *f*
subculture *(Mikro)* Subkultur *f*, Nachkultur *f* *(überimpfte Organismenkultur von einer bereits vorhandenen auf ein frisches Nährmedium)*
subject to revision Änderung vorbehalten
subject to sale by pharmacists only apothekenpflichtig
submission Einreichung *f*, Vorlage *f*, Unterbreitung *f* *(eines Antrags)*; Ausschreibung *f*, Ausschreibungsgebot *n*
submission file for marketing authorisation *(BE)*, **submission file for marketing authorization** *(AE)* *(Reg)* Zulassungsdossier *n*
submission for registration Antragsstellung *f* auf Zulassung
submit *v* einreichen, vorlegen, beantragen • **submit an application** einen Antrag einreichen, beantragen
submit *v* **in writing** schriftlich einreichen
subsample Teilstichprobe *f*, Teilprobe *f*
subsequent pharmaceutical analysis angeschlossenen pharmazeutische Kontrolle *f*
subsequent test Nachuntersuchung *f*, Folgeuntersuchung *f*
subsidiary Tochterunternehmen *n*, Tochtergesellschaft *f*
subsidiary plant Zweigwerg *n*, Zweigbetrieb *m*
substance Betriebsmittel *n*, Stoff *m*, Substanz *f*
substance amount Substanzmenge *f*
substance reduction Substanzverlust *m*
substance under investigation Untersuchungssubstanz *f*, Versuchssubstanz *f*
substandard *(Qual)* minderwertig
substantial order *(Vertr)* Großauftrag *m*
substantiation Begründung *f*, Beweis *m*
substituent Ersatz *m*, Ersatzstoff *m*, Substituent *m*
substitute Ersatzstoff *m*, Ersatzmittel *n*, Austauschstoff *m*
substitute material Ersatzstoff *m*, Austauschstoff *m*, Substitutionsmaterial *n*
substitution Austausch *m*, Ersatz *m*, Substitution *f*
substrate 1. Substrat *n*, Trägersubstanz *f*; 2. Nährsubstrat *n*, Substrat *n*; 3. *(Mikro)* Nährboden *m*
successive batch Folgecharge *f*
suck *v* saugen
suck *v* **in**, **suck** *v* **up** einsaugen, aufnehmen *(Substanz oder Flüssigkeit)*

suction Saugen *n*, Ansaugen *n*, Absaugen *n*; Saugzug *m*
suction bar *(Tech)* Saugleiste *f*
suction-filter *v* filtrieren im Vakuum, filtrieren mit Unterdruck
suction filter Ansaugfilter *n(m)*, Saugfilter *n(m)*, Vakuumfilter *n(m)*, Filternutsche *f*
suction filtration Saugfiltration *f*, Vakuumfiltration *f*
suction flask *(Lab)* Saugflasche *f*
suction pipe *(Tech)* Ansaugrohr *n*, Ansaugleitung *f*, Saugrohr *n*
suction pressure *(Tech)* Ansaugdruck *m*, Saugdruck *m*
suction pump *(Tech)* Saugpumpe *f*
suction system *(Tech)* Saugersystem *n*
suction ventilator Luftabsauger *m*
suffer *v* **pain** Schmerzen haben
suffering leidend
suffering patient leidender Patient *m*
sufficient resources *(Fin, Wi)* ausreichende (finanzielle) Mittel *npl*
sugar Zucker *m*
sugar-bearing zuckerhaltig, Zucker...
sugar-coated tablet Zuckerdragee *n*, Dragee *n*
sugar coat(ing) Zuckerbeschichtung *f*, Zuckermantel *m*
sugary zuckerhaltig, Zucker...
suitability Eignung *f*, Angemessenheit *f*
suitability test Eignungsfeststellung *f*
suitable geeignet
suitably spaced in geeigneten Abständen
sulfate *(AE)* Sulfat *n*
sulphate *(BE)* Sulfat *n*
sulphuric acid Schwefelsäure *f*
summary Zusammenfassung *f*, Kurzbericht *m*
sump Ölwanne *f*
super-heated steam gespannter Wasserdampf *m*
superior quality hervorragende Qualität *f*, Spitzenqualität *f*
superpure reinst, extrem rein
supersaturation of a solution Übersättigung *f* einer Lösung
supersede *v* ersetzen, ablösen *(z. B. eine Regelung)*
superseding of documents Ersetzen *n* von Dokumenten
supervise *v* überwachen, beaufsichtigen
supervision Überwachung *f*, Aufsicht *f*
supervisor Vorarbeiter *m*, Vorarbeiterin *f*
supervisory personnel Aufsicht führendes Personal *n*
supervisory staff Mitarbeiter *mpl* in verantwortlicher Stellung, Verantwortungsträger *mpl*
supplement *(Dok)* Ergänzung *f (eines Berichts, Dokuments)*
supplementary zusätzlich, ergänzend, nachträglich
supplementary Hilfszusatz *m*
supplementary label Zusatzetikett *n*
supplementation Zugabe *f*, Zusatz *m*, Ergänzung *f* (durch)
supplied with air versorgt mit Luft *f*
supplied with water versorgt mit Wasser *n*
supplier Lieferant *m*
supplier approval *(Reg)* Lieferantengenehmigung *f*
supplier audit *(Qual)* Lieferantenbewertung *f*, Lieferantenaudit *n*
supplier qualification *(Qual)* Lieferantenqualifizierung *f*
supplier rating *(Qual)* Lieferantenbewertung *f*
supply *v* liefern, beliefern, beziehen
supply Lieferung *f*, Bezug *m*
supply and demand *(Vertr)* Angebot *n* und Nachfrage *f*
supply connection *(Tech)* Versorgungsleitung *f*, Versorgungsanschluss *m*
supply industry Zulieferer *m*, Zulieferindustrie *f*
supply input *(Tech)* Versorgungsanschluss *m*
supply *v* **medicinal products to the public** *(Vertr)* Arzneimittel an die Öffentlichkeit abgeben
supply of medicinal products *(Vertr)* Abgabe *f* von Arzneimitteln, Lieferung *f* von Arzneimitteln
supply *v* **to an order** auf Bestellung ausliefern
support pressure *(Tech)* Stützdruck *m*
supporting clean area *(Ster)* kontrollierte Zone *f*, kontrollierter Bereich *m*
supporting structure *(Tech)* Gerüst *n*
supportive data Hilfsdaten *pl*, Zusatzdaten *pl*
suppository *(Med)* Suppositorium *n*, Stuhlzäpfchen *n*, Zäpfchen *n*

suppository machine *(Herst)* Zäpfchengießmaschine *f*
suppress *v* unterdrücken
suppressor 1. Hemmstoff *m*; 2. *(Med)* Appetitzügler *m*
surface *v (Hyg)* oberflächenbehandeln
surface Oberfläche *f*, Fläche *f*
surface activity *(Chem)* Oberflächenaktivität *f*
surface anaesthetic *(Med)* Oberflächenanästetikum *n*
surface binding *(Chem)* Oberflächenbindung *f*
surface coating Oberflächenbeschichtung *f*
surface colony *(Mikro)* Oberflächenkolonie *f*
surface contamination Oberflächenkontamination *f*
surface diameter Oberflächendurchmesser *m*
surface properties Oberflächenbeschaffenheit *f*
surface resistance Oberflächenwiderstand *m*
surface tension Oberflächenspannung *f*
surface treatment *(Hyg)* Oberflächenbehandlung *f*
surfactant *(Chem)* oberflächenaktive Verbindung *f*
surplus weight *(Verp, Log)* Mehrgewicht *n*, Übergewicht *n*
surrounding temperature *(Tech)* Umgebungstemperatur *f*
surveillance data *(Herst)* Beobachtungsdaten *pl (Prozesskontrolle)*
susceptible to failure störanfällig
suspended particle Schwebeteilchen *n*, Trübeteilchen *n*
suspension 1. *(Chem, Med)* Suspension *f*; 2. Aufhebung *f*, Aussetzung *f*, Aufschiebung *f*; 3. Aufhängung *f*
suspension hole *(Verp)* Aufhängeloch *n*
suspension of an authorisation *(BE)*, **suspension of an authorization** *(AE)* *(Reg)* Aussetzung *f* einer Genehmigung
suspicion Verdacht *m*
sustained release *(Chem, Med)* verlängerte Freisetzung *f*
swab 1. *(Lab)* Tupfer *m*, Tampon *m*; 2. *(Lab)* Ausstrich *m*
swab sampling Wischprobe *f*
swab-test Wischtest *m*
sweat *v* schwitzen
sweetener Süßstoff *m* als Zusatz
swell *v* quellen
swell *v* **up** aufquellen
swelling Schwellung *f*, Anschwellen *n*, Quellen *n*
swelling capacity Quellfähigkeit *f*
swill *v* Spülwasser *n*
switch *(Tech)* Schalter *m*
switch box *(Tech)* Schaltschrank *m*
switch *v* **off** abschalten, ausstellen, ausschalten *(eine Maschine)*
switch *v* **on** anschalten *(eine Maschine)*
swivel arm *(Tech)* Schwenkarm *m*
swivel clamp holder *(Tech)* Universaldoppelmuffe *f*
swivelling suction cup *(Tech)* Schwenksauger *m*
sympatholytic *(Med)* Sympatholytikum *n*
sympathomimetic agent *(Med)* sympath(ik)omimetischer Stoff *m*
sympathomimetic drug *(Med)* Sympath(ik)omimetikum *n*
symptom 1. Symptom *n*, Anzeichen *n*; 2. *(Med)* Krankheitszeichen *n*
syndrome Syndrom *n*
synthesis Synthese *f*
synthesis of active pharmaceutical ingredients Wirkstoffsynthese *f*
synthesis route Syntheseweg *m*
synthetic synthetisch, künstlich
synthetic drug *(Med)* synthetisches Arzneimittel *n*
synthetic medium *(Biot)* synthetisches Nährmedium *n*
syringe *(Med)* Spritze *f*, Injektionsspritze *f*
syringe body *(Med)* Spritzenkörper *m*
syringe cylinder *(Med)* Spritzenzylinder *m*
syrup Sirup *m*, dickflüssiger Saft *m*
syrup bottle *(Verp)* Sirupflasche *f*, Saftflasche *f*
syrup-like sirupartig, dickflüssig, klebrig
syrupy sirupartig, dickflüssig, klebrig
system access *(Tech)* Systemzugang *m*, Systemzugriff *m*
system for recalling *(Qual)* Rückrufsystem *n*
system-oriented audit *(Qual)* systembezogenes Audit *n*
system specification *(Tech)* Systemspezifikation *f*

system suitability test *(Tech)* Systemeignungstest *m*
system technology *(Tech)* Systemtechnologie *f*
systematic name *(Dok)* systematischer [systematisch gebildeter] Name *m*

T

T piece *(Tech)* T-Stück *n*, T-Verbindung *f*
tab *(Verp)* Einstecklasche *f*
table Tabelle *f*, tabellarische Aufstellung *f*, Liste *f*
tablet *v* tablettieren
tablet Tablette *f*
tablet applicator *(Verp)* Tablettenapplikator *m*
tablet bottle *(Verp)* Tablettenflasche *f*
tablet casting tray *(Tabl)* Tablettenguss-Tray *n*
tablet core *(Tabl)* Tablettenkern *m*, Presskern *m*
tablet counter *(Tech)* Tablettenzähler *m*, Zählbrett *n*
tablet crushing strength *(Qual)* Bruchfestigkeit *f*, Tablettenbruchfestigkeit *f*
tablet diameter *(Tabl)* Tablettendurchmesser *m*
tablet dimensions *(Tabl)* Tablettenabmessungen *fpl*
tablet dye *(Herst)* Tablettierfarbe *f*
tablet ejection *(Tech)* Tablettenauswurf *m*
tablet exit chute *(Tech)* Tablettendurchlaufrinne *f*
tablet feed *(Verp)* Tablettenzuführung *f*
tablet grate *(Verp)* Tablettenablaufweiche *f*
tablet hardness *(Tabl)* Tablettenhärte *f*
tablet inconsistency *(Qual)* Uneinheitlichkeit *f* einer Tablette
tablet output *(Herst)* Tablettenausstoß *m*, Tablettenherstellung *f*
tablet press *(Herst)* Tablettenpresse *f*
tablet profile *(Tabl)* Tablettenprofil *n*
tablet quality Tablettenqualität *f*
tablet size *(Tabl)* Tablettengröße *f*
tablet stack *(Verp)* Tablettenstapel *m*
tablet surface *(Tabl)* Tablettenoberfläche *f*
tablet thickness *(Tabl)* Tablettendicke *f*
tablet tube *(Verp)* Tablettenröhrchen *n*
tablet uniformity *(Qual)* Tablettenidentität *f*, Tabletteneinheitlichkeit *f*
tablet variation *(Qual)* Abweichung *f* von der Normtablette
tablet web height *(Herst)* Tablettensteghöhe *f*
tablet weight *(Tabl)* Tablettengewicht *n*
tabletting *(Herst)* Tablettierung *f*
tabletting machine *(Tech)* Tablettiermaschine *f*, Tablettenpresse *f*
tabletting mass *(Tabl)* Tablettiermasse *f*
tabletting punch *(Tech)* Tablettenstempel *m*, Tablettierstempel *m*
tabletting trouble shooting Fehlerbehebung *f* bei der Tablettenherstellung
tailing Rest *m*, Nachlauf *m* *(Material oder Substanz)*
take *v* **up** aufnehmen *(Stoffe)*
tally Etikett *n*, Kontrollzettel *m*, Strichliste *f*, Aufstellung *f*
tamper *v* manipulieren, verfälschen
tamper-evident cap *(Verp)* Originalitätsverschlusskappe *f*
tamper-evident packaging *(Verp)* Garantieverschluss *m*
tamper-evident packaging feature Garantiemerkmal *n* einer Verpackung
tamper-evident technology Technologie *f*, die sicher gegen Manipulation ist
tamper-proof manipulationssicher
tamper-proof seal Entnahmesicherung *f*
tampering Verfälschung *f*, Manipulation *f*
tamping pin Stopfstempel *m* *(Dosiermaschine)*
tampon Tampon *m*
tangential spraying *(Herst)* Tangentensprühung *f*
tank Tank *m*, Behälter *m*, Kessel *m*
tank aspiration *(Tech)* Tankbelüftung *f*
tank bottom outlet valve Bodenauslassventil *n*
tap *(Tech)* Hahn *m*, Zapfen *m*, Spund *m*
tapped density *(Tabl)* Stampfdichte *f*
tare *v* tarieren
tare *(Verp)* Tara *f*, Gewicht *n* der Verpackung
tare-gross weighing *(Verp, Tech)* Tara-Brutto-Verwiegung *f*
target Ziel *n*, Zielort *m*
target and performance comparison *(Wi)* Soll-Ist-Vergleich *m*
target market *(Mark)* Zielmarkt *m*
target patient *(Mark)* Zielpatient *m*

target rate Richtsatz *m*
target specification Sollvorgabe *f*
target state Sollzustand *m*
target value Zielwert *m*, Zielgröße *f*
targeted drug delivery *(Med)* gezielte Pharmakotherapie *f*
tariff Zoll *m (Gebühr)*
tariff harmonisation *(BE)*, **tariff harmonization** *(AE)* Zollharmonisierung *f*
taste Geschmack *m*, Geschmacksrichtung *f*
taste-impairing geschmacksbeeinträchtigend
taste masking Geschmacksüberlagerung *f*
taste-modifying geschmacksverändernd
tasteless geschmacklos
tasty wohlschmeckend
taxable profit *(Wi)* zu versteuernder Gewinn *m*
tear *v* reißen, zerreißen
tear Reißen *n*, Zerreißen *n*; Riss *m*, schmale Spalte *f*
tear-open aid *(Verp)* Aufreißhilfe *f*
tear strength Reißfestigkeit *f*
tear tab *(Verp)* Aufreißlasche *f*
tearing strength *(Qual)* Zerreißfestigkeit *f*
teat pipette *(Lab)* Tropfpipette *f*, Stechpipette *f*
technical technisch
technical acceptance report *(Abk.: TAR)* technischer Abnahmebericht *m*
technical analysis technische Analyse *f*
technical approval technische Genehmigung *f*
technical data technische Daten *pl*
technical data sheet technisches Datenblatt *n*
technical floor Techniketage *f*
technical information Fachinformation *f*
technical manual technisches Handbuch *n*
technical process technischer Prozess *m*
technical requirement technische Anforderung *f*, Anforderung *f* an die Technik
technical specification technische Einzelheiten *fpl*
technical term Fachausdruck *m*, Fachbezeichnung *f*
technician Techniker *m*, Technikerin *f*
technique Arbeitsverfahren *n*, technisches Verfahren *n*, Technik *f*, Methode *f*
technological progress technischer Fortschritt *m*
technology Technik *f (Arbeitsabläufe)*; Technologie *f*
technology transfer Technologietransfer *m*
temper *v (Tech)* wärmebehandeln
temperature control Temperaturregelung *f*
temperature controller Temperaturregler *m*
temperature decrease Temperaturabfall *m*
temperature-dependent temperaturabhängig
temperature deviation Temperaturabweichung *f*
temperature distribution Temperaturverteilung *f*
temperature equalisation Temperaturausgleich *m*
temperature fluctuation Temperaturschwankung *f*
temperature-independent temperaturunabhängig
temperature-insensitive temperaturunempfindlich
temperature limit Temperaturgrenze *f*, Grenzwert *m* der Temperatur
temperature monitor *(Tech)* Temperaturwächter *m*, Temperaturüberwachung *f*
temperature-monitored temperaturüberwacht
temperature raising Temperaturerhöhung *f*
temperature recorder *(Tech)* Temperaturschreiber *m*
temperature resistance Temperaturbeständigkeit *f*
temperature-resistant temperaturbeständig
temperature-resisting temperaturbeständig
temperature scale Temperaturskala *f*
temperature-sensitive temperaturempfindlich
temperature sensor *(Tech)* Temperaturfühler *m*
temperature sequence *(Tech)* Temperaturverlauf *m*

temperature settling *(Tech)* Temperatureinstellung *f*
temperature stability Temperaturbeständigkeit *f*
temperature-stable temperaturbeständig
template Schablone *f*
temporary vorläufig, zeitweise, zeitweilig, vorübergehend
temporary storage vorübergehende Lagerung *f*, vorläufige Lagerung *f*
tender Angebot *n*, Submission *m*
tenside *(Chem)* Tensid *n*, oberflächenaktive Verbindung *f*
tensile strength Zerreißfestigkeit *f*, Bruchwiderstand *m*
tentative draft *(Reg)* erster Entwurf *m*
tentative expiration date vorläufiges Verfallsdatum *n*
term 1. Terminus *m*; 2. Laufzeit *f*, Frist *f*, Gültigkeitsdauer *f* • **under the terms of** *(Reg)* aufgrund der Bestimmungen von
term of a contract Vertragslaufzeit *f*
term of a patent *(Reg)* Patentlaufzeit *f*, Schutzfrist *f* eines Patents
term of an authorisation *(BE)*, **term of an authorization** *(AE)* *(Reg)* Genehmigungbedingung *f*
terminal 1. *(Tech)* Anschlussklemme *f*, Anschlussleiste *f*, Kabelschuh; 2. Station *f*, Datenstation *f*, Bildschirm *m*
terminal filter Endfliter *n(m)*, endständiges Filter *n*
terminal sterilisation *(BE)* *(Ster)* Endsterilisation *f*, endständige Sterilisation *f*
terminal sterilization *(AE)* *(Ster)* Endsterilisation *f*, endständige Sterilisation *f*
terminally sterilised *(BE)* endsterilisiert
terminally sterilized *(AE)* endsterilisiert
terms of business Geschäftsbedingungen *fpl*
terms of delivery Lieferbedingungen *fpl*
terms of payment Zahlungsbedingungen *fpl*
test *v* testen, prüfen, untersuchen
test Test *m*, Probe *f*, Prüfung *f*, Versuch *m*
test appliance Prüfvorrichtung *f*, Prüfapparat *m*, Prüfgerät *n*, Tester *m*
test application Probelauf *m*, Probeanwendung *f*
test arrangement Versuchsanordnung *f*
test certificate Prüfzertifikat *n*
test condition Testbedingung *f*
test date Prüftermin *m*
test duration Versuchsdauer *f*
test equipment Prüfausrüstung *f*, Prüfvorrichtung *f*, Prüfapparat *m*, Prüfgerät *n*, Tester *m*
test *v* **for conformity** testen bezüglich der Konformität
test for conformity Konformitätstest *m*
test for particular matters Prüfung *f* auf partikuläre Reinheit
test instruction Prüfvorschrift *f*, Prüfanweisung *f*
test interval Prüfintervall *m*
test material Probematerial *n*, Testmaterial *n*, Untersuchungsmaterial *n*
test method Prüfmethode *f*, Prüfverfahren *n*, Testverfahren *n*
test operation Probelauf *m*
test organisms *(Mikro)* Prüfkeime *mpl*
test package Probepackung *f*
test paper *(Chem)* Reagenzpapier *n*
test parameter Prüfwerte *mpl*, Prüfvorgaben *fpl*
test preparation Prüfpräparat *n*
test procedure 1. Prüfverfahren *n*, Testablauf *m*; 2. *(Qual)* Prüfvorschrift *m*
test protocol Prüfprotokoll *n*
test report Prüfprotokoll *n*
test result Untersuchungsergebnis *n*, Prüfungsergebnis *n*
test run Testlauf *m*
test sample *(Lab)* Prüfmuster *n*, Untersuchungsprobe *f*
test sequence *(Lab)* Prüffolge *f*, Prüfreihenfolge *f*
test solution *(Lab)* Prüflösung *f*
test specification Testspezifikation *f*, Prüfvorschrift *f*
test specimen Probe *f*, Prüfling *m*, Prüfkörper *m*
test strip *(Lab)* Teststäbchen *n*, Teststreifen *m*
test tube *(Lab)* Reagenzglas *n*, Prüfröhrchen *n*, Kulturröhrchen *n*
test-tube experiment *(Lab)* Reagenzglasversuch *m*
test-tube studies Laborstudien *fpl*
tested for seal-tightness *(Ster)* auf Dichtigkeit *f* geprüft
tester 1. Prüfer *m*, Prüferin *f*, prüfende

Person *f*; 2. Prüfvorrichtung *f*, Prüfapparat *m*, Prüfgerät *n*, Tester *m*
testing Prüfung *f*, Untersuchung *f*
testing manual Prüfhandbuch *n*
testing method Untersuchungsmethode *f*
testing of incoming production material *(Qual)* Prüfung *f* eingehender Produktionsmaterialien
testing parameter Prüfparameter *mpl*
testing procedure Prüfablauf *m*, Testverlauf *m*
testing requirement Testanforderung *f*
testing schedule Prüfplan *m*
testing tube Teströhrchen *n*
tetra-vaccine *(Med)* Vierfachimpfstoff *m*
theoretical yield *(Wi)* theoretische Ausbeute *f*
therapeutic therapeutisch
therapeutic agent *(Med)* therapeutisches Mittel *n*, Heilmittel *n*, Therapeutikum *n*, therapeutischer Wirkstoff *m*
therapeutic approach *(Med)* therapeutischer Ansatz *m*
therapeutic area *(Med)* Therapiebereich *m*
therapeutic compound therapeutischer Stoff *m*
therapeutic dose *(Med)* therapeutische Dosis *f*, Heildosis *f*
therapeutic indication *(Med)* therapeutische Indikation *f*, Heilanzeige *f*
therapeutic proteins *(Biot)* therapeutische Proteine *npl*
therapeutic treatment *(Med)* therapeutische Behandlung *f*
therapeutic use *(Med)* therapeutische Anwendung *f*, therapeutische Verwendung *f*
therapeutic use of heat *(Med)* therapeutische Wärmebehandlung *f*
therapeutic value *(Med)* therapeutischer Wert *m*
therapeutical therapeutisch
therapy Heilverfahren *n*, Behandlung *f*, Therapie *f*
thermal thermisch
thermal behavior *(AE)*, **thermal behaviour** *(BE)* thermisches Verhalten *n*
thermal conversion thermische Umwandlung *f*
thermal death time thermische Abtötungszeit *f*
thermal excitation thermische Anregung *f*, Temperaturanregung *f*
thermal expansion Wärmeausdehnung *f*
thermal shock Wärmeschock *m*
thermal stability Wärmebeständigkeit *f*, thermische Beständigkeit *f*, thermische Stabilität *f*
thermally stable wärmebeständig, thermisch beständig
thermofoil Thermofolie *f*
thermofoil packing Tiefziehverpackung *f*
thermoform *v (Verp)* tiefziehen
thermoformed *(Verp)* tiefgezogen
thermoformed blister *(Verp)* Tiefziehblister *m*, Tiefziehpackung *f*
thermoformed blister unit *(Verp)* tiefgezogener Blister *m*
thermoformed pack *(Verp)* Tiefziehpackung *f*
thermoformer *(Verp, Tech)* Tiefziehmaschine *f*, Thermoformmaschine *f*
thermoforming *(Verp)* Thermoverformung *f*
thermoforming foil *(Verp)* Tiefziehfolie *f*
thermoforming machine *(Verp, Tech)* Tiefziehmaschine *f*, Thermoformmaschine *f*
thermoforming unit *(Verp)* Tiefziehbereich *m*
thermostat *(Tech)* Thermostat *m*
thick dick, dicht
thicken *v* eindicken, verdicken; dickflüssig werden; verdichten
thickener Eindickmittel *n*, Verdickungsmittel *n*
thickening agent Eindickmittel *n*, Verdickungsmittel *n*
thickness Dicke *f*
thickness gauge Dickenmessgerät *n*
thin dünn, dünnflüssig
thin *v* verdünnen
thin fluid dünnflüssig
thin layer Dünnschicht *f*
thin-layer chromatograph *(Lab)* Dünnschichtchromatograph *m*
thin-layer chromatography Dünnschichtchromatographie *f*
third country *(Reg)* Drittland *n*
thorough gründlich, sorgfältig
thoroughness Gründlichkeit *f*, Sorgfalt *f*
thread *(Tech)* Gewinde *n*, Gewindegang *m*

threaded spigot *(Tech)* Gewindestutzen *m*
threat Gefahr *f*; Gefährdung *f*, Bedrohung *f*
three-bladed dreischauflig, Dreiblatt…
three-neck flask *(Lab)* Dreihalskolben *m*
three-shift operation *(Herst)* Dreischichtbetrieb *m*
three-way cock Dreiwegehahn *m*
three-way stopcock Dreiwegehahn *m*
three-way tap Dreiwegehahn *m*
three-way valve Dreiwegeventil *n*
threshold Grenze *f*, Grenzbereich *m*, Übergang *m*
threshold dosage *(Med)* Schwellendosis *f*
throes (heftiger) Schmerz *m*, Schmerzen *mpl*
throttle *v* drosseln, reduzieren
throttle Drosselventil *n*, Drossel *f*, Drosselpfropfen *m*
throttle check valve Drosselrückschlagventil *n*
throttle orifice *(AE)* Drosselventil *n*
throughput *(Wi)* Durchsatz *m*, Verarbeitungsmenge *f*
thyme Thymian *m (Heilpflanze)*
thyroid medicinal product *(Med)* Schilddrüsenpräparat *n*
tight control strenge Kontrolle *f*
tighten *v* abdichten
tightly closed dicht verschlossen
tilt *v* kippen, ankippen
tilt kneader Kipp-Kneter *m*
tiltable kippbar
tilting device *(Tech)* Kippvorrichtung *f*
tilting equipment *(Tech)* Kippausrüstung *f*
time allowance Zeitvorgabe *f*, Vorgabezeit *f*
time limit Zeitgrenze *f*, Zeitvorgabe *f*
time of settling Absetzzeit *f*, Absetzdauer *f*
time of validity *(Dok)* Gültigkeitsdauer *f*, Geltungsdauer *f*
time required Zeitaufwand *m*
timed release *(Chem, Med)* zeitlich gesteuerte Freisetzung *f*
timed sequence Taktzeit *f*
timer *(Tech)* Zeitgeber *m*
tin Dose *f*
tincture Tinktur *f*
tip-seal *v* **an ampoule** *(BE)*, **tip-seal** *v* **an ampule** *(AE)* eine Ampulle abschmelzen
tisane Teeaufguss *m (aus Heilkräutern)*
tissue Gewebe *n*
tissue cell culture Gewebezellkultur *f*
tissue engineering *(Biot)* Züchtung *f* künstlichen Gewebes
titratable titrierbar
titrate *v* titrieren
titration Titration *f*
titration curve Titrationskurve *f*
titration flask Titrierkolben *m*
titrator Titrator *m*, Titriervorrichtung *f*, Titrierer *m*
to-be analysis Sollanalyse *f*
tolerance Toleranz *f*, Toleranzwert *m*, zulässige Abweichung *f*; Höchstmenge *f*
tolerance indication Toleranzangabe *f*
tolerance range Toleranzbereich *m*, Toleranzspanne *f*, Reaktionsbreite *f*
tolerance specification Toleranzbestimmung *f*, Toleranzfestlegung *f*
ton Tonne *f*, Tonnage *f*
ton kilometre *(Log)* Tonnenkilometer *m*
tongs Zange *f*
tongue *(Tech)* Einstecklasche *f*
tonic *(Med)* Tonikum *n*
tonne Tonne *f*, Tonnage *f*
tool Werkzeug *n*, Hilfsmittel *n*
tool setter Maschineneinrichter *m*
tooth Zahn *m*
top loader box *(Verp)* Toploader-Schachtel *f*
top punch *(Tabl)* Oberstempel *m*
top secret streng geheim
top side Oberseite *f*
top spray tablet coating *(Tabl)* Oberflächenbeschichtung *f*
topping-off station *(Tech)* Nachlegestation *f*
torque *(Tech)* Drehmoment *n*
torsion Torsionskraft *f*
torsion balance Torsionswaage *f*
torsion spring Torsionsfeder *f*
total Gesamt…
total dry solids Gesamttrockenmasse *f*
total microbial count *(Mikro)* Gesamtkeimzahl *f*
total output *(Wi)* Gesamtproduktion *f*, Gesamtleistung *f*
total weight Gesamtgewicht *n*
tour of the plant Betriebsbesichtigung *f*

toxic toxisch, giftig
toxic action toxische Wirkung *f*
toxic compound toxische Verbindung *f*
toxic impurity giftige Verunreinigung *f*
toxic residues toxische Rückstände *mpl*
toxicant Giftstoff *m*, Gift *n*, giftig wirkende Substanz *f*
toxicity Toxizität *f*, Giftigkeit *f*
toxicologic(al) toxikologisch
toxicology Toxikologie *f*
toxification Vergiftung *f*
toxify *v* vergiften
toxin Toxin *n*, Giftstoff *m*
trace Spur *f*
trace analysis Spurenanalyse *f*
trace element Spurenelement *n*
trace impurities Spuren *fpl* von Verunreinigungen
traceability *(Dok)* Rückverfolgbarkeit *f*
traceable rückverfolgbar, nachvollziehbar
tracer *(Chem)* Leitsubstanz *f*
trade 1. Branche *f*, Industrie *f*; 2. Handel *m*
trade name *(Reg)* Handelsname *m*, Handelsbezeichnung *f*
trade waste Industriemüll *m*, Industrieabfall *m*, Industrieabwasser *n*
trademark Warenzeichen *n*, Marke *f*, Firmenzeichen *n*
trader Händler *m*
Trading Standards Authority *(Reg)* Gewerbeaufsichtsamt *n (Deutschland)*
traditional medicine Schulmedizin *f*, traditionelle Medizin *f*
trail form Prüfbogen *m*
training Schulung *f*
training officer Schulungsleiter *m*, Schulungsleiterin *f*
training on hygiene Hygienetraining *n*
tranquil(l)iser *(BE) (Med)* Beruhigungsmittel *n*, Psychosedativum *n*, Sedativum *n*, beruhigendes Arzneimittel *n*
tranquil(l)ising drug *(BE) (Med)* Beruhigungsmittel *n*, Psychosedativum *n*, Sedativum *n*, beruhigendes Arzneimittel *n*
tranquil(l)izer *(AE) (Med)* Beruhigungsmittel *n*, Psychosedativum *n*, Sedativum *n*, beruhigendes Arzneimittel *n*
tranquil(l)izing drug *(AE) (Med)* Beruhigungsmittel *n*, Psychosedativum *n*, Sedativum *n*, beruhigendes Arzneimittel *n*
trans-frontier grenzüberschreitend
transducer *(Tech)* Messwertaufnehmer *m*
transfer *v* übertragen, weiterreichen
transfer 1. *(Log)* Transfer *m*; Transport *m*, Überführung *f*; 2. *(Med)* Übertragung *f*; 3. Weitergabe *f (Informationen)*
transfer error Übertragungsfehler *m*
transfer inoculation *(Mikro)* Überimpfung *f*
transfer label *(Verp)* Abziehetikett *n*
transfer on to another storage system *(Dok)* Übertragung *f* in ein anderes Speichersystem
transfer pipe Transportleitung *f*
transfer port Transferöffnung *f*
transfer system Transfersystem *n*
transfusion *(Med)* Transfusion *f*
transgenic transgen
transitional provision *(Reg)* Übergangsbestimmung *f*
transitory state Zwischenzustand *m*
translucent lichtdurchlässig
transmittance Durchlässigkeit *f*
transparency Transparenz *f*, Durchsichtigkeit *f*
transparent 1. klar, durchsichtig, transparent *(Aussehen oder Flüssigkeit)*; 2. transparent *(Sichtweise)*
transparent foil *(Verp)* durchsichtige Folie *f*, Klarsichtfolie *f*
transport Transport *m*
transport carriage *(Tech)* Transportschlitten *m*
transport cart Transportwagen *m*
transport condition Transportbedingung *f*
transport damage Transportschaden *m*
transport insurance Transportversicherung *f*
transport package *(Verp, Log)* Transportverpackung *f*
transport process Transportprozess *m*, Transportvorgang *m*
transport regulation Transportbestimmung *f*
transportation documentation Transportdokumentation *f*
transportation fleet Transportflotte *f*
transportation safety Transportsicherheit *f*

transposition Umsetzung *f*, Realisierung *f*
trap 1. Geruchsverschluss *m*, Siphon *m*; 2. *(Chem)* Abscheider *m*; 3. *(Tech)* Klappe *f*
trash Abfall *m*, Müll *m*
tray Tablett *n*, Pfanne *f*, Schale *f*, Hordenblech *n*; Trockenschale *f (bei einem Trockner)*; Tray *n*
tray drier, tray dryer Hordentrockner *m*
tray drying Hordentrocknung *f*
treat *v* bearbeiten, behandeln
treated effluent aufbereitetes Abwasser *n*
treated water aufbereitetes Wasser *n*, aufbereitetes Abwasser *n*
treatment Behandlung *f*, Aufbereitung *f*; Bearbeitung *f (mechanisch)* • **undergo a treatment** eine Behandlung erhalten; sich einer Behandlung unterziehen
treatment by radiation Behandlung *f* durch Bestrahlung
treatment effect Behandlungswirkung *f*, Behandlungseffekt *m*
treatment stage Verfahrensstufe *f*, Verarbeitungsstufe *f*, Reinigungsstufe *f*
tremor Zittern *n*, Erschütterung *f*
trend analysis Trendanalyse *f*
trial Versuch *m*
trial batch Versuchscharge *f*
trial order Probeauftrag *f*
trial package Probepackung *m*
trial phase Probephase *f*, Erprobungsphase *f*
trial run 1. *(Biot)* Versuchslauf *m*; 2. *(Tech)* Probelauf *m*
triangular skirting *(Tech)* Dreikantsockel *m*
triple rotary press *(Tech)* Dreifachrundläuferpresse *f*
triturate *v* zerreiben, pulverisieren
trituration Zerreibung *f*, Pulverisierung *f*
trolley Transportwagen *m*, Laborwagen *m*, Wagen *m*, Karre *f*
tropical tropisch
tropical chamber Tropenkammer *f*
tropical disease Tropenkrankheit *f*
trouble-shooting Fehlerbehebung *f*, Fehlersuche *f*, Problemlösung *f*
trough Bottich *m*, Trog *m*, Wanne *f*
trough emptying Bottichentleerung *f*
trough mixer *(Tech)* Trogmischer *m*, Muldenmixer *m*
trough tilting Bottichkippung *f*
true copy *(Dok)* echte Kopie *f*
true density wahre Dichte *f*
true output wahre Ausbeute *f*, Echtausbeute *f*
true solvent Lösungsmittel *n*, aktives Lösungsmittel *n*
true to scale maßstabgetreu
trunnion *(Tech)* Zapfen *m*
tub Bottich *m*, Kübel *m*, Fass *n*
tube *v* verrohren, mit einem Schlauch versehen, mit Rohren verbinden
tube 1. *(Mikro, Lab)* Röhrchen *n*, Kulturröhrchen *n*; 2. *(Tech)* Schlauch *m*, Tube *f*, Röhre *f*, Rohr *n*, Kanal *m*
tube carriage Schlauchwagen *m*
tube closure *(Verp)* Tubenverschluss *m*
tube filler Rohrdosierer *m*
tube-filling machine *(Verp)* Tubenfüllmaschine *f*
tube nipple Schlauchkupplung *f*
tube rotary drye Röhrentrockner *m*
tube with membrane *(Verp)* Tube *f* mit Membran
tube with thread *(Verp)* Tube *f* mit Gewinde
tube without membrane *(Verp)* Tube *f* ohne Membran
tubeless schlauchlos
tuberculostatic *(Med)* Tuberkulosemittel *n*, tuberkulosehemmendes Mittel *n*
tubing 1. Rohrmaterial *n*, Rohrleitung *f*, Schlauchleitung *f*; 2. Verrohren *n*
tubing system *(Tech)* Rohrleitungssystem *n*
tubular bag *(Verp)* Schlauchbeutel *m*
tubular glass vial Glasröhrchen *n*
tuck-in closure Steckverschluss *m*
tumble blender Taumelmischer *m*
tumor *(AE)* Tumor *m*
tumor-causing *(AE)* tumorerzeugend, onkogen
tumorigenic *(AE)* tumorerzeugend, onkogen
tumorigenicity *(AE)* tumorerzeugende Wirkung *f*
tumorigenicity test *(AE)* Tumorigenitätstest *m*
tumour *(BE)* Tumor *m*
tumour-causing *(BE)* tumorerzeugend, onkogen
tumourigenic *(BE)* tumorerzeugend, onkogen

tumourigenicity *(BE)* tumorerzeugende Wirkung *f*
tumourigenicity test *(BE)* Tumorigenitätstest *m*
tun Tonne *f*, Fass *n*
turbid trüb(e)
turbidity Trübung *f*
turbulence Turbulenz *f*
turbulent flow *(Ster)* Wirbelströmung *f*, turbulente Strömung *f*
turn *v* **off** ausschalten *(eine Maschine)*
turn *v* **on** anschalten *(eine Maschine)*
turning *(Verp)* Wenden *n*
turning wheel *(Tech)* Wenderad *n*
turnkey schlüsselfertig
turnout Produktionsleistung *f*, Ausstoß *m*
turnover *(Wi)* Umsatz *m*
turntable Drehtisch *m*
tweezers *(Lab)* Pinzette *f*
twin blister *(Verp)* Doppelblister *m*
twin sachet *(Verp)* Doppelbeutel *m*
twinges Schmerz *m*, Schmerzen *mpl*
two-necked flask *(Lab)* Zweihalskolben *m*
two-way straight through body *(Tech)* Zweiwege-Durchgangskörper *m*
two-way valve *(Tech)* Zweiwegeventil *n*
type approval Musterabnahme *f*
type of activity Wirkungsweise *f*
type of waste Müllart *f*, Abfallart *f*

U

ultra-fine ultrafein
ultra-fine emulsion ultrafeine Emulsion *f*
ultrafiltration Ultrafiltration *f*
ultrahigh-purity water hochreines Wasser *n*
ultrapure water hochreines Wasser *n*
ultrasonic bath Ultraschallbad *n*
ultrasonic welding *(Verp)* Ultraschallverschweißen *n*
ultrasound Ultraschall *m*
ultraviolet ultraviolett
unambiguous eindeutig
unapproved nicht genehmigt
unattended operation *(Tech)* unbemannter Betrieb *m*
unaudited ungeprüft, nicht testiert
unauthorised *(BE)* unberechtigt, nicht berechtigt, unbefugt, nicht autorisiert, unerlaubt
unauthorised access *(BE)* unberechtigter Zugang *m*, unerlaubter Zugriff *m*
unauthorised use *(BE)* unberechtigte Verwendung *f*
unauthorized *(AE)* unberechtigt, nicht berechtigt, unbefugt, nicht autorisiert, unerlaubt
unauthorized access *(AE)* unberechtigter Zugang *m*, unerlaubter Zugriff *m*
unauthorized use *(AE)* unberechtigte Verwendung *f*
unavailable nicht verfügbar
unbalance Ungleichgewicht *n*
unbound moisture ungebundene Feuchtigkeit *f*
unbreakable *(Verp, Lab)* unzerbrechlich, bruchfest
unbreakable container bruchfester Behälter *m*
unbreakable glass bruchfestes Glas *n*
uncertified nicht zertifiziert, nicht bescheinigt
unconscious *(Med)* bewusstlos
unconsciousness *(Med)* Bewusstlosigkeit *f*
uncontaminated unverschmutzt, nicht belastet
uncontrolled environment nicht kontrollierte Umgebung *f*
underdosage Unterdosis *f*
underdose *v* unterdosieren, eine zu geringe Dosis geben
underdry unvollständig trocken, nicht ganz trocken
underdry *v* unvollständig trocknen
underfeed *v* unterdosieren
underfeeding Unterdosierung *f*
underflow Unterlauf *m*, Sinkgut *n*, Siebdurchlauf *m*
undergo *v* **a chemical change** eine chemische Umwandlung erfahren
underload *v* *(Tech)* unterbelasten, nicht auslasten *(Anlage)*
undersize material Unterkorn *n*, Feinkorn *n*, Feingut *n* *(Sieben)*
underweight Untergewicht *n*
undesirable organisms *(Mikro)* unerwünschte Organismen *mpl*
undetectable *(Mikro)* nicht nachweisbar
undetermined component unbestimmte Komponente *f*, unbestimmter Bestandteil *m* *(Analyse)*
undiluted unverdünnt

unexpected unerwartet
unexpected adverse reaction unerwartete Nebenwirkung *f*
unexplained discrepancy ungeklärte Abweichung *f*
unfair competition unlauterer Wettbewerb *m*
unfilled ungefüllt, nicht gefüllt, Füllstofffrei
unhygienic unhygienisch
unidentified impurity nicht identifizierte Verunreinigung *f*
unidirectional air flow *(Ster)* gerichtete Luftströmung *f*
uniform gleichmäßig, gleichförmig
uniform character einheitliche Beschaffenheit *f*
uniform heat transfer *(Tech)* einheitlicher Wärmeübergang *m*
uniform particle size Gleichkorn *n*
uniform quality einheitliche Qualität *f*
uniformity Einheitlichkeit *f*, Gleichförmigkeit *f*
uniformly distribute *v* gleichmäßig verteilen
uniformly distributed gleichmäßig verteilt
uniformly dosed homogen dosiert
unintended unbeabsichtigt, ungewollt
unintended reaction unbeabsichtigte Reaktion *f*
unintentional use unbeabsichtigte Verwendung *f*
uninterrupted kontinuierlich, stufenlos, ununterbrochen, ohne Unterbrechung *f*
union nut *(Tech)* Überwurfmutter *f*
unique identifier unverwechselbare Kennzeichnung *f*, unverwechselbares Kennzeichen *n*
unit Bezugseinheit *f*, Einheit *f*, Abschnitt *m* einer Anlage
unit dosage form vordosierte Darreichungsform *f (z. B. Spritzampullen)*
unit dose Einzeldosis *f*
unit dose container Einzeldosisbehälter *m*
unit of measure(ment) Maßeinheit *f*
unit price Stückpreis *m*
United States standard *(Abk.: USS)* den Standards der USA entsprechend
unlabeled condition *(AE)*, **unlabelled condition** *(BE)* nicht etikettiert
unloading Entladen *n*, Entladung *f*
unmanned *(Tech)* bedienerlos
unmanned operation *(Tech)* bedienerloser Betrieb *m*, bedienerloser Ablauf *m*
unoperative *(Tech)* außer Betrieb
unpacked unverpackt, lose
unpleasant effect unangenehme Wirkung *f*
unprocessed unbearbeitet, roh
unproductive unproduktiv, unwirtschaftlich, unergiebig
unpurified *(Chem)* in unreiner Form
unreactive *(Chem)* reaktionsunfähig, nicht reaktionsfähig
unsaturated *(Chem)* ungesättigt
unscrambler Entschlüsseler *m*
unsolicited unaufgefordert, unverlangt
unspent unverbraucht, nicht verbraucht *(Stoffe)*
unstable instabil, unstabil, unbeständig
unsteady state unbeständiger Zustand *m*, vorübergehender Zustand *m*
unsuitable ungeeignet
unsuitable method ungeeignete Methode *f*
untested ungeprüft, nicht geprüft, nicht überprüft, ungetestet
untested component ungeprüfter Stoff *m*
untreated unbehandelt, unverarbeitet, roh
untreated waste-water unbehandeltes [ungereinigtes, ungeklärtes] Abwasser *n*
up *(Tech)* aufwärts *(Filter)*
up-front costs *(Wi)* Vorauskosten *pl*
up right nicht stürzen
up stream *(Tech)* vorgeschaltet, vorgelagert
upflow *(Tech)* Aufwärtsstrom *m*
upgrade *v (Tech)* aufrüsten *(eine Maschine oder Anlage)*
upkeep *(Tech)* Wartung *f*, Instandhaltung *f*
upline machine *(Tech)* vorgeschaltete Maschine *f*
upper frame Laborgestelloberteil *n*
upper limit obere Grenze *f*, oberer Grenzwert *m*
upper punch *(Tabl)* Oberstempel *m*
upper side Oberseite *f*
upscaling *(Herst)* Maßstabübertragung *f*, Maßstabvergößerung *f* von Produktionsverfahren

upstream filter vorgeschaltetes Filter *n*
uptake Aufnahme *f*, Aufnehmen *n*
upward flow *(Tech)* Aufwärtsstrom *m*
upward(s) *(Tech)* aufwärts *(Filter)*
urologic(al) agent *(Med)* Urologikum *n*
usable brauchbar, verwendbar, verwertbar
usage Anwendung *f*, Verwendung *f*
usage criteria Gebrauchskriterien *npl*
usage instruction Verwendungshinweis *m*
usage list *(Dok)* Verwendungsnachweis *m*
use by date verwendbar-bis-Datum *n*
use of Verwendung von, Gebrauch (von)
use record *(Dok)* Aufzeichnung *f* über die Verwendung
use temperature Anwendungstemperatur *f*
use *v* **topically** lokal anwenden, zur Lokalbehandlung anwenden
use *v* **up** aufbrauchen, verbrauchen
useful life Nutzungsdauer *f*, Gebrauchswertdauer *f*, Lebensdauer *f*
user Nutzer *m*
user-friendly nutzerfreundlich, bedienerfreundlich
user manual Bedienerhandbuch *n*, Nutzerhandbuch *n*
user requirement specification Benutzeranforderung *f*
USP grade nach Arzneibuch *n* der USA, USP-entsprechend
utensil Gerät *n*
uterotonic *(Med)* Uterotonikum *n*, Uterostyptikum *n*
utilisability *(BE) (Tech)* Einsatzfähigkeit *f*, Betriebsbereitschaft *f*
utilisation of plant capacities *(BE)* Anlagenauslastung *f*
utilisation of production capacity *(BE)* Produktionsauslastung *f*
utilisation ratio *(BE)* Ausnutzungsgrad *m*, Auslastungsgrad *m*
utility Medium *n*, Betriebsmittel *n*
utilizability *(AE) (Tech)* Einsatzfähigkeit *f*, Betriebsbereitschaft *f*
utilization of plant capacities *(AE)* Anlagenauslastung *f*
utilization of production capacity *(AE)* Produktionsauslastung *f*
utilization ratio *(AE)* Ausnutzungsgrad *m*, Auslastungsgrad *m*
UV-absorption UV-Absorption *f*
UV-lamp UV-Lampe *f*
UV-transmittance UV-Transmission *f*

V

V-belt *(Tech)* Keilriemen *m*
vaccination *(Med)* Impfung *f*
vaccine *(Med)* Impfstoff *m*
vaccine antigen master file Impf-Antigen-Stammdokumentation *f*
vacuum Vakuum *n*
vacuum coating Vakuumwirbelschicht *f*
vacuum cover *(Ster, Verp)* Vakuumdeckel *m*
vacuum deep drawing *(Verp)* Vakuum-Tiefziehen *n*
vacuum distillation Vakuumdestillation *f*
vacuum drier Vakuumtrockner *m*, Vakuumtrockenapparat *m*
vacuum-dry vakuumtrocken
vacuum dryer Vakuumtrockner *m*, Vakuumtrockenapparat *m*
vacuum drying Vakuumtrocknung *f*
vacuum evaporation Vakuumverdampfer *m*
vacuum feed *(Ster)* Vakuumbeschickung *f*
vacuum filter Vakuumfilter *n(m)*, Saugfilter *n(m)*
vacuum filtration Vakuumfiltration *f*, Saugfiltration *f*
vacuum pack Vakuumverpackung *f*
vacuum package Vakuumverpackung *f*
vacuum-packed vakuumverpackt
vacuum pump Vakuumpumpe *f*
vacuum-sealed luftdicht verschlossen
vacuum technique Vakuumtechnologie *f*
vacuum test *(Ster)* Vakuumhaltetest *m*
vaginal cream Vaginalcreme *f*
vaginal gel Vaginalgel *n*
vaginal ointment Vaginalsalbe *f*
vaginal suppository Vaginalzäpfchen *n*
vaginal tablet Vaginaltablette *f*
valid geltend, gültig *(nach dem Gesetz oder der Vorschrift)*
validatable validierbar
validation Validierung *f*
validation approach Validierungsansatz *m*, Validierungsvorgehen *n*

validation data Validierungsdaten *pl*
validation master plan Validierungsplan *m*, Validierungsordnung *f*
validation of analytical methods Validierung *f* von Analysenmethoden
validation phase Validierungsphase *f*
validation proceedings Validierungsverlauf *m*
validation protocol Validierungsprotokoll *n*, Validierungsplan *m*
validation report Validierungsbericht *m*
validation run Validierungslauf *m*
validity Gültigkeit *f*
value 1. Wert *m*, Datenwert *m*, Messwert *m*; 2. Kennzahl *f*, Kennziffer *f*
valve Ventil *n*, Absperrvorrichtung *f*
valve body Ventilkörper *m*
valve cap Ventilkopf *m*
valve clearance Ventilspiel *n*
vane Flügelrad *n*, Schaufel *f*
vapor pressure *(AE)* Dampfdruck *m*
vapor sterilization *(AE)* Dampfsterilisation *f*
vaporization *(AE)* Bedampfung *f*, Verdampfung *f*
vaporize *v (AE)* bedampfen, verdampfen
vapour pressure *(BE)* Dampfdruck *m*
vapour sterilisation *(BE)* Dampfsterilisation *f*
vapourisation *(BE)* Bedampfung *f*, Verdampfung *f*
vapourise *v (BE)* bedampfen, verdampfen
variability Abweichung *f*, Schwankung *f*
variability in the characteristics Schwankung *f* in den Eigenschaften
variable 1. variable, veränderlich; 2. *(Tech)* verstellbar, einstellbar
variable veränderlicher Faktor *m*
variance Abweichung *f*, Schwankung *f*
variation (leichte) Änderung *f*
variety Vielfalt *f*
varnish *(Tabl)* Überzug *m*, Lack *m*
vary *v* abweichen, ändern; variieren, schwanken
vary *v* **an authorisation** *(BE)*, **vary** *v* **an authorization** *(AE)* eine Genehmigung ändern
vaseline *(Chem, Med)* Vaseline *f*
vasodilating gefäßerweiternd
vasodilator *(Med)* Vasodilatans *n*, Vasodilator *m*, gefäßerweiterndes Mittel *n*
vegetable drug pflanzliches Arzneimittel *n*, pflanzliche Droge *f*
vegetable dye Pflanzenfarbstoff *m*
vegetable insulin Pflanzeninsulin *n*
vegetable material Pflanzenstoff *m*, Pflanzensubstanz *f*, pflanzliche Substanz *f*
vegetable substance Pflanzenstoff *m*, Pflanzensubstanz *f*, pflanzliche Substanz *f*
velocimeter *(Tech)* Geschwindigkeitsmesser *m*
velocity Geschwindigkeit *f*
velocity of flow Fließgeschwindigkeit *f*
vendor *(AE)* Lieferant *m*, Verkäufer *m*, Zulieferer *m*
vendor audit Lieferantenaudit *n*
venous venös
vent *v* belüften
vent *(Tech)* Abzug *m*, Entlüftung *f*, Lüftungsloch *n*
vent filter Belüftungsfilter *n(m)*
vent flap Entlüftungsklappe *f*
vent hood *(Tech)* Abzug *m*
vent pipe Abzugsrohr *n*, Entlüftungsrohr *n*
vent valve Entlüftungsventil *n*
ventilate *v* belüften
ventilated hood *(Tech)* Abzug *m*
ventilation *(Tech)* Lüftungs- und Klimaanlage *f*; Ventilation *f*, Belüftung *f*
ventilation system Belüftungssystem *n*, Lüftungsanlage *f*, raumlufttechnische Anlage *f*
ventilation valve Belüftungsventil *n*
venting Lüften *n*, Be- und Entlüften *n*
veral bottle *(Verp)* Veralflasche *f*
verifiable überprüfbar
verification Bestätigung *f*, Überprüfung *f*, Verifizierung *f*
verify *v* verifizieren, bestätigen
vermifuge *(Med)* Wurmmittel *n*, Vermifugum *n*
vermin Ungeziefer *n*, Schädling *m*
version Version *f*, Änderungsstand *m*
version number *(Dok)* Versionsnummer *f*
vertical vertikal
vertical autoclave *(Ster)* Vertikalautoklav *m*
vertical granulator Vertikalgranulator *m*
vessel Behälter *m*, Kessel *m*
vessel emptying *(Tech)* Gefäßentleerung *f*

veterinarian Tierarzt *m*, Tierärztin *f*
veterinary Tierarzt *m*, Tierärztin *f*
veterinary medical product Tierarzneimittel *n*, Veterinärarzneimittel *n*, Tiermedizin *f*
veterinary medicament Tierarzneimittel *n*, Veterinärarzneimittel *n*, Tiermedizin *f*
veterinary medicine 1. Tiermedizin *f*; 2. *s.* veterinary medicament
veterinary pharmacy Tierarzneimittel *n*, Veterinärarzneimittel *n*, Tiermedizin *f*
viability of a cell Lebensfähigkeit *f* einer Zelle
viability study Machbarkeitsstudie *f*, Wirtschaftlichkeitsberechnung *f*
viable lebensfähig
viable count *(Mikro)* Keimzahlbestimmung *f* auf der Agarplatte
viable microorganisms *(Mikro)* lebensfähige Mikroorganismen *mpl*
viable particle count *(Mikro)* Anzahl *f* lebensfähiger Partikel, Zählen *n* lebensfähiger Partikel
viable particle limit *(Mikro)* Grenzwert *m* für lebensfähige Partikel
viable particles *(Mikro)* lebensfähige Partikel *npl*
vial *(Verp, Lab)* Glasfläschchen *f*, Phiole *f*, Ampulle *f*
vial loading *(Verp)* Glasbefüllung *f*
vibrating screen Vibrationssieb *n*, Zittersieb *n*
vibration Vibration *f*, Schwingung *f*
vibration movement *(Tech)* Schwingbewegung *f*
vibrator Schüttler *m*
vibratory filler Vibrationsdosierer *m*
viewing aperture *(Tech)* Sichtfenster *n*, Schauloch *n*
viewing window Sichtfenster *n*, Sichtglas *n*
vigorous kräftig, stark, energisch, massiv *(Reaktion oder Wirkung)*
viral viral
viral agent virales Agens *n*
viral inactivation Virusinaktivierung *f*
viral removal steps Schritte *mpl* zur Virusbeseitigung
viral safety Virussicherheit *f*
viral vaccine *(Med)* Virusimpfstoff *m*
virology *(Med)* Virologie *f*
virucidal virustötend
virus *(Mikro)* Virus *n(m)*, Erreger *m*, Krankheitserreger *m*
virus carry-over Virusübertragung *f*
virus removal Virusbeseitigung *f*
virus stock Virusbestand *m*
viscosity *(Chem)* Viskosität *f*, Zähigkeit *f*, Zähflüssigkeit *f*
viscous viskos, zähflüssig, dickflüssig
viscous flow viskoses Fließen *n*
visible sichtbar
visible spectrum sichtbares Spektrum *n*
visual 1. visuell; 2. sichtbar, wahrnehmbar
visual control Sichtkontrolle *f*, optische Kontrolle *f*
visual display Sichtanzeige *f*
visual examination Sichtprüfung *f*, visuelle Prüfung *f*
visual observation visuelle Überwachung *f*
visual signal visuelles Signal *n*, optisches Signal *n*
vitamin Vitamin *n*
vitamin compound Vitaminverbindung *f*
vitamin concentrate Vitaminkonzentrat *n*
vitamin containing vitaminhaltig
vitamin H Biotin *n*
vitamin intake Vitaminaufnahme *f*
vitamin tablet Vitamintablette *f*
vitamine Vitamin *n*
vitaminising *(BE)*, **vitaminizing** *(AE)* Vitaminisierung *f*, Vitaminisieren *n*
void *v* ungültig machen, aufheben, annullieren, entwerten
void ungültig, nichtig, leer
void Fehlstelle *f*, Lücke *f*
void ratio Porenzahl *f (Filter)*
volatile flüchtig
volatile component *(Chem)* flüchtiger Bestandteil *m*
volatile constituent *(Chem)* flüchtiger Bestandteil *m*
volatile matter *(Chem)* flüchtiger Bestandteil *m*
volatilisation *(BE)*, **volatilization** *(AE)* *(Chem)* Verflüchtigung *f*
voltage *(Tech)* elektrische Spannung *f*
voltage regulator *(Tech)* Spannungsregler *m*
voltage transformer *(Tech)* Spannungswandler *m*

volume Menge *f*, Fassungsvermögen *n*, Volumen *n*
volume marking *(Herst, Verp)* Mengenmarkierung *f*
volume of sales *(Vertr)* Verkaufsvolumen *n*, Absatzvolumen *n (Menge)*
volume output *(Herst)* Produktionsausstoß *m*, Menge *f*
volume ratio Volumenverhältnis *f*
volume sales *(Vertr)* Verkaufsvolumen *n*, Absatzvolumen *n (Menge)*
volumetric volumetrisch
volumetric analysis *(Lab)* volumetrische Analyse *f*
volumetric flask *(Lab)* Standkolben *m*, Messkolben *m*
volumetric solution Maßlösung *f*
volunteer Freiwilliger *m*, Proband *m*
vortex dryer *(Tech)* Wirbeltrockner *m*
vulnerability Anfälligkeit *f*
vulnerable anfällig, angreifbar *(durch Substanzen)*
vulnerary *(Med)* Wundheilmittel *n*
vulnerary herb *(Med)* Wundheilkraut *n*

W

wadding Watte *f*
wafer-thin hauchdünn
wait loop *(Tech)* Warteschleife *f*
wait status *(Tech)* Wartestatus *m*, Wartezustand *m*
waiting line *(Tech)* Warteschlange *f*
waiting time Wartezeit *f*
walking beam system *(Tech)* Hubrechensystem *n*
wall Wand *n*
wall mounting Wandbefestigung *f*, Wandaufhängung *f*
wall mounting cabinet Wandschrank *m*
wall outlet Wandsteckdose *f*
wall skirting Wandsockel *n*
wall thickness Wandstärke *f*
wallet line *(Verp)* Walletanlage *f*
wand Abtaststift *m*, Lesestift *m* für Balkencode
warehouse Lager *n*, Depot *n*, Lagerhalle *f*
warehouse bond *(Dok)* Lagerschein *f*
warehouse costs *(Wi)* Kosten *pl* der Lagerhaltung
warehouse manager Lagerverwalter *m*, Lagerverwalterin *f*
warehouse space Lagerfläche *f*
warehouse stability Lagerbeständigkeit *f*, Lagerstabilität *f*, Lagerungsstabilität *f*
warehouse stock Lagerbestand *m*
warehousing Einlagerung *f*, Lagerung *f*
warehousing procedure Lagerungsanweisung *f*, Lagerungsvorschrift *f*
warm formable foil *(Verp)* warm formbare Folie *f*
warm restart *(Tech)* Warmstart *m (nach Unterbrechung)*
warm *v* **up** beheizen, erwärmen, wärmen, vorwärmen
warm-up period Aufheizphase *f*
warm water jacket Warmwassermantel *m*
warming Beheizen *n*, Erwärmen *n*, Wärmen *n*
warming cupboard Wärmeschrank *m*
warming curve Aufheizkurve *f*
warming oven Wärmeschrank *m*
warming-up Beheizen *n*, Erwärmen *n*, Wärmen *n*
warmth Hitze *f*, Wärme *f*
warning Warnhinweis *f*, Warnung *f*
warning lamp *(Tech)* Warnlampe *f*
warning letter Warnbrief *m*, Verwarnung *f (der FDA)*
warning notice Warnmeldung *f*
warning relay Melderelay *n*
warning sign Warnschild *n*
warning signal Warnsignal *n*
warranty Garantie *f*, Gewährleitung *f*
warranty clause Garantieklausel *f*, Gewährleistungsklausel *f*
warranty period Gewährleistungsfrist *f*
wash *v* auswaschen, reinigen, waschen, spülen, durchspülen
wash Waschen *n*, Waschung *f*, Spülen *n*, Reinigen *n*
wash bottle *(Lab)* Spritzflasche *f*, Waschflasche *f*, Gaswaschflasche *f*
washer 1. Reiniger, Wäscher *(Person)*; 2. *(Tech)* Waschmaschine *f*, Spülmaschine *f*, Wäscher *m*
washing Waschen *n*, Waschung *f*, Spülen *n*, Reinigen *n*
washing agent Waschmittel *n*, Reinigungsmittel *n*
washing basin Waschbecken *n*
washing bottle Waschflasche *f*
washing facility Waschanlage *f*
washing flask Waschflasche *f*

washing water Waschwasser *n*, Spülwasser *n*
wastage Verschleiß *m*, Verlust *m*, Abnutzung *f*
waste 1. Abfall *m*, Müll *m*; 2. Ab(fall)-produkt *n*, Ausschuss *m*
waste air Abluft *f*
waste avoidance Abfallvermeidung *f*
waste bag *(Hyg)* Abfallbeutel *m*
waste discharge Abwassereinleitung *f*
waste discharge standards *(Reg)* Abwassereinleitungsbedingungen *fpl*
waste disposal Abproduktbeseitigung *f*, Abfallbeseitigung *f*, Abproduktentsorgung *f*; Abwasserentsorgung *f*
waste disposal bin Abfallbehälter *m*
waste disposal company Entsorgungsfirma *f*
waste jar Abfallbehälter *m*
waste product Abfallprodukt *n*
waste production Anfall *m* oder Entstehen *n* von Abfallprodukten; Abwasseranfall *m*
waste regulations Abfallbestimmungen *fpl*
waste tray *(Lab)* Abtropfbehälter *m*
waste treatment Abproduktbehandlung *f*, Abfallbehandlung *f*, Abwasserbehandlung *f*
waste treatment effluent abfließendes gereinigtes Abwasser *n*
waste treatment facility Abwasserreinigungsanlage *f*, betriebliche Kläranlage *f*
waste treatment process Abwasserreinigungsverfahren *n*
waste-water Abfallwasser *n*, Abwasser *f* *(zu entsorgendes Abwasser)*
waste-water control Abwasserüberwachung *f*
waste-water examination Abwasseruntersuchung *f*
waste-water line Abwasserleitung *f*
waste-water monitoring Abwasserüberwachung *f*
waste-water pollution Abwasserverschmutzung *f*
waste-water sample Abwasserprobe *f*
waste-water treatment Abwasserbehandlung *f*, Abwasseraufbereitung *f*
wastewater *s.* waste-water
watch-glass *(Lab)* Uhrglas *n*, Uhrglasschale *f*
water Wasser *n*
water absorption capacity Wasseraufnahmefähigkeit *f*
water-abstracting agent wasserentziehendes Mittel *n*
water addition Wasserzusatz *m*
water analysis Wasseranalyse *f*
water bath Wasserbad *n*
water characteristics Wasserbeschaffenheit *f*, Wassergüte *f*
water circuit Wasserkreislauf *m*
water circulation Wasserkreislauf *m*
water clock *(Tech)* Wasseruhr *f*
water conditioning Wasseraufbereitung *f*
water contaminant Wasserschadstoff *m*, Schmutzstoff *m* im Wasser
water contamination Wasserverunreinigung *f*
water content Wassergehalt *m*
water cooling Wasserkühlung *f*
water cycle Wasserzyklus *m*, Wasserkreislauf *m*
water determination Wasserbestimmung *f (Analyse)*
water-dilutable wasserverdünnbar, mit Wasser verdünnbar
water *v* **down** verwässern, abschwächen
water droplet Wassertröpfchen *n*
water feed Wasserzuführung *f*
water filtration Wasserfiltration *f*
water for industrial purposes Brauchwasser *n*, Industriewasser *n*
water for injection *(Med)* Wasser *f* für Injektionen
water gauge Wassersäule *f*
water hardness Wasserhärte *f*
water inlet Wasserzulauf *m*
water-insolubility Wasserunlöslichkeit *f*
water-insoluble wasserunlöslich, nicht wasserlöslich
water jacket Wassermantel *m*
water jet pump Wasserstrahlpumpe *f*
water level gauge Wasserhöhenanzeiger *m*
water of dilution Verdünnungswasser *n*
water outlet *(Tech)* Wasserablauf *m*
water piping *(Tech)* Wasserleitung *f*
water pollutant Wasserschadstoff *m*, Schmutzstoff *m* im Wasser, Wasserverunreinigung *f*
water-proof seal wasserfeste Dichtung *f*, wasserfeste Abdichtung *f*

water pump Wasserstrahlpumpe *f*
water purification Wasserreinigung *f*
water quality Wasserqualität *f*, Wassergüte *f*; Wassergütemerkmal *n*
water-quality characteristics Wasserqualität *f*, Wassergüte *f*
water-quality criteria Wasserqualitätbedingungen *fpl*, Wasserqualitätskriterien *npl*
water-quality parameters Wasserbeschaffenheit *f*, Wassergüteparameter *mpl*
water-quality standards Wassergüteanforderungen *fpl*
water recycle Wasserkreislauf *m*, Wasserumlauf *m*
water removal *(Chem)* Wasserabtrennung *f*, Wasserentzug *m*
water-repellent wasserabstoßend, wasserabweisend
water-resistant wasserbeständig, wasserabweisend
water reservoir Wasserbehälter *m*
water resistance *(Qual)* Wasserbeständigkeit *f*, Wasserfestigkeit *f*
water-ring pump Wasserringpumpe *f*
water sample *(Lab)* Wasserprobe *f*
water sampler Wasserschöpfer *m*, Schöpfgefäß *n*, Probenentnahmegerät *n*
water sampling *(Lab)* Wasserprobenentnahme *f*
water separator Wasserabscheider *m*, Wassertrenner *m*
water softener *(Chem)* Wasserenthärter *m*
water softening *(Chem)* Wasserenthärtung *f*
water solubility Wasserlöslichkeit *f*
water-soluble wasserlöslich
water suction pump Wasserstrahlpumpe *f*
water supply *(Tech)* Wasserversorgung *f*
water system Wassersystem *n*
water-tight wasserdicht, wasserundurchlässig
water treatment Wasserbehandlung *f* *(Aufbereitung)*; Wasserreinigung *f*
water treatment plant Wasseraufbereitungsanlage *f*
water treatment system Wasseraufbereitungssystem *n*
water vapor *(AE)*, **water vapour** *(BE)* Wasserdampf *m*
waterproof wasserdicht, wasserundurchlässig *(Stoffe, Geräte)*
wax-like, waxlike wachsartig, wie Wachs
waxy wachsartig, wie Wachs
way of production Produktionsmethode *f*, Produktionsverfahren *n*
weak coupling *(Tech)* lose Kopplung *f*
wear and tear Verschleiß *m*
wear resistance Verschleißfestigkeit *f*, Abnutzungsbeständigkeit *f*, Verschleißwiderstand *m*
wear-resistant verschleißfest
wearing part Verschleißteil *n*
web-processing line *(Verp)* bahnverarbeitende Anlage *f*
web-processing technology *(Verp)* bahnverarbeitende Technologie *f*
wedge *(Tech)* verkeilen
weigh *v* wiegen, abwiegen, verwägen, verwiegen
weigh *v* **in** einwägen, einwiegen
weigh *v* **out** abwiegen
weigh *v* **up** abwiegen
weighed substance abgewogene Substanz *f*
weighing Einwage *f*, Verwiegung *f*
weighing beam Wiegebalken *m*
weighing cabin Wiegekabine *f*, Wiegeraum *m*
weighing cell Wägezelle *f*
weighing equipment Wiegezubehör *n*
weighing error Wägefehler *f*
weighing facility Wiegeanlage *f*
weighing in Einwage *f*, Verwiegung *f*
weighing pan Waagschale *f*
weighing range Wägebereich *m*
weighing scale Waagschale *f*
weighing system Einwaagesystem *n*
weighing unit Wägeeinheit *f*
weighing vessel Waagschale *f*
weight Gewicht *n*, Masse *f*; Wägestück *n*
weight accuracy Gewichtsgenauigkeit *f*
weight check Gewichtskontrolle *f*
weight loss Gewichtsverlust *m*, Gewichtsabnahme *f*, Masseverlust *m*
weight range Gewichtsbereich *m*
weight variation Gewichtsabweichung *f*
weighted average gewichteter Mittelwert *m* *(Statistik)*

weld *v* 1. *(Tech)* schweißen, anschweißen; 2. *(Verp)* verschweißen
weld Schweißnaht *f*, Naht *f*
welded verschweißt
welded at the edges an den Rändern verschweißt
welding Verschweißen *n*
well *(Verp)* Napf *m*
well-being *(Med)* Wohlbefinden *n*
well-defined wohldefiniert, gut definiert
well-established medicinal use allgemeine [bewährte, etablierte] medizinische Verwendung *f*
wet *v* benetzen, befeuchten
wet bulk density Feuchtdichte *f (Volumengewicht)*
wet-cleaning Waschen *n*, Waschung *f*, Spülen *n*, Nassreinigen *n*
wet granulation *(Herst)* Feuchtgranulierung *f*
wet lab Nasslabor *n*
wet sieving Nass-Siebung *f*
wet treated nass behandelt, feucht behandelt
wet treatment Nassbehandlung *f*, Feuchtigkeitsbehandlung *f*
wetted parts benetzte Teile *npl*
wetting agent Benetzungsmittel *n*, Netzer *m*, Netzmittel *n*
wheel Rad *n*
where-used list *(Dok)* Verwendungsnachweis *m*
white bottle *(Verp)* Weißglasflasche *f*
wholesale *(Vertr)* Großhandelsverkauf *m*, Großhandel *m*
wholesale business *(Vertr)* Großhandelsgeschäft *n*
wholesaler *(Vertr)* Großhändler *m*
wholesaling Großhandel *m*
wide-mouth bottle *(Verp, Lab)* Weithalsflasche *f*
wide-mouth flask *(Lab)* Weithalskolben *m*
wide-mouth jar *(Verp, Lab)* Weithalsflasche *f*
wide-necked bottle *(Verp, Lab)* Weithalsflasche *f*
wide-spectrum antibiotic *(Med)* Breitband-Antibiotikum *n*
width Weite *f*
wind *v* winden, spulen
window *(Tech)* Sichtfenster *n*
wing screw Flügelschraube *f*
wipe *v* **dry** trockenwischen
wipe test Wischtest *m*
wiper *(Tech)* Abstreifer *m*, Schaber *m*, Wischblatt *n*
wire *v (Tech)* schalten, zusammenschalten
wire terminal *(Tech)* Kabelklemme *f*
wiring *(Tech)* Verkabelung *f*
wiring box Schaltschrank *m*
wiring diagram Schaltdiagramm *n*
withdraw *v* 1. entnehmen, abziehen, entziehen; 2. zurückziehen, rückgängig machen
withdraw *v* **a sample** eine Probe entnehmen
withdraw *v* **an authorisation** *(BE)*, **withdraw** *v* **an authorization** *(AE) (Reg)* eine Genehmigung zurückziehen
withdraw *v* **by pipette** abpipettieren
withdraw *v* **from the market** vom Markt nehmen
withdrawal 1. Abziehen *n*, Ableiten *n*, Entziehen *n*, Absaugen *n*, Entnehmen *n*; 2. *(Reg)* Zurücknahme *f*, Rücknahme *f*; 3. *(Med)* Entzug *m*, Entwöhnung *f*
withdrawal effect *(Med)* Entzugserscheinung *f*
withdrawal of samples Probenentnahme *f*
withhold *v* zurückhalten, einbehalten, sperren
withholding from use *(Qual)* Sperrung *f (für die Verwendung)*
without effect wirkungslos
without obligation unverbindlich
wooden pallet *(Log)* Holzpalette *f*
work accident Arbeitsunfall *m*
work assignment Arbeitszuweisung *f*, Arbeitsauftrag *m*
work bench *(Lab)* Werkbank *f*
work clothing Arbeitskleidung *f*
work contracted out Auftragsherstellung *f*
work environment Arbeitsbedingungen *fpl*, Arbeitsumfeld *n*
work force Arbeitskräfte *fpl*, Personal *n*
work group Arbeitsgruppe *f*
work injury Arbeitsunfall *m*, Verletzung *f* am Arbeitsplatz
work life *(Tech)* Nutzungsdauer *f (Maschine)*
work order Betriebsfähigkeit *f*, Funktionsfähigkeit *f*

work safety measure Arbeitssicherheitsmaßnahme *f*
work scheduling Arbeitsvorbereitung *f*
work specification Beschreibung *f* des Arbeitsvorgangs
workability Bearbeitbarkeit *f*, Verarbeitbarkeit *f*
workable bearbeitbar, verarbeitbar
working area Arbeitsbereich *m*
working cell bank Arbeitszellbank *f*
working clearance Schutzabstand *m*, Sicherheitsabstand *m*
working life *(Tech)* Nutzungsdauer *f*, Betriebsdauer *f*
working pressure *(Tech)* Arbeitsdruck *m*
working range Verarbeitungsbereich *m*
working standard *(Lab)* Arbeitssubstanz *f*
working temperature *(Tech)* Arbeitstemperatur *f*, Betriebstemperatur *f*
workplace Arbeitsplatz *m*
worksheet *(Dok)* Arbeitsblatt *n*
workshop Werkstatt *f*
workstation Arbeitsplatz *m*
World Health Organisation *(Abk.: WHO)* Weltgesundheitsorganisation *f*
world market Weltmarkt *m*
worm gear Förderschnecke *f*, Schneckengetriebe *n*
worm gear box Schneckenantrieb *m*, Schneckengetriebe *n*
worm screw Förderschnecke *f*
worn out ausgeleiert, verschlissen
worsen *v* verschlimmern, verschlechtern
worst case Belastungsbedingungen *fpl* eines Prüfobjektes innerhalb der Prozesstoleranz
wound Wunde *f*
wound desinfectant *(Med)* Wunddesinfektionsmittel *n*
wound dressing Wundversorgung *f*
wound healing medicine *(Med)* Wundbehandlungsmittel *n*
wrap *v* umhüllen, einpacken
wrap packaging Umverpackung *f*
wrap *v* **up** einpacken, mit einem Verpackungsstoff versehen
wraparound machine *(Verp)* Volleinschlagmaschine *f*
wrapping Verpackung *f*, Umhüllung *f*, Packmaterial *n*, Hülle *f*
wrapping material Verpackungsmaterial *n*, Außenverpackung *f*
wrapping tape Banderole *f*
wrench Schraubenschlüssel *m*
written schriftlich
written established programme schriftlich festgelegtes Programm *n*
written procedure schriftliche Anweisung *f*
written record schriftliche Aufzeichnung *f*, schriftlicher Bericht *m*

X

x-ray *v* röntgen
x-ray-analytical röntgenanalytisch
x-ray contrast medium Röntgenkontrastmittel *n*
x-rays Röntgenstrahlen *mpl*

Y

year-end *(Wi)* Jahresende *n*, Jahresschluss *m*
year inventory Jahresinventur *f*
yeast cell *(Biot)* Hefezelle *f*
yield Ausbeute *f*, Ertrag *m*, Gutmenge *f*
yield calculation Ausbeuteberechnung *f*
yield enhancement Ausbeutesteigerung *f*
yield of product Produktausbeute *f*
yield range *(Wi)* Ausbeutebereich *m*
yield strength Ausbeutestärke *f*
yoke Gabelarm *m*

Z

zero adjustment Nulleinstellung *f*
zero based nullpunktbezogen
zero drift Nullpunktabweichung *f*
zero line Null-Linie *f*
zero point Nullpunkt *m*, Skalenausgangspunkt *m*
zinc-coated verzinkt
zinc protamine insulin Protamin-Zink-Insulin *n*
zipp closure *(Verp)* Zipperverschluss *m*
zonal concept Zonenkonzept *n*
zone Zone *f*, Bereich *m*
zoning Einteilung *f* in Zonen, Zonierung *f*
zoning concept Zonenkonzept *n*

Deutsch – Englisch

A

abakteriell abacterial
abändern *v* modify (*s. a. ändern*)
Abbau *m* 1. *(chem, biol)* degradation, decomposition, breakdown; 2. *(tech)* destruction
Abbau *m***/bakterieller** bacterial degradation
Abbau *m***/biochemischer** biochemical degradation [decomposition]
Abbau *m***/biologischer** biodegradation
Abbau *m***/chemischer** chemical degradation [decomposition]
Abbau *m***/mikrobieller** microbial breakdown [degradation, decomposition]
Abbau *m* **von Wirkstoffen** degradation [decomposition, digestion, breakdown] of active ingredients
abbaubar degradable, decomposable
abbaubar/biologisch biodegradable, biologically degradable
abbaubar/biologisch nicht non-biodegradable
abbaubar/nicht non-degradable
abbaubar/schwer persistent
Abbaubarkeit *f* degradability
Abbaubarkeit *f***/biologische** biodegradability
abbauen *v* 1. degrade, decompose, digest, disintegrate, breakdown; 2. *(tech)* dismount • **biologisch abbauen** biodegrade
abbauen *v***/sich** degrade
Abbaufähigkeit *f (micro)* degradative ability
Abbauprodukt *n* degradation [decomposition, breakdown] product
abbauresistent non-degradable
Abbauweg *m* degradation [degradative] pathway
abbinden *v* harden
Abbindezeit *f* setting time, solidification time
abbrechen *v* arrest *(a reaction)*; terminate; cancel
abbremsen *v* slow (down), decelerate, retard
abdampfen *v* evaporate
Abdampfschale *f (lab)* evaporating dish
abdecken *v* cover (over)
Abdeckglas *n* cover glass
Abdeckhaube *f* cover
Abdeckplatte *f (lab)* cover glass
Abdeckung *f* cover, hood
abdestillieren *v* distil off, remove by distillation, strip (off), strip (out)
abdichten *v* tighten, make tight, seal, gasproof, waterproof
Abdichtung *f* sealing
Abdichtung *f***/hermetische** hermetic separation [sealing]
Abfall *m* waste, scrap, drop, trash, *(AE)* garbage
Abfall *m***/umweltgefährdender** environmentally hazardous waste
Abfallbehälter *m* waste jar, waste disposal bin [vessel]
Abfallbehandlung *f* waste treatment
Abfallbeseitigung *f* disposal of waste, waste disposal
Abfallbestimmungen *fpl* waste regulations [provisions]
Abfallbeutel *m* waste bag
abfallen *v* drop, decrease, fall *(regarding measuring values)*
Abfallen *n* drop, decrease, fall *(of measuring values)*
Abfallentsorgung *f s.* Abfallbeseitigung
Abfallprodukt *n* waste, waste product
Abfallproduktanfall *m* waste production
Abfallvermeidung *f* waste avoidance
Abfallwasser *n* s. Abwasser
abfiltern *v* filter off (*s. a. abfiltrieren*)
abfiltrieren *v* filter off, filter out, remove by filtration
abfließen *v* flow (off), run (off), drain off, efflux *(material)*
Abfließen *n* flowing-off, draining-off, running-off, drainage, effluence
abfließen lassen *v* drain (off), run (off), discharge
Abfluss *m* 1. flowing-off, run-off; surface run-off, effluence, drainage *(process)*; 2. outlet, run-off, effluent, outflow *(substance)*; 3. discharge, outlet, outflow, drain *(point, place)*
Abfluss *m* **im Fußboden** floor drain
Abflussbecken *n* sink
Abflusshahn *m (tech)* discharge cock
Abflussleitung *f* drainage pipe, discharge line, drain [drainage, runoff, outlet] line
Abflussrinne *f* floor channel, drain duct
Abflussrohr *n (tech)* outlet [effluent,

discharge] tube, effluent pipe, drainage [discharge] pipe
Abfluss-System *n* drain(age) (system)
Abflussventil *n (tech)* outlet [discharge] valve
Abfolge *f* sequence, series
abführen *v* 1. lead off, carry off, drain off, withdraw *(liquids or gases)*; 2. *(med)* purge
abführend *(med)* abstergent, laxative
Abführmittel *n (med)* laxative, aperient, cathartic, purgative, abstergent agent, purge *(very strong)*
Abführmittel *n***/starkes** purge, drastic
Abfüllanlage *f (tech)* filling line, bottling line
abfüllen *v* fill, can, bottle, bag
Abfüllen *n* filling, bottling, *(AE)* canning
Abfüllmaschine *f (tech, pack)* filling machine [line], filler
Abfüllmenge *f (prod, pack)* filling quantity
Abfüllnadel *f (prod, pack)* filling needle
Abfüllort *m* filling station
Abfüllrohr *n* filling pipe [hose]
Abfüllschlauch *m* filling tube
Abfüllstation *f (prod, pack)* filling station
Abfüllstrecke *f (prod, pack)* filling section
Abfüllung *f (prod, pack)* filling, bottling
Abfüllung *f***/aseptische** *(pack)* aseptic filling
Abfüllverfahren *n (prod, pack)* filling [bottling] technique, filling [bottling] practice
Abgabe *f* release, liberation, evolution *(regarding gases)*
Abgabe *f* **von Arzneimitteln** supply of drug products
Abgabetermin *m* due date
Abgabevolumen *f* delivery volume
Abgas *n* exhaust [waste, exit] gas, off-gas
abgeändert modified
abgeben *v* 1. release, liberate, discharge, give off; 2. deliver, supply • **an die Umgebung abgeben** release [discharge] to the environment
abgegrenzt segregated, contained
abgelehnt rejected, refused
abgeschlossen 1. locked *(by key)*; 2. closed, finished *(process)*
abgeschlossen/hermetisch hermetically sealed
abgeschrägt sloping
abgeschwächt attenuated *(reaction, solution)*
abgetrennt segregated, separated
abgießen *v* pour off, drain off, run off, decant
Abgleich *m (math, fin)* reconciliation
abgleichen *v (math, fin)* reconcile
Abgussbecken *n* sink
Abhilfemaßnahme *f* remedial measure
abholen *v* collect, pick up
Abklatschplatte *f (lab, micro)* contact plate
Abklatschpräparat *n (lab, micro)* impression preparation
Abklatschtest *m* direct contact test
abklingen *v* decay, flatten out *(a reaction)*; die down
Abknicken *n* **einer Ampulle** *(BE)* snapping of an ampoule, *(AE)* snapping of an ampule
abkochen *v* decoct
Abkochen *n* decoction
Abkömmling *m* derivative
abkratzen *v* scrape off
abkühlen *v* cool, chill *(rapidly)*
Abkühlen *n* cooling, chilling
abkühlen lassen *v* allow to cool
abkühlen *v***/sich** cool (down), chill
Abkühlung *f* cooling, chilling
Abkühlungsgeschwindigkeit *f* cooling rate
Abkühlungsphase *f* cooling phase
Abkühlzeit *f* cool-down time
ablagern *v***/sich** deposit, settle (out), sediment *(in liquids)*
Ablagerung *f* sediment *(in liquids)*; deposit(ion), bottom settling
Ablass *m* discharge, drain, relief *(pressure)*; outlet *(liquids)*
ablassen *v* let off, discharge, exhaust, drain (off), run (off), tap, blow off *(related to gases)*
Ablasshahn *m* runoff [discharge, drain, outlet] cock, dispensing spigot
Ablassleitung *f* discharge [drainage, runoff, waste] line
Ablassöffnung *f* discharge opening [outlet, port, door]; relief, vent *(for gases)*
Ablassrohr *n* discharge [drainage, runoff, waste, outlet] tube
Ablassventil *n (tech)* drain [discharge, outlet] valve

Ablassvorrichtung *f* discharger, relief *(for gases, pressure)*
Ablauf *m* 1. outflow, runoff, efflux, drain, outflow *(liquids)*; 2. course, process, run *(process)*; 3. expiration, expiry
Ablauf *m***/geschlossener** closed process
Ablaufdatum *n* date of expiry, expiry [expiration] date
Abläufe *mpl***/offene** open processes
ablaufen *v* 1. drain off, run off, flow off *(liquids)*; 2. proceed, run *(process going on)*
ablaufen lassen *v* run (off), drain (off), siphon
Ablaufplanung *f* scheduling, operation planning
Ablaufrinne *f* (drain) gutter
Ablaufrohr *n* drainage pipe, runoff pipe, downpipe *(distillation)*
ablehnen *v* reject, refuse
ableiten *v* lead off, lead away, carry off, drain off, withdraw *(gas or liquid)*
Ableitungsrohr *n* off-take pipe
Ablesefehler *m* observational error, reading error
Ablesegenauigkeit *f* accuracy of reading *(of a measuring device)*
ablesen *v* read (off), scale
Ablesen *n* readout, reading, scaling
Ablesung *f* readout, reading, scaling
Abluft *f* leaving [outgoing, outlet] air, exhaust air; waste air
Abluftfilter *n(m)* exhaust air filter
Abluftkanal *n* exhaust air duct
Abluftleitung *f (tech)* exhaust line, extraction duct
Abluftrohr *n* ventilation duct
Abluftschacht *m* exhaust air shaft
Abluftsystem *n* exhaust system, air exhaust system
abmessen *v* measure, dose, meter, batch *(of bulk material or liquids)*
Abmessung *f* 1. dimension, size; 2. measurement
Abnahme *f* 1. decay, decrease, reduction, fall, drop; 2. release, acceptance; 3. take-off, withdrawal
Abnahme *f* **einer Anlage nach Anlieferung** *(tech)* Site Acceptance Test, final acceptance
Abnahmebericht *m (tech)* technical acceptance report
Abnahmemenge *f* quantities purchased
abnehmbar *(tech)* removable, detachable
abnehmen *v* 1. decay *(inferior quality)*; 2. decrease, reduce, fall, drop *(process of reducing)*; 3. accept, release; 4. detach, remove from, take off, withdraw *(physically)*
Abnehmer *m* customer, client
Abnutzung *f* wastage, wear and tear
Abnutzung *f* **durch Abrieb** abrasion, abrasive wear, attrition
abnutzungsbeständig resistant to wear, wear-resistant, abrasion-resistant *(to friction)*
Abnutzungsbeständigkeit *f* resistance to wear
Abnutzungsprüfung *f* abrasion test
abpacken *v* pack(age)
Abpacken *n* pack(ag)ing *(process)*
abpipettieren *v* pipette off, withdraw by pipette
Abplatzen *n* flaking
Abprodukt *n* waste
Abproduktbehandlung *f (tech)* waste treatment
Abproduktbeseitigung *f (tech)* waste disposal
abpumpen *v* pump off
abreiben *v* abrade
abreichern *v***/Viren** deplete [reduce] viruses
Abreicherung *f* **einer Konzentration** deconcentration
Abrieb *m* friability, abrasion, attrition
Abriebabnutzung *f* abrasion
abriebbeständig abrasion-resistant, resistant to abrasion
Abriebbeständigkeit *f* abrasion resistance
abriebfest non-abrasive, resistant to abrasion, abrasion-resistant
Abriebprüfung *f* abrasion test
Abriebwiderstand *m* abrasion resistance
Absättigung *f (chem)* saturation
Absatz *m* 1. *(distr)* selling, sales, distribution; 2. *(tech)* overhang *(of a wall or floor)*
Absatzerwartungen *fpl (distr)* sales expectations
Absatzmarkt *m (distr)* (sales) market

Absatzsystem *n (distr)* distribution system
Absatzvolumen *n (distr, econ)* volume sales, sales volume
Absatzweg *m (distr)* sales channel
absatzweise batchwise *(operation)*
Absatzzahlen *fpl (distr)* sales figures
absaugen *v* 1. *(tech)* aspirate *(as of air)*; exhaust, extract, suck off; withdraw *(gases or liquids)*; 2. *(tech)* filter by suction *(filtration)*
Absaugen *n* 1. *(tech)* aspiration *(of air)*; exhaustion, extraction, suction, withdrawal *(process)*; 2. *(tech)* suction filtration *(filtration)*; *(AE)* suction-filter
Absauger *m (tech)* aspirator
Absaugpipette *f (lab)* suck-off pipette
Absaugsystem *n* aspiration system, suction system
Absaugung *f s.* Absaugen
abschaben *v* crape off
abschaltbar *(tech)* disconnectable
abschalten *v* switch off
Abschalten *n* **einer Maschine** shut down of a machine
Abschalter *m (tech)* circuit breaker, off-switch
Abschätzung *f* **der Schwankungsbreite** process variability estimates
abscheiden *v* separate off, separate out, deposit, eliminate, remove, segregate; settle, precipitate
Abscheiden *n* separation, parting; settling (process)
Abscheider *m* collector, catcher, settler, separator *(device)*; trap *(container)*
Abscheiderate *f* deposition rate
Abscheidung *f* 1. deposit, secretion, exudate; 2. deposit, sediment *(out of liquids)*
abschicken *v (log)* send, ship, dispatch
Abschicken *v (log)* dispatch, shipment
abschlämmen *v* clarify
abschleifen *v* abrade
abschleudern *v* centrifuge (off), spin
Abschleudern *n* centrifugation, spinning
abschneiden *v* cut off, cut away *(a piece)*; shear (off)
Abschnitt *m* 1. segment, section, part; 2. stadium, phase *(step in a process or development)*
Abschnitt *m* **einer Anlage** unit, section, part
abschrecken *v (tech)* cool rapidly, chill
abschwächen *v* 1. water down *(a solution)*; 2. attenuate *(an active substance)*
Abschwächung *f* attenuation *(of an active substance)*
Abschwächungsregulation *f* attenuator regulation
absenden *v s.* abschicken
Absender *m (log)* consignor, sender, dispatcher, despatcher *(transport)*
absenken *v* drop, reduce, lower *(a value or concentration)*
Absetzbecken *n* clarifier, precipitation [settling] tank
Absetzbehälter *m* precipitation tank, settler
Absetzdauer *f* time of settling
Absetzen *n* settling *(particles in liquid or gas)*; sedimentation, precipitation
absetzen lassen *v* allow to settle
Absetzgeschwindigkeit *f* sedimentation [settling] rate
Absetzglas *n* settling cylinder
Absetzzeit *f* time of settling
Absetzzentrifuge *f* sedimentation centrifuge
absinken *v* 1. decline, decrease, drop, fall *(a measuring value)*; 2. sink, settle, sediment, subside *(particles or substances)*
Absinken *n* 1. decline, decrease, drop, fall *(of a measuring value)*; 2. sedimentation, settling *(of particles in liquid or gas)*
absinken lassen *v* settle *(particles)*
Absinkgeschwindigkeit *f* sedimentation rate, rate of settling
absondern *v* 1. *(med)* secrete; 2. *(tech, chem)* eliminate, isolate, segregate, separate
Absonderung *f* segregation, separation, elimination, isolation
Absorbend *m* material to be absorbed
Absorbens *n* absorbent, absorbing agent, absorber
Absorber *m (tech)* absorber, absorption apparatus
absorbierbar absorbable
Absorbierbarkeit *f* absorbability
absorbieren *v* absorb, imbibe
Absorbieren *n* absorption
absorbierend absorptive, absorbing
Absorpt *n* absorbate, absorbed material

Absorption *f* absorption
Absorptionsapparat *m* absorber, absorption apparatus
absorptionsfähig absorbing, absorptive, absorbent
Absorptionsfähigkeit *f* absorptivity, absorption capacity
Absorptionsflasche *f* absorption bottle
Absorptionsgeschwindigkeit *f* absorption rate
Absorptionskoeffizient *m* coefficient of absorption
Absorptionsküvette *f (lab)* absorption cell
Absorptionsmittel *n (chem)* absorbing agent, absorbent agent, absorber
Absorptionsvermögen *n* absorbing power
absorptiv absorbable
abspalten *v (chem)* split off, cleave off, eliminate, release *(gases)*
Abspaltung *f (chem)* splitting-off, cleavage, release
absperren *v (tech)* shut off, close (off) *(a valve)*
Absperrfunktion *f (tech)* closing function
Absperrhahn *m (tech)* stopcock
Absperrschieber *m (tech)* gate valve
Absperrung *f***/hermetische** hermetic separation
Absperrventil *n* block valve, (cut-)off valve, stop valve
Abspringen *n* flaking *(of solid particles)*
abspritzen *v (lab)* spray; wash off
abspülen *v* rinse (off), swill (off)
Abspülen *n* rinse, rinsing
Abstand *m* 1. distance *(space)*; spacing; 2. interval *(time period)* • **in geeigneten Abständen** suitably spaced • **in regelmäßigen Abständen** at regular intervals
Abstand *m***/geeigneter** 1. appropriate interval *(referring to time)*; 2. appropriate space *(referring to area)*
abstellen *v* turn off, shut off *(gas or water)*; stop *(a machine)*
abstimmen *v* coordinate, reconcile
Abstreifer *m* wiper, scraper
Abstrichpräparat *n (micro)* smear preparation
abtasten *v* scan *(electronically)*
Abtaststift *m (tech)* wand
Abteilung *f* division, department, unit *(structure)*
Abteilung *f***/pharmakologische** pharmacology department
Abteilungsleiter(in) *m(f)* head of department, department manager
abteilungsübergreifend cross functional
Abtötung *f (micro)* destruction *(of germs)*
Abtötungskurve *f (micro, ster)* death curve
Abtötungsrate *f (micro, ster)* rate of death, death curve, death rate
Abtötungstemperatur *f (micro, ster)* lethal temperature
Abtötungszeit *f (micro, ster)* death time
Abtötungszeit *f***/thermische** *(micro, ster)* thermal death time
Abtrag *m* abrasion (*s. a. Abnutzung*)
Abtragung *f* attrition (*s. a. Abnutzung*)
Abtreibungsmittel *n* abortifacient agent
abtrennbar removable, separable
abtrennen *v* abstract, isolate, separate off, separate out, part (off)
Abtrennen *n* isolating, separating, segregating, parting
Abtrennung *f* abstraction, separation, segregation, isolation
abtrocknen *v* dry (off)
Abtropfbehälter *m (tech, lab)* waste tray
Abtropfbrett *n (lab)* draining board
abtropfen *v* drip down, drop off
abtupfen *v* blot
abwärts down, downward(s)
Abwärtsstrom *m (tech)* downflow, downward flow [current] • **im Abwärtsstrom arbeiten** operate downflow *(filtration)*
Abwaschbecken *n* sink
Abwasser *n* outgoing water; waste water, sewage, sewerage, effluent
Abwasser *n***/abfließendes gereinigtes** waste treatment effluent
Abwasser *n***/betriebliches** plant waste water, plant effluent [discharge]
Abwasser *n***/ungeklärtes** raw sewage
Abwasser *n***/wiederverwendetes** reclaimed waste water, reused waste water
Abwasserabfluss *m* effluent flow
Abwasserablauf *m* **eines Betriebes** *(tech)* effluent

Abwasseranfall *m* effluent flow, waste production
Abwasseraufbereitung *f (tech, chem)* sewage treatment, waste-water treatment
Abwasserbehandlung *f (tech, chem)* waste-water treatment, plant waste treatment
Abwasserbeseitigung *f (tech)* waste-water disposal, sewerage, sewage disposal
Abwassereinleitung *f* waste discharge
Abwassereinleitungsbedingungen *fpl* waste discharge standards
Abwasserentsorgung *f (tech)* waste-water disposal
Abwasserleitung *f (tech)* effluent pipe, waste-water line
Abwasserprobe *f (lab)* effluent sample, waste-water sample
Abwasserreinigung *f (tech, chem)* sewage clarification
Abwasserreinigungsanlage *f (tech)* waste-water treatment facility
Abwasserreinigungsverfahren *n (tech)* waste-water treatment process
Abwasserrohr *n* effluent pipe, waste-water pipe
Abwasserüberwachung *f (tech)* waste-water control, waste-water monitoring
Abwasseruntersuchung *f (lab)* waste-water examination, sewage analysis
Abwasserverschmutzung *f* waste-water pollution
Abwehr *f (BE)* defence, *(AE)* defense *(reaction)*
Abwehrmechanismus *m (med) (BE)* defence mechanism, *(AE)* defense mechanism *(of the organism)*
Abwehrmittel *n* repellent; preventive
abweichen *v* vary (from), differ, deviate, diverge from
Abweichung *f* deviation, discrepancy, anomaly, variation, variance
Abweichung *f*/**ungeklärte** unexplained discrepancy
Abweichung *f*/**ungeplante** out of specification
Abweichung *f* **von der Normtablette** tablet variation
Abweichung *f*/**zulässige** tolerance, allowance
Abweichungsgenehmigung *f* deviation permit
Abweichungskontrolle *f* deviation control
abwiegen *v* weigh out [up]
abziehbar peelable
abziehen *v* remove, peel off, withdraw *(a foil)*
Abziehen *n* removal, withdrawal
Abziehetikett *n (pack)* transfer(able) label
Abzug *m* 1. *(tech)* hood, vent, vent hood, ventilated hood *(equipment)*; 2. *(tech)* discharge point *(site)*
abzüglich Steuern *(fin)* less tax
Abzugshaube *f* hood
Abzugsrohr *n* offtake [discharge, drainage, outlet, effluent] pipe, vent pipe [tube]
Abzugsschrank *m* fume cupboard [chamber]
Achse *f (tech)* shaft
Achtungssymbole *npl (tech)* caution marks *(transport)*
Additiv *n* addition agent, additive *(substance)*
Adhärend *m* adherend
Adhärens *n* adhesive agent, adhesion agent
adhärent adherent
Adhärenz *f* adherence
adhärieren *v* adhere
Adhäsion *f* adherence, adhesion
adhäsionsfähig adherent, adhesive
Adhäsionskraft *f* adhesive force, adhesiveness *(physically)*
adhäsiv adhesive
Adrenolytikum *m* adrenolytic agent
adsorbierbar adsorbable
adsorbieren *v* adsorb
Adsorpt *n* adsorbed material, adsorbate
Adsorption *f* adsorption
Adsorptionsfähigkeit *f* adsorption ability, adsorptive capacity
Adsorptionsmittel *n (med, chem)* adsorbent agent, adsorbing agent [substance]
Adstringens *n* astringent, styptic
aerob *(biol)* aerobic, aerobiotic, aerobian, oxybiotic
Aerobios *n* aerobios *(organisms in the air)*
aerogen airborne, air-borne

Aeroklassieren *n* pneumatic classification, air classifying [sizing, separation]
Aerosol *n* aerosol
Aerosoldose *f* aerosol can
Aerosolisierung *f* aerolisation
Aerosolnebel *m* aerosol mist
Aerosoltreibmittel *n* aerosol propellant
Affinität *f* affinity
Agar *m(n) (micro, lab)* agar
Agar *m(n)* **zur Keimzahlbestimmung** *(micro, lab)* plate count agar
Agardiffusionstest *m (micro, biot)* agar diffusion method
Agarkultur *f (micro, biot)* agar culture
Agarmedium *n (micro, biot)* agar medium
Agarnährboden *m (micro, biot)* agar medium
Agarplatte *f (micro, biot)* agar plate
Agarplattenkeimzahl *f (micro, biot)* agar-plate count
Agens *n* agent
Agens *n***/antivirales** antiviral agent
Agens *n***/virales** viral agent
Agglomerat *n* agglomerate
Agglomeration *f* agglomeration
agglomerieren *v* agglomerate
Agglomerierung *f* **des Pulvers** agglomeration of powder
Agglutination *f* agglutination
agglutinieren *v* agglutinate
agglutinierend agglutinant
Aggregat *n (tech)* aggregate; assembly *(machine unit)*
aggressionslos inoffensive
aggressiv offensive, aggressive *(chemicals, drug ingredient)*
Aggressivität *f* aggressivity, aggressiveness, offensiveness *(of chemicals)*
Agonist *m* agonist
Aktionsgrenze *f* action level, action limit
Aktionsspektrum *n* action spectrum
aktiv active
Aktivation *f* activation
Aktivator *m* activator
aktivieren *v* activate
Aktivierung *f* activation
Aktivierungsmittel *n* activator, activating agent
Aktivierungsreiz *m* stimulant
Aktivität *f* activity
Aktivität *f***/chemische** chemical activity
Aktivität *f***/therapeutische** potency
Aktivkohle *f* activated charcoal
aktualisieren *v* revise, update, backup
akut acute *(illness)*
Akzeptanzkriterien *npl* acceptance criteria
Alarm *m* alarm, alarm signal
alkalisch alkaline
alkylieren *v* alkylate
Alkylierung *f* alkylation
alleinverantwortlich solely responsible
Alleinvertriebsklausel *f (distr)* exclusive rights clause
Allergen *n (med)* allergen
Allergie *f (med)* allergy
allergisierend sensitising
allgemein common, general
Allgemeinbefinden *n* general condition
Alternativkultur *f (micro, biot)* alternative culture
altersabhängig age-dependent
Altersversorgung *f***/betriebliche** occupational pension scheme
alterungsbeständig age-resistant
Aluminiumflasche *f (BE)* aluminium bottle, *(AE)* aluminum bottle
Aluminiumfolie *f (BE)* aluminium foil, *(AE)* aluminum foil
Aluminiumpalette *f (log) (BE)* aluminium pallet, *(AE)* aluminum pallet
Aluminiumtube *f (pack) (BE)* aluminium tube, *(AE)* aluminum tube
Aluminiumverschluss *m (pack) (BE)* aluminium seal, *(AE)* aluminum seal
Amin *n* amine
Aminosäure *f* amino acid
amorph amorphous
Amperemeter *n* ammeter, amperemeter
Ampulle *f* ampoule, ampule, ampul, ampulla, vial • **Ampullen abschmelzen** tip seal ampoules • **eine Ampulle aufbrechen** break an ampoule • **eine Ampulle verschließen** seal an ampoule
Ampulle *f* **mit steriler Flüssigkeit** sterule
Ampullenabfüllung *f* ampoule filling
Ampullenfeile *f (pack, med)* ampoule cutter
Ampullenschachtel *f (pack)* ampoule box
Ampullenversiegelung *f (pack)* ampoule sealing
anaerob anaerobic
Anaerobentechnik *f* anaerobic technique

Anaerobier *m* anaerobe
Analeptikum *n (med)* analeptic, analeptic drug [agent]
Analgetikum *n (med)* analgesic, analgesic drug [agent], pain-reliever, painkiller
analgetisch analgesic
Analysator *m (lab)* analyser
Analyse *f* analysis, assay, breakdown • **eine Analyse durchführen** perform an analysis, run an analysis
Analyse *f* **an Ort und Stelle** on-site analysis
Analyse *f*/**biochemische** biochemical analysis
Analyse *f*/**chemische** chemical analysis
Analyse *f*/**diskontinuierliche** batch analysis
Analyse *f*/**dynamische** on-line analysis
Analyse *f*/**gründliche** in-depth analysis
Analyse *f*/**kontrollflussorientierte** control flow analysis
Analyse *f*/**mehrstufige** multi-level analysis
Analyse *f*/**partielle** partial analysis
Analyse *f*/**qualitative** qualitative analysis
Analyse *f*/**quantitative** quantitative analysis
Analyse *f*/**statistische** statistical analysis
Analyse *f*/**technische** technical analysis
Analyse *f*/**volumetrische** volumetric analysis
Analyse *f* **vor Ort** on-site analysis, in-situ analysis
Analysenablauf *m* analysis scheme
Analysenbefund *m* analysis report, report of analysis
Analysenergebnis *n* analytical result
Analysenfehler *m* analytical error
Analysengerät *n* analytical apparatus [instrument], analyser
Analysenmethode *f* analytical method, analytical technique
Analysenprobe *f* analytical sample, analytical specimen
Analysenstoff *m* analysis substance
Analysensubstanz *f* analysand
Analysenverfahren *n* analytical technique [method, procedure]
Analysenvorgehen *n* analysis scheme, scheme of analysis
Analysenwaage *f* analytical balance, microbalance
Analysenweg *m* scheme of analysis
Analysenwert *m* analytical value
Analysenzertifikat *n* certificate of analysis
analysierbar analysable
analysieren *v (BE)* analyse, *(AE)* analyze • **Werte analysieren** *(BE)* analyse values, *(AE)* analyze values
Analyt *m* analyte
Analytiker(in) *m(f)* analyst
analytisch analytical
Anästhesierungsmittel *n (med) (BE)* anaesthetic, *(AE)* anesthetic
Anästhetikum *n (med) (BE)* anaesthetic, *(AE)* anesthetic
anbringen *v* attach, fix, mount
Andecken *n (prod)* sub-coating
ändern *v* 1. alter, correct, change, modify, vary *(slightly)*; 2. revise
Änderung *f* alteration, correction, change; variation *(slight)*; modification • **Änderung vorbehalten** subject to revision [change]
Änderung *f*/**genehmigte** *(reg, qual)* approved change
Änderung *f*/**geringfügige** minor change
Änderung *f*/**kritische** critical change, major change
Änderungsantrag *m (reg)* application for modification, modification application
Änderungskontrolle *f (qual)* change control
Änderungsstand *m (doc)* version
andicken *v* thicken *(a liquid)*
Androgen *n* androgen *(hormone)*
Anerkennung *f* recognition, acceptance
Anerkennung *f*/**gegenseitige** *(reg)* mutual recognition
Anerkennungsverfahren *n (reg)* approval scheme
Anfahrbetrieb *m (tech)* setting-up procedure
Anfahrverlust *m (tech)* start-up loss
anfällig vulnerable
Anfälligkeit *f* vulnerability
anfänglich initial
Anfangskonzentration *f (chem, prod)* initial concentration *(substance)*
Anfangsphase *f* first [initial, starting] stage
Anfangswert *m* starting value

Anfangszustand *m* original state
anfertigen *v* make, produce, manufacture
anfeuchten *v* moisten
Anforderung *f* requirement, specification, stipulation • **Anforderungen erfüllen** fulfil [meet] (the) requirements, comply with the requirements • **den Anforderungen entsprechen** meet the requirements • **nach den Anforderungen des Arzneibuches** pharmacopoeial
Anforderung *f* **an die Reinheit** purity specification
Anforderung *f*/**gesetzliche** legal requirement
Anforderung *f*/**hygienische** hygienic requirement
Anforderung *f*/**technische** technical requirement
Anforderungen *fpl* **laut Arzneibuch** compendial [pharmacopoeial] requirements
Anforderungen *fpl* **laut Pharmacopoe** pharmacopoeial requirements
Anforderungen *fpl*/**regulatorische** regulatory demand, regulatory requirements
Anfrage *f* enquiry, inquiry • **auf Anfrage** upon request
Angabe *f* 1. indication *(measuring instrument)*; 2. information • **Angaben machen** indicate *(value or information)*; inform, state
Angabe *f* **der Zutaten** indication of ingredients
Angabe *f* **des Gewichts** statement of weight
Angabe *f*/**genaue** specification
angeben *v* indicate *(value or information)*; inform, state
Angebot *n* tender, bid; offer, quotation
Angebot *n* **und Nachfrage** *f* supply and demand
angeheftet/nicht am Substrat free-living
Angelegenheiten *fpl*/**regulatorische** regulatory affairs
angemessen appropriate, adequate
angewandt applied
angewinkelt *(tech)* angled, angular
angleichen *v (tech)* adjust
Angleichung *f (tech)* adjustment
angreifbar vulnerable *(by substances)*
angreifen *v* affect, attack
Angriff *m* attack *(by chemical substances)*
Anhaften *n* adherence, adhesion
anhaftend adherent
Anhaftung *f* adherence, adhesion
anhaltend continuing, persistent, ongoing, long-running, sustained
Anhang *m* annex, attachment; appendix *(document)*; supplement
anhäufen *v* accumulate, collect
Anhäufung *f* accumulation *(in number or volume)*; collection
anheben *v (tech)* elevate
Anheber *m (tech)* elevating
animpfen *v (micro, biot)* inoculate, seed
Animpfen *n (micro, biot)* inoculation, seeding
ankoppeln *v (tech)* couple, connect
Ankopplung *f (tech)* coupling, connecting, connection, *(BE)* connexion
ankündigen *v* announce, give notice, inform, notify • **im Voraus ankündigen** give prior notice
Ankündigung *f* announcement, information, notification
Anlage *f* 1. *s.* Anhang; 2. facility, plant, line *(machine)*; 3. *(fin)* asset
Anlage *f*/**großtechnische** full-scale plant
Anlage *f*/**raumlufttechnische** *(tech)* ventilation system
Anlagenauslastung *f* utilisation of plant capacities
Anlagenbuchhaltung *f (fin)* fixed-asset accounting
Anlagenerneuerung *f (tech)* plant renewal
Anlagenkapazität *f (prod)* plant capacity
Anlagenleistung *f (prod, tech)* plant performance
Anlagentechnik *f* plant technology
Anlagen- und Prozessversuch *m (tech)* feasibility test
Anlagenwartung *f (tech)* facility maintenance
anlagern *v (chem)* attach
Anlagerung *f (chem)* attachment
Anlaufgeschwindigkeit *f (tech)* start-up speed
Anlaufphase *f* 1. *(micro)* lag phase

(growth curve); 2. starting phase *(process or machine)*

Anlaufzeit *f (tech)* starting period *(process or machine)*

Anlegen *n* **eines Versuches** lay-out, design (of a test)

Anleitung *f* guidance; guide, instruction, handbook

Anlieferungszustand *m (log, tech)* as-received condition [state]

Anmeldeverfahren *n (reg)* application procedure

Anmerkung *f* comment, (explanatory) note, remark

annullieren *v* cancel, void

Anomalie *f (med, chem, biol)* anomaly

anordnen *v* 1. arrange *(in a certain order)*; 2. demand, order, provide for

Anordnung *f* 1. arrangement *(in a certain order)*; 2. demand, order, provision, decree

Anordnung *f***/behördliche** official directive [order]

Anordnung *f***/räumliche** layout, design

anorganisch inorganic

anpassen *v* adapt, adjust, assimilate, level (out), match, re-adjust

anpassen *v***/neu** re-adapt, re-adjust, re-assimilate

Anpassung *f* adaptation, adjustment, assimilation, levelling

anregen *v* activate, stimulate

Anregung *f* activation, stimulation

Anregung *f***/thermische** thermal excitation

anreichern *v* 1. *(chem)* concentrate; 2. accumulate *(in number)*

Anreicherung *f (micro, biot)* enrichment; accumulation; amplification

Anreicherungskultur *f (micro, biot)* enrichment culture

Anreicherungsmedium *n (micro, biot)* enrichment medium

ansammeln *v* accumulate, collect, aggregate *(organisms)*

Ansammlung *f* accumulation, collection, aggregation *(of organisms)*

Ansatz *m* 1. batch, lot; 2. approach

Ansatz *m***/therapeutischer** therapeutic approach

Ansatzbereitung *f* batch preparation

Ansatznummer *f* batch number, lot number

Ansatzstück *n (tech)* adapter, joining piece

Ansaugdruck *m (tech)* suction pressure

Ansaugen *n* suction

ansaugen *v* aspirate, draw in, suck

Ansaugen *n* aspiration, drawing, suction

Ansaugfilter *n(m)* suction filter

Ansaugluft *f* inlet air

Ansaugpumpe *f* priming pump

Ansaugrohr *n* suction pipe

anschalten *v* switch on, turn on

Anschalter *m* start button [key]

anschließen *v* connect to

Anschluss *m (tech)* port, fitting, connection

Anschluss-Stutzen *m (tech)* connection port

anschweißen *v (tech, pack)* weld

ansetzen *v* put on *(e. g. a batch)*

ansprechen *v* respond *(measuring instrument)*

Ansprechen *n* response *(of a measuring instrument)*

Anspruch *m* demand; requirement

ansteckend *(med)* contagious, infectious

Anstellventil *n (tech)* on-valve

Anstieg *m* **bei** rise in *(e. g. temperature, pressure)*

Antazidum *n* antacid *(an agent counteracting to superacidity)*

Anteil *m* 1. part, portion, proportion, percentage; 2. quota

Anteil *m***/prozentualer** percentage

Anthelminthikum *n (med)* anthelminthic (agent)

anthelminthisch *(med)* anthelminthic

Antiallergikum *n (med)* antiallergic agent

Antianämikum *n (med)* anti-an(a)emic drug

Antiarthritikum *n* antiarthritic

Antiasthmatikum *n (med)* anti-asthmatic

antibakteriell antibacterial

Antibiose *f* antibiosis

Antibiotikabildner *m (micro)* antibiotics producing organism

antibiotikaresistent antibiotic-resistant, resistant to antibiotics

Antibiotikaresistenz *f* antibiotic resistance, resistance to antibiotics

Antibiotika-Testagar *m* antibiotic medium

Antibiotika-Testmedium *n* antibiotic medium
Antibiotikum *n* antibiotic
antibiotisch antibiotic
Antidepressivum *n* antidepressant
Antidepressum *n* antidepressive, antidepressant
Antidiabetikum *n* antidiabetic
Antidiarrhoikum *n* antidiarrhoeic
antidiarrhöisch antidiarrhoeal
Anti-Diebstahl-Etikettierung *f (pack)* anti-theft label(l)ing
Antidiuretikum *n* antidiuretic (agent)
antidiuretisch antidiuretic
Antidot *n* antidote
Antiemetikum *n* antiemetic
Antiepileptikum *n* antiepileptic
Antierotikum *n* antieroticum
Antifebrin *n* antifebrin
Antifibrinolytikum *n (med)* antifibrinolytic agent
Antifiebermittel *n* antipyretic, febrifuge
Antiformin *n* antiformin
antifungal antifungal, fungicidal
Antihalluzinogen *n* antipsychotic, neuroleptic, (major) tranquilizer
Antihämorrhagikum *n (med)* antih(a)emmorrhagic
Antihistamin *n* antihistamin
Antihistaminikum *n* antihistaminic
Antihormon *n* antihormone
Antihypoglykämikum *n* antihypoglycaemic, antidiabetic
Antihypertonikum *n* antihypertensive [hypotensive] drug, blood pressure depressant
antihypertonisch antihypertensive, hypotensive
Antiinflammatorikum *n* antiphlogistic (agent)
Antikoagulans *n* anticoagulant
Antikoalugiermittel *n* anticoagulant
Antikonvulsans *n* anticonvulsive (drug)
antikonvulsant anticonvulsive
Antikonvulsivum *n* anticonvulsive (drug)
Antikonzeptivum *n* contraceptive
Antikonzipiens *n (med)* anticoncipiens, contraceptive
Antikörper *m* antibody, immune body
Antikörper *m*/**enzymkonjugierter** enzyme-conjugated antibody
Antikörper *m*/**pflanzlicher** plant antibody
Antikörperbestimmung *f* antibody assay
Antikörpertest *f* antibody assay
Antileprotikum *n* antileprotic
antileukozitär antileucocytic
Antimalariamittel *n* antimalarial drug
antimikrobiell antimicrobial
Antimikrobiotikum *n* antimicrobial agent
Antimykotikum *n* antimycotic, antifungal agent [drug], fungicide
antimykotisch antifungal, fungicidal
Antineuralgikum *n* antineuralgic (agent)
antineuralgisch antineuralgic
Antiparasitikum *n (med)* antiparasiticide, antiparasitic
Antiperspirant *n* antiperspirant
Antiphlogistikum *n* antiphlogistic (agent)
antiphlogistisch antiphlogistic
Antipilzmittel *n* antifugal agent
Antipsychotikum *n* antipsychotic, neuroleptic, (major) tranquilizer
Antipyretikum *n* antipyretic, febrifuge
antipyretisch antipyretic
Antirachitikum *n* antirachitic (agent)
Antirheumatikum *n* antirheumatic agent
antirheumatisch antirheumatic
Antischaummittel *n* antifoam(ing) agent, foam suppressor, antifoam
Antiseptikum *n* antiseptic (agent)
antiseptisch antiseptic
Antispasmodikum *n* antispasmodic, antispasmodic agent [drug]
Antitranspirationsmittel *n* antiperspirant, antihidrotic
Antitumormittel *n* antitumour agent
Antitussivum *n (med)* antitussive
antiviral antiviral
Antivirus... antiviral
Antrag *m (reg)* application • **einen Antrag einreichen** submit an application
Anträge *mpl*/**gemischte** *(reg)* mixed applications
Antragsdossier *n (reg)* application dossier
Antragsstellung *f* **zur Zulassung** submission for registration
Antragsunterlagen *fpl (reg)* filing documents, application documents
Antragsverfahren *n (reg)* application procedure
antreiben *v* (tech) drive
Antrieb *m (tech)* drive

Antrieb *m***/fremdgesteuerter (pneumatischer)** pneumatic actuator
Antriebsmotor *m* motor
Antriebswelle *f* drive shaft
Anweisung *f* instruction, procedure • **eine Anweisung erstellen** establish a procedure
Anweisung *f***/schriftliche** written procedure
anwendbar 1. applicable *(e. g. an active ingredient)*; 2. practicable *(a method)*
Anwendbarkeit *f* 1. applicability *(e. g. of an active ingredient)*; 2. practicality *(of a method)*
Anwendbarkeit *f***/regulatorische** *(reg)* regulatory applicability
anwenden *v* apply, use • **lokal anwenden** use topically
Anwendung *f* 1. application *(of a drug)*; 2. use
Anwendung *f* **beim Menschen** (for) human use
Anwendung *f***/dentale** dental use
Anwendung *f***/rektale** rectal use
Anwendungsbedingungen *fpl* conditions of application [use]
Anwendungsbereich *m* scope
anwendungsspezifisch application-specific
Anwendungstemperatur *f* use temperature
Anxiolytikum *n* (minor) tranquilizer, tranquilizing drug, anxiolytic (agent)
Anzahl *f* 1. number, quantity; 2. *(micro)* count
Anzahl *f* **der zu prüfenden Einheiten pro Charge** number of units per batch
Anzahl *f* **lebensfähiger Partikel** *(micro)* viable particle count
Anzahlung *f (fin)* payment on account
Anzeige *f (tech)* indication *(measuring instrument)* • **außerhalb der Anzeige** off-scale
Anzeige *f***/optische** display
Anzeigebereich *m* on-scale
anzeigen *v* 1. *(tech)* indicate; 2. announce, report, state
Anzeigepflicht *f* reporting requirement(s)
Anzeiger *m* 1. indicator *(substance)*; 2. marker *(mostly radioactive)*
Anzeigevorrichtung *f (tech)* indicator
Apotheke *f* pharmacy
apothekenpflichtig subject to sale by pharmacists only, for sale in pharmacies only
Apotheker(in) *m(f)* pharmacist, druggist, apothecary, *(BE)* chemist
Apparat *m* apparatus, device, instrument
Appetitanreger *m (med)* appetite stimulant
Appetitzügler *m (med)* appetite depressant, suppressor, anorexiant, anorectic
Applikation *f* administering, administration *(drug)*
Applikator *m (pack)* applicator
Applikatorkörper *m (pack)* applicator body
Applikatorstempel *m (pack)* applicator rod
applizieren *v* administer, apply *(a drug)*
Aqua *n* **destill**, **Aqua** *n* **destillata** distilled water, aqua destillata
Aqua *n* **purificata** purified water
Aqua *n* **redistillata** double-distilled water, redistilled water
Äquivalenzfaktor *m* equivalency factor
Arbeit *f***/qualitätsrelevante** quality-relevant work
Arbeitsanweisung *f***/allgemeine** Standard Operating Procedure, SOP
Arbeitsauftrag *m* work assignment
Arbeitsbedingung *f* work environment
Arbeitsbereich *m* working area
Arbeitsblatt *n* worksheet
Arbeitsbühne *f (tech)* platform
Arbeitsdruck *m (tech)* working pressure, operating pressure
arbeitsfähig fit-for purpose, ready
Arbeitsflussdiagramm *n (tech, prod)* operation flow chart
Arbeitsgang *m* 1. service corridor; 2. operation
Arbeitsgang *m* **in einem Schritt** single-pass operation
Arbeitsgangfolge *f* sequence of operations
Arbeitsgebiet *n* sphere of operations
Arbeitshygiene *f (hyg)* industrial hygiene, occupational hygiene
Arbeitskleidung *f* work clothing
Arbeitskräfte *fpl* workforce, personnel, staff
Arbeitskräftepotenzial *n* human resources
Arbeitslinie *f (tech)* operating line

Arbeitsordnung *f* rules of work
Arbeitsplatz *m* 1. employment, job, position, post; 2. workplace, workstation, place of work
Arbeitsplatz *m*/**verfügbarer** 1. vacant job; 2. working space
Arbeitsplatzbeschreibung *f* job description
Arbeitsplatzkonzentration *f*/**maximale** *(Abk. MAK) (tech)* maximum allowable concentration, MAC
Arbeitsrichtlinien *fpl* rules of work
Arbeitsschritt *m* step
Arbeitsschutz *m* industrial protection, occupational health and safety
Arbeitsschutzordnung *f* safety regulations
Arbeitsschutzsalbe *f (med)* barrier cream
Arbeitssicherheit *f* occupational health and safety, safety at work, work safety
Arbeitssicherheitskleidung *f* safety clothing
Arbeitssicherheitsmaßnahmen *fpl* work safety measures
Arbeitssubstanz *f (lab)* working standard
Arbeitstemperatur *f* operating temperature, working temperature
Arbeitstisch *m* bench top
Arbeitsumfeld *n* work environment
Arbeitsunfall *m* work injury, work accident
Arbeitsverfahren *n* (work) processing, technique
Arbeitsvorbereiter *m* operation engineer
Arbeitsvorbereitung *f* work scheduling
Arbeitsvorgang *m* operation
Arbeitsweise *f* processing, method (of working), mode of operation
Arbeitsweise *f*/**getaktete** *(tech)* intermittent mode [operation]
Arbeitsweise *f*/**intermittierende** intermittent operation
Arbeitsweise *f*/**kontinuierliche** *(tech)* continuous mode [operation]
Arbeitsweise *f*/**periodische** batch operation
Arbeitszuweisung *f* work assignment
Arbeitszyklus *m* operating cycle
archivieren *v (doc)* archive, file, retain • **Dokumente archivieren** archive [file, retain] documents
Archivierung *f (doc)* archiving
Arm *m (tech)* arm
Armatur *f (tech)* fittings
Armaturentafel *f (tech)* panel
Arnika *f* arnica *(herbal plant)*
Aromastoff *m (chem)* aromatic substance
arretieren *v* lock
Arretierungsvorrichtung *f (tech)* locking device
Art *f* 1. way, kind, sort; 2. *(micro)* species
Arteriosklerosemittel *n (med)* arteriosclerosis drug
Arthritismittel *n (med)* anti-arthritic
Artikelgruppe *f (distr)* product line
Artspezifität *f (micro)* species specificity
Arznei *f* drug, drug [medicinal] product, medicine, medicament, pharmaceutical, pharmacon • **eine Arznei verabreichen** administer a drug
Arzneiart *f* (pharmaceutical) dosage form
Arzneiausgabe *f* dispensary
Arzneibuch *n* pharmacopoeia
Arzneibuch *n* **der USA** United States Pharmacopoeia, USP • **dem Arzneibuch der USA entsprechend** United States Pharmacopoeia grade, USP grade
Arzneibuch... pharmacopoeial
Arzneibuchqualität *f* pharmaceutical grade • **entspricht der Arzneibuchqualität** pharmaceutical grade
Arzneiform *f* (pharmaceutical) dosage form
Arzneiform *f*/**einzeldosierte** single-dose unit
Arzneikunde *f* pharmacology
arzneilich medicinal
Arzneimittel *n* drug, drug [medicinal] product, medicine, medicament, pharmaceutical, pharmacon • **Arzneimittel an die Öffentlichkeit abgeben** supply medicinal products to the public
Arzneimittel *n*/**analgetisches** analgesic (drug), pain-reliever, pain-killer
Arzneimittel *n*/**angstlösendes** anxiolytic (drug)
Arzneimittel *n*/**antibakterielles** bactericide (drug)
Arzneimittel *n*/**antiseptisches** antiseptic (drug)
Arzneimittel *n*/**apothekenpflichtiges** be-

hind-the-counter drug, prescription drug

Arzneimittel *n* **auf beschränkte ärztliche Verschreibung** medicinal product subject to restricted medical prescription

Arzneimittel *n* **auf besondere ärztliche Verschreibung** medicinal product subject of special medical prescription

Arzneimittel *n* **auf pflanzlicher Basis** plant-based [plant-made] pharmaceutical [drug, drug product]

Arzneimittel *n*/**aus Plasma gewonnenes** plasma-derived medicinal [drug] product

Arzneimittel *n*/**biologisches** biological drug [medicinal] product

Arzneimittel *n*/**blähungstreibendes** carminative (drug)

Arzneimittel *n*/**blutdrucksenkendes** antihypertensive drug

Arzneimittel *n*/**blutdrucksteigerndes** pressor (drug)

Arzneimittel *n*/**bronchuserweiterndes** bronchodilator (inhalant)

Arzneimittel *n*/**chemotherapeutisches** chemotherapeutic drug

Arzneimittel *n*/**die Herzmuskulatur stärkendes** cardiotonic (drug)

Arzneimittel *n*/**entzündungshemmendes** antiphlogistic drug, antinflammatory drug

Arzneimittel *n*/**freiverkäufliches** non-prescription drug, drug product not subject to medical prescription, over-the-counter product [drug], OTC

Arzneimittel *n* **für den Menschen** human-use medicine, drug [medicinal] product for human use

Arzneimittel *n* **für erste Hilfe** first-aid supplies

Arzneimittel *n* **für neuartige Therapien** advanced therapy drug [medicinal] product

Arzneimittel *n* **für seltene Leiden** orphan drug [medicinal] product, orphan drug

Arzneimittel *n*/**gefäßerweiterndes** vasodilator (drug)

Arzneimittel *n* **gegen Angina pectoris** antistenocardic (drug)

Arzneimittel *n* **gegen Blutarmut** anticachetic (drug)

Arzneimittel *n* **gegen Durchfall** antidiarrh(o)eal (drug)

Arzneimittel *n* **gegen Epilepsie** antiepileptic (drug)

Arzneimittel *n* **gegen Erbrechen** antiemetic (drug)

Arzneimittel *n* **gegen Fieber** antiphlogistic, antipyretic (drug)

Arzneimittel *n* **gegen Gicht** antpodagric (drug)

Arzneimittel *n* **gegen Hämorrhoiden** antihaemorrhodial (drug)

Arzneimittel *n* **gegen hohen Speichelfluss** antisialgic (drug)

Arzneimittel *n* **gegen Husten** antitussive (drug)

Arzneimittel *n* **gegen Infektionen** anti-infective (drug)

Arzneimittel *n* **gegen Kopfschmerzen** anticephalalgic (drug)

Arzneimittel *n* **gegen Krämpfe** anticonvulsive, anticonvulsant, antispasmodic (drug)

Arzneimittel *n* **gegen Lähmungen** antiparalytic (drug)

Arzneimittel *n* **gegen Lepra** antileprotic (drug)

Arzneimittel *n* **gegen Malaria** antimalarial, antipaludian (drug)

Arzneimittel *n* **gegen Neuritis** antineuritic (drug)

Arzneimittel *n* **gegen Ödeme** antihydropic, antioedemic (drug), antiedematous (drug)

Arzneimittel *n* **gegen Pilzbefall** antifungoid (drug)

Arzneimittel *n* **gegen Rauschgifte** antinarcotic (drug)

Arzneimittel *n* **gegen Rheuma** antirheumatic (drug)

Arzneimittel *n* **gegen Ruhr** antidysenteric (drug)

Arzneimittel *n* **gegen Schwitzen** antisudorific (drug)

Arzneimittel *n* **gegen Skorbut** antiscorbutic (drug)

Arzneimittel *n* **gegen Steinbildung** antilithic (drug)

Arzneimittel *n* **gegen Tollwut** antihydrophobic, antirabic (drug)

Arzneimittel *n* **gegen Tripper oder Gonorrhoe** antigonorr(o)eiac (drug)

Arzneimittel *n* **gegen Wassersucht** antihydropic (drug)
Arzneimittel *n* **gegen Zahnschmerzen** antiodontalgic (drug)
Arzneimittel *n***/genehmigtes** *(reg) (BE)* authorised medicinal [drug] product, *(AE)* authorized medicinal [drug] product
Arzneimittel *n***/homöopathisches** homeopathic (drug)
Arzneimittel *n***/hormonhaltiges** hormonal drug
Arzneimittel *n* **im Prüfstadium** investigational drug [medicinal] product
Arzneimittel *n***/krampflösendes** spasmolytic (drug)
Arzneimittel *n***/leistungsstärkendes** performance-enhancing drug
Arzneimittel *n***/nicht verschreibungspflichtiges** non-prescription drug (product)
Arzneimittel *n***/patentrechtlich geschütztes** patent medicine
Arzneimittel *n***/pflanzliches** vegetable drug, herbal drug [medicinal] product, herbal medicine
Arzneimittel *n***/psychopharmakologisches** psychopharmacological drug
Arzneimittel *n***/rezeptfrei erhältliches** over-the-counter drug
Arzneimittel *n***/rezeptpflichtiges** ethical drug, prescription drug, *(BE)* prescription only medicine, *(BE)* POM
Arzneimittel *n***/schlafverhinderndes** agrypnotic drug
Arzneimittel *n***/schlafvertreibendes** agrypnotic drug
Arzneimittel *n***/schmerzlinderndes** pain killer [reliever]; analgesic, analgetic, pain-mitigating agent
Arzneimittel *n***/schweißtreibendes** hidrotic agent
Arzneimittel *n***/suchterzeugendes** habit-forming medicinal drug
Arzneimittel *n***/synthetisches** synthetic drug
Arzneimittel *n***/verfälschtes** adulterated drug
Arzneimittel *n***/verschreibungspflichtiges** prescription drug [medicine]
Arzneimittel *n***/wasserentziehendes** water-abstracting agent
Arzneimittel *n***/wiederverwertetes** salvaged drug product
Arzneimittel *n***/zugelassenes** *(reg)* registered agent
Arzneimittel *n* **zum Einnehmen** ingestible
Arzneimittel *n* **zur Empfängnisverhütung** anticoncipiens
Arzneimittel *n* **zur Hemmung der Gallenproduktion** anticholagogue
Arzneimittel *n* **zur Herabsetzung der Darmtätigkeit** antiperistaltic
Arzneimittel *n* **zur Schwangerschaftsunterbrechung** abortifacient
Arzneimittelanwendung *f* drug application
Arzneimittelaufnahme *f* drug absorption
Arzneimittelbehälter *m* drug product container
Arzneimittelbehälter *m***/befüllter** filled drug container
Arzneimittelbeschreibung *f* drug profiling *(description of a drug)*
Arzneimittelchemie *f* medicinal chemistry
Arzneimittelchemiker(in) *m(f)* pharmaceutic(al) chemist, medical chemist
Arzneimittelform *f* pharmaceutic(al) dosage form
Arzneimittelgabe *f* drug administration
Arzneimittelherstellung *f* drug manufacture [manufacturing]
Arzneimittellehre *f* pharmacology
Arzneimittelmissbrauch *m* abuse of medicinal products
Arzneimittelnebenwirkung *f* adverse drug reaction, adverse effect of a drug
Arzneimittelprüfung *f* drug study
Arzneimittelreinheit *f* purity of the drug
arzneimittelresistent drug-resistant
Arzneimittelretoure *f* returned drug (product)
Arzneimittelrichtpreis *m* indicative price
Arzneimittelsicherheit *f* pharmaceutical drug safety
Arzneimittelstärke *f* strength of a drug [medicinal] product
Arzneimittelsubstanz *f* drug substance
Arzneimittelüberwachung *f* pharmacovigilance, drug surveillance, drug safety check(s)
Arzneimitteluntersuchungsstelle *f (reg)* official medicine control laboratory

Arzneimittelunverträglichkeit *f* drug intolerance
Arzneimittelvergiftung *f* drug intoxication, drug poisoning
Arzneimittelvertreter(in) *m(f)* medical sales representative, pharmaceutical representative
Arzneimittelvormischung *f* medicated premix
Arzneimittelwirkstoff *m* drug, active substance
Arzneimittelwirkung *f* action of a drug
Arzneimittelzubereitung *f* pharmaceutic(al) preparation
Arzneimittel-Zulassung *f (reg)* drug registration
Arzneipflanze *f* officinal plant, medicinal [medical] plant
Arzneipräparat *n* pharmaceutic(al) preparation
Arzneispezialitäten *fpl* proprietary medical products
Arzneistoff *m* medic(in)al substance, drug
Arzneistoff-Freisetzung *f* drug release
Arzneistoffträger *m* excipient
Arzneiträger *m* excipient *(substance)*
Arzneiverabreichung *f (med)* drug administration
Arzt *m* physician, medical doctor, clinician *(in a clinic)*
Ärztemuster *n (mark)* pharmaceutical sample package
Ärzteregister *n (reg)* medical register
aseptisch aseptic • **aseptisch hergestellt** produced aseptically • **aseptisch zubereitet** aseptically prepared
Assay *m* assay, test, examination
Asthmamittel *n* anti-asthmatic
Asthmolytikum *n* anti-asthmatic
Ataraktikum *n (med) (BE)* tranquiliser, *(AE)* tranquilizer, *(BE)* tranquilising drug, *(AE)* tranquilizing drug
Atemschutz *m (hyg)* respiratory protection
Atemschutzmaske *f (hyg, tech)* respirator, respiratory protection
Atmosphärendruck *m* atmospheric pressure
atoxisch non-toxic, non-poisonous
ätzend mordant
Audit *n* audit • **ein Audit durchführen** conduct an audit • **ein Audit erfolgreich bestehen** pass an audit
Audit *n* **aus gegebenem Anlass** for-cause audit
Audit *n***/internes** internal audit
Audit *n***/produktbezogenes** product-oriented audit
Audit *n***/projektbezogenes** project-oriented audit
Audit *n***/prozessbezogenes** process-oriented audit
Audit *n***/systembezogenes** system-oriented audit
Audit *n***/verfahrensbezogenes** process-oriented audit
Auditfeststellung *f* audit findings
Auditkriterien *npl* audit criteria
Auditschlussfolgerung *f* audit conclusion
Auditweg *m* audit trail *(traceability)*
aufarbeiten *v* rework, reprocess
Aufarbeitung *f* reprocessing
Aufbau *m* 1. setting; 2. hierarchical organisation *(company structure)*
Aufbau *m***/geschlossener** *(tech)* closed construction
aufbauen *v* 1. build; 2. set up *(a machine)*
Aufbaustoff *m* anabolic (agent)
Aufbauzeit *f* consolidation time *(chemical or biological reaction)*
aufbereiten *v* 1. prepare, recover; 2. treat *(waste water)*
Aufbereitung *f* 1. preparation; 2. treatment, handling *(e. g. of waste water)*
Aufbereitungsmethode *f* 1. *(lab)* preparation method; 2. *(waste water)* treatment method [technique]
aufbewahren *v* 1. *(log)* store, retain; 2. *(doc)* keep [file, maintain] records; 3. preserve *(microorganisms)* • **Dokumente aufbewahren** retain documents
Aufbewahrung *f* 1. storage, retention; 2. *(doc)* keeping; 3. *(micro)* preservation
Aufbewahrungsfrist *f* retention period
Aufbewahrungsschrank *m* storage cabinet
Aufbewahrungszeit *f* retention time
Aufbewahrungszeitraum *m* retention period
aufblasbar inflatable
aufbrauchen *v* use up, deplete

Aufbrauchen *n* depletion *(of a substance or material)*
aufbringen *v* apply *(coatings)*
Aufbringung *f* application *(of coatings)*
aufdecken *v* 1. detect, disclose, find, reveal *(something in an investigation)*; 2. uncover
Aufdruck *m* imprint, print
Aufdruck *m***/chargenbezogener** batch-related printing
aufdrucken *v* imprint, print
aufeinander folgend consecutive
auffangen *v (tech)* collect, entrap
Auffänger *m (tech)* catcher
Auffanggefäß *n (tech)* collection vessel, trap, receiver
Auffangkessel *m* collection vessel
Auffangschale *f (lab, tech)* receiver
auffüllen *v* 1. make up, replenish, refill; 2. restock *(stock)*
Auffüllen *n* replenishment, refilling
Aufgaben *fpl***/übertragene** assigned functions
aufgelöst 1. dissolved *(substances in a liquid)*; 2. disintegrated *(a substance into its constituents)*
Aufguss *m* 1. *(chem)* extraction, decoction; 2. decoction, infusion, infusum *(in the pharmaceutical meaning)* • **einen (pharmazeutischen) Aufguss herstellen** infuse
Aufhängeloch *n (pack)* suspension hole
Aufheizkurve *f (tech)* warming curve
Aufheizphase *f (tech)* warm-up period
Aufheizungszeit *f (tech)* heat-up time, warm-up time
aufhellen *v* clear, bleach, brighten
Aufkleber *m* sticker, self-adhesive label
aufladen *v***/sich elektrostatisch** charge electrostatically
Aufladung *f***/elektrostatische** electrostatic charge
Aufladung *f***/statische** *(tech)* static charge
Auflage *f (reg)* obligation, demand, requirement • **etw. zur Auflage machen** impose an obligation
auflisten *v* list, *(BE)* itemise, *(AE)* itemize
auflockern *v* agitate
auflösbar soluble
Auflösegeschwindigkeit *f* speed of dissolution
auflösen *v* 1. dissolve *(substances)*; 2. disintegrate *(something into its constituents)*
Auflösen *n* 1. dissolution *(of substances)*; 2. disintegration *(into its constituents)*
auflösen *v***/sich** disintegrate *(into its constituents)*
Auflösung *f* 1. dissolution *(of substances)*; 2. disintegration *(into its constituents)*
Auflösungsgeschwindigkeit *f* dissolution rate, rate of dissolution *(in a liquid)*
Aufmachung *f* **eines Arzneimittels** *(mark)* presentation of a drug product
Aufnahme *f* 1. uptake, take-up *(substances)*; 2. absorption *(as chemical reaction of gases or liquids)*; 3. intake *(by a human body)*
Aufnahme *f* **mit der Nahrung** ingestion
Aufnahmefähigkeit *f* **des Marktes** sales potential
Aufnahmevermögen *n* 1. capacity; 2. *(chem)* absorbency
aufnehmen *v* 1. pick up, take up *(lift)*; 2. take up *(substances)*; absorb *(gases or liquids)*; 3. record *(measuring values)*
Aufnehmen *n* 1. uptake; 2. absorption *(of gases or liquids)*; 3. recording *(of measuring values)*
Aufprägen *n (tech)* embossing
aufprägen *v (tech)* emboss
Aufputschmittel *n* stimulant drug
aufquellen *v* swell (up)
Aufrahmung *f* **einer Emulsion** creaming of an emulsion
aufrechterhalten *v (tech)* maintain, keep
Aufrechterhaltung *f (tech)* maintenance *(e. g. pressure)*
Aufreinigungsverfahren *n* purification procedure
Aufreißhilfe *f (pack)* tear-open aid
Aufreißlasche *f (pack)* tear tab
aufrichten *v (pack)* set up a package, erect a package
aufrüsten *v* 1. upgrade *(a version or release)*; 2. extend
aufsaugbar absorbable
Aufsaugbarkeit *f* absorbability
aufsaugen *v* imbibe, suck up, soak up, absorb *(a liquid)*
aufschichten *v (log, pack)* stack
aufschließen *v* 1. *(tech)* unlock; 2. digest, decompose

Aufschließen *n* 1. *(tech)* unlocking; 2. digestion, decomposition
Aufschrift *f* label, imprint
Aufsicht *f* supervision
aufspalten *v* 1. cleave, split (up), crack (up) *(into chemical components)*; 2. cleave, break, crack, split (up) *(chemical bonds)*; 3. *(biol)* digest
Aufspaltung *f* 1. cleavage, cracking, decomposition, splitting *(of chemical compounds)*; 2. cleavage, breaking, cracking, splitting, fission *(of chemical bonds)*; 3. *(biol)* digestion
aufstellen *v* 1. set up *(a device)*; 2. implement *(procedure)*
Aufstellen *n* 1. *(tech)* setting up *(a machine)*; 2. implementation *(of a plan or schedule)*
Aufstellkosten *pl (fin)* set-up costs
Aufstellung *f* arrangement *(in a certain order)*; tally *(list)*
Aufstellung *f*/**tabellarische** table
aufstocken *v* replenish, stockpile
auftauen *v* defrost
Auftrag *m* 1. order; 2. smear *(ointment)* • **einen Auftrag annehmen** accept an order • **einen Auftrag stornieren** cancel an order
Auftrag *m*/**fester** firm order
Auftrag *m*/**verspätet ausgeführter** back order
Auftrageingang *m* orders booked
auftragen *v* smear *(an ointment)*; apply
Auftraggeber(in) *m(f)* contract giver, principal
Auftragnehmer(in) *m(f)* contract acceptor
Auftragsabwicklung *f* order handling
Auftragsannahme *f* acceptance of order
Auftragsbearbeitung *f* order processing
Auftragsbestand *m* order book, orders booked
Auftragsbestätigung *f* acknowledg(e)ment [confirmation] of an order
Auftragsdatum *n* order date
Auftragsdicke *f (tech, prod)* coating thickness *(on tablets)*
Auftragsforschung *f* contract research
Auftragsforschungsinstitut *n* contract research institution (CRI)
Auftragsherstellung *f* work contracted out
Auftragslücke *f* shortage of orders
Auftragsnummer *f* order number
Auftragsvolumen *n* size of an order
Auftragswert *m* order value
auftreten *v* appear, occur
Auftreten *n* appearance, occurrence
aufwärts up, upward(s)
Aufwärtsstrom *m (tech)* upflow, upward flow [current] • **im Aufwärtsstrom arbeiten** operate upflow *(filtration)*
Aufwendungen *fpl (fin)* spending, expenditure, investment(s)
Aufwendungen *fpl* **für Forschung und Entwicklung** spending on research and development
aufzeichnen *v* record, log, state in writing, monitor
Aufzeichnung *f* record, log
Aufzeichnung *f* **über Beanstandungen** complaint file
Aufzeichnung *f* **über die Verwendung** use record
Aufzeichnung *f* **über Reinigung** cleaning record
Aufzeichnungen *fpl*/**schriftliche** written records
Aufzeichnungsgerät *n (tech)* recording device
Augensalbe *f* ophthalmic ointment
Augenschutz *m (hyg)* eye protection
Augentropfen *mpl* eye drops
Ausbeute *f* yield
Ausbeute *f*/**erwartete** expected yield
Ausbeute *f*/**mit hoher** high yield
Ausbeute *f*/**prozentuale** percentage of theoretical yield
Ausbeute *f*/**tatsächliche** actual yield
Ausbeute *f*/**theoretische** theoretical yield
Ausbeute *f*/**wahre** true output [yield]
Ausbeuteberechnung *f* calculation of yield, yield calculation
Ausbeutebereich *m* yield range
Ausbeutestärke *f* yield strength
Ausbeutesteigerung *f* yield enhancement
Ausbildung *f* **am Arbeitsplatz** on-the-job-training
Ausblaspipette *f (lab)* blow-out pipette
Ausbringung *f (tech, prod)* output
Ausdehnungsgefäß *n* expansion tank
Ausdruck *m* 1. *(tech)* printout; 2. expression *(a term)*
ausdrucken *v* print (out)

ausdrücken *v* 1. express; 2. empty, discharge, squeeze, press out
Ausdrücken *n* emptying, discharge, squeezing
auseinander brechen *v* break apart
ausfällen *v (chem, biot)* precipitate, come down
Ausfällen *n (chem, biot)* precipitation *(from liquids or solutions)*
ausfällen lassen *v* settle *(particles)*
Ausfallmuster *n* reference sample
Ausfällung *f (chem, biot)* precipitation
ausfließen *v* flow out, discharge, effuse
Ausfließen *n* outflow, discharge, effuse, effluence
ausfließend effluent
ausflocken *v* coagulate, clot, flocculate
Ausflockung *f* coagulation, clotting, flocculation
Ausfluss *m* 1. effluence, effluent, efflux, outflow *(material or process)*; 2. drain, outlet *(site)*
Ausflussbecken *n* bench sink
Ausflussrohr *n* effluent pipe [tube]
Ausführung *f* design; make
Ausgabe *f* 1. *(tech)* ejection; 2. release *(version or copy)*; 3. *(fin)* expenditure, spending
Ausgabe *f***/mechanische** *(tech)* mechanical output
Ausgabeeinrichtung *f (tech)* ejector
Ausgaben *fpl* **finanzielle** expenditure, spending
Ausgaben *fpl* **für Forschung und Entwicklung** research and development expenditure, spending on research and development
Ausgang *m* exit
Ausgangskonzentration *f* initial concentration
Ausgangslösung *f* initial solution
Ausgangsmaterial *n* initial material, starting material, source, stock
Ausgangsstoff *m* initial material, starting material, source, component
Ausgangssubstanz *f* parent substance
Ausgangszustand *m* original state
ausgeben *v (tech)* eject, issue
Ausgeber *m (tech)* ejector
ausgedruckt printed
ausgestattet mit *(tech)* equipped with
ausgewiesen als designated as
ausgießen *v* pour off
ausgleichen *v* 1. balance, counterbalance, make up; 2. *(tech)* balance, counterbalance, adjust, level out
Ausguss *m* sink
Ausgussbecken *n* bench sink
Auskristallisierung *f (chem) (BE)* crystallisation, *(AE)* cristallization
Auslandsumsatz *m (fin)* sales abroad
Auslass *m* 1. discharge *(process)*; 2. outlet, discharge, run-off *(site)*
Auslassfilter *n(m)* outlet filter
Auslassöffnung *f* **einer Säule** column outlet
Auslasstemperatur *f* outlet temperature
Auslassung *f* omission
Auslassventil *n (tech)* outlet [discharge] valve
Auslauf *m* 1. discharge outlet, outlet, exit *(site)*; 2. outflow *(substance)*
Auslaufdatum *n (reg, qual)* date of expiry, expiry [expiration] date
auslaufen *v* discharge, run off [out], flow out
Auslauföffnung *f (tech)* discharge opening [outlet point, port]
Auslaufpipette *f (lab)* calibrated delivery pipette
auslesen *v* select, separate
Auslieferer *m (log)* distributor
ausliefern *v***/auf Bestellung** *(log)* supply to an order
Auslieferung *f (log)* delivery
Auslieferung *f* **just-in-time** *(log)* just-in-time delivery
Ausmaß *n* dimension
Ausnahme *f* exemption, exception • **eine Ausnahme beantragen** *(reg)* apply for an exemption • **eine Ausnahme bilden** be an exception • **eine Ausnahme gestatten** *(reg)* grant an exemption
Ausnahmebestimmung *f (reg)* exemption clause
Ausnahmegenehmigung *f (reg)* certificate of exemption
Ausnahmeregelung *f (reg)* exemption, exception (clause)
auspressen *v* press out, squeeze, crush
Auspressen *n* expression; pressing *(process)*
auspumpen *v (tech)* pump off, exhaust
ausreichend sufficient
Ausrichteeinheit *f (tech, pack)* alignment unit

ausrichten *v (tech)* align, adjust
Ausrichtung *f (tech)* alignment, adjustment
Ausrüstung *f (tech)* equipment
Ausrüstung *f* **einer Maschine** machine [line] equipment
Ausrüstung *f* **für ein bestimmtes Produkt** dedicated equipment
Ausrüstung *f* **für verschiedene Produkte** multi-purpose equipment
Ausrüstung *f***/kritische** critical equipment
Ausrüstung *f***/veränderte** modified facility [equipment]
Ausrüstung *f* **zur Herstellung von Arzneimitteln** drug processing equipment
Ausrüstungseignung *f* equipment suitability
Ausrüstungskennzeichnung *f* equipment identification
ausschalten *v* switch off, turn on, stop
Ausschalter *m (tech)* circuit breaker, off-switch
ausscheiden *v* 1. deposit, sediment *(of a liquid)*; 2. set free, liberate *(a gas)*; 3. eliminate, separate
ausschleudern *v* centrifuge
Ausschleudern *n* centrifugation
ausschleusen *v (tech)* outfeed
Ausschleusung *f (tech)* outfeeding (process), outward transfer
ausschließen *v* 1. prevent *(avoid)*; 2. exclude
Ausschlussgrenze *f* exclusion limit
ausschöpfen *v* exhaust, deplete
Ausschuss *m* 1. waste, scrap, refuse, reject *(of production)*; 2. *(reg)* committee, council
Ausschuss *m* **für Arzneispezialitäten** Committee for Proprietary Medicinal Products
ausschütten *v* pour off
Aussehen *n* appearance, design, outfit
Außenbeutel *m (tech, pack)* external sachet, sales pack
Außendienst *m* 1. *(employee)* (field) sales force, field staff; 2. *(distribution organisation)* field service, field work • **im Außendienst** in the field • **im Außendienst tätig sein** work in the field
Außendienstmitarbeiter(in) *m(f)* (medical) sales representative, field worker
Außendurchmesser *m (tech)* outer diameter
Außenmaße *npl (tech)* external dimensions
Außenoberfläche *f* external surface
Außenschicht *f* external surface
Außenstände *mpl (fin)* receivables
Außenverpackung *f (pack, log)* wrapping material
Außenzölle *mpl (log)* external tariffs
Außerbetriebsetzung *f (tech)* shutdown
Aussetzung *f* 1. *(tech)* exposure *(to temperature or pressure)*; 2. *(reg)* suspension
Aussetzung *f* **einer Genehmigung** *(reg) (BE)* suspension of an authorisation, *(AE)* suspension of an authorization
aussieben *v* screen
Aussieben *n* screening
aussondern *v* separate, sort out, eliminate
aussortieren *v* sort out, pick, separate
Aussortierung *f* picking, separation
ausspülen *v* rinse (out)
Ausspülen *n* rinsing
ausstanzen *v (tech, prod)* die-cut *(tabletting)*; stamp, punch (out)
Ausstanzen *n (tech, prod)* die-cutting, punching
Ausstattung *f* equipment
Ausstattung *f***/elektronische** electronic equipment
Ausstattung *f***/veraltete** obsolete equipment
ausstellen *v (tech)* switch off, stop *(a machine)*; issue
Ausstellen *n* **von Dokumenten** *(reg)* issuance of documents
Ausstellung *f* exhibition, fair
Ausstellungsfläche *f (mark)* stand space *(exhibition or fair)*
Ausstoß *m* 1. *(tech)* ejection *(of a product)*; 2. *(prod)* make, output performance, output; 3. emission *(noise, pollutants)*
ausstoßen *v (tech)* eject, extrude, press off
Ausstoßgeschwindigkeit *f (tech)* ejection speed
Ausstoßkraft *f (tech)* ejection force
Ausstoßzeit *f (tech)* ejection time
ausstreichen *v* smear *(a substance)*

Ausstrich *m* 1. *(lab)* swap; 2. *(micro)* smear
Ausstrichkultur *f (lab, micro)* streak culture, smear culture
Ausstrichpräparat *n (lab, micro)* smear preparation
ausströmen *v (tech)* effuse, flow out, discharge, escape *(gases)*
Ausströmen *n (tech)* effusion, outflow, discharge, escape (gases)
aussuchen *v* pick (out), choose, select (from), sort out
austarieren *v (tech)* balance, level out
Austausch *m* substitution, replacement
austauschbar replaceable
austauschen *v* substitute, replace
Austauschstoff *m* substitute
Austrageband *n (tech, pack)* outfeed belt
austragen *v (tech, pack)* outfeed
Austragsschnecke *f (tech)* extrusion screw, running screw
Austritt *m* 1. *(tech)* discharge point, exit, outlet *(site)*; 2. emission *(of gases)*
Austrittsrohr *n (tech)* off-take pipe, discharge pipe [tube]
austrocknen *v* dry (out), exsiccate
Auswahl *f* selection, assortment, choice • **eine Auswahl treffen** screen, select
auswählen *v* 1. select, pick, choose; 2. *(tech)* screen
Auswählen *n* 1. selection, selecting; 2. *(tech)* screening
auswaschen *v* wash (out), rinse (out), flush, scour
Auswaschen *n* rinsing, wash out
auswechselbar 1. removable *(not fixed)*; 2. replacable *(by another one)*
auswechseln *v* 1. remove *(take off)*; 2. replace *(by another one)*
auswerfen *v (tech, prod)* eject
auswerten *v* 1. *(chem) (BE)* analyse, *(AE)* analyze; 2. evaluate (*s. a. bewerten*)
Auswertung *f*/**statistische** statistical evaluation
Auswertungsdaten *pl* evaluation data
Auswirkung *f* effect, impact
Auswurf *m (tech)* ejection
Auswurfkurve *f* **der Tablettenpresse** *(tabl)* ejector cam
Auswurfstelle *f (tech)* reject point
Auszeit *f (tech)* downtime
Auszug *m* essence, extract
Auto-Injektor *m (tech)* autoinjector
Autoklav *m* pressure cooker [vessel], autoclave, *(BE)* steriliser, *(AE)* sterilizer
Autoklav *m*/**liegender** horizontal autoclave
Autoklavenbänder *npl* autoclave tapes
Autoklavenbehandlung *f* autoclaving
Autoklavensterilisierung *f (BE)* autoclave sterilisation, *(AE)* autoclave sterilization
autoklavierbar autoclavable
Autoklavierbarkeit *f* autoclavability
autoklavieren *v* autoclave
Autoklavieren *n* autoclaving
autolog *(med)* autologous, autologenic
Autotarierung *f (tech)* autotaring
Azetanilid *n* antifebrin
azid acidic
Azidität *f* acidity
Azidose *f* acidosis

B

Bachblüten *fpl* Bach's flowers *(medical plants)*
Backe *f (tech)* jaw
Bacto-strip-Verfahren *n (micro)* bacto-strip method
Bahn *f (tech, pack)* lane *(packaging machine)*
Bahnentrockner *f (tech)* belt dryer
Bahnfracht *f (log)* rail cargo [carriage, freight]
Bahnversand *m (log)* rail forwarding [shipment]
Bajonettverschluss *m* bayonet connection
bakteriell bacterial
Bakterien *npl* (micro) bacteria • **bakterienauflösend** bacteriolytic • **bakterienbefallend** bacteriophagic • **frei von Bakterien** abacterial • **nicht durch Bakterien bedingt** amicrobic
Bakterienauflösung *f (micro)* bacteriolysis
Bakterienbelastungstest *m (micro, ster)* microbial challenge test
bakteriendicht bacteria -tight
Bakterieneinwirkung *f* bacterial attack
Bakterienfilter *n(m)* 1. *(lab, ster)* bacteria retaining filter, bacterial filter; 2. biofilter, trickling filter
bakterienfrei abacterial

Bakterienkultur *f* bacterial culture
Bakteriennachweis *m* detection of bacteria
Bakterien-Nährmedium *n* bacterial growth medium
Bakterienpräparat *n* bacterial preparation
Bakterienrückhaltetest *m (micro, ster)* bacterial retention study
Bakterienstamm *m* bacterial strain
Bakteriensuspension *f* bacterial suspension
bakterientötend bactericidal
Bakterienwachstum *m* bacterial growth • **Bakterienwachstum verhindernd** bacteriostatic
Bakteriolyse *f* bacteriolysis
Bakteriostase *f* bacteriostasis
Bakteriostatikum *n* bacteriostatic
Bakterium *n* bacterium
Bakterium *n***/sporenbildendes [stäbchenförmiges]** bacillus
Bakterizid *n* bactericide, antibacterial agent
bakterizid bactericidal
Balkendiagramm *n* bar chart [graph]
Balkenwaage *f* beam balance
Ballaststoff *m* 1. *(BE)* fibre, *(AE)* fiber *(nutrition)*; 2. *(tech)* ballast material
Balneotherapeutikum *n (med)* balneotherapeutic(al) drug
Balsam *m* balsam
Band *n (tech)* belt
Bandbreite *f* bandwidth *(spectroscopy)*
Bandenspektrum *n* band spectrum *(spectroscopy)*
Banderole *f (pack)* band, banderol, wrapping tape
Bandfilter *n(m) (tech)* belt filter, belt-type vacuum filter
Bandfilterpresse *f* belt press
Bandförderer *m (tech)* belt conveyor
Bandgeschwindigkeit *f (tech)* belt speed
Bandtrockner *m (tech)* belt dryer
Bandwaage *f* band balance, belt weigher
Base *f (chem)* base
Base *f***/organische** *(chem)* organic base
Basilikum *n* basil *(medicinal plant)*
Basis *f* 1. basis; 2. *(tech)* base
Basis *f***/nichtwässrige** *(chem)* non-aqueous basis
Basis *f***/wässrige** *(chem)* aqueous basis
basisch alkaline
Basislinie *f* base line
Basispreis *m* basic price
Batch-Kultur *f (micro)* batch culture
Bau *m* construction, building, structure, set-up *(of an apparatus)*
Bauart *f (tech)* construction, make, design
Baureihe *f (tech)* series
Bausatz *m (tech)* set-up, kit
Bausatz *m***/modularer** modular kit
bazillär bacillary
Bazillen *fpl* bacilli • **durch Bazillen hervorgerufen** bacillary, bacilligenic, bacillogenic
Bazillus *m* bacillus, germ
Beanspruchung *f (tech)* load, stress, strain
Beanspruchung *f***/mechanische** mechanical load
Beanstandung *f* complaint • **Beanstandungen aufzeichnen** record complaints • **Beanstandungen prüfen** review complaints • **Beanstandungen untersuchen** investigate complaints • **Umgang mit Beanstandungen** handling of complaints
Beanstandungsaufzeichnungen *fpl* complaint files
Beanstandungsprotokoll *n* complaint record
beantragen *v (reg)* submit an application, apply for
bearbeitbar workable
Bearbeitbarkeit *f* workability
bearbeiten *v* process, treat
Bearbeiter(in) *m(f)* operator, processor
Bearbeitung *f* processing, treatment *(mechanical)*
Bearbeitungszeit *f* processing time
bebrüten *v (micro, biot)* incubate
Bebrütung *f (micro, biot)* incubation
Bebrütungszeit *f (micro)* incubation time
Becher *m* bucket, beaker
Becherglas *n (lab)* beaker
Becken *n (tech)* basin, bowl
Bedampfen *v* steam, *(BE)* vaporise, *(AE)* vaporize
Bedampfung *f (BE)* vaporisation, *(AE)* vaporization
Bedarf *m* 1. *(mark)* demand; 2. demand, requirement • **den Bedarf decken** meet requirements

Bedarf *m*/**latenter** latent demand
Bedarfsbefriedigung *f (mark)* satisfaction of a demand
Bedarfsplanung *f (prod)* requirements planning
bedeckt covered
Bedenken *n* (cause for) concern
Bedienablauf *m (tech)* operator course *(machine)*
bedienen *v* operate *(a machine)*
Bediener(in) *m(f)* operator
bedienerfreundlich user-friendly
bedienerlos unmanned
Bedienfeld *n (tech)* operating panel
Bedienfunktion *f (tech)* operator function *(machine)*
Bedienpersonal *n* operating staff, operators
Bedienpult *n (tech)* operating panel
Bedienung *f* handling, operating
Bedienungsanleitung *f* operating instruction, handbook, manual
Bedienungsfehler *m* operator error
Bedingung *f* condition, term
Bedingungsgefüge *n* set of conditions
bedrucken *v* print, imprint
Bedrucken *n* **von Etiketten** imprint labelling
bedruckt printed, imprinted
Bedruckung *f* imprinting, printing
beeinflussen *v* influence, affect
Beeinflussung *f* intervention, impact, manipulation
Beeinträchtigung *f* impairment
Befähigung *f* ability, capability, fitness
Befall *m (med)* affection *(of the body)*
Befall *m* **durch Nager** infestation by rodents
befestigen *v* fix
befeuchten *v* moisten, humidise, wet
Befeuchter *m* humidifier
Befeuchtung *f* humidification
Befeuchtungsapparat *m* humidifier
Befinden *n*/**allgemeines** *s.* Allgemeinbefinden
Befolgung *f* **von Richtlinien** observance of guidelines
Beförderung *f (log)* shipment, transport
Befragung *f (mark)* interview, inquiry, enquiry
befreien *v* **von Verunreinigung** liberate from impurities
Befreiung *f* **von Verunreinigung** liberation from impurities
Befugnis *f* authority, right
befugt *(BE)* authorised, *(AE)* authorized
Befüllanlage *f (tech)* filling line, charging line
Befüllen *n* 1. *(tech)* filling, load; 2. bottle *(in bottles)*
befüllen *v (tech)* charge, feed, fill, load • **Flaschen befüllen** bottle • **Dosen befüllen** can
Befüllrohr *n* charge [charging] tube, charging pipe
Befüllrutsche *f* charge chute
Befüllsilo *n* charge hopper
Befüllsystem *n* feed [charging, loading] system
befüllt filled
Befülltrichter *m* charge cone, charge funnel
Befüllung *f* load, charging, filling, feed(-ing)
Befüllung *f* **durch Gefälle** gravity feed
Begasung *f* fumigation, gas flushing
Begasungsmittel *n* fumigant, fumigating agent
Begasungs(rühr)reaktor *m (biot)* gas-aspiring tube reactor
Begasungsversuch *m (lab)* gas [fumigation] experiment
begehbar accessible
Begehung *f* site visit [inspection]
Begleiteffekt *m* side effect
begrenzt limited, restricted
begrenzt haltbar perishable
begrenzt mischbar partially miscible
begründen *v* justify
Begründung *f* reasoning, justification, substantiation
Begründung *f* **der Spezifikation** justification of specification
Behälter *m* container, silo, vessel
Behälter *m*/**bruchfester** unbreakable container
Behälter *m*/**fahrbarer** mobile vessel [container]
Behälter *m*/**sterilisierter** *(BE)* sterilised container, *(AE)* sterilized container
Behälterstandsanzeige *f (tech)* holder level indicator
Behälterverschluss-System *n* container closure system
behandeln *v* 1. treat, process; 2. handle

behandeln *v*/**wiederholt** re-treat
Behandlung *f* 1. treatment, therapy *(patient)*; 2. handling *(of affairs)*; 3. processing *(material)*
Behandlung *f*/**alkalische** alkaline treatment
Behandlung *f*/**medizinische** medication *(cure an illness by a drug or medicine)*
Behandlung *f*/**schonende** gentle handling [treatment, processing]
Behandlung *f*/**thermische** baking
Behandlung *f*/**wiederholte** re-treatment
Behandlungsdauer *f* duration of treatment
Behandlungseffekt *m* treatment effect
Behandlungsstufe *f* stage of treatment
beheben *v*/**Abweichungen** resolve deviations
beheben *v*/**Mängel** correct deficiencies
beheizen *v* warm (up), heat
Beheizen *n* warming(-up)
Behörde *f* authority, *(AE)* agency
Behörde *f*/**zuständige** *(reg)* competent authority
Behördeninspektion *f (reg)* inspection of the authorities
beidseitig gesteuert *(tech)* double acting
beifügen *v* add, annex, attach
beimengen *v* add, admix
beimpfen *v*/**mit Nährmedium** *(micro)* inoculate, seed
Beimpfung *f (micro)* inoculation
Beimpfung *f*/**direkte** *(micro)* direct inoculation
Beimpfung *f* **einer Kultur** *(micro)* inoculation of a culture
Beipackzettel *m* leaflet, package leaflet, package insert
Bekämpfung *f* control
Bekämpfungsmaßnahme *f* control measure
Bekämpfungsmittel *n* control agent
Bekleidungsvorschrift *f* gowning procedure
beladen *v* 1. charge, load, feed; 2. *(ster)* load
Beladeöffnung *n (tech)* charging hole, feed inlet
Beladung *f* 1. charge, load(ing), feeding; 2. *(ster)* load(ing)
Beladungsmuster *n (ster)* loading pattern *(of an isolator)*
Beladungsschema *n (ster)* loading configuration *(of an isolator)*
belastet *(micro)* contaminated
belastet/nicht *(micro)* non-contaminated
Belastung *f* load
Belastung *f*/**mikrobielle** *(micro)* bioburden
Belastung *f*/**statische** static load
Belastungsdauer *f (micro)* load duration
Belastungsgrenze *f (micro)* load limit
Belastungstest *m (micro)* loading test, challenge test
Belegschaft *f* staff, personnel
Belegschaftsstärke *f* personnel strength
Belegschaftszahl *f* payroll, number of staff
Beleuchtung *f* illumination, lighting, light
beliefern *v* supply, provide
belüften *v* 1. *(tech)* vent, ventilate; 2. *(tech)* aerate *(add air)*
Belüften *n* 1. *(tech)* venting; 2. *(tech)* aeration *(adding air)*
Belüfter *m* 1. ventilator; 2. aerator
Belüftung *f* 1. ventilation; 2. aeration *(adding of air)*
Belüftungsfilter *n(m) (tech)* vent filter, aeration and vent filter
Belüftungskanal *m* aeration channel, aeration duct
Belüftungssystem *n* air handling system, ventilation system
Belüftungsventil *n* ventilation valve
Bemerkung *f* comment, (explanatory) note, remark
Bemusterung *f*/**angemessene** appropriate sampling
Bemusterungsverfahren *n (lab, qual)* sampling procedure
Benachrichtigung *f* **über Qualitätsprobleme** *(reg, qual)* rapid alert notification
benetzen *v* wet
Benetzungsmittel *n* wetting agent
Benutzeranforderung *f* user requirement specification
Beobachtung *f* observation, monitoring, observance *(of hygiene)*; surveillance
Beobachtungen *fpl*/**klinische** clinical observations
Beobachtungen *fpl* **nach Markteinführung** post market surveillance
Beobachtungsdaten *pl* observational

data, surveillance data *(process control)*
Beobachtungsfenster *n* observation window, spy hole
Beobachtungsstudie *f* observational study
berechnen *v (math)* calculate
Berechnung *f (math)* calculation
Berechtigung *f (BE)* authorisation, *(AE)* authorization, right
Bereich *m* division *(structure)*
Bereich *m*/**abgegrenzter** segregated area
Bereich *m*/**abgetrennter** segregated area
Bereich *m*/**eingeschränkt zugänglicher** limited-access area
Bereich *m*/**getrennter** separate zone
Bereich *m*/**kontrollierter** *(ster)* supporting clean area
Bereich *m*/**kritischer** critical area
Bereich *m*/**reiner** clean area
Bereich *m*/**spezifisch zugeordneter** specifically defined area
Bereich *m*/**umgebender** environment
Bereich *m* **unter kontrolliertem Klima** climate-controlled area
Bericht *m* record, report
berichten *v* report
berichten *v* **an** report to
Berufsgenossenschaft *f* liability insurance association
Beruhigungsmittel *n* calmative, sedative, *(BE)* tranquiliser, *(AE)* tranquilizer
Berührungstrocknen *n* contact drying
beschädigt defective, damaged
beschaffen *v* purchase, procure
Beschaffenheit *f* consistency, character
Beschaffenheit *f*/**einheitliche** uniform character
Beschaffung *f* purchasing, procurement
Beschaffungskosten *pl* procurement costs
Beschaffungspolitik *f* purchasing policy
Beschaffungswesen *n* procurement
bescheinigen *v* certify
Bescheinigung *f* certificate
beschichten *v* coat, laminate
beschichtet coated, laminated
Beschichtung *f (prod)* coating
Beschichtung *f* **von unten** *(prod)* bottom spray tablet coating
Beschichtungsmaschine *f* coating machine, coater
beschicken *v (tech, prod)* fill, charge, feed, load
Beschicken *n (tech, prod)* filling, charging, feeding, loading
Beschickung *f (tech, prod)* charging, feeding, loading, batch
Beschickungsmaterial *n (tech, prod)* charged material
Beschickungsmuster *n (tech, ster)* loading pattern
Beschickungsöffnung *(tech)* feed inlet, charging hole
Beschickungsrohr *n (tech)* charging pipe, feed pipe
Beschickungsschleuse *f (tech)* lock hopper
Beschickungsvorrichtung *f (tech)* feeder, charger
beschleunigen *v* 1. accelerate *(process, proceedings or growth)*; 2. *(tech)* speed (up)
Beschleuniger *m* activator, accelerator
beschleunigt accelerated *(growth)*
Beschleunigung *f* 1. acceleration (of growth); 2. *(tech)* speed-up, speedup
Beschleunigungsmittel *n* activator, accelerator
Beschränkung *f*/**gesetzliche** *(reg)* legal restriction
Beschreibung *f* description, outline
beschriften *v* label
Beschriftung *f* labelling *(process)*
Beschwerde *f* complaint
Beseitigung *f* 1. elimination, removal *(of pollutants)*; 2. disposal *(of waste)*
Bestand *m* 1. *(fin)* asset; 2. stock, inventory • **Bestand aufnehmen** take stock • **über den Bestand verkaufen** oversell
Bestand *m* **an unfertigen Waren** stock of unfinished products
Bestand *m*/**ausreichender** adequate stock
Bestand *m*/**disponierter** scheduled stock
Bestand *m*/**gesperrter** blocked stock
Bestand *m*/**verfügbarer** available stock
beständig 1. stable *(physical condition)*; 2. continuous, permanent, steady *(related to time)*; 3. resistant, persistent

• **beständig gegen(über)** stable to(-wards)
Beständigkeit *f* **gegenüber** stability to
Beständigkeit *f*/**thermische** thermal stability
Bestandsauffüllung *f* replenishment of stocks
Bestandsaufnahme *f* stocktaking, inventory
Bestandsführung *f* inventory record *(of material)*
Bestandsnachweis *m* inventory record
Bestandteil *m* ingredient, constituent, component
Bestandteil *m*/**flüchtiger** volatile constituent [component, matter]
Bestandteil *m*/**nichtflüchtiger** *(chem)* non-volatile matter [compound]
Bestandteil *m*/**unwirksamer** inactive ingredient *(of a drug)*
bestätigen *v* 1. verify *(status or identity)*; 2. confirm, acknowledge *(an order)*
Bestätigung *f* 1. verification *(staus or identity)*; 2. confirmation, acknowledgement *(of an order)*
bestäuben *v* powder
Bestelleingang *m (distr)* order intake
bestellen *v* order, place an order
Bestellfrist *f (distr)* order deadline
Bestellmenge *f (distr)* quantities ordered
Bestellnummer *f* order number
Bestellung *f (distr)* order
Bestellung *f* **auf Abruf** *(distr)* off-the-shelf-order
Bestellung *f*/**eingehende** incoming order
Bestellung *f*/**laufende** *(distr)* standing order
bestimmbar determinable, measurable
bestimmen *v* estimate, measure, set
bestimmt für designed for, intended for
bestimmt für den Export *m* intended for export
bestimmt für klinische Tests *mpl* intended for use in clinical trials
Bestimmung *f* 1. determination, provision, estimation; 2. *(chem)* assay
Bestimmung *f*/**chemische** assay
Bestimmung *f* **seitens des Herstellers** *(reg)* assay at source
Bestimmung *f*/**vertragliche** contractual provision
Bestimmung *f*/**wiederholte** reassay
Bestimmungen *fpl* **einer Richtlinie** provisions of a directive
Bestimmungsgrenze *f (lab)* limit of quantification
Bestimmungsort *m (log)* destination
bestrahlen *v* radiate, irradiate
bestrahlen *v* **mit** irradiate with
bestrahlt radiated, irradiated
Bestrahlung *f* irradiation, radiation, treatment by radiation
Bestückung *f* **einer Maschine** tooling design
Betablocker *m (med)* beta-blocker
Betacarotin *n* betacarotine
Betarezeptorenblocker *m (med)* beta blocker, beta adrenergic blocker
betäubend *(BE)* anaesthetic, *(AE)* anesthetic
Betäubungsmittel *n* 1. *(med)* narcotic substance; 2. narcotic drug, *(BE)* anaesthetic, *(AE)* anesthetic; 3. controlled substance
Betäubungsmittelgesetz *n* Narcotic Law, controlled substances legislation *(Germany)*
Betrachtung *f* observation, monitoring, observance *(of hygiene)*
Betrag *m (fin)* amount, sum
betreiben *v* run *(a company)*; operate
Betrieb *m* 1. business, company, enterprise, firm; 2. plant, facility, manufacturer, manufacturing site *(site)*; 3. operation, handling *(process)* • **außer Betrieb** nonworking, unoperative • **außer Betrieb setzen** stop, put out of operation • **den Betrieb aufnehmen** start operations • **den Betrieb einstellen** shut down • **einen Betrieb führen** run [operate] a business • **in Betrieb** in operation, in process, in use • **in Betrieb nehmen** put into operation, go on line [stream] • **in Betrieb sein** be at work, be in use, operate • **in Betrieb setzen** actuate, put into operation, start
Betrieb *m*/**automatischer unbemannter** *(tech)* automatic unattended operation
Betrieb *m*/**bedienerloser** unmanned operation
Betrieb *m*/**diskontinuierlicher** batch operation

Betrieb *m*/**veränderter** *(tech)* modified facility
Betrieb *m*/**wartungsfreier** *(tech)* unattended operation
Betriebsablaufplanung *f (tech, prod)* operation sequencing
Betriebsabwasser *n (tech)* plant sewage, plant waste water, factory effluent
Betriebsanalyse *f* operation analysis
Betriebsanlage *f (tech)* operating unit
Betriebsanleitung *f* operating instruction, handbook, manual
Betriebsausstattung *f (tech)* plant fixtures, equipment
Betriebsbedingungen *fpl* operating conditions
betriebsbereit ready for operation
Betriebsbereitschaft *f (tech)* availability
Betriebsbesichtigung *f* tour of the plant
Betriebsbilanz *f (econ)* operating statement
Betriebsdampf *m (tech)* plant steam
Betriebsdatenerfassung *f*/**zentrale** central operating data acquisition
Betriebsdauer *f (tech)* working life *(machine)*; operating life, economic life
Betriebsdruck *m (tech)* operating pressure
Betriebsergebnisrechnung *f (econ)* operating statement
betriebsfähig operative
Betriebsfähigkeit *f* operating ability
Betriebsgelände *n* premises, site
Betriebsgemeinkosten *pl (econ)* operating overheads
Betriebsgenehmigung *f (reg)* operating licence
Betriebsgewinn *m (fin, econ)* operating surplus
Betriebshygiene *f* plant hygiene, sanitation
Betriebshygienevorschriften *fpl* sanitation procedures
betriebsintern internal
Betriebskapazität *f* plant capacity
Betriebskennzahlen *fpl (econ)* operating figures
Betriebskosten *pl* direct overheads, operating costs, running expenses
Betriebsmittel *npl* utilities *(machines)*; substance, resources
Betriebsmittelverwaltung *f* resource management
Betriebsparameter *mpl* operating parameters, operational parameters, operating characteristics
Betriebsräume *mpl* premises
Betriebsreingewinn *m* operating profit [result]
Betriebsrentabilität *f (econ)* operating return
Betriebsschutz *m* security (staff)
Betriebssicherheit *f* safety of operation
Betriebsspannung *f (tech)* operating voltage
Betriebsstätte *f* operating unit
Betriebsstoffe *mpl* operating supplies, operating materials [components]
Betriebsstörung *f (tech)* breakdown, failure, disruption, malfunction, interruption of operations
Betriebsstundenzähler *m (tech)* running time meter
Betriebssystem *n* operating system
Betriebstemperatur *f (tech)* working temperature, operating temperature
Betriebsüberdruck *m (tech)* overpressure
Betriebsverhalten *n (tech)* performance *(machine)*
Betriebswasser *n* plant water, industrial water
Beugungswinkel *m* angle of diffraction
Beurteilung *f*/**statistische** statistical evaluation
Beurteilung *f* **von Änderungen** *(qual)* examination of variations
Beurteilungsbericht *m* assessment report
Beutel *m* bag, sack
Beutel *m* **in Außenbeutel** *(pack)* bag in bag
Beutel-in-Beutel *m (pack)* sachet-in-sachet
Beutelnaht *f (pack)* bag seam, sachet seam
Beutelpackung *f* sachet
bevorraten *v* stock up
beweglich movable
Bewegung *f*/**zeitweise** intermittent motion
Beweis *m* substantiation, proof
beweisen *v* proof
bewerten *v* assess; evaluate *(quality)*
Bewerten *n* **von Eigenschaften** rating
Bewertung *f* assessment; evaluation

Bewertungsbericht *m* assessment report
Bewertungsbogen *m* assessment sheet
Bewertungskriterien *npl* **für die Wirksamkeit** evaluation criteria of efficacy
Bewertungskriterium *n* evaluation criteria
bewusstlos *(med)* unconscious
Bewusstlosigkeit *f (med)* unconsciousness
Bezahlung *f* 1. payment, settlement *(of an invoice)*; 2. remuneration *(of personnel)*
Bezahlung f/vollständige payment in full
bezeichnen *v* indicate; mark
Bezeichnung *f* designation
Bezeichnungssystem *n* notation system
Bezeichnungsweise *f* notation system
Bezug *m* 1. reference; 2. *s.* Beschaffung
Bezugsgröße *f* reference quantity
Bezugsquelle *f* source of supply
biegsam pliable, pliant
Biegsamkeit *f* pliability
Biegung *f (tech)* bend
bikonvex biconvex
Bilanz *f (fin, econ)* annual financial statement
bilanzieren *v (fin, econ)* make up the balance, balance
bilden v/sich form, arise
Bildschirm *m* screen, display
Bildschirmausdruck *m* screen printing
Bildung *f* 1. formation, production, creation, generation, development *(coming into existence)*; 2. *(micro)* formation, growth; 3. training, education
Bildungsgeschwindigkeit *f (micro)* rate of formation
Bindemittel *n* binding agent, binder, agglutinant
Bindemitteltyp *m* binder type
binden *v* 1. agglutinate; 2. bond *(stick together)*
Bindung f/chemische 1. chemical bonding *(process)*; 2. chemical bond *(compound)* • **eine chemische Bindung eingehen** enter into a chemical reaction
Binnenmarkt *m* internal market
Bioäquivalenz *f* bio-equivalence
Biochemikalie *f* biochemical
biochemisch biochemical
Biofilter *n(m)* biofilter
Biogenese *f* biogenesis
Bioindikator *m (biot)* biological indicator, bioindicator
Biokompatibilität *f* bio-compatibility
biologisch biological
Biomasse *f (biot)* biomass
Biopharmazeutika *npl* biopharmaceuticals
Biosensor *n* biosensor
Biosicherheitslabor *n* biosafety laboratory
Biosicherheitsraum *m (tech)* biohazard cabinet
Biosicherheitswerkbank *f (lab)* biosafety cabinet
Biosynthese *f* biosynthesis
Biotechnologie *f* biotechnology
biotechnologisch biotechnological
Biotest *m* bioassay
Biotin *n* vitamin(e) H
Biotransformation *f (biot)* bioconversion
Biotrockenmasse *f* cell dry weight
Bioverfügbarkeit *f* bioavailability
Bioverträglichkeit *f* bio-compatibility
biplan *(pack)* bi-plane
Birkenwasser *n* birch juice
Bitterstoff *m* bitter component
blähungstreibend carminative
Blankfiltration *f* clarification
Blase *f (pack)* blister, bubble *(gases or liquids)*
blasen *v* blow *(a gas into a fluid)*
Blasen-/Befüllen-/Versiegeln-Technologie *f (ster)* blow/fill/seal technology
Blasendestillierapparat *m (tech)* pot still
Blasverfahren *n (ster)* blow-moulding
Blatt *n (tech)* sheet, paddle
Blattrührer *m (tech)* paddle stirrer, paddle agitator
Blaubadtest *m (lab)* blue dye bath test
Blaugel *n* blue silica gel
Blech *n* sheet
Blindpräparat *m* placebo
Blindstudie *f (med)* blind study
Blindwert *m* blank
Blister *m (pack)* blister
Blister m/tiefgezogener *(pack)* thermoformed blister unit
Blisterausstoß *m (pack)* blister output
Blistermagazin *n (pack)* blister magazine
Blisterpuffer *m (pack)* blister puffer
Blisterspeicher *m (pack)* blister accumulator

Blisterstreifen *m (pack)* blister strip
Blistertiefe *f (pack)* depth of blister
Blisterverpackung *f* blister pack, blister packaging
Block *m* set, unit
Blut *n* blood
Blutbestandteil *m (med, biol)* blood constituent
Blutbild *n (med)* blood count
Blutdruck *m (med)* blood pressure
blutdrucksenkend hypotensive, antihypertensive
blutdrucksteigernd raising blood pressure
Blutentnahme *f (med)* blood collection
Blutgerinnung *f* blood coagulation
Blutkörperchen *n* blood corpuscle
Blutkörperchen *npl***/rote** red cells
Blutplasma *n* (blood) plasma
Blutplasma *n* **des Menschen** human blood plasma
Blutplasmaderivat *n* blood plasma product
Blutprobe *f* blood specimen • **eine Blutprobe entnehmen** take a blood specimen
Blutprodukt *n* blood product
Blutserum *n* blood serum
Blutspender(in) *m(f)* blood donor
Blutung *f (med)* bleeding
Blutzelle *f* blood cell
Blutzucker *m* blood sugar
Bodenauslass *m (tech)* bottom discharge [outlet]
Bodenauslassventil *n (tech)* tank bottom outlet valve
Bodenentleerung *f* bottom discharge tech
Bodenfaltenbeutel *m (pack)* bottom-fold sachet
Bodenfolie *f* base web, base film
Bodenplatte *f* foot plate
Bodensatz *m* 1. (bottom) settling; 2. feculence *(particles in liquid or gas)*
Bodensieb *n* bottom screen
Bodenventil *n* bottom valve
Bogen *m* sheet *(paper or foil material)*
Bolzen *m (tech)* pin, bolt
Bördelmaschine *f (tech, pack)* capping machine, capper, crimper, seaming machine
Borosilikatglas *n (pack)* borosilicate glass
bösartig *(med)* malignant
Bottich *m* tub, trough, cask, vessel
Bottichentleerung *f* trough emptying
Bottichkippung *f* trough tilting
Branche *f* industry, industrial sector, trade, branch of trade
branchenspezifisch sectoral
Brandklasse *f* inflammability class
Brandsalbe *f* antipyrotic
Brandschutzklappe *f* fire shutter
Brandschutztür *f* fire protection door
brauchbar usable
Brauchwasser *n* industrial water, plant water
Braunglasflasche *f (pack)* amber glass bottle
Brausetablette *f* effervescent tablet
Brechampulle *f* one-point cut ampoule
Brechmittel *n* emetic (drug)
Brechpunkt *m* cutting point *(ampoule)*
Brechring *m (pack)* break-ring
Brechungswinkel *m (lab)* angle of refraction
Breitband-Antibiotikum *n* broad-spectrum antibiotic
Breitspektrum-Antibiotikum *n* broad-range [broad-spectrum] antibiotic, wide-spectrum antibiotic
brennbar flammable
brennbar/nicht non-flammable
Bronchienerweiterungsmittel *n* bronchodilator
Broncholytikum *n (med)* broncholytic
Broschüre *f (pack, mark)* brochure
Bruch *m (tech)* breakage, fracture, debris
bruchempfindlich fragile
bruchfest shatter-proof, unbreakable
Bruchfestigkeit *f* 1. *(tabl)* (tablet) crushing strength; 2. *(tech)* breaking strength
Bruchfläche *f* fracture surface
brüchig brittle, fragile
Brüchigkeit *f* brittleness
Bruchkerbe *f* single score
Bruchlinie *f* rupture
Bruchpunkt *m* break point *(ampoule)*
Bruchrille *f* breaking notch
Bruchstärke *f* breaking strength
Bruchstelle *f* crack
Bruchstück *n* fraction, fragment, piece, part
Bruchstückkontrolle *f* fragment control
Brutschrank *m (micro, biot)* incubator
brutto gross

Bruttogewicht *n* gross weight
Bruttogewinn *m (fin, econ)* gross profit
Bruttopreis *m (fin, mark)* gross price
Bruttoproduktionswert *m (econ)* gross output
Brutto-Verwägung *f* gross weighing
Buchhaltungsabteilung *f* accounts [financial] department
Bügel *m (tech)* grip, handle
Bulkarzneimittel *n* bulk-packaged drug product
Bulkherstellung *f* bulk manufacturing
Bulkmischung *f* bulk compounding
Bulkware *f* bulk
Bulkware *f*/**pharmazeutische** bulk pharmaceuticals
bündeln *v* bundle
Bündelpacker *m (tech, pack)* bundling machine, case-packing machine
Bundesstandard *m (qual, reg)* federal standard
bündig flush mounted
Bunker *m* bin, silo
Bunsenbrenner *m* Bunsen burner
Bunsentrichter *m* Bunsen funnel
Buntglas *n (pack) (BE)* coloured glass, *(AE)* colored glass
Bürette *f (lab)* burette
Bürette *f* **mit automatischer Nullpunkteinstellung** automatic zero burette
Bürettenabsperrhahn *m* burette stopcock
Bürettenhalter *m* burette clamp
Bürettenklemme *f* burette clamp
bürsten *v* scrub *(wash, clean)*
Bürstenzuführung *f (tech)* brush feeder box

C

CE-Kennzeichnung *f (tech, qual)* CE marking
Charge *f* batch, lot • **eine Charge annehmen** accept a batch [lot] • **eine Charge zurückweisen** reject a batch [lot]
Chargen *fpl*/**aufeinander folgende** consecutive batches
Chargenbetrieb *m* batch operation
Chargenbezeichnung *f (doc)* batch [lot] number
Chargenbezeichnungsschlüssel *m (doc)* batch [lot] number coding
chargenbezogen batch-related
Chargendokumentation *f (doc)* batch record
Chargendokumentation *f*/**elektronische** *(doc)* electronic batch recording
Chargeneinheitlichkeit *f (qual)* batch uniformity
Chargenformel *f* batch formula
Chargenfreigabe *f* batch release
Chargengröße *f (prod)* batch size
Chargenherstellungsanweisungen *fpl* batch production records
Chargenkennzeichnung *f* batch identification
Chargenkonsistenz *f* batch-to-batch consistency
Chargenkontrolle *f* batch control
Chargenmischer *m (tech)* batch mixer
Chargennummer *f* batch [lot] number • **eine Chargennummer vergeben** assign a batch number
Chargennummernvergabe *f* assignment of batch numbers
Chargenprotokoll *n* batch record
Chargenprüfprotokoll *n* batch control record
Chargentrockner *m (tech)* batch dryer
Chargenverfahren *n* batch process
chargenweise in batches, batchwise • **chargenweise verarbeiten** batch
Chargenzusammensetzung *f* batch formula
Chemie *f* chemistry
Chemie *f*/**analytische** analytical chemistry
Chemie *f*/**medizinische** medical chemistry
Chemie *f*/**pharmazeutische** pharmaceutical chemistry
Chemiebetrieb *m* chemical plant
Chemielabor *n* chemical laboratory
Chemikalie *f* chemical agent
Chemikalie *f*/**gefährliche** hazardous [dangerous] chemical
Chemikalienzusatz *m* 1. *(tech)* chemical feed; 2. *(prod)* addition of chemicals
Chemotherapeutikum *n* chemotherapeutant
chemotherapeutisch chemotherapeutic
Chemotherapie *f (med)* chemotherapy
Cholagogum *n (med)* cholagogue

Cholinergikum *n (med)* cholinergic
Chromatogramm *n (lab)* chromatogram
Chromatographie *f (lab)* chromatography
Chromatographiekammer *f (lab)* chromatography chamber, developing chamber
Chromatographieplatte *f (lab)* chromatoplate
chronisch *(med)* chronic
Clampverbindung *f* clamp connection
Coat *m (tabl)* coat
Coater *m (tech)* coater
Code *m* code
Code *m*/**eindeutiger** distinctive code, unequivocal code
Codeleser *m (tech)* code reader
Codierung *f* coding
Codierung *f*/**elektronische** electronic coding
Codierung *f* **mit Laser** laser coding
Compliance *f* compliance • **Compliance feststellen** determine compliance • **die Compliance aufrechterhalten** maintain compliance
compliant compliant
compliant/nicht non-compliant
computergesteuert computer-controlled
computergestützt computerised, computer-assisted
Computervalidierung *f (tech)* computer validation
Containermischer *m (tech)* container mixer
Creme *f (chem)* cream, ointment
Cremeapplikator *m (pack)* ointment applicator

D

Dampf *m* 1. *(tech)* steam; 2. *(ster) (BE)* vapour, *(AE)* vapor
Dampf *m*/**gereinigter** *(tech)* purified steam
Dampfdruck *m (tech)* steam pressure
Dampferzeuger *m* 1. still pot *(distillation)*; 2. steam generator
Dampferzeugung *f (tech)* steam generation
Dampfsterilisation *f (ster) (BE)* vapour sterilisation, *(AE)* vapor sterilization
Dampfventil *n (tech)* steam valve
Darreichungsform *f* pharmaceutical form
Darreichungsform *f*/**fertige** finished dosage form
Darreichungsform *f*/**feste** solid dosage form
Darreichungsform *f*/**flüssige** liquid dosage form
Darreichungsform *f*/**halbfeste** semi-solid dosage form
Darreichungsform *f*/**kontrolliert freisetzende** controlled-release dosage form
Darreichungsform *f*/**orale feste** oral dosage form
Darreichungsform *f* **zur Mehrfachentnahme** multi-dose form
Darreichungssystem *n* delivery system
darstellen *v* 1. *(lab)* prepare; 2. present, show
Darstellung *f* 1. *(lab)* preparation; 2. presentation, show(ing)
Darstellung *f*/**grafische** graph
Daten *pl* data
Daten *pl*/**ausgedruckte** hard copy
Daten *pl*/**gesicherte** backup data
Daten *pl*/**klinische** clinical data
Daten *pl*/**produktspezifische** product-specific data
Daten *pl*/**technische** technical data
Datenaufnahme *f* data recording
Datenbank *f* data base
Datenblatt *n* data sheet, data specification
Datenblatt *n*/**technisches** data record sheet, technical data sheet
Datenblätter *npl* **der Patienten** patient listings
Datenerfassung *f (tech)* data acquisition
Datenübermittlung *f (tech)* data transfer
Datenverlust *m* omission of data
Dauer *f* 1. duration, period, time, length of time, term; 2. constancy, continuity, continuance *(going on)* • **auf Dauer** on a continuing basis, permanent • **von Dauer** permanent • **von gleicher Dauer** coeval • **von kurzer Dauer** short-lived
Dauerbetrieb *m (tech)* continuous operation
Dauerbewegung *f* continuous motion

dauerhaft stable, persistent, durable, permanent
Dauerkultur *f (micro)* permanent culture
Deckel *m (pack)* cap, lid, cover
Deckelaufsetzer *m (tech, pack)* lid applicator
Deckellasche *f (pack)* lid, tab, tongue
Deckelmaterial *n* lidding material
deckeln *v (pack)* cap
Deckelverschließmaschine *f (tech, pack)* lidding machine, lid closing machine
Deckfolie *f (pack)* cover foil, lidding foil
Deckglas *n* cover glass [slip], slide cover glass *(microscopy)*
Deckglaspräparat *n (lab)* cover slip preparation
Deckschicht *f (prod)* cover coating
defekt 1. faulty, defective, damaged; 2. *(tech)* not working, out of work
Defekt *m* defect, failure, fault, malfunction *(of a machine)*
definiert defined, determined
definiert/ungenau ill-defined, faintly defined
Deformation *f (tech)* deformation
deformiert deformed
degenerieren *v* degenerate, digest
Degradation *f (med, chem, biol)* degradation
dehnbar expandable
Dekantierapparat *m (tech)* decanter
Dekantiergefäß *n* decanter
Dekontamination *f* decontamination
dekontaminieren *v* decontaminate
dekontaminiert decontaminated
Demontage *f (tech)* dismounting, disassembly
demontieren *v* dismount, disassemble
dental dental
Dentalkarpule *f (pack)* dental cartridge
Dentalpräparat *n (med)* dental preparation
Depot *n (log)* warehouse
Depotinsulin *n* depot insulin
Depotspritze *f* depot syringe
Derivat *n (chem, biol)* derivative
Dermatotherapeutikum *n (med)* dermatologic(al) agent
desaktivieren *v* inactivate, desactivate
Desaktivierung *f* inactivation, desactivation
Designqualifizierung *f (tech)* design qualification, DQ
Desikkans *n* desiccant
Desinfektion *n* disinfection, *(BE)* sanitisation, *(AE)* sanitization
Desinfektionsmittel *n (BE)* detergent-sanitiser, *(AE)* detergent-sanitizer, disinfectant, *(AE)* sanitising agent, *(AE)* sanitizing agent
Destillat *n* distillate
Destillation *f* distillation
Destillation *f*/**absteigende** downward distillation
Destillation *f*/**direkte** simple [straight] distillation
Destillation *f*/**fraktionierende** fractionation, fractional distillation
Destillation *f*/**kontinuierliche** continuous distillation
Destillation *f*/**nochmalige** redistillation
Destillation *f*/**schonende** gentle distillation
Destillation *f*/**stufenweise** *s.* Destillation/fraktionierende
Destillationsapparat *m (tech)* still
Destillationsgebläse *n (tech)* boiler, still pot
Destillationsgefäß *n* still pot
Destillationsrückstand *n* distillation [still] residue
destillativ by means of distillation
Destillatsammler *m (tech)* still receiver
Destillieranlage *n (tech)* still
Destillieraufsatz *m* stillhead, distillation stillhead
Destillierblase *f* still pot
destillieren *v* distil, distillate
Destillierrückstand *m* distillation [still] residue
destilliert/doppelt double-distilled
Detektorzelle *f* detector cell
Detergens *n* detergent
Detergent *n* detergent, cleansing agent
Detergentium *n* detergent
Diabetesmittel *n* antidiabetic
Diagnose *f* diagnosis
Diagnosemembran *f* diagnostic membrane
Diagnosestoff *m* diagnostic substance
Diagnosestreifen *m* diagnostic strip
Diagnostika *npl* diagnostics
Diagnostikprodukte *npl* diagnostic(s) products

diagnostisch diagnostic
diagnostizieren *v* diagnose
Diagramm *n* diagram, chart, graph
Diagrammschreiber *m (tech)* chart recorder
Dialyse *f (med)* dialysis
Diätetikum *n (med)* dietetic agent
dicht leakproof, proof
Dichte *f* density
Dichte ***f*/wahre** *(tech)* true density
Dichtigkeitstest *m (tech, ster)* leakage test
Dichtmanschette *f (tech)* sealing collar
Dichtring *m (tech)* sealing ring, gasket
Dichtung ***f*/wasserfeste** *(pack)* waterproof seal
Dichtungsring *m (tech)* gasket
Dicke *f* 1. thickness; 2. path length *(of a cuvette)*
Dickenmessgerät *n (tech)* thickness gauge
Dickextrakt *n* concentrate
dickflüssig syrupy, syruplike, viscous, semi-liquid • **dickflüssig machen** boil down • **dickflüssig werden** thicken *(a liquid)*
Differenzdruck *m (tech)* differential pressure
Differenzdruckanzeige *f (tech)* differential pressure indication
Differenzdruckanzeiger *m (tech)* pressure differential indicator
Diffusionsfluss *m* diffusion flow
Diphtherieheilserum *n* diphtheria
Direktbeschickung *f* 1. *(micro)* direct inoculation *(for microbial counting)*; 2. *(tech)* direct feeding
Direktvertrieb *m (distr)* direct sales, direct distribution
Disintegrator *m (tech)* bar mill
diskontinuierlich intermittent, discontinuous, batch • **diskontinuierlich fahren** operate batchwise, operate intermittently • **diskontinuierlich betreiben** batch *(a plant)*
Dispensierbürette *f* dispensing burette
Dispersion *f* dispersion
Dispersion ***f*/polymere** *(chem)* polymeric dispersion
Displayverpacker *m (tech)* display case packer
Displayverpackung *f (pack)* display packaging
Diuretikum *n (med)* diuretic
Dokument *n* document
Dokument ***n*/eigenständiges** standalone document
Dokumentation *f* documentation, record(ing)
Dokumentation ***f*/elektronische** *(doc)* electronic records; electronic documentation
dokumentieren *v* document, record
dokumentiert/umfassend fully documented
Dopingmittel *n* dope
Doppelbeutel *m (pack)* twin sachet
Doppelblister *m (pack)* twin blister
Doppelkammerbeutel *m (pack)* double-wall sachet
Doppelklappe *f (tech)* butterfly valve
Doppelmantel *m (tabl)* double coat
Doppelmembran *f* bilayer membrane
Doppelmuldenform *f* double cylindrical shape
Doppel-Rundläuferpresse *f (tech)* double-sided rotary press
Doppelschicht *f* double layer [coat]
Dorn *m (tech)* pin
Dose *f* tin, can
Dosenträger *m (tech, pack)* container carrier
Dosieraggregat *n (tech)* dosing unit
Dosiereinheit *f (tech)* dosing unit
Dosiereinrichtung *f* 1. *(tech)* metering device; 2. *(tech)* dosing device, feeder
Dosiereinrichtung *f* **für Chemikalien** chemical feeder
dosieren *v* dose, meter, proportion
Dosiergenauigkeit *f (tech)* dosing accuracy [precision]
Dosiergerät *n (tech)* dosing device [apparatus]
Dosierhilfe *f (tech)* dosing aid, dosage device
Dosierkammer *f (tech)* dosing [metering] chamber
Dosiermaschine *f (tech)* dosing machine
Dosierpumpe *f (tech)* feed [measuring, proportioning, dosing] pump
Dosierrad *n (tech)* dosing wheel
Dosierröhrchen *n (pack, tech)* dosing tube
Dosierschieber *m* (tech) dosing slide
Dosierschnecke *f (tech)* metering screw
Dosiersystem *n (tech)* dosing system

dosiert dosed
dosiert/homogen *(tabl)* uniformly dosed
Dosierung *f* dosage, dosing, metering, proportioning
Dosierung *f*/**elektronische** electronic dosing
Dosierung *f*/**manuelle** manual dosing
Dosierungseinheit *f* dosage unit
Dosierungsrate *f* dose rate
Dosierungsschema *n* dosing pattern
Dosierungssicherheit *f* dosage safety
Dosierungsvorrichtung *f (tech)* dosage device
Dosierverfahren *n (tech)* dosing technology
Dosiervolumen *n (tech)* dosing volume
Dosimeter *n (tech)* dosimeter
Dosimeteranzeige *f (tech)* dosimetry indicator
Dosimetrie *f* dosimetry, radiation dosimetry, dosage measurement
Dosis *f* dose, dosage
Dosis *f*/**altersabhängige** *(med)* age-dependent dose
Dosis *f*/**einmalige** *(med)* single dose
Dosis *f*/**höchste** *(med)* maximum dose
Dosis *f*/**hohe** *(med)* high dose
Dosis *f*/**letale** *(med)* lethal dose
Dosis *f*/**niedrige** *(med)* low dose
Dosis *f*/**therapeutische** *(med)* theory-dose
Dosis *f*/**tödliche** *(med)* lethal [fatal] dose
Dosisleistung *f* dose rate
Dosismesser *n* dosimeter
Dosismessgerät *n* dosimeter
Dosis-Wirkungs-Kurve *f* dose-response curve
Dosis-Wirkungs-Relation *f* dose-response relationship
Dragee *n* coated tablet, sugar-coated tablet
dragieren *v* pan coat
Dragiergerät *n (tabl)* coater
Dragierkessel *m (tech, prod)* coating pan
Dragierung *f (tech, prod)* sugar-coating
Drän-Rohr *n (tech)* drain (pipe)
drehbar rotatable
Drehbarkeit *f* rotatability
drehen *v* rotate, revolve, spin *(in high speed)*
Drehfilter *n(m) (tech)* rotary filter, revolving filter
Drehknopf *m* knob
Drehmoment *n (tech)* angular momentum, torque
Drehrost *n (tech)* revolving grate
Drehschalter *m (tech)* rotary switch
Drehsinn *m (tech)* sense of rotation
Drehtisch *m (tech)* turntable
Drehtrommeltrockner *m (tech)* rotary dryer
Drehung *f* rotation, revolution; turning
Drehung *f*/**spezifische** specific rotation
Drehzahl *f (tech)* speed, rate of rotation
Drehzahlmesser *m (tech)* revolution counter
Dreifachrundläuferpresse *f (tech)* triple rotary press
Dreihalskolben *m (lab)* three-neck flask
Dreikantsockel *m (tech)* triangular skirting
dreischauflig *(tech)* three-bladed
Dreischichtbetrieb *m (prod)* three-shift operation
Dreiwegehahn *m (tech)* three-way (stop)cock, three-way tap
Dreiwegeventil *n (tech)* three-way valve
Droge *f* drug
Droge *f*/**pflanzliche** vegetable drug
Drogenkunde *f*, **Drogenlehre** *f* pharmacognosy, pharmacognosia
Drogenpflanze *f* drug plant
Drosselklappe *f (tech)* butterfly valve
drosseln *v* 1. *(tech)* slow (down), throttle; 2. limit, reduce, scale down *(reduce in numbers)*
Drosselpfropfen *m* throttle
Drosselrückschlagventil *n (tech)* throttle check valve
Drosselung *f* limiting, restriction, slowdown
Drosselungsventil *n* 1. *(tech)* reducing valve; 2. *s.* Drosselventil
Drosselventil *n* butterfly [choke] valve, throttle, regulation stop valve, *(AE)* throttle orifice
Druck *m* 1. *(tech)* pressure, compression; 2. print; 3. force • **Druck bis zu ...** pressure up to ...
Druck *m*/**kritischer** *(tech)* critical pressure
Druck *m*/**ständiger** *(tech)* permanent [continuous] pressure

Druckabfall *m (tech)* pressure decay [drop]
Druckaufnehmer *m (tech)* pressure transducer
Druckausgleich *m (tech)* pressure equilibrium
Druckbehälter *m (tech)* pressurised container
Druckdestillat *n* pressure distillate
Druckdestillation *f* pressure distillation
Druckeinrichtung *f* printing device
drucken *v* print, imprint
drücken *v* press, compress
Druckentlastung *f (tech)* pressure relief
Druckentlastungsöffnung *f (tech)* pressure relief opening
Drucker *m* printer
Druckerfarbe *f* printer ink
Druckfestigkeit *f (tabl)* compression strength
Druckfilter *n(m) (tech)* pressure filter
Druckfiltration *f* pressure filtration
Druckgefäß *n* pressure vessel
Druckgerät *n* printing device
Druckgeräterichtlinie *f (reg)* directive for pressure [pressurised] vessels
Druckhöhe *f (tech)* pressurisation level
Druckkessel *m (tech)* pressure vessel
Druckkolonnendestillationsanlage *f* multiple effect distillation plant
Druckkontrolle *f* 1. *(tech)* pressure control; 2. *(tech)* print control
Druckkontrolle *f* **von Daten** print control
Druckluft *f (tech)* compressed air
Druckluftfilter *n(m) (tech)* compressed-air filter
Druckmarkensteuerung *f (tech, pack)* print registration control
Druckmesser *m (tech)* pressure gauge
Druckmessung *f (tech)* pressure measuring
Druckminderer *m (tech)* reducing valve
Druckmischer *m (tech)* bubbler
Druckregler *m (tech)* press controller, pressure regulator
Druckrolle *f* 1. *(tech)* pressure roller; 2. *(tabl)* compaction roll, compression roll
Druckschlauch *m* pressure tube
Druckstärke *f (tech)* power of compression
Drucksterilisator *m (ster) (BE)* autoclave steriliser, *(AE)* autoclave sterilizer
dünn thin, fine *(solids)*
dünnflüssig thin fluid, low viscosity
Dünnschicht *f* thin layer, film
Dünnschichtchromatograph *m* thin-layer chromatograph
Dünnschichtchromatographie *f* thin-layer chromatography
Dünnschichtmantel *m* film • **einen Dünnschichtmantel aufbringen** film-coat
Dunsthaube *f (tech)* hood
durchdringbar permeable
Durchdringbarkeit *f* permeability
durchdringen *v* penetrate, perculate
Durchdringung *f* penetration, perculation, permeation
Durchdringungsvermögen *n* permeativity
Durchdrückpackung *f (pack)* push-through package, blister
durchfließen *v* flow through
Durchfluss *m (tech)* flux *(substance)*; rate of flow *(speed)*
Durchflussgeschwindigkeit *f* flow rate
Durchflussmenge *f* flow rate
Durchflussmengenmessung *f (tech)* flow measurement
Durchflussregulation *f (tech)* flow regulation
Durchflussrührkessel *m (tech)* continuous stirred tank
Durchflusszelle *f* flow cell
durchführbar *(tech)* feasible
Durchführbarkeit *f* practicality, feasibility
durchführen *v* perform *(e. g. an audit)*
Durchführungsbestimmungen *fpl (reg)* rules and regulations
Durchgangskörper *m* straight-through body
Durchlassen *n* percolation, penetration
durchlässig permeable, penetrable
Durchlässigkeit *f* permeability, transmittance
Durchlauf *m* 1. passage *(going through)*; 2. run *(in a process)*
durchlaufen *v* 1. pass [run, flow] through; 2. perculation *(in a filter)*
Durchlaufen *n* 1. passage, filtering, straining, running through; 2. percolation *(in a filter)*; filtering
Durchlaufkühlung *f* once-through cooling
Durchlaufzeit *f* 1. detention [transit,

holding, hold-up] time *(as in a filter or tube)*; 2. *(prod)* processing time
Durchlichtverfahren *n (qual, tech)* backlighting procedure
Durchmesser *m* diameter
Durchmesser *m*/**mittlerer** mean diameter
Durchmischung *f* mixing
Durchmischung *f*/**ideale** perfect mixing
durchmustern *v* screen
durchnummerieren *v* number
durchpressen *v* squeeze through
durchrationalisieren *v* streamline *(process)*
durchrühren *v* agitate, stir
Durchsatz *m* 1. *(biot)* throughput *(filter)*; 2. *(prod)* output; 3. rate *(quantity)*
Durchsatzwert *m* flow rate
durchschlagfest puncture-proof
Durchschnitt *m* average • **im Durchschnitt** on average
durchschnittlich average
Durchschnittsausbeute *f (prod)* average yield
Durchschnittswert *m* mean value
durchschütteln *v* shake
Durchschütteln *n* shake, shaking
durchseihen *v* percolate
durchsetzen *v* batch *(a specific volume or quantity)*; filter
durchsichtig transparent
Durchsichtigkeit *f* transparency
durchsickern *v* 1. percolate, seep through, strain, trickle through *(in a filter)*; 2. leak
Durchsickern *n* percolation
durchsieben *v* sieve, screen, sift
durchspülen *v* wash
durchstechen *v* pierce
durchstoßen *v* pierce, foraminate
durchströmen *v* flush, flow (through), pass, seep through
durchtränken *v* imbibe, impregnate, penetrate, saturate, soak
Durchtränken *n* imbibition, penetration, saturation
Düse *f* nozzle
Düseneinsatz *m* nozzle insert
Düsennadel *f* nozzle needle
D-Wert *m* D-value
dynamisch dynamic

E

Eckventil *n (tech)* angle valve
Edelstahl *m* stainless steel
Egalisierung *f (pack) (BE)* equalisation, *(AE)* equalization
Eigenschaft *f* specification, characteristic, feature, property
Eigenschaften *fpl*/**chemische** chemical characteristics [properties]
Eigenschaften *fpl*/**pharmakodynamische** pharmaco-dynamic characteristics [properties]
Eigenschaften *fpl*/**pharmakologische** pharmacological characteristics [properties]
Eigenschaften *fpl*/**pharmazeutische** pharmaceutical characteristics [properties]
Eigenschaften *fpl*/**physikalisch-chemische** physico-chemical characteristics [properties]
Eigenschaften *fpl*/**physikalische** physical characteristics [properties]
eigenständig independent
Eigentumsvorbehalt *m* reservation of title to goods
Eignung *f* suitability
Eignungsfeststellung *f* suitability test
Eignungszertifikat *n* certificate of suitability
Eilauftrag *m* rush order
Eilzustellung *f (log)* rush delivery
Eimer *m* bucket
einbahnig 1-lane
einbauen *v* 1. install; 2. insert, add
Einbettungsmedium *n* embedding medium
Einbettungsmittel *n* embedding medium
Einbrennsilikonisierung *f (pack)* baked-in siliconisation
eindampfen *v* boil down, evaporate • **zur Trockne eindampfen** evaporate to dryness
eindeutig unambiguous, clear, unequivocal
eindicken *v* boil down, thicken *(of a liquid)*; concentrate
Eindickmittel *n (chem)* thickening agent, thickener
eindringen *v* penetrate, permeate, diffuse

Eindringen *n* penetration, penetrating, permeation, diffusion
Eindringtiefe *f* penetration depth
Eindringungsvermögen *n* permeativity, penetration
Eindruck *m* indentation, indenture *(of a blister)*; impression
eindrücken *v* indent
Einfallwinkel *m* angle of incidence
einfärben *v (BE)* colour, *(AE)* color
Einfärben *n (BE)* colouring, *(AE)* coloring
einfließen *v* run in, flow in
Einfluss *m* **auf** influence on, impact on
Einfluss *m* **regulatorischer Aspekte** *(reg)* regulatory impact
einfrieren *v* freeze, deep-freeze
Einfrieren *n* freezing
einfügen *v* insert
Einfügen *n* insertion
einführen *v* 1. introduce, implement *(a new product or technique)*; 2. *(pack)* insert *(a leaflet into the package)*
• **schrittweise einführen** phase in
Einfüllklappe *f (tech)* charge port
Einfüllklappenventil *n (tech)* charge port valve
Einfülltrichter *m (tech)* (charge) hopper
Einfüllvorrichtung *f (tech)* charging device
Eingang *m* entrance, entry, door, gate
Eingangsfilter *n(m) (tech)* inlet filter
Eingangsnummer *f* receiving number
eingebaut *(tech)* attached, built-in, embedded, fitted, installed, integrated, implemented
eingehen *v*/**eine Bindung** enter into a reaction
eingeschränkt limited, restricted
eingravieren *v* engrave
eingreifen *v* intervene
Eingriff *m* intervention
Einheit *f* 1. set, kit *(parts of a batch)*; 2. unit
Einheit *f*/**beschädigte** damaged unit
Einheit *f*/**fehlerhafte** defective [faulty] unit
Einheit *f*/**Koloniebildende** *(Abk. KBE) (micro)* colony-forming unit
einheitlich uniform, homogeneous
Einheitlichkeit *f* uniformity
Einheitlichkeit *f* **des Stoffgehalts** content uniformity
Einheitsgröße *f* standard size
Einheitspackung *f (pack)* unit-dose pack
Einheitsverpackung *f* **für Flüssigkeiten** liquid-unit dose packaging
Einkanalpipettierung *f (lab)* single-channel pipetting
Einkauf *m* 1. purchasing *(procedure)*; 2. purchasing department
Einkäufer(in) *m(f)* purchasing agent, purchaser, buyer
Einkaufsabteilung *f* purchasing department
Einkaufsbedingungen *fpl* conditions of purchase
Einkaufskonto *n* purchasing account
Einkaufsleiter(in) *m(f)* purchasing manager
einkerben *v* indent
einlagern *v* store, keep
Einlagerung *f* storing, warehousing
Einlass *m* 1. *(tech)* inlet; 2. admission
Einlassventil *n (tech)* inlet valve
Einlauf *m* 1. *(tech)* inlet *(site)*; 2. inflow *(of gases or liquids)*
Einlaufgeschwindigkeit *f (tech)* infeed speed
Einlaufleistung *f (tech, pack)* infeed capacity
Einlauföffnung *f (tech)* inlet (port)
Einmalpipette *f (lab)* disposable pipette
Einmalspritze *f* disposable syringe
Einmalteil *n* disposable
Einnahme *f* 1. taking, intake *(of tablets)*; 2. reception
Einnahme *f*/**ständige** steady-state intake *(of drugs)*
Einnahmepräparat *n (med)* ingestible
einnehmen *v (med)* take (in)
Einnehmen *n*/**zum** for oral use
einpacken *v* wrap (up)
einpipettieren *v* pipette into
Ein-Punkt-Kalibrierung *f (tech)* single-point calibration
Einreibemittel *n* liniment, embrocation, rub
einreiben *v* **mit** rub with, rub in
einreichen *v (reg)* submit *(an application)*
Einreichung *f (reg)* submission
Einrichtung *f* 1. *(tech)* equipment; 2. institution; 3. facility; 4. setting *(of a machine)*
Einrichtung *f* **mit festgelegter Bestimmung** dedicated facility
Einrichtung *f*/**separate** separate facility

Einrichtungskosten *pl (fin, econ)* set-up costs
einrühren *v* stir in
Einsatz *m* 1. application *(use of chemical or drug)*; use; 2. batch *(components)*; 3. *(tech)* charging, feeding, batching
Einsatzbedingungen *fpl* conditions of use
einsatzfähig 1. fit, ready to operate; 2. available
Einsatzfähigkeit *f* 1. *(tech)* availability; 2. *(BE)* utilisability, *(AE)* utilizability
Einsatzmenge *f* required quantity, dose, dosage, input
Einsatzstoff *m* component
einsaugen *v* absorb, imbibe, suck in [up]
Einschichtbetrieb *m (prod)* single-shift operation
einschichtig *(tech)* mono-layer, mono-lane
Einschichtverfahren *n (tech)* single-layer operation
einschütten *v* load, fill (in), feed
einschweißen *v* **in Folie** shrink-wrap
einsetzen *v* 1. apply, use; 2. *(tech)* insert, feed, enter
Einsetzen *n* 1. application *(use)*; 2. *(tech)* insertion, feeding
einspeisen *v* charge, feed (in), load
Einspeiser *m (tech)* feeder, charger
Einspeisung *n* charging, feeding
Einspritzung *f (tech)* injection
Einspritzventil *n (tech)* injection valve
Einstecklasche *f (pack)* lid, tab, tongue
einstellbar 1. variable; 2. *(tech)* adjustable
Einstellbereich *m* range of adjustment
einstellen *v* adjust, rectify
einstellen *v*/**neu** readjust
Einstellung *f (tech)* setting, adjustment *(of a machine)*
Einstellungsparameter *m (tech)* adjustment parameter
Einstoffverpackung *f (pack)* single-component packaging
Einstufung *f* classification
eintauchen *v* plunge (in); immerse, dip
Eintauchen *n* immersion, dipping
Eintauchtiefe *f* immersion depth
Eintauchzeit *f* soak period
einteilen *v* classify, divide into
Einteilung *f* 1. classification; 2. arrangement *(in a certain order)*
Einteilung *f* **in Zonen** zoning
Eintrag *m* 1. *(doc)* entry *(in a document)*; 2. charge, charging stock, feed(ing), load(ing) *(material or substance)*
eintragen *v* 1. *(doc)* enter *(into a document)*; 2. *(doc)* charge, feed, load
Eintritt *m* 1. access; entry, entrance *(site)*; 2. inflow (of liquids or gases); 3. occurrence *(of an incident)*
Eintrittsöffnung *f (tech)* inlet port, intake
Eintrittsstutzen *m (tech)* access port
Eintrittstelle *f* point of entry, inlet, intake
eintrocknen *v* dry (up)
Einwaage *f* 1. weighing *(process)*; 2. initial weight, starting weight *(of material)*
Einwaagesystem *n* weighing system
einwägen *v* weigh in
Einweg... disposable ...
Einweganzug *m (hyg)* disposable jumpsuit
Einwegartikel *mpl*/**medizinische** medical disposables
Einwegbehälter *m* single-use container, non-returnable container
Einweghandschuhe *mpl (hyg)* disposable gloves
Einweghandtücher *npl (hyg)* single-service towels, disposable towels
Einwegverpackung *f (pack)* disposable package, non-returnable package, one-way package
einwiegen *v* weigh in
einwirken *v* act
einwirken *v* **auf** 1. influence; 2. affect
Einwirkung *f* 1. action, effect, impact, influence; 2. *(chem, tech)* exposure
Einwirkungsdauer *f* 1. time of action; 2. treating time; 3. *(ster)* contact [exposure] time
Einzelauftrag *m* one-off order
einzeldosiert single dose
Einzeldosis *f* single [unit] dose
Einzeldosisbehälter *m* single [unit] dose container
Einzelgerät *n (tech)* individual unit [device]
Einzelgewicht *n* individual weight
Einzelhandelspreis *m (econ)* retail price
Einzelheiten *fpl* particulars, details
Einzelkultur *f (lab, micro)* solitary culture
Einzelteil *n* 1. (single) component; 2. part

Einzelverkaufsverpackung *f (pack)* retail package
Einzugsschnecke *f (tech)* auger
Eisenfass *n* drum
elastisch elastic
Elastizität *f* elasticity
elektrisch electric(al)
Elektrizität *f***/statische** static electricity
Elektroionisation *f* electro-ionisation
Elektrolyse *f* electrolysis
Elektrolyt *m* electrolyte
elektromagnetisch electromagnetic
Elektronenmikroskopie *f (lab)* electron microscopy
Elektronenstrahlbeschleuniger *m (tech)* electron beam accelerator
elektronisch electronic(al)
elektropneumatisch *(tech)* electro-pneumatic
elektrostatisch electrostatic
Element *n* element, component
Element *n***/chemisches** chemical element
Elementaranalyse *f* elementary analysis
Eluat *n* eluate
Elutionsmittel *n* eluant
Emetikum *n* emetic
Emission *f (tech)* emission
Emissionen *fpl***/industrielle** industrial releases
Emmenagogum *n (med)* emmenagogue
Empfänger(in) *m(f) (log)* consignee *(transport)*
Empfangsbestätigung *f (log)* receipt [document]
Empfehlung *f* recommendation
empfindlich sensitive
Empfindlichkeit *f* sensitivity
Emulgator *m* 1. emulsifier *(device)*; 2. emulsifying agent *(component)*
emulgierbar emulsifiable
emulgieren *v* emulsify
Emulgiergerät *n (tech)* emulsifier
Emulgierung *f* emulsification
Emulsion *f* emulsion
Emulsion *f***/ultrafeine** ultra-fine emulsion
Emulsion *f***/wässrige** aqueous emulsion
emulsionieren *v* emulsify
Endabnahme *f (qual, tech)* final inspection
Endausbeute *f (econ)* final yield
Endbehälter *m* final container
Endbehandlung *f* final treatment
Endbestimmung *f* end-point determination
Endfassung *f (reg, doc)* final version
Endfertigung *f (prod)* finishing operation
Endfilter *n(m)* terminal filter
endgültig final
Endkontrolle *f (qual)* post-process product testing
Endlosbahn *f (pack)* continuous band
Endlosblister *m (pack)* continuous blister
Endlosfolie *f (pack)* continuous foil [film, sheet]
Endnutzer(in) *m(f)* end user
Endotoxin *n* endotoxin
Endotoxinwiederfindungsrate *f* percentage of endotoxin recovery
Endprodukt *n (prod)* finished product
Endproduktprüfung *f (qual)* end-product testing
Endspezifikation *f* final specification
Endsterilisation *f (ster)* terminal sterilisation
endsterilisiert terminally sterilised
Endverpacker *m (pack, tech)* end-of-line machine
Endverpackung *f* 1. *(pack)* final [finished] pack(ing); 2. *(pack)* end packaging *(process)*
Energiebedarf *m* power requirements
Enghalskolben *m (lab)* narrow-necked flask
entfernbar removable
entfernen *v* remove
Entfernung *f* 1. removal *(taking away)*; 2. distance
Entfettungsmittel *n (med)* antiobesic
entfeuchten *v* dehumidify, desiccate, dry
entgasen *v* degas, deaerate
Entgasung *f (tech)* degassing, deaeration *(of liquids)*
entgiften *v* 1. decontaminate; 2. detoxify
Entgiftung *f* 1. decontamination; 2. detoxification
Entgiftungsmittel *n* detoxicant
Enthemmer *m (chem)* neutralising [inactivating] substance *(for disinfectants)*
entkalken *v* decalcify
Entkalker *m* decalcifier
Entkeimen 1. *(BE)* sterilise, *(AE)* sterilize; 2. disinfect *(pathogens)*
entkeimend germicidal
Entkeimung *f* 1. *(BE)* sterilising, *(AE)*

sterilizing; 2. disinfection *(referring to pathogens)*

Entkeimung *f* **auf chemischer Basis**, **Entkeimung** *f* **durch Chemikalien** *(AE)* chemical sterilisation, *(AE)* chemical sterilization

Entkeimungsfiltration *f (ster)* sterile filtration

entladen *v* discharge, unload

Entladen *n*, **Entladung** *f* unloading, discharging

entleeren *v* empty, discharge *(machines or containers)*; drain *(fluids)*

Entleersystem *n (tech)* discharging system

Entleerung *f* discharge, emptying; evacuation *(containers)*; drainage *(fluids)*

Entleerungsstelle *f* discharge point

Entleerventil *n (tech)* emptying valve

entlüften *v* deaerate, vent, ventilate

Entlüftung *f* 1. deaeration; ventilation; 2. ventilation system

Entlüftungsklappe *f (tech)* vent flap

Entlüftungsöffnung *f (tech)* air relief, air vent

Entlüftungsrohr *n (tech)* vent pipe

Entlüftungsventil *n (tech)* vent valve

entmineralisiert demineralised

entmischen *v* segregate, separate, unmix

Entmischen *n* segregation, separation *(as process of isolating)*; demixing

Entmischung *f* separation, demixing, decomposition

Entnahme *f* discharge, offtake, withdrawal

Entnahmesicherung *f (tech)* tamper-proof seal

Entnahmesonde *f (tech)* removal [sampling] probe

entnehmen *v* discharge, take off, withdraw

entriegeln *v (tech)* unlock

entriegelt *(tech)* unlocked

entsalzen *v* desalt

entsäuern *v* deacidify

Entschäumer *m*, **Entschäumungsmittel** *n* defoamer, defoaming agent

Entscheidung *f* decision

Entscheidung *f*/**endgültige** final decision

Entschlüsseler *m (tech)* decoder

entsorgen *v* dispose

Entsorgung *f* disposal

Entsorgungsanschluss *m (tech)* disposal output

Entsorgungsfirma *f* waste disposal company

Entsorgungslogistik *f* disposal logistics

Entsorgungssystem *n (tech)* disposal system

Entsorgungsvorschrift *f (reg)* disposal regulation

entsprechen *v*/**den Anforderungen** comply with the requirements

Entstapeleinheit *f (tech)* destacking unit

entstapeln *v (tech, pack)* destack

Entstauber *m (tech)* deduster

Entstaubung *f (tech)* dedusting

Entstehung *f* formation, generation

Entstehungsgeschwindigkeit *f (micro)* rate of appearance

entwässern *v* dehydrate, desiccate, dewater, dry, drain

Entwässerung *f* dehydration, desiccation, dewater

Entweichen *n* **von Organismen** *(micro)* release of organisms

Entwicklung *f* 1. development; 2. progress, growth

Entwicklung *f* **eines neuen Produktes** new product development

Entwicklung *f*/**produktionsgerechte** product development according to the production process

Entwicklungsanalytik *f* analytical development

Entwicklungsbericht *m* development report

Entwicklungsprozess *m* development process

Entwicklungsstatus *m* development status

Entwicklungsstufe *f* stage, phase, level [degree] of development, *(BE)* organisational level, *(AE)* organizational level

Entwicklungszeit *f* **eines Produkts** product time-to-market

Entwurf *m* draft

Entwurf *m*/**aktueller** current draft

Entwurf *m*/**gültiger** *(reg)* current draft

entziehen *v* extract, remove, withdraw

Entziehen *n* extraction, removal, withdrawal

Entzugserscheinung *f (med)* withdrawal effect

entzündbar ignitable, inflammable
entzündbar/nicht non-flammable
Entzündungshemmer *m (med)* anti-inflammatory agent
Entzündungsreaktion *f* inflammatory reaction
Enzian *m* gentian *(medicinal plant)*
Enzym *n* enzyme, ferment
Enzym *n***/industrielles** industrial enzyme
enzymatisch enzymatic
Enzymaufbereitung *f (biot)* enzyme preparation
Enzymbiosynthese *f (biot)* enzyme biosynthesis
Enzyme *npl***/aktive** *(biot)* active enzymes
Enzympräparat *n (biot)* enzyme preparation
Enzymreaktion *f (biot)* enzyme reaction
Enzymreaktor *m (biot)* enzyme reactor
Enzymsynthese *f (biot)* enzyme synthesis
Enzymtechnologie *f (biot)* enzyme technology
Enzymumwandlung *f (biot)* enzymatic conversion
Epilepsiemittel *n* antiepileptic
Eppendorf-Reaktionsgefäß *n* Eppendorf vessel
erden *v (tech)* ground, earth
Erdung *f* ground(ing), earth(ing)
Ereignis *n***/unerwünschtes** adverse event
Erfahrungswerte *mpl* **nach dem Inverkehrbringen** post-marketing experience
erfassen *v* detect, identify
Erfassungsgrenze *f (lab)* detection identification limit
erfordern *v* require, demand
Erfordernis *n* requirement, demand
ergänzen *v* annex, supplement, replenish
Ergänzung *f* annex, supplement *(to a document)*; supplementation *(adding)*
Ergebnis *n* result, finding
ergiebig high yield
erhältlich/kommerziell obtainable commercially
Erhaltungsdosis *f* maintenance dosage
erhärten *v* congeal, gel
erhitzen *v* heat, bake
erhitzen *v* **bis zum Siedepunkt** heat to boiling
Erhöhung *f* 1. rise, elevation *(temperature)*; 2. intensification *(of effect)*
erholen *v***/sich** 1. *(med)* convalescence, recover from, get better; 2. *(econ)* rebound, recover
Erholung *f* 1. *(med)* anastasis; 2. *(econ)* rebound, recovery
Erholzeit *f* recovery time *(in clean room)*
erkalten *v* cool, chill
Erkalten *n* cooling (down), chilling
Erklärung *f* statement, explanation
Erklärung *f* **auf einer Verpackung** statement, explanation
Erkrankung *f (med)* affection (of the body), disease, illness, sickness
Erlass *m (reg)* regulation
erleichtern *v* ease, facilitate *(support a process)*
Erlenmeyerkolben *m (lab)* Erlenmeyer flask, conical flask
ermächtigen *v* empower, *(BE)* authorise, *(AE)* authorize
ermitteln *v* 1. elucidate, establish *(find out)*; 2. determine *(define)*; 3. *(math)* calculate
Ermittlung *f* 1. elucidation, establishment; 2. determination; 3. (math) calculation
ermüden *v* 1. *(tech)* fatigue; 2. *(med)* get tired
Ermüdungsgrenze *f (tech)* fatigue limit
Ernährung *f* nutrition
erneuern *v* renew
Erneuerung *f* renewal
Ernte *f (biot, micro)* harvest
Ernten *v (biot, micro)* harvest
Erprobungsphase *f* trial phase
Erprobungsphase *f* **in großtechnischem Maßstab** preproduction stage
Erprobungsstufe *f* pilot stage
erregen *v (med)* cause
Erreger *m* 1. *(micro)* pathogen; 2. *(med)* agent, virus
Erreger *m***/abgeschwächter** attenuated pathogen
Ersatz *m* substitution, replacement
Ersatzstoff *m* substitute (material)
Ersatzteil *n* replacement, spare, spare part
Erscheinungsbild *n* appearance
erschöpfen *v* exhaust
ersetzen *v* 1. replace, substitute; 2. *(doc)*

supersede *(by a higher level or a new version of a document)*
Ersetzen *n* **von Dokumenten** *(doc)* superseding of documents
erstarren *v* 1. *(chem)* solidify, harden, set, congeal; 2. freeze *(by cooling)*; gel *(become jelly-like)*
Erstarren *n* 1. solidification, setting; 2. freezing *(by cooling)*; 3. gelation *(a liquid becoming jelly-like)*
Erstarrungspunkt *m* solidification point
Erstarrungstemperatur *f* solidification temperature
Erstarrungszeit *f* solidification [setting] time
Erstbestellung *f* first order
erste Hilfe *f* first aid
Erste-Hilfe-Arzneimittel *npl* first-aid supplies
Erste-Hilfe-Maßnahme *f* emergency procedure
erstellen *v* compile
erstellt durch compiled by
Erstellung *f* **eines Dokuments** compilation of a document
Erstlauf *m* 1. *(tech)* first run; 2. first running *(distillation)*
Erstmaßnahme *f* initial action
Erstqualifizierung *f (tech)* initial qualification, IQ
Erstvalidierung *(tech)* initial validation
Ertrag *m* yield
Erwachsenenrezeptur *f* adult prescription
Erwachsener *m* adult
Erwägungen *fpl*/**ethische** ethic(al) considerations
erwärmen *v* warm (up), heat
Erwärmen *n* warming(-up)
Erwärmung *f* heating
Erweiterung *f* expansion, extension, broadening
Erweiterungsmodul *n* extension module
Erwerbskosten *pl* purchasing costs
erzeugen *v* 1. make, manufacture, produce *(a product)*; 2. generate, create *(a list or document)*
Erzeugnis *n* product
Erzeugung *f* 1. making, manufacture, production *(of a product)*; 2. generation, creation *(of a list or document)*
Essenz *f* essence
essenziell essential
Esterzahl *f* ester value
Ethik *f* ethic
Ethikkommission *f* ethics committee
ethisch ethic(al) • **ethische Erwägungen** ethic(al) considerations
Etikett *n (pack)* label • **ein Etikett unlesbar machen** deface a label
Etikett *n*/**genehmigtes** approved label
Etiketten *npl*/**ausgegebene** *(pack)* labels issued
Etiketten *npl*/**geschnittene** *(pack) (BE)* cut labelling, *(AE)* cut labeling
Etiketten *npl*/**lose** *(pack) (BE)* cut labelling, *(AE)* cut labeling
Etiketten *npl*/**selbstklebende** *(pack)* self-adhesive labels
Etiketten *npl*/**überschüssige** *(pack)* excess labels
Etiketten *npl*/**veraltete** *(pack)* outdated labels
Etiketten *npl* **von der Rolle** *(pack)* roll-fed labels
Etiketten *npl*/**zurückgegebene** labels returned, returned labels
Etikettenaufbringung *f (pack)* label placement
Etikettenausgabe *f (pack, tech)* label issuance
Etikettenbilanzierung *f (pack) (BE)* labelling reconciliation, *(AE)* labeling reconciliation
Etikettenstapelung *f (pack)* label stacking
Etikettenverwechslung *f* label mix-up
Etikettenzähler *(tech)* label counter
Etikettenzählung *f (pack)* label count
Etikettiereinheit *f (pack) (BE)* labelling unit, *(AE)* labeling unit
etikettieren *v* label
etikettiert/nicht unlabeled condition
Etikettierung *f (BE)* labelling, *(AE)* labeling
Etikettierung *f* **von Hand** *(BE)* hand-applied labelling, *(AE)* hand-applied labeling
Etikettierungsvorschrift *f (BE)* labelling procedure, *(AE)* labeling procedure
Etikettiervorgang *m (BE)* labelling operation, *(AE)* labeling operation
Euro-Medizin-Flasche *f* Euro-med bottle
Europäische Agentur *f* **für die Beur-**

teilung von Arzneimitteln European Medicine Evaluation Agency
Europäische Direktion *f* **für Arzneimittelqualität** European Directorate for the Quality of Medicines
Europäisches Arzneibuch *n* European Pharmacopoe, PhEur
Eutektikum *n* eutectic
evakuieren *v* evacuate
Exemplar *n* 1. *(lab)* specimen; 2. copy
Experiment *n* experiment
experimentieren *v* experiment
Experte *m* expert, specialist
Expertengruppe *f* expert group
Expertise *f* expertise
Explosionsgefahr *f (tech)* explosion hazard
explosionsgefährlich exposable
explosionsgesichert explosion-protected
Explosionsgrenzen *fpl (tech)* explosion limits
Explosionskanal *m (tech)* explosion vent section, explosion duct
Explosionskanal-Abdeckung *f (tech)* explosion relief duct cover
Explosionsklappe *f (tech)* explosion panel
explosionssicher explosion-proof
explosiv explosable
Explosivität *f* explosiveness
Exponierung *f* exposure
Exportverpackung *f (pack)* export [shipping] package
Exposition *f* exposure
Expositionsdosis *f* exposure
Expositionszeit *f* exposure time
Exsikkator *m (tech)* desiccator
Extinktion *f* absorbance
extrahierbar extractable
extrahieren *v* extract
Extrakt *m* essence, extract(ion)
Extraktion *f* extraction
Extraktion *f***/flüssig-flüssig** liquid-liquid extraction
Extraktionsbehälter *m* extraction container
Extraktionsmittel *n* **für Drogenauszüge** menstruum
Extruder *m (tech)* screw (extrusion) press
Exzenterband *n (tech)* eccentric strap
Exzentermaschine *f (tabl, tech)* eccentric machine
Exzenterpresse *f (tabl, tech)* eccentric tablet press

F

Fabrik *f* plant, facility, factory
Fachausdruck *m*, **Fachbezeichnung** *f* technical term
Facheinzelhandel *m (BE)* specialised retail trade, *(AE)* specialized retail trade
Fachinformation *f* technical information
Fachmann *m* expert, specialist
Fachpersonal *n* skilled personnel
fahrbar movable, mobile
Fahrbereich *m* drive zone
Fahrgestell *n (tech)* trolley
Faktor *m* 1. factor; 2. *(math)* coefficient
Faktor *m***/begrenzender** limiting factor
Faktor *m***/qualitätsbeeinflussender** quality-influencing step [factor]
Faktor *m***/veränderlicher** variable
Fall *m* 1. case; 2. fall, drop
Fallhöhe *f* drop height
Fallstudie *f* case study
Fällung *f* 1. precipitation *(chemical process)*; 2. precipitate *(substance)*
Fällung *f***/vollständige** complete precipitation
Fällungsmittel *n (chem)* precipitating agent
falsch bezeichnet misbranded
Falschetikettierung *f (BE)* mislabelling, *(AE)* mislabeling
Fälschung *f* **eines Produkts** counterfeit product
Falte *f (tech)* fold
falten *v* fold
Falten *n (tech)* folding *(process step)*
Faltenbalg *m (tech)* bellows
Faltschachtel *f (pack)* carton, folded box, folding box [carton]
Faltschachtelabnahmesystem *n (pack)* folding carton removal system
Faltschachtelaufrichter *m (tech, pack)* folding carton set-up machine
Faltschachtelgröße *f (pack)* carton size
Faltschachtelherstellung *f (pack)* cartoning process
Faltschachtelverschließmaschine *f (tech, pack)* folding carton sealing machine

Faltschachtelzuschnitt *m (tech, pack)* carton blank
Falz *m (pack)* crimp, seam *(of a tube)*
falzen *v (pack)* fold, crimp, seam
Falzmaschine *f (tech, pack)* folding machine
Falznaht *f (pack)* lock seam
Falzzange *f (tech, pack)* crimping tongs
Familienpackung *f (mark)* family-size package
Farbabstufung *f (BE)* colour scale, *(AE)* color scale
Farbauflösung *f (BE)* colour resolution, *(AE)* color resolution
Farbcodierung *f (BE)* colour code, *(AE)* color code
Farbdispersion *f (BE)* colour dispersion, *(AE)* color dispersion
Farbe *f* 1. *(BE)* colour, *(AE)* color; 2. dye, stain *(substance)*
Färbelösung *f* staining liquid
Färbemittel *n (BE)* colourant, colouring agent, *(AE)* colorant, coloring agent, dye, stain
farblos *(BE)* colourless, *(AE)* colorless
Farbmittel *n (BE)* colourant, colouring matter, *(AE)* colorant, coloring agent
Farbringleser *m (BE)* colour ring code reader, *(AE)* color ring code reader
Farbskala *f (BE)* colour scale, *(AE)* color scale
Farbstoff *m* dye, stain, *(BE)* colouring agent, colour, *(AE)* coloring agent, color
Farbstoffzusatz *m (BE)* colourant, colouring agent [matter], *(AE)* colorant, coloring agent [matter]
Farbüberzug *m (BE)* colour coating, *(AE)* color coating
Färbung *f (BE)* colouration, *(AE)* coloring
Farbuniformität *f (BE)* colour uniformity, *(AE)* color uniformity
Farbveränderung *f (BE)* colour change, *(AE)* color change
Farbzusatz *m (BE)* colourant, colouring agent [matter], *(AE)* colorant, coloring agent [matter]
Faser *f (BE)* fibre, *(AE)* fiber • **Fasern abgeben** *(BE)* generate fibres, *(AE)* generate fibers
Fass *n* tub, barrel, cask
Fassungsvermögen *n* capacity, volume
FDA-validierbar FDA approvable
Fehlbestand *m* stock-out
Fehlbeutelausscheidung *f (pack)* defective sachet ejection
Fehlcharge *f* failed batch
fehlend missing, absent
Fehler *m* defect, error, failure, fault, mistake • **einen Fehler beheben** eliminate a failure • **einen Fehler beseitigen** eliminate a failure • **einen Fehler finden** locate [find] a failure • **Fehler aufklären** investigate errors
Fehler *m*/**geringfügiger** minor *(audit finding)*
Fehler *m*/**kritischer** critical *(audit finding)*
Fehler *m*/**menschlicher** human error
Fehler *m*/**mittlerer** standard deviation *(statistics)*
Fehler *m*/**prozentualer** percentage error
Fehler *m*/**schwerwiegender** major *(audit finding)*
Fehler *m*/**subjektiver** personal [accidental] error
Fehlerbehebung *f (tech)* trouble-shooting
Fehlerbehebung *f* **bei Tabletten** tabletting trouble shooting
Fehlerbeseitigung *f* fault correction, error elimination
Fehlerbewertungsliste *f* defect evaluation list
Fehlerermittlung *f (qual)* failure investigation
fehlerfrei 1. accurate, error-free, exact, faultless; 2. *(tech)* clean
Fehlergrenze *f* limit [margin] of error
fehlerhaft defective, faulty
Fehlermeldung *f* 1. failure message; 2. fault registration
Fehlermöglichkeits- und Einflussanalyse *f (Abk. FMEA)* failure mode and effect analysis, FMEA
Fehlerrate *f* failure rate
fehlersicher fail-safe
Fehlersuche *f* 1. fault [error] finding, fault diagnostics [search], troubleshooting; 2. *(tech)* debugging
Fehleruntersuchung *f* failure [error] investigation
fehlschlagen *v* fail, go wrong
Feineinstellung *f (tech)* fine adjustment
Feingranulat *n* fine granules
Feingut *n* screen undersize
Feinkorn *n* fine particle, screen undersize

feinkörnig fine-grained
feinmahlen *v* grind finely
Feinsieb *n* fine sieve
Feinstaub *m* fine dust
Feinstaubfilter *n(m) (tech)* fine dust filter
Feinstwaage *f* microbalance, precision balance
Fenchel *m* fennel *(medicinal herb)*
Ferment *n (biot)* ferment, enzyme
Fermentation *f (biot)* fermentation (process)
Fermentation *f*/**industrielle** industrial fermentation
Fermentationskessel *m (biot)* fermentation vessel
Fermentationstechnik *f (biot)* fermentation [microbial] technology
Fermentationsverfahren *n (biot)* fermentation process
Fermenter *m (biot)* fermenter, fermentation tank, reactor, bioreactor
fermentieren *v* ferment
Fermentor *m s.* Fermenter
Fernbedienung *f (tech)* remote control [operation]
ferngesteuert remote controlled
Fernsteuerung *f* remote control
Fertigarzneimittel *n* drug, drug product, finished pharmaceutical, finished medicinal product
Fertigarzneimittelprüfung *f* drug product inspection
fertigen *v* manufacture, produce, make • **auf Bestellung fertigen** manufacture to order
Fertigmaterial *n* finished process materials
Fertigpräparat *n* preparation
Fertigprodukt *n* finished product
Fertigspritze *f* prefilled [pre-filled] syringe
Fertigstellung *f (tech)* completion • **bei Fertigstellung** on completion • **nach Fertigstellung** after completion
Fertigstellung *f*/**verzögerte** prolonged completion time
Fertigung *f* manufacturing, production
Fertigung *f* **im Produktionsmaßstab** commercial manufacturing scale
Fertigungsablaufplan *m* operation chart
Fertigungsablaufstudie *f* chronological study
Fertigungsanlage *f (tech)* industrial [manufacturing] plant
Fertigungsgemeinkosten *pl* direct (production) overheads
Fertigungslinie *f (tech)* processing line
Fertigungslos *n* production batch
Fertigungsmenge *f (prod)* production output
Fertigungsplanung *f* order [production] planning
Fertigungsprogramm *n (prod)* production schedule
Fertigungsserie *f (prod)* production run
Fertigungsstufe *f (prod, tech)* production step
Fertigungstechnik *f* product(ion) engineering
Fertigungszeit *f* processing time
Fertigwaren *fpl* manufactured goods
fest 1. solid *(physical condition of a substance)*; 2. stable; 3. definite, decided, confirmed *(as of a decision)*; permanent; 4. fixed, attached *(to a machine)* • **fest werden lassen** congeal, gel
Festbestandteil *m* solid constituent
festgefüllt solid fill
festgelegt defined, determined, specified
festhalten *v* **an** adhere to *(a decision)*
Festigkeit *f (tech)* hardness; stiffness *(carton)*
festlegen *v* 1. fix, decide, determine, assign; 2. schedule, time *(related to time)*
Festlegung *f* provision *(an instruction)*; determination, definition
Festlegung *f* **der Verantwortlichkeit für** assignment of responsibility for
Festlegung *f*/**zeitliche** schedule
Festpreis *m* fixed price
Festsetzung *f s.* Festlegung
feststehend 1. fixed, established; 2. *(tech)* immotile, static, stationary, standing firm
feststellen *v* 1. *(lab)* detect, find; 2. determine, establish, declare, state; 3. fix *(mechanically)*
Feststellung *f* 1. detection, finding, result; 2. statement, declaration
Feststoff *m* solid
Feststoffanteil *m (chem)* solids content

Feststoffgehalt *m (chem)* solids content
Feststoffgemisch *n (chem)* mixture of solids, solids mixture
Feststofftechnologie *f (tech)* solids technology
Feststoffteilchen *n* solids particle
Festsubstanz *f (chem)* solid substance
Fett *n* 1. *(biol)* fat; 2. (tech) grease
fetten *v (tech)* grease *(a machine or parts of it)*
fettlöslich fat-soluble
Fettsalbe *f* fatty ointment
Fettsäure *f* fatty acid
feucht humid, moist • **feucht halten** *(BE)* moisturise, *(AE)* moisturize
feucht behandelt wet treated
Feuchtdichte *f* wet bulk density
Feuchte *f* moisture
Feuchtesensor *m (tech)* humidity sensor
Feuchtgranulierung *f (prod)* wet granulation
Feuchtigkeit *f* moisture, wetness, dampness, humidity *(particularly in the air)* • **Feuchtigkeit entziehen** desiccate, drain
Feuchtigkeit *f*/**gebundene** bound moisture
Feuchtigkeit *f*/**ungebundene** unbound moisture
feuchtigkeitsabweisend moisture-repelling
feuchtigkeitsbeständig moisture-resistant
feuchtigkeitsempfindlich moisture-sensitive
Feuchtigkeitsgehalt *m* moisture content
Feuchtigkeitsmesser *m (tech)* hygrometer
Feuchtigkeitsprüfung *f (tech)* humidity control
feuchtigkeitssensitiv moisture-sensitive
feuchtigkeitsüberwacht humidity-monitored
Feuchtigkeitsüberwachung *f* moisture control
Feuchtkristalle *npl* damp crystals
Feuchtsieb *n (tech)* sieve for wet products
Fibertrommel *f (tech)* fibre drum
Fibrinolytikum *n (med)* fibrinolytic agent
Fieber *n (med)* temperature
fiebererzeugend pyrogenous, pyrogenetic
fieberlindernd antifebrile
Fiebermittel *n* febrifuge, antipyretic, antiphlogistic
fiebersenkend antipyretic, febrifuge, antifebrile
Film *m* film
Filmbeschichtung *f* film coating
Filmbeschichtung *f*/**wässrige** aqueous film coating
Filmbildner *m* film-forming agent
Filmdicke *f* film thickness
Filmstärke *f* film thickness
Filmstreifen *m* film strip
Filmtablette *f* film(-coated) tablet
Filter *n(m) (tech)* filter
Filter *n*/**bakteriendichtes** bacteriological filter
Filter *n*/**endständiges** terminal filter
Filter *n*/**nachgeschaltetes** *(tech)* downstream filter
Filter *n*/**nicht-faserabgebendes** non-fibre-releasing filter
Filter *n*/**sterilisierendes** sterility filter
Filter *n*/**vorgeschaltetes** upstream filter
Filterabdichtung *f* filter seal
Filterbett *n* filter bed
Filterbeutel *m* filter bag
Filterdruck *m* filtering pressure
Filtereinbau *m* filter installation
Filtereinsatz *m* filter insert
Filterentfernung *f* filter removal
Filterentkeimung *f (ster) (BE)* mechanical sterilisation, *(AE)* mechanical sterilization
Filterfläche *f* area of filtration, filter surface
Filtergehäuse *n* filter cover, filter housing
Filtergeschwindigkeit *f* rate of filtration *(gases)*
Filterhilfsstoff *m* filter aid
Filterintegrität *f* filter integrity
Filterintegritätstest *m (ster)* filter integrity test
Filterkerze *f (tech)* filter tube
Filterleistung *f* filter efficiency
Filtermasse *f* filter mass
Filtermaterial *n* filter medium, filter materials
Filtermedium *n* filter medium
filtern *v* filter, percolate

Filternutsche *f* suction filter
Filteroberfläche *f* filter surface [face]
Filterpatrone *f* filter cartridge
Filterpresse *f* filter press
Filterrückstand *m* filter residue
Filtersack *m* bag filter *(of fluidized bed dryer)*
Filterstäbchen *n (lab)* filter stick
Filtertrichter *m* filtering funnel
Filterwiderstand *m* filter resistance
Filterwirksamkeit *m* filter efficiency
Filterwirkung *f* filtering effect
Filterzentrifuge *f* filtering centrifuge, centrifugal filter, screen centrifuge
Filtrat *n* filtrate, filter effluent
Filtration *f* filtration, straining *(without pressure)* • **durch Filtration entfernen** filter out, remove by filtration • **durch Filtration keimfrei machen** *(biot, ster)* filter aseptically, *(BE)* sterilise by filtration, *(AE)* sterilize by filtration
Filtrationsabfall *m* filtration waste
Filtrationsbehälter *m* filtration container
Filtrationsentstauber *m* filter-type dust collector
Filtrationsmethode *f* filtration method
Filtrationswiderstand *m* filtration resistance
filtrierbar filterable
filtrieren *v* filter, percolate • **filtrieren im Vakuum, filtrieren mit Unterdruck** suction-filter
Filtrieren *n* filtration
Filtriergeschwindigkeit *f s.* Filtergeschwindigkeit
Filtriermasse *f* filter mass
Filtrierröhrchen *n* filter tube
Filtrierstäbchen *n (lab)* filter stick
Filtrierstativ *n* funnel rack
Filtrierzentrifuge *f s.* Filterzentrifuge
Finanzbuchhaltung *f (fin)* financial accounting
finden *v* 1. locate, find (a place); 2. identify *(realise)*
Firmenexposé *n*, **Firmenportrait** *n* Site Master File, SMF
Fixierlösung *f (chem)* fixing solution
Flachbeutel *m (pack)* flat bag, sachet
Fläche *f* 1. *(tech)* space; 2. area
Flächenbedarf *m (tech)* space requirements
Flammenemissionsspektroskopie *f* flame emission spectroscopy
Flammenionisationsdetektor *m (Abk. FID)* flame ionisation detector, FID
Flammenphotometrie *f* flame photometry
Flammensterilisator *f (ster) (BE)* flame steriliser, *(AE)* flame sterilizer
Flansch *m (tech)* flange
flanschen *v (tech)* flange
Flasche *f (pack)* bottle
Flasche *f* **mit Schraubverschluss** screw-cap bottle
Flasche *f*/**quadratische** *(lab, pack)* square bottle
Flaschenabfüllmaschine *f (tech, pack)* bottling machine
Flaschencontainer *m* bottle bank
Flaschenglas *n* bottle glass
Flaschenverschließmaschine *f (tech, pack)* bottle-closing [sealing] machine
Flaschenverschluss *m (pack)* bottle cap
Flatterventil *n (tech)* shutter valve
Fliehkraft *f (tech)* centrifugal power [force]
Fliehkraftabscheider *m (tech)* centrifugal collector [separator]
Fliehkraftsichter *m (tech)* centrifugal classifier
Fließarbeit *f (prod)* continuous sequence of operations
Fließband *n (tech)* conveyor belt
Fließdiagramm *n* flow chart
Fließeigenschaft *f* flow property
fließen *v* flow, run
Fließen *n*/**viskoses** viscous flow
Fließfähigkeit *f* flow capability, flowability
Fließfertigung *f (prod)* progressive operations
Fließgeschwindigkeit *f* velocity of flow, flow rate, rate of flow
Fließgradient *m* flow gradient
Fließgrenze *f* yield point *(of coat)*
Fließmittel *n (tabl)* flow promoter
Fließpapier *n (lab)* blotting paper, absorbent paper
Fließrichtung *f (tech)* flow direction
Fließverhalten *n (tech) (BE)* flow behaviour, *(AE)* flow behavior
Flocke *f* flake, floc
flocken *v* flocculate, coagulate, clot, curdle
flockig flocculent, flaky

Flockung *f* flocculation, coagulation, clotting, curdling
Flockungswert *m* coagulation value
flüchtig volatile
Flügel *m (tech)* arm
Flügelmischer *m (tech)* blade mixer
Flügelrad *n (tech)* blade, fan wheel, impeller, rotor, vane
Flügelrührer *m (tech)* blade stirrer
Flügelschraube *f (tech)* wing screw
Flugstaub *m (prod)* entrained dust *(fluid bed processing)*
Fluid *n*/**reibungsfreies** non-viscous fluid
Fluktuationstest *m (micro)* fluctuation test *(of bacteria)*
Fluoreszenz *f* fluorescence
Fluorierung *f* fluorination
Flur *m* corridor
Flussdiagramm *n* flow chart
flüssig liquid
Flüssigfilter *n(m)* liquid filter
Flüssigkeit *f* liquid, fluid
Flüssigkeit *f*/**ablaufende** effluent
Flüssigkeit *f*/**zufließende** influent
Flüssigkeitsabscheider *m* coalescer *(to collect liquid droplets)*
Flüssigkeitsaufnahme *f* imbibition, uptake of fluids
Flüssigkeitsextrakt *m* liquid extract
Flüssigkeitsfassungsvermögen *n* liquid holding volume
Flüssigkeitskristallanzeige *f* liquid crystal display, LCD
Flüssigkeitsstand *m* liquid level
Flüssigkonzentrat *n* liquid concentrate
Flüssigkultur *f (micro)* liquid culture
Flüssigmedium *n (micro)* liquid medium
Flüssignahrung *f* liquid nutrition
Flüssigphase *f* liquid phase
Flüssigwirkstoff *m* liquid active substance
Flussmittel *n* fusion reagent
Folge *f* series
Folgebestellung *f* follow-up-order, repeat order
Folgecharge *f* successive batch
Folgemaßnahme *f* follow-up action
Folgereaktion *f* consecutive reaction
Folie *f* coated sheet, foil, film
Folie *f*/**abziehbare** *(pack)* peelable foil
Folie *f*/**bedruckte** *(pack)* printed foil
Folie *f*/**durchsichtige** *(pack)* transparent foil
Folie *f*/**industriell bedruckte** industrially printed foil
Folie *f*/**kalt formbare** *(pack)* cold formable foil
Folie *f*/**warm formbare** *(pack)* warm formable foil
Folienabschnitt *m (pack)* foil segment
Folienbahn *f (pack)* foil sheet, sheet of film
Folienbedruckung *f (pack)* foil [film] printing
Folienbeschickung *f (pack, tech)* film [foil] supply
Folienblasmaschine *f (tech)* film blowing machine
Folienblister *m (pack)* foil blister
Folienformung *f (pack)* sheet forming
Foliengeschwindigkeit *f (pack)* foil speed
Folienmarkierung *f (pack)* foil stamping
Folienoberfläche *f (pack)* film surface
Folienprodukt *n (pack)* film [foil] product
Folienstärke *f* foil thickness
Folienstrang *m (pack)* foil strip
Folientastatur *f (tech)* membrane key pad
Folienverarbeitung *f (pack)* film [foil] processing
Folienverbundkleber *m (pack)* foil laminating adhesive
fordern *v* demand, require
Förderschnecke *f (tech)* anger, feed screw, worm gear box, worm screw
Form *f* 1. form, shape; 2. *(tech) (BE)* mould, *(AE)* mold • **in unreiner Form** *(chem)* unpurified
Format *n* format, size
formatabhängig *(tech)* size-dependable
Formateinstellung *f* size adjustment
Formattakte *mpl (tech)* form cycles
Formatteile *npl* sizeparts
Formatumstellung *f (pack)* size changeover
Formatwechsel *m (pack)* size change, format changeover
Formbeutel *m (pack)* shaped sachet
Formblock *m (tabl)* die block
Formel *f* formula
Formel *n*/**allgemeine** general formula
formen *v* 1. form, shape; 2. *(tech) (BE)* mould, *(AE)* mold • **zu Kugeln formen** pill
Formen *n* forming, shaping

Formen *fpl*/**feste** solid (dosage) forms
Formflasche *f (pack)* shaped bottle
Form-Füll-Verschließ-Maschine *f (tech, ster)* form-fill-closing machine
Formgebung *f* 1. forming, shaping; 2. *(tabl)* formulation, shaping of drugs
Formpackung *f (pack)* contoured pack, form package
formpressen *v (BE)* mould, *(AE)* mold, press into shape
Formteil *n*/**gegossenes** *(ster) (BE)* cast moulding, *(AE)* cast molding
Formular *n* form
Formulierung *f* formulation *(process, product)*
Forscher(in) *m(f)* researcher
Forschung *f* research
Forschung *f*/**angewandte** applied research
Forschung *f*/**klinische** clinical research
Forschung *f*/**pharmazeutische** pharmaceutical research
Forschung *f* **und Entwicklung** *f* research and development, R&D
Forschungsabteilung *f* research department
Forschungsauftrag *m* research contract
Forschungsaufwand *m (fin)* research expenditure
Forschungsbereich *m* field of study, research field
Forschungsbericht *m* research [project, technical] report
Forschungshaushalt *m (fin)* research budget
Forschungsinstitut *n* research institute
Forschungslabor *n* research lab(oratory)
Forschungsmethoden *fpl* research instruments
Forschungsprojekt *n* research project
Forschungsrichtung *f* line of research
fortgeschritten advanced
Fortschritt *m* advance, progress
Fortschritt *m*/**technischer** technological progress
Fortschrittsbericht *m* status report, progress report
Fotochemie *f s.* Photochemie
fotochemisch *s.* photochemisch
Fotolyse *f s.* Photolyse
Fotometer *n s.* Photometer
Fotozelle *f s.* Photozelle
Frachtabsender *m (log)* consignor, sender, shipper, dispatcher
Frachtannahme *f* 1. *(log)* receipt of a consignment; 2. *(qual)* acceptance of a consignment
Frachtbrief *m (log)* freight note
Frachtgebühren *fpl (log, fin)* freight charges
Fragebogen *m* questionnaire
Fraktion *f (tech)* size fraction
fraktionieren *v* fractionate
Freigabe *f (qual)* release
Freigabe *f* **für den Vertrieb** *(qual)* release for distribution
Freigabe *f*/**zeitlich gesteuerte** *(qual)* timed release
Freigabe *f* **zur Produktion** *(qual)* release for manufacturing
Freigabe *f* **zur Verpackung** *(qual)* release for packaging
Freigabedatum *n (qual)* release date
Freigabestatus *m (qual)* release status
Freigabetest *m (qual)* release testing
Freigabeverfahren *n (qual)* release procedure
Freigabezeitraum *m (qual)* retest period
freigeben *v (qual)* release
freigegeben released
freisetzen *v (chem, tech)* set free, release, liberate *(substances or warmth)*
freisetzend/langsam slow release
freisetzend/retardierend slow release
Freisetzung *f (chem, tech)* release, liberation *(substances or warmth)*
Freisetzung *f*/**kontrollierte** controlled release
Freisetzung *f*/**langsame** *(chem, tech)* slow release
Freisetzung *f*/**schnelle** *(chem, tech)* immediate release
Freisetzung *f*/**unvollständige** *(chem, tech)* incomplete release
Freisetzung *f*/**vollständige** *(chem, tech)* complete release
Freisetzung *f*/**zeitlich gesteuerte** timed release
Freisetzungsgeschwindigkeit *f (chem)* dissolution rate *(of a solution)*
Freisetzungsprofil *n (chem)* dissolution profile *(of a solution)*
Freisetzungsrate *f (chem, tech)* rate of release, release rate

Freisetzungsverhalten *n (chem, tech)* release behaviour
Freisetzungszeit *f (chem)* dissolution time *(of a solution)*
Freistellung *f (tech)* exemption (from)
Freiwilliger *m* volunteer
Freiwilliger *m*/**gesunder** healthy volunteer
Fremdagenzien *npl* adventitious agents
Fremdbezug *m* outside purchasing
Fremdkörper *m* foreign body [particle, substance, matter]
Fremdstoff *m* foreign material [body, matter], impurity
Fremdsubstanz *f* extraneous substance
Frischluft *f* inlet air, fresh air
Frischluftzufuhr *f* fresh air inlet
Frist *f* deadline, time limit
Frist *f*/**gesetzliche** legal [statutory] time limit
Fristverlängerung *f* deadline extension
frostbeständig resistant to freezing
Frostsalbe *f* anti-frostbite grease
Fruchtbarkeit *f* fertility
Frühphase *f* early stage
Frühstadium *n* early stage
Fuge *f (tech)* joint, seam
fugenlos seamless
fühlen *v*/**sich** feel • **sich gut fühlen** feel [be] comfortable, feel fit • **sich schlecht [elend] fühlen** be miserable
Führung *f* 1. *(tech)* guide, guiding device; 2. management
Führungskraft *f* executive [managerial] personnel, executive, manager
füllen *v (tech)* charge, feed, load
Füllen *n (tech)* charging, feeding, filling, load(ing)
Füllgewicht *n* filling weight
Füllgut *n* 1. *(pack)* fillers, filling; 2. bulk material *(material to be filled in)*
Füllgutkontrolle *f (qual)* content control
Füllhöhe *f (tech)* filling level
Füllkopf *m (tech)* filling head
Füllkurve *f (tabl)* filling cam
Füll-Loch *n (tech)* feed inlet, charging hole
Füllmasse *f* bulking agent, filling agent [material]
Füllmaterial *n (pack)* padding material *(soft material used for padding things)*
Füllmenge *f* fill(ing) volume [quantity]
Füllmengengenauigkeit *f* packing accuracy
Füllmengenkontrolle *f (qual)* quantity control
Füllmittel *n* bulking agent, filling agent, filling material
Füllmittelbinder *m (chem)* filler-binder
Füllöffnung *f (tech)* charging hole
Füllrohr *n (tech)* feed tube
Füllschuh *m (tech)* feed shoe
Füllstand *m* filling level
Füllstandshöhe *f* level of filling
Füllstandsmelder *m (tech)* level detector
Füllstandsmesser *m (tech)* level-measuring device
Füllstandsmessung *f (tech)* level measurement
Füllstation *f (tech)* filling station
Füllstoff *m* bulking agent, filling [filling] material, loading material
füllstoff-frei unfilled
Füllstutzen *m (tech)* charging pipe
Fülltiefe *f* filling depth
Fülltrichter *m (tech)* hopper
Füllung *f* batch (*s. a. Füllen*)
Füllung *f*/**fehlende** *(prod, pack)* missing filling, absence of filling
Füllventil *n (tech)* filling nozzle
Füllvolumen *n* filling volume
Fungistatikum *n* fungistat
Fungizid *n* fungicide
Funktionsfähigkeit *f (tech)* operability, functionality
Funktionsmangel *m* functional defect
Funktionsqualifizierung *f (tech)* operational qualification, OQ
Funktionsstörung *f* functional disorder, malfunction
Fußbodenabfluss *m (tech)* floor drain
Fußbodenbelag *m* floor finishing
Füttern *n (micro)* feeding
Fütterungsarzneimittel *n* medicated feed, drugs for animal feed

G

Gabelarm *m (tech)* yoke
Gabelstapler *m (tech)* fork-lift truck
Galenik *f* galenical development, formulation
galenisch galenical
Garantie *f* guarantee, warranty

Garantiemerkmal *n* **einer Verpackung** tamper-evident packaging feature
Garantieverschluss *m (pack)* tamper-evident packaging
Gärung *f (biot)* fermentation • **in Gärung sein** ferment
Gärung *f***/beschleunigte** *(biot, micro)* accelerated fermentation
Gärungstechnologie *f (biot)* fermentation technology
Gas *n* gas
Gas *n***/flüssiges** liquid gas
Gas *n***/komprimiertes** compressed gas
Gas *n***/medizinisches** medical gas
Gasaustausch *m* gas exchange
Gasblase *f* gas bubble
Gaschromatographie *f* gas chromatography
gasdicht gas-tight
Gasdurchlässigkeit *f* permeability to gas
Gasdurchströmung *f* gas flow
Gase *npl***/komprimierte medizinische** compressed medical gas products
Gasfilter *n(m)* gas filter
gasförmig gaseous
Gassterilisation *f (BE)* gas sterilisation, *(AE)* gas sterilization
Gaszähler *m (tech)* gas meter
Gaszufuhr *f (tech)* gas supply
Gattung *f (biol, micro)* species
Gebäude *n* building, facility
Gebäudeplan *m* (facility) floor plan [map]
Gebinde *n* 1. pack(age); 2. container, bundle
Gebindegröße *f* bundle size
Gebläse *n (tech)* blower, fan, ventilator
Gebläseluft *f (tech)* blast
Gebläserad *n (tech)* fan wheel
Gebrauch *m* handling, use(age)
Gebrauch *m***/bestimmungsgemäßer** normal conditions of use
gebrauchen *v* handle, use
Gebrauchsanweisung *f* instructions for use, operating instructions
gebrauchsfertig ready-to-use
Gebrauchskriterien *npl* usage criteria
Gebrauchstemperatur *f* service temperature
Gebrauchswertdauer *f* useful life
geeignet suitable, appropriate
Gefahr *f* danger, hazard, peril, threat
Gefahr *f* **durch biologische Stoffe** biohazard
Gefahr *f* **für** danger for, hazard to, threat to
gefährden *v* compromise, endanger, put at risk, *(BE)* jeopardise, *(AE)* jeopardize • **die Qualität eines Produktes gefährden** *(BE)* jeopardise the quality of a product, *(AE)* jeopardize the quality of a product
Gefährdung *f* danger, hazard, peril, threat
Gefahrenhinweis *m* hazard indication [note]
Gefahrenhinweiszettel *m* hazard label
Gefahrenklasse *f* danger [hazard] class(ification)
Gefahrensymbol *n (tech)* hazard symbol
Gefahrgut *n* dangerous material
Gefahrgutetikett *n* caution mark
gefährlich hazardous, dangerous, harmful
Gefährlichkeit *f* dangerousness, harmfulness
Gefahrmüll *m* hazardous [dangerous] waste
Gefahrstoff *m* dangerous [dangerous] material
Gefahrstoffabfall *m* hazardous waste
Gefahrstoffverordnung *f (reg)* regulations for hazardous goods
gefärbt *(BE)* coloured, *(AE)* colored
Gefäß *n* vessel, container
Gefäßentleerung *f (tech)* vessel emptying
gefäßerweiternd *(med)* vasodilating
gefordert required, asked, demanded
geformt *(BE)* moulded, *(AE)* molded
gefriergetrocknet 1. freeze-dried; 2. *(ster) (BE)* lyophilised, *(AE)* lyophilized
Gefrierpunkt *m (tech)* freezing point • **unter dem Gefrierpunkt** below freezing point
Gefrierröhrchen *n* cryotube
gefriertrocknen *v* 1. freeze-dry; 2. *(ster) (BE)* lyophilise, *(AE)* lyophilize
Gefriertrockner *m* 1. freeze dryer; 2. *(ster) (BE)* lyophiliser, *(AE)* lyophilizer
Gefriertrocknung *f* 1. freeze-drying; 2. *(ster) (BE)* lyophilisation, *(AE)* lyophilization
Gefüge *n* grain structure *(granulation)*
Gegenanzeige *f* contra-indication
Gegendruck *m* 1. *(tech)* back pressure,

counter-pressure, counterpressure; 2. back pressure *(chromatography)*
Gegenflansch *m (tech)* counter-flange
Gegenfluss *m* counterflow
Gegengift *n* antidote
Gegenstromchromatographie *f* countercurrent chromatography
Gegenversuch *m* control experiment
Gehalt *m (tech, chem)* content
Gehaltsbestimmung *f (tech, chem)* determination of content
Gehaltseinheitlichkeit *f* content uniformity, CU
Gehäuse *n (tech)* casing, housing
geheim secret
geheim/streng top secret
Geheimhaltungsvertrag *m* secrecy agreement [contract]
Gehörschutz *m (tech, hyg)* ear protection
gekammert encapsulated
gekennzeichnet labelled
gekörnt grained
Gel *n* gel
Gelatine *f* gelatin(e)
gelatineartig gelatinous
Gelatinekapsel *f* gelatine [soft] capsule
gelatinieren *v* gel
Gelatinieren *n (BE)* gelatinising, *(AE)* gelatinizing
Gelatinierung *f (BE)* gelatinising, *(AE)* gelatinizing
gelatinös gelatinous
Gelbildner *m* gel former
geleartig jelly-like
Gelfiltration *f (tech)* gel filtration
gelieren *v* gel
Gelieren *n* gelation
Geliermittel *n* gelling agent, gellant, *(BE)* gelatiniser, *(AE)* gelatinizer
gelten *v* **für** apply to
geltend valid *(related to time)*; applicable *(law)*
Geltungsbereich *m* scope, validity
Geltungsdauer *f* time [period] of validity
Gelverschluss *m* gel seal
Gemeingültiges Technisches Dokument *n* Common Technical Document
Gemeinkosten *pl (econ)* overheads
Gemeinkosten *pl***/fixe** *(econ)* fixed overheads
Gemeinkosten *pl***/verrechnete** *(econ)* absorbed overheads
Gemeinkostenumlage *f (econ)* overhead cost allocation
Gemeinkostenverrechnung *f (econ)* overhead absorption
Gemeinschaftskodex *m* **der EU** *(reg)* Community code
Gemenge *n* solids mixture, bulk blend
Gemisch *n* mixture
gemischt mixed
genau accurate, detailed, precise, specific
Genauigkeit *f* 1. accuracy *(test, measurement)*; 2. precision *(of scales)*
Genauigkeitsgrenze *f* limit for accuracy, accuracy limit
genehmigen *v* approve, *(BE)* authorise, *(AE)* authorize, accept
genehmigt approved, *(BE)* authorised, *(AE)* authorized, accepted
genehmigt/erneut re-approved
genehmigt/nicht unapproved
Genehmigung *f (reg)* approval, *(BE)* authorisation, *(AE)* authorization • **eine Genehmigung ändern** *(BE)* vary an authorisation, *(AE)* vary an authorization • **eine Genehmigung erteilen** *(BE)* grant an authorisation, *(AE)* grant an authorization • **eine Genehmigung zurückziehen** *(BE)* withdraw an authorisation, *(AE)* withdraw an authorization • **mit amtlicher Genehmigung** *(reg)* by authority
Genehmigung *f***/elektronische** *(reg)* electronic approval
Genehmigung *f* **für das Inverkehrbringen** *(reg) (BE)* marketing authorisation, *(AE)* marketing authorization
Genehmigung *f***/technische** technical approval
Genehmigungsbedingung *f (reg) (BE)* term of an authorisation, *(AE)* term of an authorization
Genehmigungsbehörde *f (reg)* approval agency
Genehmigungsverfahren *n (reg)* approval procedure
geneigt *(tech)* sloped
Generalüberholung *f (tech)* overhaul
Generationszeit *f (micro)* doubling time
Generator *m (tech)* generator
generieren *v* generate
Generierung *f* generation

Generikum *n* generic
genetisch genetic(al)
genetisch verändert genetically modified [engineered]
Genmanipulation *f* genetic engineering
Gentechnologie *f* genetic engineering, gene technology
Gentherapeutika *npl* gene therapy medicinal products
Gentherapie *f* gene therapy
Gentherapiewirkstoff *m* gene therapy active pharmaceutical ingredient
geprägt embossed
geprüft checked, inspected, tested
geprüft auf Dichtigkeit tested for seal-tightness
Gerät *n (tech)* apparatus, device, equipment
Gerät *n*/**kritisches** critical instrument
Gerät *n*/**peripheres** peripheral instrumentation [device]
Gerätehandbuch *n* instrument manual
Gerätekalibrierung *f* instrument calibration
Gerätekennzeichnung *f (tech)* apparatus designation
Gerätekonfiguration *f (tech)* instrument configuration
Geräteparameter *m (tech)* equipment operating parameter
Geräteraum *m* engine room
Gerätespezifikation *f (tech)* instrument specification
Gerätetest *m* equipment test
Gerätevalidierung *f* instrument [equipment] validation
geräuschdämmend noise-proof
Geräuschpegel *m* noise level
gereinigt purified, cleaned
Geriatrikum *n (med)* geriatric agent
gering halten *v (BE)* minimise, *(AE)* minimize
geringfügig low, minor, poor
geringwertig low-grade, poor, low-quality
gerinnen *v* coagulate, gel
Gerinnen *n* coagulation
Gerinnungsfaktor *m* coagulating factor
gerinnungshemmend anticoagulant
Germizid *n* germicide
Geruch *m (BE)* odour, *(AE)* odor
geruchlos *(BE)* free from odour, *(AE)* free from odor, *(BE)* odourless, *(AE)* odorless
geruchsfrei free from odour, odourless
Geruchsverschluss *m (tech)* stench trap, siphon
Gerüst *n* supporting structure
gesammelt collected
Gesamt... total, overall, complete
Gesamtabmessung *f (tech)* overall dimension
Gesamtausbeute *f (econ, prod)* total [overall] yield
Gesamtbreite *f (tech)* overall width
Gesamtgeschwindigkeit *f* 1. *(tech, micro)* overall rate; 2. *(tech)* overall speed
Gesamtgewicht *n* gross [total] weight
Gesamthöhe *f (tech)* overall height
Gesamtkeimzahl *f (micro)* total microbial count
Gesamtlänge *f (tech)* overall length
Gesamtproduktion *f* total output [production]
Gesamtproduktionsausstoß *m* total output
Gesamtprozess *m* overall process
Gesamtreaktion *f (chem)* complete reaction
Gesamttiefe *f (tech)* overall depth
Gesamttrockenmasse *f* total dry solids
gesättigt saturated
Geschäftsbedingungen *fpl* terms and conditions, terms of business
Geschäftsbereich *m (tech)* operating area, division, branch *(in company structure)*
Geschäftsbetrieb *m* commercial operation
Geschäftsjahr *n* financial [accounting] year
Geschäftskonto *n (fin)* commercial account
Geschäftsleitung *f* management
geschichtet layered
geschliffen/**blank** *(tech)* polished
geschlossen closed, locked
Geschmack *m* taste, *(BE)* flavour, *(AE)* flavor
geschmacklos tasteless, *(BE)* flavourless, *(AE)* flavorless
geschmacksbeeinträchtigend taste-impairing

Geschmacksstoff *m (BE)* flavouring agent [substance], *(AE)* flavoring agent [substance], *(BE)* flavour, *(AE)* flavor
Geschmacksüberlagerung *f* taste masking
geschmacksverändernd taste-modifying
Geschmacksverstärker *m (BE)* flavouring material, *(AE)* flavoring material
geschmeidig pliable, pliant
Geschmeidigkeit *f* pliability
geschützt/urheberrechtlich protected by patent
Geschwindigkeit *f* speed, velocity, rate
Geschwindigkeitsmesser *m (tech)* velocimeter
Gesetz *n* act, law, statute • **ein Gesetz anwenden** apply a law • **gegen ein Gesetz verstoßen** break a law
Gesetzgebung *f* legislation
gesiebt sifted
Gestalt *f* shape, design
gestalten *v* shape, design
Gestalten *n* shaping
Gestaltung *f* design, layout
Gestaltungsmerkmale *npl* design features [characteristics, specifications]
Gestell *n (tech)* stand, frame, rack
gesund healthy
Gesundheit *f* health
Gesundheit *f*/**öffentliche** public health
Gesundheitsbehörde *f* **der USA** Food and Drug Administration
Gesundheitsförderung *f* health promotion
Gesundheitsgefährdung *f* health hazard
Gesundheitsmonitoring *n* health monitoring
Gesundheitsprodukte *npl* health care products
Gesundheitsrisiko *n* health risk
Gesundheitsschaden *m* damage to health
gesundheitsschädlich deleterious, harmful to health, injurious to health
Gesundheitsverhalten *n* health habit
Gesundheitswesen *n* health care
Gesundung *f* recovery
getaktet intermittent *(packaging machine)*
getrennt 1. separate(d), segregated; 2. *(tech)* disjoined, disconnected, unconnected; 3. divided, split *(into parts)*
Getriebe *n (tech)* gear, transmission, drive
Gewährleistung *f* warranty
Gewährleistungsfrist *f* warranty period
Gewährleistungsgarantie *f* performance warranty
Gewährleistungsklausel *f* warranty clause
Gewährleistungspflicht *f* warranty
Gewebe *n* tissue
Gewebekultur *f* cell culture
Gewebezellkultur *f* tissue cell culture
Gewerbeaufsichtsamt *n (reg)* trading standards authority
Gewicht *n* weight
Gewichtsabnahme *f* weight loss *(in the process of drying)*
Gewichtsabweichungen *fpl* weight variations
Gewichtsanalyse *f* analysis by weight
Gewichtsangabe *f* indication of weight
Gewichtsbereich *m* weight range
Gewichtsbestimmung *f* weight determination
Gewichtsgenauigkeit *f* weight accuracy
Gewichtskonstanz *f* constant weight
Gewichtskontrolle *f* weight check
Gewichtsprüfer *m* check weigher
Gewichtsprüfung *f* weight check
Gewichtsverlust *m* weight loss *(in the process of drying)*
Gewinde *n (tech)* thread
Gewindestutzen *m (tech)* threaded spigot
Gewindeverschluss *m (pack)* screw neck
Gewinn *m* **nach Steuer** profit after tax
Gewinn *m* **vor Steuern** profit before taxation
Gewinn *m*/**zu versteuernder** taxable profit
Gewinn- und Verlustrechnung *f (econ, fin)* profit and loss account(ing)
gewinnen *v* **aus** derive [make] from
Gewinnspanne *f* margin, profit margin
Gewöhnung *f* habituation *(to a drug)*
gewölbt/konkav concave
gewölbt/konvex domed, convex
Gieße *f (ster) (BE)* cast moulding, *(AE)* cast molding
gießen *v* pour *(fluid)*
Gießform *f (BE)* mould, *(AE)* mold
Gift *n* poison, toxin

Gift *n*/**scharf narkotisches** *(med)* acronarcotic agent
giftig poisonous, toxic
Giftigkeit *f* poisonousness, toxicity
Giftstoff *m* toxicant
Ginkgo *m* ginkgo *(medicinal plant)*
Gitterrost *m* grating, grate
Glanz *m* gloss(ing)
glänzend glossy
glanzlos mat
Glas *n* glass
Glas *n*/**bruchfestes** unbreakable glass
Glas *n*/**laminiertes** laminated glass
Glasart *f (pack)* glass type
Glasballon *m (pack)* glass balloon
Glasbecher *m* glass beaker
Glasbefüllung *f (pack)* vial loading
Glasbefüllung *f*/**aseptische** *(pack)* aseptic vial filling
Glasbruch *m* breakage of glassware
glasfaserverstärkt *(tech)* fibreglass-reinforced
Glasfläschchen *n (pack, lab)* vial, glass vial
Glasgefäß *n* jar
Glasgefäße *npl* glassware
Glaskolben *m* glass bulb [flask]
Glaskörper *m* glass barrel
Glasküvette *f (lab)* glass cuvette
Glasrohr *n* glass pipe
Glasröhrchen *n* tubular glass vial
Glasröhre *f* glass tube
Glasschale *f* glass dish
Glassplitter *m* glass splinters
Glasstab *m* glass rod
Glasstopfenflasche *f* glass-stoppered bottle
Glastrichter *m* glass funnel
Glaswaschanlage *f* glassware washer
glatt smooth
glätten *v* smooth
gleichbleibend consistent, constant, permanent
Gleichförmigkeit *f* uniformity
Gleichgewicht *n* equilibrium, balance
Gleichkorn *n* uniform particle size *(granulation)*
gleichmäßig uniform, regular
Gleichmäßigkeit *f* uniformity, regularity; constancy
Gleichstrom *m (tech)* direct current
Gleichung *f (math)* equation
Gleiteigenschaft *f* slip property
gleiten *v* slip
Gleitmittel *n* lubricant
Gleitringdichtung *m (tech)* axial sealing ring
Globin-Zink-Insulin *n* globin [zinc] insulin
GMP-Bedingungen *fpl (qual)* GMP conditions
GMP-Entsprechung *f (qual)* GMP compliance
GMP-gerecht *(qual)* GMP compliant [conform]
GMP-Konzept *n (qual)* GMP concept
GMP-Richtlinien *fpl (qual)* GMP guidelines
Grad *m* level, grade
Grad *m* **des Prüfens** level of testing
Gradeinteilung *f* graduation
Gramfärbung *f* Gram staining
gramnegativ Gram-negative
grampositiv Gram-positive
Granulat *n (prod)* granular material, granulate
Granulat *n* **mit veränderter Wirkstoff-Freisetzung** *(prod)* modified release granules
Granulatdichte *f (prod)* granule density
Granulatkorn *n* granule
Granulator *m (tech)* granulator
Granulatstruktur *f (prod)* granule structure
granulieren *v* granulate, grain
Granulieren *n* granulation
Granulierflüssigkeit *f* granulating fluid
granuliert granulated, grained
Granulierung *f (tech)* granulation
Granulierungsausrüstung *f (tech)* granulation equipment
Granulierverfahren *n (tech)* granulation process
Granuliervorgang *m (tech, prod)* granulating process
granulös granular, grainy
Grat *m* **einer Tablette** *(tabl)* bur, rim
Gratismuster *n (mark)* free sample
Gravierung *f* embossing
Gravurrolle *f (tech)* engraving roll
Greifer *m (tech)* gripper
Greifersystem *n (tech)* gripper system
Gremium *n*/**benanntes** notified body
Grenzbereich *m* threshold
Grenze *f* limit
Grenze *f*/**obere** upper limit

Grenze *f*/**untere** lower limit
Grenzfläche *f* interface
Grenzkonzentration *f (chem)* limiting concentration
Grenzprüfung *f* limit test
Grenzwert *m* limit, limiting value, accepted limit • **einen Grenzwert überschreiten** exceed a limit
Grenzwert *m* **für lebensfähige Partikel** *(micro)* viable particle limit
Griff *m* handle, grip
Griffloch *n (pack)* grip hole
Grippemittel *n (med)* influenza remedy
grob coarse *(material in granulation)*
Grobeinstellung *f (tech)* coarse adjustment
Grobfilter *n(m) (tech)* coarse filter, roughing filter
Grobgranulat *n* coarse granules
Grobgut *n* screen oversize, coarse particles
Grobkorn *n s.* Grobgut
grobkörnig coarse, coarse-grained
grobkristallin coarse-grained
Grobsieb *n* coarse sieve
Großabnehmer *m (distr)* quantity buyer
Großanlage *f (tech)* large-scale unit
Großauftrag *m (distr)* large [substantial] order
Größe *f* size, dimension
Größe *f*/**angemessene** adequate size
Größenbereich *m (qual)* size range
Größenbestimmung *f* size determination
Großhandel *m (distr)* wholesaling
Großhandel *m*/**pharmazeutischer** pharmaceutical wholesale; pharmaceutical wholesaler
Großhandelsgeschäft *n (distr)* wholesale business
Großhandelsverkauf *m (distr)* wholesale
Großhändler *m (distr)* wholesaler, distributor
Großmenge *f* bulk, large quantity
Großproduktion *f* full-scale manufacturing
Großserienfertigung *f* large-scale production
großtechnisch large-scale
Großversuch *m* large-scale trial [experiment]
großvolumig large-volume
Grund *m* 1. bottom *(of a container)*; 2. reason, cause
Grund *m* **der Beanstandung** complaint nature, reason of complaint
Grundbestandteil *m* basic component, basis, main component
grundieren *v (prod)* prime, apply groundcoat
Grundierung *f (prod)* base coat, groundcoat, grounding, priming, prime coat, undercoat
Grundlage *f* basis
Grundlagenforschung *f* basic research
grundlegend basic
gründlich thorough
Gründlichkeit *f* thoroughness
Grundlösung *f* basis [basic] solution
Grundregel *f* principle, basic rule [regulation]
Grundsatz *m* principle
Grundsätze *mpl* **von GMP** principles of GMP
Grundstoff *m* parent substance [material, compound], basic substance [material, compound]
Grundsubstanz *f* parent [basic] substance
Gruppendruck-Etikettierung *f (pack)* gang-printed labelling
Gruppenfrequenz *f* group frequency *(spectroscopy)*
gruppieren *v* group
Gruppieren *n* grouping
gültig 1. current *(related to time)*; 2. valid; applicable *(law)* • **gültig ab** valid from
Gültigkeit *f* validity
Gültigkeitsdauer *f* time [period] of validity
Gummi *n* rubber *(material)*
Gummidichtung *f (tech)* rubber gasket
Gummischlauch *m* rubber tube
Gummisorte *f (pack)* rubber formulation [type]
Gummistopfen *m (pack)* rubber stopper
Gurgellösung *f* gargle
Gurt *m* belt
Guss-Stahl *m* cast steel
Gutachten *n* expertise
gutartig *(med)* benign
Gutbeutel *m (pack)* pass sachet
Gute Herstellungspraxis *f (qual)* Good Manufacturing Practice, GMP
Gute Klinische Praxis *f (qual)* Good Clinical Practice, GCP

Gute Laborpraxis *f (qual)* Good Laboratory Practice, GLP
Gütebestimmung *f* quality specification
Güteklasse *f* quality class [grade, level]
Güteminderung *f* loss of quality
Gynäkologikum *n (med)* gyn(a)ecological agent

H

Haarriss *m* hairline fissure, hairline crack, craze *(on the surface)*
haftbar liable
haftbar/persönlich personally liable
Haften *n (chem)* adhesion, adherence
haftfähig *(chem)* adhesive, adherent
Haftfähigkeit *f (chem)* adhesiveness, adherence, sticking capacity
Haftmittel *n (chem)* adhesive agent
Haftung *f* 1. liability *(according to the law)*; 2. adhesion *(physically)* • **Haftung ablehnen** decline responsibility [liability]
Haftung *f* **des Herstellers** liability of the manufacturer
Haftung *f***/rechtliche** *(reg)* legal liability
Haftvermögen *n* adhesiveness *(physically)*
Hahn *m (tech)* tap, stopcock
Hahnventil *n (tech)* plug valve
Halbfabrikat *n* semi-finished product, semi-manufactured product
halbfest semi-solid
halbflüssig semi-liquid
Halbjahresabschluss *m* semi-annual account
Halblebenszeit *f (micro, biot)* half-life period
Halbleiter *m (tech)* semiconductor
Halbmikroprobe *f* semi-micro sample
Halbwertszeit *f (micro, biot)* half-life period
Halluzinogen *n* psychotomimetic drug
halluzinogen hallucinogenic
halogenfrei halogen-free
halogenhaltig halogen containing
halogeniert halogenated
Hals *m* neck *(of a bottle)*
haltbar machen *v* preserve, conserve
Haltbarkeit *f* 1. shelf life, keeping quality *(of a product or substance)*; 2. *(tech)* durability, stability
Haltbarkeitsangaben *fpl (qual)* expiration dating
Haltbarkeitsdauer *f (qual)* shelf life, lifetime, keeping quality
Haltbarkeitsuntersuchung *f (qual)* stability test
Haltekraft *f (pack, tech)* holding force
Halter *m* 1. *(tech)* holder; 2. *(reg)* holder *(of an authorisation)*
Haltering *m (tech)* retaining ring
Halterung *f (tech)* mount, support
Haltevorrichtung *f (tech)* holder
Hämorrhidenmittel *n (med)* antihaemorrhodial
Hämozyt *m* blood cell
Hand *f***/von [per]** manual, hand-operated
Handbetrieb *m* manual operation
Handbuch *n* operating instruction, handbook, (instruction) manual
Händedesinfektion *f (hyg)* hand disinfection
Handelsbeschränkung *f (distr, reg)* restriction of trade
Handelsbezeichnung *f* trade name
Handelsname *n* trade [commercial] name
Handelsware *f* commercial product
handgeführt hand-operated
handgesteuert manually operated
handhaben *v* handle
Handhabung *f* handling
Handhabung *f***/leichte** ease of use
Händler *m (distr)* trader, distributor
Handlungsgrenze *f* action limit
Handnotbetätigung *f (tech)* emergency overrides
Handrad *n (tech)* handwheel, hand wheel
Handschuhe *mpl (hyg)* gloves
Handverpackung *f (pack)* manual packaging
Handwascheinrichtung *f (hyg)* hand wash facility
Härte *f (tech)* hardness
Härten *n (tech)* hardening
Härtetester *m (tech)* hardness tester
Hartgelatinekapsel *f* hard gelatine(e) capsule
Harz *n* resin
Haube *f (tech)* dome, cover, hood
Haubenhalterung *f (tech)* cover fitting
hauchdünn wafer-thin
Häufigkeit *f* frequency

Häufigkeitsverteilung *f* frequency distribution
Hauptabsperrhahn *m* **für Wasser** *(tech)* main reserve water cock
Hauptantrieb *m (tech)* main drive
Hauptbestandteil *m* basic [main] component, basis
Hauptdruck *m (tabl)* main compression
Hauptdruckrolle *f (tabl)* main compression roll
Hauptgeschäftsfeld *n* mainstream operation
Hauptschalter *m (tech)* main switch, power switch
Hauptstromkreis *m (tech)* main circuit
hautreizend irritating to skin
hautrötend *(med)* rubefacient
Hebebühne *f (tech)* lifting platform
Hebevorrichtung *f (tech)* lifting device
Hefe *f* yeast
Hefezelle *f* yeast cell
Heftpflaster *n (med)* sticking plaster, adhesive tape, *(AE)* band-aid
Heilanzeige *f* indication of treatment, therapeutic indication
heilbar curable, healable
Heildosis *f (med)* therapeutic dose
heilen *v (med)* heal, cure
heilend healing, curative
Heilkraut *n* 1. medicinal [healing] herb *(raw material)*; 2. herbal (pharmaceutical) product *(after pharmaceutical processing)*
Heilmittel *n* curative (drug), remedy, therapeutic agent
Heilmittellehre *f* acology, pharmacology
Heilpflanze *f* officinal plant, medic(in)al plant
Heilserum *n* antiserum
Heilung *f (med)* cure, curing, healing
Heilungsphase *f (med)* healing phase
Heilverfahren *n (med)* therapy
Heilwasser *n* medicinal water
Heilwirkung *f* healing action
Heißleim *m (pack)* hot melt [glue]
Heißleimverschluss *m (pack)* hot-melt closure
Heißluftofen *m* hot-air oven
Heißluftschrank *m* hot-air oven
Heißluftsterilisation *f (BE)* dry heat sterilisation, *(AE)* dry heat sterilization
Heißluftsterilisator *m (BE)* hot-air steriliser, *(AE)* hot-air sterilizer
Heißluftsterilisierschrank *m (BE)* hot-air steriliser, *(AE)* hot-air steriliser
Heißlufttrockner *m* air dryer
Heißprägebedruckung *f (pack)* hot stamp printing
Heißsiegelkleber *m (pack)* heat-sealing adhesive
heißsiegeln *v (pack)* heat-seal
Heißsiegeln *n (pack)* heat sealing
Heißwasserbesprühung *f* hot water spraying
heizen *v* heat
Heizen *n* heating
Heizflüssigkeit *f* heating fluid
Heizquelle *f* heating source
Heizspirale *f (tech)* heating coil
hemmend/das Pilzwachstum fungistatic
Hemmstoff *m* 1. inhibitor, inhibiting substance, retarder; suppressor, repressor; blocker; 2. *(chem)* anticatalyst
Hemmtest *m (micro)* inhibition assay
HEPA-Filter *n(m)* high-efficiency particulate air filter, HEPA filter
herausdrücken *v* 1. empty; 2. press out; push out *(a tablet from a blister)*; 3. squeeze *(sap from a plant)*
herausnehmbar removable
herauspressen *v* press out, squeeze
hergestellt/aseptisch produced aseptically
hergestellt aus 1. made from *(material of origin)*; 2. made of *(consists of)*
herkömmlich traditional, common, well-established
Herkunft *f* source, origin
Herkunft *f*/**tierische** (of) animal origin
Herkunftsland *n* source country, country of origin
hermetisch hermetic
Herstellauftrag *m* manufacturing order
Herstelldatum *n s.* Herstellungsdatum
herstellen *v* 1. manufacture, produce, make; 2. *(lab)* prepare
herstellen *v* **aus** derive [make] from
Hersteller *m* producer, manufacturer, maker
Hersteller *m*/**pharmazeutischer** drug manufacturer
Herstellerangaben *fpl* manufacturer's specifications
Herstelleraudit *n* manufacturer audit

Herstellerfirma *f* producer, manufacturer, manufacturing company
Herstellerlaubnis *f (BE)* manufacturing authorisation, *(AE)* manufacturing authorization
Herstellung *f* 1. manufacture, production; making; 2. *(lab)* preparation
Herstellung f/computergesteuerte computer-assisted manufacturing, CAM
Herstellung f/computerintegrierte computer-integrated manufacturing, CIM
Herstellung *f* **einer Vormischung** premix preparation
Herstellung f/großtechnische production on a large scale, large-scale production
Herstellung *f* **im industriellen Maßstab** industrial-scale manufacture [production]
Herstellung *f* **im Lohnauftrag** contract manufacture
Herstellung f/routinemäßige routine manufacturing
Herstellung *f* **von Reinwasser** generation of purified water, purified water generation
Herstellungsanweisung *f (doc)* manufacturing instructions
Herstellungsanweisung *f* **als Mastervorschrift** *(doc)* master production record
Herstellungsbedingungen *fpl* manufacturing conditions
Herstellungsbetrieb *m* production [manufacturing] plant
Herstellungsdatum *n* production [manufacturing] date
Herstellungsleiter(in) *m(f)* head of production *(German title replaced by Leiter der Herstellung)*
Herstellungsleitung *f* production management
Herstellungsort *m* manufacturing location, place of production, manufacturing site
Herstellungspreis *m* output price, production cost
Herstellungsprotokoll *n (doc)* batch processing record
Herstellungsprozess *m* manufacturing process [procedure]
Herstellungsraum *m* processing room
Herstellungsraum m/aseptischer *(ster)* aseptic processing room
Herstellungsstufe *f* manufacturing stage [step], stage of production
Herstellungsüberwachung *f* production control [monitoring]
Herstellungsumgebung *f* manufacturing environment
Herstellungsverfahren *n* production method [procedure], manufacturing procedure
Herstellungsvorgang *m* manufacturing [processing] operation
Herstellungsvorgang m/aseptischer aseptic manufacturing [processing] operation
Herstellungsvorschrift *f* production instructions, master formula, manufacturing formula
Herstellunterlagen *fpl (doc)* manufacturing documents [records]
herunterkühlen *v* cool down
herzaktiv cardiac-active, cardioactive
Herz-Kreislauf-Medikament *n* cardiovascular drug
Herzmittel *n (med)* cardiac stimulant, cordial
herzwirksam cardioactive
heterofermentativ *(micro)* heterofermentative
heterogen heterogeneous
heterozyklisch heterocyclic
hierarchisch hierarchical
Hilfsausrüstung *f* ancillary [auxiliary] equipment
Hilfseinrichtungen *fpl* ancillary [auxiliary] system
Hilfslösungsmittel *n (chem)* indirect solvent, latent solvent
Hilfsmittel *n* 1. *(tech)* aid, auxiliary device, supporting device; 2. adjuvant, auxiliary [supplementary] agent
Hilfsreaktion *f* ancillary [auxiliary] reaction
Hilfsstoff *m* adjuvant, excipient; process aid, auxiliary material
Hilfsstoff m/pharmazeutischer Bulk Pharmaceutical Excipient, BPE
Hilfsstoffkonzentration *f* excipient concentration
Hilfssubstrat *n* auxiliary substrate
Hinweis *m* indication, hint

Hinweis *m* **auf Manipulation** evidence of tampering
Hinweisschild *n* information sign
Hinweistafel *f* sign
hinzufügen *v* add
Histaminwirkung abschwächend/die antihistaminic
Hitze *f* heat
Hitze *f***/feuchte** moist heat
Hitze *f***/trockene** dry heat
Hitzebehandlung *f* heat processing [treatment], baking
Hitzebelastung *f (tech)* heat load
hitzebeständig heat-resistant
Hitzedenaturierung *f* heat denaturation
Hitzedurchdringungstest *m* heat penetration test
hitzeempfindlich sensitive to heat, heat-sensitive
Hitzepenetration *f* heat penetration, penetration to heat
hitzeresistent resistant to heat
hitzestabil heat-stable
Hitzesterilisation *f (ster) (BE)* heat sterilisation, *(AE)* heat sterilization
Hitzetunnel *m (ster) (BE)* tunnel steriliser, *(AE)* tunnel sterilizer
Hitzeverteilung *f (tech)* heat distribution
hochaktiv highly effective, potent
hochauflösend high-resolution
hochdosiert high(ly) dosed
Hochdruck *m (tech)* high pressure
Hochdruckfiltration *f* high-pressure filtration
Hochdruckflüssigkeitschromatographie *f* high-pressure liquid chromatography, HPLC
Hochdruckhomogenisator *m (tech)* high-pressure homogenizer
hochflüchtig highly volatile
hochfördern *v (tech)* elevate
hochgelagert stored off the floor
Hochgeschwindigkeitspresse *f (tabl)* high-speed tabletting press
hochgestellt off the floor
hochinfektiös highly infectious
hochkonzentriert highly concentrated
Hochleistungspresse *f (tabl)* high-speed press
Hochleistungsschwebstoff-Filter *n(m)* high-efficiency particulate air filter, HEPA filter
Hochleistungsstamm *m (micro, biot)* high-efficiency strain
Hochleistungszentrifuge *f* high-speed centrifuge
Hochregallager *n (log)* high-bay racking, high-bay [-rise] warehouse
hochrein high(ly) pure
Höchstdosis *f* maximum dosage
Höchstgeschwindigkeit *f (tech)* maximum speed
Höchstgewicht *n (tech)* maximum weight
Höchstgewicht *n***/zulässiges** *(tech)* permissible maximum weight
Höchstlast *f (tech)* maximum load
hochwirksam highly effective, highly potent
Höhe *f* height; thickness *(of tablets)*
Höhensortierer *m (tech, tabl)* thickness sorter
höhenverstellbar height-adjustable
Hohlfasermembranfilter *n(m) (tech)* hollow-fibre membrane
Hohlkörper *m* hollow body, hollow particle
Hohlraum *m* cavity, hollow space
Holzpalette *f* wooden pallet
homogen homogeneous, uniformly
Homogenisator *m (tech) (BE)* homogeniser, *(AE)* homogenizer
Homogenisierapparat *m (BE)* homogeniser, *(AE)* homogenizer
homogenisieren *v (BE)* homogenise, *(AE)* homogenize
Homöopathie *f* homeopathy
homöopathisch homeopathic
Hordentrockner *m (tech)* tray dryer
Hordentrocknung *f (tech)* tray drying
Hormon *n* hormone
hormonal hormonal
Hormonarzneimittel *n* hormonal drug
hormonell hormonal
Hormonpflaster *n* hormone patch
Hormonwirkung *f* hormone action
Hub *m (tech)* stroke
Hubbegrenzer *m (tech)* stroke limiter
Hubkolbenpumpe *f (tech)* reciprocating pump
Hubrechensystem *n (tech)* walking beam system
Hubvorrichtung *f* lift(ing) device
Hubwagen *m* lift trolley

Hülle *f* 1. jacket, sheath, cover(ing), mantle; 2. *(pack)* wrapping
Hülse *f* sleeve
Humanarzneimittel *n* human drug product, medicinal product for human use
Hustenmittel *n* antitussive
Hustensaft *m* cough syrup
Hustentropfen *mpl* cough drops
Hydrat *n* hydrate
Hydrolyse *f* hydrolysis
hydrophil hydrophilic
Hygiene *f* hygiene, sanitation
Hygienemaßnahme *f* hygienic measure
Hygieneplan *m* sanitation programme [scheme]
Hygieneprogramm *n* hygiene programme [scheme]
Hygieneprotokoll *n (doc)* hygiene protocol
Hygieneregeln *fpl* hygiene rules
Hygienetraining *n* training on hygiene
Hygieneverhalten *n* sanitation habit
Hygienevorschriften *fpl* sanitation procedures
hygienisch hygienic; sanitary
Hyperaktivität *f* hyperactivity
Hyperempfindlichkeit *f* hypersensitivity
Hypnotikum *n (med)* hypnotic [sleeping] drug, soporific, somnifacient

I

Identifikation *f* identification
Identifikation *f*/**elektronische** electronic identification
identifizierbar identifiable
identifizieren *v* identify
identifiziert identified
Identifizierung *f*/**persönliche** personal identification
Identität *f* **eines Produktes** identity of a product
Identitätsprüfung *f* identity test
immun *(med)* immune
immunisieren *v (med) (BE)* immunise, *(AE)* immunize
Immunisierung *f (med) (BE)* immunisation, *(AE)* immunization
Immunität *f (med)* immunity
Immunkörper *m* antibody
immunologisch immunological
Immunserum *n* antiserum
Immunstimulans *n* immunostimulant
Immunsuppression *f* immunosuppression
Immunsuppressivum *n* immunosuppressive drug
Immunsuppressor *m* immunosuppressant, immunosuppressor
Immununterdrückung *f (med)* immunosuppression
impermeabel impermeable
Impermeabilität *f* impermeability, imperviousness
Impf-Antigen-Stammdokumentation *f* vaccine antigen master file
Impfgutanzucht *f (biot)* inoculum cultivation
Impfkultur *f (biot)* seed culture
Impflösung *f (biot)* inoculation medium
Impfmaterial *n (biot)* inoculum
Impfmedium *n (biot)* inoculation medium
Impfstoff *m (med)* vaccine
Impfstoff *m*/**bakterieller** *(micro)* bacterial preparation
Impfstoff *m*/**kombinierter** combined vaccine
Impfung *f* 1. *(biot)* inoculation; 2. *(BE)* immunisation with a vaccine, *(AE)* immunization with a vaccine, vaccination
Implantat *n* implant
imprägnieren *v* imbibe, impregnate, soak
Imprägniermittel *n* impregnation material
in situ in situ [place], on-site
in vitro in vitro, outside the living body
in vivo in vivo, in the living body
inaktivieren *v* inactivate
inaktiviert inactivated
Inaktivierung *f* inactivation, deactivation
Inaktivierung *f* **von Viren** inactivation of viruses
Inaktivierungsmittel *n* inactivation agent
Inbetriebnahme *f* setup, startup
Indikation *f (med)* indication
Indikation *f*/**therapeutische** therapeutic indication
indikationsorientiert indication-oriented
Indikator *m* indicator
Indikator *m*/**biologischer** biological indicator, bioindicator
Indikatorfarbstoff *m* indicator dyestuff
Indikatorkeim *m* indicator organism

Indikatornährboden *m (micro)* identification medium, indicator culture medium
Indizierung *f* indication
Induktionsverschluss *m* induction capping
Industrie *f***/pharmazeutische** pharmaceutical industry
Industrieabwasser *n* trade [industrial] waste
Industrieanlage *f* industrial [commercial] plant
Industriebetrieb *m* industrial [commercial] plant
Industrieemission *f* industrial pollution
Industrie-Enzym *(biot)* industrial enzyme
Industriemüll *m* trade waste
Infektion *f* infection, contamination
Infektionsmikroorganismen *mpl (biot, micro)* contaminant microorganisms, microbial contaminants
infektiös infectious
infizieren *v* infect; contaminate
infiziert infected, contaminated
infiziert mit Pilzen fungous
Informationsmaterial *n* information pack
infrarot infrared
Infrarotstrahlung *f* infrared radiation
Infus *n* infusum • **ein Infus herstellen** infuse
Infusion *f (med)* infusion
Infusionsbesteck *n (med)* infusion assembly; infusion kit
Infusionsflasche *f (pack)* infusion bottle
Infusionslösung *f (med)* infusion solution
Infusum *n* infusum • **ein Infusum herstellen** infuse
Ingredienz *f* ingredient
Inhaber *m* **einer Genehmigung** *(BE)* holder of an authorisation, *(AE)* holder of an authorization
Inhalat *n* inhalant
Inhalation *f* inhalation
Inhalationsmittel *n* inhalant
Inhalator *m* inhalor
Inhalt *m* content
Inhaltsstoff *m* ingredient, constituent
Initialphase *f* initial phase
Injektion *f* injection
Injektionsflasche *f (pack)* injection bottle [vial]
Injektionslösung *f* injection solution
Injektionspräparat *n* injectible drug product
Injektionsprodukte *npl* injection products
Injektionsspritze *f* syringe, injection tip
Injektor *m***/nadelfreier** needle-free injector
injizierbar injectible
injizieren *v* inject
inkompatibel incompatible
Inkompatibilität *f* incompatibility
Inkontinenzversorgung *f* incontinence treatment
Inkraftsetzung *f* **vom ...** effective from ... *(date)*
Inkubation *f (med, micro, biot)* incubation
Inkubationsdauer *f (med, micro, biot)* period of incubation
Inkubationsraum *m* incubation room
inkubieren *v (biot)* incubate
Inlandsbestellung *f* domestic order
Innendruck *m (tech)* internal pressure
Innenflächenbeschichtung *f (pack)* inner surface coating, coating on the inside
Innenmischer *m (tech)* closed mixer
Innenoberfläche *f* inner surface, internal surface
Innenschutzlack *m (pack)* inner protective lacquer *(in tubes)*
Inokulation *f* 1. *(micro)* inoculation; 2. *(biot)* seed *(of a medium)*
Inprozesskontrolle *f (qual)* in-process control, in-process testing
Input *m* input
Insektenbefall *m* insect infestation
In-situ-Analyse *f* in situ analysis
In-situ-Dämpfen *n (ster) (BE)* in-situ sterilisation, *(AE)* in-situ sterilization
Inspektion *f* inspection
Inspektion *f* **vor Ort** on-site inspection
Inspektion *f***/wiederholte** repeated inspection
Inspektionsbericht *m* inspection report
Inspektor *m* inspector *(in an audit)*
instabil unstable, labile
Instabilität *f* lability, instability
Installation *f (tech)* installation
Installationsqualifizierung *f (tech)* installation qualification, IQ
installieren *v (tech)* install

Instandhaltung *f* maintenance
Instandsetzung *f* repair
Instrument *n (tech)* instrument
Instrumententafel *f (tech)* instrument panel
Insulin *n* insulin
Insulin *n***/gebundenes** bound insulin
Insulin *n***/immunreaktives** immunologically detectable insulin
Insulinbehandlung *f (med)* insulinisation
integriert inline, integrated
Integritätstest *m* integrity test
intensivieren intensify
Intensivierung *f* intensification
Interferenz *f (tech)* interference
Interferenz *f***/elektromagnetische** *(tech)* electromagnetic interference
intermittierend intermittent *(packaging machine)*
intern internal
Intoxikation *f* 1. poisoning; 2. *(med)* intoxication
Inventur *f* stocktaking, inventory
Inverkehrbringen *n* release for sale, placing on the market
In-vitro-Freisetzung *f* in-vitro release
Ionenaustauschchromatographie *f* ion exchange chromatography
Ionisierung *f* ionisation
Iontophorese-Pflaster *n (med)* iontophoresis patch
irreversibel irreversible
Irrtum *m* error
Isolator *m (ster)* isolator
Isolatortechnologie *f (ster)* isolator technology
isolieren *v* isolate, segregate
Isolieren *n* isolating, segregation
Isolierschicht *f* insulating layer
isoliert *(chem)* isolated
Isolierung *f* isolation, segregation
ISO-zertifiziert *(qual)* ISO-certified
Ist-Ausbeute *f (econ)* actual yield
Ist-Wert *m* actual value

J

Jahresabschluss *f (fin)* annual financial statement
Jahresausstoß *m (prod, econ)* annual yield, annual output
Jahresinventur *f* year [annual] inventory
Jahreskontenabschluss *m (fin)* annual accounting statement
Jahresleistung *f (prod)* annual output
Jodzahl *f* iodine value
Jodzahlkolben *m* iodine flask
Johanniskraut *n* St. John's wort
justieren *v (tech)* adjust, align, rectify
Justierschraube *f (tech)* adjusting screw
Justierung *f (tech)* alignment, adjustment, rectification

K

Kabel *n* cable
Kabelkanal *m* cable duct
Kabelklemme *f* cable terminal
Kabelschelle *f* cable clamp
Kabelschuh *m* cable lug
Kalenderpackung *f (pack, mark)* calendar pack
Kalibriereinheit *f (tech)* calibration equipment
kalibrieren *v (tech)* calibrate *(a measuring apparatus)*
Kalibrieren *n (tech)* calibration *(of a measuring apparatus)*
Kalibrierintervall *m (tech)* calibration interval *(of a measuring apparatus)*
Kalibrierlabor *n (tech)* calibration lab(oratory)
Kalibrierschein *m (doc)* calibration certificate
Kalibrierung *f (tech)* calibration *(of a measuring apparatus)*
kalkulieren *v* calculate, cost (out), make a calculation • **kostenmäßig kalkulieren** cost out
kalkuliert calculated
Kalorimeter *n* calorimeter
Kaltauszug *m* cold infusion *(pharmaceutical procedure)*
kaltbearbeitet prepared by cold methods *(herbal or plant extracts)*
Kältebad *n* cold bath
kältebeständig cold-resistant, resistant to freezing
Kältegewinnung *f (tech)* refrigeration
Kaltformungslinie *f* cold former line
Kaltsterilisation *f (ster, biot) (BE)* cold sterilisation, *(AE)* cold sterilisation
Kamerakontrollsystem *n* camera control system

kameraüberwacht camera-monitored
Kameraüberwachungssystem *n* camera inspection [monitoring] system
Kamille *f* camomile *(herbal medicine)*
Kammer *f* chamber, cell, cabin, cabinet
Kammerfilterpresse *f (tech)* chamber filter press
Kammertrockner *m (tech)* cabinet [chamber, compartment] dryer
Kanal *m (tech)* channel, duct
kanzerogen carcinogenic
Kapazität *f* capacity
Kapazitätsabbau *m (econ)* reduction of capacity
Kapazitätsauslastung *f (econ)* operating level
Kapazitätsauslastungsgrad *m (econ)* rate of capacity utilisation
Kapillare *f* capillary
Kapillarsäule *f* packed capillary column *(of gas chromatograph)*
Kappe *f* cap
Kappe *f* **mit Originalitätsverschluss** *(pack)* cap with temper evident closure
Kapsel *f* capsule
Kapselbefüllung *f (prod)* capsule filling
Kapselformat *n* capsule size
Kapselfüllmaschine *f (prod, tech)* capsule filling machine
Kapselgröße *f* capsule size
Kapselhülse *f* capsule shell
Kapselmaschine *f (tech)* encapsulator
Kapseloberteil *n* cap of the capsule
Kapselpoliergerät *n (tech)* capsule polisher
Kapselunterteil *n* body of the capsule
Kardiakum *n (med)* cardiatic stimulant, cardiatic remedy
Kardiotonikum *n* cardiotonic
Karminativum *n* carminative
Karpule *f* cartridge
Karton *m (pack)* carton, cardboard box
Kartoneigenschaften *fpl* cardboard properties
kartonieren *v (pack)* carton
Kartonierer *m (pack, tech)* cartoning machine, cartoner
Kartoniermaschine *f (pack, tech)* cartoning machine, cartoner
Kartoniertechnik *f (pack)* cartoning technology
Kartoniervorgang *m (pack)* carton folding
Kartusche *f* cartridge
Kartusche *f***/austauschbare** replaceable cartridge
karzinogen cancerogenic, carcinogen, cancer-producing, cancer-causing
Karzinogenität *f* carcinogenicity
kaschiert laminated
Kaskadentrockner *m (tech)* cascade dryer
Kaskadenverdampfer *m (tech)* cascade aspirator
Katalysator *m* 1. *(tech)* catalyst; 2. catalyst, promoter *(supporting processes)*
Kathartikum *n* cathartic
Kation *n* cation
Kationentauscher *m* cation exchanger
Kationentauscherchromatographie *f* cation exchanger chromatography
Kautablette *f* chewing tablet
Kavität *f (pack)* cavity
Kegel *m* cone
kegelförmig conical
Kegelstutzen *m (tech)* cone spigot
Keilriemen *m (tech)* fan belt, V-belt
Keilriemenantrieb *m (tech)* belt drive
Keim *m (micro)* germ, organism
Keim *m***/krankheitserregender** pathogen
Keimabtötung *f (micro, ster) (BE)* sterilisation, *(AE)* sterilization, kill of microbes
Keimbelastung *f (micro)* bioburden
keimfrei *(micro)* sterile, *(BE)* sterilised, *(AE)* sterilized, abacterial, aseptic *(by physical methods)*; axenic, germ-free • **keimfrei machen** render sterile, *(BE)* sterilise, *(AE)* sterilize • **keimfrei machen mittels Filtersterilisation** *(BE)* sterilise by filtration, *(AE)* sterilize by filtration
Keimfreiheit *f (micro, ster)* sterility, asepsis *(by physical methods)*
Keimfreimachung *f (micro, ster) (BE)* sterilisation, *(AE)* sterilization
Keimgehalt *m (micro)* bacterial [microbial] content
Keimreduktion *f (micro)* microbial reduction
keimtötend antiseptic, bactericidal, germicidal
Keimtötung *f (micro, ster) (BE)* sterilisation, *(AE)* sterilization, killing of microbes

Keimtötungsmittel *n (micro)* germicide, germ-killer
Keimungsmedium *n (biot)* spore germinating medium
Keimunterscheidung *f (micro)* microbial differentiation
Keimwachstum *n (micro)* microbial growth
Keimzahl *f* **je Probenmenge** *(micro)* bacterial count, bacterial number, microbial content
Keimzahlbestimmung *f (micro)* bacterial [microbial] count *(determination)*; microbial limit test, viable count *(on agar plate)*
Kennwert *m* value
Kennzahl *f (econ)* index
Kennzeichen *n* characteristic, mark; label
kennzeichnen *v* label, mark, indicate, identify
kennzeichnen *v*/**ordnungsgemäß** appropriately identify
Kennzeichnung *f* label(l)ing, marking; identification, indication
Kennzeichnung *f*/**unverwechselbare** unique identifier [identification]
Kennziffer *f (econ)* value
Kerbe *f* indentation, slot, notch
Kernresonanzspektroskopie *f* nuclear magnetic resonance spectroscopy, NMR
Kerzenfilter *n(m)* cartridge [tube] filter
Kessel *m* vessel, boiler, pan
Kettenantrieb *m (tech)* chain drive
Kettentrieb *m (tech)* chain belt
Kieselgel *n* silica gel
Kieselsäure *f* silicid acid
Kind *n* infant, child
kindergesichert child-proof
kindersicher child-proof
Kindesalter *n* infancy
Kippausrüstung *f (tech)* tilting equipment
kippbar tiltable
kippen *v* tilt
Kipp-Kneter *m* tilt kneader
Kippvorrichtung *f* tilting device
Kiste *f* box, case
Kittel *m* gown
Klammer *f* clamp
Klappe *f* flap, trap *(in a drainpipe)*
Klappensteuerung *f (tech)* flap control
Klappenventil *n* butterfly valve
klar clear, transparent; limpid *(filtered solution)* • **klar werden** clear
Kläranlage *f*/**betriebliche** effluent treatment plant, waste water treatment plant
Klärbecken *n* clarifier
klären *v* clear, clarify
Klarfiltrat *n* clear filtrate
Klarglasflasche *f (pack)* clear glass bottle
Klarheit *f* clarity
Klarsichtfolie *f (pack)* transparent foil
Klärtank *m* precipitation tank, settler
Klärung *f* clarification
Klärwerk *n* effluent treatment plant
Klärzentrifuge *f (tech)* centrifugal clarifier
Klasse *f* grade, level
klassieren *v* classify, size
Klassieren *n (tech)* classification, sizing
Klassieren *n* **nach Körnergöße** grading into size, size classification
Klassiermaschine *f (tech)* sorting machine
Klassiersieb *n (tech)* screen
Klassierung *f* classification, sorting
klassifizieren *v* classify
Klassifizierung *f* classification
Klassifizierungsverfahren *n* classification procedure
Klatschpräparat *n s.* Abklatschpräparat
Klausel *f* clause, provision
Klebeband *n* adhesive tape
Klebefolie *f (pack)* adhesive film
Klebekraft *f* adhesiveness, adhesive force *(physically)*; bonding force
Klebemittel *n* agglutinant, adhesive (agent)
kleben *v* 1. glue; 2. *(tabl)* stick, adhere
Kleben *n* adherence, adhesion
klebend adherent, agglutinant, sticking
Kleber *m* adhesive, glue
Klebestelle *f* splice point
Klebezettel *m (pack)* sticker
klebrig 1. sticky, tacky; 2. syrupy *(liquid)*; syruplike
Klebung *f (chem)* bond(ing)
Kleidungsaufnahmebehälter *m (hyg)* clothing return box
Kleinbehälter *m (pack)* small-size package
Kleinlebewesen *n (micro)* microorganism, micro-organism

Kleinmenge *f* small volume [quantity]
Kleinserienproduktion *f* small-series production
Kleinstmenge *f* lab scale, micro quantity
Kleinsttröpfchen *n* microdroplet
Kleinversuch *m* small-scale [bench-scale] experiment
Klemme *f* clamp, terminal *(electric equipment)*
Klimaanlage *f (tech)* air conditioner
Klimaprüfkammer *f (tech)* climatic chamber
klimatisiert air-conditioned
Klimatisierung *f (tech)* air-conditioning
klimaüberwacht climate-controlled
Kliniker *m* clinician
Klinikpackung *f* hospital pack
klinisch clinical
klinisch bedeutsam clinically significant
Klischee *n* printing block [plate]
klumpen *v* agglomerate, clog, clot
Knetarm *m (tech)* mixing arm
kneten *v (tech)* knead; mix
Kneter *m (tech)* kneading machine; mixer, blender
Knetmaschine *f (tech)* kneading machine
Knetmischer *m (tech)* kneader mixer
Knetschaufeln *fpl (tech)* kneading blades
Kniestück *n (tech)* elbow fitting
Knoblauch *m* garlic *(medicinal plant)*
Knochen *m (med)* bone
Koagulation *f* coagulation
Koaleszenzfilter *n(m)* coalescing filter
Kochkolben *m (lab)* Florence flask
Kochsalz *n* salt
Kochsalzinfusion *f* saline infusion
Kochsalzlösung *f (chem)* saline solution
Kochsalzlösung *f*/**physiologische** *(chem)* physiological saline
Kodierung *s.* Codierung
Koenzym *n* coenzyme
kohärent coherent
Kohärenz *f* coherence
Kohäsion *f* cohesion
Kohäsionskraft *f* cohesion force
kohäsiv cohesive
Kohle *f (chem)* carbon
Kohlefilter *n(m)* carbon filter, charcoal filter
Kohlendioxid *n (chem)* carbon dioxide
Kohlenhydrate *npl (chem)* carbohydrates
Kohlenstoff *m (chem)* carbon
Kohlenstoff *m*/**gesamtorganischer** total organic carbon, TOC
Kohlenstoffkette *f (chem)* carbon chain
Kohlenwasserstoff *m (chem)* hydrocarbon
Kolben *m (tech)* piston
Kolben *m* **als kugelförmiges Gefäß** bulb
Kolben *m* **aus Glas** *(lab)* flask
Kolbenpumpe *f (tech)* piston pump
Kolbenstange *f (tech)* piston rod; plunger rod *(of a syringe)*
kolieren *v* filter
Kollektor *m (tech, lab)* collector
Kolloiddispersion *f (chem)* colloidal dispersion
Kolonie *f (micro)* colony
Kolonie *f*/**glatte** *(micro)* smooth colony
Koloniebildung *f (micro)* colony formation
Koloniewachstum *n (micro)* colony growth
Kolonie-Zählgerät *n (lab, micro)* colony counter
Kolonisierung *f (micro) (BE)* colonisation, *(AE)* colonization
Kommissionierung *f* picking
Kompaktanlage *f* compact line
Kompaktierer *m* compactor
kompatibel compatible
Kompatibilität *f* compatibility
kompensieren *v* counterveil, compensate
Komplikation *f* complication
Komponente *f* component
Komponente *f*/**unbestimmte** undetermined component *(of analysis)*
Kompresse *f* compress
komprimiert compressed
Komprimierung *f (tech)* compression
Kondensat *n* condensate
Kondensatablass *m* condensation discharge
Kondensation *f* condensation
Kondensationsbehältnis *n* condensation container
Kondensator *m* condenser
kondensieren *v* condense
Kondensierung *f* condensation

Kondenswasser *n* condensate, condensed water
Konditionen *fpl* conditions, terms
Konditionierbehälter *m* conditioning container
konfektionieren *v* package
Konfektionierung *f* packaging
Konfiguration *f (tech)* configuration
konfigurierbar *(tech)* configurable
Konformität *f* conformity
Konformitätssicherung *f (qual)* conformity assurance
Konizität *f (tech)* conicalness, conicity
Konkurrent *m* competitor
Konkurrenz *f* competitor
Konkurrenzartikel *m* rival good, competing product
konkurrieren *v* compete
konservieren *v* preserve
konserviert preserved
Konservierung *f* preservation
Konservierungsmittel *n* preservative (agent), anti-microbial agent
konsistent consistent
Konsistenz *f* consistency
Konsolidierungszeit *f* consolidation time *(chemical or biological reaction)*
konstant constant, permanent • **konstant halten** maintain constant
Kontakt *m* contact
Kontakt *m* **mit/direkter** direct contact with
Kontaktplatte *f (micro, lab)* contact plate
Kontakttrocknung *f* contact drying
Kontaktwirkung *f* contact activity
Kontaktzeit *f* contact time
Kontaminant *m* 1. contaminant, contaminating substance; 2. *(micro)* contaminating microorganism
Kontaminanten *mpl***/mikrobielle** *(micro)* microbial contaminants
Kontamination *f* contamination
Kontamination *f* **aus der Luft** airborne contamination
Kontamination *f***/primäre** primary contamination
kontaminationsfrei contamination-free
Kontaminationsgefahr *f* contamination danger, risk of contamination
Kontaminationsgrad *m* contamination level
Kontaminationsquelle *f* source of contamination
kontaminieren *v* contaminate
kontaminiert contaminated
kontinuierlich continuous, stepless, uninterrupted
Kontraindikation *f* contraindication
kontraindiziert contraindicated
Kontrastfärbung *f* contrastive staining
Kontrastmittel *n* contrast medium
Kontrazeptivum *n* contraceptive
Kontrollanalyse *f* check analysis
Kontrollanweisung *f* control procedure
Kontrollanweisung *f* **als Mastervorschrift** master control record
Kontrollaufzeichnung *f* control record
Kontrolle *f* 1. check(ing), control, supervision; 2. *(tech)* inspection
Kontrolle *f***/angeschlossene pharmazeutische** *(qual)* subsequent pharmaceutical analysis
Kontrolle *f* **der Wassersysteme** control of water systems
Kontrolle *f***/doppelte** double check
Kontrolle *f***/medizinische** medical supervision
Kontrolle *f***/mikrobielle** *(lab)* microbial control
Kontrolle *f***/optische** visual control
Kontrolle *f***/strenge** stringent [tight] control
kontrollierbar controllable
kontrollieren *v* 1. check, control, inspect; 2. monitor *(by a monitoring device)*
kontrolliert 1. controlled, checked, inspected; 2. monitored *(by a monitoring device)*
Kontrollinstrument *n* control instrument
Kontroll-Leiter *m* Head of Quality Control *(German title replaced by Leiter der Qualitätskontrolle)*
Kontrollmaßnahme *f* control measure
Kontrollnummer *f* control number
Kontrollpunkt *m* inspection point
Kontrollversuch *m* check test
Kontrollwaage *f* check balance, control balance
Kontrollzettel *m* tally
Konturstanze *f (tech, pack)* contour punch
Konversion *f (chem)* conversion
Konverter *m* converter
Konzentration *f* 1. concentration *(contents)*; 2. strength *(of solutions)*; 3. *(chem)* level

Konzentrationsverhältnis *n* ratio of concentration
Konzernabschluss *m (econ)* consolidated financial accounts
Konzernbilanz *f (econ)* consolidated accounts
koordinieren *v* coordinate
Kopf *m (tech)* end, head
Kopfbedeckung *f (hyg)* head cover
Kopf- und Nervenschmerzmittel *n* antineuralgic
Kopplung *f (tech)* coupling
Kopplung *f*/**lose** *(tech)* weak coupling
Korbeinsatz *m* **für Autoklaven** *(ster)* autoclave basket
Korbgerät *n* **zur Freisetzungsprüfung** basket apparatus
Korbzentrifuge *f (lab)* basket centrifuge
Korn *n*, **Körnchen** *n* grain, granule
Korndurchmesser *m* particle diameter *(granulation)*
Körnerschüttung *f* granular bed *(granulation)*
Kornfraktion *f* particle-size fraction *(granulation)*
Korngröße *f* particle size, grain size, screen size *(granulation)*
Korngrößenangabe *f* particle-size indication *(granulation)*
Korngrößenbereich *m* particle-size range [spectrum] *(granulation)*
Korngrößenunterschied *m* particle-size difference *(granulation)*
Korngrößenverteilung *f* grain [particle] size distribution, distribution of particle size *(granulation)*
körnig granular, grainy • **körnig machen** granulate, grain
Körnigkeit *f* granularity *(granulation)*
Kornklasse *f* (size) fraction *(granulation)*
Körnung *f* grain *(granulation)*
Körnungsanalyse *f* particle-size analysis *(granulation)*
Körnungsaufbau *m* particle-size structure *(granulation)*
Körnungsbereich *m* size range *(granulation)*
Kornvergrößerung *f* particle-size increase *(granulation)*
Koronarmittel *n (med)* coronary agent
Körper *m* body
Körperchen *n* corpuscle
Körperflüssigkeit *f (med, biol)* body fluid
Körperzelle *f (med, biol)* body cell
Korrektur *f* correction
Korrektur *f*/**vereinbarte** agreed correction
Korrekturmaßnahme *f* corrective action, remedial action
Korrigens *n (chem)* corrigent, corrective
korrigieren *v* correct, adjust, alter
korrodieren *v (chem)* corrode
korrodierend *(chem)* corroding
korrodierend/nicht *(chem)* non-corroding
korrodierungsanfällig corrodible
Korrosion *f (chem)* corrosion
Korrosionsbeständigkeit *f (chem)* corrosion resistance
korrosionsempfindlich sensitive to corrosion
Kortikoid *n (med)* corticiod
Kortikosteroid *n* steroid, adrenocortical steroid *(chemical drug)*
Kosten *pl* cost(s)
Kosten *pl* **der Lagerhaltung** *(log)* warehouse costs
Kosten *pl*/**laufende** *(econ)* ongoing costs, running costs, running expenses
kostengünstig cost-effective
Kosten-Leistungs-Analyse *f (econ)* cost-performance analysis
Kostenmanagement *n (econ)* cost management
Kosten-Nutzen-Analyse *f (econ)* cost-benefit-analysis
Kostenstelle *f (fin) (BE)* cost centre, *(AE)* cost center
Kostenstellengemeinkosten *pl* departmental overheads
kovalent covalent
Kraft *f* power, strength, force
Kraftaufnehmer *m (tech)* power absorber
kräftig robust, strong, resistant, vigorous *(full of energy)*
Kräftigkeit *f (med)* robustness *(health)*
krampfhemmend anticonvulsive
krampflindernd anticonvulsant
krampflösend spasmolytic
Krampfmittel *n* anticonvulsive, anticonvulsant, antispasmodic
krank ill, sick, diseased
Krankengeschichte *f (med)* case history
Krankenhausapotheke *f* hospital pharmacy

Krankheit *f* disease, illness, sickness, morbus • **frei von Krankheiten** disease-free, clean • **Krankheiten auslösend** pathogenic • **widerstandsfähig gegen Krankheiten** disease-resistant
Krankheit *f*/**ansteckende** infectious disease
Krankheit *f*/**wahrnehmbare** apparent illness
Krankheitsausbruch *m (med)* outbreak
krankheitserregend pathogen(ic)
Krankheitserreger *m* pathogen, infectious germ, infectious agent
Krankheitsüberträger *m* vector; carrier
Krankheitsursache *f (med)* cause of disease • **die Krankheitsursache betreffend** aetiologic(al)
Kratzfestigkeit *f* scratch hardness
Kräuter *npl* herbs
Kräuter *npl*/**medizinische** medicinal herbs
Kräuter *npl*/**pharmazeutische** pharmaceutical herbs
Kräutersubstanz *f* herbal substance, herbal compound
Kräutertee *m* herbal tea
Krebs *m (med)* cancer
krebsartig cancerous, canceroid, carcinomatoid
krebsauslösend carcinogenic, carcinogenous, cancerogenic, cancer-producing, cancer-causing
Krebsbildung *f (med)* canceration
Krebsentstehung *f (med)* carcinogenesis
krebserregend carcinogenic, carcinogenous, cancerogenic, cancer-producing, cancer-causing
Kreisbewegung *f* circular motion, rotation
Kreisdiagramm *n* pie chart
Kreisegalisierung *f (pack) (BE)* circular equalisation, *(AE)* circular equalization
Kreiselpumpe *f (tech)* centrifugal pump
Kreislauf *m* 1. circulation, loop; 2. *(tech)* cycle
Kreislauf *m*/**geschlossener** closed loop
Kreislaufpumpe *f* circulating pump
Kreislaufwasser *n* circulating water
Kreuzbruchkerbe *f (tabl)* breaking notch
Kreuzkerbe *f* cross score
Kreuz-Kontamination *f* cross-contamination
Kreuzkümmel *m* cumin *(herbal plant)*
Kristallaufbau *m* crystal structure
Kristallgitter *n* lattice
kristallin crystalline
kristallisieren *v (BE)* crystallise, *(AE)* crystallize
Kristallisierung *f (BE)* crystallisation, *(AE)* crystallization
Kristallsuspension *f* crystal suspension
kritisch critical
Kropfmittel *n* antistrumous
Kübel *m* bucket, tub
Kugellager *n (tech)* ballbearing
Kugelmühle *f (lab)* ball mill
Kugelventil *n (tech)* ball valve
Kühlbad *n* cooling bath
kühlen *v* cool
Kühlen *n* cooling
Kühler *m (tech)* cooler, condenser
Kühlgeschwindigkeit *f* cooling rate
Kühlgut *n (log)* refrigerated shipment
Kühlhaus *n (log)* refrigerated warehouse
Kühlkette *f (log)* cold chain, refrigerating chain
Kühllager *n (log)* cold stor(ag)e
Kühllagerung *f (log)* cold stocks
Kühlmittel *n (chem)* coolant, refrigerant
Kühlraum *m (log)* cool room, cold room
Kühlschlange *f (tech)* cooling coil
Kühlschrank *m* refrigerator
Kühlturm *m (tech)* cooling tower
Kühlung *f* cooling, refrigeration; chilling
Kühlwasser *n* chilled water, cooling water
Kühlzentrifuge *f (lab)* refrigerated centrifuge
kultivierbar *(micro, biot)* cultivable
Kultivierung *f (micro, biot)* cultivation
Kultivierung *f*/**diskontinuierliche** *(micro)* discontinuous cultivation
Kultivierung *f*/**kontinuierliche** *(micro)* continuous cultivation
Kultur *f (micro)* culture • **eine Kultur züchten** *(micro)* culture
Kultur *f*/**diskontinuierliche [statische]** *(micro)* discontinuous culture, batch culture
Kultur *f*/**gefriergetrocknete** *(ster) (BE)* lyophilised culture, *(AE)* lyophilised culture
Kultur *f*/**keimfreie** *(ster)* aseptic culture
Kultur *f*/**kontinuierliche** *(micro)* continuous culture

Kultur *f*/statische *(micro)* batch culture
Kulturbouillon *f (micro, biot)* culture broth
Kulturhefe *f (biot)* culture [industrial] yeast
Kulturlösung *f (micro, lab)* culture solution [broth]
Kulturmedium *n (micro, biot)* culture medium
Kulturrasen *m (micro, biot)* seed layer, culture surface
Kulturstamm *m (micro, biot)* strain
Kunde *m* customer, client
Kundenauftragsnummer *f (distr)* sales order number
Kundenchargennummer *f* customer batch number
künstlich artificial
Kunststoff *m* plastic(s)
kunststoffbeschichtet plastic-coated
Kunststoffbeschichtung *f* plastic coating
Kunststofffolie *f (pack)* plastic foil
Kunststoffplatine *f (pack)* plastic board
Kunststoffrohr *n* plastic pipe
Kunststoffschicht *f* plastic film *(very thin)*
Kunststoffverpackung *f (pack)* plastic packaging
Kupferkessel *m (prod)* copper vessel
Kupplung *f (tech)* clutch
Kupplung *f*/magnetische magnetic clutch
Kurve *f (tabl)* cam
Kurzbericht *m* summary
kurzfristig short-term
Kurzhalsrundkolben *m (lab)* round-bottom short-neck flask, bolt-head flask, balloon flask
Kurzhalsstehkolben *m (lab)* short-neck flat-bottom flask
Kurzprüfung *f (lab)* accelerated test
Kurztest *m (lab)* accelerated test
Kurzzeitstabilität *f* short-term stability
Kurzzeitstudie *f* short-term study
Kurzzeitversuch *m* short-term trial, accelerated test
Küvette *f (lab)* cell, cuvet(te)
Küvettenhalter *m* cell holder
Küvettenriegel *m (lab)* cuvette bar
Küvettenwechsler *m (lab)* cell changer

L

labil labile
Labor *n* lab, laboratory
Laborant(in) *m(f)* lab(oratory) technician
Laboranweisung *f* lab(oratory) procedure
Laborassistent(in) *m(f)* lab(oratory) assistant
Laboratorium *n s.* Labor
Laboraufzeichnungen *fpl (doc)* lab(oratory) records
Laborausstattung *f* lab(oratory) equipment
Laborbecher *m* lab(oratory) beaker
Laborbedarf *m* lab(oratory) applications, labware
Laborbedingungen *fpl* lab(oratory) conditions
Laborchemikalie *f* lab(oratory) chemical
Labordarstellung *f* lab(oratory) preparation
Laborergebnisse *npl* lab(oratory) findings
Laborflasche *f* lab(oratory) bottle
Laborgerät *n* lab(oratory) apparatus [appliance]
Laborgestelloberteil *n* upper frame
Laborglasgeräte *npl* lab(oratory) glassware
Laborinformations- und Management-System *n (Abk. LIMS)* laboratory information management system, LIMS
Laborinstrument *n* lab(oratory) instrument
Laborjournal *n (doc)* lab(oratory) notebook, log book
Laborkontrolle *f* lab(oratory) control
Labormaßstab *m* lab(oratory) [bench] scale *(for tests and processes)* • **im Labormaßstab** lab(oratory)-scale
Labormethode *f* lab(oratory) method
Laborprüfprotokolle *npl (doc)* lab(oratory) control records
Laborprüfung *f* lab(oratory) testing [investigation]
Labortest *m* lab(oratory) test
Labortier *n* lab(oratory) animal
Labortisch *m* bench
Labortischgerät *n* bench-top instrument
Laboruntergestell *n* lower frame
Laboruntersuchung *f* lab(oratory) examination [investigation]

Laborverfahren *n* lab(oratory) method [procedure]
Laborversuch *m* bench-scale experiment, lab(oratory) test
Laborzubehör *n* lab(oratory) products, labware
Lack *m* lacquer, varnish
lackieren *v* lacquer, varnish
Lackiersuspension *f (chem)* coating fluid, lacquering fluid
Lackmus *n(m)* litmus
Lackmuspapier *n* litmus paper
Lactose *f* lactose
Ladung *f* 1. charge, load *(a substance)*; 2. charge *(electricity)*
Lager *n (log)* store, storage, storeroom, stock room, warehouse • **auf Lager** in stock • **nicht auf Lager** out of stock
Lageraufstockung *f* replenishment of stocks
Lagerbedingungen *fpl* storage conditions
Lagerbehälter *m* storage container, storage tank
Lagerbestand *m* stock (level), warehouse stock, inventory • **Lagerbestände abbauen** run down stocks
Lagerbestand *m*/**freigegebener** approved stock
lagerbeständig *(qual)* stable in storage
Lagerbeständigkeit *f (qual)* stability in storage
Lagerbestandsbewegung *f (log)* stock flow
Lagerdauer *f* storage life
lagerfähig *(qual)* storable, suitable for storage
Lagerfähigkeit *f (qual)* storability, storage stability, shelf-life, keeping quality
Lagerfläche *f (log)* storage area, storage space
Lagerhaltung *f* stock management system
Lagerhaltung *f*/**chaotische** random location storage system
Lagerhaus *n* store, warehouse
Lagerkapazität *f* storage capacity
Lagerkontrolle *f* **des Bestandes** stock control
lagern *v* store • **getrennt lagern** store separately • **im Freien lagern** store outdoors • **kühl lagern** store in cool place, refrigerate • **trocken lagern** store in dry place, store dry
Lagerplatz *m* storage space
Lagerprozesse *mpl* storage processes
Lagerraum *m* storeroom, stock room
Lagerreduzierung *f* stock reduction
Lagerregal *n* store shelf
Lagerschein *m* warehouse bond
Lagerstabilität *f (qual)* stability in storage, warehouse stability
Lagertank *m* holding tank [vessel], storage tank
Lagertemperatur *f* holding [storage] temperature
Lagerumschlagsgeschwindigkeit *f (log)* stock turnover
Lager- und Verarbeitbarkeit *f (qual)* storage life
Lagerung *f* storage, storing, keeping, warehousing
Lagerung *f*/**empfohlene** recommended storage
Lagerung *f* **in flüssigem Stickstoff** *(micro)* liquid nitrogen storage
Lagerung *f*/**klimaüberwachte** climate controlled warehousing
Lagerung *f* **von Arzneimitteln** holding of drugs
Lagerung *f*/**vorläufige** temporary storage
Lagerungsanweisungen *fpl* storage instructions
Lagerungshaltbarkeit *f (qual)* storage stability
Lagerungsvorschriften *fpl* warehousing [storage] procedures
Lagerverwalter(in) *m(f)* warehouse manager
Lag-Phase *f (micro)* lag phase
Lakritzensaft *m* liquorice juice
Laminarbox *f (lab)* laminar flow box [cabinet]
laminarflow-fähig laminar flow capable
Laminarströmung *f* laminar air flow
Laminarströmungsbox *f* laminar (air) flow box [cabinet]
laminiert laminated
Länge *f* length
Längenausdehnung *f (tech)* linear extension
Langhalskolben *m (lab)* Florence flask, long-neck flask
langlebig durable, stable, persistent

Langzeitbeobachtung *f* long-term follow-up
Langzeitdosierung *f (med)* long-term dosage
Langzeitstabilität *f* long-term stability
Langzeitstudie *f* long-term study
Langzeitversuch *m* long-term [long-lasting] experiment, long-term trial
Lärmpegel *m (tech)* noise level
Laserkennzeichnung *f* laser marking
Lastenheft *n (tech)* requirement specification, user requirements
Latenzzeit *f* period of latency
Latexverschlussstreifen *m (pack)* latex sealing *(of tubes)*
Lattenkiste *f* crate
Lauf *m (tech)* run
laufen *v (tech)* run *(machines)*
Laufrad *n (tech)* impeller, rotor
Laufrichtung *f (tech)* operating direction
Laufrolle *f (tech)* caster
Laufzeit *f* run(ing) time, term
Lauge *f (chem)* alkaline solution, lye
Lavendel *m* lavender *(herbal plant)*
Laxans *n (med)* laxative, aperient
Laxativum *n (med)* laxative, aperient
Lebendimpfstoff *m (med)* life vaccine
lebensbedrohlich life threatening
Lebensdauer *f (tech)* working life, operating life, economic life, useful life, life span *(of a product)*
lebensfähig viable
Lebensfähigkeit *f* viability
Lebensmittel *n* food
lebensmittelecht food grade
Lebensspanne *f* **des Produkts** product life span
Lebenszyklus *m* life cycle
Lebewesen *n* (living) organism
leblos 1. abiotic *(particles)*; 2. dead
Leck *n* leak
lecken *v* leak
leckend leaky
lecksicher leakproof
Lecktest *m (ster)* leak test
LED-Anzeige *f (tech)* LED readout
leeren *v* deplete, empty
Leergewicht *n* dead weight, net weight, tare
Leerkapsel *f (tabl)* empty capsule
Leerpackung *f (pack)* empty package
Leerwert *m* blank
leicht verderblich perishable
leicht zu durchstoßen *(pack)* easy to pierce
leicht zu handhaben easy to use
leicht zu öffnen *(pack)* easy to open
leichtflüchtig *(chem)* highly [readily] volatile
Leichtglasflasche *f (pack)* light glass bottle
leichtlöslich *(chem)* easily [readily] soluble
leidend suffering
Leim *m (pack)* glue
leimen *v* glue
Leimen *n* gluing
Leimverschluss *m (pack)* glue closure
Leistung *f (tech, econ)* capacity, performance, output
Leistungsgrad *m (tech, econ)* operating ratio
Leistungsqualifizierung *f (tech)* performance qualification, PQ
Leiter(in) *m(f)* head of, manager
Leiter *m* **der Herstellung** Head of Production *(replaces the term Herstellungsleiter)*
Leiter *m* **der Qualitätskontrolle** Head of Quality Control *(replaces the term Kontroll-Leiter)*
Leiter *m*/**technischer** head of engineering department
leitfähig conductive
Leitfähigkeit *f (tech)* conductivity
Leitfähigkeit *f*/**elektrische** *(tech)* electrical conductivity
Leitfähigkeitsmesser *m (tech)* conductivity meter
Leitfähigkeitsmesszelle *f (tech)* conductivity cell
Leitlinie *f* guideline, guidance, policy
Leitlinien *fpl* **von GMP** GMP guidelines
Leitsubstanz *f* marker, tracer
Leitsystem *n* control system
Leitung *f (tech)* pipe, piping *(for gas or water)*
Leitungsendfilter *n(m) (tech)* line end filter
Lenkblech *n (tech)* baffle
Lenkrollen *fpl (tech)* casters
Lenkung *f (tech)* control; steering
lesbar *(doc)* legible
Lesegerät *n* scanner
lesen *v* scan *(electronically)*
Lesestift *m* **für Balkencode** wand

letal lethal, deadly poisonous
Licht *n* light
lichtbeständig fast to light, light-fast
Lichtbeständigkeit *f* resistance to light, light-fastness
Lichtbeugung *f* diffraction
lichtdicht lightproof
lichtdurchlässig translucent, transparent
Lichtdurchlässigkeit *f* light transmission, translucence, transparency
lichtecht resistant to fading
lichtempfindlich light-sensitive, sensitive to light
Lichtempfindlichkeit *f* light sensitivity
lichtgeschützt protected from light
Lichtschranke *f* light barrier, optical barrier
Lichtschutz *m* protection from light
Lichttaster *m (tech)* light sensor
lichtundurchlässig opaque, lightproof
Lieferant *m* supplier, vendor • **Lieferanten bewerten** evaluate the suppliers
Lieferantenaudit *n (qual)* supplier [vendor] audit
Lieferantenbewertung *f (qual)* supplier audit
Lieferantengenehmigung *f (reg)* supplier approval
Lieferantenqualifizierung *f* supplier qualification
Lieferbedingungen *fpl* terms of delivery
Lieferdatum *n* delivery date, due date
Lieferfrist *f* delivery deadline
liefern *v* supply, deliver, send, dispatch
Lieferort *m* point of delivery
Lieferschein *m (doc)* delivery note
Lieferservice *m* delivery service
Lieferstelle *f* delivery point
Liefertermin *m* delivery date, due date
Lieferung *f* 1. supplies, consignment, shipment *(goods)*; 2. delivery, shipment *(logistics process)*
Lieferung *f* **gegen Nachnahme** payment against delivery
Ligandenaustauschchromatographie *f* ligand exchange chromatography
Lindenblüten *fpl* lime(-tree) blossoms
lindern *v (med)* alleviate [allay, relieve] pain
Linderung *f* 1. *(med)* abatement, alleviation; 2. *(chem)* mitigation
Linearbereich *m* linear range
Linie *f (tech)* ine *(machine)*
Linienberäumung *f (tech)* line clearance *(at a packaging line)*
Liniendiagramm *n* line chart
Liniengitter *n* line grating *(spectroscopy)*
linksgängig *(tech)* left-hand(ed)
Linse *f (tech)* lens
Lipid *n (bioch)* lipid
Lipidsenker *m (med)* lipid-lowering agent
lipophil lipophilic
lipophob lipophobic
Liquidum *n* liquid
Listenpreis *m (distr)* list price
Lizenz *f* licence
Lizenzabkommen *n (reg)* licensing agreement
Lochblende *f (tech)* aperture, diaphragm
Lochboden *m (tech)* perforated base
lochen *v* punch
Lochreihe *f* row of perforations
Logbuch *n (doc)* log book
Logistik *f* logistics
log-Phase *f (biot)* log phase
Lohnauftrag *m* manufacturing contract
Lohnhersteller *m* contract manufacturer
Lohnherstellungsauftrag *m* contract manufacturing order
Lohnverpackung *f* contract packaging
lokal anwenden *v* use topically • **lokal anzuwenden** use topically
Los *n* lot
lose bulk, unpacked
Lösegeschwindigkeit *f (chem)* rate of dissolution
Lösemedium *n* dissolution medium
Lösemittelrückgewinnung *f (chem, tech)* solvent recovery
lösen *v (chem)* dissolve; solve *(a problem)*
Lösen *n (chem)* dissolution
Losgröße *f* batch size
Losgröße *f*/**große** large production batch
Losgröße *f*/**kleine** small production batch
löslich *(chem)* soluble • **in Wasser löslich** soluble in water • **löslich machen** *(BE)* solubilise, *(AE)* solubilize
löslich/leicht readily soluble
löslich/mäßig reasonably soluble
löslich/nicht insoluble
löslich/schwer sparingly soluble

Löslichkeit *f (chem)* solubility
Löslichmachung *f (chem) (BE)* solubilisation, *(AE)* solubilization
Lösung *f* 1. solution *(liquid)*; 2. dissolution *(chemical process)* • **in Lösung gehen** go into solution, dissolve
Lösung *f*/**basische** alkaline solution
Lösung *f*/**geeignete** appropriate solution
Lösung *f*/**gesättigte** *(chem)* saturated solution
Lösung *f*/**isotonische** normal solution
Lösung *f*/**untersuchte** solution tested
Lösung *f*/**wässrige** aqueous solution
Lösung *f*/**zu untersuchende** solution to be tested
Lösungsherstellung *f* preparation of a solution
Lösungsmittel *n* solvent, menstruum
Lösungsmittel *n*/**aktives** true solvent, active solvent
Lösungsmittel *n*/**inaktives** non-solvent
Lösungsmittel *n*/**latentes** indirect solvent, latent solvent
Lösungsmittel *n*/**nichtwässriges** *(chem)* non-aqueous solvent
Lösungsmittel *n*/**organisches** organic solvent
Lösungsmittelabscheidung *f (chem, tech)* solvent separation
lösungsmittelanziehend lyophilic
Lösungsmittelauffangbehälter *m* solvent collector
lösungsmittelbeständig solvent-resistant
Lösungsmittelrückgewinnung *f* solvent recovery
Lösungsmittelrückgewinnungssystem *n* solvent recovery system
Lösungsvermittler *m (BE)* solubiliser, *(AE)* solubilizer
Lotion *f* lotion
Luft *f* air • **der Luft aussetzen** expose to air • **in der Luft** aerial • **in der Luft enthalten** air-borne • **mit Luft versetzen** aerate
Luft *f*/**keimbelastete** active air
Luft... aerial
Luftabsauger *m* suction ventilator
Luftabsaugung *f* air aspiration
Luftansaugstutzen *m* air suction connection port
Luftblase *f* air bubble
luftdicht air-tight
Luftdruck *m* air pressure, atmospheric pressure
Luftdruckfühler *m (tech)* air pressure sensor
Luftdruckunterschiede *mpl* air [atmospheric, room] pressure differences
luftdurchlässig permeable to air
Luftdurchsatz *m* air flow rate, air throughput
Lufteinschluss *m (tabl)* air entrapment, air pocket *(minor quality)*
luftempfindlich air-sensitive
Luftentkeimung *f (BE)* sterilisation of the air, *(AE)* sterilization of the air
Lüfter *m (tech)* blower, fan, ventilator
Lufterwärmung *f* air heating
Luftfeuchte *f* air humidity
Luftfeuchtemesser *m (tech)* hygrometer
Luftfeuchtemessung *f* hygrometry
Luftfeuchtigkeit *f* air humidity
Luftfilter *m* air filter
Luftfiltration *f* air filtration
Luftfiltrationssystem *n* air filtration system
luftfrei air-free
Luftführung *f* 1. *(tech)* air handling; 2. airflow pattern *(in a device)*
Luftführungssystem *n (tech)* air-handling system
luftgetragen air-borne
luftgetrocknet air-dried, air-dry
Luftkeimsammler *m (tech, micro)* air sampler, microbial collector
Luftkeimzahl *(micro)* air microbial count
Luftkühler *m (tech)* air condenser
Luftkühlung *f (tech)* air cooling
Luftpartikelklassifikation *f (micro)* airborne particulate classification
Luftpore *f* air void
Luftprobe *f* air sample
Luftqualität *f* air quality
Luftschacht *m (tech)* air duct, air shaft
Luftschleuse *f* air lock
Luftsteuerung *f (tech)* air handling
Luftstrahl *m* air jet
Luftstrahlmühle *f (tech)* air attrition mill, fluid energy mill
Luftstrahlsiebung *f (tech)* air sieving
Luftstrom *m* air current
Luftströmung *f* air flow
Luftströmung *f*/**gerichtete** *(ster)* unidirectional air flow

Luftströmungsrichtung *f (tech)* air flow direction
lufttrocken air-dry
Lufttrocknung *f* air drying
Luftüberwachung *f (tech)* air monitoring
luftundurchlässig impermeable to air
Luftundurchlässigkeit *f* air impermeability
Lüftung *f* aeration
Lüftungsanlage *f (tech)* ventilation system
Lüftungsgleichgewicht *n* air balance
Lüftungsklappe *f (tech)* air regulator
Lüftungsloch *n* vent
Lüftungsöffnung *f* air relief, air vent
Lüftungs- und Klimaanlage *f (tech)* heating, ventilation, air conditioning
Luftverschmutzung *f* air pollution
Luftverunreinigung *f* air pollution
Luftverwirbelung *f* air turbulence
Luftvolumenstrom *m (tech)* air rate
Luftwechsel *m* air exchange
Luftwechselrate *f (tech)* air exchange rate
Luftzirkulation *f* air circulation
Luftzufuhr *f* aeration *(adding of air)*
Lumineszenztaster *m (tech)* luminescence scanner
Lungenreizstoff *m* respiratory irritant
Lupe *f* magnifying glass
Lutschtablette *f* lozenge, pastille
lyophil lyophilic • **lyophil trocknen** *(BE)* lyophilise, *(AE)* lyophilise, freeze-dry
Lyophilisat *n (ster, biot) (BE)* lyophilised culture, *(AE)* lyophilized culture
Lyophilisation *f (ster) (BE)* lyophilisation, *(AE)* lyophilization, freeze-drying
Lyophilisierung *f s.* Lyophilisation

M

Machbarkeit *f (tech)* feasibility, producibility, runability
Machbarkeitstest *m (tech)* feasibility test
Magazin *n* 1. *(tech)* rack; 2. *(log)* store (room)
Magazinspeicher *m* magazine pocket
Magen-Darm-Mittel *n (med)* gastro-intestinal agent
Magenmittel *n* stomachalgia
magensaftresistent enteric resistant, gastro-resistant
Magenverweilzeit *f (med)* gastric residence
Magnetkupplung *f (tech)* magnetic clutch
Magnetrührer *m (lab)* magnetic stirrer
Magnetstreifen *n* magnetic strip
mahlen *v* grind, mill, crush
Mahlen *n (tech)* milling, grinding, crushing
Mahlmaschine *f (tech)* grinding machine
Mahlwalze *f (tech)* grinding roll
Maisstärke *f* corn starch
Makroanalyse *f* macro-analysis
Makromolekül *n* macromolecule
Makroporen *f pl* macropores
Makroprobe *f (lab)* macro sample *(> 0.1 g)*
makroskopisch macroscopic
Malariaheilmittel *n* antimalarial drug
Mangel *m (qual)* deficiency • **Mangel an** lack of
Mangel *m*/**schwerwiegender** serious deficiency
mangelhaft definiert *(qual)* poorly defined
Mangelnährmedium *n (Lab, micro)* deficiency medium
Mängelprotokoll *n (qual)* deficiency protocol
Mängelrüge *f* deficiency letter [report]
manipulationssicher tamper-proof
manipulieren *v* tamper, manipulate
Manometer *n (tech)* manometer
Manschette *f (tech)* collar
Mantel *m (tabl)* coat
Mantelrohr *n (tech)* annulus
manuell manual, hand-operated
Markenname *m (mark)* brand (name)
Markenschutzrecht *n* proprietary right
Marketing *n* marketing
markieren *v* indicate, label, mark
Markierung *f* label(ling)
Markierung *f*/**radioaktive** *(BE)* radiolabelling, *(AE)* radiolabeling
Markierungssubstanz *f (chem)* marker
Markt *m* market • **auf den Markt bringen** introduce on the market, launch • **vom Markt nehmen** withdraw from the market
Marktanteil *m* market share, share of the market

marktfähig saleable
Marktfähigkeit *f* saleability
Marktforschung *f* market research
Marktführer *m* market leader
Marktlage *f* state of the market
Marktlücke *f* market niche
Marktsegment *n* section of the market
Marktzulassung *f (reg)* product licence • **eine Marktzulassung erteilen** *(BE)* grant a marketing authorisation, *(AE)* grant a marketing authorization
Maschenweite *f (tech)* mesh size, screen aperture *(of a sieve)*
Maschine *f* machine, line *(packaging)*
Maschine *f*/**getaktete** intermittent machine
Maschine *f*/**nachgeschaltete** *(tech)* downline machine
Maschine *f*/**vorgeschaltete** *(tech)* upline machine
maschinell mechanical, automatic
Maschinenabdeckung *f (tech)* machine cover
Maschinenausfall *m (tech)* machine breakdown
Maschinenbau *m*/**pharmazeutischer** pharmaceutical engineering
Maschinenbeschutzung *f (tech)* machine guarding
Maschineneinrichter(in) *m(f) (tech)* tool setter *(a person)*
Maschinenfett *n* grease
Maschinenführer(in) *m(f)* operator *(a person)*
maschinengängig *(tech)* machine passable
Maschinengeschwindigkeit *f* machine speed
Maschinenlauf *m* run, operation
Maschinenöl *n* machine oil
Maschinenrahmen *m (tech)* machine frame
Maschinenraum *m* machine room
Maschinenschmierstoff *m* machine oil, grease
Maschinenständer *m (tech)* machine stand
Maschinenstillstand *m (tech, prod)* machine stoppage
Maß *n* dimension, measurement, measure
Masse *f* 1. *(tech)* mass, bulk, quantity; 2. weight *(in non-technical language)*
Massebestimmung *f* quantity determination
Maßeinheit *f* measure, unit of measurement [measure]
Masseprozent *n* percentage by mass
Masseverlust *m (tech)* weight loss *(in the process of drying)*; mass defect
mäßig fair, moderate, reasonable • **mäßig löslich** reasonably soluble
massiv vigorous *(very active or strong)*
Maßlösung *f (chem, lab)* volumetric solution
Maßnahme *f* 1. measure; 2. action
Maßnahmen *fpl*/**vorbeugende** preventive measures
Maßstab *m* 1. *(tech)* scale; 2. *(qual)* standard, level
maßstabgetreu true to scale
Maßstabsvergrößerung *f* 1. *(tech)* scale-up; 2. *(prod)* scale-up *(extend small production to industrial production)*
Maßzylinder *m* measuring [graduated] cylinder
Master-Herstellungsvorschrift *f (prod)* Master Production Instruction
Material *n* material, substance
Material *n*/**abgelehntes** rejected material
Material *n*/**bestrahltes** irradiated material
Material *n*/**heterogenes** heterogeneous material
Material *n*/**homogenes** homogeneous material
Materialbeschaffung *f* procurement of materials
Materialentnahmeschein *m* stores slip
Materialermüdung *f (tech)* material fatigue
Materialfluss *m (log)* material flow
Materialprüfung *f (tech)* materials examination
Materialschleuse *f (log)* material lock
Materialspezifikationen *fpl (tech)* material specifications
Materialverbindung *f (tech)* material combination
Materialverschwendung *f* material wastage
Matrix *f* matrix
Matrize *f (tabl)* die block

Matrizenausrichtung *f (tabl)* die alignment
Matrizenhöhe *f (tabl)* die height
Matrizenöffnung *f (tabl)* die bore, die opening
Matrizenscheibe *f (tabl)* die plate, mould plate
Matrizentisch *m (tabl)* die table
Matrizentischgeschwindigkeit *f (tabl)* die table speed
Matrizentischhöhe *f (tabl)* die table height
Matrizenwand *f (tabl)* die wall
matt 1. mat(t) *(as of a surface)*; 2. weak, soft *(low action or performance)*
mattglänzend matt-finished *(as of a surface)*
mattieren *v* matt
Maximalabmessung *f (tech)* maximum dimension
Maximaldosis *f (tech, med)* maximum dose
Maximalgewicht *n (tech)* maximum weight
Maximalleistung *f (tech)* maximum capacity
Mazerationsaufguss *m* cold infusion
mechanisch mechanical
Medien *npl*/**hochreine** *(micro)* high-purity media
Medien *npl*/**neutrale** inert media
Medikament *n s.* Arzneimittel
Medikamentenmischung *f (med)* medication mixture
Medikamentenwirkung *f (med)* action of a drug
Medikation *f* medication
Medium *n* 1. medium; 2. *(micro, biot)* nutritive [culture] medium, substrate
Medium *n*/**flüssiges** *(micro, biot)* liquid medium
Medium *n*/**gebrauchsfertiges** *(chem, micro)* ready-to-use agent
Medium *n*/**umgebendes** *(ster, micro)* ambient medium
Medizin *f* medicine
medizinisch medicinal, medical
Medizinöl *n* medicinal oil
Medizinprodukt *n* medical device
Medizinwissenschaften *fpl* medical sciences
Mehrbedarf *m (distr)* additional requirements
Mehrfachmesspunkt-Kalibrierung *f (tech)* multiple point calibration
Mehrfachpunkt-Kalibrierung *f (tech)* multiple point calibration
Mehrfachresistenz *f (med, micro, biot)* multiple resistance
Mehrfachresistenz *f* **gegen Arzneimittel/infektiöse** multiple drug resistance
Mehrfachstichproben *fpl (qual)* multiple-sample study
Mehrgewicht *n (tech)* excess [surplus] weight
Mehrhalskolben *m (lab)* multinecked flask
mehrlagig *(tech)* multilayer
Mehrphasentabs *npl* multiphase tabs
Mehrproduktapparat *m (tech)* multi-product unit [device]
Mehrschichtenfilter *n(m)* multilayer filter
Mehrschichtfiltration *f* coarse-to-fine filtration
mehrschichtig multilayer
Mehrstufendestillationsanlage *f (tech)* multi-stage distillation unit
Mehrstufenverdampfer *m (tech)* cascade aspirator
Mehrstufenverfahren *n (tech, prod)* multi-step procedure
mehrstufig multistage
Mehrweg... returnable, re-usable
Mehrwegehahn *m (tech)* multiport plug valve
Mehrwertsteuer *f (fin)* value-added tax, VAT
Mehrzweckanlage *f (tech, prod)* multi-purpose equipment [facility]
Mehrzwecktankwagen *m (tech, log)* non-dedicated tanker
Meister *m* foreman, supervisor
melden *v* report, signal, communicate
Melderelay *n (tech)* warning relay
Membran *f* membrane, diaphragm
Membranfilter *n(m)* membrane filter
Membranfiltration *f* membrane filtration
Membranfläche *f* membrane area
Membranporengröße *f* membrane pore size
Membrantechnik *f (biot)* membrane technology
Membrantyp *m* membrane type
Membranventil *n (tech)* diaphragm valve
Menge *f* quantity, number, amount, por-

tion, volume • **Mengen abgleichen** reconcile quantities
Menge *f*/aufgenommene intake
Menge *f*/definierte defined [determined] amount, defined [determined] quantity
Menge *f*/deklarierte labelled amount
Menge *f*/mittlere moderate volume
Menge *f*/nachweisbare *(micro)* detectable level
Menge *f*/vorgegebene prestipulated volume
Mengenmarkierung *f* volume marking
Mengenstrommesser *m (tech)* rate meter, flowmeter
Mengenstrommessung *f (tech)* flow measurement
Mengenverhältnis *n* ratio
menschlich human
menügesteuert *(tech)* menu-driven, menu-controlled
Merkmal *n* 1. character, characteristic, feature; 2. mark, sign; 3. sign, symptom
Mess-, Steuer- und Regeltechnik *f (Abk. MSR) (tech)* measuring and control technology
messbar measurable
Messbereich *m* measurable range, measuring range
Messdaten *pl* measured [measuring] data
messen *v* measure
Messer *n* 1. knife; 2. *(tech)* cutter
Messergebnis *n* measuring result
Messfehler *m* error in measuring, measurement error
Messfühler *m (tech)* sensor, detector
Messgenauigkeit *f (tech)* measuring accuracy
Messgerät *n* gauge, measuring instrument [device]
Messglas *n* measuring glass
Messgrenze *f* limit of measurement
Messgröße *f* 1. unit of measurement *(of measuring instrument)*; 2. quantity to be measured; 3. measured quantity
Messinstrument *n* gauge, measuring instrument [device]
Messkapillarrohr *n* stem *(of thermometer)*
Messkappe *f* measuring cap
Messkolben *m* measuring flask, volumetric flask
Messküvette *f* measuring cuvette
Messlöffel *m (lab)* measuring spoon
Messmenge *f* quantity to be measured, measured quantity
Messmethode *f* method of measurement, measurement technique
Messmittel *n* gauge, measuring instrument [device]
Messpipette *f* measuring [graduated, calibrated] pipette
Messpunkt *m* measuring point
Messstrecke *f* range of measurement
Messüberwachungssystem *n* measurement control system
Messumformer *m (tech)* measuring transmitter, measurement converter, measuring transducer
Mess- und Steuergerät *n (tech)* measurement and control device
Messung *f* 1. measurement, measuring; 2. scaling *(based on a scale)*
Messverfahren *n (tech)* method of measurement, measurement technique
Messwert *m* measured value
Messwertanzeige *f* reading
Messwertaufnehmer *m (tech)* transducer
Messzylinder *m (lab)* measuring [graduated] cylinder
Metall *n* metal
Methode *f* method, technique
Methode *f*/geeignete suitable method
Methode *f*/ungeeignete unsuitable method
Methodenvalidierung *f* methods validation
Methodenvalidierung *f*/analytische analytical methods validation
Migränemittel *n (med)* migraine analgetic, anti-migraine preparation
Migration *f (biot)* migration
Mikroanalyse *f (lab)* microanalysis
mikroanalytisch microanalytical
Mikrobe *f* microbe, microorganism
Mikroben *fpl* microbe, microorganism
Mikrobenaktivität *f (micro)* microbial activity
Mikrobenkultur *f (micro)* microbial culture
Mikrobestandteil *m* microcomponent, microconstituent
mikrobiell microbial
Mikrobiologie *f* microbiology

mikrobiologisch microbiological
Mikrobiose *f* microbiosis, infection by microbes
mikrobizid microbicidal
Mikrobürette *f* microburet(te)
Mikrodosierspritze *f (lab)* microsyringe
Mikrofiltration *f* microfiltration
Mikrogrammbereich *m* microgram range *(analytics)*
Mikrokultur *f* microculture
Mikroküvette *f* microcell
mikronisieren *v (BE)* micronise, *(AE)* micronize
Mikronisierung *f (BE)* micronisation, *(AE)* micronization
Mikroorganismen *mpl* microorganisms, micro-organisms, microbes, germs • **Mikroorganismen abtötend** microbicidal • **das Wachstum von Mikroorganismen verhindernd** microbistatic
Mikroorganismen *mpl***/abbauende** reducers, microconsumers *(of organic matter)*
Mikroorganismen *mpl***/apathogene** non-pathogenic microorganisms
Mikroorganismen *mpl* **für industrielle biotechnologische Prozesse** industrial microorganisms
Mikroorganismen *mpl***/lebensfähige** viable microorganisms
Mikroorganismen *mpl***/psychrophile** *(micro)* psychrophiles, psychrophilic microorganisms
Mikroorganismen *mpl***/trägerfixierte** carrier-fixed microorganisms
Mikroorganismen *mpl***/unzulässige** *(ster, hyg)* objectionable microorganisms
Mikroorganismenfermentation *f (biot)* microbial fermentation
Mikroorganismengemeinschaft *f* microbial consortium
Mikroorganismenkonzentration *f* microbial concentration
Mikroorganismenkultur *f* microbial culture
Mikroorganismenstamm *m* microbial strain
Mikroorganismenzahl *f* microbial count
Mikroorganismus *m* microorganism, micro-organism, microbe, germ
Mikropipette *f (lab)* micro-pipette
Mikropipettierung *f (lab)* micro-pipetting
Mikroprobe *f* micro sample *(< 0.01 mg)*
Mikrosäule *f* packed capillary column *(of gas chromatograph)*
Mikroskop *n* microscope
mikroskopisch klein microscopic
Mikroträger *m (biot)* microcarrier *(for microorganisms and cell cultures)*
Mikroverunreinigung *f* micropollutant *(agent)*
Milchglas *n* milk [frosted, opaque] glass
Milchzucker *m* milk sugar
Milligrammbereich *m* milligram range (*analytics*; *0.001 to 0.01 g*)
Millimeter *mpl* **Quecksilbersäule** millimeters of mercury *(measuring unit of pressure of fluids)*
Mindergewicht *n (tabl, pack)* short weight
mindern *v* decrease, lower, reduce
minderwertig *(qual)* substandard, low-quality, low-grade, inferior
Mindestdosis *f* minimum dose [dosage]
Mindestgehalt *m* minimum content
Mindestinhalt *m (pack, prod, tabl)* minimum contents, guaranteed contents
Mindesttemperatur *f (tech)* minimum temperature
Mineralstoffe *mpl* mineral matter
Mineralstoffpräparat *n (med)* mineral substance preparation
Minimaldosis *f* minimum dosage
minimieren *v (BE)* minimise, *(AE)* minimize
mischbar miscible
mischbar/nicht immiscible
Mischbarkeit *f* miscibility
Mischbehälter *m* 1. *(tech)* compounding container, mixing vessel; 2. *(biot)* blending tank
Mischbett *n* mixed bed
Mischbettionentauscher *m (tech)* mixed bed ion exchanger
Mischbottich *m (tech)* mixing trough
Mischdüse *f (tech)* mixing nozzle
mischen *v* blend, mix, compound *(on the basis of a recipe)*
Mischen *n* 1. blending, mixing; 2. dry blending [mixing] *(solid substances)*
Mischer *m* (tech) mixer, blender, blending apparatus
Mischer *m***/geschlossener** *(tech)* closed mixer

Mischer *m*/**satzweise arbeitender** *(tech)* batch mixer
Mischgut *n* blended mixture *(of substances)*
Mischkneter *m (tech)* kneader mixer
Mischmaschine *f (tech)* mixer, blender, mixing machine
Mischreaktor *m (tech)* stirred tank
Mischtrommel *f (tech)* drum mixer
Mischung *f* 1. mixing, blending *(process)*; 2. mix(ture), blend, compound *(substances)*
Mischung *f*/**pressfähige** compactable mixture
Mischung *f*/**pressfertige** compression mixture
Mischverhältnis *n* blending [mixing] ratio
Mischzusatzstoff *m* blending agent
Mischzyklus *m* blending cycle
Missbrauch *m* **von Arzneimitteln** abuse of drug products
Mitarbeiter(in) *m(f)* staff member, employee
Mitbewerber(in) *m(f)* competitor
Mitgliedsstaat *m (reg)* member state
Mitgliedsstaat *m*/**erstzulassender** *(reg)* Reference Member State *(EU)*
mitteilen *v (reg, doc)* notify, communicate, report
Mittel *n* 1. instrument, means, medium; 2. *(med)* drug; 3. *(chem, biot)* medium, agent; 4. *(fin)* funds, resources; 5. *(math)* average
Mittel *n*/**adstringierendes** *(med)* astringent agent
Mittel *n*/**analgetisches** *(med)* analgesic, analgesic drug [agent], pain-reliever, pain-killer
Mittel *npl*/**angemessene** adequate resources
Mittel *n*/**angstlösendes** *(med)* anxiolytic agent
Mittel *n*/**anregendes** *(med)* stimulant, analeptic agent
Mittel *n*/**antibakterielles** *(med)* bactericide, antibacterial agent
Mittel *n*/**antiseptisches** *(med)* antiseptic
Mittel *n*/**blähungstreibendes** *(med)* carminative (agent)
Mittel *n*/**blutdrucksenkendes** *(med)* antihypertensive drug
Mittel *n*/**blutdrucksteigerndes** *(med)* pressor
Mittel *n*/**blutstillendes** *(med)* anti-h(a)emorrhagic
Mittel *n*/**bronchuserweiterndes** *(med)* bronchodilator inhalant
Mittel *n*/**chemisches** chemical agent
Mittel *n*/**chemotherapeutisches** *(med)* chemotherapeutic agent
Mittel *n*/**die Harnsekretion hemmendes** *(med)* antidiuretic agent
Mittel *n*/**die Herzmuskulatur stärkendes** *(med)* cardiotonic
Mittel *n*/**einen Schüttelkrampf auslösendes** *(med)* convulsant
Mittel *n*/**entzündungshemmendes** 1. *(med)* antiphlogistic [anti-inflammatory] agent; 2. *(tech)* anti-inflammatory
Mittel *n*/**gallentreibendes** *(med)* cholagogue
Mittel *n*/**gefäßerweiterndes** *(med)* vasodilator
Mittel *n* **gegen Angina pectoris** *(med)* antistenocardic
Mittel *n* **gegen Blutarmut** *(med)* anticachectic
Mittel *n* **gegen Durchfall** *(med)* antidiarrh(o)eal
Mittel *n* **gegen Epilepsie** *(med)* antiepileptic
Mittel *n* **gegen Erbrechen** *(med)* antiemetic
Mittel *n* **gegen Fieber** *(med)* antiphlogistic, antipyretic
Mittel *n* **gegen Gicht** *(med)* antipodagric
Mittel *n* **gegen Hämorrhoiden** *(med)* antihaemorrhodial
Mittel *n* **gegen hohen Speichelfluss** *(med)* antisialgic
Mittel *n* **gegen Husten** *(med)* antitussive
Mittel *n* **gegen Infektionen** *(med)* anti-infective
Mittel *n* **gegen Kopfschmerzen** *(med)* anticephalalgic
Mittel *n* **gegen Krämpfe** *(med)* anticonvulsive, anticonvulsant, antispasmodic
Mittel *n* **gegen Lähmungen** *(med)* antiparalytic
Mittel *n* **gegen Lepra** *(med)* antileprotic
Mittel *n* **gegen Malaria** *(med)* antimalarial, antipaludian
Mittel *n* **gegen Neuritis** *(med)* antineuritic
Mittel *n* **gegen Ödeme** *(med)* antiedematous, antihydropic, antioedemic

Mittel *n* **gegen Pilzbefall** *(med)* antifungoid
Mittel *n* **gegen Rauschgifte** *(med)* antinarcotic
Mittel *n* **gegen Rheuma** *(med)* antirheumatic
Mittel *n* **gegen Ruhr** *(med)* antidysenteric
Mittel *n* **gegen Schwitzen** *(med)* antisudorific
Mittel *n* **gegen Skorbut** *(med)* antiscorbutic
Mittel *n* **gegen Steinbildung** *(med)* antilithic
Mittel *n* **gegen Tollwut** *(med)* antihydrophobic, antirabic
Mittel *n* **gegen Tripper oder Gonorrhoe** *(med)* antigonorr(o)eiac
Mittel *n* **gegen Wassersucht** *(med)* antihydropic
Mittel *n* **gegen Zahnschmerzen** *(med)* antiodontalgic
Mittel *n***/homöopathisches** *(med)* homeopathic
Mittel *n***/keimtötendes** *(med)* microbicide, germicide
Mittel *n***/krampflösendes** *(med)* spasmolytic
Mittel *n***/leistungsstärkendes** *(med)* performance-enhancing agent
Mittel *n***/mikrobizides** *(med)* microbicide
Mittel *n***/niesenerregendes** *(med)* sternutatory
Mittel *n***/pilztötendes** *(med)* fungicide, antimycotic
Mittel *n***/pneumokokkentötendes** *(med)* antipneumococcic
Mittel *n***/psychopharmakologisches** *(med)* psychopharmacological substance [agent]
Mittel *n***/schädliches** harmful agent
Mittel *n***/schaumbremsendes** *(chem)* antifoaming agent
Mittel *n***/schlafverhinderndes** *(med)* agrypnotic agent
Mittel *n***/schlafvertreibendes** *(med)* agrypnotic agent
Mittel *n***/schmerzlinderndes** *(med)* pain killer [reliever], analgesic, analgetic, pain-mitigating agent
Mittel *n***/schweißtreibendes** *(med)* hidrotic agent
Mittel *n***/spermienabtötendes** *(med)* spermatocide
Mittel *n***/suchterzeugendes** *(med)* habit-forming agent
Mittel *n***/synthetisches** synthetic agent
Mittel *n***/therapeutisches** *(med)* therapeutic agent
Mittel *n***/wasserentziehendes** water-abstracting agent
Mittel *n***/zugelassenes** *(reg)* registered agent
Mittel *n* **zum Einnehmen** *(med)* ingestible
Mittel *n* **zur Empfängnisverhütung** *(med)* anticoncipiens
Mittel *n* **zur Hemmung der Gallenproduktion** *(med)* anticholagogue
Mittel *n* **zur Herabsetzung der Darmtätigkeit** *(med)* antiperistaltic
Mittel *n* **zur Schwangerschaftsunterbrechung** *(med)* abortifacient
Mittel *npl***/ausreichende** 1. sufficient resources; 2. *(fin)* sufficient funds
mittelständig centrally located
Mittelwert *m (math)* average, mean value
Mittelwert *m***/gewichteter** weighted average
Modell *n* 1. model; 2. *(pack)* mock-up
Modellprodukt *n* model product
Modellstudie *f* pilot study
Modifikationsmittel *n (chem)* modifier
modifizieren *v* modify
modifiziert modified
Modifizierung *f* modification
Modul *n* module
modular modular
molekular molecular
Molekularbiologie *f* molecular biology
Molekulargewicht *n* molecular weight
Molekularmasse *f* molecular mass
Molekülgröße *f* molecular size
Monitoring *n* monitoring
Mono-Anlage *f (tech)* dedicated equipment
monochromatisch monochromatic
Monochromator *m* monochromator
Mono-Produktionsbereich *m* dedicated production area
Montage *f (tech)* setting, assembly
Montageeinheit *f (tech)* assembly kit
Montageplatten *fpl (tech)* mounting plates
montieren *v* set up

Mörser *m (lab)* mortar
Mörserkeule *f (lab)* pestle
Motor *m (tech)* engine, motor
Muffe *f (tech)* bush, bushing
Mühle *f (tech, lab)* grinder, (grinding) mill
Muldenmixer *m (tech)* trough mixer
Mull *m* gauze, lint
Müll *m* waste, wastes, rubbish, *(AE)* garbage, trash
Müllart *f* type of waste
Müllentsorgung *f s.* Abfallbeseitigung
Müller-Fass *n* Mueller drum
Müllkennzeichnung *f (reg)* waste declaration
Müllverbrennung *f* rubbish incineration
Multifunktionsanzeige *f (tech)* multifunction display unit
Multifunktionsgebäude *n* multi-purpose facility [building]
Multifunktionstaste *f (tech)* multi-function button
Mundschutz *m (hyg)* face mask
Mundspüllösung *f (med)* mouthwash
Muskelrelaxans *n (med)* muscle relaxant
Muster *n (lab)* sample *(for an analysis)*; specimen • **ein Muster ziehen** collect a sample
Muster *n*/**repräsentatives** representative sample
Muster *n*/**unverkäufliches** sample
Musterbehälter *m* sample container
Mustercharge *f* sample batch
Musterdokument *n (doc, reg)* master document
Musteretikett *n (pack)* master label
Musterkollektion *f (mark)* selection of samples
Musternummer *f (lab)* sample number
Mustersendung *f* selection of samples
Musterumfang *m* sample size
Musterziehung *f*, **Musterzug** *m* sample collection, sampling
mutagen *(bioch)* mutagenic
Mutter *f (tech)* nut
Muttergesellschaft *f* parent company
Mutterlauge *f (chem)* mother liquor

N

Nachahmepräparat *n* generic drug
Nacharbeit *f* rework
nachbehandeln *v* aftertreat, re-treat
Nachbehandeln *n* aftertreating
Nachbehandlung *f* aftertreatment, retreatment, posttreatment, secondary treatment
Nachbestellung *f* re-order, reordering
Nachbewertung *f* re-evaluation
nachdosieren *v* make up
Nachdosierung *f* make-up
nachforschen *v* investigate
Nachforschung *f* investigation
Nachfrage *f (distr, mark)* demand
Nachfrage *f*/**begründete** *(reg)* reasoned request
Nachfragebelebung *f (distr, mark)* acceleration in demand, revival of demand
Nachfragedeckung *f (distr)* satisfaction of the demand
nachfüllen *v* replenish
Nachfüllung *f* replenishment
nachgelagert *(tech)* downstream
nachgeschaltet *(tech)* downstream
Nachgeschmack *m* after-taste
Nachkühler *m (tech)* secondary condenser
Nachkultur *f (micro)* subculture
Nachladestation *f (pack)* replenishment station
Nachlauf *m* 1. back end *(distillation)*; 2. tailing *(substance, material)*
Nachlegestapel *m (pack)* back-up stack
Nachlegestation *f (pack)* topping-off station
Nachreifung *f (biot)* ag(e)ing
Nachtrocknung *f (tech)* final drying, afterdrying
Nachuntersuchung *f (qual)* subsequent test
nachvollziehbar traceable
Nachweis *m* detection, evidence, proof, determination, identification
Nachweis *m* **der Übereinstimmung** determination of conformance
Nachweis *m*/**experimenteller** experimental proof
nachweisbar detectable, identifiable
nachweisbar/nicht undetectable
nachweisen *v* detect, prove, verify
Nachweisführung *f (doc)* verification
Nachweisgenauigkeit *f* detection precision
Nachweisgrenze *f (lab, micro)* limit of

detection, detection limit, identification limit
Nachweisgrenze *f*/obere upper detection limit
Nachweisgrenze *f*/untere lower detection limit, minimum detection limit
nachweislich proven
Nachweismittel *n (chem, lab)* detection agent, analytical reagent
Nachweisreagens *n (chem, lab)* detection agent, analytical reagent
Nachweisreaktion *f (chem, lab)* detection reaction
Nadelschutz *m* needle shield *(of a syringe)*
Nagetier *n* rodent
Nähragar *m* nutrient agar
Nährboden *m (micro)* culture medium, substrate
Nährbouillon *f (micro, biot)* culture broth
Nährlösung *f* 1. *(micro, lab)* culture broth, liquid medium, culture solution; 2. *(biot)* nutrient broth
Nährlösungskultur *f* solution culture
Nährmedienabfüllung *f (ster)* media fill
Nährmedienherstellung *f (ster)* (culture) media preparation
Nährmedienraum *m* media preparation room
Nährmedium *n* 1. *(micro)* medium, growth [culture] medium; 2. *(biot)* nutrient medium [solution]
Nährmedium *n*/synthetisches *(biot)* synthetic medium
Nährstoff *m* nutrient (substance), nutritive (substance)
Nährstoffansprüche *mpl* nutrient requirements
Nährstoffbedarf *m* nutrient requirements
Nährstoffbouillon *f (micro, lab)* nutrient broth
Nährstoffelement *n* nutrient element
Nährstoffmangel *m* nutrient deficiency
Nährsubstanz *f s.* Nährstoff
Nährsubstrat *n (micro, lab, biot)* culture substrate, nutrient medium, substrate, culture medium
Nahrung *f*/enterale enteral nutrition
Nahrungsergänzungsmittel *n (med)* food additive
Nahrungsmittel *npl* **für den Menschen** human food
Nährwert *m* nutrient [nutritional] value

Naht *f* 1. *(tech)* joint, weld; 2. *(pack)* seam
nahtlos seamless
Name *m* name, designation
Name *m*/geschützter *(reg)* proprietary name
Name *m*/systematisch gebildeter systematic name
Namenskürzel *n (doc)* initials
Nanopartikel *mpl (chem)* nanoparticles
Napf *m* 1. cup, well; 2. cup, cavity *(blister)*
Näpfe *mpl*/vorgeformte *(pack)* preformed cavities
Napftiefe *f* cup depth *(of blister)*
Narkosemittel *n (med)* narcotic, *(BE)* anaesthetic, *(AE)* anesthetic
Narkotikum *n* narcotic
Nasencreme *f* nasal cream
Nasengel *n* nasal gel
Nasensalbe *f* nasal ointment
Nasentropfen *mpl* nose drops
Nassbehandlung *f (tech)* wet treatment
Nassentstauben *n (tech)* scrubbing
Nassentstauber *m (tech)* scrubber
Nasslabor *n* wet lab(oratory)
Nasspräparat *n (lab)* humid preparation
Nass-Siebung *f (tech)* wet sieving
Natrium *n* sodium
natürlich natural
Naturprodukt *n* natural product
Naturstoff *m* native substance, natural compound
Naturstoffbiotechnologie *n* natural product biotechnology
Nebenabrede *f (reg)* side agreement
Nebeneffekt *m* side effect, side action
Nebenerscheinung *f* side effect
Nebenprodukt *n* by-product, side [secondary] product
Nebenprodukt *n*/erwünschtes *(biot)* joint product
Nebenprodukt *n*/mikrobielles *(biot)* microbial by-product
Nebenwirkung *f (chem, med)* side effect
Nebenwirkung *f*/erwartete expected adverse reaction
Nebenwirkung *f*/unerwartete unexpected adverse reaction
Neigung *f (tech)* slope, gradient
Neigungswinkel *m (tech)* angle of slope [gradient]
Nenngröße *f* nominal size
Nennvolumen *n* nominal volume
Nennweite *f* nominal width

Nennwert *m* required [nominal] value
nesten *v (pack)* nest
Nesten *n (pack)* nesting
nestfähig *(pack)* nestable
Nettogehalt *m* net contents
Nettogewicht *n* net weight
Nettogewinn *m (fin)* net profit
Nettopreis *m (distr)* net price
Netzanschlusswerte *mpl (tech)* power supply data *(electricity)*
Netzmittel *n (chem)* wetting agent
Netzschalter *m (tech)* power switch, main switch
Netzspannung *f (tech)* line voltage
neuartig novel
Neubestimmung *f* reassay *(repetition of an assay)*
Neubewertung *f* reassessment
Neuheit *f* novelty *(in the market)*
Neuraltherapeutika *npl (med)* depressants and stimulants
Neuroleptikum *n (med)* psychoplegic, antipsychotic, neuroplegic
Neuropathiemittel *n (med)* neuropathic agent
neutral neutral
Neutralisierer *m (chem) (BE)* neutraliser, *(AE)* neutralizer *(of disinfectants)*
Neutralisierung *f (chem) (BE)* neutralisation, *(AE)* neutralization
Nicht stürzen! Up right!
Nichteinhaltung *f (qual)* non-compliance, non-conformance, failure to comply
nichtflüchtig *(chem)* non-volatile
nichtklinisch non-clinical
nichtlinear non-linear
Nichtlöser *m* non-solvent *(substance)*
Nichtübereinstimmung *f (qual)* non-compliance, non-conformance, failure to comply
nichtwässrig non-aqueous
Niederdruckkessel *m (tech)* low-pressure boiler
Niederschlag *m* 1. precipitation *(process)*; 2. precipitate, deposition *(substance)*; condensate *(of vapour)*; settling *(particles in bottom of liquid or gas)*
niederschlagen *v* 1. precipitate, sedimentate, deposit, come down, settle; 2. condense *(of vapour)*
niederschlagen *v*/**sich** 1. precipitate, sedimentate, deposit settle; 2. condense *(vapour)*
niedrigdosiert low-dosed
niedrigmolekular low-molecular
Niesmittel *n* sternutatory
Niet *m (tech)* rivet
Nikotinpflaster *n (med)* nicotine patch
Nivellierung *f (tech)* levelling
Nocke *f (tech)* cam
Nockenlaufwerk *n (tech)* cam box
Nockenwelle *f (tech)* cam shaft
Norm *f* standard
Normabweichung *f* standard deviation
Normalbedingungen *fpl* standard conditions *(environment)*
Normaldruck *m (tech)* normal [standard] pressure
Normallösung *f (chem)* normal solution, standard solution
Normalstahl *m (tech)* mild steel
Normaltemperatur *f (tech)* normal temperature
Normaltemperatur *f* **und -druck** *m* standard temperature and pressure
Normalzustand *m* normal state
Normierung *f (BE)* standardisation, *(AE)* standardization
Normvorschrift *f* standard specification
Normwert *m* standard value
Normzustand *m*/**physikalischer** standard temperature and pressure
Not-Aus *n (tech)* emergency off
Notfall *m* emergency
Notstromaggregat *n (tech)* emergency power supply
Nukleinsäure *f* nucleic acid
null setzen *v*/**auf** zero
Nulleinstellung *f (tech)* zero adjustment
Null-Linie *f* zero line
Nullpunkt *m* zero (point)
Nullpunktabweichung *f* zero drift
nullpunktbezogen zero-based
Nummer *f* number • **eine Nummer zuordnen** assign a number
nummerieren *v* number
Nut *f (tech)* groove
Nutringkonstruktion *f (tech)* groove-ring construction
Nutsche *f* Buchner funnel
Nutzen-Kosten-Analyse *f (econ)* benefit-cost analysis
Nutzen-Risiko-Bewertung *f (econ)* benefit-risk assessment

Nutzer(in) *m(f)* user
nutzerfreundlich user-friendly
Nutzleistung *f* 1. *(tech)* efficiency; 2. *(prod)* output
Nutzungsbedingungen *fpl* conditions of use
Nutzungsdauer *f (tech)* working life, operating life, economic life, useful life *(machine)*
Nutzungsvolumen *n* effective volume

O

Oberfläche *f* surface
Oberfläche *f*/glatte smooth surface
Oberfläche *f*/mattierte matt finish
Oberfläche *f*/produktberührende product contact surface
Oberfläche *f*/raue rough surface
Oberfläche *f*/rostfreie rust-free surface
Oberfläche *f*/spezielle specific surface
Oberfläche *f*/spezifische specific surface
Oberfläche *f*/sterile sterile surface
Oberflächenaktivität *f* surface activity
Oberflächenanästhetikum *n* surface anaesthetic
oberflächenbehandeln *v (hyg)* surface
Oberflächenbehandlung *f* surface treatment
Oberflächenbeschaffenheit *f* surface properties
Oberflächenbeschichtung *f* 1. *(tech)* surface coating; 2. *(tabl)* top spray tablet coating
Oberflächenbindung *f (chem)* surface binding
Oberflächendurchmesser *m* surface diameter
Oberflächenfilter *n(m)* edge filter
Oberflächenfiltration *f* edge filtration
Oberflächenkolonie *f (micro)* surface colony
Oberflächenkontamination *f* surface contamination
Oberflächenkontamination *f*/maximal zulässige *(hyg)* maximum permissible surface contamination
Oberflächenresistenz *f* surface resistance
Oberflächenspannung *f* surface tension
Oberflächensterilisierung *f (BE)* surface sterilisation, *(AE)* surface sterilization
Oberkante *f* rim
Oberseite *f* top side, upper side
Oberstempel *m (tabl)* top punch, upper punch *(of tabletting machine)*
Objekttisch *m* stage *(microscope)*
Objektträger *m (lab)* slide, object slide *(of a microscope)*
Oblatenkapsel *f* cachet
obligatorisch compulsory
Oblongtablette *f* oblong tablet
Ofen *m (lab)* oven
Öffentlichkeitsarbeit *f* public relations, publicity
Öffnung *f (tech)* opening, port
Ohrencreme *f* ear cream
Ohrengel *n* ear gel
Ohrensalbe *f* ear ointment
Ohrenspüllösung *f* ear wash
Ohrentropfen *mpl* ear drops
Öko-Audit *n (qual)* eco-audit
Okular *n (tech)* ocular
Öl *n*/ätherisches essential oil
Öl *n*/medizinisches medicinal oil
Ölabscheidefilter *n(m) (tech)* oil-coalescing [separating] filter
Ölabscheider *m (tech)* oil separator [trap]
Ölbad *n* oil bath
ölig oily
Öl-in-Wasser-Emulsion *f (chem)* oil/water emulsion
Ölwanne *f (tech)* sump
onkogen *(BE)* tumourigenic, *(AE)* tumorigenic
Ophthalmika *npl* ophthalmic products
Optimierung *f* improvement, *(BE)* optimisation, *(AE)* optimization
optional optional
optisch optical, visual
oral oral
ordern *v* order, place an order
ordnen *v* arrange *(in a certain order)*; (put into) order
Ordnung *f* arrangement *(in a certain order)*; order
Organ *n* 1. *(med)* organ; 2. *(reg)* body *(an authority)*
Organigramm *n* organigram, *(BE)* organisation chart, *(AE)* organization chart

Organisationseinheit *f (BE)* organisational unit, *(AE)* organizational unit
organisch *(chem)* organic
Organismen *mpl*/**genetisch veränderte** genetically modified organisms
Organismen *mpl*/**rekombinante** recombinant organisms
Organismen *mpl*/**unerwünschte** undesirable organisms
Organismen *mpl*/**unzulässige** *(hyg, ster, micro)* objectionable organisms
Organismus *m* organism
Organismus *m*/**mikroskopischer** microbe
Organismus *m*/**lebender** living organism • **außerhalb des lebenden Organismus** in vitro • **innerhalb des lebenden Organismus** in vivo
Originalitätsverschlusskappe *f (pack)* tamper-evident cap
Originalpackung *f (pack)* original package
Originalverschluss *m (pack)* originality seal
Ort *m* location, place • **an Ort und Stelle** on-site, in situ, topical • **vor Ort** on-site
Ortstermin *m* on-site visit
Öse *f* eye, eyelet
Osmolalität *f (chem)* osmolality
Osmometer *n* osmometer
Osmose *f* osmosis
Osteoporosemittel *n (med)* anti-osteoporosis agent
Östradiol *n* oestradiol *(hormone)*
Östrogen *n* oestrogen *(hormone)*
OTC-Produkt *n* over-the-counter [OTC] product
Otologikum *n (med)* otologic(al) preparation
Ovulationshemmer *m* antifertility [antiovulant] agent [drug]
Oxigenerierung *f* oxygenation
Oxytozikum *n* oxytocic (agent), uterotonic

P

Packguteinschub *(tech, pack)* package loading
Packlinie *f* packing line
Packmaterial *n* packaging material
Packmaterial *n*/**bedrucktes** printed packaging material
Packmittelausgabe *f* packaging material dispensary
Packmittelhersteller *f* packaging manufacturer
Packung *f* package
Packung *f* **als geordnete Kolonne** *(pack)* stacked packing
Packungsbeilage *f* package leaflet, (package) insert
Packungsdichte *f* packing density
Packungsgröße *f* package size
Packungsstapelung *f* package stacking
packweise in packages
Packzettel *m* packing slip
Paddel *n (tech)* arm
Paddelrührer *m (tech)* paddle agitator
Paket *n (log, pack)* parcel, packet
Palette *f (log)* pallet
Palettengröße *f* pallet size
Palettenhöhe *f* pallet height
Palettenladung *f* pallet load
Palettenstellplatz *m* pallet store
palettieren *v (BE)* palletise, *(AE)* palletize
Palettierer *m (BE)* palletiser, *(AE)* palletizer
Palettiermaschine *f (BE)* palletiser, *(AE)* palletizer
Papieraufzeichnung *f (doc)* paper file
Papierausdruck *m (doc)* paper printout
Papierfilter *n(m)* paper filter
papierlos paperless
Pappe *f (pack)* cardboard, pasteboard, board
Parallelschaltung *f (tech)* parallel connection
Parallelstrom *m* parallel flow
Parameter *m* parameter
Parameter *m*/**kritischer** critical parameter
parenteral parenteral
Parenteralia *npl* parenterals
Parkinson-Mittel *n (med)* anti-Parkinson agent
Partialdruck *m (tech)* partial pressure
Partie *f* batch
Partikel *n (micro)* particle, particulate matter
Partikel *n* **aus der Luft** *(micro)* airborne particles
Partikel *npl*/**lebensfähige** *(micro)* viable particles

Partikelabscheiderate *f (micro)* particle retention rate
Partikelansammlung *f (micro)* accumulation of particles
Partikeldurchmesser *m* mean particle diameter
Partikelerzeugung *f* particle generation
Partikelfilter *n(m) (micro, ster)* particle filter, particulate matter air filter
partikelfrei *(micro, ster)* particle-free
Partikelgröße *f* particle size
Partikelgrößenverteilung *f* grain [particle] size distribution, distribution of particle size
Partikelmessgerät *n* particle measuring instrument, particle sampler
Partikelmonitoring *n (micro)* particle monitoring
Partikelsensor *m (tech, micro)* particulate matter sensor
Partikelverteilung *f* particle distribution
Partikelwachstum *n* particle growth
Partikelzahlen *fpl (micro)* particle count
Partikelzähler *m (tech, micro)* particle counter
partikulär particulate
Passerdifferenz *f* register difference
Passerfehler *m* register defect
Passfeder *f (tech, tabl)* key of punch
Pass-Stück *n (tech)* adapter
Paste *f* paste
Paste *f* **zum Auftragen auf die Haut** cutaneous paste
Pasteurisierung *f (BE)* pasteurisation, *(AE)* pasteurization
Pastille *f* pastille
pastös pasty
Patch-Pipette *f (lab)* patch pipette
Patent *n* patent
Patentamt *n* patent office
Patentanmeldung *f* patent filing
Patentanspruch *m* patent claim
Patentbeantragung *f* patent application
Patenteinreichung *f* patent filing
Patenterteilung *f* patent approval
Patentfristverlängerung *f* patent prolongation
Patentgültigkeit *f* patent duration [life]
patentiert patented
Patentinhaber(in) *m(f)* patent holder, patentee
Patentrechte *npl* patent rights
Patentschrift *f* patent specification
Patentschutz *m* patent protection
Patentverlängerung *f* patent prolongation
Patentverletzung *f* patent infringement
Pathogen *n* 1. pathogen, pathogenic agent; 2. *(micro)* pathogenic microorganism
pathologisch pathological
Patient *m (med)* patient
Patient *m*/**gesunder** *(med)* healthy patient
Patient *m*/**kranker** *(med)* ill patient
Patient *m*/**leidender** *(med)* suffering patient
Patientenbroschüre *f (mark, distr)* patient information leaflet
Patienteninformation *f* patient information
Patientennummer *f (doc)* patient identification number
Patrone *f (tech)* cartridge
Peak *n (tech)* peak
Peakbreite *f (tech)* peak width
Peakhöhe *f (tech)* peak height
Peakreinheit *f* peak purity
Pegel *m* level
Pellet *n* pellet
Pelletbeschichtung *f* pellet coating
Pelletherstellung *f (BE)* pelletising, *(AE)* pelletizing
pelletieren *v (BE)* pelletise, *(AE)* pelletize
Perforator *m (tech, pack)* perforator
perforieren *v (pack)* perforate
perforiert perforated
Perforierung *f (pack)* perforation
periodisch 1. cyclic(al), circular, periodical; 2. *(tech)* continuous, intermittent
• **periodisch arbeitend** *(tech)* intermittent
Perkolation *f* percolation
Perkolator *m* percolator
perkolieren *v* percolate
permeabel permeable
Permeabilität *f* permeability
permeieren *v* permeate
Permeiervermögen *n* permeativity
Persistenz *f* persistence
Person *f*/**sachkundige** qualified person
Personal *n* work force, personnel, human resources
Personal *n*/**aufsichtführendes** supervisory personnel

Personal *n*/**befugtes** *(BE)* authorised personnel, *(AE)* authorized personnel
Personal *n*/**berechtigtes** *(BE)* authorised personnel, *(AE)* authorized personnel
Personal *n*/**geschultes** trained personnel
Personal *n* **in Schlüsselfunktion** key personnel
Personalabteilung *f* personnel department
Personalakte *f* personnel file
Personalbeschaffung *f* recruitment
Personalfortbildung *f* personnel training
Personalhygiene *f (hyg)* personnel hygiene
Personalkosten *pl (econ)* personnel costs
Personalplanung *f (econ)* personnel planning
Personalschleuse *f (tech)* personnel lock
Personalschulung *f* personnel training
Personenfluss *m (tech)* personnel flow
Petrischale *f* Petri [petri] dish, Petri [petri] plate, culture dish
Pfefferminze *f* peppermint *(herbal plant)*
Pflanze *f* plant
Pflanze *f*/**pharmazeutische** pharmaceutical plant
Pflanzenaufguss *m* plant infusion
Pflanzenextrakt *m* plant extract
Pflanzenfarbstoff *m* vegetable dye
Pflanzenheilkunde *f* phytomedicine
Pflanzenheilmittel *n* phytotherapeutic product
Pflanzenhormon *n* phytohormone
Pflanzeninsulin *n* vegetable insulin
Pflanzenkomplex *m* phyto-complex
Pflanzensaft *m* sap
Pflanzenstoff *m* vegetable material [substance]
Pflanzensubstanz *f* vegetable material [substance]
pflanzlich plant-based
Pflaster *n* sticking plaster, patch, *(AE)* band-aid
Pflaster *n*/**transdermales** transdermal patch
Pflichtenheft *n* functional specification, requirement specification
Pfropfen *m (lab, pack)* peg, pin, plug, stopper
Pharmaberater(in) *m(f)* pharmaceutical representative
Pharmafirma *f* pharmaceutical(s) company
Pharmahersteller *m* drug manufacturer
Pharmaindustrie *f* pharmaceutical(s) industry
Pharmaka *npl* pharmaceuticals
Pharmakochemie *f* medicinal chemistry, pharmaceutical chemistry
Pharmakochemiker(in) *m(f)* pharmaceutic(al) chemist, medical chemist
Pharmakodynamik *f* pharmaco-dynamics
pharmakodynamisch pharmaco-dynamic
pharmakogen pharmacogenic
Pharmakogenetik *f* pharmacogenetics
Pharmakognosie *f* pharmacognosy
Pharmakognosist *m* pharmacognosist
pharmakognostisch pharmacognostic
Pharmakokinetik *f* pharmacokinetics
Pharmakologe *m* pharmacologist
Pharmakologie *f* pharmacology
pharmakologisch pharmacologic(al)
Pharmakon *n* pharmacon
Pharmakopöe *f* pharmacopoeia
Pharmakopöe... pharmacopoeial
pharmakotherapeutisch pharmacotherapeutic
Pharmakotherapie *f* pharmacotherapy
Pharmakotherapie *f*/**gezielte** drug targeting, targeted drug delivery
Pharmakovigilanz *f* pharmacovigilance
Pharmareferent *m*, **Pharmareferentin** *f* agent to distribute drugs, medical representative, pharmaceutical representative
Pharmawasser *n (chem)* pharmaceutical water
Pharmazeut(in) *m(f)* pharmac(eut)ist
Pharmazeutik *f* pharmaceutics
Pharmazeutika *npl* drugs, pharmaceutical products
pharmazeutisch pharmaceutic(al)
Pharmazie *f* pharmacy, pharmaceutics
Pharmazie *f*/**galenische** galenics
Phase *f* phase
Phase *f*/**feste** solid phase
Phase *f*/**flüssige** liquid phase
Phase *f*/**kritische** critical stage
Phase *f*/**stationäre** *(micro)* resting [sta-

tionary] phase *(in the growth of microorganisms)*
Phase f/wässrige aqueous phase
Phasenübergang *m* phase transition
Phiole *f* vial
pH-Meter *n* pH meter
Photochemie *f* photochemistry
photochemisch photochemical
Photolyse *f* photolysis
Photometer *n* photometer
Photozelle *f* photo cell, photocell
pH-Wert *m (chem)* pH value
physikalisch physical
Phytopharmaka *npl* herbal medicinal product
Pigment *n* pigment
Pille *f* pill
pillieren *v (prod)* pill
Pilotanlage *f (tech)* pilot plant
Pilotcharge *f* pilot-scale batch
Pilotprogramm *f* pilot scheme
Pilotventil *n (tech)* pilot valve
pilzabtötend anti-fungal
Pilzbefall *m (micro)* fungal attack
Pilzbekämpfungsmittel *n* fungicide
Pilze *mpl (micro)* fungi
pilzhemmend anti-fungal, fungicidal
pilztötend anti-fungal
Pilzwachstum hemmend/das fungistatic
pilzwirksam fungicidal
Pinzette *f (lab)* pincers, (pair of) tweezers, forceps
Pipette *f* pipette, pipet, dropper
Pipettenspitze *f (lab)* pipette tip
pipettieren *v (lab)* pipette
Pipettieren *n (lab)* pipetting
Pipettierhilfe *f (lab)* pipetting aid
Pipettierung *f (lab)* pipetting
Placebo *n* placebo
placebokontrolliert placebo-controlled
Planleistung *f (econ)* performance record
Planung *f* planning
Plasma *n* plasm(a)
Plasmainfusion *f (med)* plasma infusion
Plasma-Stammdokumentation *f (doc)* Plasma Master File
Plastikfolie *f (pack)* plastic film [foil]
Plastikmaterial *n* plastics
Plastikverpackung *f* plastic packaging
plastisch plastic
Plastizität *f* plasticity
Platine *f (tech)* circuit board
Platte *f* disk, plate
Plausibilitätsprüfung *f* plausibility check
Plombe *f* seal
Pneumatikzylinder *m (tech)* pneumatic cylinder
pneumatisch pneumatic • **pneumatisch betätigt** air operated
polar *(tech)* polar
Polarimeter *n (tech)* polarimeter
Polarisationswinkel *m* angle of polarisation
Polarisator *m (BE)* polariser, *(AE)* polarizer
Polarität *f (tech)* polarity
polieren *v* polish
Polieren *n* polishing
Poliergerät *n (tech)* polisher
Poliermittel *n (chem)* polish
Polierscheibe *f (tech)* polishing disc
Polierstrecke *f* polishing segment
Polymer *n (chem)* polymer
polymer polymeric
Polymerlösung *f (tabl)* polymer(ic) solution
Polypeptid *n* polypeptide
Polypeptidantibiotikum *n* polypeptide antibiotic
Polyvinylchlorid *n (Abk. PVC) (chem)* polyvinyl chloride, PVC
Pore *f* pore *(of a filter)*
Porendurchmesser *m* pore diameter
porenfrei pore-free
Porengröße *f* pore size *(of a filter)*
Porengrößenverteilung *f* pore-size distribution
Porenvolumen *n* pore volume
Porenvolumenverteilung *f* pore -volume distribution
Porenweite f/maximale *(tech)* maximum mean porosity *(of a filter)*
porig, porös porous
Porosität *n* porosity
portioniert portioned
Positivergebnis *n* **bezüglich Sterilitätsprüfung** sterility failure
Positivform *f (BE)* male mould, *(AE)* male mold *(vacuum forming)*
Positivkontrollen *fpl (qual)* positive controls
Posten *m* batch
Potenzial *n* potential
potenzieren *v* potentiate

Potenzierung *f* potentiation *(of a homeopathic drug)*
Präformulierung *f* pre-formulation
Prägefolie *f (pack)* embossed film
prägen *v* emboss, punch, stamp
Prägepresse *f (tech)* embossing press
Prägestation *m (tabl)* embossing [coding] station
Prägestempel *m (tabl)* punch
Prägung *f (tabl)* embossment
Prallblech *n (tech)* baffle
Präparat *n* 1. *(lab)* preparation; 2. *(med)* (medicinal) remedy, medicament *(drug product)*
Präparat *n* **zum Einnehmen** *(med)* ingestible
präzise precise
Präzision *f* precision
Präzisionsgrenze *f* limit for precision, precision limit
Präzisionswaage *f* precision balance
Preis *m* price • **einen Preis vereinbaren** agree upon a price • **Preise angleichen** adjust prices
Preis *m*/**empfohlener** recommended price, reference price
Preis *m*/**gebundener** controlled price
Preis *m*/**geforderter** asked price
Preisangebot *n* quotation • **ein Preisangebot machen** quote a price
Preisbildung *f* price formation, pricing
Preisbindung *f* price maintenance
Preisfestlegung *f* price determination, price fixing
Preispolitik *f* price [pricing] policy
Preisstruktur *f* price structure
Preisverfall *m* slide in prices
Pressdruck *m (BE)* moulding pressure, *(AE)* molding pressure
Presse *f* 1. *(tech)* press; 2. the press *(publicity)*
Presseigenschaft *f (tech, tabl)* compression characteristic
pressen *v (tabl)* press
Pressen *n* **zu Tabletten** compression into tablets
Pressform *f (tabl) (BE)* mould, *(AE)* mold
Pressformat *n (tabl)* pressing format, compression format
Pressgeschwindigkeit *f (tabl)* compression speed
Pressgranulat *n (tabl)* moulding granulate
Presskammer *f (tech, tabl)* pressing chamber
Presskern *m (tabl)* tablet core
Presskraft *f (tech, tabl)* compaction force, compression force
Pressling *m (tabl)* compact, core
Pressluft *f (tech)* compressed air
Pressluftanschluss *m (tech)* compressed-air tap
Pressluftflasche *f (tech)* compressed-air bottle
Pressmasse *f (tabl)* pressing material
Pressverdichten *n (tabl)* compacting
Primärpackmittel *n (pack)* primary packaging material
Primärverpackung *f (pack)* immediate container [packaging], primary packaging
Prinzip *n* principle
Prinzip *n*/**ethisches** ethic(al) principle
Proband *m* volunteer
Probe *f* 1. *(lab)* sample, specimen, test piece; 2. *(lab)* test, assay • **eine Probe analysieren** *(BE)* analyse a sample, *(AE)* analyze a sample • **eine Probe nehmen [ziehen]** sample, assay, draw [take] a sample
Probe *f*/**analysierte** *(BE)* sample analysed, *(AE)* sample analyzed
Probe *f* **in der Untersuchung** sample under analysis
Probeanwendung *f (med)* test application
Probeauftrag *m (prod)* trial order
Probeauftragen *n* sample application
Probeentnahmestutzen *m (tech)* sample port
Probelauf *m (tech)* test (operation), trial [test] run
Probematerial *n* test material
Probemodell *n (tech)* mockup, mock-up
Probenahme *f* sampling, sample collection
Probenahmeausrüstung *f (tech, lab)* sampling equipment
Probenahmefehler *m (lab)* sampling error
Probenahmegerät *n (tech, lab)* sample collector, sampler, sampling device
Probenahmeort *m* sampling location
Probenahmeplan *m (qual)* sampling schedule [scheme]

Probenahmepunkt *m* sampling location [point, site]
Probenahmestelle *f* sampling location [point, site]
Probenahmeverfahren *n* sampling technique
Probenahmevorrichtung *f (tech, lab)* sample collector, sampler
Probenahmevorschrift *f* sampling specification
Probenanalyse *f (lab)* sample assay
Probenaufbereitung *f (lab)* sample preparation
Probenaufbewahrung *f (lab)* sample storage
Probenbehälter *m* sample vessel
Probendurchsatz *m* sample throughput
Probenehmen *n* sample collection, sampling
Probenehmer *m* sample collector, sampler *(device or person)*
Probeneinlass *m* sample inlet [port]
Probeneinspritzung *f (lab)* sample injection
Probenentnahme *f (lab)* withdrawal of samples
Probenentnahme-Ventilkörper *m (tech)* sampling valve body
Probenfläschchen *n* sample vial
Probengeber *m* sample dispenser, sampler
Probengröße *f* sampling [sample] size, amount of sample
Probenherstellung *f (lab)* sample preparation
Probenidentifizierung *f* sample identification
Probeninjektion *f* sample injection
Probeninjektor *m* sample injector
Probenlagerung *f* sample storage
Probenlösung *f* 1. solution tested; 2. solution to be tested
Probenmaterial *n* sample [test] material, assay
Probenmenge *f* amount of sample, sample quantity
Probenständer *m (lab)* sample rack
Probenstecher *m (lab)* sampling thief, sampler
Probenstecher *m***/pneumatischer** pneumatic sampler
Probenteiler *m (lab)* sample divider [reducer]
Probentransfer *m* sample transfer
Probenverjüngung *f (lab)* sample reduction
Probenvorbehandlung *f* sample pretreatment
Probenvorbereitung *f* sample preparation
Probenwechselvorrichtung *f (lab)* sample changer
Probenzufuhr *f* sample introduction
Probepackung *f (mark)* test [trail] package
Probephase *f* trial phase
Probesubstanz *f* test [experimental] substance, substance being [to be] investigated
Produkt *n* product
Produkt *n***/exponiertes sterilisiertes** *(BE)* exposed sterilised product, *(AE)* exposed sterilized product
Produkt *n***/genetisch verändertes** genetically engineered product
Produkt *n***/hochqualitatives** quality product, first-class product
Produkt *n***/kohäsives** cohesive product
Produkt *n***/langlebiges** durable product
Produkt *n* **mit hohem Absatz** high-volume product
Produkt *n***/sterilisiertes** *(BE)* sterilised product, *(AE)* sterilized product
Produkt *n***/verworfenes** rejected product
Produkt *n***/wiederaufbereitetes** reprocessed product
Produkt *n***/zugelassenes** *(reg) (BE)* authorised product, *(AE)* authorized product
Produktanalyse *f* product assay, product analysis
Produktanforderungen *fpl* product needs [requirements]
Produktausbeute *f (econ)* yield of product, product yield
Produktbericht *m***/jährlicher** *(doc)* Annual Product Report
Produktberührung *f* product contact
Produktbeschreibung *f* product description
Produktbildungsrate *f (biot)* rate of product fermentation
Produkteigenschaften *fpl* product characteristics

Produkteinführung *f (mark)* product launch [implementation]
Produkteinschieber *m (tech, pack)* product slide
Produktentwicklung *f* product development
Produktfälschung *f* counterfeit product
Produktfehler *m (qual)* product defect
Produktförderung *f (mark)* (product) promotion
Produktfreigabe *f* product release
Produktinformation *f* product information
Produktion *f* production, manufacture
Produktion *f*/**bedienerlose** lights-out production, unmanned production
Produktion *f*/**chemische** chemical production
Produktion *f*/**computergestützte** computer-assisted production
Produktion *f*/**fortlaufende** continuous production
Produktion *f* **im Versuchsmaßstab** pilot scale production
Produktion *f* **in halbtechnischem Maßstab** pilot-plant production
Produktion *f*/**lagerlose** stockless production
Produktion *f*/**mikrobiologische** microbiological production
Produktion *f*/**nachfrageorientierte** demand production
Produktion *f*/**schlanke** lean production
Produktion *f*/**sichere** safe production
Produktionsablauf *m* production flow
Produktionsanlagen *fpl (tech)* production units, process equipment
Produktionsausbeute *f (econ)* process yield
Produktionsausfall *m* production downtime, *(AE)* production shortfall
Produktionsausfallzeit *f* production downtime
Produktionsauslastung *f (econ) (BE)* utilisation of production capacity, *(AE)* utilization of production capacity
Produktionsausstattung *f (tech)* process equipment
Produktionsausstoß *m* volume output, production output
Produktionsbeginn *m* production start-up, start of production
Produktionsbetrieb *f (tech)* production facility [plant]
Produktionsdaten *pl (tech, econ)* production data
Produktionsdauer *f* production period
Produktionsfaktoren *mpl* productive resources
Produktionsfläche *f* production area
Produktionsfluss *m* production flow
Produktionsgenehmigung *f (reg)* production licence
Produktionskapazität *f (tech)* production capacity
Produktionskontrolle *f* production control
Produktionskosten *pl (econ)* output costs
Produktionsleistung *f* production output
Produktionsleitung *f* production management
Produktionslinie *f (tech)* production line
Produktionsmaßstab *m* production scale
Produktionsmenge *f (econ)* production output [volume], quantity produced
Produktionsmethode *f* way of production
Produktionsnorm *f (tech, hyg)* production standard
Produktionsort *m* production site [location]
Produktionspalette *f* product(ion) range, range of products *(products produced)*
Produktionsplan *m* production plan [schedule]
Produktionsphase *f* product stage
Produktionsphase *f*/**erste** first [initial] product stage
Produktionsphase *f*/**letzte** final product stage
Produktionsplanung *f* 1. *(econ, tech)* production [operation] planning; 2. *(fin)* output budgeting
Produktionspreis *m (econ)* product cost
Produktionsprogramm *n* 1. product(ion) range, range of products *(products produced)*; 2. production schedule *(related to time)*
Produktionsprozess *m (tech)* production [manufacturing] process
Produktionsreife *f (tech)* production-line status

Produktionsstandort *m* manufacturing site
Produktionsstätte *f* 1. industrial [manufacturing] plant *(facility)*; 2. industrial [manufacturing] site *(location)*
Produktionssteuerung *f (econ)* operation management
Produktionsstillstand *m* production downtime
Produktionsumfang *m* production output [volume]
Produktionsverfahren *n* way of production
Produktionsverlagerung *f* shift of production
Produktionsvorbereitung *f* operation scheduling, process planning
Produktionswasser *n (tech)* process water
Produktionsziel *n* production target
Produktivität *f* productivity
Produktlebensdauer *f* shelf-life, keeping quality
Produktmangel *m (qual)* product defect
Produktneuerung *f* product innovation
Produktpalette *f* product(ion) range, range of products
Produktplanung *f* product planning
Produktpräsentation *f (mark)* demonstration of the product, product presentation
Produktreinigung *f (tech)* product purification
Produktreste *mpl (prod, hyg)* residue
Produktrückruf *m (qual)* product recall
Produktrückstand *m (tech)* product residue
Produktsicherheit *f (qual)* product safety
Produktspezifikationen *fpl (tech)* product specifications
produktspezifisch product-specific
Produktstabilität *f (qual)* product stability
Produktsterilität *f* product sterility
Produkttransportsystem *n (tech, pack)* product conveying system
Produktursprung *m (doc)* product origin
Produktionsüberwachung *f* production control
Produktverunreinigung *f* product contamination
Produktzufuhr *f (tech)* product feed
Produktzulassungsantrag *m (reg) (BE)* application for marketing authorisation, *(AE)* application for marketing authorization, product licence application
Produzent *m* manufacturer
Produzentenhaftung *f* producer's liability
produzieren *v* manufacture, produce, make
Programm *n* program, schedule
Programm *n***/schriftlich festgelegtes** written established programme
programmierbar programmable
programmierbar/frei *(tech)* randomly programmable
Programmierer(in) *m(f)* programmer
Programmierung *f* programming
Programmsteuerung *f (BE)* programme control, *(AE)* program control
Projekt *n* project
projektbezogen project-linked
Projektdauer *f* project life
Projektgruppe *f* project group
Projektierung *f* planning
Projektmanager(in) *m(f)* project manager
Projektplan *m* project schedule
Projektplanung *f* project scheduling
Propagierung *f (biot)*propagation
Propellermischer *m (tech)* propeller mixer
Propellerrührer *m*, **Propellerrührwerk** *n* propeller agitator
prophylaktisch prophylactic
Prophylaxe *n (med)* prophylaxis
Prospekt *m(n) (mark, pack)* brochure, leaflet
Prospekteinschub *m (pack)* leaflet insertion
Prospektfalzmaschine *f (pack)* leaflet folder
Prospektzuführung *f (pack)* leaflet feed
Protamin-Zink-Insulin *n (med)* zinc protamine insulin
Protein *n (biot)* protein
Protokoll *n (doc)* record, protocol
protokollieren *v* record, protocol
Protokollierung *f (doc)* record keeping
Prozentgehalt *m (math)* percentage
Prozess *m* process
Prozess *m***/abgeschlossener** finished process
Prozess *m***/biologischer** biological process

Prozess *m*/**biotechnologischer** biotechnological process
Prozess *m*/**chemischer** chemical process
Prozess *m*/**geschlossener** closed process
Prozess *m*/**herkömmlicher** established process
Prozess *m*/**technischer** technical process
Prozessablauf *m*/**vollautomatischer** *(tech)* fully-automated processing
Prozessabluft *n (tech)* exhaust air
Prozessabweichung *f (qual)* process deviation
Prozessanalyse *n* on-line analysis
Prozessanlage *f (tech)* processing plant [facility]
Prozessanpassung *f* operational [process] adjustment
Prozessautomatisierung *f* process automation
Prozess-Datenblatt *n (doc)* process data sheet
Prozessdokumentation *f* process documentation
Prozessdurchlauf *m (tech)* process run [flow]
Prozessdurchschnittswert *m (econ)* process average
Prozessfähigkeitsindex *m* process capability index
Prozessfähigkeitsuntersuchung *f (tech)* process capability study
Prozessflussdiagramm *n* process flow diagram
Prozessgestaltung *f* process design
Prozesshilfe *f* processing aid
Prozesslauf *m* process run [flow]
Prozessleitsystem *n (tech)* process control system
Prozessoptimierung *f*/**galenische** *(BE)* galenic process optimisation, *(AE)* galenic process optimization
Prozessparameterbereich *m* proven acceptable range
Prozessplanung *f* process scheduling
Prozessqualität *f* process quality
Prozess-Schritt *m* process step
Prozess-Schritt *m*/**kritischer** critical process step
Prozess-Steuerung *f* process control
Prozess-Stufe *f* stage of treatment, process stage
Prozesstechnik *f* process technology
Prozesstemperatur *f (tech)* process temperature
Prozessumfeld *n* process environment
Prozessvalidierung *f (tech)* process validation
Prozesswärme *f (tech)* process heat
Prozesswasser *n (tech)* process water
Prüfablauf *m* testing procedure
Prüfanweisung *f (doc)* test instructions
Prüfbogen *m (doc)* case report form, trail form, questionnaire
prüfen *v* 1. test, check, examine, inspect, review, investigate; 2. *(tech)* screen *(by means of technical devices)*
Prüfen *n* 1. testing, checking, examination, review; 2. *(tech)* screening *(by means of technical devices)*
prüfen *v* **auf** test for
Prüfender *m* tester
Prüfer(in) *m(f)* tester
Prüfgerät *n* tester
Prüfgut *n* sample
Prüfintervall *m (tech)* test interval
Prüfkeime *mpl (micro)* test organisms
Prüfling *m (tech, chem)* test specimen
Prüflösung *f (chem, biot)* test solution
Prüfmethode *f* analytical [test] method
Prüfmethode *f*/**mikrobiologische** microbiological test method
Prüfmittel *n (tech)* calibration equipment
Prüfmuster *n* test sample
Prüfmuster *n*/**klinisches** clinical (trial) sample
Prüfparameter *m* testing parameter
Prüfplan *m (tech, lab)* testing schedule
Prüfpräparat *n (lab)* test preparation, investigational material
Prüfprotokoll *n (doc)* test protocol, test report
Prüfröhrchen *n (lab)* test tube
Prüftermin *m* test date
Prüftermin *m*/**neuer** retest date
Prüfung *f* 1. analysis, assay, (control) test; 2. examination, testing, inspection, check; 3. audit *(by authorities)*
Prüfung *f* **auf partikuläre Reinheit** *(micro, ster)* test for particular matters
Prüfung *f* **auf Pyrogene** *(micro)* pyrogen test
Prüfung *f* **auf Sterilität** sterility testing

Prüfung *f* **auf Unversehrtheit** *(ster)* integrity test
Prüfung *f* **der Robustheit** *(pack)* robustness testing
Prüfung *f* **der Wirkstoff-Freisetzung** *(chem)* dissolution test
Prüfung *f* **eingehender Produktionsmaterialien** *(qual)* testing of incoming production material
Prüfung *f*/**klinische** clinical trial
Prüfung *f*/**visuelle** visual examination
Prüfung *f* **vor Ort** on-site-testing
Prüfung *f*/**zerstörungsfreie** non-destructive testing
Prüfungsrecht *n (reg)* right to inspect
Prüfungsumfang *m* scope of an audit
Prüfverfahren *n* analytical [testing] procedure, sampling [test] procedure
Prüfvorgaben *fpl* test parameter
Prüfvorrichtung *f (tech, lab)* tester, test appliance, test(ing) equipment
Prüfvorschrift *f (doc)* test instructions [procedure], sampling [test] procedure
Prüfwerte *mpl* test parameter
Prüfzertifikat *n* certificate of testing, test certificate
Psychodysleptikum *n* psychotomimetic, psychodysleptic, hallucinogen
Psycholeptikum *n (med)* antipsychotic, neuroleptic (drug), *(BE)* (major) tranquil(l)iser, *(AE)* (major) tranquil(l)izer
Psychopharmakologie *f* psychopharmacology
psychopharmakologisch psychopharmacological
Psychopharmakon *n (med)* psychopharmacologic agent [drug], psychotropic agent [drug], psyco-active drug, psychopharmaceutical
Psychoplegikum *n (med)* psychoplegic
Psychosedativum *n* tranquil(l)izer, *(BE)* tranquil(l)ising drug, *(AE)* tranquil(l)izer, *(AE)* tranquil(l)izing drug, anxiolytic
Psychostimulans *n* psychostimulant
Psychotomimetikum *n* psychotomimetic, psychodysleptic, hallucinogen
psychotomimetisch psychotomimetic, hallucinogenic
Psychotonikum *n (med)* psychostimulant, psychoanaleptic, psycho-energiser
Psychotropikon *n* psychopharmacologic drug
Puder *n(m)* powder
Puffer *m* buffer
Pufferbestandteil *m* buffer component
Pufferkapazität *f* buffering capacity
Pufferlösung *f* buffer solution
Pulver *n* powder
Pulver *n*/**loses** loose powder
Pulver *n*/**mikronisiertes** *(BE)* micronised powder, *(AE)* micronized powder
Pulver *n*/**pharmazeutisches** pharmaceutical powder
Pulverdichte *f* powder density
Pulverdosierschnecke *f (tech)* powder feeder
Pulvereigenschaft *f* powder property
Pulverfraktion *f* powder fraction
pulverisieren *v* powder, grind, *(BE)* pulverise, *(AE)* pulverize
Pulverkammer *f* powder camber
Pulverkartusche *f* powder cartridge
Pulvermischung *f* powder mixture
Pulvertrichter *m (tech)* powder [filling] funnel, powder hopper
pulvrig powdery
Pumpe *f (tech)* pump
Pumpe *f*/**peristaltische** *(tech)* peristaltic pump
pumpen *v* pump
Pumpenkopf *m (tech)* pump head
Pumpenventil *n (tech)* pump valve
Punkt *m*/**kritischer** critical point
Punktleimung *f (pack)* dot gluing
Purgans *n* purgative
pyrogen *(med)* pyrogen
Pyrogen *n (med)* pyrogen
Pyrogenität *f (med)* pyrogenicity

Q

Qualifizierung *f* 1. qualification, training; 2. *(tech)* qualification
Qualifizierung *f* **der Ausrüstung** *(tech)* equipment qualification, EQ
Qualifizierungsbericht *m (tech)* qualification report
Qualifizierungsdaten *pl (tech)* qualification data
Qualifizierungsmasterplan *m (tech)* qualification master plan
Qualifizierungsphase *f (tech)* qualification phase

Qualifizierungsplan *m (tech)* qualification master plan
Qualifizierungsverlauf *m (tech)* qualification proceedings
Qualifizierungsvorgaben *fpl (tech)* qualification provisions
Qualität *f* quality • **die Qualität beeinträchtigen** adversely affect the quality
Qualität *f*/**ausgezeichnete** first class quality, excellent [superior] quality
Qualität *f* **des Granulats** *(tabl)* granule quality
Qualität *f*/**gleichbleibende** consistent quality
Qualität *f*/**schlechte** bad [poor, inferior, minor] quality
Qualität *f*/**zugesicherte** assured [guaranteed] quality
qualitätsbeeinflussend quality-influencing
qualitätsbestimmend quality-determining
qualitätsbewusst quality-conscious
qualitätsbezogen quality-related
Qualitätsendkontrolle *f* release [final] quality control
Qualitätserzeugnis *n* high-quality product
Qualitätskontrolle *f (Abk. QK)* quality control, QC
Qualitätskontrolleinheit *f* quality unit
Qualitätskontrollinstrumente *npl* quality control instruments
Qualitätskontroll-Leiter *m* head of (quality) control *(German title replaced by Leiter der Qualitätskontrolle)*
Qualitätskriterien *npl* quality characteristics
Qualitätslimits *npl*/**zulässige** acceptable quality limits
Qualitätsmanagement *n* quality management
Qualitätsmanagement *n*/**integriertes pharmazeutisches** integrated pharmaceutical quality management
Qualitätsmanagement *n*/**umfassendes** total quality management
Qualitätsmangel *m* quality defect
Qualitätsmerkmal *n* quality attribute
Qualitätsnorm *f* standard of quality, quality standard
Qualitätsproblem *n* quality problem
Qualitätsprodukt *n* quality product
Qualitätsprüfung *f* quality check
Qualitätssicherung *f* quality assurance
Qualitätssicherung *f*/**pharmazeutische** pharmaceutical quality assurance
Qualitätssicherungssystem *n* quality assurance system
Qualitätsstandard *m* standard of quality, standard of quality
Qualitätsstufe *f* quality class [grade]
Qualitätsverbesserung *f* quality improvement
Qualitätsziel *n* quality goal
quantifizierbar quantifiable
quantitativ quantitative • **quantitativ bestimmbar** quantifiable
Quarantäne *f* quarantine • **in Quarantäne** quarantined • **unter Quarantäne gelagert** stored under quarantine • **unter Quarantäne halten** hold under quarantine
Quarantänelager *n (qual, log)* quarantine warehouse [store (room)]
Quarantänelagerung *f (qual, log)* quarantine storage
Quartalsabschluss *m* quarterly accounts [statement]
Quelldaten *pl* source data
Quelle *f* source, origin
quellen *v* swell
Quellfähigkeit *f* swelling capacity *(physically)*
Querschnitt *m* cross-section
Querschnittszeichnung *f* sectional drawing
Querstange *f (tech)* cross bar
Quetschflasche *f (pack)* squeeze bottle
Quetschhahn *m (tech, lab)* hose cock, pinchcock, pinch clamp
Quetschklemme *f (tech, lab)* pinchcock
Quote *f* quota
Quotient *m (math)* quotient

R

Rad *n (tech)* wheel
Radialgleitlager *n (tech)* journal bearing
radioaktiv radioactive
Radiopharmazeutika *npl* radiopharmaceuticals
Rahmenbedingungen *fpl* frame conditions
Rampe *f (tech)* platform; ramp

Rand *m (tech)* edge
Raster *m* raster, screen
Rate *f* rate
Ratenzahlung *f (fin)* payment by instalment
rationalisieren *v* streamline, *(BE)* rationalise, *(AE)* rationalize
Rationalisierung *f (BE)* rationalisation, *(AE)* rationalization
rau coarse, harsh, raw, rough
Rauchmeldeanlage *f (tech)* smoke detector [monitor]
Raum *m* space; room, cell, cabin
Raumabluft *f (tech)* exhaust air
Raumbegasung *f (tech)* fumigation
Raumdesinfektion *f (hyg)* room disinfection
räumen *v* deplete, empty *(a container or machine)*
Raumtemperatur *f (tech)* room [ambient] temperature
Rauschmittel *n* narcotic
Reagens *n (lab, chem)* reagent
Reagens *n*/**gebrauchsfertiges** *(chem)* ready-to-use reagent
Reagenz *n (lab, chem)* reagent
Reagenzeinsatz *m (lab)* reagent set
Reagenzglas *n* test tube
Reagenzglas *n*/**im** in vitro
Reagenzglasgestell *n* test-tube rack
Reagenzglasversuch *m* test-tube experiment
Reagenzien *npl* reagents
Reagenzlösung *f (chem)* reagent solution
Reagenzpapier *n (chem)* test paper
reagieren *v* 1. react *(show action)*; 2. respond *(measuring instrument)*
Reaktant *m (chem)* reactant
Reaktion *f* reaction • **zur Reaktion bringen** react
Reaktion *f* **1. Ordnung** first-order reaction
Reaktion *f* **2. Ordnung** second-order reaction
Reaktion *f*/**chemische** chemical reaction • **gewonnen durch eine chemischen Reaktion, gewonnen aus einer chemischen Reaktion** derived by a chemical reaction
Reaktion *f*/**endothermische** *(chem)* endothermic reaction
Reaktion *f*/**exothermische** *(chem)* exothermic reaction
Reaktion *f*/**schädliche** noxious reaction
Reaktion *f*/**thermische** thermal reaction
Reaktion *f*/**unbeabsichtigte** unintended reaction
Reaktion *f*/**unerwünschte** adverse reaction *(of a patient)*
Reaktion *f*/**vollständige** *(chem, biot)* complete reaction
Reaktionsbedingungen *fpl (chem)* reaction conditions
Reaktionsgefäß *n (tech)* reaction vessel
Reaktionsgemisch *n (chem)* in-process material
Reaktionsgeschwindigkeit *f* rate of reaction, reaction speed [velocity]
reaktionslos inactive
Reaktionslosigkeit *f (chem)* absence of reaction
Reaktionspartner *m (chem)* reactant
reaktionsträge inactive, poorly reactive
reaktionsunfähig unreactive
Reaktionsverlauf *m (chem)* course of reaction
Reaktionsweise *f* mode of reaction
Reaktor *m (tech)* reactor
Rechen *m (tech)* rack
Rechenfehler *m* calculation error
Rechnung *f* 1. *(fin)* invoice, bill; 2. *(math)* calculation
Rechnungsausgleich *m (fin)* payment of accounts, settlement of invoice
Rechnungsstelle *f (fin)* accounts department
Recht *n* 1. right *(claim)*; 2. law *(rules established by authorities)*
Recht *n* **auf Einsichtnahme** *(reg)* right to inspect
Recht *n*/**europäisches** European law
Recht *n*/**geltendes** applicable law
Recht *n*/**internationales** international law
Recht *n*/**nach geltendem** according to the applicable law
Recht *n*/**nationales** internal [national] law
rechtlich legal
rechtsgängig *(tech)* right-handed
Rechtsgrundlage *f* legal basis
Rechtsvorschrift *f (reg)* statutory provision, legal requirement
reduzierbar *(tech)* reducible

Reduzierbarkeit *f* reducibility
reduzieren *v* 1. diminish, reduce, limit; 2. *(prod)* scale down
Reduzierstück *n (tech)* reducer, reducing adapter
Reduzierung *f* reduction
Reduzierventil *n (tech)* reducing valve
Referenzcode *m* reference code
Referenzstandard *m* reference standard
Referenzstandard *m*/**primärer** primary reference standard
Referenzstandard *m*/**sekundärer** secondary reference standard
Refraktionsindex *m* refractive index
Refraktometer *n* refractometer
Regal *n (tech, log)* shelf, rack
Regalstellfläche *f (log)* shelf space
Regel *f* principle, regulation, rule
Regelanlage *f (tech)* controller
regelbar *(tech)* adjustable
Regelbereich *m* 1. *(tech)* range of adjustment; 2. range of operations
Regelgenauigkeit *f (tech)* control accuracy
Regelklappe *f (tech)* (control) butterfly valve, modulation [control] flap
Regelkreis *m (tech)* control loop
regeln *v* 1. regulate, adjust, control; 2. regulate, stipulate *(contractually)*
Regelung *f* 1. control; adjustment, regulation; 2. regulation, stipulation *(contractually)*
Regelventil *n (tech)* control valve
Regelwerk *n (reg)* code, guidelines, regulations
Regelwerk *n*/**europäisches** European code [regulations]
Regelwerk *n*/**nationales** national code [regulations]
Regelwerk *n*/**örtliches** local code [regulations]
Regelwidrigkeit *f* 1. anomaly; 2. break of the rules
registrieren *v (doc)* record
Registrierstreifen *m (tech)* recorder chart
Registrierung *f* 1. *(doc)* registration; 2. *(reg)* registration *(of drugs)*
Regler *m (tech)* controller, control valve
Reglereinstellung *f (tech)* controller set point
regulatorisch regulatory
regulierbar *(tech)* adjustable, controllable
regulieren *v* 1. regulate *(processes)*; 2. *(tech)* control; adjust *(devices)*
Regulierung *f* 1. regulation *(of processes or affairs)*; 2. *(tech)* adjustment, setting
Reibeechtheit *f* resistance to abrasion *(physically)*
Reibschale *f* mortar
Reibung *f* friction
Reibungskoeffizient *m* coefficient of friction, friction coefficient
Reibungskraft *f* frictional force
Reibungsverschleiß *m (tech)* abrasion
Reibungswiderstand *m* frictional resistance
Reife *f* maturity *(as a state or condition)*
Reifegrad *m* degree of maturity
Reifen *n* maturation
Reifung *f* maturation
Reihe *f* 1. series *(consecutive or continuous steps, e. g. of tests)*; 2. row *(in line)*
Reihenfolge *f* sequence; order
rein 1. pure; clean; absolute; 2. *(chem)* undiluted • **rein erhalten, in reinem Zustand erhalten** obtain pure
Reindampf *m (ster)* purified steam, pure steam
Reindampferzeuger *m (tech)* pure steam generator
Reingas *n* clean gas
Reingewicht *n* net weight
Reinheit *f* 1. purity *(of substances)*; 2. cleanness *(of surfaces)* • **die Reinheit prüfen** *(chem)* check for purity
Reinheit *f*/**optische** optical purity
Reinheitsanforderung *f* purity specification *(for a product)*
Reinheitsgrad *m* 1. (degree of) purity, purity level *(of a product)*; 2. cleanliness grade [level] *(of a surface or room)*
Reinheitsklasse *f (prod, ster)* class of cleanness
Reinheitskriterien *npl* purity characteristics *(for a product)*
Reinheitsprüfung *f (chem)* purity test *(of a product)*
Reinheitsstatus *m* cleanliness status *(of a room or machine)*
reinigen *v* 1. clean, cleanse, wash, scavenge *(a surface or room)*; 2. decontaminate *(remove contaminants)*; 3.

(hyg) (BE) sanitise, *(AE)* sanitize; 4. treat *(sewage)*
Reinigen *n s.* Reinigung
reinigend detergent
Reiniger *m* 1. *(chem)* cleanser; scavenger; 2. washer *(a person)*
Reinigung *f* 1. clean(s)ing *(of room or machine)*; 2. decontamination *(process of removing contaminants)*; 3. *(hyg) (BE)* sanitisation, *(AE)* sanitization; 4. treatment *(of sewage)*; 5. purification *(of substances)*
Reinigung *f* **vor Ort** cleaning in place *(of a closed system)*
Reinigungsanweisung *f* 1. *(hyg)* cleaning procedure *(for a room or machine)*; 2. purification procedure *(for a substance)*
Reinigungsfähigkeit *f (hyg)* cleanability
• **die Reinigungsfähigkeit bewerten** assess cleanability
Reinigungsfirma *f*/**externe** contract cleaner
Reinigungsgerät *n* cleaning equipment
Reinigungsgrad *m (hyg)* cleaning [cleanliness] grade
Reinigungsmittel *n* 1. *(chem)* cleaning [cleansing] agent, cleaning media, detergent, scavenger; 2. *(med)* abstergent agent
Reinigungsplan *m (hyg)* cleaning schedule
Reinigungsstufe *f* stage of treatment, treatment stage *(of sewage)*
Reinigungstuch *n* cleaning cloth [tissue]
Reinigungsvalidierung *f (tech, hyg)* cleaning validation
Reinigungsverfahren *n* 1. *(hyg)* cleaning procedure [technology]; 2. purification procedure [technology] *(for a substance)*
Reinigungszertifikat *n (doc)* certificate of cleaning
Reinkultur *f (micro)* monoculture *(of bacteria)*
Reinluft *f* clean air
Reinpartikel *m (micro)* pure particle
Reinraum *m (ster)* clean room, cleanroom
Reinraumbedingungen *fpl (ster)* clean room conditions
Reinraumbekleidung *f (ster)* cleanroom clothing
Reinraumbereich *m (ster)* clean area
Reinraumklasse *f* clean room class [grade]
Reinraumklassifizierung *f* clean room classification
Reinraumkleidung *f (ster)* clean room clothing
Reinraumschleuse *f* clean room lock
Reinraumtechnik *f (ster)* clean room engineering
Reinraumzubehör *n* clean room equipment
reinst superpure
Reinstdampf *m (ster)* clean steam, pure steam
Reinstwasser *n (ster)* high-purity water, pure water
Reinwasser *n (ster)* clean water
reißen *v* tear
Reißfestigkeit *f* resistance to tearing, tear strength
Reizmittel *n* stimulation drug
Reizstoff *m* irritant
Reizstoff *m* **für Nase und Rachen** nose-irritant
Reizung *f (chem, med)* irritation
reizwirkend auf *(chem, med)* irritating to
Reklamation *f* complaint
rekombinant recombinant
rektal rectal
Rektalcreme *f* rectal cream
Rektalgel *n* rectal gel
Rektalsalbe *f* rectal ointment
rektifiziert rectified
Relais *n (tech)* relay
Relaisverstärker *m (tech)* relay amplifier
relevant relevant, related
Rentabilität *f (econ)* operating efficiency
Reparatur *f* repair
Reparaturkosten *pl* repair costs
reparieren *v* repair, fix, mend
replikationsfähig replication-competent
Reproduktion *f*/**lesbare** *(doc)* legible reproduction
reproduzierbar reproducible
Reproduzierbarkeit *f* reproducibility
Requalifizierung *f* requalification
Reserve *f* reserve
Reservetank *m (tech)* backup tank
Reservoir *n* reservoir
resistent resistant
Resistenz *f* resistance; immunity
Resistenzprüfung *f* resistance test

Resorption *f* resorption
Rest *m* 1. remainder, remnant *(the rest of material in a container)*; 2. residue *(e. g. chemicals in a substance)*
restbestandsfrei 1. residue-free *(of chemicals in a substance)*; 2. used up
Restfeuchte *f* residual moisture
Restgehalt *m* final content; residual content
Restlösemittel *n (chem)* residual solvent
Restmenge *f* remaining quantity
Restverschmutzung *f* residue
Restvolumen *n* residual volume
Retardgranulat *n (tabl)* prolonged release granules
Retardtablette *f* retard tablet, delayed action tablet
Retentionszeit *f* retention time
Retestdaten *pl* retest dating *(of an analysis)*
Retoure *f (distr)* return, sales return
Revalidierung *f* revalidation
revidieren *v* revise, review
Rezept *n* 1. *(med)* prescription; 2. *(chem)* formula, formulation
rezeptfrei over-the-counter
Rezeptor *m* receptor
Rezeptpflicht *f* prescription requirement
rezeptpflichtig on prescription only
Rezeptur *f (chem)* formula, formulation
Rhinologikum *n (med)* rhinological agent
Richtgrenzwert *m* recommended limit
Richtigkeit *f* correctness
Richtigkeitskontrolle *f* correctness check; check for correctness
Richtlinie *f* directive, guideline, guidance
Richtlinie *f* **der (Europäischen) Kommission** Commission Directive
Richtpreis *m (distr)* recommended price, reference price
Richtsatz *m* target rate
Richttarif *m* indicative price *(of a drug)*
Richtzahl *f (math)* coefficient
Riemen *m (tech)* belt
Riemenantrieb *m (tech)* belt drive
rieselfähig capable of flowing, flowable
Rieselturm *m (tech)* washing tower, spray tower
riffeln *v* corrugate
Riffelung *f* corrugation
Rille *f* groove
Ringcodierung *f* ring coding
Ringpulldose *f (pack)* ringpull can [tin]
Ringrohr *n (tech)* annulus
Rinne *f (tech)* gutter
Risiko *n* risk • **ein Risiko begrenzen** limit a risk • **ein Risiko ausschließen** exclude a risk, prevent a risk
Risiko *n*/**begrenztes** limited risk
Risiko *n* **der Verderblichkeit** risk of deterioration
Risiko *n* **des Herstellers** manufacturer's risk
Risiko *n*/**eigenes** own risk
Risiko *n*/**erhöhtes** increased risk
Risiko *n*/**geringes** modest risk
Risiko *n*/**medizinisches** medical risk [hazard]
Risiko *n* **und Sicherheit** *f (Abk. RS)* risk and safety
Risiko *n*/**unternehmerisches** business risk
Risikoanalyse *f* risk analysis
Risikobewertung *f* risk evaluation [assessment]
Risikofaktor *m* risk factor
Risikopatient *m (med)* patient at risk
Risikoprofil *m* risk profile
Riss *m* 1. crack, tear; 2. *(tabl)* rupture line
Ritzel *n (tech)* pinion
Roborans *n (med)* tonic
Roboteranlage *f (tech)* robot(ic) system
Roboterarm *m (tech)* robotic arm
robust robust, strong
Robustheit *f* robustness
roh raw, untreated
Rohabwasser *n* raw sewage, raw waste water
Rohausbeute *f (econ)* raw yield
Rohdaten *pl (doc)* raw data
Rohdichte *f (tech)* bulk density
Rohmaterial *n* raw material [substance]
Rohr *n* tube, pipe; duct
Rohr *n*/**ummanteltes** jacketed pipe
Rohrdosierer *m (tech)* tube filler
Röhre *f* tube, pipe
Röhrentrockner *m* tube rotary dryer
Rohrleitung *f* pipeline, pipe(work), tubing
Rohrleitungssystem *n* piping [tubing] system, pipework
Rohrmaterial *n* tubing
Rohrschelle *f* pipe clamp
Rohrschlange *f* coil
Rohrverbindung *f* pipe joint
Rohstoff *m* raw material

Rohstoff *m*/**chemischer** chemical raw material
Rohstoff *m*/**pflanzlicher** plant material
Rollenbreite *f (tech)* reel width
Rollendurchmesser *m* reel diameter
Rollenetikettierung *f (pack)* roll label(l)ing
Rollenlager *n (tech)* roller bearing
Rollenwechsel *m* reel changes
Rollerflasche *f (lab)* roller flask
Rolltor *n* roller shutter
röntgen *v* X-ray
röntgenanalytisch X-ray-analytical
Röntgenkontrastmittel *n* X-ray contrast medium
Röntgenstrahlen *mpl* X-rays
Rost *m* 1. *(chem)* rust *(oxidation product)*; 2. *(tech)* grid, grate
rostbeständig rust-resistant
rosten *v* rust
rostfrei rust-free
Rostschutz *m* rust protection
rostsicher rust-resisting
rostverhütend rust-inhibiting
Rotationsfilter *n(m)* rotary filter
Rotationskolonne *f (tech)* centrifugal still
Rotationspumpe *f (tech)* rotary pump
Rotationssprühkopf *m (tech)* rotary sprayer
Rotationsverdampfer *m (tech)* rotary evaporator
Rotationswinkel *m* angle of rotation
rotieren *v* rotate; spin
rotierend rotating
Rotor *m (tech)* rotor
Rotorensystem *n*/**stapelbares** *(lab)* stackable ring cuvette system
Routineanalyse *f (qual)* routine analysis
rückberichten *v* **an** report back to
Rückfluss *m* reflux, backflow
Rückflusskühler *m* reflux condenser
Rückfracht *f* return cargo [consignment, freight]
rückgewinnbar recoverable
rückgewinnen *v* recover
Rückgewinnung *f* recovery
Rückhaltebereich *m* retention range
Rückhaltekapazität *f* retention capability *(in filters)*
Rückhaltevermögen *n* retention efficiency *(in filters)*
Rückhaltevolumen *n* retention volume *(in chromatography)*
Rücklauf *m* reverse flow
Rücklaufkondensator *m* reflux condenser
Rücklaufrohr[leitung) *f* return pipe
Rücklaufwasser *n* return water
Rückruf *m (qual)* recall
Rückrufsystem *n (qual)* system for recalling
Rückschlagklappe *f (tech)* flap trap
Rückschlagventil *n (tech)* check valve, non-return valve
Rücksendung *f* return cargo [consignment, freight], (sales) return
Rückstand *m* residue *(of a substance or liquid)*
Rückstand *m*/**schädlicher** deleterious limit *(cleaning validation)*
Rückstände *mpl*/**lösliche** soluble residues
Rückstände *mpl*/**toxische** toxic residues
Rückstände *mpl*/**unlösliche** insoluble residues
Rückstandsfilter *n(m)* cake filter
rückstandsfrei residue-free
Rückstandsgrenze *f* residue limit
Rückstandsschicht *f* residual layer
Rückstauklappe *f (tech)* back flow preventer
Rückstellmuster *n (qual)* reference [retained, retention] sample
Rückstellungen *fpl (fin, tech)* reserves
Rückstrom *m* back flow
Rückstromventil *n (tech)* back flow valve
Rücktitration *f*, **Rücktitrieren** *n* back titration
rückverfolgbar traceable
Rückverfolgbarkeit *f* traceability • **die Rückverfolgbarkeit aufrechterhalten** maintain traceability
Rückverfolgung *f* **zur Herstellung** history of the manufacture
Rückverfolgungssystem *n* tracing system
Rückweisezahl *f (qual)* rejection number
Ruf *m* 1. reputation *(of a product or company)*; 2. call
Ruhezustand/im at rest
Rührarm *m (tech)* mixing arm, stirrer
Rührblatt *n (tech)* stirring blade
rühren *v* 1. *(biot)* agitate; 2. *(tech, lab)* stir
Rühren *n*/**pneumatisches** air agitation

Rührer *m* 1. *(biot)* agitator; 2. *(tech, lab)* stirrer
Rührerdrehzahl *f (tech)* stirring speed
Rührflügel *m (tech)* stirring blade
Rührgeschwindigkeit *f (tech)* agitating [stirring] speed
Rührkessel *m* 1. *(biot)* agitated tank; 2. *(tech)* stirring [mixing] vessel, stirred tank
Rührschaufel *f* agitator blade
Rührstab *m (tech)* stirring rod
Rührwerk *n* 1. *(biot)* agitator; 2. *(tech)* mixer, blender, strirrer
Rührwerksrechen *m* agitator [stirrer] rake
rund round
Rundfilter *n(m)* round filter
Rundgang *m (tech)* rotary station
Rundgangsystem *n (tech)* rotary unit
Rundkolben *m (lab)* round [boiling] flask, round-bottomed flask
Rundlauf *m (tech)* rotary system
Rundläufer *m (tech)* rotary unit
Rundläuferpresse *f (tech, tabl)* rotary press *(of tabletting machine)*
Rundschüttler *m (lab)* rotary [orbital] shaker
Rundsieb *n (tech)* drum screen
Rundtablette *f* round tablet
Rundtaktautomat *m (tech)* automatic intermittent rotary unit
Rutsche *f (tech)* chute
rütteln *v* shake, vibrate
Rüttelsieb *n* vibrating sieve [screen]

S

Säbelkolben *m (lab)* sausage flask
Sachanlagen *fpl* assets
Sachanlagevermögen *n (fin)* plant and equipment, tangible assets
sachkundig proficient, skilled, qualified
Sachverständige(r) *f(m)* expert
Sack *m* bag, sack
Sackfilter *n(m)* sack filter
Safran *m* saffron *(phytomedicine)*
Saft *m* juice, sap *(of a plant)*
Saftflasche *f (pack)* syrup bottle
Salbe *f* ointment
Salbei *m* sage *(herbal plant)*
Salbengrundlage *f* ointment basis
Salzbildung *f* salt formation
Sammelbehälter *m* collector, receptacle, trap, receiver
Sammelgefäß *n* receptacle
Sammelintervall *m* frequency of collection *(of waste)*
Sammelsystem *n* collection system *(of waste)*
Sammler *m (tech, lab)* collector
Sanierung *f* 1. *(BE)* reorganisation, *(AE)* reorganization, restructuring; 2. *(hyg)* sanitation
Sanitäranschluss *(hyg)* sanitary fitting
sanitisieren *v (BE)* sanitise, *(AE)* sanitize
Sattdampf *m* saturated steam
sättigen *v (chem)* saturate *(a solution)*
Sättigung *f (chem)* saturation *(of a solution)*
Sättigung *f* **des Marktes** saturation of the market
Sättigungsindex *m* saturation index
Sättigungskonzentration *f (chem)* saturation concentration
Satz *m* 1. batch, set, kit; 2. settling *(particles in liquid or gas)*
Sauberkeit *f* cleanliness
säubern *v* cleanse, clean, wash, scavenge
sauer acid(ic)
Sauerstoff *m (chem)* oxygen
Sauerstoff *m***/aktiver** active oxygen
Sauerstoffentwicklung *f (chem)* oxygen release
Sauerstoffgehalt *m* oxygen content
Säuerungsmittel *n (chem)* acidulant
Saugdruck *m (tech)* suction pressure
saugen *v* suck, draw
Saugen *n* suction
Saugersystem *n (tech)* suction system
Saugfähigkeit *f* absorptive capacity
Saugfilter *n(m)* suction flask [filter], vacuum filter
Saugfiltration *f* suction [vacuum] filtration
Saugflasche *f* aspirator bottle
Saugförderanlage *f (tech)* pneumatic conveying
Sauggebläse *n (tech)* aspirator
Saugleiste *f (tech)* suction bar
Saugpumpe *f (tech)* suction pump
Saugrohr *n (tech)* suction pipe
Saugstrahlpumpe *f (tech)* ejector
Saugzuglüfter *m (tech)* exhauster
Säulenbefüllung *f* column packing

Säulenchromatographie *f* column chromatography
Säulendurchmesser *m* column diameter
Säulenfüllmaterial *n* column filler
Säulenfüllung *f* column packing
Säulenkonditionierung *f* column conditioning
Säulenlänge *f* column length
Säulenwechsel *m* column switch
Säure *f (chem)* acid
säurebeständig acid-resistant
Säurebeständigkeit *f* acid resistance
Säurefestigkeit *f* acid resistance
säurehaltig *(chem)* acidic
Säureresistenz *f* acid resistance
Säurezahl *f (chem)* acid value
schaben *v* scrape
Schaber *m* scraper, wiper
Schablone *f* stencil, template
Schacht *m (tech)* duct
Schachtel *f* box, carton, case, packet
Schachtel *f***/äußere** *(pack)* outer carton, outer packaging
Schachtelaufrichteinrichtung *f (pack, tech)* carton erector, carton erecting machine
Schachtelfaltung *f (pack)* carton folding, box folding
Schachtelverschließer *m (pack, tech)* lid closing machine
Schachtelverschließmaschine *f (pack, tech)* box closer, carton closing machine
Schaden *m* 1. damage, defect; 2. injury *(of a person)*
Schädigung *f* damaging, damage
schädlich harmful, hazardous, noxious
schädlich für die Verdauung injurious to digestion
Schädlichkeit *f* deleteriousness, harmfulness
Schädling *m* vermin
Schadstoff *m* 1. harmful [noxious] substance, injurious substance; 2. pollutant *(in the air)*
Schadstoff *m***/organischer** organic contaminant
schadstoffbelastet polluted, contaminated
Schadstoffbelastung *f* pollutant loading, pollution (loading)
Schadstoffemission *f (tech)* pollution emission
Schadstoffkontrolle *f* pollution control
Schadstoffminderung *f* reduction of pollution
Schadwirkung *f* 1. damaging effect, adverse effect; 2. harmful [injurious] effect *(related to health)*
Schaft *m (tech)* shaft
Schale *f* basin, bowl
Schalldämpfer *m* silencer, attenuator
Schaltbewegung *f (tech)* intermittent motion
Schaltbild *n (tech)* circuit diagram
Schaltdiagramm *n (tech)* wiring diagram
schalten *v (tech)* wire *(electricity)*; switch
Schalter *m (tech)* switch
Schaltpult *n (tech)* control panel
Schaltschrank *m* control cabinet [box], switch box, wiring box
Schalttafel *f (tech)* control panel
Schaltung *f***/elektrische** (electrical) circuit
schätzen *v (math)* estimate
Schätzung *f (math)* estimation
Schätzwert *m (math)* estimate
Schaufel *f (tech)* blade, arm, fan wheel, impeller, rotor, vane
Schaufelblatt *n* paddle, shovel
Schaufelkneter *m (tech)* kneading machine
Schaufelmischer *m (tech)* blade mixer
Schauglas *n* sight glass, observation window
Schaum *m* foam
Schaumbildung *f* foaming, foam formation
Schaumbremser *m* antifoaming [defoaming] agent
schäumen *v* foam
schäumend effervescent, foamy
Schaumspray *n* foam spray
Schaumstoff *m (pack)* foam plastic
Schaumverhinderungsmittel *n (chem)* foam inhibitor
Scheibe *f* disk
Scheibenfilter *n(m)* disk filter
Scheibenmühle *f (tech)* disk mill
Scheidefiltration *f* cake filtration
Scheidetrichter *m* separating funnel
Scheidewand *f* membrane, diaphragm
Scheinmedikament *n (med)* placebo
Schelle *f (tech)* clamp, clip (collar)
Schergefälle *n (tech)* shear gradient [rate]

Scherkraft *f* shear strength
Scherspannung *f* shear stress
Scheuermittel *n (chem)* scouring agent
scheuern *v* scour *(to make clean)*
Scheuern *n* scouring
Schicht *f* 1. layer; coat, finish; 2. shift *(work process)*
Schicht *f*/**dünne** film
Schicht *f*/**schwach glänzende** *(tabl)* satin finish
Schichtdicke *f* coating thickness *(of tablets)*
Schichtenströmung *f (tech)* streamline flow, laminar flow
schichtförmig lamellar
Schichtstoff laminate
Schieber *m (tech)* cursor, slide
Schieberdosierer *m (tech)* slide filler
Schieberventil *n (tech)* gate valve
Schiebetür *f* sliding door
Schiffchen *n (lab)* boat
Schikane *f (tech)* baffle
Schikanenführung *f (tech)* baffle guides
Schild *n* sign
Schilddrüsenpräparat *n (med)* thyroid praparation
Schimmel *m (micro) (BE)* mould, *(AE)* mold
schimmelig *(micro)* mildewed, *(BE)* mouldy, *(AE)* moldy
schimmeln *v (micro) (BE)* mould, *(AE)* mold
Schimmelpilz *m* mould (fungus)
Schirm *m (tech)* screen
Schlafmittel *n* hypnotic [sleeping] drug, soporific
Schlagfestigkeit *f (tech)* impact resistance
Schlagprüfung *f (tech)* impact testing
Schlammfilter *n(m)* cake filter
Schlammfiltration *f* cake filtration
Schlangenkühler *m* coil condenser, coiled tube condenser *(of distillation apparatus)*
Schlangenrohr *n* coil
Schlangenserum *n* antivenin, antivenene, antisnakebite serum
Schlauch *m* 1. hose, tube; 2. bag *(in filtration)* • **durch einen Schlauch leiten [führen]** tube
Schlauch *m*/**hydraulischer** hydraulic hose
Schlauchbeutel *m (pack)* pillow bag, tubular bag
Schlauchbeutel *m*/**beschichteter** *(pack)* laminated foil sachet
Schlauchfolie *f (pack)* film tube
Schlauchklemme *n (tech)* hose cock, pinchcock
Schlauchkupplung *f* tube nipple
Schlauchleitung *f* tubing
schlauchlos tubeless
Schlauchpumpe *n (tech)* elastic tube pump, peristaltic pump
Schlauchverbindung *f* hose coupling
Schlauchwagen *m* tube carriage
schlecht 1. bad; 2. *(qual)* poor, inferior *(quality level)*
Schlechtteile *npl (qual)* fail parts
Schleifabnutzung *f (tech)* attrition
Schleim *m* mucilage
schleimhaltig mucilaginous, mucous
Schleimhaut *f* mucous membrane
schleimig mucilaginous, mucous
Schleuder *f (tech)* centrifuge
Schleuderbecher *m (tech)* centrifuge cup
Schleuderguss *m (tabl)* centrifugal casting
schleudern *v* centrifuge
Schleudern *n* 1. centrifuge, centrifugation; 2. spinning
Schleuse *f* 1. *(tech)* (air) lock; 2. *(tech)* sluice
schließen *v s.* verschließen
Schließen *n (pack)* close; closure (of)
Schliffkolben *m (lab)* ground-joint flask
Schliffstopfen *m (lab, pack)* ground(-glass) stopper
Schluckimpfung *f (med)* oral vaccination
Schlüssel *m* key
schlüsselfertig turnkey
Schlüsselkomponente *f* key component
Schlüsselsubstanz *f* key substance
Schlüsselzwischenprodukt *n* key intermediate
Schlussreinigung *f (hyg)* final treatment [cleaning]
Schmalspektrum-Antibiotikum *n* narrow-spectrum antibiotic
schmelzen *v* melt
Schmelzpunkt *m* melting point
schmerzen *v* ache, ail, hurt, pain, rankle
Schmerzen *mpl* pain, twinges • **Schmerzen haben** ail, suffer pain

• **Schmerzen lindern** alley [alleviate, relieve] pain
Schmerzen *mpl*/**heftige** throes, aches and pains
Schmerzen *mpl*/**rasende** racking pains
Schmerzgrenze *f* pain threshold
schmerzlindernd pain-mitigating
Schmerzlinderung *f* pain relief, alleviation of pain
Schmerzlinderungsmittel *n* pain killer [reliever]
schmerzlos painless
schmerzstillend *(med)* anodyne, painkilling, painkilling, analgetic, analgesic, analgic
Schmerzzentrum *n (BE)* pain centre, *(AE)* pain center
schmieren *v (tech)* grease, lubricate
Schmierfett *n* grease
Schmierstoff *m* lubricant
Schmierstoffpumpe *f (tech)* lubrication pump
Schmierung *f* lubrication
Schmutz *m* filth, dirt
Schmutzbeseitigung *f* residue removal
Schmutzmessung *f* residue measurement
Schmutzstoff *m* pollutant
Schmutzstoff *m* **in der Luft** air pollutant, atmospheric contaminant
Schmutzstoff *m*/**organischer** organic contaminant
Schmutzstoffanteil *m* level of pollutants
Schmutzstofflast *f (micro, ster)* pollutant loading, pollution loading
Schnappdeckel *m (pack, tech)* snap cap [lid]
Schnecke *f (tech)* worm screw
Schneckendosierer *m (tech)* auger filler
Schneckendosiermaschine *f (tech)* auger filler, dosing screw conveyor
Schneckenförderer *m (tech)* spiral conveyor, worm drive
Schneckengetriebe *n (tech)* worm gear box
Schneckenmischer *m (tech)* screw-type mixer
Schneckenpresse *f (tech)* screw (extrusion) press
Schneckenwaage *f (tech)* auger weigher
Schneidemaschine *f (tech)* cutter
Schneidemesser *n* cutter
Schneiden *n* cutting
schneiden *v* cut
Schnellanalyse *f (lab)* rapid analysis
schnellauflösend fast integrating
schnelldrehend spinning
schnellfreisetzend immediate release
Schnellgärung *f (micro, biot)* accelerated fermentation
Schnellfilter *n(m)* rapid filter
schnellhärtend rapid-hardening
Schnellprüfung *f* **gegen Umwelteinflüsse** accelerated exposure
schnellrotierend spinning
Schnelltest *m (lab)* quick assay [test]
schnelltrocknend quick-drying
Schnelltrocknung *f* high-speed drying
schnellumlaufend spinning
Schnellverschluss *m* quick-flange connection
Schnellversuch *m (lab)* rapid test
Schnitt *m* cut
Schnittstelle *f* interface
Schock *m (tech, med)* shock
schockgefroren *(tech)* quick-frozen
schonend gentle
Schöpfkelle *f* ladle, scoop
Schorf *m (med)* scab, scurf, eschar
Schottverschraubung *f* bulkhead connection
Schrägagar *m(n) (lab)* sloping agar
Schräglagemischer *m (tech)* slanting mixer
Schraubdeckelverschließmaschine *f (pack, tech)* screw-cap closing machine
Schraube *f (tech)* screw
Schraubenkneter *m (tech)* screw-type mixer
Schraubenmutter *f (tech)* nut
Schraubenschlüssel *m* wrench
Schraubflasche *f (pack)* screw-cap bottle
Schraubgewinde *n* screw thread
Schraubglas *n (pack)* screw-cap glass (container)
Schraubkappe *f (pack)* screw cap
Schraubquetschhahn *m (lab)* screw compressor clamp
Schraubverbindung *f (tech)* screw fitting [connection]
Schraubverschluss *m* 1. *(pack)* screw cap; 2. *(tech)* screw connection
Schreiber *m (tech)* recorder
schriftlich written, in writing • **schriftlich**

einreichen submit in writing • **schriftlich festhalten** state in writing
schrittweise stepwise
schrubben *v (hyg)* scrub *(to make clean)*
Schrubben *n (hyg)* crubbing
schrumpfen *v* shrink
Schrumpffolie *f (pack)* shrink foil [film, wrap]
Schulmedizin *f* traditional medicine
Schulung *f* training
Schürze *f (tech)* apron, cover
Schüssel *f* basin, bowl
Schüttdichte *f* bulk [loose, poured] density
Schüttelflasche *f (pack)* shaking bottle
Schüttelgemisch *n* mixture to be shaken
Schüttelmaschine *f* shaker
schütteln *v* shake
Schütteln *n* shake, shaking
Schüttelzeit *f* shaking time
Schüttgut *n (prod)* bulk material, feed
Schüttler *m (tech)* shaker; vibrator
Schütt-Trichter *m (tech)* hopper, funnel
Schüttvolumen *f* dry volume
Schutz *m (tech)* protection, safeguard
Schutz *m* **des Personals** protection of the personnel
Schutz *m* **des Produktes** protection of the product
Schutz *m* **vor Verunreinigung** protection from contamination
Schutzabstand *m (tech)* working clearance
Schutzausrüstung *f*/**persönliche** *(tech)* personal protective equipment
Schutzbeschichtung *f (tech, tabl)* protective coating
Schutzbrille *f (hyg)* protective spectacles, safety spectacles, goggles
Schutzdeckel *m (tech, pack)* safety cover
Schutzfilm *m (tabl, chem)* protective film
Schutzglas *n (pack, tech)* safety glass
Schutzhandschuhe *mpl (hyg)* protective gloves
Schutzhelm *m* safety helmet
Schutzimpfung *f (med)* prophylactic
Schutzkabine *f (tech)* protection cabin
Schutzkleidung *f (hyg)* safety [protective] clothing [apparel]
Schutzlackflüssigkeit *f (tabl)* protective lacquering fluid
Schutzlackierung *f (pack)* protective lacquer *(of tubes)*
Schutzmantel *m (tech, tabl)* protective coating
Schutzmaßnahmen *fpl* protective measures
Schutzschirm *m (tech)* protective [safety] screen
Schutzverpackung *f (pack)* protective wrapping
schwachlöslich slightly soluble, low-soluble
Schwamm *m* sponge
schwanger pregnant
Schwangerschaft *f (med)* pregnancy
schwanken *v* 1. vary, differ, fluctuate *(rise and fall)*; range *(measurement, values or dates)*; 2. *(tech)* oscillate, sway, vibrate, wobble
Schwankung *f* 1. variance, variability, differing, fluctuation *(of measurement, values or dates)*; 2. *(tech)* oscillation, vibration, fluctuation • **Schwankungen verursachen** cause variability
Schwankung *f* **in den Eigenschaften** variability in the characteristics
Schwankungsbreite *f* limits of variation, margin of deviation
Schwebeteilchen *npl* suspended particles, particulates
Schwefelsäure *f* sulphuric acid
schweißen *v* weld
Schweißkonstruktion *f (tech)* welded construction
Schweißmittel *n (med)* antihidrotic (agent)
Schweißnaht *f* 1. *(pack)* seal line; 2. *(tech)* weld, welding seam
Schwellendosis *f (med)* threshold dosage
Schwellung *f* swelling
Schwenkarm *m (tech)* swivel arm
schwenkbar *(tech)* hinged, pivotable
Schwenksauger *m (tech)* swivelling suction cup
schwer 1. heavy *(in weight)*; 2. difficult *(not easy)*
schwerlöslich *(chem)* poorly [sparingly] soluble
Schwermetalle *npl* heavy metal particles
schwermetallfrei *(pack)* heavy-metal free
Schwertkolben *m (lab)* sausage flask

schwerwiegend severe, serious, major
Schwindelgefühl *n (med)* dizziness
Schwingbewegung *f (tech)* vibration movement
Schwingung *f (tech)* vibration
schwitzen *v* sweat
Sedativum *n (med)* sedative, *(BE)* tranquil(l)iser, *(AE)* tranquil(l)izer
Sediment *n (chem)* sediment substance, bottom settling
Sedimentationsplatte *f (lab)* sediment [settling] plate
sedimentieren *v (chem)* sediment
Sedimentierzentrifuge *f (tech)* sedimentation centrifuge
seidenglänzend silk glossy
Seiher *m* cage
Seiherpresse *f* cage
Seitenpacker *m (pack, tech)* side load packer
Sekundärausbeute *f (econ)* secondary yield
Sekundärkontamination *f* secondary contamination
Sekundärkultur *f (micro)* secondary culture
Sekundärpackmittel *n (pack)* secondary packaging material
Sekundärprodukt *n* secondary product
Sekundärverpackungsbehälter *m* secondary container
selbstentleerend self-draining
selbsterhitzend self-heating
Selbstinspektion *f (qual)* self-inspection
Selbstklebeband *n (pack)* self-adhesive tape
selbstklebend *(pack)* self-adhesive
Selbstmedikation *f (med)* self-medication
Selbstmedikationsprodukt *n* over-the-counter products
Selbstüberprüfung *f (qual)* self-check
selektiv selective
Selektivnährmedium *n (micro, biot)* selective (culture) medium
Senfkörner *npl* mustard seeds *(medicinal product)*
senken *v* reduce, lower, decrease
Senkschraube *f (tech)* countersunk screw
sensibilisieren *v (med) (BE)* sensitise, *(AE)* sensitize
Sensibilisierung *f (med) (BE)* sensitisation, *(AE)* sensitization
Sensor *m (tech)* sensor
separieren *v* **(von)** abstract
Sequenz *f* sequence
Serie *f* lot, series
serienmäßig serial
Seriennummer *n* serial number
Serum *n (med)* serum
Serum *n*/**tierisches** *(med)* animal serum
serumfrei serum-free
Servicetechniker(in) *m(f)* service technician
Servoantrieb *m (tech)* servo drive
Servomotor *m (tech)* servo motor
Servovorzug *m (pack)* servo indexing
setzen lassen *v* settle *(particles)*
Sexualhormon *n (med)* sex(ual) hormone
sicher safe
Sicherheit *f* 1. safety, security; 2. *(tech)* reliability
Sicherheit *f*/**biologische** biosafety
Sicherheit *f*/**klinische** clinical safety
Sicherheitsabstand *m (tech)* working clearance
Sicherheitsanforderung *f* safety requirement
Sicherheitsausrüstung *f* safety equipment
Sicherheitsbeauftragte(r) *f(m)* safety officer
Sicherheitsbestimmungen *fpl* safety regulations
Sicherheitsbrille *f (hyg)* safety glasses [spectacles]
Sicherheitsendschalter *m* safety switch
Sicherheitsglas *n* safety glass
Sicherheitshahn *m* safety trap
Sicherheitsingenieur *m* safety engineer
Sicherheitskappe *f (pack)* snap cap
Sicherheitskleidung *f (hyg)* safety clothing
Sicherheitsmanagement *n* safety management
Sicherheitsmaßnahme *f* safety measure
Sicherheitsmaßregel *f* safety principle [rule]
Sicherheitsrisiko *n* safety risk
Sicherheitsrolltor *n (tech)* safety roller shutter
Sicherheitsschalter *m* safety switch
Sicherheitsstandards *mpl* safety standards

Sicherheitsstatus *m* safety status
Sicherheitsventil *n* safety valve, (pressure) relief valve
Sicherheitsverletzung *f* security violation
Sicherheitsverschluss *m (pack)* safety closure
Sicherheitsvorkehrungen *fpl* safety precautions
Sicherheitsvorrichtung *f* safety device
Sicherheitsvorschrift *f* safety instruction [regulation]
Sicherheitswerkbank *f (micro)* clean bench
Sicherheitszone *f* safety zone
sichern *v* 1. secure, protect, safeguard *(keep safe or defend)*; 2. assure, ensure *(make something certain)*; guarantee *(promise something with certainty)*
sicherstellen *v* assure *(make something certain)*; ensure, guarantee *(promise something with certainty)*
Sicherung *f* safeguard, protection
Sicherung *f***/elektrische** fuse
Sichtanzeige *f (tech)* (visual) display
sichtbar visible • **sichtbar machen** *(BE)* visualise, *(AE)* visualize
sichten *v (tabl, pack)* classify
Sichten *n (tabl, pack)* (pneumatic) classification
Sichtfenster *n (tech, pack)* observation [viewing] window, spy hole, (viewing) aperture
Sichtglas *n s.* Sichtfenster
Sichtkammer *f* classifying chamber
Sichtkontrolle *f* visual control
Sichtprüfung *f* visual examination
sickern *v* seep (through)
Sieb *n* sieve, screen *(for classification)*
Siebanalyse *f* sieve analysis
Siebapparat *m (tech)* screening machine, screen classifier, sifter
Siebboden *m* sieve screen
Siebdurchgang *m* (screen) fines *(throughput pieces or substances)*
Siebdurchlauf *m* underflow *(in sieving process)*
Siebeinsatz *m* sieve insert
sieben *v* sieve, sift, screen
Sieben *n* sieving, screening, screen sifting [sizing]
Siebfeines *n* screen fines, screen undersize
Siebfilter *n(m)* screen filter
Siebfraktion *f* sieve fraction
Siebgrobes *n* screen oversize *(at screen sizing)*
siebklassieren *v* screen
Siebklassieren *n* screening, screen sizing
Siebklassiermaschine *f* screen classifier
Sieblochdurchmesser *m* screen openings
Siebmaschine *f s.* Siebapparat
Siebmühle *f* screen mill
Siebrückstand *m* overs, residue
Siebschüttler *m* sieve shaker
Siebtrommel *f* centrifuge basket *(of a centrifuge)*
Siebturm *m* sieve tower
Siebweite *f* screen aperture
Siebzentrifuge *f* screen centrifuge, perforated bowl centrifuge
Siedekapillare *f* boiling capillary
sieden *v* boil
Siedepunkt *m* boiling point
Siedestab *m (lab)* bumping stick
Siegel *n (pack, log)* seal
Siegel *n***/aufgebrochenes** broken seal
Siegelbacken *fpl (pack)* sealer jaws
Siegelbeutel *m (pack)* sachet
Siegeldruck *m (pack)* sealing pressure
Siegelkopf *m (pack)* sealing head
siegeln *v* seal
Siegelprinzip *n (pack)* sealing principle
Siegelprinzip *n***/rotatives** rotary sealing principle *(of a packaging machine)*
Siegeltemperatur *f (pack)* sealing temperature
Signal *n* signal
Signal *n***/akustisches** acoustic signal
Signal *n***/optisches** visual signal
Signal *n***/visuelles** visual signal
Signallampe *f* control lamp
Signieranlage *f* marking equipment
Silikat *n* silicate
Silikon *n* silicone
Silikonemulsion *f* silicone emulsion
silikonisiert *(BE)* siliconised, *(AE)* siliconized
Silikonisierung *f (BE)* siliconisation, *(AE)* siliconization
Silo *n(m)* bin, stock bin, silo
Silovorrat *m* stock in silo
sinken *v* 1. sink, fall; *(with formation of*

bottoms) sediment, settle; 2. decrease, drop, go down *(data and figures)*
Sinkgut *n (tech, chem)* underflow *(in sieving process)*
Sinkkasten *m* catch basin, drain
Sinkstoffe *mpl* settleable solids, settled material
Sirup *m* syrup
sirupartig syrupy, syrup-like
Sirupflasche *f (pack)* syrup bottle
Skala *f*, **Skale** *f* scale *(of measuring device)*
Skalenausgangspunkt *m* zero point *(of measuring device)*
Skaleneinteilung *f* graduation *(of measuring device)*
Skalenwert *m* reading
Sockel *m (tech)* base, skirting
Sodasilikatglas *n (pack)* soda-silicate glass
Sofortmaßnahme *f* immediate action
Softwarequalifizierung *f* software qualification
Soll-... nominal; required
Sollanalyse *f* to-be analysis
Sollbruchstelle *f* break point *(of ampoule)*
Sollgröße *f* nominal size
Soll-Ist-Vergleich *m* target and performance comparison
Soll-Leistung *f (econ, prod)* planned output
Sollmenge *f (econ)* nominal [planned] quantity
Sollvorgabe *f* **beim Einwiegeprozess** requirement for weighing
Sollwert *m* required [nominal] value
Solubilisierung *f (chem) (BE)* solubilisation, *(AE)* solubilization
Sonde *f (tech)* probe
Sonder... special-purpose
Sonderabmachung *f* side agreement
Sonderanwendung *f (med)* critical [special] application
Sonderausführung *f* non-standard solution, special version
Sonderbehandlung *f* special treatment
Sonderregelung *f* special provision
Sorgfalt *f* thoroughness, care
sorgfältig careful, thorough
Sortierband *n (tech)* sorting belt
Sortierer *m* sorter *(machine or person)*
Sortierung *f* sorting; separation
Sortiment *n* product(ion) range
Spalt *m* gap, slit
Spaltbreite *f* slit width
Spalte *f* cleft, slit, rift
Spaltfilter *n(m)* edge filter
Spaltprodukt *n (chem, bioch)* decomposition product
Spannsystem *n* damping system
Spannung *f*/**elektrische** voltage
Spannungsregler *m* voltage regulator
Spannungswandler *m* voltage transformer
Spasmolytikum *n (med)* spasmolytic, spasmolysant
spasmolytisch spasmolytic
Spatel *m (lab)* spatula
Spediteur *m (log)* forwarder, forwarding agent; carrier
Speicher *m (tech)* reservoir, bin, storage
Speicher *m*/**elektronischer** memory
Speicherbehälter *m* reservoir, bin, storage bin
Spektrometer *n* spectrometer
Spektrometrie *f* spectrometry
spektrometrisch spectrometric
Spektrophometer *n* spectrophometer
Spektroskop *n* spectroscope
Spektrum *n* spectrum
spenden *v* donate, give
Spender *m* 1. donor *(a person)*; 2. *(tech)* dispenser
Spermatozid *n* spermatocide
spermienabtötend spermatocidal
spermizid spermatocidal
Sperrlager *n (log, qual)* quarantine store [storage]
Sperrschicht *f (tech)* barrier layer
Sperrung *f (qual)* rejection, quarantine
Sperrung *f* **für die Verwendung** withholding from use, quarantining
Sperrventil *n (tech)* blocking valve
Spezial... special-purpose
Spezialist *m* specialist, expert
Spezialtinte *f (doc)* specialty ink
speziell special, particular
Spezies *n* species
Speziesbestimmung *f (micro)* speciation
Spezifikation *f* specification
Spezifikation *f*/**außerhalb der Spezifikationsgrenze** out of specification, OOS
Spezifikationsgrenze *f* specification limit

spezifisch specific, particular
Spezifität *f* specificity
spezifizieren *v* specify
Spießampulle *f* glass ampoule
Spind *m* locker
Spindel *f (tech)* stem *(valve)*; spindle
Spirale *f (med)* intrauterine device
spiralförmig spiral
Spiralrohrschlange *f* spiral coil
Spiritus *m* spirit *(industrially manufactured ethanol)*
Spitzenbelastungszeit *f* peak load time
Spitzenprodukt *n (qual)* first-class product
Spitzenqualität *f* prime [first-class] quality
Spitzkolben *m (lab)* conical [pointed] flask
Sporen *fpl (micro)* spores
sporenbildend spore-forming
Sporenbildner *m* spore former
Sporenstreifen *m (micro, biot)* spore strip
Sporensuspension *f (biot)* spore suspension
Sprayschicht *f* spray coat
Sprinkleranlage *f* sprinkler
Spritze *f* syringe
Spritzenkörper *m* syringe body
Spritzenzylinder *m* syringe cylinder
Spritzer *mpl* splashes
Spritzflasche *f (lab, pack)* wash bottle
Spritzschicht *f (tabl)* spray coat
Spritzwasser *n* splash water
spröde fragile, brittle
Sprödigkeit *f* brittleness
Sprudelschicht *f (tech)* spouted bed *(fluid bed granulation)*
Sprühdüse *f (tech, pack)* spray nozzle
sprühen *v* spray
Sprühen *n* spraying
Sprüher *m* atomiser, sprayer
Sprühflüssigkeit *f* spray
Sprühgranulierung *f (tabl)* spray granulation
Sprühkopf *m (tech)* nozzle head
Sprühnebel *m* spray
Sprührate *f (tech)* spray rate
Sprühsystem *n* spraying system
sprühtrocknen *v* spray-dry
Sprühtrockner *m (tech)* spray dryer
Sprühtrocknung *f* spray drying
Sprühzyklus *m* spray cycle
Sprung *m* crack *(in a surface or tablet)*
Spülbad *n* scouring bath
Spülbecken *n* (bench) sink
spülen *v* scavenge, flush, rinse, wash
Spülen *n* flushing, rinsing, rinse
Spülmittel *n* rinsing agent
Spülwasser *n* rinse water
Spülwasser *n*/**letztes** final rinse
Spülzyklus *m* cycle of rinsing, rinsing cycle
Spund *m (tech)* tap
Spur *f* trace
Spuren *fpl* **von Verunreinigungen** trace impurities
Spurenanalyse *f* trace analysis
Spurenelemente *npl* trace elements
stabil 1. stable, robust, resistant; stiff *(material not flexible)*; 2. rigid *(physically)*
stabil gegenüber stable to
Stabilisator *m (chem) (BE)* stabilising agent, stabiliser, *(AE)* stabilizing agent, stabilizer
stabilisieren *v (BE)* stabilise, *(AE)* stabilize
Stabilisierung *f (BE)* stabilising, *(AE)* stabilizing
Stabilisierungsmittel *n s.* Stabilisator
Stabilität *f* stability, resistance, rigidity *(physically)*
Stabilität *f*/**thermische** thermal stability
Stabilitätsdaten *pl (qual)* stability data
Stabilitätsprüfung *f (qual)* stability testing
Stabilitätstest *m (qual)* stability test
Stabilitätsüberwachung *f (qual)* stability monitoring, stability study
Stabilitätsuntersuchung *f*/**fortlaufende** *(qual)* follow-up stability test
Stabiltätsleitlinie *f (qual)* guideline on stability
Stabmühle *f (tech)* rod mill
Stabrostsieb *n (tech)* bar [rod] screen
Stabsiebrost *m* bar grizzly, rod grizzly
Stadium *n* phase, stage
Stahl *m*/**rostfreier** rustless steel
Stammdokumentation *f (doc)* master file
Stammkultur *f (micro, biot)* stock culture
Stammlösung *f (micro, biot)* stock solution
Stampfdichte *f* packed [tapped] density
Standard *m* standard • **dem Standard**

entsprechen meet the standards • **den Standards entsprechend** conform to standards
Standard *m*/**allgemein anerkannter** common standard
Standard *m*/**interner** internal standard
Standard *m*/**neuester** *(tech)* state-of-the-art (standard)
Standard *m*/**strenger** stringent standard
Standardabfüllung *f* standard filling
Standardabweichung *f (qual)* standard deviation
Standardabweichung *f*/**maximal zulässige** maximum permitted standard deviation
Standardabweichung *f*/**relative** relative standard deviation
Standardarbeitsanweisung *f (reg)* standard operating procedure, SOP
Standardbedingungen *fpl* standard conditions
Standarddruck *m (tech)* standard pressure
Standardgröße *f* standard size
standardisieren *v (BE)* standardise, *(AE)* standardize
Standardmethode *f* standard method [procedure, technique]
Standardqualität *f* standard quality
Standardreferenzsubstanz *f (qual)* standard reference material
Standard-Referenzwerk *n* standard reference
Standardsubstanz *f* standard substance
Standardverfahren *n* standard method [procedure, technique]
Standardwert *m* standard value
Standardzustand *m* standard state
Standbodenbeutel *m (pack)* stand-up sachet
Standfläche *f* stand space *(exhibition or fair)*
Standkolben *m (lab)* volumetric flask
Standort *m* location, premise, site
Standortwechsel *m* change of site, change of location
Standzeit *f* standing time, period of use *(filters)*
Standzylinder *m (lab)* plain [settling] cylinder
Stange *f (tech)* rod, bar
Stangenrostsieb *n* bar [rod] screen
Stangensiebrost *m* bar grizzly, rod grizzly
Stanze *f* 1. *(tech)* punch; 2. *(tabl)* die cut
stanzen *v* punch, stamp; emboss
Stanzen *n (tabl)* die-cutting
Stanztakte *mpl (tech)* punch cycles
Stapel *m* stack, pile, batch
Stapel *mpl*/**genestete** *(pack)* nested stacks
stapelbar stackable
Stapeleinheit *f (tech)* stacking unit
Stapelhöhe *f* stacking height
Stapelkasten *m (tech, pack)* stacking box
stapeln *v* stack
Stapelung *f (tech, pack)* stacking
Stapelvorrichtung *f (pack)* stacking device
Stapler *m (pack)* stacker
stark 1. strong *(base or acid)*; 2. vigorous, intense *(reaction)*
Stärke *f* 1. *(chem)* starch *(a polysaccharide)*; 2. strength *(of a base or acid)*; 3. intensity *(of power or reaction)*
Stärke *f* **eines Arzneimittels** strength of a drug product
Stärkeabbau *m* starch degradation
stärkehaltig starchy, amyliferous
Stärkemehl *n* starch flour
starr 1. rigid; 2. immobile
Starterkultur *f (biot)* starter culture
Starterpackung *f* starter-dose pack
Startgeschwindigkeit *f (tech)* start-up speed
Startphase *f (tech)* start-up period
Startreaktion *f (chem, med)* nitial [initiation] reaction
Statistiker(in) *m(f)* statistician
statistisch statistical
Stativ *n (lab)* (retort) stand
Status *m* 1. state *(phase)*; 2. condition
Statusbericht *m* status report
Staub *m* dust
Staubabsaugung *f* dust extraction
Staubabscheidung *f* dust collection
Staubanteil *m* dust concentration
staubdicht dust-tight, dustproof
Staubentwicklung *f* dust production
Staubfilter *n(m)* dust control filter
staubfrei dust-free
staubgeschützt dustproof
Staublasche *f (pack)* dust flap
Staubmaske *f (hyg)* dust mask

Staubsammler *m (tech)* dust catcher [collector]
Staubsauger *m (tech)* dust extractor
Staubschutz *m* dust guard
Staubschutzmaske *f (hyg)* aspirator
Staubteilchen *npl* dust particles, particulates
Stechheber *m (tech)* powder sampler, sampling device [pipette], dosator
Stechpipette *f (lab)* dropping pipette, medicine dropper, teat dropper
Steckdose *f* socket
Stecker *m* plug *(electricity)*
Steckkapsel *f* hard capsule
Steckverbindung *f* plug connection
Steckverschluss *m (pack)* tuck-in closure
Steghöhe *f* band height *(of tablets)*
Stehkolben *m (lab)* flat-bottom flask
Stehzentrifuge *f (tech)* bottom-driven centrifuge
steigen *v* increase, rise *(of temperature or pressure)*
steigern *v* 1. raise *(temperature or pressure)*; 2. enhance *(activity)*
Steigrohr *n* dip tube, riser pipe
Stelle *f* site, location
Stelle *f*/**undichte** leak
Stelle *f*/**unzugängliche** inaccessible space
Stellenausschreibung *f* recruitment advertising, job advertising
Stellenbeschreibung *f* job description, job specifications
Stellungsanzeige *f (tech)* position indicator
Stellwand *f* (flexible) partition
Stempel *m* 1. stamp *(of printing process)*; 2. *(tabl)* punch
Stempeldichtigkeit *f (tabl)* punch tightness
Stempelform *f (tabl)* punch shape [form]
Stempelgeschwindigkeit *f (tabl)* punch speed
Stempelhals *m (tabl)* punch neck
Stempelhalter *m (tabl)* punch holder
Stempelkopf *m (tabl)* punch head [tip]
Stempellänge *f (tabl)* punch length
Stempelleichtgängigkeit *f (tech)* easy punch sliding *(of tabletting machine)*
stempeln *v* stamp, mark
Stempelprofil *n (ster) (BE)* male mould, *(AE)* male mold *(vacuum forming)*
Stempelschaft *m (tabl)* punch shaft
Stempelschwergängigkeit *f (tech)* punch sticking *(of tabletting machine)*
Stempeltyp *m (tabl)* punch type
Sterblichkeitsrate *f* mortality rate
stereoselektiv stereoselective
Stereoselektivität *f* stereoselectivity
steril sterile, aseptic *(by physical methods)*; abacterial • **als steril gelten** purport to be sterile
steril abgefüllt sterile-bottled
steril abgefüllt/nicht non-sterile bottled
Sterilabfüllung *f* aseptic filling
Sterilans *n* sterilant, *(BE)* sterilising agent, *(AE)* sterilizing agent
Sterilfilter *n(m)* bacterial filter
Sterilfiltration *f (lab)* sterile filtration, *(BE)* filter sterilisation, *(AE)* filter sterilization
sterilfiltrieren *v* filter aseptically, sterile-filter
sterilfiltriert sterile-filtered, *(BE)* sterilised by filtration, *(AE)* sterilized by filtration
Sterilisans *n* sterilant, *(BE)* sterilising agent, *(AE)* sterilizing agent
Sterilisation *f (BE)* sterilisation, *(AE)* sterilization
Sterilisation *f*/**endständige** *(BE)* terminal sterilisation, *(AE)* terminal sterilization
Sterilisation *f*/**thermische** *(BE)* heat sterilisation, *(AE)* heat sterilization
Sterilisationsapparat *m (BE)* steriliser, *(AE)* sterilizer
Sterilisationsmittel *n* sterilant, *(BE)* sterilising agent, *(AE)* sterilizing agent
Sterilisationssicherheit *f* sterile assurance level
Sterilisationstemperatur *f (BE)* sterilisation temperature, *(AE)* sterilization temperature
Sterilisationsverfahren *n (BE)* sterilisation procedure, *(AE)* sterilization procedure
Sterilisationszeit *f (BE)* duration of sterilisation, *(AE)* duration of sterilization
Sterilisationszyklus *m (BE)* sterilisation cycle, *(AE)* sterilization cycle
Sterilisator *m (BE)* steriliser, *(AE)* sterilizer, autoclave
sterilisierbar *(BE)* sterilisable, *(AE)* sterilizable

Sterilisierbarkeit *f (BE)* sterilisability, *(AE)* sterilizability
sterilisieren *v (BE)* sterilise, *(AE)* sterilize • **sterilisieren mittels Filtration** *(BE)* sterilise by filtration, *(AE)* sterilize by filtration • **im Autoklaven sterilisieren** autoclave
Sterilisieren *n (BE)* sterilising, *(AE)* sterilizing
Sterilisierkammer *f* autoclave chamber
Sterilisierkasten *m (BE)* sterilisation box, *(AE)* sterilization box
sterilisiert hergestellt *(BE)* produced sterilised, *(AE)* produced sterilized
Sterilisierung *f (BE)* sterilisation, *(AE)* sterilization
Sterilität *f* sterility, asepsis *(by physical methods)*
Sterilitätssicherheit *f* sterility assurance
Sterilitätstest *m* sterility testing
Sterilkultur *f (micro)* sterile culture *(with aseptic organisms)*
Sterilprodukt *n* sterile product
Sterilproduktion *f* aseptic processing
Sterilraumkleidung *f (hyg)* sterile clothing, sterile gowns
Sterilverschraubung *f* aseptic unions
Sternutatorium *n* sternutatory *(drug)*
Steroide *n* steroid *(chemical drug)*
Steuereinheit *f (tech)* controller
steuern *v* 1. operate *(a machine)*; 2. control *(a process)*
Steuerung *f* 1. control; 2. *(tech)* steering
Steuerung *f*/**speicherprogrammierbare** *(Abk. SPS)* programmable logic control, PLC
Steuerungstechnik *f* control technology
Steuerventil *n* control valve
Stichleitung *f* stub
Stichprobe *f* random sample, sample taken at random; time sampling
Stichprobe *f*/**repräsentative** reporter sample
Stichprobenanweisung *f* sampling instruction
stichprobenartig random
Stichprobenentnahme *f* random sampling
Stickstoff *m (chem)* nitrogen
Stickstoff-Phosphor-Detektor *m* nitrogen-phosphorous detector
Stift *m (tech)* pin
Stiftmühle *f* pin mill
stilllegen *v (tech)* shut down
Stilllegung *f* shutdown
Stillstandszeit *f (tech)* downtime *(of a machine)*; standing time
Stimulus *n (med)* stimulant *(an agent)*
Stoff *m* substance, material, matter
Stoff *m*/**absorbierender** absorbing agent
Stoff *m*/**chemischer** chemical substance [material]
Stoff *m*/**geprüfter und freigegebener** approved component
Stoff *m*/**isolierter** isolated substance
Stoff *m*/**karzinogener** carcinogen
Stoff *m*/**konformer** conforming material
Stoff *m*/**kontaminierender** contaminant
Stoff *m*/**löslicher** soluble
Stoff *m*/**nicht konformer** non-conforming material
Stoff *m*/**nichtflüchtiger** non-volatile matter [substance]
Stoff *m*/**partikulärer** particulate matter
Stoff *m*/**pflanzlicher** plant material
Stoff *m*/**pharmazeutischer** pharmaceutical substance [matter]
Stoff *m*/**psychopharmakologischer** psychopharmacological substance [agent]
Stoff *m*/**psychotroper** psychotropic substance
Stoff *m*/**pulvriger** powdery substance
Stoff *m*/**reagierender** reactant
Stoff *m*/**reiner** pure substance
Stoff *m*/**reizender** irritating substance
Stoff *m*/**therapeutischer** therapeutic compound
Stoff *m*/**ungeprüfter** untested component
Stoff *m*/**zu analysierender** analysand
Stoffe *mpl*/**neue chemische** New Chemical Entities, NCE
Stoffe *mpl*/**zurückgewiesene** rejected materials [substances]
Stoffgemisch *n* mixture of substances
Stopfmittel *n (med)* antidiarrh(o)eal
Stoffmenge *n* quantity of substance
Stoffwechsel *m (med)* metabolism
Stoffwechselkrankheit *f (med)* metabolic illness
Stopfbuchse *f* stuffing box, gland
Stopfen *m (lab)* stopper, plug • **mit einem Stopfen verschließen** stop
Stopfen *m* **aus Gummi** rubber stopper

Stopfenwaschmaschine *f* stopper washing machine
Stopfstempel *m (tech)* tamping pin *(of a dosing machine)*
Stoppgrenze *f* action limit
Stöpsel *m* plug, stopper
Stöpselflasche *f (pack)* stoppered flask
stöpseln *v* stopper
störanfällig susceptible to failure
störend *(substance)* objectionable
Störfall *m* 1. accident; 2. fault, failure
Störstoff *m* foreign material [body]
Störung *f* disorder, disturbance, failure, malfunction
Störungsmeldung *f* malfunction alarm [indication]
Stoß *m* 1. impact *(physically)*; 2. *(pack, log)* stack
Stößel *m (lab)* pestle
stoßfest impact-resistant, shock-proof
Stoßfestigkeit *f* resistance to shock
Straffbanderolierer *m (pack)* stretchbander
Strahlenschutzgesetz *n (reg)* Radiation Protection Act
Strahlensterilisation *f (BE)* sterilisation by radiation, *(AE)* sterilization by radiation
Strahlung *f* radiation
Streichfähigkeit *f* spreadability
Streifenpackung *f (pack)* strip package
Stress-Studien *fpl (qual)* accelerated studies
Stresstest *m (qual)* accelerated stability test
Streudose *f (pack)* sprinkler can
Streuung *f* spread *(of values)*; distribution
Streuung *f* **von Daten** spread of data
Streuungswinkel *m* angle of scattering
Strichcodeabtastung *f* bar code scanning
Strichcodeetikett *n* bar code label
Strichmarkierung *f* graduation mark
Strom *m***/elektrischer** current
Stromanschluss *m* power connection
Stromausfall *m* power failure
strömen *v* flow, pour, run
Stromgleichrichter *m* rectifier
Stromkabel *n* electrical wires
Stromkreis *m* circuit, loop
Strommesser *m (tech)* ammeter
Stromquelle *f* power source
Stromstärke *f* amperage
Strömung *f* flow, stream, current, streaming
Strömung *f***/reibungsfreie** non-viscous flow
Strömung *f***/turbulente** turbulent flow *(of fluid or gas)*
Strömungsart *f* flow pattern
Strömungsgeschwindigkeit *f* flow rate, rate of flow
Strömungsmesser *m (tech)* rate meter, flowmeter
Stromverbrauch *m* power consumption
Stromversorgung *f* power supply
Stromzähler *m (tech)* electric meter
Struktur *f* structure, constitution *(of chemical compounds)*
Struktur *f***/definierte** defined structure
Struktur *f***/hierarchische** hierarchical structure
Strukturelement *n* structural fragment
Strukturformel *f* structural formula
Stück *n* piece, fraction, part
Stücke *npl***/aussortierte** rejects
Stücke *npl***/fehlerhafte** *(qual)* rejects, defectives
Stückgüter *npl (log)* itemised goods
Stückliste *f (log)* list of items
Stückzahl *f* number of items
Studie *f* study, trial, research • **Studien durchführen** conduct studies • **klinische Studien durchführen** conduct clinical trials
Studie *f***/belegende** confirmatory test
Studien *fpl***/beschleunigte** accelerated studies
Studien *fpl***/pharmakodynamische** pharmaco-dynamic studies
Studien *fpl***/pharmakokinetische** pharmaco-kinetic studies
Studiendauer *f* duration of trial
Studienende *n* end of study [trial]
Studienstart *m* start of study [trial]
Stufe *f* 1. stage, phase, step *(of a process or development)*; 2. level, grade *(quality)*
Stufenableger *m (pack)* cascade transfer
Stufenfolge *f* succession of stages
stufenlos continuous, stepless
Stufenplan *m* graduated plan [schedule]
Stufenplanbeauftragte(r) *f(m) (reg)* person responsible for pharmaco-vigilance, drug safety manager, pharmacovigilance manager

stufenweise stepwise
Stuhltest *m (med)* faeces test
Stuhluntersuchung *f (med)* faeces test
Stuhlzäpfchen *n* suppository
Stundenleistung *f (econ, prod)* output per hour
Stützdruck *m (tech)* counterpressure, support pressure
Stutzen *m (tech)* port, socket, spigot
Subkultur *f (micro)* sub-culture
Substanz *f* substance, matter; material
Substanz *f*/**abbaubare** degradable substance
Substanz *f*/**abgewogene** weighed substance
Substanz *f*/**aktive** active ingredient [substance]
Substanz *f*/**bakterientötende** bactericide, antibacterial agent
Substanz *f*/**feste** solid substance
Substanz *f*/**fiebererzeugende** pyrogen
Substanz *f*/**gerinnungshemmende** anticoagulant
Substanz *f*/**giftig wirkende** toxicant
Substanz *f*/**giftige** toxicant
Substanz *f*/**hochmolekulare** high-molecular weight substance
Substanz *f*/**immunisierende** *(med) (BE)* immunising agent, *(AE)* immunizing agent
Substanz *f*/**lebende** living material [matter]
Substanz *f*/**lösliche** soluble substance
Substanz *f*/**mikrobielle** microbial product
Substanz *f*/**nicht lösliche** insoluble
Substanz *f*/**organische** organic matter
Substanz *f*/**pflanzliche** vegetable material [substance]
Substanz *f*/**reine** pure substance
Substanz *f*/**unlösliche** insoluble
Substanz *f*/**wirksame** active substance, active agent
Substanzmenge *f* amount of substance, substance amount
Substanzprobe *f* sample
Substanzschiffchen *n (lab)* boat
Substanzverlust *m* substance reduction
Substitution *f* substitution
Substrat *n* 1. *(chem, micro)* substrate, carrier; 2. *(biot)* substrate, nutritive [growth] medium
Sucht *f* addiction
suchterregend addictive, habit-forming
suchterzeugend addictive, habit-forming
Suchtgift *n* narcotic
Suchtverhalten *n (BE)* drug abusing behaviour, *(AE)* drug abusing behavior
Sulfat *n (chem) (BE)* sulphate, *(AE)* sulfate
Summenformel *f* molecular formula
Suppositorium *n* rectal capsule, suppository
Suspension *f* suspension
Süßstoff *m* sweetener
Sympathikomimetikum *n* sympathomimetic agent [drug]
Sympatholytikum *n* sympatholytic
Sympathomimetikum *n* sympathomimetic agent [drug]
Symptom *n* symptom
Syndrom *n* syndrome
Synthese *f* synthesis
Synthese *f*/**biotechnische** biotechnical synthesis
Synthese *f*/**chemische** chemical synthesis
Synthesestufe *f (chem, biot)* synthesis step
Syntheseweg *m* synthesis route
synthetisch synthetic
System *n* system, classification, method
System *n*/**abgegrenztes** contained system
System *n*/**allogenes** *(biol)* allogeneic system
System *n*/**autologes** autologous system
System *n*/**computergestütztes** *(tech)* computerised system
System *n*/**geschlossenes** contained system
System *n* **mit gegenseitiger Verriegelung** *(tech)* interlocking system
systematisch systematic, regular; methodical
Systemeignungstest *m (tech)* system suitability test
Systemspezifikation *f* system specification
Systemtechnologie *f* system technology
Systemzugang *m* system access
Systemzugriff *m* system access

T

Tabelle *f* table
Tablett *n* tray
Tablette *f* tablet
Tablette *f***/längliche** oblong tablet
Tabletten *fpl***/gefriergetrocknete** freeze-dried tablets
Tablettenablaufweichen *fpl (tech, tabl)* tablet grate
Tablettenabmessungen *fpl* tablet dimensions
Tablettenapplikator *m (pack)* tablet applicator
Tablettenausstoß *m (prod)* tablet output
Tablettenauswurf *m (tech)* tablet ejection
Tablettenbruchfestigkeit *f (qual)* tablet crushing strength
Tablettendicke *f* tablet thickness
Tablettendurchlaufrinne *f (pack)* tablet exit chute
Tablettendurchmesser *m* tablet diameter
Tabletteneinheitlichkeit *f (qual)* tablet uniformity
Tablettenfarbe *f (BE)* tablet colour, *(AE)* tablet color
Tablettenflasche *f (pack)* tablet bottle
Tablettengewicht *n* tablet weight
Tablettengröße *f* tablet size
Tablettenguss-Tray *n* tablet casting tray
Tablettenhärte *f* tablet hardness
Tablettenkern *m* tablet core
Tablettenoberfläche *f* tablet surface
Tablettenpresse *f (tech)* tablet press, tabletting machine
Tablettenprofil *n* tablet profile
Tablettenqualität *f* tablet quality
Tablettenröhrchen *n (pack)* tablet tube
Tablettenstapel *m (pack)* tablet stack
Tablettensteghöhe *f* tablet web height
Tablettenstempel *m (tech)* tabletting punch
Tablettenzähler *m (tech)* tablet counter
Tablettenzuführung *f (pack)* tablet feed
Tablettiereinrichtung *f* compaction device
tablettieren *v* tablet
Tablettierfarbe *f* tablet dye
Tablettiermaschine *f* tabletting machine
Tablettiermasse *f* tabletting mass
Tablettierstempel *m (tech)* tabletting punch
Tablettierung *f* tabletting, compression, compaction
Tablettierung *f***/computergesteuerte** computer-integrated tabletting
Tablettierung *f***/computer-integrierte** *(Abk. CIT)* computer-integrated tabletting, CIT
Tag *m* **der ersten Einwaage** day [date] of first weighing
Tag *m* **der Implementierung** date of implementation
Tagesausstoß *m (econ, prod)* daily output
Tagesdosis *f (med)* daily intake dose
Tagesdosis *f***/duldbare** acceptable daily intake, permissible daily rate
Tagesdosis *f***/zulässige** acceptable daily intake, permissible daily rate
Tagesgeschäft *n* day-to-day operations
Tageshöchstdosis *f (med)* maximum daily dose
Tagesleistung *f (econ, prod)* daily output
Takt *m (tech)* cycle
Taktzahl *f (tech)* cycle number
Taktzeit *f (tech)* timed sequence
Talkum *n* talc
Tampon *n* tampon
Tangentensprühung *f (tech)* tangential spraying
Tank *m* tank
Tankbelüftung *f* tank aspiration
Tankwagen *m (log)* tank wagon
Tara *f* tare
Tara-Verwiegung *f (tech, pack)* tare-weighing
tarieren *v* tare
Tarifabkommen *n* collective pay agreement
Tarifabschluss *m* pay deal
Tarifkonflikt *m* pay dispute
Tarifverhandlungen *fpl* pay bargaining
Tastatur *f (tech)* key pad, key board
Taste *f (tech)* key
Tastkopf *m (tech)* scanning head
Tauchbad *n* dipping bath, immersion bath
tauchen *v* dip, immerse
Tauchen *n* dipping, immersion
Tauchkolben *m* plunger
Tauchkolbenpumpe *f* plunger pump
Tauchschwert *n (tech)* immersion sword

Tauchtank *m* dipping tank
Tauchverfahren *f*/**im** by immersion
Taumelmischer *m (tech)* tumble blender
Technik *f* 1. technique, method; 2. *(tech)* engineering; 3. technology *(process)*
Technikabteilung *f* engineering
Techniker(in) *m(f)* operator, technician
Techniketage *f* technical floor
Technikgang *m* service corridor
technisch technical
Technologie *f* technology
Technologie *f*/**manipulationssichere** tamper-evident technology
Technologie *f*/**rekombinante** recombinant technology
Technologietransfer *m* technology transfer
Teil *m* 1. part, partition, piece, portion, section, component; 2. *(chem)* component, fraction; 3. *(math)* proportion
Teil *n* 1. fragment, part, component, constituent; 2. *(chem)* particle
Teil *n*/**aktives** *(tech)* active part
Teil... partial
Teilbehandlung *f* partial treatment
Teilcharge *f* partial batch, sub-batch
Teilchen *n* particle
Teilchengröße *f* particle size
Teilchenspektrometer *n* particle spectrometer
Teilchenwachstum *n (micro)* particle growth
Teildruck *m (tech)* partial pressure
Teile *npl*/**benetzte** wetted parts
Teile *npl* **und Zubehör** *n (tech)* parts and accessories
teilen *v* divide; separate
Teilen *n* **von Proben** sample division
Teilladung *f (ster)* partsload
Teilleistung *f (econ, tech)* part performance
Teilmuster *n* sample subdivision
Teilprobe *f* subsample
Teilstichprobe *f* subsample
Teilstrich *m* graduation mark *(on a scale)*
teilweise partial
teilweise löslich partially soluble
Tellermühle *n* disk mill
Temperatur *f* temperature
Temperatur *f*/**kritische** critical temperature
Temperaturabfall *m (tech)* temperature decrease
temperaturabhängig temperature-dependent
Temperaturabweichung *f* temperature deviation
Temperaturausgleich *m* temperature equalisation
Temperaturbelastung *f* heat load
Temperaturbereich *m* temperature range, range of temperature
temperaturbeständig temperature-resistant, temperature-resisting, temperature-stable
Temperaturbeständigkeit *f* temperature resistance [stability]
Temperatureinstellung *f* temperature settling
temperaturempfindlich temperature-sensitive
Temperaturerhöhung *f (tech)* temperature raising, increase [rise] in temperature
Temperaturfühler *m (tech)* temperature sensor
Temperaturgrenze *f* temperature limit
Temperaturregeler *m* temperature controller
Temperaturregelung *f* temperature control
Temperaturrückgang *m* temperature decrease
Temperaturschreiber *m (tech)* temperature recorder
Temperaturschwankung *f* temperature fluctuation
Temperaturskala *f* temperature scale
temperaturüberwacht temperature-monitored
temperaturunabhängig temperature-independent
temperaturunempfindlich temperature-insensitive
Temperaturverteilung *f* temperature distribution
termingerecht on time
Terminkauf *m* forward purchasing, purchasing for future delivery
Test *m* test, assay • **einen Test durchführen** perform a test
Test *m*/**klinischer** clinical test(ing)
Test *m*/**mikrobieller** microbial test [assay]
Test *m*/**verbindlicher** binding test

Test *m*/**vorklinischer** pre-clinical test(-ing)
Testablauf *m* test procedures
Testanforderung *f* testing requirement
Testanforderung *f*/**spezielle** special testing requirement
Testbedingung *f* test condition
Testeinrichtung *f* test facility
Testergebnis *n* analytical result
Testlauf *m* test run
Testmaterial *n* 1. sample, specimen; 2. test material *(substance)*
Testnachweis *m* certificate of testing
Testorganismus *m (micro)* challenge organism
Teströhrchen *n* testing tube
Teststreifen *m* test strip
Testtier *n* experimental [laboratory, test] animal
Testverlauf *m* testing procedure
Testzertifikat *n* certificate of testing
Therapeutikum *n* therapeutic agent
therapeutisch therapeutic(al)
Therapie *f (med)* therapy • **auf eine Therapie ansprechen** respond to treatment • **eine Therapie anwenden** administer a therapy
Therapie *f*/**medikamentöse** *(med)* drug therapy
Therapieansatz *m*/**neuartiger** novel concept-based approach
thermisch thermal
thermisch beständig thermally stable, heat-resistant
thermoelastisch thermo-elastic
Thermofolie *f (pack)* thermofoil
Thermoformer *m (tech, pack)* blister machine
Thermoformmaschine *f (tech, pack)* thermoforming machine, thermoformer
Thermostat *m* thermostat
Thermoverformung *f (pack)* thermoforming
Thrombozytenaggregationshemmer *m (med)* platelet aggregation inhibitor
Thymian *m* thyme *(phytomedicine)*
Tiefenanalyse *f* in-depth analysis
Tiefenfilter *n(m)* depth filter
tieffrieren *v* deep-freeze
tiefgefroren deep-frozen
tiefgezogen *(pack)* thermoformed
Tiefkühllager *n (log)* deep-freeze storage (room)
Tiefkühlung *f* deep-freezing
tiefprägen *v* deboss
Tiefprägen *n* debossing
Tiefziehbereich *m (pack)* thermoforming unit
tiefziehen *v (pack)* thermoform, deep-draw, draw deep
Tiefziehen *n (pack)* deep drawing
Tiefziehfolie *f (pack)* thermoforming foil
Tiefziehmaschine *f (pack, tech)* blister (forming) line, thermoforming machine
Tiefziehpackung *f (pack)* thermoformed [blister] pack
Tiefziehverpackung *f (pack)* thermofoil packing *(process)*
Tiegel *m* crucible
Tierarzneimittel *n* animal health product, veterinary medical product, veterinary medicament, veterinary drug
Tierexperiment *n* animal experiment
Tiermedizin *f* veterinary pharmacy
Tierversuch *m* animal experiment, experimentation on animals
Tinktur *f* tincture
Tinte *f (doc)* ink
Titration *f* titration
Titrationskurve *f* titration curve
Titrator *m* titrator
titrierbar titratable
titrieren *v* titrate
Titrierkolben *m* titration flask
Titriervorrichtung *f* titrator
Tochterunternehmen *n* subsidiary (company)
tödlich 1. deadly, mortal; 2. lethal *(effect of poison)*; virulent *(a disease)* • **tödlich giftig** deadly poisonous
Toleranz *f* tolerance, allowance, permissible deviation
Toleranz *f*/**festgelegte** specified tolerance
Toleranzangabe *f* tolerance indication
Toleranzbereich *m* tolerance range, range of tolerance
Toleranzgrenze *f* limit of tolerance, tolerance [toleration] limit
Toleranzspanne *f s.* Toleranzbereich
Tollwutmittel *n (med)* antirabic
Tonikum *n* tonic
Tonnage *f (tech, log)* ton(ne)
Tonne *f* 1. cask, can, hub, barrel *(container)*; 2. ton(ne) *(weight measurement)*

Tonnenkilometer *m (log)* ton kilometre
Topf *m* pot
Toploader-Schachtel *f (pack)* top loader box
Torsionsfeder *f* torsion spring
Torsionskraft *f* torsion
Torsionswaage *f* torsion balance
Totraum *m (tech)* deadspace
totraumfrei 1. *(tech)* deadleg-free, free of void; 2. *(pack)* dead-volume-free
Totvolumen *n (pack)* dead volume
Totzeit *f* idle time
Toxikologie *f* toxicology
toxikologisch toxicologic(al)
Toxin *n* poison, toxin
toxisch poisonous, toxic
Toxizität *f* poisonousness, toxicity
Toxizität *f***/akute** acute toxicity
tragbar portable
Trägerband *n* carrier belt
Trägerfolie *f (pack)* carrier foil
Trägergas *n* carrier gas
Trägerstoff *m (chem)* carrier
Trägerstrom *m (tabl)* fluid medium *(of fluid bed processing)*
Tragfähigkeit *f* 1. *(tech)* bearing strength; 2. *(log)* loading capacity
Trägheit *f* inertness *(of substances)*
Training *n* training • **Trainings durchführen [abhalten]** carry out trainings
tränken *v* soak, impregnate
Tranquiliser *m (BE)* tranquiliser, *(AE)* tranquilizer, *(BE)* tranquilising drug, *(AE)* tranquilizing drug
Transfer *m* transfer
Transferöffnung *f* transfer port
Transfersystem *n* transfer system
Transfusion *f (med)* transfusion
transgen transgenic
Transparenz *f* transparency
Transport *m* shipment, transport, transfer, conveyance *(on conveyor belt)*
Transportband *n (tech)* conveyor belt
Transportbedingungen *fpl* transport conditions
Transportbestimmungen *fpl* transport regulations
Transportdokumentation *f* transportation documentation
Transportflotte *f* transportation fleet
Transportkapazität *f* shipping capacity
Transportleitung *f* transfer pipe
Transportprozesse *mpl* transport processes
Transportschaden *m* damage in transit, transport damage
Transportschlitten *m (tech)* transport carriage
Transportsicherheit *f* transportation safety
Transportsystem *n* 1. *(log)* transport(ation) system; 2. *(tech)* conveying system
Transportversicherung *f* transport insurance
Transportwagen *m (tech)* transport cart
Traubenzucker *m* dextrose, glucose
Traubenzuckerinfusion *f* glucose infusion
Tray *n* tray
Treibgas *n (pack)* propellant gas, aerosol propellant
treibgasfrei *(pack)* propellant-free
Treibriemen *m (tech)* belt, drive [driving] belt, strap
Trendanalyse *f* trend analysis
Trennbeutel *m (pack)* split bag
trennen *v* 1. separate off, separate out, segregate, isolate; 2. part, divide
trennen *v* **nach Größe** size-separate
Trennen *n* 1. separation, separating, segregation, segregating *(as process of isolating)*; isolating; 2. resolution *(of a mixture)*; 3. parting, dividing
Trennfuge *f (tech)* parting line, joint
Trennmedium *n (micro)* separation media
Trennmethode *f* method of separation
Trennmittel *n (chem)* parting [separating] agent [medium]
Trennschleuder *f (tech)* separator, centrifuge
Trennung *f* separation
Trennung *f***/räumliche** physical separation
Trennungsleistung *f (tech)* separation performance
Trennwand *f* partition
Trichter *m* funnel
Trichteröffnung *f* funnel opening
Trinkampulle *f (BE)* oral ampoule, *(AE)* oral ampule
Trinkwassergütestandard *m* potable water standard
Trinkwasserqualität *f* 1. drinking [pota-

ble] water quality; 2. potable water standards *(quality requirement)*
trocken dry, moisture-free
trocken/absolut oven-dry
Trockenapparat *m (tech)* drier
Trockenbestandteil *m* solid constituent
Trockenextrakt *m* dried concentrate, dry extract
Trockenfilter *n(m)* dry filter
Trockengeschwindigkeit *f* rate of drying, drying rate
Trockengewicht *n* dry weight, weight of dry matter
Trockengewichtanalyse *f* dry weight analysis
Trockengranulierung *f (tabl)* dry granulation
Trockenhitze *f* dry heat
Trockenhitzebehandlung *f (ster)* baking
Trockenhitzesterilisation *f (BE)* dry-heat sterilisation, *(AE)* dry-heat sterilization
Trockenmasse *f* dry weight
Trockenmittel *n* 1. drier, drying agent; 2. *(med)* desiccant
Trockennährboden *m (micro)* dry culture medium
Trockennährmedium *n (micro)* dehydrated culture medium
Trockenofen *m* drying oven, dry heat oven
Trockenrückstand *m* residue on drying
Trockensaft *m* inspissated juice
Trockenschale *f* tray
Trockenschrank *m* 1. drying cabinet [oven]; 2. *(lab)* air oven
Trockensieb *n* sieve for dry products
Trockensubstanz *f* 1. solid; 2. *(micro)* microbial dry weight *(of microorganism cells)*
Trockenvermahlung *f* dry grinding
trockenwischen *v* wipe dry
Trockenzentrifuge *f (tech)* centrifugal dryer
trocknen *v* dry, desiccate *(reduce moisture)*
trocknen *v*/**unvollständig** underdry
Trocknung *f* drying, desiccation, dehydration; dehumidification *(of gases)*
Trocknung *f* **mittels Wärme** baking
Trocknung *f*/**schonende** gentle drying
Trocknungsgeschwindigkeit *f* drying rate
Trocknungsluft *f* drying air
Trocknungsmittel *n (chem)* drier, drying agent; desiccant
Trocknungsofen *m* dry heat oven
Trocknungsplatte *f* drying tablet
Trocknungsrate *f* drying rate
Trocknungsverlust *m* loss at [on] drying
Trocknungszeit *f* drying time
Trocknungszyklus *m* drying cycle
Trog *m* trough
Trogmischer *m (tech)* trough mixer
Trommel *f* drum *(container)*
Trommelcoater *m (tech, tabl)* pan coater
Trommel-Coating *n (tabl)* pan coating
Trommelfilter *n(m)* revolving filter, drum filter
Trommelmischer *m (tech)* barrel blender, barrel [drum] mixer
Trommelsieb *n* drum screen
Trommeltrockner *m (tech)* rotary dryer
Trommelzentrifuge *f (tech)* basket [bowl] centrifuge
Tropenkammer *f (med)* tropical chamber
Tropenkrankheit *f (med)* tropical disease
Tropf *m* drip, drip-feed
Tröpfchen *n* droplet
Tröpfchenabscheidung *f* drop-collection
Tröpfchenabsetzer *m* coalescer *(to collect liquid droplets)*
Tropfeinsatz *m (pack)* dropper insert, drop dispenser
tröpfeln *v* drip
Tropfen *m* drop, *(drug)* oral drops
tropfen *v* drop
Tropfenabscheidung *f* drop-collection
tropfenweise dropwise, drop-by-drop
Tropfenzähler *m (pack, lab)* drop counter
Tropfflasche *f (pack, lab)* dropping [dropper] bottle
Tropfpipette *f (lab)* dropping pipette, medicine dropper, teat dropper
Tropfpunkt *m* drop(ping) point
Tropfschutz *m* drop protection
Tropftrichter *m* dropping funnel
tropisch tropical
trüb(e) opaque, turbid, hazy, cloudy, feculent *(liquids)*
Trübglas *n* milk [frosted, opaque] glass
Trübheit *f* 1. opacity; 2. turbidity, cloudiness, haziness, feculence *(liquids)*
Trübung *s.* Trübheit
T-Stück *n (tech)* T piece
Tube *f (pack)* tube

Tube *f* **mit Membran** *(pack)* tube with membrane
Tube *f* **ohne Membran** *(pack)* tube without membrane
Tubenfalz *m (pack)* crimp, seam
Tubenfüllmaschine *f (tech)* tube-filling machine
Tubengewinde *n (pack)* tube thread
Tubenverschluss *m (tech)* tube closure
Tuberkulosemittel *n (med)* anti-tuberculotic, anti-tuberculosis drug, antitubercular agent
Tumor *m (med) (BE)* tumour, *(AE)* tumor
tumorerzeugend *(BE)* tumourigenic, *(AE)* tumorigenic
Tumorigenitätstest *m (med) (BE)* tumourigenicity test, *(AE)* tumorigenicity test
Tüpfelplatte *f (micro)* spot plate
Tupfer *m* swab, pad, gauze
Türabdichtung *f* door gasket
Turbulenz *f (tech)* turbulence
Türdichtung *f* door seal
T-Verbindung *f (tech)* T piece
Typ *m* type, kind, sort

U

übel *(med)* sick
Übelkeit *f (med)* queasiness
überaktiv hyperactive
überarbeiten *v* review
überarbeitet reviewed
Überarbeitung *f* review
Überarbeitung *f***/periodische** periodic review
Überarbeitung *f***/regelmäßige** regular review
überdosieren *v* overdose, overfeed
Überdosierung *f* overdosage, overfeeding
Überdosis *f* overdose
Überdruck *m (tech)* excess [positive] pressure
Überdruckventil *n* (pressure) relief valve
übereinstimmen *v* **mit** conform with, be compliant with
Übereinstimmung *f* conformance, compliance
Übereinstimmung *f* **mit GMP** GMP compliance
überempfindlich hypersensitive
Überempfindlichkeit *f* hypersensitivity
Übererfüllung *f* overfulfilment
Überführung *f (log)* transfer
Überfüllung *f* overfilling
Überfunktion *f (med)* hyperfunction
Übergabe *f* **am Standort** *(tech)* Factory Acceptance Test *(of a machine)*
Übergang *m* 1. transition *(to another stage)*; conversion *(to another state)*; 2. threshold *(level or state)*
Übergangsbestimmung *f (reg)* transitional provision
übergangslos *(tech)* continuous
Übergangsstück *n (tech)* adapter
Übergangszustand *m* transition state, transient state
Übergewicht *n (tech)* surplus weight, overweight
überholt obsolete, out-dated
überimpfen *v (micro, biot)* inoculate
Überimpfung *f (micro, biot)* transfer inoculation
Überkapazität *f (tech)* overcapacity
Überkorn *n* plus material *(at classification process)*
Überlast *f (tech)* overloading
Überlastfunktion *f (tech)* overload safety feature
Überlastkupplung *f (tech)* overload clutch, overload safety device
Überlastung *f* overload(ing)
Überlauf *m* spill, runoff, overflow
Überlauf *m* 1. *(tech)* overflow (port), (overflow) weir; 2. spill, runoff, overflow *(substances)*; 3. overflow, overs *(at classification or sorting process)*
überlaufen *v* overflow, run over
Überlaufprodukt *n* overflow product *(at classification or sorting process)*
Überlaufvorrichtung *f (tech)* overflow
Überleitungsgerät *n (tech, pack)* overfeed device
überprüfbar verifiable
überprüfen *v* check, control, examine, inspect, investigate, review
Überprüfung *f* examination, investigation; testing, inspection, verification
Überprüfung *f* **auf Wachstumsförderung** *(micro)* growth promotion test
Überprüfung *f* **der Chargenherstellungsprotokolle** *(doc)* batch production record review

Überprüfung *f* **der Herstellungsprotokolle** *(doc)* production record review
Überprüfung *f***/planmäßige** routine inspection
Übersättigung *f* **einer Lösung** supersaturation of a solution
überschneiden *v* overlap
Überschneidung *f* overlap
überschreiben *v (doc)* overwrite
Überschreibfunktion *f (doc)* overwrite function
überschreiten *v* exceed, overrun *(a value)*
Überschuh *m (hyg)* shoe covering, overshoe
Überschuss *m* **eines Ausgangsstoffes/kalkulierter** calculated excess
Übersetzung *f* **beim Getriebe** *(tech)* gear ratio
Übersicht *f* abstract, survey
Übersicht *f***/klinische** clinical overview
Übersicht *f***/präklinische** non-clinical overview
übersprühen *v (BE)* atomise, *(AE)* atomize, spray
Übertrag *m* carryover
übertragen *v* 1. transfer; transfuse, transmit *(features)*; 2. communicate, pass on *(diseases)* • **Aufgaben übertragen** assign tasks
übertragen/durch Luft aerogen(ic), airborne
übertragen/durch Wasser water-borne
Überträger *m (med)* vector; carrier
Überträgersubstanz *f* transmitter
Übertragung *f* transfer
Übertragung *f***/aerogene** air-borne transmission
Übertragung *f* **durch die Luft** aerogenic [air-borne] transmission
Übertragungsfehler *m* transfer error
überwachen *v* 1. monitor *(a process or machine)*; 2. supervise *(people)*
Überwachung *f* 1. control, monitoring *(with devices)*; 2. observance *(of hygiene)*; 3. supervision *(of people)*
Überwachung *f***/ständige** continuous monitoring
Überwachung *f***/visuelle** visual observation
Überwachung *f***/vorbeugende** preventive monitoring
Überwachungseinrichtung *f (tech)* monitoring device
Überwachungsinstrument *n (tech)* monitoring device
Überwachungssystem *n* monitoring system
Überwachungstechnik *f (tech)* monitoring technology
Überwurfmutter *m (tech)* union nut
überzogen/magensäureresistent enteric coated, gastro-resistant coated
Überzug *m* 1. *(tabl)* film, coating; 2. lacquer
Überzug *m***/magensaftresistenter** enteric coating, gastro-resistant coating
üblich common
Uhrglas *n* clock glass
Uhrglasschale *f* clock glass, beaker cover
ultrafein ultra-fine
Ultrafiltration *f* ultrafiltration
Ultraschall *m* ultrasound
Ultraschallbad *n* ultrasonic bath
Ultraschallverschweißen *n (pack)* ultrasonic welding
ultraviolett ultraviolet
Ultrazentrifuge *f* high-speed centrifuge
umarbeiten *v* rework, reprocess *(a product)*
Umarbeitung *f* reprocessing, reworking *(of a product)*
umbördeln *v (pack)* flange, border crimp
Umdrehung *f (tech)* revolution
Umdrehungen *fpl* **pro Minute** *(tech)* revolutions per minute
Umdrehungszahl *f (tech)* revolutions per minute
Umetikettierer *m (tech, pack)* relabeller
Umfang *m* 1. size, quantity, amount, scope; 2. circumference
Umfang *m* **der Erlaubnis** *(BE)* scope of authorisation, *(AE)* scope of authorization
Umfang *m* **der Validierung** scope of validation
Umfang *m***/in großem** large-scale
Umfang *m***/in kleinem** small-scale
Umfeld *n* context, environment
Umfeld *n***/regulatorisches** regulatory context
Umfeldmonitoring *n* environmental monitoring
Umformulierung *f* reformulation

Umformung *f* deformation
Umgang *m* handling
Umgang *m***/fehlerhafter** mishandling
Umgang *m* **mit Beanstandungen** handling of complaints
Umgebung *f* environment
Umgebung *f***/innere** internal environment
Umgebung *f***/keimfreie** germ-free environment
Umgebung *f***/kontrollierte** controlled environment
Umgebung *f***/nicht kontrollierte** uncontrolled environment
Umgebung *f***/nichtwässrige** *(chem)* non-aquatic environment
Umgebungsbedingungen *f* ambient conditions; environmental conditions
Umgebungsdruck *m (tech)* ambient pressure
Umgebungskontrolle *f (tech)* environmental monitoring
Umgebungstemperatur *f (tech)* ambient [surrounding] temperature
umhüllen *v* wrap, cover
umhüllt covered
Umhüllung *f* 1. *(pack)* wrapping; 2. cover, (covering) membrane, envelope; coat; capsule
Umhüllung *f***/äußere** *(pack)* outer carton, outer packaging
Umkarton *m (pack)* secondary [outer, shipping] carton
umkehrbar reversal
Umkehrosmose *f* reverse osmosis
Umkehrphasen-HPLC *f* reverse(d)-phase HPLC, reverse(d)-phase high-pressure liquid chromatography
Umkleideraum *m* gowning [changing] room
Umlauf *m* (re)circulation
umlaufend *(tech)* revolving
Umlauffilter *n(m)* belt filter
Umlaufregler *m (tech)* by-pass governor
Umlaufverdampfer *m* circulation evaporator
Umlaufvermögen *n (fin)* current receivables
Umlenkblech *n* baffle
Umluft *f* (re)circulating air
Umlufttrockner *m (tech)* contact dryer
ummantelt jacketed
Ummantelung *f* jacket, mantle
umpacken *v (log)* re-pack
umpalettieren *v (log)* re-pallet
umrechnen *v (math)* convert
Umrechnung *f (math)* conversion
Umrechnungsfaktor *m (math)* conversion factor
umrühren *v* agitate, paddle, stir
umrüsten *v* 1. *(tech)* modernise; 2. *(tech)* re-equip, re-tool *(with new tools)* • **Maschinen umrüsten** changeover
Umrüstung *f* 1. modernisation; 2. re-equipping, re-tooling *(with new tools)*; 3. (size) changeover *(of a machine)*
Umrüstzeit *f* **von Maschinen** changeover time
Umsatz *m (econ)* sales, turnover
Umsatzprognose *f (econ)* sales forecast
Umsatzwachstum *n (econ)* sales growth
Umsetzung *f* **von Richtlinien** implementation of guidelines
Umstände *mpl***/außergewöhnliche** exceptional circumstances
Umstellzeit *f (tech)* changeover time *(of machines)*
Umstimmungsmittel *n (med)* alterant
Umverpacker *m* repacker
Umverpackung *f (pack)* wrap packaging, outer packaging
Umwälzpumpe *f (tech)* recirculation [circulatory, circulating] pump
umwandeln *v* convert, change into, transform
Umwandler *m (tech)* converter
Umwandlung *f* conversion, transformation
Umwandlung *f***/chemische** chemical conversion • **eine chemische Umwandlung erfahren** undergo a chemical change
Umwandlung *f***/enzymatische** *(biot)* enzymatic conversion
Umwandlung *f***/mikrobielle** *(biot)* bioconversion
Umwandlung *f***/thermische** thermal conversion
Umwandlungsfähigkeit *f* convertibility *(regarding a substance in a reaction)*
Umwandlungsprozess *m* transformation process
Umwelt *f* (natural) environment, umwelt; milieu, surroundings
Umweltanalyse *f* environmental analysis

Umweltauflagen *fpl (reg)* environmental restrictions
Umweltbehörde *f (reg)* environmental protection agency
Umweltbelastung *f* environmental deterioration [impact, nuisance, loading], (environmental) pollution; environmental stress
Umweltbewusstsein *n* environmental consciousness, awareness of environment
umweltfeindlich ecologically [environmentally] harmful
umweltfreundlich ecologically [environmentally] friendly, non-polluting
umweltgefährdend environmentally hazardous [dangerous]
Umweltgefährdung *f* environmental hazard
Umweltkontrolle *f* environmental control
Umweltprobe *f (chem)* environmental sample
Umweltschaden *m* environmental damage
umweltschädigend environmentally damaging
Umweltschutz *m* environmental protection
Umweltschutzbeauftragte(r) *f(m)* environmental manager [officer]
Umweltschutzbericht *m (doc)* environmental report
Umweltschutzbestimmung *f (reg)* environmental regulation
Umweltschutzmanagement *n* environmental management
umweltsicher environmentally safe
umweltverschmutzend polluting
Umweltverschmutzung *f* pollution of the environment, environmental pollution
umweltverträglich environmentally friendly [compatible]
Umweltverträglichkeit *f* environmental compatibility
Umweltverträglichkeitsprüfung *f* environmental risk assessment
unaufgefordert *(reg)* unsolicited, unrequested
unauslöschlich *(doc)* indelible
unbeabsichtigt unintended
unbearbeitet unprocessed
unbedenklich safe
unbedenklich/ökologisch ecologically safe
Unbedenklichkeit *f* safety *(of a drug)*
Unbedenklichkeitsbericht *m* safety report *(regarding a drug)*
Unbedenklichkeitsstudien *fpl* safety studies
Unbedenklichkeitsversuch *m* safety test
unbefugt *(BE)* unauthorised, *(AE)* unauthorized
unbehandelt untreated
unbelebt abiotic, dead
unberechtigt *(BE)* unauthorised, *(AE)* unauthorized
unbeständig labile, unstable, fugitive *(substance)*
Unbeständigkeit *f* lability, instability
undicht leaky
Undichtigkeit *f* leak, leakage
undurchlässig impermeable, impervious
Undurchlässigkeit *f* impermeability, imperviousness
undurchsichtig feculent, opaque
uneinheitlich non-uniform
Uneinheitlichkeit *f* **von Tabletten** tablet inconsistency
Unempfindlichkeit *f* 1. *(med)* immunity, analgesia; 2. robustness, insensitivity
unerwartet unexpected
Unfall *m* accident
ungeeignet für unsuitable for
ungefährlich harmless
ungefüllt unfilled, empty
Ungenauigkeit *f* uncertainty *(of a technique)*
ungeprüft unaudited, untested, uncertified
ungesättigt unsaturated
Ungeziefer *n* vermin
ungiftig non-toxic, non-poisonous
Ungleichgewicht *n* unbalance, imbalance
ungültig invalid, void • **ungültig machen** cancel, void
Ungültigkeit *f (doc, reg)* invalidity nullity
unheilbar incurable
unhygienisch unhygienic
Universaldoppelmuffe *f (tech)* wivel clamp holder
Unkenntlichmachung *f (doc)* obliteration

unlöslich insoluble, non-soluble, indissoluble
unlöslich/praktisch practically insoluble
Unlösliches *n* insoluble
Unlöslichkeit *f* insolubility, insolubleness
unpolar non-polar
unproduktiv unproductive
unrein impure, unpurified • **in unreiner Form** *(chem)* unpurified
Unreinheit *f* impurity *(condition or state)*
unsauber 1. *(chem)* impure, unpurified *(substance)*; 2. unclean, not clean
Unsauberkeit *f* impurity
unschädlich innocuous, harmless
Unschädlichkeit *f* harmlessness
unspezifisch non-specific
unstabil instable, unstable
unsteril non-sterile
Unsterilität *f* non-sterility
Untenentleerung *f (tech)* bottom discharge
unterbelasten *v (tech)* underload
unterdosieren *v* underdose, underfeed
Unterdosierung *f* underfeeding, substrength
Unterdosis *f* underdosage
Unterdruck *m (tech)* negative pressure
unterdrücken *v* suppress *(a reaction or effect)*
Untergestell *n* base
Untergewicht *n* short weight, underweight
unterhalten *v (tech)* maintain
Unterkorn *n* undersize material *(in sieving process)*
Unterlage *f* pad
Unterlauf *m* underflow *(in sieving process)*
untermauert/wissenschaftlich scientifically substantiated
untermischen *v* intermix, mix, mingle, blend
Untermischung *f* intermixing, cross-mix; cross-contamination
Unternehmensentwicklung *f* corporate performance
Unternehmensergebnis *n* corporate results
Unternehmensgewinn *m* corporate profit
Unternehmensplanung *f* corporate planning
Unternehmer *m*/**pharmazeutischer** pharmaceutical manufacturer
unterschrieben/vorschriftsmäßig *(doc)* duly signed
Unterschrift *f (doc)* signature
Unterschrift *f*/**elektronische** *(doc)* electronic signature
Unterseite *f (tech)* lower side, bottom side, base
untersinken *v* sink
Unterstempel *m* lower punch *(of tabletting machine)*
untersuchen *v* test, assay; investigate, inspect • **mit einem Mikroskop untersuchen** examine microscopically
Untersuchung *f* examination; inspection; analysis, assay
Untersuchung *f*/**ärztliche** medical examination
Untersuchung *f*/**biologische** bioassay
Untersuchung *f*/**experimentelle** experimental study
Untersuchung *f*/**immunologische** immunological test
Untersuchung *f*/**medizinische** medical examination
Untersuchung *f*/**vergleichende** comparative study
Untersuchungsergebnis *n* 1. test result, research result; 2. result of investigation; 3. *(med)* findings, result of an examination
Untersuchungsergebnisse *npl*/**klinische** clinical examination data
Untersuchungsmaterial *n* test [experimental] material, material to be tested, material [substance] for [under] investigation, sample
Untersuchungsmethode *f* investigational method, test(ing) method
Untersuchungsmethode *f*/**standardisierte** standard testing method
Untersuchungsprobe *f (lab)* test sample
Untersuchungssubstanz *f (lab)* s. Untersuchungsmaterial
untertauchen *v* immerse
Untertauchen *n* immersion
Unterzeichnende(r) *f(m) (doc)* signatory
unverbindlich without obligation, not binding
unverbraucht unspent, unused
unverdaulich indigestible, undigestible
unverdünnt undiluted

unverpackt unpacked
unverschmutzt uncontaminated, clean
Unversehrtheit *f (pack, ster)* integrity
unverträglich incompatible
Unverträglichkeit *f* incompatibility
unvollständig incomplete
unwirksam 1. inactive; ineffective *(medium or reaction)*; 2. inefficient, inactive *(drug)*
unwirtschaftlich unproductive
unzerbrechlich *(pack)* unbreakable, nonbreakable, infrangible
unzugänglich *(tech)* inaccessible
Urheberrecht *n* proprietary right
urheberrechtlich geschützt protected by patent
Urkunde *f* certificate
Urologikum *n (med)* urologic(al) agent
Ursachenforschung *f* cause study
Ursprung *m* source, origin
Ursprungssubstanz *f (chem)* parent substance
Ursprungszertifikat *n (doc)* certificate of origin
Urtinktur *f* mother tincture
Urtitersubstanz *f* primary-standard chemical, primary standard
Uterotonikum *n* uterotonic, oxytocic (agent)
Uterustonikum *n* uterotonic, oxytocic (agent)
UV-Absorption *f* UV absorption
UV-Beschichtung *f* UV coating
UV-Lampe *f* UV lamp
UV-Transmission *f* UV transmittance

V

Vaginalcreme *f (med)* vaginal cream
Vaginalgel *n (med)* vaginal gel
Vaginalsalbe *f (med)* vaginal ointment
Vaginaltablette *f (med)* vaginal tablet
Vaginalzäpfchen *n (med)* vaginal suppository, pessary
Vaginalzubereitung *f (med)* pessary
Vakuum *n* vacuum
Vakuumbandfilter *n(m) (tech, ster)* belt-type vacuum filter
Vakuumbeschickung *n (ster)* vacuum feed
Vakuumdeckel *m* vacuum cover
Vakuumdestillation *f* vacuum distillation
Vakuumfilter *n(m) (tech)* suction filter
Vakuumfiltration *f* suction [vacuum] filtration
Vakuumhaltetest *m (ster)* vacuum test
Vakuumpumpe *f* vacuum pump
Vakuumtechnologie *f* vacuum technique
Vakuum-Tiefziehen *n (pack)* vacuum deep drawing
vakuumtrocken vacuum-dry
Vakuumtrockenapparat *m*, **Vakuumtrockner** *m (tech)* vacuum dryer
Vakuumtrocknung *f* vacuum drying
Vakuumverdampfer *m* vacuum evaporation
vakuumverpackt shrunk-wrapped, vacuum-packed
Vakuumverpackung *f* vacuum pack
validierbar validatable
Validierung *f* validation
Validierung *f*/**begleitende** concurrent validation
Validierung *f*/**produktionsbegleitende** concurrent validation
Validierung *f*/**prospektive** prospective validation
Validierung *f*/**retrospektive** retrospective validation
Validierung *f* **von Analysenmethoden** validation of analytical methods
Validierungsansatz *m* validation approach
Validierungsbericht *m* validation report
Validierungsdaten *pl* validation data
Validierungslauf *m (tech)* validation run
Validierungsphase *f* validation phase
Validierungsplan *m* validation (master) plan
Validierungsprotokoll *n* validation protocol
Validierungsverlauf *m* validation proceedings
variabel variable
Variabilität *f* variability
Vaseline *f (chem, med)* vaseline, petroleum jelly
Vasodilatans *n*, **Vasodilat(at)or** *m* vasodilator
venös *(med)* venous
Ventil *n* valve
Ventil *n*/**elektromagnetisches** *(tech)* electromagnetic valve
Ventilator *m* blower, fan, ventilator
Ventilblock *m* multi-port valve

Ventilhöhe *f* nozzle [valve] height
Ventilkopf *m* valve cap
Ventilkörper *m* valve body
Ventilspiel *n (tech)* valve clearance
verabreichen *v (med)* administer, apply • **eine Arznei verabreichen** administer medicine • **eine Impfung verabreichen** administer an inoculation • **oral verabreichen** administer orally
verabreicht/gleichzeitig administered concomitantly
Verabreichung *f (med)* application, administering *(of a drug)*
Verabreichung f/gemeinsame *(med)* joint administration
Verabreichungsart *f (med)* method of administration
Verabreichungsbedingungen *fpl (med)* conditions of administration
Verabreichungshäufigkeit *f (med)* frequency of administration
Verabreichungshilfe *f (pack)* dosage device
Verabreichungsweg *m* route of administration
Veralflasche *f (pack)* veral bottle
Verallgemeinerung *f* abstraction
veralten *v* become obsolete
veraltet 1. obsolete, out, out-dated, *(AE)* outdated; 2. *(tech)* timeworn
veränderlich variable
verändern *v* change, alter, modify
Veränderung *f* change, alteration, modification, variation • **Veränderungen aufzeigen** detect [identify] changes
Veränderung f/chemische chemical change
Veränderung f/krankhafte *(med)* lesion
Veranlagung *f* disposition, pre-disposition
verantwortlich responsible, in charge
Verantwortliche(r) *f(m)* responsible person
Verantwortlichkeit *f* responsibility
Verantwortlichkeitskontrolle *f* accountability control
Verantwortung *f* responsibility • **Verantwortung übernehmen** accept responsibility, take on responsibility • **Verantwortung delegieren** delegate responsibility
Verantwortungsbereich *m* area of accountability
verarbeitbar *(prod)* processable, workable
Verarbeitbarkeit *f (prod)* processability, workability
verarbeiten *v* process
Verarbeitung *f* processing, treatment
Verarbeitung f/aseptische *(ster)* aseptic processing
Verarbeitung f/großtechnische large-scale processing
Verarbeitung f/maschinelle machine processing
Verarbeitungsanlage *f (tech)* processing plant
Verarbeitungsanweisung *f* processing instruction
Verarbeitungsbereich *m (tech)* working range
Verarbeitungseigenschaften *fpl* processing properties
Verarbeitungsgeschwindigkeit *f (tech)* speed of operations
Verarbeitungshilfe *f* processing agent
Verarbeitungsmenge *f* throughput
Verarbeitungsprozesskennwerte *mpl (econ)* processing characteristics
Verarbeitungsrichtlinie *f* processing specification
verarbeitungssicher safe for factory processing
Verarbeitungsstufe *f* production stage [step]
Verarbeitungsstufe *f* stage of treatment, treatment stage, process stage
Verarbeitungstechnik *f* processing technique
Verarbeitungstechnologie *f* processing technology
Verarbeitungsverfahren *n* manufacturing process [procedure]
Verarbeitungsvorschrift *f* processing specification
Verarbeitungszeit *f* processing time
Verband *m* 1. *(med)* bandage; 2. association, union
Verbandwatte *f (med)* cotton wool
verbessern *v* 1. improve; 2. upgrade *(the quality level)*
Verbesserung *f* 1. improvement; 2. upgrading, upgrade *(the quality level)*
verbieten *v* prohibit
verbinden *v* 1. connect, bond, join, link

(by means of adhesives); 2. combine, link *(elements or processes)*
verbinden/sich 1. conjoin *(particles in granulation process)*; 2. connect, combine, link *(elements or processes)*
verbindlich binding
Verbindung *f* 1. *(tech)* bond *(by an adhesive)*; linkage, linking *(of elements in a process)*; 2. *(chem)* compound, combination; 3. *(tech)* joint *(a mechanical piece)*; 4. association, union; 5. *(tech)* connection, link(age), fitting
Verbindung *f*/**abbauresistente** persistent compound
Verbindung *f*/**chemische** chemical compound
Verbindung *f*/**halogenierte** halogenated compound
Verbindung *f*/**oberflächenaktive** *(chem)* surfactant, tenside
Verbindung *f*/**organische** organic compound
Verbindung *f*/**toxische** toxic compound
Verbindungsmaterial *n* bonding material
Verbindungsschrauben *f* connection bolt
Verbindungsstück *n* connector, connection, fitting *(of pipes)*
verbördeln *v* crimp, cap
Verbot *n* **von Werbung** prohibition of advertising
Verbrauch *m* consumption
verbrauchen *v* 1. use up; 2. consume, spend
Verbraucherschutz *m* consumer protection
Verbrauchsmaterial *n* consumables
Verbrennung *f* 1. combustion; 2. incineration *(of waste)*
Verbrennungsanlage *f (tech)* incinerator *(of waste)*
Verbundfolie *f (pack)* laminated [composite] foil
Verdacht *m* suspicion
verdampfbar evaporable
verdampfen *v* evaporate *(a liquid)*; *(BE)* vapourise, *(AE)* vaporize, *(BE)* volatilise, *(AE)* volatilize
Verdampfer *m* evaporator, *(BE)* vapouriser, *(AE)* vaporizer
Verdampfung *f* evaporation *(as a process)*; *(BE)* vaporisation, *(AE)* vaporization *(an act)*
Verdampfung *f* **eines Lösungsmittels** solvent evaporation
Verdampfungsapparat *m* evaporator
Verdampfungsrückstand *m* residue on evaporating
Verdampfungswärme *f* heat of evaporation
Verdauung *f* digestion
verdauungsschädlich injurious to digestion
Verderb *m* **eines Produktes** deterioration [decay] of a product
verderben *v* decay, deteriorate, spoil
verdichten *v* 1. compress *(in tabletting process)*; 2. densify *(of solids)*; concentrate; 3. thicken *(liquids)*
Verdichten *n* compacting, compression
Verdichtung *f* 1. compression, concentration; 2. densification *(of solids)*
verdicken *v* concentrate, thicken *(liquids)*
verdickt concentrated, thickened *(liquids)*
Verdickungsmittel *n (chem)* thickener, thickening agent
Verdopplung *f* doubling, gemination
Verdopplungsrate *f (micro)* doubling rate
Verdopplungszeit *f (micro)* generation [doubling] time
verdünnen *v* 1. dilute, attenuate, thin *(liquids or gases)*; 2. potentiate *(a homeopathic drug)*
Verdünnen *n* 1. attenuation, dilution *(liquids or gases)*; 2. potency *(of a homeopathic drug)*
verdünnt diluted
Verdünnung *f s.* Verdünnen
Verdünnung *f*/**maximal zulässige** *(Abk. MZV) (chem, biot)* maximum valid dilution, MVD
Verdünnungsgrad *m* dilution degree
Verdünnungsmittel *n* 1. diluting agent, diluent; 2. thinner *(coating)*
Verdünnungsrate *f (biot)* dilution rate *(of a microbial culture)*
Verdünnungsreihe *f* serial diluting, dilution series
Verdünnungsschritte *mpl* dilution steps
Verdünnungswasser *n* dilution water, water of dilution
verdunsten *v* evaporate *(a liquid)*; *(BE)* vaporise, *(AE)* vaporize, *(BE)* volatilise, *(AE)* volatilize
Verdunstung *f* evaporation *(as a pro-*

cess); *(BE)* vaporisation, *(AE)* vaporization *(an act)*
Vereinbarung *f* agreement
vereinzeln *v* separate, isolate
Vereinzelung *f* purification, separation, isolation
vererbbar *(med)* hereditary
Verfahren *n* 1. *(tech)* process; 2. *(lab)* procedure, method, technique
Verfahren *n***/aseptisches** *(ster)* aseptic technique, aseptic processing
Verfahren *n***/betriebsinternes** internal procedure
Verfahren *n***/diskontinuierliches** batch process
Verfahren *n***/festgelegtes** predetermined procedure
Verfahren *n***/großtechnisches** large-scale process
Verfahren *n***/industrielles** industrial process
Verfahren *n***/reproduzierbares** reproducible procedure
Verfahren *n***/standardisiertes** standard method [procedure, technique]
Verfahren *n***/statistisches** statistical procedure
Verfahren *n***/technisches** technique
Verfahren *n***/veraltetes** obsolete method
Verfahren *n***/zentralisiertes** centralised procedure
Verfahrensanweisung *f* processing instruction
Verfahrensbeschreibung *f* processing procedure
Verfahrensentwicklung *f* process development
Verfahrensparameter *mpl***/kritische** critical process parameters
Verfahrensqualifizierung *f* performance qualification
Verfahrensschritt *m* process step
Verfahrensschritt *m***/kritischer** critical process step
Verfahrensschritt *m***/optionaler** optional process step
Verfahrenssteuerung *f* process control
Verfahrensstufe *f* stage of treatment, treatment stage, process stage
Verfahrenstechnik *f* process engineering
Verfahrenstechnik *f***/biochemische** biochemical engineering
Verfahrenstechnik *f***/biologische** bioengineering
Verfahrenstechnik *f***/biotechnologische** bioprocess engineering
Verfahrenstechnik *f***/chemische** chemical engineering
Verfahrenstechnik *f***/pharmazeutische** pharmaceutical engineering
Verfahrenstechniker(in) *m(f)* process engineer
Verfall *m* decay, deterioration
verfallen *v* 1. expire *(date)*; 2. decay *(chemically)*
Verfallsdatum *n* date of expiry, expiry [expiration] date • **ein Verfallsdatum festlegen** expiry dating
Verfallsdatum *n***/vorläufiges** tentative expiration date
verfälschen *v* adulterate, falsify, manipulate
verfälscht adulterated, adulterated, manipulated
Verfälschung *f* falsification, adulteration, manipulation
verfärben *v (BE)* discolour, *(AE)* discolor, stain *(locally)*
verfärbend staining
verfärbend/nicht non-staining
Verfärbung *f* 1. *(BE)* colour change, *(AE)* color change, *(BE)* discolouration, *(AE)* discoloration; staining *(locally)*; fading (*loss of colour, a process*); 2. stain, *(BE)* discolouration, *(AE)* discoloration *(a state)*
verflüchtigen *v (BE)* volatilise, *(AE)* volatilize
Verflüchtigung *f (BE)* volatilisation, *(AE)* volatilization
verflüssigen *v* fluidise, liquefy
Verflüssigung *f* liquefaction *(of a liquid or gas)*
verformen *v* **unter Druckluft** *(pack) (BE)* mould by pressurised air, *(AE)* mold by pressurized air
Verformfolie *f (pack)* forming foil
verformt deformed
Verformung *f* deformation
verfügbar available
verfügbar/nicht unavailable
Verfügbarkeit *f* availability
Verfügung *f***/behördliche** *(reg)* official decree
Verfügung *f***/endgültige** final disposition

Verfügungsdatum *n (distr)* date of disposition
vergällt *(chem)* denatured
vergiften *v* toxify, poison
Vergiftung *f* toxification, poisoning
Vergiftungsgefahr *f* poisoning hazard
Vergleichsprobe *f (lab)* reference sample
vergrößern *v* 1. enlarge *(area)*; extend *(volume)*; 2. scale up *(capacity or production)*
Vergrößerung *f* 1. enlargement *(area)*; extension *(volume)*; 2. magnification *(microscope)*; 3. scale up *(capacity or production)*
Verhalten *n (BE)* behaviour, *(AE)* behavior
Verhalten *n*/**thermisches** *(BE)* thermal behaviour, *(AE)* thermal behavior
Verhaltensregeln *fpl* rules of conduct
Verhältnis *n* proportion, rate, ratio
verhindern *v* prevent, hinder
Verhütungsmittel *n* contraceptive
verifizieren *v* verify
Verifizierung *f* verification
Verjüngung *f (tech)* conicalness, conicity
Verkabelung *f (tech)* wiring
verkapseln *v* encapsulate
Verkapselung *f* encapsulation
Verkauf sales, selling
Verkaufscharge *f (prod, distr)* commercial [approved] batch
Verkaufsförderung *f* **von Arzneimitteln** *(mark)* promotion of medicinal [drug] products
Verkaufsmuster *f (distr, mark)* sample free of charge
Verkaufsvolumen *n (econ)* volume of sales, sales volume
Verkaufszahlen *fpl (econ)* sales figures
verkeilen *v (tech)* wedge
Verkeimung *f* bioburden
verkleben *v* 1. bond *(by an adhesive)*; 2. agglutinate
Verklebung *f* 1. bonding *(by an adhesive)*; 2. agglutination
verkleidet *(tech)* covered
Verkleidung *f (tech)* cover
Verkleidungsblech *n* lid, cover, casing
verklumpen *v* agglutinate, clump
Verklumpung *f* agglutination
Verknüpfung *f (tech)* coupling
Verladepapiere *npl (log)* shipping documents
Verladung *f* **auf Paletten** *(BE)* palletisation, *(AE)* palletization
verlagern *v* shift; transfer, relocate
verlängern *v* extend, prolong *(a time period)*
Verlängerung *f* 1. *(reg)* renewal *(of an authorisation)*; 2. extension *(of time)*
verlangsamen *v* decelerate *(growth or a process)*; slow down
Verlangsamung *f* deceleration *(growth or a process)*
verlässlich reliable
Verlauf *m* course, process
Verletzung *f* injury
Verletzung *f*/**äußere** external injury
Verletzung *f*/**innere** internal injury
Verlust *m* loss
vermahlen *v* grind, mill
Vermahlung *f* grinding, milling
vermarkten *v* market, bring to market
Vermarktung *f* marketing
vermehren *v*/**sich** 1. *(biot)* propagate, multiply, *(rapidly)* proliferate; 2. *(micro)* grow
Vermehrung *f* 1. *(biot)* reproduction, propagation, multiplication; 2. *(micro)* growth
vermehrungsfähig able to reproduce
vermeiden *v* prevent, avoid
vermengen *v* blend, mingle, mix
Vermengen *n* blending, mingling, mixing
vermindern *v* 1. reduce; 2. *(prod)* scale down
Verminderung *f* reduction
vermischen *v* intermix, mix, mingle, blend
Vermischen *n* blending, mixing *(of solid substances)*
vermischt/gleichmäßig evenly mixed
vernachlässigbar negligible
vernebeln *v* aerosolise, nebulise
Vernebelung *f* aerosolisation, nebulisation
vernichten *v s.* entsorgen
veröffentlichen *v* make public
Veröffentlichung *f* publication
Verordnung *f* 1. *(reg)* provision, regulation; 2. *(med)* prescription • **eine Verordnung anwenden** apply a regulation
Verordnung *f*/**ärztliche** medical prescription
Verordnung *f* **der Europäischen Kom-**

mission regulation by [of] the Commission
Verordnung f/technische statutory technical order
Verordnung f von Medikamenten medication
verpacken *v* pack(age) • **in Beutel verpacken** bag
Verpacken *n* packaging, packing
verpackt/doppelt bag in bag
Verpackung f/kindersichere child-resistant pack
Verpackung f/luftdichte *(log)* air-tight packing
Verpackung f/seefeste *(log)* seaworthy packing
Verpackungsanweisung *f* packaging instruction
Verpackungsarbeiten *fpl* packaging operations
Verpackungsauftrag *m* packaging order
Verpackungseinheit *f* package unit
Verpackungseinheit f/verkettete linked packaging unit
Verpackungsfehler *m* packaging error [defect]
Verpackungsgebühren *fpl (distr)* packing charges
Verpackungsgewicht *n* tare (weight)
Verpackungskosten *pl* packing costs
Verpackungslinie *f (tech)* packaging line
Verpackungsmaschine *f* pack(ag)ing machine
Verpackungsmaschine f/modulare modular pack(ag)ing machine
Verpackungsmaterial *n* packaging material
Verpackungsmaterial n/bedrucktes (im)printed packaging material
Verpackungsprotokoll *n (doc)* batch packaging record
Verpackungsprozess *m* packaging process
Verpackungsprozess m/steriler aseptic packaging process
Verpackungsverschluss *m (pack)* pack closure
Verpackungsvorschriften *f (doc)* packaging instruction
Verpflichtung *f* obligation, commitment *(morally)*
verplombt sealed
verpressen *v (tabl)* press, compress
Verpressen *n (tabl)* pressing
Verreibung *f* trituration
verriegeln *v* lock
Verriegelung *f* locking device
Verriegelungslasche *f (pack)* lid tuck-in flap
verrohren *v (tech)* tube
Verrohren *n (tech)* piping *(connecting by pipes)*; tubing
Verrohrung *f (tech)* plumbing *(installing a pipeline)*
versagen *v* fail
Versagen *n* failure
Versand *m* 1. *(distr)* dispatch, shipment, shipping *(process)*; 2. *(distr)* dispensing area *(location)*
Versandabteilung *f* dispatch [shipping] department
Versandanweisung *f* shipping instruction
versandbereit ready for dispatch [despatch, shipment], outgoing
versandfertig ready for dispatch [despatch, shipment], outgoing
Versandkarton *m* shipping carton
Versandliste *f (doc)* packing list
Versandort *m* place of dispatch [despatch], point of shipment
Versandpapiere *npl* shipping documents [papers]
Versandvorschrift *f* shipping regulation
verschärfen *v* aggravate
verschimmeln *v (BE)* mould, *(AE)* mold
Verschimmeln *n (BE)* moulding, *(AE)* molding
verschlechtern v/sich deteriorate, worsen
Verschleiß *m (tech)* wear and tear
verschleißen *v* 1. wear (out); 2. *(tech)* abrade
verschleißfest 1. wear-resistant, resistant to wear; 2. *(tech)* abrasion-resistant, resistant to abrasion
Verschleißfestigkeit *f* wear resistance, resistance to wear
Verschleißteil *n (tech)* wearing part, part subject to wear
Verschleißwiderstand *m* wear resistance, resistance to wear
verschleppen *v* carry over *(particles and substances)*
Verschleppen *n* carry-over *(of particles and substances)*

verschließen *v* 1. *(pack)* close, stopper, plug *(a bottle or flask)*; seal; 2. *(tech)* lock
Verschließmaschine *f (tech, pack)* capping machine
verschlimmern *v* deteriorate, worsen
verschlissen worn out
verschlossen locked
verschlossen/dicht tightly closed, hermetically closed
verschlossen/luftdicht sealed air-tight, vacuum-sealed
Verschluss *m* 1. *(pack)* cap, closure, seal; 2. *(tech)* trap *(in a drainpipe)* • **unter Verschluss** locked
Verschluss *m*/**hermetischer** hermetic sealing
Verschluss *m*/**kindergesicherter** *(pack)* child-proof closure
Verschluss *m*/**kindersicherer** *(pack)* child-resistant closure
Verschluss *m*/**mechanischer** mechanical seal
Verschluss *m*/**steriler** sterile seal(ing)
Verschlussart *f* manner of closure
Verschlusseinsatz *m (pack)* sealing pad
Verschlusseinsatz *m*/**mehrschichtiger** *(pack)* multilayer sealing pad
Verschlussklappe *f (pack)* lid flap
Verschlussmechanismus *m* locking device
Verschlussnaht *f (pack)* seal
Verschluss-Station *f (pack)* sealing station
Verschluss-System *n (pack)* closure [sealing] system
verschmutzt polluted, contaminated
Verschmutzung *f* pollution, contamination
verschraubt mit screwed to
Verschraubung *f* screw fitting
verschreiben *v* prescribe *(a drug)*
Verschreibung *f (med)* prescription
Verschreibung *f*/**nur auf ärztliche** prescription-only medicine
verschreibungspflichtig (available) on prescription only, ethical, prescription
verschreibungspflichtig/nicht non-prescription
verschweißen *v (tech, pack)* weld
Verschweißen *n (tech, pack)* welding
Verschweißen *n*/**induktives** inductive welding
verschweißt welded • **verschweißt an den Rändern** welded at the edges
verseifen *v* saponify
Verseifung *f* saponification
versenden *v (distr)* dispatch, ship
versiegeln *v* seal
versiegelt sealed
Versiegelung *f* seal, sealing *(as a process)*
Versiegelung *f*/**luftdichte** air-tight sealing
Version *f* 1. version, issue; 2. *(tech)* release
Version *f*/**gültige** *(doc)* relevant [valid] version
Versionsnummer *f* version number
versorgen *v* supply, provide
versorgt mit Luft supplied with air
versorgt mit Wasser supplied with water
Versorgung *f* supply, delivery
Versorgungsanschluss *m (tech)* supply connection [input]
Versorgungsleitung *f (tech)* supply connection
Versorgungsmedien *npl (tech)* media *(e. g. water, air)*
versprühen *v* spray, *(BE)* atomise, *(AE)* atomize
Versprüher *m* sprayer, *(BE)* atomiser, *(AE)* atomizer
verständlich *(doc)* comprehensible
verstärken *v* 1. intensify, potentiate *(an action)*; 2. strengthen *(solutions)*; 3. *(tech)* fortify; 4. amplify *(electricity)*; 5. enhance *(improve quality or value)*
Verstärker *m (tech)* amplifier
Verstärkung *f* 1. intensification, potentiation *(an action)*; 2. strengthening *(of solutions)*; 3. *(tech)* fortification; 4. (electrical) amplification; 5. enhancement *(improvement of quality or value)*
verstäuben *s.* versprühen
verstopft clogged, blocked
Versuch *m* experiment, trial, test • **einen Versuch durchführen** experiment • **Versuche anstellen [machen]** *(BE)* experimentalise, *(AE)* experimentalize
Versuchsanlage *f* 1. experimental plant [set-up], testing plant; 2. *(biot)* pilot plant
Versuchsanordnung *f* test arrangement, experimental set-up

Versuchsbedingung *f* experimental condition
Versuchsbeginn *m* onset [start] of the experiment
Versuchsbeschreibung *f* test record
Versuchsbetrieb *m (tech)* pilot plant
Versuchscharge *f* trial [pilot] batch
Versuchsdauer *f* test duration
Versuchsdurchführung *f* experimental procedure
Versuchslauf *m (tech)* trial run
Versuchsmaßstab *m* pilot scale • **im Versuchsmaßstab** pilot-scale
Versuchsobjekt *n* specimen
Versuchsplan *m* 1. experimental schedule *(regarding time)*; 2. design of experiment *(regarding content)*
Versuchssubstanz *f* substance under investigation
Versuchstier *f* experimental animal
Versuchsvorschrift *f (doc)* experimental instruction [direction, guideline]
verteilen *v* 1. distribute, spread; 2. *(tech)* dispense
verteilen *v***/gleichmäßig** uniformly distribute
Verteiler *m (tech)* dispenser
Verteilerkasten *m (tech)* junction box *(electric systems)*
Verteilung *f* distribution, dispensing *(a liquid)*
Verteilung *f***/heterogene** *(tabl)* heterogeneous proportion
Verteilung *f***/homogene** *(tabl)* homogeneous proportion
Vertiefung *f (pack)* indention *(of a blister)*
vertikal vertical
Vertikalautoklav *m (ster)* vertical autoclave
Vertikalgranulator *m* vertical granulator
Vertikalgranulierung *f* high-shear granulation
Vertrag *m* contract, agreement
verträglich 1. compatible, compliant; 2. digestible *(for human being)*
Verträglichkeit *f* compatibility, compliance
Verträglichkeit *f***/lokale** local tolerance
Vertragsaufhebung *f* revocation of a contract
Vertragsbedingungen *fpl* contractual terms
Vertragsbestimmung *f* contractual provision
Vertragsdauer *f* contractual period
Vertragserfüllung *f* contractual performance
Vertragshersteller *m* contract manufacturer
Vertragsherstellung *f* contract manufacturing
Vertragskündigung *f* revocation of a contract
Vertragslabor *n* contract laboratory
Vertragslaufzeit *f* term of a contract
Vertragsvereinbarungen *fpl* contractual requirements
Vertragsverhältnis *n* contractual relation
vertraulich confidential
Vertraulichkeit *f* confidentiality
Vertreter(in) *m(f)* 1. agent, representative; 2. deputy
Vertrieb *m* sales, distribution
Vertriebsabteilung *f* sales department [division]
Vertriebsanweisungen *fpl (doc)* distribution procedures
Vertriebsaufzeichnungen *fpl (doc)* distribution records
Vertriebsgesellschaft *f* distribution company, selling organisation
Vertriebshändler *m* selling agent
Vertriebsleiter *m* sales manager, head of sales
Vertriebsnetz *n* chain of distribution
Vertriebssystem *n* distribution system
Vertriebsweg *m* sales [distribution] channel
Verunreiniger *m* pollutant, contaminant
verunreinigt polluted, contaminated, impure
Verunreinigung *f* impurity, contamination *(state)*; contaminant, pollutant, polluting matter *(substance)* • **Verunreinigungen vermeiden** prevent contamination
Verunreinigung *f* **aus der Luft** airborne contamination
Verunreinigung *f***/giftige** toxic impurity
Verunreinigung *f***/grobe** gross contamination
Verunreinigung *f***/identifizierte [erkannte]** identified impurities
Verunreinigung *f***/mikrobielle** *(micro)* microbial contamination

Verunreinigung *f*/mögliche potential impurity
Verunreinigung *f*/nicht identifizierte unidentified impurity
Verunreinigung *f*/partikuläre 1. *(micro)* particulate contaminant *(substance)*; 2. *(micro)* particulate contamination *(state)*
Verunreinigungsgrad *m* pollution [contamination, impurity] level
Verunreinigungsprofil *n* impurity profile
verursachen *v* cause
Verursacherprinzip *n* polluter-pays-principle
Verwaltung *f* administration
Verwaltungsgemeinkosten *f (fin)* administration overheads
Verwarnung *f* **der FDA** warning letter from the FDA
verwässern *v* water down
Verwechslung *f* 1. misidentification; 2. *(prod, pack)* mixup • **Verwechslungen vermeiden** prevent mixups
Verweilzeit *f* detention [hold-up, retention, residence] time
Verweilzeit *f*/mittlere mean residence time, MRT
Verweis *m* **auf** reference to
verweisen *v* **auf** refer to
verwendbar applicable
verwendbar/einmalig disposable
Verwendbar-bis-Datum *n* use by date
Verwendbarkeit *f* applicability
Verwendung *f* use, usage, application
Verwendung *f*/allgemeine medizinische well-established [common, accepted] medicinal use
Verwendung *f*/unbeabsichtigte unintentional use
Verwendung *f*/unberechtigte *(BE)* unauthorised use, *(AE)* unauthorized use
Verwendung *f*/vor der prior to use
Verwendung *f*/vorgesehene intended use
Verwendungshinweis *m* usage instruction
Verwendungsnachweis *m* usage list, where-used list
Verwendungszeitraum *m* period of use
Verwendungszweck *m* purpose
verwerfen *v*/**als unbrauchbar** discard, reject
verwertbar usable
Verwiegung *f (tech)* weighing (in)
verworfen rejected *(not accepted or agreed to)*
Verzeichnis *n* index, list, contents
verzinkt zinc-coated, galvanised
verzögern *v* decelerate, retard, slow
verzögernd retarding
verzögert retarded
Verzögerung *f* retardation, delay *(being late)*; inhibition, deceleration *(slow growth)*
Verzögerungsinsulin *n* delayed insulin
Verzögerungsphase *f (biot, micro)* lag phase
Veterinärmedizin *f* veterinary medicine
VE-Wasser *n* demineralised water
Vialbefüllung *f*/aseptische *(pack)* aseptic vial filling
Vibration *f* vibration
Vibrationsdosierer *f* vibratory filler
Vibrationssieb *n* reciprocating screen
Vibratorsieb *n* reciprocating screen
vielfach multi-channel
Vielfachapparat *m* multiple unit
Vielfachkanalpipettiersystem *n (lab)* multi-channel pipetting system
Vieraugenprinzip *n (qual)* double check system, four-eyes-system
Vierfachimpfstoff *m (med)* tetra-vaccine
Vierhalskolben *m (lab)* four-neck flask
Vierrandsiegelflachbeutel *m (pack)* four-edged sealed sachet
viral viral
Virologie virology
Virus *m(n)* virus
Virusbeseitigung *f* virus removal
Virusbestand *m* virus stock
Virusentfernung *f s.* Virusbeseitigung
Virusimpfstoff *m* viral vaccine
Virusinaktivierung *f* viral inactivation
Virussicherheit *f* viral safety
virustötend virucidal
Virusübertragung *f (med)* virus carry-over
Viruzid *n* antiviral agent
viskos viscous
Viskosität *f* viscosity
visuell visual
Vitamin vitamin(e)
Vitaminaufnahme *f* vitamin(e) intake
vitaminhaltig vitamin(e) containing
Vitaminisieren *n*, **Vitaminisierung** *f (BE)* vitaminising, *(AE)* vitaminizing

Vitaminkonzentrat *n* vitamin(e) concentrate
Vitamintablette *f* vitamin(e) tablet
Vitaminverbindung *f* vitamin(e) compound
Vlies *n* fleece
vollautomatisch fully automatic
Volleinschlagmaschine *f (log, pack)* wraparound machine
vollentsalzt *(chem)* demineralised
Vollkostenkalkulation *f (econ)* full cost pricing
Vollpipette *f (lab)* bulb pipette, transfer pipette
vollständig complete(d)
vollständig homogen perfectly homogeneous
Vollständigkeit *f* completeness
Vollständigkeitskontrolle *n (qual)* completeness check, check for completeness
Volumen *n* quantity, volume, measures
Volumen *n* **der Bestandteile** measures of components
Volumenprozent *n* percentage by volume
Volumenstrommesser *m (tech)* accumulated flow meter
volumetrisch volumetric
Vorabnahme *f* **beim Hersteller** pre-delivery check, Factory Acceptance Test, FAT
Vorabscheider *m (tech)* precleaner
Vorarbeiter *m* foreman, supervisor
Vorauskosten *pl (econ)* up-front costs
voraussagen *v* prognose, forecast
Voraussetzung *f* requirement; (pre-) condition
Vorauswahl *f* pre-selection
Vorauszahlung *f (fin)* payment in advance
vorbedruckt *(pack)* pre-printed
vorbehandeln *v* pretreat, preprocess
Vorbehandlung *f* pretreatment, preconditioning, preprocessing, preliminary [preparatory] treatment, preparation
vorbereiten *v* prepare
Vorbereitung *f* preparation
Vorbetrachtung *f* pilot survey
Vorbeugung *f* prevention
Vorcharge *f* preliminary batch
vordosieren *v* predose
Vordosierung *f* predosing
Vordruck *m (doc)* pre-printed form
Vordruckrolle *f (tech, tabl)* pre-pressing roller
Voreinschub *m (pack)* pre-insertion
Voreinstellung *f (tech)* pre-setting *(of a machine)*
Vorfall *m* incident
Vorfilter *n(m)* pre-filter, prefilter
vorfiltern *v* prefilter
Vorfiltration *f* prefiltration
Vorgabe *f* stipulation *(determined instruction)*
Vorgabezeit *f* time allowance
Vorgang *m* operation, process
vorgefaltet *(pack)* pre-folded
vorgefertigt pre-assembled
vorgeformt pre-formed
vorgefüllt pre-filled
Vorgehensweise *f***/allgemeine** common practice
vorgemischt pre-mixed
vorgeschaltet *(tech)* upstream, upline
vorgeschrieben/gesetzlich statutory
vorheizen *v* preheat
vorhersehen *v* predict, forecast
Vorkasse *f (econ)* advance payment
Vorkehrung *f* precaution *(measure)*
vorklinisch pre-clinical
vorkommen *v* occur, happen, to be found
Vorkommen *n* occurrence, finding
Vorkommnis *n* incident, event
Vorlauf *m* first running *(distillation)*
vorläufig temporary
vormischen *v* pre-blend, pre-mix
Vormischen *n* pre-blend, pre-mix
Vormischung *f* pre-mix(ture), pre-blend
Vormontage *f* pre-assembly
Vorpresskraft *f (tabl)* pre-compression force
Vorprobe *f* preliminary test
Vorprodukt *n (prod)* semi-finished product
Vorprüfung *f* preliminary testing
Vorrat *m* stock • **auf Vorrat haben** have in stock • **Vorrat anlegen** stockpile
vorrätig in stock
vorrätig/nicht out of stock
Vorratsbehälter *m* storage tank [bin, container], reservoir
Vorratsbildung *f* stockpiling
Vorratsflasche *f* storage bottle
Vorratshaltung *f* storing
Vorratsproduktion *f* made-to-stock production

Vorratsraum *m* storeroom, stock [storage] room
Vorratssilo *n* storage bin
Vorratstank *m* storage vessel, reservoir
Vorratsverpackung *f (pack)* bulk packaging
vorreinigen *v* preclean
Vorreiniger *m (chem)* precleaner
Vorreinigung *f* precleaning, preliminary cleaning, pretreatment *(of waste water)*
Vorrichtung *f (tech)* device, facility
Vorsäule *f* pre-column
Vorschrift *f* 1. instruction, direction, regulation, requirement, rule; 2. specification *(regarding the quality of a product)*; 3. formula *(in order to mix a batch)* • **den Vorschriften entsprechen** meet the specifications • **eine Vorschrift verletzen** break a rule • **Vorschriften befolgen** meet requirements, follow the rules • **Vorschriften lockern** relax rules
Vorschrift *f*/**gesetzliche** statutory requirement
vorschriftsmäßig complying with the specifications
vorschriftsmäßig unterschrieben *(doc)* duly signed
Vorschubgeschwindigkeit *f (tech)* advance speed
Vorsicht *f* care, caution
vorsichtig careful, gentle *(treatment)*
Vorsichtsmaßnahme *f* precaution, safeguard measure, precautionary measure • **Vorsichtsmaßnahmen ergreifen** take precautions
Vorsorgemedizin *f* preventive medicine
Vorspülung *f* initial rinse
Vorsteuerventil *n (tech)* pilot valve
Vorstudie *f* pilot [preliminary] study
vortrocknen *v* predry
Vortrocknen *n* predrying, preliminary drying
Vortrockner *m* predryer
Vortrocknung *f* predrying, preliminary drying
Voruntersuchung *f* preliminary examination [investigation]
Vorversuch *m* preliminary test, small-scale test *(of small quantities)*
vorwählbar *(tech)* pre-selectable
vorwärmen *v* preheat, warm up

W

Waage *f (tech)* balance, scales *(of simple construction)*
Waage *f*/**chemische** assay balance
Waagebalken *m* balance beam
Waagschale *f* weighing pan [scale, vessel]
Wachhaltemittel *n (med)* antilethargic
Wacholderbeere *f* juniper berry *(medicinal plant)*
Wachs *n* wax
wachsartig wax-like, waxy
wachsen *v* 1. wax; 2. grow *(microorganisms)*; 3. increase *(physical parameters)*
Wachstum *f* 1. growth; 2. increase *(of physical parameters)*
Wachstum *n*/**ausgewogenes [balanciertes]** *(micro)* balanced growth
Wachstum *n*/**mikrobielles** microbial growth
Wachstumperiode *f (micro)* period of growth
Wachstumsbeschleunigung *f (micro)* growth acceleration
Wachstumsfaktoren *mpl* growth factors
Wachstumsförderung *f (micro)* growth promotion
Wachstumsgeschwindigkeit *f (micro)* growth rate, rate of growth
Wachstumsphase *f (micro)* growth phase [period]
Wägebereich *m* weighing range
Wägeeinheit *f* weighing unit
Wägefehler *m* weighing error
Wägezelle *f (tech)* weighing cell
wahrnehmbar perceptible, detectable
Wahrscheinlichkeit *f* probability
Walletanlage *f (tech, pack)* wallet line
Walze *f (tech)* drum, roll(er); can *(of drum dryer)*
walzen *v* roll, mill
Walzenfüller *m (tech)* roller filler *(of dosing machine)*
Walzenlager *n (tech)* roller bearing
Walzenpresse *f (tech)* roller press
Walzentrockner *m (tech)* drum dryer
Walzentrocknung *f* drum drying
Wälzsieb *n* revolving screen
Wand *f* wall; membrane *(of a filter)*

Wandbefestigung *f (tech)* wall mounting
Wandschrank *m* wall mounting cabinet
Wandsockel *m* wall skirting
Wandstärke *f (tech)* wall thickness
Wandsteckdose *f (tech)* wall outlet
Wanne *f (tech)* trough; basin
Ware *f* goods, consignment
Waren *fpl*/**eingehende** incoming goods
Warenabsender *m (log)* consignor
Warenannahme *f (log)* acceptance of goods
Warenannahmestelle *f (log)* point of acceptance
Warenbegleitpapiere *npl (distr)* consignment note
Warenbewegungen *fpl (log)* physical movements of goods
Wareneingang *m* 1. *(log)* receipt of goods *(process of reciving goods)*; 2. *(log)* goods-in (point) *(site)*; 3. *(log)* incoming goods
Wareneingangsbuch *n (doc)* receiving log book
Wareneingangskonto *n (fin)* purchasing account
Wareneingangsprüfung *f (qual)* inspection of incoming goods
Warengruppe *f (prod)* product line
Warensendung *f* consignment, goods
Warenvorrat *m (log)* stock-in-trade
Warenzeichen *n (mark)* trademark
Wärme *f* heat, warmth
Wärmeausdehnung *f* thermal expansion
wärmebehandeln *v (tech)* heat-treat, bake, temper
Wärmebehandlung *f* 1. *(tech)* heat processing [treatment], baking; 2. *(med)* therapeutic use of heat
wärmebeständig thermally stable, heat-resistant
Wärmebeständigkeit *f* thermal stability, heat resistance
wärmeempfindlich heat-sensitive
Wärmefühler *m (tech)* heat sensor
wärmen *v* warm (up)
Wärmen *n* warming(-up)
wärmeresistent resistant to heat
Wärmeschock *m* thermal shock
Wärmeschrank *m* 1. *(tech)* warming cupboard [oven]; 2. *(ster)* incubator
wärmestabil heat-resistant
Wärmetauscher *m* heat exchanger
Wärmetrocknung *f* baking
Wärmeübergang *m*/**einheitlicher** uniform heat transfer
Wärmeübertragung *f* heat transfer
Wärmeverlust *m* heat loss
Wärmeverteilung *f (tech)* heat distribution
Warmformer *m (tech, pack)* thermoformer
Warmformlinie *f (tech, pack)* thermoformer line
Warmformung *f (tech, pack)* thermoforming
Warmstart *m* warm restart
Warmwassermantel *m* warm water jacket
Warnbrief *m* **der FDA** FDA warning letter
Warngrenze *f* alert limit [level]
Warnhinweis *m* warning
Warnhinweis *m*/**spezieller** special warning
Warnlampe *f* warning lamp
Warnmeldung *f* warning [alert] notice
Warnschild *n* warning sign
Warnsignal *n* warning signal, alarm
warten *v (tech)* maintain
Warteschlange *f (tech)* waiting line
Warteschleife *f (tech)* wait loop
Wartestatus *m (tech)* wait status
Wartezeit *f* waiting time
Wartung *f (tech)* maintenance
Wartung *f*/**vorbeugende** preventive maintenance
wartungsfrei unattended, maintenance-free
Wartungsplan *m* maintenance schedule
Waschanlagen *fpl (hyg)* washing facilities
Waschbecken *n* wash(ing) basin
Waschdüse *f (tech)* cleaning nozzle
waschen *v* wash, wet-clean, scrub *(of gases)*
Waschen *n* washing, wet-cleaning
Wäscher *m* 1. washer *(a person)*; 2. *(tech)* washer, scrubber
Waschflasche *f* bubbler, wash(ing) bottle [flask], absorption bottle
Waschmaschine *f* washer
Waschmittel *n* detergent, washing agent
Waschwasser *n* washing water
Waschzyklus *m* cycle of washing
Wasser *n* water(s) • **mit Wasser verdünnbar** water-dilutable

Wasser *n*/**ablaufendes** effluent (water), outflowing water, run-off water
Wasser *n*/**aufbereitetes** treated water, treated [plant] effluent
Wasser *n*/**demineralisiertes** demineralised water
Wasser *n*/**destilliertes** distilled water
Wasser *n*/**doppelt destilliertes** double-distilled Water
Wasser *n*/**entionisiertes** deionised water
Wasser *n*/**entmineralisiertes** demineralised water
Wasser *n* **für Injektionen** water for injection, WFI
Wasser *n*/**gereinigtes** purified water
Wasser *n*/**hochreines** ultrapure [ultra-high-purity] water
Wasserablauf *m* 1. *(tech)* water outlet *(port)*; 2. water effluent, water outflow, drainage *(water flowing out/off)*
Wasserabscheider *m* water separator
Wasserabspaltung *n (chem)* elimination of water, dehydration
wasserabstoßend hydrophobic, hydrophobe, water-repellent
wasserabweisend hydrophobic, hydrophobe, water-repellent
Wasseranalyse *f* water analysis
Wasseraufbereitung *f (tech)* water conditioning [treatment, purification]
Wasseraufbereitungsanlage *f (tech)* water treatment plant [system, works]
Wasseraufnahmefähigkeit *f* water absorption capacity
Wasserbad *n* water bath
Wasserbehälter *m* water reservoir
Wasserbeschaffenheit *f* water characteristics, water-quality parameters
wasserbeständig water-resistant
Wasserbeständigkeit *f* water resistance
Wasserbestimmung *f* water determination *(in an analysis)*
Wasserdampf *m (BE)* water vapour, *(AE)* water vapor
Wasserdampf *m* steam, *(BE)* water vapour, *(AE)* water vapor • **mit Wasserdampf behandeln** steam
Wasserdampf *m*/**gesättigter** saturated steam
Wasserdampf *m*/**gespannter** superheated steam
wasserdicht water-tight, waterproof
Wasserdruck *m* water pressure • **an hohen Wasserdruck angepasst** barophilic, barophilous
Wasserenthärter *m (chem)* water softener
Wasserenthärtung *f* water softening
Wasserentzug *m* water removal
Wasserfiltration *f* water filtration
wasserfrei moisture-free, anhydrous, free from water
Wassergehalt *m* water content
Wassergüte *f* water characteristics, water-quality parameters
Wassergütebedingungen *fpl* water-quality standards
Wassergütemerkmale *npl* water-quality characteristics
Wasserhärte *f* water hardness
Wasserhöhenanzeiger *m* water level gauge
Wasserkreislauf *m* water circuit [recycle, cycle], circulation of water
Wasserkühlung *f* water cooling
Wasserleitung *f* water piping
wasserlöslich water-soluble
wasserlöslich/nicht water-insoluble
Wasserlöslichkeit *f* water [aqueous] solubility
Wassermantel *m* water jacket
wässern *v* steep, soak *(of material)*; rinse *(in running water)*
Wasserprobe *f (lab)* water sample
Wasserprobenentnahme *f (lab)* water sampling
Wasserqualität *f* water quality (level), water standard
Wasserqualität *f*/**mikrobiologische** microbiological water quality
Wasserqualitätskriterien *npl* water-quality criteria
Wasserreinigung *f* water purification, water treatment
Wasserringpumpe *f* water-ring pump
Wassersauger *m (tech)* water suction cleaning appliance
Wassersäule *f* water gauge
Wasserschadstoff *m* water pollutant
Wasserschöpfer *m (tech)* water sampler
Wasserstoff *m (chem)* hydrogen
Wasserstrahlpumpe *f* water (jet) pump, water suction pump
Wassersysteme *npl* water systems
Wassertröpfchen *n* water droplet

Wasseruhr *f (tech)* water clock
Wasserumlauf *m* water (re)cycle
wasserundurchlässig impermeable to water
Wässerung *f* steeping, soaking, rinsing *(in running water)*
wasserunlöslich insoluble in water, water-insoluble
Wasserunlöslichkeit *f* water-insolubility
wasserverdünnbar water-dilutable
Wasserversorgung *f (tech)* water supply
Wasserverunreinigung *f* 1. water pollutant [contaminant] *(as a substance)*; 2. water contamination *(as a process or its result)*
Wasserzuführung *f* water feed
Wasserzulauf *m* 1. *(tech)* water inlet; 2. inflowing water, water running in
Wasserzusatz *m (chem)* water addition
wässrig aqueous
Watte *f* 1. absorbent cotton, wadding; 2. *(med)* cotton wool
Wattebausch *m* cotton plug [swab]
Wechsel *m* change, changing, changeover, alternation *(periodically)*
Wechsel *m* **auf andere Tablettengröße** *(tech)* tablet size changeover
Wechseljahre *npl* menopause
wechseln *v* change, alternate *(periodically)*
wechseln *v* **zu** change to
Wechselstrom *m* alternating current, AC
Wechselteil *n (tech)* change part
Wechselwirkung *f* interaction • **in Wechselwirkung treten** interact
Weckmittel *n* agrypnotic agent, analeptic agent
wegspülen *v* rinse off
Wegwerf... single-use, disposable
Wegwerfpackung *f (pack)* disposable packaging
Wegwerfpipette *f (lab)* disposable pipette
Wehenmittel *n* uterotonic (agent), oxytocic (agent)
Weichgelatinekapsel *f* soft gelatine capsule
Weichmacher *m (chem)* softening agent
Weichprüfung *f* soft-proofing
Weißglasflasche *f (pack)* white bottle
Weisungsbefugnis *f* right to issue instructions
Weite *f (tech)* width
Weitenverteilung *f* size distribution *(pores of a filter)*
Weiterbildung *f* further training
Weitergabe *f* transfer (to), dissemination, transmission • **zur Weitergabe bestimmte Daten** data to be circulated
Weitergabe *f* **an Dritte** disclosure [release] to third parties
weitergeben *v* transfer, pass, pass over [on, down], hand on • **Daten [Informationen] weitergeben** circulate [distribute] data [information]
weiterleiten *v* forward
Weiterleitung *f* 1. forwarding, transfer; 2. *(tech)* conveyance
weiterreichen *v* transfer
Weiterverarbeitung *f* further processing
Weithalsflasche *f (lab)* wide-mouth [wide-necked] bottle [jar]
Weithalskolben *m (lab)* wide-mouth flask
Weithalsrundkolben *m (lab)* round-bottom wide-neck flask
Welle *f (tech)* shaft
Wellenlänge *f* wavelength
Wellenlängenbestimmung *f* wavelength determination
Wellenlängenregulierung *f* wavelength adjustment
Wellenlängenumschaltung *f* wavelength switching
Wellpappe *f (pack)* corrugated cardboard
Weltgesundheitsorganisation *f* World Health Organisation, WHO
Weltmarkt *m* world [global] market
Weltmarktanteil *m* share of the world market
Wenden *n (tech)* turning
Wenderad *n (tech)* turning wheel
Werk *n* plant, facility, works
Werkbank *f (lab, tech)* work bench
Werkbank *f***/reine** *(lab)* clean bench
Werkbank *f***/sterile** laminar flow cabinet
Werkleitsystem *npl (tech)* process control system
Werksabnahme *f* Factory Acceptance Test, FAT
Werksabwasser *n* plant sewage, plant waste water
Werksanschlussgleis *n (tech)* industrial siding
Werkssicherheit *f* plant safety

Werkstatt *f* workshop
Werkstoff *m* material, matter
Werkzeug *n* tool
Werkzeuge *npl*/**sterile** sterile tools [instruments]
Wert *m* 1. value; 2. reading *(of a measuring instrument)*
Wert *m*/**therapeutischer** therapeutic value
Wertigkeit *f* valency
Wettbewerb *m* competition
Wettbewerbsbeschränkung *f* restraint [restriction] of competition
Wettbewerbsklausel *f* exclusive rights clause
Wettbewerbslage *f* competitive situation
Widerstand *m*/**elektrischer** electrical resistance
widerstandsfähig resistant
wiederaufarbeiten *v* reprocess, rework, reclaim
Wiederaufarbeitung *f* reprocessing
Wiederaufbereitung *f* reprocessing
wiedereinschleusen *v* reintroduce
Wiederfindungsgrad *f* recovery level, percentage recovery
Wiederfindungszeit *f* recovery time
wiedergewinnen *v* recover, reclaim
Wiedergewinnung *f* recovery, reclaim(-ing)
wiederherstellen *v* restore, re-establish
Wiederherstellung *f* restoration, re-establishment
wiederholbar repeatable
Wiederholbarkeit *f* reproducibility
wiederholen *v* repeat
Wiederholung *f* repetition
Wiederholung *f* **der Probenahme nach Plan** *(qual)* re-sampling
Wiederholungsinjektion *f* **in ein Analysegerät aus vorheriger Prüflösung** *(lab)* re-injection
Wiederholungsprüfung *f* re-test, re-examination, repeated examination
Wiederholungstest *m* re-test
Wiederprüfungsdatum *n (doc)* re-evaluation date
wiederverarbeiten *v* reprocess
Wiederverarbeitung *f* reprocessing
wiederverladen *v (log)* re-ship
Wiederverpackung *f (pack, log)* repackaging
Wiederverschluss *m* reclosure
wiederverwendbar re-usable
wiederverwenden *v* reuse
Wiederverwendung *f* reuse
Wiederverwertung *f* re-cycling
Wiederverwertung *f* **von Arzneimitteln** salvaging of drugs
Wiederzusammenbau *m (tech)* re-assembly
Wiegeanlage *f* weighing facility
Wiegebalken *m* weighing beam
Wiegekabine *f (tech)* weighing cabin
wiegen *v* weigh
Wiegeplatz *m* weighing point
Wiegepunkt *m* weighing point
Wiegezelle *f* weighing cell
Wiegezubehör *n* weighing equipment
winden *v* wind
Winkel *m* angle
Winkelrotor *m (tech)* angular rotor *(of a centrifuge)*
Winkelstück *n* angle connector
Wirbelabscheider *m* centrifugal collector [separator]
Wirbelbett *n (BE)* fluid(ised) bed, *(AE)* fluid(ized) bed *(for granulation)*
Wirbelschicht *f (BE)* fluid(ized) bed, *(AE)* fluid(ized) bed *(granulation)*
Wirbelschichtarten *fpl* fluid bed types *(granulation)*
Wirbelschichtgranulation *f* fluid bed (spray) granulation
Wirbelschichtgranulator *m* fluid bed (spray) granulator
Wirbelschichttechnologie *f* fluid bed technology [technique]
Wirbelschichttrockner *m* fluid bed dryer
Wirbelschichttrocknung *f* fluid bed drying
Wirbelschichtverfahren *n* fluid bed process(ing), *(BE)* fluidised process, *(AE)* fluidized process, *(BE)* fluidisation, *(AE)* fluidization
Wirbelströmung *f* turbulent flow
Wirbeltrockner *m* vortex dryer
wirken *v* 1. act; function, operate *(being active)*; 2. effect, have an effect *(leading to a result)*
wirken *v* **auf** affect
wirkend/abortiv abortifacient
wirkend/langsam slow-acting
wirkend/nährend nutrient
wirkend/rasch short-acting
wirkend/schnell *(lab)* short-acting

wirkend/stark potent
Wirkkraft *f (tech)* potency, strength *(of a drug)*
wirksam 1. active *(substance or component)*; 2. effective, efficient *(method)*; 3. potent *(drug, agent)*
Wirksamkeit *f* 1. activity *(of a substance or component)*; 2. effectiveness, efficiency, efficacy *(of a method)*; 3. potency *(of a drug or agent)*
Wirksamkeit *f*/**biochemische** biochemical activity
Wirksamkeit *f*/**biologische** biological activity
Wirksamkeit *f*/**chemische** chemical activity
Wirksamkeit *f*/**fungizide** fungicidal activity
Wirksamkeit *f*/**pharmakologische** pharmacological activity
Wirksamkeitsbewertung *f* efficacy assessment
Wirkstoff *m* active agent
Wirkstoff *m*/**aktiver pharmazeutischer** active pharmaceutical ingredient, API
Wirkstoff *m* **als Rohstoff** Bulk Pharmaceutical Chemical(s), BPC
Wirkstoff *m*/**antibakterieller** bactericide
Wirkstoff *m*/**antibiotischer** antibiotic, antibiotic agent [substance]
Wirkstoff *m*/**antimikrobieller** antimicrobial agent
Wirkstoff *m*/**antiviraler** antiviral agent
Wirkstoff *m*/**biologischer** biological active (pharmaceutical) ingredient
Wirkstoff *m*/**chemischer** chemical agent
Wirkstoff *m*/**hochaktiver** highly effective active ingredient
Wirkstoff *m* **im Arzneimittel** active [drug] substance, active constituent, active pharmaceutical ingredient, API, potent compound, (active) agent
Wirkstoff *m*/**natürlicher** natural active substance
Wirkstoff *m*/**neuer** New Active Substance, NAS; novel active substance
Wirkstoff *m*/**steriler** sterile active pharmaceutical ingredient
Wirkstoff *m*/**therapeutischer** therapeutic agent
Wirkstoffbestimmung *f (lab)* assay of active substances
Wirkstoffe *mpl*/**neue chemische** New Molecular Entities, NME
Wirkstoff-Freigabe *f* active substance release
Wirkstoff-Freigabe *f*/**verlängerte** extended [sustained] release
Wirkstoff-Freigabe *f*/**verzögerte** delayed release
Wirkstoffgehalt *m* content of active ingredient [component]
Wirkstoffkonzentration *f* concentration of active ingredients [components, substances]
Wirkstoffnebel *m* aerosol mist of active agent
Wirkstoffstammdokumentation *f (doc)* Active Substance Master File
Wirkstoffsynthese *f* synthesis of active pharmaceutical ingredients
Wirkung *f* 1. effect *(result)*; 2. action; impact, influence, reaction; 3. *(tech)* force • **wenig Wirkung** little effect
Wirkung *f*/**adstringierende** stypticity
Wirkung *f*/**anhaltende** permanent effect
Wirkung *f*/**antimikrobielle** antimicrobial effect
Wirkung *f*/**belebende** stimulating effect
Wirkung *f*/**entgegengesetzte** contrary effect
Wirkung *f*/**größte** maximum effect
Wirkung *f*/**heilende** curative action
Wirkung *f*/**kumulative** cumulative effect
Wirkung *f*/**lösungsvermittelnde** *(BE)* solubilising action, *(AE)* solubilising action
Wirkung *f*/**messbare** measurable effect
Wirkung *f*/**pharmakodynamische** pharmaco-dynamic action
Wirkung *f*/**pharmakologische** pharmacological effect
Wirkung *f*/**schädliche** deleterious effect, noxious reaction
Wirkung *f*/**schwache** poor effect
Wirkung *f*/**sofortige** immediate effect
Wirkung *f*/**stärkende** strengthening effect
Wirkung *f*/**toxische** toxic action
Wirkung *f*/**tumorerzeugende** *(BE)* tumourigenicity, *(AE)* tumorigenicity
Wirkung *f*/**umgekehrte** reverse effect
Wirkung *f*/**unangenehme** unpleasant effect

Wirkungsdosis *f* effective dose
Wirkungsgrad *m* 1. *(tech)* efficiency; 2. *(chem)* strength
Wirkungskraft *f* **eines Arzneimittels** strength, potency
wirkungslos ineffective, inefficient, non-effective, without effect
Wirkungsmechanismus *m* 1. drug mechanism; 2. *(chem)* mechanism of action
Wirkungsspektrum *n* spectrum of activity
Wirkungsspektrum *n*/**antimikrobielles** antimicrobial spectrum *(of antibiotic)*
Wirkungsweise *f* type of activity, mode of action
Wirtschaftlichkeitsberechnung *f (econ)* viability study
Wirtschaftlichkeitskoeffizient *m (econ)* operating ratio
Wirtschaftlichkeitsrechnung *f (econ)* cost effectiveness study
Wirtschaftslage *f* economic situation *(of the company)*
Wischblatt *n (tech)* wiper paddle *(of a mixing vessel)*
Wischprobe *f (hyg, lab)* swab sampling
Wischtest *m (hyg, lab)* swab [wipe] test
Wissenschaft *f* science
wissenschaftlich scientific • **wissenschaftlich untermauert** scientifically substantiated
Wohlbefinden *n (med)* well-being
wohlschmeckend tasty, aromatic, palatable
WSG *s.* Wirbelschichtgranulator
wuchern *v (biot)* proliferate
wund *(med)* sore
Wundauflage *f (med)* wound dressing
Wundbalsam *m (med)* balsam
Wundbehandlungsmittel *n (med)* wound healing medicine
Wunddesinfektionsmittel *n (med)* wound desinfectant
Wunde *f (med)* wound
Wunde *f*/**offene** *(med)* open lesion
Wundheilkraut *n (med)* vulnerary herb
Wundheilmittel *n (med)* vulnerary, consolidant
Wundversorgung *f* wound dressing
Wurmmittel *n* vermifuge, anthelmint(h)ic, helminthagogue
wurmwidrig anthelmint(h)ic

Z

zähflüssig viscous
Zähflüssigkeit *f* viscosity
zahlbar bei Empfang *(doc)* payable on receipt
Zählbrett *n (table)* tablet counter
zahlen *v (fin)* pay, settle *(an invoice)*; effect payment
Zählen *n* **lebensfähiger Partikel** *(micro)* viable particle count
Zähler *m (tech)* counter, counting mechanism
Zählgerät *n (tech)* count device
Zählstreifen *m (tech, pack)* counter strip
Zahlung *f (fin)* payment, settlement *(of an invoice)*; remuneration *(to employees)* • **eine Zahlung leisten** effect payment
Zahlung *f* **bei Auftragserteilung** payment with order
Zahlung *f* **bei Erhalt der Waren** payment on receipt of goods
Zahlung *f* **bei Fälligkeit** payment when due
Zahlung *f* **gegen Dokumente** payment against documents
Zahlungsbedingungen *fpl* payment terms, terms of payment
Zange *f* tongs
Zäpfchen *n (med)* suppository • **Zäpfchen gießen** *(BE)* mould suppositories, *(AE)* mold suppositories
Zäpfchengießmaschine *f (tech)* suppository machine
Zapfen *m (tech)* pivot, journal, neck *(of a shaft)*; spigot, plug, trunnion
Zapfenlager *n (tech)* journal bearing
Zeichnung *f* drawing
Zeichnung *f*/**technische** engineering drawing
Zeichnungsberechtigung *f (doc) (BE)* signature authorisation, *(AE)* signature authorization
Zeiger *m* pointer, indicator *(of a measuring instrument)*
Zeigerthermometer *n* pointer thermometer
Zeitaufwand *m* time required
Zeitgeber *m (tech)* timer
Zeitgrenze *f* time limit
Zeitplan *m* schedule
Zeitraum *m* period
Zeitspanne *f* period

Zeitvorgabe *f* time allowance
Zellaufschluss *m (biot)* cell rupture
Zellausbeute *f (biot)* cell yield
Zelldichte *f (biot)* cell density
Zelle *f* 1. *(biol)* cell; 2. *(tech)* chamber, compartment
Zelle *f***/mikrobielle** *(micro, biot)* microbial cell
Zellernte *f (biot)* cell harvest
Zellgebilde *n (biol, biot)* cell construct
zellig cellular
Zellkultur *f* cell culture
Zell-Linie *f***/mikrobielle** *(micro, biot)* microbial cell line
Zellstoff *m (tech)* cellulose, pulp
Zellsubstrat *n (biot)* cell substrate
Zellsuspension *f (biot)* cell suspension [slurry]
Zelltherapeutika *npl* cell therapy drug products
Zelltherapeutika *npl***/somatische** somatic cell therapy drug products
Zelltherapie *f (med)* cell therapy
Zelltrockenmasse *f (biot)* cell dry weight, dry weight of cells
Zelltrockensubstanz *f (biot)* cell dry weight, dry weight of cells
zellulär cellular
Zellvermehrung *f* cell proliferation
Zellwachstum *n* cell growth
Zellwand *f* cell wall
zentral central
Zentraleinstellung *f (tech)* central adjustment
Zentraleinwaage *f (tech, prod)* central weighing area
Zentralrechner *m (tech)* central processing unit
zentrifugal centrifugal
Zentrifugalabscheider *m (tech)* centrifugal collector [separator]
Zentrifugalkraft *f* centrifugal force
Zentrifugalpumpe *f (tech)* centrifugal pump
Zentrifugalsichter *m (tech)* centrifugal classifier
Zentrifugalventilator *m (tech)* centrifugal fan
Zentrifugalversprüher *m (tech)* centrifugal atomiser, *(AE)* centrifugal atomizer
Zentrifugat *n (lab)* centrifugate
Zentrifugation *f (tech, lab)* centrifugation
Zentrifuge *f (tech, lab)* centrifuge, extractor, separator
Zentrifugenmikroskop *n (lab)* centrifuge microscope
Zentrifugensäule *f* spin column
Zentrifugentrommel *f* centrifuge bowl, centrifuge basket
zentrifugieren *v* centrifuge, centrifugate
Zentrifugieren *n* centrifugation
Zentrifugierung *f* centrifugation
zerbrechen *v* break
zerbrechlich breakable, brittle, fragile
zerbröckeln *v* crumble, slake *(of material)*
Zerfall *m* 1. *(chem, biol)* decomposition, decay, deterioration; 2. *(tech)* disintegration, decay
zerfallen *v* 1. *(chem, biol)* decompose, decay, deteriorate; 2. *(tech)* decay, disintegrate, break down
Zerfallsgeschwindigkeit *(chem)* decomposition rate
Zerfallsprodukt *f (chem, biot)* degradation product, decomposition product
Zerfallsreaktion *f (chem)* decomposition reaction
Zerhacker *m (tech)* chopper
Zerhackergeschwindigkeit *f (tech)* chopper speed
Zerkleinerer *m (tech)* shredder
zerkleinern *v* shred
zerlegbar *(tech)* dismantable
zerlegen *v* 1. *(tech)* disassemble, dismantle; 2. *(chem)* decompose, split (up)
Zerlegung *f* 1. *(tech)* disassembly, dismantling; 2. *(chem)* decomposition
zermahlen *v* grind, mill
zerreiben *v* triturate, grind, mill
Zerreiber *m (tech)* friabilator
zerreißen *v* tear, rupture
Zerreißfestigkeit *f* tearing [tensile] strength, resistance to tear(ing)
zersetzen *v* 1. *(chem)* decompose; 2. *(biol)* decay, digest
Zersetzung *f* 1. *(chem)* decomposition; 2. *(biol)* digestion, decay
Zersetzungspotenzial *n (chem)* decomposition potential
Zersetzungsprodukt *n (chem)* decomposition product
Zersetzungsreaktion *f (chem)* decomposition reaction
zerspringen *v* crack, shatter

zerstäuben *v (BE)* atomise, *(AE)* atomize, spray, *(BE)* vaporise, *(AE)* vaporize
Zerstäubung *f (BE)* atomisation, *(AE)* atomization, *(BE)* vaporisation, *(AE)* vaporization
zerstörungsfrei non-destructive
zerstoßen *v* crush, triturate, grind, mill
Zertifikat *n (qual, reg)* certificate
zertifizieren *v (qual, reg)* certify
Zertifizierung *f (qual, reg)* certification
Zielmarkt *m* target market
Zielpatient *m* target patient
Zielwert *m* target value
Zipperverschluss *m (pack)* zip closure
Zirkulation *f* circulation
Zirkulationspumpe *f* circulating pump
zirkulieren (lassen) *v* circulate
Zitronengras *n* lemon grass *(medical plant)*
Zitronenmelisse *f* lemon balm *(medical plant)*
zittern *v (tech)* tremor, vibrate
Zittersieb *n (tech)* vibrating screen
Zoll 1. customs *(an authority)*; 2. tariff, duty *(fee)*; 3. inch *(measurement)*
Zollharmonisierung *f (reg) (BE)* tariff harmonisation, *(AE)* harmonization
Zone *f* zone, region
Zone *f*/**getrennte** separate zone
Zone *f*/**kontrollierte** supporting clean area
Zonenkonzept *n* zoning [zonal] concept
Zonierung *f* zoning
Zubehör *n* accessory, appurtenance *(devices)*; equipment
zubereiten *v* prepare, make (up)
zubereitet/aseptisch aseptically prepared
Zubereitung *f* preparation
Zubereitung *f*/**aseptische** *(ster)* aseptic preparation
Zubereitung *f* **eines Arzneimittels** preparation of a drug
Zubereitung *f* **nach Rezept(ur)** formulation
Zubereitung *f* **nach Vorschrift** formulation
Zubereitung *f* **zur oralen Anwendung** oral preparation
Zucht *f (biot, micro)* cultivation, growth
Zuchthefe *f* industrial yeast
Züchtung *f (biot, micro)* cultivation, growth
Zucker *m* sugar
zuckerartig saccharine
Zuckerbeschichtung *f (tabl)* sugar coating
Zuckerdragee *n (tabl)* sugar-coated tablet
zuckerfrei non-sugar
zuckerhaltig sacchariferous, sugary, sugar-bearing
Zufallsfehler *m* random [accidental] error
Zufallsprobe *f* random sample
Zufallsprobenahme *f* random sampling
Zufallsverteilung *f* random distribution
zufließen *v* inflow, flow in
Zufluss *m* 1. *(tech)* inlet; 2. afflux, influent *(of a liquid)*
Zufuhr *f* 1. feed(ing) *(material)*; 2. input *(material or energy)*; 3. inlet *(liquids)*
Zuführbereich *m (tech)* feed(ing) area
zuführen *v* feed *(material)*
Zuführsystem *n (tech)* feed system
Zuführtisch *m (tech)* feeding table
Zuführungsrohr *n* feed pipe
Zuführungssystem *n* feed system
Zugabe *f* adding, addition *(of substances)*; supplementation
Zugabe *f*/**tropfenweise** dropwise addition, drop-by-drop addition
Zugabemenge *f* added quantity
Zugang *m* 1. access; entry; 2. addition, receipt *(of substances)* • **Zugang gewähren** allow access
Zugang *m*/**berechtigter** *(BE)* authorised access, *(AE)* authorized access
Zugang *m*/**eingeschränkter** limited access, restricted access
Zugang *m*/**kontrollierter** controlled access
Zugang *m*/**unberechtigter** *(BE)* unauthorised access, *(AE)* unauthorized access
Zugang *m* **von Stoffen** receipt of components
zugänglich accessible
Zugangsbarriere *f* barrier to entry
Zugangsberechtigung *f (BE)* access authorisation, *(AE)* access authorization, *(BE)* authorised access, *(AE)* authorized access
Zugangsberechtigungsprüfung *f* access control
Zugangsbereich *m*/**kontrollierter** controlled access area

Zugangsindikator *m (pack)* indicator to entry
Zugangsluke *f (tech)* access hatch
Zugangsrecht *n* right of access
zugeben *v* feed, add
Zugeben *n* feed(ing), addition
zugelassen registered, approved, *(BE)* authorised, *(AE)* authorized
Zugriff *m (tech)* access
zulassen *v* 1. accept; 2. register, *(BE)* authorise, *(AE)* authorize
zulässig permissible, acceptable
Zulassung *f (reg) (BE)* marketing authorisation, *(AE)* marketing authorization, marketing approval
Zulassung *f* **als Generikum** *(reg)* generic registration, *(BE)* generic marketing authorisation, *(AE)* generic marketing authorization
Zulassung *f***/zentrale** *(BE)* centralised authorisation, *(AE)* centralized authorization
Zulassungsantrag *m (reg)* application for marketing authorisation, drug application, registration application
Zulassungsbehörde *f (reg)* registration [regulatory] authority
Zulassungsdossier *n (reg, doc)* product registration file, registration file [dossier], *(BE)* submission file for marketing authorisation, *(AE)* submission file for marketing authorization
Zulassungsinhaber *m (reg) (BE)* marketing authorisation holder, *(AE)* marketing authorization holder
Zulassungsunterlagen *fpl (reg, doc) (BE)* marketing authorisation dossier, *(AE)* marketing authorization dossier
Zulassungsverfahren *n (reg) (BE)* authorisation (procedure) for marketing, *(AE)* authorization (procedure) for marketing
Zulauf *m* 1. inflow *(process)*; 2. influent, inflow *(substance)*; 3. inlet *(place)*
Zulauföffnung *f* inlet
Zulaufrohr *n* charging [feed] pipe
Zulaufventil *n* feed valve
Zuleitung *f***/elektrische** *(tech)* electrical cables
Zulieferer *m* supplier, *(AE)* vendor
Zulieferer *m***/zugelassener** approved supplier
Zuluft *f (tech)* air supply, incoming air, air intake, inlet air
Zuluftklappe *f (tech)* air inlet cover
zumischen *v* add, admix
Zumischung *f* admixture
Zunahme *f* 1. increase, rise; 2. growth
Zündung *f* ignition
Zunge *f s.* Zeiger
zurückberichten *v s.* rückberichten an
zurückfließen *v* flow back
zurückgeben *v* return, hand back
zurückhalten *v* 1. retain, withhold; 2. reserve, stock, withhold
zurückhaltend *(chem)* retentive
zurückschicken *v* **an** *(log, reg)* return to, send back to
zurückweisen *v* reject
Zurückweisung *f* rejection
Zurückweisungskriterien *npl (qual)* rejection criteria
zurückziehen *v* withdraw
Zusammenbau *m (tech)* assembly
zusammenbauen *v* assemble
Zusammenbringen *n* **von Material** compound, mix
Zusammenfassung *f* abstract, summary
Zusammenfassung *f* **der Produktmerkmale** summary of product characteristics, SPC
zusammenfließen *v* coalesce, flow together
zusammenfügen *v* assemble
zusammenführen *v* compile *(facts or data)*
Zusammenhalt *m (chem)* coherence
zusammenkleben *v* stick (together)
zusammenmischen *v* blend, mix
zusammenpressen *v (tabl)* press, compress
zusammensetzen *v* assemble
zusammensetzen *v***/erneut** reassemble
Zusammensetzung *f* 1. *(chem)* formula, composition, particulars; 2. *(tech)* assembly, make-up
Zusammensetzung *f***/chemische** chemical composition
Zusammensetzung *f***/mengenmäßige** quantitative particulars
Zusammensetzung *f* **nach Art** qualitative particulars
zusammenstellen *v* compile *(facts or data)*
Zusatz *m* addition, admixture *(process)*

Zusatz *m*/**bindender** *(chem)* bonding agent
Zusatz *m* **von Substanzen** addition of substances
Zusatzdaten *pl* supportive data
Zusatzetikett *n (pack)* supplementary label
Zusatzmittel *n* 1. additive *(substance)*; admixture; 2. adjuvant *(substance such as emulsifier)*; addendum *(to a culture solution)*; 3. *(biot)* blending agent
Zusatzstoff *m* addition agent, accessory agent, additive; ingredient
Zusatzteil *n (tech)* attachment
Zuschlagstoff *m (chem)* loading material, additive
zuschmelzen *v* flame-seal *(ampoules)*
zusetzen *v* 1. add, admix *(substances)*; 2. *(tech)* clog *(become blocked with sticky material)*
Zustand *m* condition, state
Zustand *m*/**keimfreier** germ-free state
zuständig responsible, in charge
Zuständigkeitsbereich *m* sphere of responsibility
Zustandsanzeige *f (tech)* status indication
Zustandsbericht *m* status report
zustöpseln *v (pack)* plug, stopper
Zustöpseln *n (pack)* pluggage, plugging
Zustrom *m* influent, afflux
Zuteileinrichtung *f (tech)* dosing [proportioning] apparatus, feeder
zuteilen *v* dose, charge, batch, proportion
Zuteiler *m (tech)* dosing [proportioning] apparatus, feeder
Zuteilstern *m (tech, pack)* allocation star
Zuteilung *f* dosage; proportioning
Zutritt *m* 1. access *(permission)*; 2. entry
Zutrittsbereich *m*/**beschränkter** limited access facility
zutropfen *v* add dropwise
Zutropfen *n* dropwise addition
zuverlässig reliable
Zuverlässigkeit *f* reliability
Zuverlässigkeit *f* **der Dosierung** dose reliability
Zuverlässigkeit *f* **der Methode** reliability of method
Zuverlässigkeit *f* **der Werte** reliability of data
Zuverlässigkeit *f* **eines Produktes** product reliability
Zuverlässigkeitsuntersuchung *f* reliability study
Zwangsbelüftung *f (tech)* forced aeration
Zwangsmischer *m* forced-circulation mixer
Zweigwerk *n* ancillary plant, subsidiary plant
Zweihalskolben *m (lab)* two-necked flask
Zweihalsrundkolben *m (lab)* round-bottom two-neck flask
Zweikammerspritze *f (med)* dual chamber syringe
Zweischichtenfilter *n(m)* dual membrane filter
Zweischichtverpressung *f* double layer compression
zweispurig two-lane
Zweistoffdüse *f* binary nozzle
zweistufig double stage, two-stage, two-level stage
Zweiwege-Durchgangskörper *m* two-way straight-through body
Zweiwegeventil *n* two-way valve
Zwischenfall *m* incident
Zwischenkontrolle *f (qual)* intermediate control
Zwischenlagerung *f (log)* interim storage
Zwischenprodukt *n* intermediate product
Zwischenprodukt *n*/**letztes** final intermediate
Zwischenraum *m (tech)* space
Zwischenstadium *n* intermediate [in-between] stage, intermediary
Zwischenstoff *m* intermediate (product)
Zwischenstück *n (tech)* adapter, connector
Zwischenstufe *f* intermediate level [stage]
Zwischenverbindung *f* intermediate (compound)
Zwischenwand *f* partition, baffle
Zwischenzustand *m* intermediate [transitory] state [condition]
zyklisch cyclic
Zyklus *m* cycle
Zyklus *m*/**gegenläufiger** anti-cyclical pattern
Zylinderglas *n (pack, lab)* cylinder jar
Zylindertrockner *m (tech)* roller dryer
Zytostatikum *n* cytostatic (agent)

Inhalt • Contents

1. Englische Abkürzungen / English Abbreviations

AADA	abbreviated antibiotics drug application
AANDA	abbreviated antibiotic new drug application
AAPS	American Association of Pharmaceutical Scientists (USA)
ABHI	Association of British Health Industries *(UK)*
ABPI	Association of British Pharmaceutical Industries *(UK)*
AC	alternating current
ACPE	American Council on Pharmaceutical Education *(USA)*
ADI	1. analytical data interchange; 2. acceptable daily intake
ADISS	analytical data interchange and storage standards program
ADR	adverse drug reaction
AE	adverse event
AHU	air-handling unit
ANADA	abbreviated new animal drug application
API	active pharmaceutical ingredient
APIC	Active Pharmaceutical Ingredient Council
APR	Annual Product Review
AQL	acceptable quality limits
ASTM	American Society for Testing and Materials *(USA)*
ATCC	American Type Culture Collection *(USA)*
BAPI	biological active pharmaceutical ingredient
BFS	blow/fill/seal *(sterile production technology)*
BI	biological indicator
BLA	biologic license application
BP	1. British Pharmacopoeia *(UK)*; 2. bulk pharmaceuticals
BPC	bulk pharmaceutical chemicals
BPE	bulk pharmaceutical excipients
BPh	British Pharmacopoeia
BPI	bulk pharmaceutical ingredients
BR	batch record
BritPharm	British Pharmacopoeia *(UK)*
BRR	batch record review
BS	British standard
BWP	Biotechnology Working Party *(of CPMP)*
CADREAC	Collaboration Agreement between Drug Regulatory Authorities in the European Union and Associated Countries *(EU)*
CANDA	Computer-Assisted New Drug Application *(USA)*
CBER	Center for Biologics Evaluation and Research *(USA)*
CDER	Center for Drug Evaluation and Research *(USA)*
CEFIC	European Chemical Industry Council *(EU)*
CEP	certificate of suitability
CFR	Code of Federal Regulations *(FDA, USA)*
CFU	colony-forming unit *(microbiology)*
cGMP	current GMP
CIM	computer-integrated manufacturing
CIP	cleaning in place
CIT	computer-integrated tabletting
CMC	Changes in Chemistry, Manufacturing and Controls *(marketing authorisation of the EU)*
CMS	1. change management system; 2. concerned member state
COA	certificate of analysis
COMP	Committee for Orphan Medicinal Products *(EU)*
COP	cleaning off place
CPMP	Committee for Proprietary Medicinal Products *(at EMEA, EU)*

CPU	central processing unit
CR	clean-room
CRF	case report form
CRI	contract research institution
CRO	Contract (Clinical) Research Organisation
CS	computer-based/assisted system
CSV	computer system validation
CTD	Common Technical Document
CTX	clinical trial exemption *(EU)*
CU	content uniformity
CV	computer validation
CVMP	Committee for Veterinary Medicinal Products *(at EMEA)*
DAMOS	drug application methodology with optical storage
DHHS	Department of Health and Human Services *(USA)*
DIP	drying in place
DMF	Drug Master File
DOH	Department of Health *(UK)*
DP	development report
DPI	dry powder inhaler
DQ	design qualification
DS	design specifications
EBR	electronic batch record
EC	European Community
EDMF	European Drug Master File
EDQM	European Directorate for the Quality of Medicines *(EU)*
EFPIA	European Federation of Pharmaceutical Industries and Associations *(EU)*
EIR	Establishment Inspection Report *(FDA, USA)*
ELA	Establishment License Application *(FDA, USA)*
EMEA	European Agency for the Evaluation of Medicinal Products *(EU)*
EP	European Pharmacopoeia *(EU)*
EPA	Environmental Protection Agency *(USA)*
EPAR	European Public Assessment Report *(EU)*
ERP	enterprise resource planning
EU	European Union
EuComed	European Confederation of Medical Suppliers *(EU)*
EWP	Efficacy Working Party *(at CPMP)*
F(D)S	functional (design) specifications
FAT	Factory Acceptance Test
FBG	fluid bed spraying granulation
FD&C Act	Food, Drug and Cosmetics Act *(USA)*
FDA	Food and Drug Administration *(USA)*
FDAMA	Food and Drug Administration Modernization Act *(USA)*
FDIS	final draft international standard
FFDCA	Federal Food, Drug and Cosmetic Act *(USA)*
FFU	filter fan unit
FID	flame ionisation detector
FIFO	first in - first out *(storage system)*
FIR	failure investigation report
FIRA	Federal Insecticide, Fungicide and Rodenticide Act *(USA)*
FMEA	failure mode and effects analysis
FOI(A)	Freedom of Information Act *(FDA, USA)*
FR	federal register *(USA)*
FS	feasibility study
GALP	Good Analytical Laboratory Practice, Good Automated Laboratory Practice

GAMP	Good Automated Manufacturing Practice
GAP	Good Analytical Practice
GC	gas chromatography
GCLP	Good Control Laboratory Practice
GCP	Good Clinical Practice
GCVP	Good Computer Validation Practice
GDP	1. Good Distribution Practice; 2. Good Disinfection Practice
GEP	Good Engineering Practice
GHTF	Global Harmonization Task Force
GLP	Good Laboratory Practice
GM	genetically modified
GMP	Good Manufacturing Practice
GQP	Good Quality Practice
GSP	Good Storage Practice
GWP	Good Warehousing Practice
H.E.	highly explosive
HACCP	hazard analysis critical control points
HAT	Hardware Acceptance Test
HDS	hardware design specifications
HEPA	High Efficiency Particulate Air (filter)
HIMA	Health Industries Manufacturers Association *(USA)*
HPLC	High Pressure Liquid Chromatography
HVAC	heating, ventilation and air conditioning
HWO	World Health Organisation *(UN)*
IB	investigator's brochure *(USA)*
ICH	International Conference on Harmonisation of Technical Requirements for the Registration of Pharmaceuticals for Human Use
IFPMA	International Federation of Pharmaceutical Manufacturers & Associations
IMPD	Investigational Medicinal Product Dossier *(EU)*
IMS	integrated quality management system
INADA	investigational new animal drug application *(USA)*
IND	investigational new drug
INN	international non-proprietary names *(WHO)*
IPC	in-process control
IPEC	International Pharmaceutical Excipients Council
IQ	installation qualification
IRB	Investigation Review Board
ISO	International Organization for Standardization
ISPE	International Society of Pharmaceutical Engineers
IVIVC	in vitro – in vivo correlation
IWP	Immunology Working Party *(at CVMP)*
LAF (LF)	laminar airflow
LC	liquid chromatography
LCD	liquid crystal display
LD 50	Lethal dose 50
LIMS	Laboratory Information Management Systems
LVP	large volume parenterals
MAA	marketing authorisation application
MAC	maximum allowable concentration
MBR	master batch record
MCA	Medicines Control Agency *(UK)*
MCB	master cell bank
MDR	Manufacturing Deviation Report
MES	manufacturing execution system
MHW	Ministry of Health and Welfare (Japan)

MMP	microbial monitoring programme
MRA	Mutual Recognition Agreement
MRP	Mutual Recognition Procedure
MRT	mean residence time
MVC	minimum valid concentration *(related to LAL)*
MVD	maximum valid dilution *(related to LAL)*
NADA	new animal drug application *(USA)*
NAS	new active substance
NBE	new biological entity
NCE	new chemical entity
NDA	1. abbreviated new drug application; 2. new drug application
NDE	new drug entity
NF	national formulary
NIH	National Institute of Health *(USA)*
NIST	National Institute of Standards and Technology; Washington *(USA)*
NME	new molecular entities
NMR	nuclear magnetic resonance
NPD	nitrogen phosphorous detector
OECD	Organization for Economic Cooperation and Development
OMCL	Official Medicinal Control Laboratory
OOS	out of specification
OPC	one-point cut
OQ	operational qualification
ORA	Office of Regulatory Affairs *(FDA, USA)*
OTC	over-the-counter
PAI	pre-approval inspection *(USA)*
PAR	proven acceptable range
PAT	process analytical technology
PBR	production batch record
PCS	process control system
PDA	Parenteral Drug Association *(USA)*
PhEur	European Pharmacopoeia
PhRMA	Pharmaceutical Research and Manufacturers of America *(USA)*
PhVWP	Pharmacovigilance Working Party *(at CPMP)*
PIC	Pharmaceutical Inspection Convention
PIC/S	Pharmaceutical Inspection Convention / Scheme
PL	product licence
PLA	product licence application
PLC	programmable logic controller
PMA	Pharmaceutical Manufacturers Association *(replaced by PhRMA)*
PMAC	Pharmaceutical Manufacturers' Associations of Canada
PMF	Plant Master File
PMS	post marketing surveillance
POM	prescription only medicine *(BE)*
ppb	part per billion
ppbv	parts per billion by volume
pphm	parts per hundered million
ppm	parts per million
ppmm	parts per million by mass
ppmv	parts per million by volume
PQ	performance qualification
PRF	Product Registration File
PV	process validation
PVC	polyvinyl chloride
PW	purified water

QA	quality assurance
QAM	quality assurance manual
QAU	quality assurance unit
QC	quality control
QCU	quality control unit
QHD	qualified hygienic design
QM	quality management
QMM	quality management manual
QMP	qualification master plan
QMS	quality management system
QP	qualified person
QWP	Quality Working Party *(of CPMP and CVMP)*
RAN	rapid alert notification
RAS	rapid alert [alarm] system
RCS	Reuter centrifugal sampler
R&D	research and development
RH	relative humidity
RMS	reference member state *(EU)*
RO	reverse osmosis
RODAC	replicate organism detection and counting
RPA	Radiation Protection Act
rpm	revolutions per minute
RS	risk and safety
RTR	real time release
SAE	serious adverse event
SAL	sterile assurance level
SAT	Site Acceptance Test
SBIA	System-based Inspection Approach *(FDA, USA)*
SC	super clean (system)
SCADA	supervisory, control and data acquisition
SDQ	software design qualification
SEA	serious adverse event
SIP	sterilisation [steaming] in place
SLA	service level agreement
SMF	Site Master File
SOP	standard operating procedure
SPC	1. statistical process control; 2. summary of product characteristics
STP	standard temperature and pressure
SUPAC	scale-up and post-approval changes *(FDA, USA)*
SVP	small volume parenterals
SWP	Safety Working Group *(at CPMP)*
TLC	thin-layer chromatography
TMF	Trial Master File
TOC	total organic carbon
TQM	total quality management
TSCA	Toxic Substances Control Act *(Germany)*
UAE	unwanted adverse effect
ULPA	ultra-low penetrating filter
URS	user requirement specifications
USP	United States Pharmacopoeia
USS	United States standard
UV	ultraviolet
VAT	Value Added Tax
VCC	vertical centrifugal coater

VHP	vaporised hydrogen peroxide
VMP	validation master plan
WCB	working cell bank
WFI	water for injection
WHO	World Health Organization
WIP	washing in place

2. Deutsche Abkürzungen / German Abbreviations

AATB	Arbeitsgruppe für Arzneimittel-, Apotheken-, Transfusions- und Betäubungsmittelwesen
ABDA	Bundesvereinigung Deutscher Apothekerverbände
AKA	Akkreditierungsausschuss *(der ZLG)*
AMG	Gesetz über den Verkehr von Arzneimitteln: Arzneimittelgesetz
AMIS	Arzneimittelinformationssystem der deutschen Arzneimittelzulassungsbehörden
AOLG	Arbeitsgemeinschaft der Obersten Landesgesundheitsbehörden
APV	Arbeitsgemeinschaft für pharmazeutische Verfahrenstechnik
AWMF	Arbeitsgemeinschaft der Wissenschaftlichen Medizinischen Fachgesellschaften
BAH	Bundesfachverband der Arzneimittel-Hersteller e.V.
BApÖD	Bundesverband der Apotheker im öffentlichen Dienst
BfArM	Bundesinstitut für Arzneimittel und Medizinprodukte
BG	Berufsgenossenschaft
BGBl.I	Bundesgesetzblatt, Teil I
BgVV	Bundesinstitut für gesundheitlichen Verbraucherschutz und Veterinärmedizin
BMG	Bundesministerium für Gesundheit
BMVEL	Bundesministerium für Verbraucherschutz, Ernährung und Landwirtschaft
BPI	Bundesverband der pharmazeutischen Industrie
BS	Britischer Standard
BtMG	Betäubungsmittelgesetz
BVL	Bundesamt für Verbraucherschutz und Lebensmittelsicherheit
BzgA	Bundeszentrale für gesundheitliche Aufklärung
CH.-B.	Chargenbezeichnung
DAB	Deutsches Arzneibuch
DAC	Deutscher Arzneimittel-Codex
DEHS	Diethylhexylsebacat *(zur Überprüfung von HEPA-Filtern)*
DGHM	Deutsche Gesellschaft für Hygiene und Mikrobiologie
DGV	Deutscher Generikaverband
DIMDI	Deutsches Institut für Medizinische Dokumentation und Information
DIN	Deutsches Institut für Normung e.V.
DKD	Deutscher Kalibrierdienst
DOL	Dampf-Ozon-Luftverfahren
DS	durchschnittlicher Substitutionsgrad
E	Zulassungsnummer für Farbstoffe innerhalb der EU
EAB	Europäisches Arzneibuch
EC	Europäische Kommission
EEC No.	Zulassungsnummer für die Substanz innerhalb der Europäischen Gemeinschaft
EFG	Expertenfachgruppe
EG	Europäische Gemeinschaft

EN	Europäische Norm
EP	Europäisches Parlament
EU	Europäische Union
EuAB	Europäisches Arzneibuch
EuGA	Europäischer Gesundheitsausschuss
EuGH	Europäischer Gerichtshof
EWR	Europäischer Wirtschaftsraum
F&E	Forschung und Entwicklung
FID	Flammenionisationsdetektor
GAA	Gewerbeaufsichtsamt
GBE	Gesundheitsberichterstattung
GMK	Gesundheitsministerkonferenz
HKL	Heizung, Klima, Lüftung
HWG	Gesetz über die Werbung auf dem Gebiete des Heilwesens: Heilmittelwerbegesetz
IKS	Interkantonale Kontrollstelle für Heilmittel *(Arzneimittelzulassungs- und -kontrollbehörde der Schweiz)*
IMS	Integriertes Managementsystem
IPK	Inprozesskontrolle
IQ	Installationsqualifizierung
KBE	Koloniebildende Einheit *(Mikrobiologie)*
KL	Kalibrierlabor
l	löslich
LAGV	Länderarbeitsgemeinschaft gesundheitlicher Verbraucherschutz
ll	leicht löslich
LW	Luftwechsel
Lyo	Lyophilisator, Gefriertrockner
MEGRA	Mitteleuropäische Gesellschaft für Regulatory Affairs
MPG	Medizinproduktegesetz
MSR	Messen, Steuern, Regeln
NAMUR	Normenausschuss Mess- und Regeltechnik
NIRS	Nahinfrarotspektroskopie
OWiG	Gesetz über Ordnungswidrigkeiten
PEI	Paul-Ehrlich-Institut
PharmBetrV	Betriebsverordnung für pharmazeutische Unternehmer
PLS	Prozessleitsystem
PSA	Persönliche Schutzausrüstung
QK	Qualitätskontrolle
QLL	Qualitätsleitlinie
QM	Qualitätsmanagement
QMH	Qualitätsmanagementhandbuch
QMS	Qualitätsmanagementsystem
QS	Qualitätssicherung
QSH	Qualitätssicherungshandbuch
QSS	Qualitätssicherungssystem
RKI	Robert-Koch-Institut
RLT	Raumlufttechnik, raumlufttechnische Anlage
RP	Regierungspräsidium
RR	Reinraum
RS	Risiko und Sicherheit
sl	schwer löslich
SPS	Speicherprogrammierbare Steuerung
SSG	Strahlenschutzgesetz
ssl	sehr schwer löslich
SUE	schwerwiegendes unerwünschtes Ereignis

TGA	technische Gebäudeausrüstung
U/min	Umdrehungen pro Minute
UAW	schwerwiegende unerwünschte Arzneimittelwirkung
ul	unlöslich
VA	Verwaltungsakt
VAP	Verband aktiver Pharmaunternehmen
VAW	Verfahrensanweisung
VCI	Verband der Chemischen Industrie e. V.
VDI	Verband Deutscher Ingenieure
VDMA	Verband Deutscher Maschinen- und Anlagenbau e.V.
VFA	Verband forschender Arzneimittelhersteller e.V.
VwVfG	Verwaltungsverfahrensgesetz
wl	wenig löslich
ZLG	Zentralstelle der Länder für Gesundheitsschutz bei Arzneimitteln und Medizinprodukten
ZLS	Zentralstelle der Länder für Sicherheitstechnik
ZRM	zertifiziertes Referenzmaterial

3. Häufig verwendete Heilpflanzen / Common medicinal plants and herbs

Deutscher Name*	Lateinischer Name	Englischer Name*
Ackerschachtelhalm *m*	Equisetum arvense	field horsetail, common horsetail
Adonisröschen *f*	Adonis vernalis	pheasant's eye, adonis
Alant *m*	Inula helenium	elecampane, horse-heal
Aloe *f*	Aloe barbadensis	Barbados aloe
Alpenaurikel *f*	Primula Auricula	auricula, bear's ear
Alraune *f*	Mandragora officinarum	mandrake
Andorn *m*	Marrubium vulgare	white horehound, common horehound
Anis *m*	Pimpinella anisum	anise, aniseed
Arnika *f*	Arnica montana	arnica, mountain tobacco, mountain arnica
Aronstab *m*	Arum maculatum	cuckoo-pint, wake-robin, arum
Artischocke *f*	Cynara scolymus	globe artichoke
Augentrost *m*	Euphrasia rostkoviana	drug eyebright, eyebright, euphrasy
Baldrian *m*, Echter	Valeriana officinalis	valerian, all-heal
Bärenklau-Silberkerze *f*	Cimicifuga heracleifolia	cimicifuga, bugbane, cohosh
Bärentraube *f*	Arctostaphylos uva-ursi	common bearberry
Bärlauch *m*	Allium ursinum	ramsons, buckrams, wood garlic, bears garlic
Basilikum *n*	Ocimum basilicum	basil
Beifuß *m*	Artemisia vulgare	common wormwood, Alpine wormwood, mugwort
Beinwell *m*	Symphytum officinalis	comfrey, common comfrey, consound
Benediktenkraut *n*	Cnicus benedictus	blessed thistle
Bergwohlverleih *m*	Arnica montana	arnica, mountain tobacco, mountain arnica
Besenginster *m*	Cystius scoparius	scotchbroom
Bilsenkraut *n*	Hyoscyamus niger	black henbane

Deutscher Name*	**Lateinischer Name**	**Englischer Name***
Bitterklee *m*	Menyanthes trifoliata	menyanthes, buck-bean, bog-bean, water shamrock, marsh trefoil
Blaue Himmelsleiter *f*, Blaues Sperrkraut *n*	Polemonium caeruleum	Jacob's ladder, charity
Blutjohannisbeere *f*	Ribes sanguineum	flowering currant, red-flowering currant
Blutwurz *m*	Potentilla erecta	tormentil
Bockshornklee *m*	Trigonella foenum-graecum	fenugreek, methi
Borretsch *m*	Borago officinalis	borage
Brechnussbaum *m*	Nux vomica	strychnine tree
Brechwurzel *f*	Cephaelis ipecacuanha	ipecac
Brenn-Nessel *f*, Große	Urtica dioica	great nettle, stinging nettle
Brombeere *f*	Rubus fruticosus	blackberry, *(BE)* bramble
Brunnenkresse *f*	Nasturtium officinale	watercress
Buchweizen *m*	Fagopyrum esculentum	buckwheat
Butterblume *f*	Taraxacum officinale	common dandelion
Cayennepfeffer *m*	Capsicum frutescens	Cayenne pepper
Chinarindenbaum *m*	Cinchona officinalis	cinchona tree
Dill *m*	Anethum graveolens	dill
Duftveilchen *n*	Viola odorata	sweet violet
Eberesche *f*	Sorbus aucuparia	European rowan
Efeu *n*	Hedera helix	ivy
Ehrenpreis *m*, Echter	Veronica officinalis	heath speedwell, veronica
Eibe *f*	Taxus baccata	English yew
Eibisch *m*	Althaea officinalis	marshmallow
Eiche *f*, Stiel-	Quercus robur	common oak, English oak
Eisenhut *m*, Blauer	Aconitum napellus	aconite, monk's hood
Eisenkraut *n*	Verbena officinalis	common vervain, common verbena, holy herb
Engelwurz *f*	Angelica archangelica	angelica, garden angelica
Enzian *m*, Gelber	Gentiana lutea	great yellow gentian, American gentian, marsh gentian
Erdrauch *m*	Fumaria officinalis	fumitory
Eukalyptus *m*	Eucalyptus globulus	eucalyptus, Tasmanian blue gum
Faulbaum *m*	Rhamnus frangula, Frangula alnus	buckthorn
Feldstiefmütterchen *n*	Viola tricolor	wild pansy, heartsease
Fenchel *m*	Foeniculum vulgare	fennel
Fichte *f*	Picea abies	Norway spruce
Fingerhut *m*, Roter	Digitalis purpurea	digitalis, common foxglove
Fingerhut *m*, Wolliger	Digitalis lanata	wooly foxglove
Frauenmantel *m*	Alchemilla vulgaris	lady's mantle
Gänsefingerkraut *n*	Potentilla anserina	silverweed
Gartenbohne *f*	Phaseolus vulgaris	common garden bean, French bean
Geißraute *f*	Galega officinalis	goat's rue, French lilac, Italian fitch, professor-weed
Gelbwurz *m*	Curcuma longa	turmeric, tumeric
Germer *m*, Weißer	Veratrum album	white hellebore
Gewürznelkenbaum *m*	Syzygium aromaticum	clove
Giersch *m*	Aegopodium podagraria	ground elder

Deutscher Name*	**Lateinischer Name**	**Englischer Name***
Ginkgo *m*	Ginkgo biloba	ginkgo
Ginseng *m*	Panax ginseng	ginseng
Goldmohn *m*	Eschscholzia californica	California poppy
Goldrute *f*, Echte	Solidago virgaurea	golden rod
Großblütiges Schneeglöckchen *n*	Galanthus elwesii	giant snowdrop
Grüne Minze *f*	Mentha spicata	spearmint
Hagebutte *f*	Rosa canina	dog's wort, dog rose, wild brier
Hamamelis *f*	Hamamelis virginiana	American witch hazel, winter-bloom
Hängebirke *f*	Betula pendula	Silver birch
Hauhechel *f*, Dornige	Ononis spinosa	spiny restharrow
Heidelbeere *f*	Vaccinium myrtillus	bilberry, blueberry, whortleberry
Herbstblühende Zaubernuss *f*	Hamamelis virginiana	American witch hazel, winter-bloom
Herbstzeitlose *f*	Colchicum autumnale	meadow suffron, naked lady, autumn crocus
Herzgespann *m*, Echter	Leonurus cardiaca	motherwort
Hirtentäschel *n*	Capsella bursa-pastoris	shepherd's purse
Holunder *m*, Schwarzer	Sambucus nigra	elder
Hopfen *m*	Humulus lupulus	common hop
Hopfenklee *m*	Medicago lupulina	black medic(k)
Huflattich *m*	Tussilago farfara	coltsfoot,bullsfoot, foalsfoot, coughwort
Hundsrose *f*	Rosa canina	dog's wort, dog rose, wild brier
Immergrün *n*, Kleines	Vinca minor	myrtle herb, periwinkle
Ingwer *m*	Zingiber officinale	ginger root
Jasmin *m*, Gelber	Gelsemium sempervirens	yellow yessamine, evening trumpet flower
Johannisbeere *f*, Schwarze	Ribes nigrum	blackcurrant
Johanniskraut *n*	Hypericum perforatum	St. John's wort, goat weed,
Kalmus *m*	Acorus calamus	sweet calamus, sweet flag
Kamille *f*, Echte	Matricaria recutita	German chamomile, wild chamomile
Kamille *f*, Römische	Chamaemelum nobile	Roman camomile, camomile, garden camomile, ground apple, low camomile
Kampferbaum *m*	Cinnamomum camphora	camphor laurel, camphor tree
Kapuzinerkresse *f*	Tropaeolum majus	nasturtium, Indian cress
Kardamom *m(n)*	Elettaria cardamomum	cardamom
Knoblauch *m*	Allium sativum	garlic
Königskerze *f*	Verbascum densiflorum	denseflower mullein
Koriander *m*	Coriandrum sativum	cilantro, coriander
Küchenschelle *f*	Pulsatilla vulgaris	pasque flower
Küchenzwiebel *f*	Allium cepa	onion
Kümmel *m*	Carum carvi	caraway, Persian cumin
Kürbis *m*	Cucurbita pepo	pumpkin, acorn squash
Kurkuma *m*	Curcuma longa	tumeric, turmeric
Latschenkiefer *f*	Pinus mugo	mountain pine, mugo pine
Lavendel *m*	Lavandula angustifolia	lavender

Deutscher Name*	Lateinischer Name	Englischer Name*
Lebensbaum *m*	Thuja occidentalis	arborvitae
Leberblümchen *f*	Hepatica nobilis	liverleaf, liverwort
Leinsamen *m*	Linum usitatissimum	flaxseed, flax seed, linseed
Liebstöckel *m*	Levisticum officinale	lovage
Lindenblüten *fpl*, Sommerlindenblüten *fpl*	Tilia platyphyllos	lime flowers, lime tree blossoms
Löwenzahn *m*	Taraxacum officinale	dandelion
Lungenkraut *n*	Pulmonaria officinalis	lungwort
Mädesüß *n*	Filipendula ulmaria	meadowsweet, dropwort
Mahonie *f*	Mahonia aquifolium	Oregon-grape
Maiglöckchen *n*	Convallaria majalis	lilly of the valley
Malve *f*, Wilde	Malva sylvestris	common mallow
Mandel *f*, Süße	Prunus dulcis	almond
Mariendistel *f*	Silybum marianum	milk thistle
Mate *m*	Ilex paraguariensis	yerba mate, hierba mate
Mäusedorn *m*, Stechender	Ruscus aculeatus	butcher's broom
Meerrettich *m*	Amoracia rusticana	horseradish
Melisse *f*	Melissa officinalis	balm-mint, melissa
Mistel *f*	Viscum album	mistletoe
Mönchspfeffer *m*	Vitex agnus-castus	chaste tree, hemp tree, monk's pepper tree
Mutterkraut *n*	Tanacetum perthenium	feverfew
Myrrhe *f*	Commiphora molmol	myrrh
Nachtkerze *f*	Oenothera biennis	evening primrose, evening star
Nachtschatten *m*, Bittersüßer	Solanum dulcamara	Bittersweet, climbing nightshade, woody nightshade
Nelkenwurz *f*	Geum urbanum	wood avens, bennet, herb bennet
Nießwurz *f*, Schwarze	Helleborus niger	black hellebore, Christmas rose
Odermennig *m*	Agrimonia eupatoria	common agrimony
Ölbaum *m*	Olea europaea	olive
Oleander *m*	Nerium oleander	oleander, rose-bay
Passionsblume *f*	Passiflora incarnata	maypop, purple passion flower
Pestwurz *f*	Petasites hybridus	common butterbur, Pestilence wort
Petersilie *f*	Petroselium crispum	parsley
Pfefferminze *f*	Mentha piperita	peppermint
Pfingstrose *f*, Echte	Paeonia officinalis	common paeony, European peony
Pomeranze *f*	Citrus aurantium	sour orange, bitter orange
Porree *m*	Allium porrum	leek
Preiselbeere *f*	Vaccinium vitis-idaea	cowberry, foxberry, mountain cranberry
Quendel *m*	Thymus serpyllum	wild thyme
Quirlmalve *f*	Malva verticillata	Chinese mallow
Quitte *f*	Cydonia oblonga	quince
Rainfarn *m*	Tanacetum vulgare	tansy, common tansy
Rhabarber *m*	Rheum officinale	medicinal rhubarb, pieplant
Ringelblume *f*	Calendula officinalis	pot marigold
Rizinus *m*	Ricinus communis	castor oil plant
Rosmarin *m*	Rosmarinus officinalis	rosemary

Deutscher Name*	Lateinischer Name	Englischer Name*
Rosskastanie *f*	Aesculus hippocastanum	common horse-chestnut, buckeye
Safran *m*	Crocus sativus	saffron
Salbei *m*, Dreilappiger	Salvia triloba	Greek sage herb, Greek oregano, Turkish sage
Salbei *m*, Echter	Salvia officinalis	common sage
Sanddorn *m*	Hippophae rhamnoides	sea-buckthorns, seaberry
Sauerampfer *m*	Rumex acetosa	common sorrel, sour dock
Schachtelhalm *m*, Acker-	Equisetum arvense	field horsetail, common horsetail
Schafgarbe *f*	Achillea millefolium	milfoil, yarrow, bloodwort
Scharbockskraut *n*	Ficaria verna	scurvywort, lesser celandine, pilewort
Schierling *m*, Gefleckter	Conium maculatum	poison hemlock
Schlafmohn *m*	Papaver somniferum	opium poppy
Schlafmützchen *n*	Eschscholzia californica	California poppy
Schlangenwurz *m*	Rauwolfia serpentina	Indian snakeroot
Schlehe *f*	Prunus spinosa	blackthorn (fruit: sloe)
Schlüsselblume *f*, Echte	Primula veris	cowslip
Schlüsselblume *f*, Hohe	Primula elatior	oxlip
Schneeballbaum *m*	Viburnum prunifolium	blackhaw
Schneeglöckchen *n*, Kleines	Galanthus nivalis	common snowdrop
Schöllkraut *n*	Chelidonium majus	greater celandine, swallowwort
Seidelbast *m*	Daphne mezereum	mezereon
Seifenkraut *n*	Saponaria officinalis	soapwort
Senf *m*, Schwarzer	Brassica nigra	black mustard
Senna *f*	Cassia senna	senna
Sojabohne *f*	Glycine max	soy bean
Sonnenblume *f*	Helianthus annuus	sun flower
Sonnenhut *m*, Roter	Echinaceae purpurea	purple coneflower, eastern purple coneflower
Sonnentau *m*	Drosera rotundifolia	common sundew
Spargel *m*	Asparagus officinalis	asparagus
Spitzwegerich *m*	Plantago lanceolata	ribwort, ribwort plantain, ribgrass
Spornblume *f*, Rote	Centranthus ruber	red valerian,spur valerian, Jupiter's beard
Stechapfel *m*	Datura stramonium	thorn apple, jimson weed, angel's trumpet
Steinklee *m*	Melilotus officinalis	yellow sweet clover, yellow melilot
Sternanis *m*	Illicium verum	star anise
Stiefmütterchen *n*, Wildes	Viola tricolor	heartsease, wild pansy
Storchenschnabel *m*	Geranium robertianum	herb Robert
Strauchpäonie *f*	Paeonia suffruticosa	tree peony, suffruticosa peony
Süßholz *n*	Glycyrrhiza glabra	licorice, liquorice
Taubnessel *f*, Weiße	Lamium album	white deadnettle
Tausendgüldenkraut *n*	Centaurium minus	centaury
Teufelskralle *f*	Harpagophytum procumbens	grapple plant, wait-a-bit, wood spider and devil's claw
Thymian *m*	Thymus serpyllum	thyme

Deutscher Name*	Lateinischer Name	Englischer Name*
Tollkirsche *f*	Atropa belladonna	banewort, deadly nightshade, belladonna
Traubensilberkerze *f*	Cimicifuga racemosa	black cohosh, black bugbane or black snakeroot
Veilchen, Wohlriechendes *n*	Viola odorata	sweet violet
Vogelknöterich *m*	Polygonum aviculare	common knotgrass
Wacholder *m*	Juniperus communis	common juniper
Wasserdost *m*	Cannabinum eupatorium	gravel root, hemp-agrimony
Weide *f*	Salix purpurea	purple willow, purple osier, willow
Weinraute *f*	Ruta graveolens	rue
Weißdorn *m*	Crataegus monogyna	common hawthorn
Weißdorn *m*, Gemeiner	Crataegus laevigata	midland hawthorn
Wermut *m*	Artemisia absinthium	wormwood, grand wormwort, absinth wormwood
Wiesenkönigin *f*	Filipendula ulmaria	meadowsweet
Wintergrün *n*, Amerikanisches	Gaultheria procumbens	American wintergreen, checkerberry, eastern teaberry
Wolfstrapp *m*	Lycopus europaeus	sweet bugle, water bugle, gipsywort
Wurmfarn *m*	Dryopteris filix-mas	male fern
Zaubernuss *f*	Hamamelis virginiana	witch-hazel
Ziest *m*, Gemeiner	Stachys officinalis	wood betony
Zimtbaum *m*, Echter	Cinnamomum verum	true cinnamon
Zitronengras *n*	Cymbopogon citratus	lemon grass
Zitronenmelisse *f*	Melissa officinalis	lemon balm
Zwiebel *f*, Küchen-	Allium cepa	onion

* Die aufgeführten Namen können regional variieren.

4. Häufig verwendete Heilpflanzen / Common Medicinal Plants and Herbs

English Name*	Latin Name	German Name*
absinth wormwood	Artemisia absinthium	Wermut *m*
aconite	Aconitum napellus	Blauer Eisenhut *m*
acorn squash	Cucurbita pepo	Kürbis *m*
adonis	Adonis vernalis	Adonisröschen *f*
all-heal	Valeriana officinalis	Baldrian *m*
almond	Prunus dulcis	Süße Mandel *f*
Alpine wormwood	Artemisia vulgare	Beifuß *m*
American gentian	Gentiana lutea	Gelber Enzian *m*
American wintergreen	Gaultheria procumbens	Amerikanisches Wintergrün *n*
American witch hazel	Hamamelis virginiana	Hamamelis *f*, Zaubernuss *f*
angel's trumpet	Datura stramonium	Stechapfel *m*
angelica, garden angelica	Angelica archangelica	Engelwurz *f*
anise, aniseed	Pimpinella anisum	Anis *m*
arborvitae	Thuja occidentalis	Lebensbaum *m*
arnica	Arnica montana	Arnika *f*, Bergwohlverleih *m*
arum	Arum maculatum	Aronstab *m*

English Name*	Latin Name	German Name*
asparagus	Asparagus officinalis	Spargel *m*
auricula	Primula Auricula	Alpenaurikel *f*
autumn crocus	Colchicum autumnale	Herbstzeitlose *f*
balm, balm-mint	Melissa officinalis	Melisse *f*
banewort	Atropa belladonna	Tollkirsche *f*
Barbados aloe	Aloe barbadensis	Aloe *f*
basil	Ocimum basilicum	Basilikum *n*
bear's ear	Primula Auricula	Alpenaurikel *f*
bearberry	Arctostaphylos uva-ursi	Bärentraube *f*, Moosbeere *f*
bears garlic	Allium ursinum	Bärlauch *m*
belladonna	Atropa belladonna	Tollkirsche *f*
bennet	Geum urbanum	Nelkenwurz *f*
bilberry	Vaccinium myrtillus	Heidelbeere *f*
bitter orange	Citrus aurantium	Pomeranze *f*
bittersweet	Solanum dulcamara	Bittersüßer Nachtschatten *m*
black bugbane, black cohosh	Cimicifuga racemosa	Traubensilberkerze *f*
black hellebore	Helleborus niger	Schwarze Nießwurz *f*
black henbane	Hyoscyamus niger	Bilsenkraut *n*
black medic(k)	Medicago lupulina	Hopfenklee *m*
black mustard	Brassica nigra	Schwarzer Senf *m*
black snakeroot	Cimicifuga racemosa	Traubensilberkerze *f*
blackberry	Rubus fruticosus	Brombeere *f*
blackcurrant	Ribes nigrum	Schwarze Johannisbeere *f*
blackhaw	Viburnum prunifolium	Schneeballbaum *m*
blackthorn, fruit: sloe	Prunus spinosa	Schlehe *f*
blessed thistle	Cnicus benedictus	Benediktenkraut *n*
bloodwort	Achillea millefolium	Schafgarbe *f*
blueberry	Vaccinium myrtillus	Heidelbeere *f*
bog-bean	Menyanthes trifoliata	Bitterklee *m*
borage	Borago officinalis	Borretsch *m*
bramble *(BE)*	Rubus fruticosus	Brombeere *f*
buck-bean	Menyanthes trifoliata	Bitterklee *m*
buckeye	Aesculus hippocastanum	Rosskastanie *f*
buckrams	Allium ursinum	Bärlauch *m*
buckthorn	Rhamnus frangula, Frangula alnus	Faulbaum *m*
buckwheat	Fagopyrum esculentum	Buchweizen *m*
bugbane	Cimicifuga heracleifolia	Bärenklau-Silberkerze *f*
bullsfoot	Tussilago farfara	Huflattich *m*
butcher's broom	Ruscus aculeatus	Stechender Mäusedorn *m*
California poppy	Eschscholzia californica	Goldmohn *m*, Schlafmützchen *n*
camomile	Chamaemelum nobile	Römische Kamille *f*
camphor laurel, camphor tree	Cinnamomum camphora	Kampferbaum *m*
caraway	Carum carvi	Kümmel *m*
cardamom	Elettaria cardamomum	Kardamom *m(n)*
castor oil plant	Ricinus communis	Rizinus *m*
Cayenne pepper	Capsicum frutescens	Cayennepfeffer *m*
centaury	Centaurium minus	Tausendgüldenkraut *n*
charity	Polemonium caeruleum	Blaue Himmelsleiter *f*, Blaues Sperrkraut *n*
chaste tree	Vitex agnus-castus	Mönchspfeffer *m*

English Name*	Latin Name	German Name*
checkerberry	Gaultheria procumbens	Amerikanisches Wintergrün *n*
Chinese mallow	Malva verticillata	Quirlmalve *f*
Christmas rose	Helleborus niger	Schwarze Nießwurz *f*
cilantro	Coriandrum sativum	Koriander *m*
cinchona tree	Cinchona officinalis	Chinarindenbaum *m*
clove	Syzygium aromaticum	Gewürznelkenbaum *m*
cohosh	Cimicifuga heracleifolia	Bärenklau-Silberkerze *f*
coltsfoot	Tussilago farfara	Huflattich *m*
comfrey	Symphytum officinalis	Beinwell *m*
common agrimony	Agrimonia eupatoria	Odermennig *m*
common bearberry	Arctostaphylos uva-ursi	Bärentraube *f*
common butterbur	Petasites hybridus	Pestwurz *f*
common comfrey	Symphytum officinalis	Beinwell *m*
common dandelion	Taraxacum officinale	Butterblume *f*
common foxglove	Digitalis purpurea	Roter Fingerhut *m*
common garden bean	Phaseolus vulgaris	Gartenbohne *f*
common hawthorn	Crataegus monogyna	Weißdorn *m*
common hop	Humulus lupulus	Hopfen *m*
common horehound	Marrubium vulgare	Andorn *m*
common horse-chestnut	Aesculus hippocastanum	Rosskastanie *f*
common horsetail	Equisetum arvense	Ackerschachtelhalm *m*
common juniper	Juniperus communis	Wacholder *m*
common knotgrass	Polygonum aviculare	Vogelknöterich *m*
common mallow	Malva sylvestris	Wilde Malve *f*
common oak	Quercus robur	Stieleiche *f*
common paeony	Paeonia officinalis	Echte Pfingstrose *f*
common sage	Salvia officinalis	Echter Salbei *m*
common snowdrop	Galanthus nivalis	Kleines Schneeglöckchen *n*
common sorrel	Rumex acetosa	Sauerampfer *m*
common sundew	Drosera rotundifolia	Sonnentau *m*
common tansy	Tanacetum vulgare	Rainfarn *m*
common verbena, common vervain	Verbena officinalis	Eisenkraut *n*
common wormwood	Artemisia vulgare	Beifuß *m*
consound	Symphytum officinalis	Beinwell *m*
coriander	Coriandrum sativum	Koriander *m*
coughwort	Tussilago farfara	Huflattich *m*
cowberry	Vaccinium vitis-idaea	Preiselbeere *f*
cowslip	Primula veris	Echte Schlüsselblume *f*
cuckoo-pint	Arum maculatum	Aronstab *m*
dandelion	Taraxacum officinale	Löwenzahn *m*
deadly nightshade	Atropa belladonna	Tollkirsche *f*
denseflower mullein	Verbascum densiflorum	Königskerze *f*
devil's claw	Harpagophytum procumbens	Teufelskralle *f*
digitalis	Digitalis purpurea	Roter Fingerhut *m*
dill	Anethum graveolens	Dill *m*
dog rose, dog's wort	Rosa canina	Hundsrose *f*, Hagebutte *f*
drug eyebright	Euphrasia rostkoviana	Augentrost *m*
eastern purple coneflower	Echinaceae purpurea	Roter Sonnenhut, *m*
eastern teaberry	Gaultheria procumbens	Amerikanisches Wintergrün *n*
elder	Sambucus nigra	Schwarzer Holunder *m*

English Name*	**Latin Name**	**German Name***
elecampane	Inula helenium	Alant *m*
English oak	Quercus robur	Stieleiche *f*
English yew	Taxus baccata	Eibe *f*
eucalyptus	Eucalyptus globulus	Eukalyptus *m*
euphrasy	Euphrasia rostkoviana	Augentrost *m*
European peony	Paeonia officinalis	Echte Pfingstrose *f*
European rowan	Sorbus aucuparia	Eberesche *f*
evening primrose evening star	Oenothera biennis	Nachtkerze *f*
evening trumpet flower	Gelsemium sempervirens	Gelber Jasmin *m*
eyebright	Euphrasia rostkoviana	Augentrost *m*
fennel	Foeniculum vulgare	Fenchel *m*
fenugreek	Trigonella foenum-graecum	Bockshornklee *m*
feverfew	Tanacetum perthenium	Mutterkraut *n*
field horsetail	Equisetum arvense	Ackerschachtelhalm *m*
flaxseed, flax seed	Linum usitatissimum	Leinsamen *m*
flowering currant	Ribes Sanguineum	Blutjohannisbeere *f*
foalsfoot	Tussilago farfara	Huflattich *m*
foxberry	Vaccinium vitis-idaea	Preiselbeere *f*
French bean	Phaseolus vulgaris	Gartenbohne *f*
French lilac	Galega officinalis	Geißraute *f*
fumitory	Fumaria officinalis	Erdrauch *m*
garden camomile, garden chamomile	Chamaemelum nobile	Römische Kamille *f*
garlic	Allium sativum	Knoblauch *m*
German chamomile	Matricaria recutita	Echte Kamille *f*
giant snowdrop	Galanthus elwesii	Großblütiges Schneeglöckchen *n*
ginger root	Zingiber officinale	Ingwer *m*
ginkgo	Ginkgo biloba	Ginkgo *m*
ginseng	Panax ginseng	Ginseng *m*
gipsywort	Lycopus europaeus	Wolfstrapp *m*
globe artichoke	Cynara scolymus	Artischocke *f*
goat's rue	Galega officinalis	Geißraute *f*
golden rod	Solidago virgaurea	Echte Goldrute *f*
grand wormwort	Artemisia absinthium	Wermut *m*
grapple plant	Harpagophytum procumbens	Teufelskralle *f*
gravel root	Cannabinum eupatorium	Wasserdost *m*
great nettle	Urtica dioica	Große Brenn-Nessel *f*
great yellow gentian	Gentiana lutea	Gelber Enzian *m*
greater celandine	Chelidonium majus	Schöllkraut *n*
Greek sage herb, Greek oregano	Salvia triloba	Dreilappiger Salbei *m*
ground apple	Chamaemelum nobile	Römische Kamille *f*
ground elder	Aegopodium podagraria	Giersch *m*
heartsease	Viola tricolor	Wildes Stiefmütterchen *n*
heath speedwell	Veronica officinalis	Echter Ehrenpreis *m*
hemp tree	Vitex agnus-castus	Mönchspfeffer *m*
hemp-agrimony	Cannabinum eupatorium	Wasserdost *m*
herb bennet	Geum urbanum	Nelkenwurz *f*
herb Robert	Geranium robertianum	Storchenschnabel *m*

English Name*	Latin Name	German Name*
hierba mate	Ilex paraguariensis	Mate *m*
holy herb	Verbena officinalis	Eisenkraut *n*
horse-heal	Inula helenium	Alant *m*
horseradish	Amoracia rusticana	Meerrettich *m*
Indian cress	Tropaeolum majus	Kapuzinerkresse *f*
Indian snakeroot	Rauwolfia serpentina	Schlangenwurz *m*
ipecac	Cephaelis ipecacuanha	Brechwurzel *f*
Italian fitch	Galega officinalis	Geißraute *f*
ivy	Hedera helix	Efeu *n*
Jacob's ladder	Polemonium caeruleum	Blaue Himmelsleiter *f*, Blaues Sperrkraut *n*
jimson weed	Datura stramonium	Stechapfel *m*
Jupiter's beard	Centranthus ruber	Rote Spornblume, *f*
lady's mantle	Alchemilla vulgaris	Frauenmantel *m*
lavender	Lavandula angustifolia	Lavendel *m*
leek	Allium porrum	Porree *m*
lemon balm	Melissa officinalis	Zitronenmelisse *f*
lemon grass	Cymbopogon citratus	Zitronengras *n*
lesser celandine	Ficaria verna	Scharbockskraut *n*
licorice, liquorice	Glycyrrhiza glabra	Süßholz *n*
lilly of the valley	Convallaria majalis	Maiglöckchen *n*
lime flowers, lime tree blossoms	Tilia platyphyllos	Sommerlindenblüten *fpl*
linseed	Linum usitatissimum	Leinsamen *m*
liverleaf, liverwort	Hepatica nobilis	Leberblümchen *f*
lovage	Levisticum officinale	Liebstöckel *m*
low camomile	Chamaemelum nobile	Römische Kamille *f*
lungwort	Pulmonaria officinalis	Lungenkraut *n*
male fern	Dryopteris filix-mas	Wurmfarn *m*
mandrake	Mandragora officinarum	Alraune *f*
marsh gentian	Gentiana lutea	Gelber Enzian *m*
marsh trefoil	Menyanthes trifoliata	Bitterklee *m*
marshmallow	Althaea officinalis	Eibisch *m*
maypop	Passiflora incarnata	Passionsblume *f*
meadow suffron	Colchicum autumnale	Herbstzeitlose *f*
meadowsweet	Filipendula ulmaria	Mädesüß *n*, Wiesenkönigin *f*
medicinal rhubarb	Rheum officinale	Rhabarber *m*
melissa	Melissa officinalis	Melisse *f*
menyanthes	Menyanthes trifoliata	Bitterklee *m*
methi	Trigonella foenum-graecum	Bockshornklee *m*
mezereon	Daphne mezereum	Seidelbast *m*
midland hawthorn	Crataegus laevigata	Gemeiner Weißdorn *m*
milfoil	Achillea millefolium	Schafgarbe *f*
milk thistle	Silybum marianum	Mariendistel *f*
mistletoe	Viscum album	Mistel *f*
monk's hood	Aconitum napellus	Blauer Eisenhut *m*
monk's pepper tree	Vitex agnus-castus	Mönchspfeffer *m*
motherwort	Leonurus cardiaca	Echter Herzgespann *m*
mountain arnica	Arnica montana	Arnika *f*, Bergwohlverleih *m*
mountain cranberry	Vaccinium vitis-idaea	Preiselbeere *f*
mountain pine	Pinus mugo	Latschenkiefer *f*
mountain tobacco	Arnica montana	Arnika *f*, Bergwohlverleih *m*
mugo pine	Pinus mugo	Latschenkiefer *f*
mugwort	Artemisia vulgare	Beifuß *m*

English Name*	**Latin Name**	**German Name***
myrrh	Commiphora molmol	Myrrhe *f*
myrtle herb	Vinca minor	Kleines Immergrün *n*
naked lady	Colchicum autumnale	Herbstzeitlose *f*
nasturtium,	Tropaeolum majus	Kapuzinerkresse *f*
Norway spruce	Picea abies	Fichte *f*
oleander	Nerium oleander	Oleander *m*
olive	Olea europaea	Ölbaum *m*
onion	Allium cepa	Küchenzwiebel *f*
opium poppy	Papaver somniferum	Schlafmohn *m*
Oregon-grape	Mahonia aquifolium	Mahonie *f*
oxlip	Primula elatior	Hohe Schlüsselblume *f*
parsley	Petroselium crispum	Petersilie *f*
pasque flower	Pulsatilla vulgaris	Küchenschelle *f*
peppermint	Mentha piperita	Pfefferminze *f*
Persian cumin	Carum carvi	Kümmel *m*
Pestilence wort	Petasites hybridus	Pestwurz *f*
pheasant's eye	Adonis vernalis	Adonisröschen *f*
poison hemlock	Conium maculatum	Gefleckter Schierling *m*
pot marigold	Calendula officinalis	Ringelblume *f*
professor-weed	Galega officinalis	Geißraute *f*
pumpkin	Cucurbita pepo	Kürbis *m*
purple coneflower	Echinaceae purpurea	Roter Sonnenhut *m*
purple osier	Salix purpurea	Weide *f*
purple passion flower	Passiflora incarnata	Passionsblume *f*
purple willow	Salix purpurea	Weide *f*
quince	Cydonia oblonga	Quitte *f*
ramsons	Allium ursinum	Bärlauch *m*
red valerian	Centranthus ruber	Rote Spornblume *f*
red-flowering currant	Ribes sanguineum	Blutjohannisbeere *f*
ribgrass, ribwort, ribwort plantain,	Plantago lanceolata	Spitzwegerich *m*
Roman camomile	Chamaemelum nobile	Römische Kamille *f*
rose-bay	Nerium oleander	Oleander *m*
rosemary	Rosmarinus officinalis	Rosmarin *m*
rue	Ruta graveolens	Weinraute *f*
saffron	Crocus sativus	Safran *m*
scotchbroom	Cystius scoparius	Besenginster *m*
scurvywort	Ficaria verna	Scharbockskraut *n*
seaberry, sea-buckthorns	Hippophae rhamnoides	Sanddorn *m*
senna	Cassia senna	Senna *f*
shepherd's purse	Capsella bursa-pastoris	Hirtentäschel *n*
silver birch	Betula pendula	Hängebirke *f*
silverweed	Potentilla anserina	Gänsefingerkraut *n*
soapwort	Saponaria officinalis	Seifenkraut *n*
sour dock	Rumex acetosa	Sauerampfer *m*
sour orange	Citrus aurantium	Pomeranze *f*
soy bean	Glycine max	Sojabohne *f*
spearmint	Mentha spicata	Grüne Minze *f*
spiny restharrow	Ononis spinosa	Dornige Hauhechel *f*
spur valerian	Centranthus ruber	Rote Spornblume *f*
St. John's wort	Hypericum perforatum	Johanniskraut *n*
star anise	Illicium verum	Sternanis *m*
stinging nettle	Urtica dioica	Große Brenn-Nessel *f*
strychnine tree	Nux vomica	Brechnussbaum *m*

English Name*	Latin Name	German Name*
suffruticosa peony	Paeonia suffruticosa	Strauchpäonie *f*
sun flower	Helianthus annuus	Sonnenblume *f*
swallowwort	Chelidonium majus	Schöllkraut *n*
sweet bugle	Lycopus europaeus	Wolfstrapp *m*
sweet calamus, sweet flag, sweet myrtle, sweet root	Acorus calamus	Kalmus *m*
sweet violet	Viola odorata	Wohlriechendes Veilchen *n*, Duftveilchen *n*
tansy	Tanacetum vulgare	Rainfarn *m*
Tasmanian blue gum	Eucalyptus globulus	Eukalyptus *m*
thorn apple	Datura stramonium	Stechapfel *m*
thyme	Thymus serpyllum	Thymian *m*
tormentil	Potentilla erecta	Blutwurz *m*
tree peony	Paeonia suffruticosa	Strauchpäonie *f*
true cinnamon	Cinnamomum verum	Echter Zimtbaum *m*
tumeric, turmeric	Curcuma longa	Gelbwurz *m*, Kurkuma *m*
valerian	Valeriana officinalis	Baldrian *m*
veronica	Veronica officinalis	Echter Ehrenpreis *m*
wait-a-bit	Harpagophytum procumbens	Teufelskralle *f*
wake-robin	Arum maculatum	Aronstab *m*
water bugle	Lycopus europaeus	Wolfstrapp *m*
water shamrock	Menyanthes trifoliata	Bitterklee *m*
watercress	Nasturtium officinale	Brunnenkresse *f*
white deadnettle	Lamium album	Weiße Taubnessel *f*
white hellebore	Veratrum album	Weißer Germer *m*
white horehound	Marrubium vulgare	Andorn *m*
whortleberry	Vaccinium myrtillus	Heidelbeere *f*
wild brier	Rosa canina	Hundsrose *f*, Hagebutte *f*
wild chamomile	Matricaria recutita	Echte Kamille *f*
wild pansy	Viola tricolor	Feldstiefmütterchen *n*
wild thyme	Thymus serpyllum	Quendel *m*
willow	Salix purpurea	Weide *f*
winter-bloom, witch-hazel	Hamamelis virginiana	Hamamelis *f*, Zaubernuss *f*
wolf's bane	Arnica montana	Arnika *f*
wood avens	Geum urbanum	Nelkenwurz *f*
wood betony	Stachys officinalis	Gemeiner Ziest *m*
wood garlic	Allium ursinum	Bärlauch *m*
wood spider	Harpagophytum procumbens	Teufelskralle *f*
wooly foxglove	Digitalis lanata	Wolliger Fingerhut *m*
wormwood	Artemisia absinthium	Wermut *m*
yarrow	Achillea millefolium	Schafgarbe *f*
yellow melilot	Melilotus officinalis	Steinklee *m*
yellow sweet clover	Melilotus officinalis	Steinklee *m*
yellow yessamine	Gelsemium sempervirens	Gelber Jasmin *m*
yerba mate	Ilex paraguariensis	Mate *m*

* Names may have regional variations.

5. Englische und amerikanische Maße und Gewichte / British and American Weights and Measures

Längenmaße
Linear Measures

1 inch = 2,54 cm
1 foot = 12 inches = 30,48 cm
1 yard = 3 feet = 91,44 cm
1 *(***statute***)* **mile**
= 1760 yards = 1,609 km
1 hand = 4 inches = 10,16 cm
1 rod *(***perch, pole***)*
= $5^1/_2$ yards = 5,029 m
1 chain = 4 rods = 20,117 m
1 furlong = 10 chains
= 201,168 m

Flächenmaße
Square Measures

1 square inch = 6,452 cm^2
1 square foot = 144 square inches
= 929,029 cm^2
1 square yard = 9 square feet
= 8361,26 cm^2
1 acre = 4840 square yards
= 4046,8 m^2
1 square mile = 640 acres
= 259 ha = 2,59 km^2
1 square rod *(***square pole, square perch***)*
= $30^1/_4$ square yards
= 25,293 m^2
1 rood = 40 square rods
= 1011,72 m^2
1 acre = 4 roods = 4046,8 m^2

Raummaße
Cubic Measures

1 cubic inch = 16,387 cm^3
1 cubic foot = 1728 cubic inches
= 0,02832 m^3
1 cubic yard = 27 cubic feet
= 0,7646 m^3

Britische Hohlmaße
British Measures of Capacity

Trocken- und Flüssigkeitsmaße
Dry and Liquid Measures

1 gill	= 0,142 l	
1 pint	= 4 gills	= 0,568 l
1 quart	= 2 pints	= 1,136 l
1 gallon	= 4 quarts	= 4,5459 l
1 quarter	= 64 gallons	= 290,935 l

Trockenmaße – Dry Measures

1 peck	= 2 gallons	= 9,092 l
1 bushel	= 4 pecks	= 36,368 l

Flüssigkeitsmaß – Liquid Measure

1 barrel	= 36 gallons	= 163,656 l

Amerikanische Hohlmaße
American Measures of Capacity

Trockenmaße – Dry Measures

1 pint	= 0,5506 l	
1 quart	= 2 pints	= 1,1012 l
1 gallon	= 4 quarts	= 4,405 l
1 peck	= 2 gallons	= 8,8096 l
1 bushel	= 4 pecks	= 35,2383 l

Flüssigkeitsmaße – Liquid Measures

1 gill	= 0,1183 l	
1 pint	= 4 gills	= 0,4732 l
1 quart	= 2 pints	= 0,9464 l
1 gallon	= 4 quarts	= 3,7853 l
1 barrel	= 31.5 gallons = 119,228 l	
1 hogshead	= 2 barrels	= 238,456 l
1 barrel petroleum	= 42 gallons	= 158,97 l

Apothekermaße (Flüssigkeiten)
Apothecaries' Fluid Measures

1 minim *Brit* = 0,0592 ml
US = 0,0616 ml
1 fluid dram = 60 minims
Brit = 3,5515 ml
US = 3,6966 ml
1 fluid ounce = 8 drams
Brit = 0,0284 l
US = 0,0296 l
1 pint *Brit* = 20 fluid ounces
= 0,5683 l
US = 16 fluid ounces
= 0,4732 l

Handelsgewichte
Avoirdupois Weights

1 grain = 0,0648 g
1 dram = 27.3438 grains
= 1,772 g
1 ounce = 16 drams = 28,35 g
1 pound = 16 ounces = 453,59 g
1 hundredweight
= 1 quintal
Brit = 112 pounds
= 50,802 kg
US = 100 pounds
= 45,359 kg
1 long ton
Brit = 20 hundredweights
= 1016,05 kg
1 short ton
US = 20 hundredweights
= 907,185 kg
1 stone = 14 pounds = 6,35 kg
1 quarter
Brit = 28 pounds
= 12,701 kg
US = 25 pounds
= 11,339 kg

6. Vorsilben für dezimale Vielfache und Teile von Einheiten / Prefixes od Decimal multiples and subdivisions of units

	Vorsatz[1]	*Prefix*[2]	Zeichen *symbol*
10^{18}	Exa	*exa*	E
10^{15}	Peta	*peta*	P
10^{12}	Tera	*tera*	T
10^{9}	Giga	*giga*	G
10^{6}	Mega	*mega*	M
10^{3}	Kilo	*kilo*	k
10^{2}	Hekto	*hecto*	h
10	Deka	*deca*	da
10^{-1}	Dezi	*deci*	d
10^{-2}	Zenti	*centi*	c
10^{-3}	Milli	*milli*	m
10^{-6}	Mikro	*micro*	µ
10^{-9}	Nano	*nano*	n
10^{-12}	Piko	*pico*	p
10^{-15}	Femto	*femto*	f
10^{-18}	Atto	*atto*	a

[1] Dezimale Vielfache und Teile von Einheiten werden durch Vorsilben („Vorsätze") ausgedrückt

[2] *Decimal multiples and subdivisions of units are expressed by prefixes*

7. Temperatur / Temperature

7.1 Technischer Bereich / Technical range

Von –273°C bis +1000°C / From –273°C to +1000°C

Celsius °C	Kelvin K	Fahrenheit °F	Réaumur °R
1000	1273	1832	800
950	1223	1742	760
900	1173	1652	720
850	1123	1562	680
800	1073	1472	640
750	1023	1382	600
700	973	1292	560
650	923	1202	520
600	873	1112	480
550	823	1022	440
500	773	932	400
450	723	842	360
400	673	752	320
350	623	662	280
300	573	572	240
250	523	482	200
200	473	392	160
150	423	302	120
100	373	212	80
95	368	203	76
90	363	194	72
85	358	185	68
80	353	176	64
75	348	167	60
70	343	158	56
65	338	149	52
60	333	140	48
55	328	131	44
50	323	122	40
45	318	113	36
40	313	104	32
35	308	95	28
30	303	86	24
25	298	77	20
20	293	68	16
15	288	59	12
10	283	50	8
+5	278	41	+4
0	273.15	32	0
–5	268	23	–4
–10	263	14	–8
–15	258	+5	–12
–17.8	255.4	0	–14.2
–20	253	–4	–16
–25	248	–13	–20
–30	243	– 22	–24
–35	238	–31	–28
–40	233	–40	–32
–45	228	–49	–36

Celsius °C	Kelvin K	Fahrenheit °F	Réaumur °R
–50	223	–58	–40
–100	173	–148	–80
–150	123	–238	–120
–200	73	–328	–160
–250	23	–418	–200
–273.15	0	–459.4	–218.4

7.2 Klinischer Bereich / Clinical range

Celsius °C	Fahrenheit °F	Réaumur °R
42.0	107.6	33.6
41.8	107.2	33.4
41.6	106.9	33.3
41.4	106.5	33.1
41.2	106.2	33.0
41.0	105.8	32.8
40.8	105.4	32.6
40.6	105.1	32.5
40.4	104.7	32.3
40.2	104.4	32.2
40.0	104.0	32.0
39.8	103.6	31.8
39.6	103.3	31.7
39.4	102.9	31.5
39.2	102.6	31.4
39.0	102.2	31.2
38.8	101.8	31.0
38.6	101.5	30.9
38.4	101.1	30.7
38.2	100.8	30.6
38.0	100.4	30.4
37.8	100.0	30.2
37.6	99.7	30.1
37.4	99.3	29.9
37.2	99.0	29.8
37.0	98.6	29.6
36.8	98.2	29.4
36.6	97.9	29.3

7.3 Umrechnungsregeln / Rules for converting temperatures

	Celsius	Kelvin	Fahrenheit	Réaumur
x °C	–	$= x + 273.15$ K	$= \frac{9}{5}x + 32$ °F	$= \left(\frac{4}{5}x\right)$ °R
x K	$= x - 273.15$ °C	–	$= \frac{9}{5}(x - 273.15) + 32$ °F	$= \frac{4}{5}(x - 273.15)$ °R
x °F	$= \frac{5}{9}(x - 32)$ °C	$= \frac{5}{9}(x - 32) + 273.15$ K	–	$= \frac{4}{9}(x - 32)$ °R
x °R	$= \frac{5}{4}x$ °C	$= \left(\frac{5}{4}x\right) + 273.15$ K	$= \left(\frac{9}{4}x\right) + 32$ °F	–